"十二五"普通高等教育本科国家级规划教材

电路与电子技术基础

第 2 版

李心广　王金矿　张　晶　等编著

赖声礼　主审

机械工业出版社

本书是"十二五"普通高等教育本科国家级规划教材。本书将"电路基础"、"模拟电子技术"及"数字电子技术"有机地融为一体。在保证必要的经典内容的同时,力求反映近代理论和先进技术;在理论与应用关系上,力求实用,以应用为主。

本书共分3篇:第1篇为电路分析基础,内容包括电路的基本概念和定律、电阻电路分析、动态电路分析和正弦电路分析。第2篇为模拟电子技术,内容包括放大器件、基本放大电路分析、负反馈放大电路、集成运算放大电路功率放大与直流电源。第3篇为数字电子技术,内容包括数字逻辑基础、集成逻辑门电路、组合逻辑电路分析与设计、触发器、时序逻辑电路分析与设计、脉冲波形的产生与整形以及现代电子电路分析与设计技术介绍。

本书可作为高等学校计算机类、自动控制及电子技术应用等专业的本科生、专科生教材;也可作为其他理工科各专业教材;还可供从事相关专业的工程技术人员参考。为方便教师教学,本书配有教学课件,欢迎选用本书作为教材的老师索取,索取邮箱:llm7785@ sina. com。

图书在版编目(CIP)数据

电路与电子技术基础/李心广,王金矿,张晶等编著. —2 版.
—北京:机械工业出版社,2012. 8(2021. 1重印)
"十二五"普通高等教育本科国家级规划教材
ISBN 978-7-111-38848-7

I. ①电… Ⅱ. ①李…②王…③张… Ⅲ. ①电路理论—高等学校
—教材②电子技术—高等学校—教材 Ⅳ. ①TM13②TN01

中国版本图书馆 CIP 数据核字(2012)第 129698 号

机械工业出版社(北京市百万庄大街 22 号 邮政编码 100037)
策划编辑:刘丽敏 责任编辑:刘丽敏 关晓飞
版式设计:纪 敬 责任校对:张晓蓉
封面设计:张 静 责任印制:张 博
三河市国英印务有限公司印刷
2021 年 1 月第 2 版第 11 次印刷
184mm×260mm · 26. 75 印张 · 663 千字
标准书号:ISBN 978-7-111-38848-7
定价:49. 80 元

电话服务 网络服务
客服电话:010-88361066 机 工 官 网:www. cmpbook. com
        010-88379833 机 工 官 博:weibo. com/cmp1952
        010-68326294 金 书 网:www. golden-book. com
封底无防伪标均为盗版 机工教育服务网:www. cmpedu. com

第 2 版前言

《电路与电子技术基础》于 2008 年 3 月由机械工业出版社出版,作为一本主要面向高等学校计算机类、自动控制及电子技术应用等专业的本科生、专科生的教材,得到全国各兄弟院校的支持。该教材作为省精品资源共享课程配套教材,其特点主要体现在教学内容的改革上,内容选材与编排上应配合该课程进一步深化改革。经过 4 年的教学实践,听取选用教材教师的意见后,编写组特对此教材进行修订。

本教材第 2 版内容总体结构不变,即分为电路分析、模拟电路与数字电路 3 篇。电路分析内容选材思路是让学生学习电路分析的基础,为后续模拟电子电路部分的学习提供分析的理论。模拟电路的内容选材思路主要有三:其一是为数字电路提供电子学基础,让学生了解半导体知识、二极管与晶体管的线性与非线性应用;其二是让学生了解放大的基本原理、反馈及集成放大器;其三是让学生了解功率放大与直流电源。数字电路的内容选材思路也主要有三:其一是让学生掌握数字电路的组合逻辑电路与时序逻辑电路的两大组成部分;其二是组合逻辑电路中强调计算机中核心部件加法器、三态门内容的学习,时序逻辑电路中强调计数器、寄存器等的学习;其三是让学生了解现代电子电路设计的思想与方法。

在本版编写中增加了新的一章"功率放大电路与直流稳压电源",增加的理由是本章内容很实用,电子产品中无处不存在功率放大电路与直流稳压电源相关电路,而且学生在参加全国大学生电子设计竞赛中也要用到这方面的知识。增加这部分内容,各学校根据课时可进行选用。

本版编写中我们对部分章节内容进行了调整,这有利于缩短课内时数及组织教学。如第 12 章集成逻辑门电路与第 13 章组合逻辑电路的分析与设计的内容进行了调整;以及第 14、15 两章触发器与时序逻辑电路的内容进行了适当调整;另外,对第 6 章的内容进行了调整。

本书第 2 版修订工作由李心广、王金矿、张晶主持进行,李心广负责修订思路的提出及负责新增第 10 章的编写、模拟电路部分的审稿工作,王金矿负责电路分析部分、第 11 章、第 16 章的审稿工作及全书插图的检查。张晶负责第 12 章、第 13 章、第 14 章、第 15 章及第 17 章的审稿工作与全书版式检查。

编　者

第1版前言

随着科学技术的不断发展，各学科在教学过程中，都会将本学科最新技术发展成果增加到教学体系之中，近年来计算机技术的飞速发展，导致了与之相关学科教学内容做较大幅度的调整；其次，考虑到以加强学生自主学习、提高学生创新能力为目的的素质教育，减少了课堂教学，为此，在编写教材时，必须适应当前的教学需要。本教材就是为适应这一形势发展要求的一个大胆尝试的结果，即将弱电类（诸如计算机、自动控制及理工电气信息等）专业的三门核心基础课程"电路分析基础"、"模拟电子技术基础"、"数字电子技术基础"有机地合并为一门课程——"电路与电子技术基础"。

针对计算机类专业的特点，本书在选材上采取了"强化数字、优化模拟、夯实基础、拓展新技术"的策略，内容上全书分为3篇：

第1篇为电路分析基础。主要讲述电路的基本概念、基本定律（定理）和基本分析方法。内容涉及电阻电路、动态电路和正弦稳态交流电路分析。本篇主要要求学生掌握纯电阻性电路分析方法、含有动态元件电路的过渡过程分析以及正弦稳态电路分析的一般方法。通过这一部分的学习，既让学生掌握基本电路的分析方法，也为学习电子技术及以后的相关课程奠定基础。

第2篇为模拟电子技术基础。主要讲述半导体器件的原理、基本放大电路分析基础、负反馈放大电路和集成运算放大器及应用。本篇要求学生掌握基本半导体器件的工作原理并可以分析基本的放大电路，了解和掌握负反馈在电路中的作用和熟练运用运算放大器设计应用电路。

第3篇为数字电子技术基础。主要内容包括逻辑代数基础、集成门电路介绍、组合逻辑电路分析与设计、触发器电路介绍、时序电路的分析与设计、脉冲波形的产生与整形电路，以及现代电子电路分析与设计技术介绍。本篇内容是学习后续课程——计算机组成原理、计算机接口电路等的基础，也是本课程的重点。随着数字电子技术的发展，特别是计算机技术的发展，各种电器设备都有向数字化过渡的趋势，掌握数字电路的分析和设计的方法显得越来越重要，特别是现代数字系统的设计方法的学习为后续课程的教学改革打下基础。

在具体编写过程中，体现了如下思想：

1. 处理好迅速更新的新技术与有限篇幅之间的矛盾。在保留基本概念、基本原理和基本分析方法的基础上，精简了当前实际中应用较少或陈旧的内容，重点放在数字电路的分析上，加强了中、大规模集成电路的应用介绍。

2. 突出电子技术基础课程的实践性。在讨论各器件时，重点放在器件的基本工作原理以及与实际应用有着密切关系的器件外特性和主要参数上。在讨论具体电路时，突出构成电路的思路、电路特点以及重要技术指标的计算。

3. 在选材编排上，力求做到由浅入深，循序渐进。首先介绍电路分析的基本理论和基本方法；在此基础上引入模拟电子技术的概念，通过介绍模拟电路的基本理论和应用，为数字电路的分析作必要的知识储备；最后介绍数字电路的分析理论和方法以及集成电路的应用。

4. 限于篇幅，本教材主要讲授基本概念、基本理论和基本应用，具体的应用可根据各专业的应用方向在后续课程中加以介绍。如：A-D、D-A 转换可以在后续课"计算机组成原理"或"计算机接口技术"中介绍。这样也避免了各教材内容的重复。

本书适合用作高等学校计算机科学与技术、软件工程、网络工程等计算机类专业、自动控制专业以及其他相关专业本科生、专科生教材，也可供从事相关专业的工程技术人员和科研人员参考。

本教材的参考教学时数为 90 学时左右，可根据各自学校的具体情况增删部分教学内容。例如：三部分内容均讲，可按 35%、25% 及 40% 安排电路、模拟电子技术及数字逻辑电路的教学时数。时数少的学校也可只讲数字部分，其他部分内容可让学生自学。

本书编写分工如下：李心广编写第 1、2、16 章、罗海涛编写第 3、4、5 章、王金矿编写第 6、7、8、9 章、马文华编写第 10、11、12 章、张晶编写第 13、14、15 章。由王金矿、李心广、张晶通读全稿，对文字、图表进行校正，并集体讨论决定最终内容的取舍。由王金矿、李心广负责全书的修改、统稿、定稿，由张晶负责全书版式的检查，由华南理工大学赖声礼教授主持全书的审稿工作。

电子技术日新月异，教学改革任重道远，编者的能力与这两方面所提出的要求相比，还有很大差距。恳请同行及使用者批评指正，以便再版时修正。

全书附有部分习题参考答案，相关资料可与作者联系，联系邮箱：lxggu@ 163. com 或 jkwang@ mail. gdufs. edu. cn。为方便教师教学，本书配有教学课件，欢迎选用本书作为教材的老师索取，索取邮箱：llm7785@ sina. com。

编　者

目　　录

第2版前言

第1版前言

第1篇　电路分析基础 ············ 1

第1章　电路的基本概念及
**　　　　基本定律** ··········· 2
1.1　电路模型 ··········· 2
1.2　电路分析的基本变量 ········ 3
　1.2.1　电流 ··········· 3
　1.2.2　电压 ··········· 4
　1.2.3　能量和功率 ········ 5
1.3　基尔霍夫定律 ········· 7
1.4　电路元件 ··········· 9
　1.4.1　耗能元件——电阻元件 ··· 9
　1.4.2　供能元件——独立电源 ·· 12
　1.4.3　储能元件——动态元件 ·· 16
　1.4.4　控能元件——受控电源 ·· 25
习题 ············· 27

第2章　电阻电路的一般分析方法 ····· 29
2.1　电阻的串联和并联 ······· 29
　2.1.1　电阻的串联 ········ 29
　2.1.2　电阻的并联 ········ 30
　2.1.3　电阻的混联及Ｙ-△等效变换 · 31
2.2　电阻电路功率及负载获得最大
　　　功率的条件 ········· 34
2.3　电路中各点电位的计算 ····· 35
2.4　应用基尔霍夫定律计算线性网络 · 37
2.5　网孔分析法 ········· 38
2.6　节点分析法 ········· 41
2.7　弥尔曼定理 ········· 45
习题 ············· 47

第3章　电路分析的几个定理 ····· 49
3.1　叠加定理 ··········· 49
3.2　置换定理 ··········· 51
3.3　戴维南定理 ········· 52
3.4　诺顿定理 ··········· 54
3.5　应用戴维南定理分析受控源电路 ·· 55
习题 ············· 58

第4章　动态电路的分析方法 ········· 61
4.1　一阶电路的分析 ········· 61
　4.1.1　一阶电路的零输入响应 ····· 61
　4.1.2　一阶电路的零状态响应 ····· 65
　4.1.3　一阶电路的完全响应 ····· 69
4.2　二阶电路的分析 ········· 72
　4.2.1　LC电路中的自由振荡 ····· 72
　4.2.2　二阶电路的零输入响应描述 ····· 74
　4.2.3　二阶电路的零输入响应(非振
　　　　荡情况) ········· 76
　4.2.4　二阶电路的零输入响应(振荡
　　　　情况) ··········· 78
习题 ············· 80

第5章　正弦稳态电路分析 ········· 82
5.1　正弦信号的基本概念 ········· 82
　5.1.1　正弦信号的三要素 ········· 82
　5.1.2　正弦信号的相位差 ········· 83
　5.1.3　正弦信号的有效值 ········· 84
5.2　正弦信号的相量表示 ········· 85
　5.2.1　复数及其运算 ········· 86
　5.2.2　用相量表示正弦信号 ········· 87
5.3　基本元件的伏安特性和基尔霍夫
　　　定律的相量形式 ········· 89
　5.3.1　基本元件伏安特性的相量
　　　　形式 ········· 89
　5.3.2　基尔霍夫电流定律和电压
　　　　定律的相量形式 ········· 92
5.4　相量模型 ········· 94
　5.4.1　阻抗与导纳 ········· 94
　5.4.2　正弦稳态电路的相量模型 ····· 96
　5.4.3　阻抗和导纳的串、并联 ····· 97
5.5　相量法分析 ········· 99
5.6　电路的谐振 ········· 102
　5.6.1　串联谐振 ········· 102
　5.6.2　并联谐振 ········· 105
习题 ············· 107

第2篇　模拟电子技术基础 ········· 111

第6章 半导体器件的基本特性 …… 112
　6.1 半导体基础知识 ………… 112
　　6.1.1 本征半导体 ………… 112
　　6.1.2 杂质半导体 ………… 113
　6.2 PN结及半导体二极管 ……… 114
　　6.2.1 异型半导体的接触现象 … 115
　　6.2.2 PN结的单向导电特性 … 115
　　6.2.3 半导体二极管 ………… 118
　　6.2.4 半导体二极管的应用 … 123
　6.3 半导体晶体管 …………… 124
　　6.3.1 晶体管的结构及类型 … 124
　　6.3.2 晶体管的放大作用 …… 125
　　6.3.3 晶体管的特性曲线 …… 127
　　6.3.4 晶体管的主要参数 …… 129
　习题 ……………………… 130

第7章 晶体管基本放大电路 …… 132
　7.1 放大电路的组成 ………… 132
　　7.1.1 放大电路的组成原则 … 132
　　7.1.2 直流通路和交流通路 … 133
　7.2 放大电路的静态分析 …… 134
　　7.2.1 图解法确定静态工作点 … 134
　　7.2.2 解析法确定静态工作点 … 136
　　7.2.3 电路参数对静态工作点的
　　　　　影响 …………………… 136
　7.3 放大电路的动态分析 …… 137
　　7.3.1 图解法分析动态特性 … 137
　　7.3.2 放大电路的非线性失真 … 140
　　7.3.3 晶体管的微变等效电路 … 141
　　7.3.4 3种基本组态放大电路的分析 … 145
　7.4 静态工作点的稳定及其偏置电路 … 152
　习题 ……………………… 158

第8章 负反馈放大电路 ……… 161
　8.1 反馈的基本概念 ………… 161
　　8.1.1 反馈的定义 ………… 161
　　8.1.2 反馈的分类和判断 …… 162
　8.2 负反馈的4种组态 ……… 164
　　8.2.1 反馈的一般表达式 …… 164
　　8.2.2 串联电压负反馈 …… 164
　　8.2.3 串联电流负反馈 …… 165
　　8.2.4 并联电压负反馈 …… 166
　　8.2.5 并联电流负反馈 …… 167
　8.3 负反馈对放大电路性能的影响 …… 168

　　8.3.1 提高放大倍数的稳定性 …… 168
　　8.3.2 减小非线性失真和抑制干扰、
　　　　　噪声 …………………… 169
　　8.3.3 负反馈对输入电阻的影响 … 170
　　8.3.4 负反馈对输出电阻的影响 … 171
　8.4 负反馈放大电路的计算 …… 173
　　8.4.1 深度负反馈放大电路的近似
　　　　　估算 …………………… 173
　　8.4.2 串联电压负反馈 …… 174
　　8.4.3 串联电流负反馈 …… 174
　　8.4.4 并联电压负反馈 …… 175
　　8.4.5 并联电流负反馈 …… 176
　习题 ……………………… 177

第9章 集成运算放大器基础 …… 179
　9.1 零点漂移 ……………… 180
　9.2 差动放大电路 …………… 181
　　9.2.1 基本形式 ………… 181
　　9.2.2 长尾式差动放大电路 … 182
　　9.2.3 恒流源差动放大电路 … 187
　9.3 集成运放的主要参数与选择 … 188
　　9.3.1 集成运放的主要参数 … 188
　　9.3.2 集成运放的选择 …… 190
　9.4 集成运放的应用 ………… 191
　　9.4.1 集成运放的使用 …… 192
　　9.4.2 信号运算电路 …… 195
　　9.4.3 有源滤波器 ………… 199
　习题 ……………………… 203

第10章 功率放大电路与直流稳压
　　　　电源 …………………… 205
　10.1 功率放大电路 ………… 205
　　10.1.1 功率放大电路的分类 … 205
　　10.1.2 功率放大器的特点 … 206
　　10.1.3 提高输出功率的方法 … 206
　　10.1.4 乙类互补推挽功率放大电路 … 207
　　10.1.5 甲乙类互补对称功率放大
　　　　　 电路 …………………… 208
　10.2 直流稳压电源 ………… 211
　　10.2.1 整流电路 ………… 212
　　10.2.2 滤波电路 ………… 213
　　10.2.3 直流稳压电路 …… 215
　习题 ……………………… 219

第3篇 数字逻辑电路基础 …………… 224

第 11 章　数制、编码与逻辑代数 ······ 225

11.1　数制与数制转换 ············· 225

11.1.1　数制 ················· 225

11.1.2　数制间的转换 ········· 227

11.2　二进制数的编码 ············· 230

11.2.1　二—十进制（BCD）码 ···· 230

11.2.2　字符编码 ············· 232

11.2.3　奇偶校验码 ··········· 234

11.3　逻辑代数 ··················· 235

11.3.1　基本逻辑 ············· 235

11.3.2　基本逻辑运算 ········· 237

11.3.3　逻辑函数与真值表 ····· 241

11.3.4　逻辑函数的基本定理 ··· 242

11.3.5　3 个规则 ············· 244

11.3.6　常用公式 ············· 245

11.3.7　逻辑函数的标准形式 ··· 246

11.4　逻辑函数的化简 ············· 249

11.4.1　代数化简法 ··········· 250

11.4.2　图解法（卡诺图法） ··· 251

11.4.3　卡诺图化简法 ········· 253

11.4.4　具有约束条件的逻辑函数
化简 ················· 255

习题 ··························· 256

第 12 章　集成逻辑门电路 ··········· 258

12.1　半导体二极管和晶体管的开关
特性 ··················· 258

12.1.1　晶体二极管的开关特性 ··· 258

12.1.2　晶体管的开关特性 ······· 262

12.1.3　由二极管与晶体管组成的
基本逻辑门电路 ······· 264

12.2　TTL“与非”门电路 ········· 267

12.2.1　典型 TTL“与非”门电路 ······ 267

12.2.2　TTL“与非”门的电压传输
特性 ················· 269

12.2.3　TTL“与非”门的主要
参数 ················· 270

12.2.4　TTL 门电路的改进 ········· 271

12.2.5　集电极开路 TTL 电路
（OC 门） ············· 273

12.2.6　三态 TTL 门（TSL 门） ····· 274

12.3　场效应晶体管与 MOS 逻辑门 ······ 275

12.3.1　N 沟道增强型 MOS 管的开关
特性 ················· 276

12.3.2　NMOS 反相器 ········· 279

12.3.3　CMOS 逻辑门电路 ········· 280

12.4　正逻辑与负逻辑 ············· 283

12.4.1　正负逻辑的基本概念 ··· 284

12.4.2　正负逻辑变换规则 ····· 284

习题 ··························· 286

第 13 章　组合逻辑电路的分析与
设计 ··················· 287

13.1　组合逻辑电路的分析 ········· 288

13.1.1　组合逻辑电路的一般分析
方法 ················· 288

13.1.2　加法器电路分析 ······· 289

13.1.3　编码器电路分析 ······· 293

13.1.4　译码器电路分析 ······· 296

13.2　组合逻辑设计 ··············· 303

13.2.1　组合逻辑电路设计的基本
思想 ················· 303

13.2.2　组合逻辑电路的一般设计
方法 ················· 304

13.2.3　组合逻辑电路的设计举例 ··· 305

13.3　组合逻辑电路中的竞争-冒险
现象 ··················· 307

13.3.1　竞争-冒险现象的产生 ··· 307

13.3.2　竞争-冒险现象的判断 ··· 308

13.3.3　冒险现象的消除 ······· 310

习题 ··························· 311

第 14 章　触发器 ··················· 314

14.1　基本触发器 ················· 314

14.1.1　基本触发器的逻辑结构和
工作原理 ············· 314

14.1.2　基本触发器功能的描述 ··· 315

14.2　同步触发器 ················· 317

14.2.1　同步 RS 触发器 ········· 317

14.2.2　同步 D 触发器 ········· 318

14.2.3　同步触发器的触发方式和
空翻问题 ············· 319

14.3　主从触发器 ················· 319

14.3.1　主从触发器的基本原理 ··· 319

14.3.2　主从 JK 触发器及其一次
翻转现象 ············· 320

14.4　边沿触发器 ················· 322

14.4.1　维持阻塞 D 触发器 ········· 322

14.4.2 边沿 JK 触发器 ·············· 323
14.5 触发器的类型及转换 ············ 324
  14.5.1 T 触发器和 T′触发器 ······ 324
  14.5.2 触发器类型转换的方法 ······· 324
14.6 集成触发器的脉冲工作特性和
    动态参数 ····················· 326
习题 ·································· 327

第 15 章 时序逻辑电路的分析与
     设计 ······················· 329
15.1 时序逻辑电路概述 ·············· 329
  15.1.1 时序逻辑电路的特点 ······· 329
  15.1.2 时序逻辑电路的功能
     描述方法 ··················· 329
  15.1.3 时序逻辑电路的分类 ······· 330
15.2 时序逻辑电路的分析 ············ 330
15.3 计数器 ························· 332
  15.3.1 异步计数器 ·············· 333
  15.3.2 同步计数器 ·············· 337
15.4 寄存器和移位寄存器 ············ 344
  15.4.1 寄存器 ················· 344
  15.4.2 移位寄存器 ·············· 345
15.5 时序逻辑电路的设计 ············ 350
  15.5.1 采用小规模集成电路设计
     同步时序逻辑电路 ·········· 351
  15.5.2 采用小规模集成电路设计
     异步时序逻辑电路 ·········· 356
  15.5.3 采用中规模集成电路实现
     任意模值计数(分频)器 ······· 358
习题 ·································· 362

第 16 章 脉冲波形的产生和整形 ····· 365
16.1 概述 ························· 365
  16.1.1 脉冲电路的分析 ·········· 366
  16.1.2 RC 电路的应用 ·········· 367
16.2 单稳态触发器 ················· 370

16.2.1 用门电路组成的单稳态触
     发器 ····················· 370
16.2.2 集成单稳态触发器 ·········· 372
16.2.3 单稳态触发器的应用 ········ 374
16.3 多谐振荡器 ··················· 376
  16.3.1 自激多谐振荡器 ·········· 376
  16.3.2 环形振荡器 ·············· 378
  16.3.3 石英晶体多谐振荡器 ······· 380
16.4 施密特触发器 ················· 381
  16.4.1 用门电路组成的施密特
     触发器 ··················· 381
  16.4.2 集成施密特触发器 ·········· 382
  16.4.3 施密特触发器的应用 ······· 383
16.5 555 定时器及其应用 ··········· 385
  16.5.1 555 定时器的电路结构与工作
     原理 ····················· 385
  16.5.2 555 定时器的典型应用 ····· 387
习题 ·································· 391

第 17 章 现代电子电路系统分析
     与设计简介 ··············· 393
17.1 电路仿真软件 Multisim ········· 393
  17.1.1 Multisim 的功能简介 ······ 393
  17.1.2 Multisim 的界面及主要元素 ··· 394
  17.1.3 用 Multisim 进行虚拟实验的
     方法 ····················· 395
  17.1.4 基于 Multisim 的电路分析 ··· 396
17.2 现代数字系统的分析与设计 ······· 400
  17.2.1 设计项目输入 ············ 401
  17.2.2 设计项目处理 ············ 405
  17.2.3 设计项目校验 ············ 406
  17.2.4 器件编程 ··············· 408
习题 ·································· 410

附录 部分习题参考答案 ············· 411
参考文献 ······················· 418

第1篇 电路分析基础

电被广泛地应用到日常生活、工农业生产、科学研究以及国防建设等各个方面,当今社会,人们几乎无时无刻不在与电打交道。因此,如何认识电路、分析电路以及设计实用电路就显得尤为重要。

在实际的电器设备中,电路器件种类繁多、电路连接五花八门,为了能对电路进行分析、计算,必须把实际的电路器件加以近似化、理想化,用一个足以表征其主要特性的"模型"来表示。将实际的电路器件抽象后的模型有纯电阻、纯电容、纯电感等理想元件,这样,就可作出由这些理想元件构成的电路图,然后根据电路的基本规律对其进行分析研究。

许多电路器件在一定的条件下可以用电阻性模型(即静态模型)来表示。最简单的可以看做纯电阻的器件有电阻器(碳膜电阻、线绕电阻、金属膜电阻等)以及白炽灯、电烙铁等。作用于电阻性电路的电源可以是直流、交流或者是随时间作不规则变化(注意交流电源是随时间大小和方向周期变化的电源)的电源,只要电源的频率不太高,上述部件就可以用电阻性模型来表示,这样在处理方法上就可以采用直流电路的方法来进行。为了简化分析方法,本篇的学习内容主要以线性电阻性电路为主。所谓线性电阻就是电阻值不随电压或电流变化的电阻。至于非线性电阻电路、含电容或电感的电路,可以通过对一个直流线性电阻性电路进行一系列重复的计算得到解答,或利用其他数学手段将含电容、电感的电路转换后用直流线性电阻性电路的分析方法进行计算(如相量分析法)。

第1章 电路的基本概念及基本定律

1.1 电路模型

电路模型(Circuit Model)就是把实际电路器件构成的电路进行抽象得出来的模型,俗称电路图(Circuit Diagram)。电路中的电路器件通过导线按一定方式连接,由于实际电路不便于分析计算,故有必要对实际的器件进行理想化后转化成电路模型。比如,常见的白炽灯利用灯丝的电阻(Resistance)特性消耗电能,将其转化成热能,加热后的灯丝再将热能转化为光能。但是,一旦有电流流过白炽灯时还会产生磁场,因而还兼有电感(Inductance)的性质;再比如导线(Current Lead)是用来提供电能通道的,但导线必然存在电阻,且在有变化电流流过时,在导线的周围还会产生变化的磁场,等等。这样,给分析电路带来一定困难。所谓对实际的部件进行理想化就是在一定的条件下将其近似化,忽略其次要性质,用一个足以表征其主要性能的模型来表示。在上面提到的白炽灯可以看做一个理想的电阻元件,连接导线在长度较短时可以忽略导线内的电阻等。在建立器件模型时应注意以下两点:

1)在一定的条件下,不同的器件可以具有同一种模型。如:电阻器、白炽灯、电炉等,这些器件在电路中或者设置工作点、或者采样、或者消耗电能,但都可用理想的电阻元件作为它们的模型。

2)对于同一器件,在不同的应用条件下,可以采用不同形式的模型。比如,一个线圈在工作频率较低时,用理想的电感元件作为模型,若要考虑线圈的能耗,可以使用理想的电阻元件和理想的电感元件的串联形式作为模型;而在工作频率较高时,则应考虑线圈绕线之间相对位置的影响,这时的模型中还应包含理想的电容(Capacitance)元件。

实际电路器件的运用都和电磁现象有关。按元件的端子来分,可以把理想元件分为二端元件(Two-Terminal Element)和四端元件(Coupling Element)。常用的二端理想元件有:表示消耗电能并转换为其他形式能量的电阻元件;表示存储电场能量的电容元件;表示存储磁场能量的电感元件;表示提供能量的电压源、电流源等两种理想电源元件。常见的理想四端元件(也叫耦合元件)有实现控制能量的受控源(理想变压器、互感器、理想晶体管等)。可以用这些理想元件来表示实际电路器件的模型。

实际器件用模型表示以后,就可以绘出由理想元件组成的电路图,各理想元件都用一定的符号表示。

图 1-1 所示手电筒实物电路的电路模型如图 1-2 所示,图 1-1 中的干电池用电压源 U_S 和内阻 R_S(S—Source)表示,灯泡用电阻 R_L(L—Load)表示,S(Switch)为开关,当连接导线的电阻值很小时,一般忽略不计,用理想的导线表示。

对实际电路进行模型化处理的前提是:假设电路中的基本电磁现象可以分别研究,并且相应的电磁过程都集中在各理想元件内部进行。即所谓的电路理论的集中化假设。满足集中化假设的理想元件称为集中(参数)元件,由这类元件构成的电路称为集中(参数)电路。

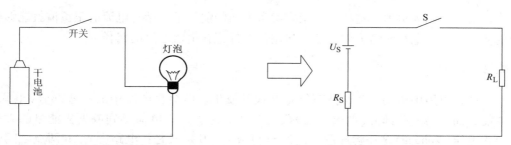

图 1-1　手电筒实物电路　　　　　　图 1-2　图 1-1 的电路模型

集中参数电路(Lumped Circuit)是由集中参数元件(Lumped Elements)构成的电路。集中参数元件的主要特点是：元件外形尺寸与其正常工作频率所对应的波长相较而言很小。同理，集中参数电路要求实际电路的几何尺寸必须远小于工作电磁波的波长，如果不满足此条件，就不能采用集中参数电路模型来描述。

为了理解集中参数电路与工作电磁波波长之间的关系，对以下几种情况作以下说明：①对于音频电路，其最高频率可为 25kHz，对应的波长是 $\lambda = (3 \times 10^8)/(25 \times 10^3)\,\mathrm{m} = 12\mathrm{km}$，这尺寸远大于实验室中电路的尺寸，属于集中参数电路；②对于计算机电路，其工作频率目前已高于 1000MHz，此时 $\lambda = (3 \times 10^8)/(1 \times 10^9)\,\mathrm{m} = 0.3\mathrm{m}$，此时用集中参数电路来描述就难以准确表达；③对于微波电路，其 λ 介于 1mm ~ 10cm 之间，不可以用集中参数电路的分析方法。

1.2　电路分析的基本变量

电路的变量是描述电路特性的物理量，常用的电路变量有电流、电压和功率。

1.2.1　电流

在物理中我们已经知道，电子和质子都是带电粒子，电子带负电荷，质子带正电荷。电荷有规则的移动形成电流(Current)。计量电流大小的物理量是电流，电流的定义是：单位时间内通过导体路径中某一横截面的电荷，即

$$i(t) = \frac{\mathrm{d}q(t)}{\mathrm{d}t} \tag{1-1}$$

习惯上把正电荷运动的方向规定为电流的方向。式(1-1)中，电荷 q 的单位是库[仑](C)，时间 t 的单位是秒(s)时，电流 i 的单位为安[培](A)。常用的其他电流单位还有千安(kA)、毫安(mA)、微安(μA)。它们之间的关系是

$$1\mathrm{kA} = 10^3\mathrm{A}$$
$$1\mathrm{A} = 10^3\mathrm{mA} = 10^6\mathrm{\mu A}$$

如果在任一瞬间通过导体横截面的电荷都是相等的，而且方向也不随时间变化，则这种电流叫做恒定电流，简称直流(Direct Current,简写为 dc 或 DC)。它的电流用符号 I 表示。如果电流的大小和方向都随时间变化，则称之为交变电流，简称交流(Alternating Current,简写为 ac 或 AC)，它的电流用符号 i 表示。

尽管规定正电荷运动方向为电流方向，但在求解较复杂的电路时，往往很难事先判断电流的真实方向，为分析电路方便，引入了参考方向(Reference Direction)的概念。参考方向就是在分析电路时可以先任意假定一个电流方向，如果电流的真实方向与参考方向一致时，电

流为正值，否则为负值。这样，在指定参考方向的前提下，结合电流的正负值就能够确定电流的实际方向。电流参考方向一般直接用箭头标记在电流通过的路径上。

1.2.2 电压

电荷在电路中流动，就必然有能量交换的发生。电荷在电路中的一些部分(电源处)获得电能，而在另一些部分(如电阻处)失去电能。为了计量电荷得到或失去能量的大小，我们引入电压(Voltage)这一物理量，记为$u(t)$或u。其定义是：电路中a、b两点之间的电压表明了单位正电荷由a点转移到b点时所获得或失去的能量，即

$$u(t) = \frac{\mathrm{d}w(t)}{\mathrm{d}q(t)} \tag{1-2}$$

式中，$\mathrm{d}q(t)$为由a点转移到b点的电荷，单位为库[仑](C)；$\mathrm{d}w(t)$为转移过程中，电荷$\mathrm{d}q(t)$所获得或失去的能量，单位为焦[耳](J)；电压的单位为伏[特](V)。常用的其他电压单位还有千伏(kV)、毫伏(mV)。

电压也可用电位差表示，即

$$u = u_{\mathrm{a}} - u_{\mathrm{b}} \tag{1-3}$$

式中，u_{a}和u_{b}分别为a、b两点的电位。

电位是描述电路中电位能分布的物理量。如果正电荷由a点转移到b点时获得能量，则a点为低电位(即负极)，b点为高电位(即正极)；反之亦然。正电荷在电路中转移时电能的得到或失去体现为电位的升高或降低。

根据电压随时间变化的情况，电压可分为恒定电压与交变电压。如果电压的大小和极性都不随时间而变动，这样的电压称之为恒定电压或直流电压，用符号U表示。

根据定义，电压也是代数量。与电流类似，分析计算电压时，也需要指定一个参考方向(又称为参考极性)。同时规定，当参考方向与实际方向一致时，记电压为正值；否则，记电压为负值。这样，在指定电压参考方向以后，在对电路进行分析计算后，依据电压的正负，就可以确定电压的实际方向。

在进行电路分析时，既要为通过元件的电流指定参考方向，也要为该元件两端的电压指定参考方向，彼此是完全独立的。但为了方便起见，常采用关联的(Associated)参考方向：即对于某一电路元件而言，电流的参考方向与电压的参考方向的"＋"极到"－"极的方向一致，换句话说，电流与电压的参考方向一致，如图1-3a所示，这样在电路图上就只需

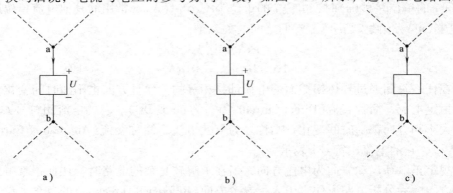

图1-3　关联的参考方向

标出电流的参考方向或电压的参考方向中任何一种即可，如图1-3b、c所示。

例1-1 电路如图1-4a所示，图中标出了电流参考方向。已知电流$I_1 = -1A$，$I_2 = 6A$，$I_3 = -3A$；若以d为参考点，则电位$U_a = 2V$，$U_b = -1V$，$U_c = 1V$。求：

（1）电流I_1、I_2、I_3的实际方向和电压U_{ab}、U_{bd}、U_{cd}的实际极性。

（2）若欲测量电流I_1和电压U_{cd}的数值，则电流表和电压表应如何接入电路？

解 （1）在指定了电流参考方向后，结合电流值的正负就可判断其实际方向。已知I_2为正值，表明该电流的实际方向与它的参考方向一致；而I_1和I_3为负值，表明它的实际方向与指定的参考方向相反。

同理，根据

$$U_{ab} = U_a - U_b = 2V - (-1)V = 3V$$

$$U_{bd} = U_b - U_d = (-1)V - 0V = -1V$$

$$U_{cd} = U_c - U_d = 1V - 0V = 1V$$

可知$U_{ab} > 0$，电压实际方向由a指向b，或者a为高电位端，b为低电位端；$U_{bd} < 0$，表明电压实际方向与参考方向相反，即d为高电位端，b为低电位端；同理，$U_{cd} > 0$，c点为高电位，d点为低电位。

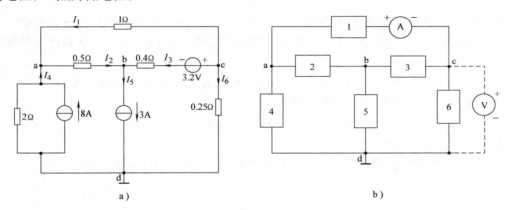

图1-4 例1-1电路图

（2）测量直流电流时，应将电流表串联接入被测支路，使实际电流从电流表的"＋"极流入，"－"极流出。测量直流电压时，应把电压表并联接入被测电路，使电压表"＋"极与被测电压的高电位端连接，"－"极与低电位端连接，如图1-4b所示。

1.2.3 能量和功率

某一简单电路如图1-5所示，若将电流I和电压U的实际方向指定为参考方向，则电阻元件上的电流、电压为关联参考方向，而电压源元件的电流电压就为非关联参考方向。

正电荷从高电位端a，经过电阻R移至低电位端b，是电场力对电荷做功的结果，电场力做功所消耗电能被电阻吸收。正电荷由b端经电压源移至a端，是外力对

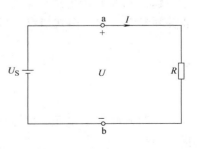

图1-5 简单电路

5

电荷做功，通过做功将其他形式的能量转换为电能，从而使电源具有向外电路提供电能的特性。

单位时间内消耗的电能即为电功率，记为 $p(t)$ 或 p，表达式为

$$p(t) = \frac{\mathrm{d}w(t)}{\mathrm{d}t} \tag{1-4}$$

根据式(1-2)有 $\mathrm{d}w(t) = u(t)\mathrm{d}q(t)$，则

$$p(t) = \frac{\mathrm{d}w(t)}{\mathrm{d}t} = u(t)\frac{\mathrm{d}q(t)}{\mathrm{d}t}$$

再根据式(1-1)，则有

$$p(t) = u(t)i(t) \quad \text{或} \quad p = ui \tag{1-5}$$

在直流的情况下，有

$$P = UI \tag{1-6}$$

若元件的电压、电流取非关联参考方向，只需在上述公式中冠以负号，即

$$p = -ui \quad \text{或} \quad P = -UI$$

综合以上两种情况，将元件吸收功率的计算公式统一表示为

$$p = \pm ui \tag{1-7}$$

当 $p > 0$ 时，表示在 $\mathrm{d}t$ 时间内电场力对电荷 $\mathrm{d}q$ 做功 $\mathrm{d}w$，这部分能量被元件吸收，所以 p 是元件的吸收功率；在 $p < 0$ 时，表示元件吸收负功率，换句话说，就是元件向外部电路提供功率。

例 1-2 在图 1-6 中，已知 $U = -7\mathrm{V}$，$I = -4\mathrm{A}$，试求元件 A 的吸收功率。

解 由于 U、I 为关联参考方向，所以有

$$P = UI = (-7)\mathrm{V} \times (-4)\mathrm{A} = 28\mathrm{W}$$

说明元件 A 吸收功率 28W。

例 1-3 在图 1-7 中，已知元件 B 产生的功率为 120mW，$U = 40\mathrm{V}$，求 I。

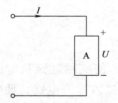 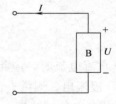

图 1-6 例 1-2   图 1-7 例 1-3

解 元件 B 产生的功率为 120mW，即吸收功率为 -120mW，且考虑到元件上 U 与 I 为非关联参考方向，由式(1-7)可得

$$P = -UI = -120\mathrm{mW}$$

从而有

$$I = -\frac{P}{U} = -\frac{(-120)\mathrm{mW}}{40\mathrm{V}} = 3\mathrm{mA}$$

表明元件 B 上电压、电流的实际方向在非关联参考方向下均为正，所以 B 向外部电路提供功率。

1.3　基尔霍夫定律

电路模型是由电路元件组成的。每一个二端元件可以构成一条支路（Branch）（见图 1-8 中的 R_1 或 U_{S1}）。两条或两条以上支路的连接点叫做节点（Node）（见图 1-8 中的 a、b、c、d 点）。为分析电路的方便，可以把由若干个元件串联、具有两个端点组成的电路看做一条支路。图 1-8 中的 R_1 和 U_{S1} 可看做一条支路，这样 d 点可不算为节点。

电路中的任一闭合路径叫做回路（Loop），如图 1-8 中的 dabcd、aR_3cba、daR_3cd 都是回路，该电路共有 3 个回路。显然，电路至少有一个回路。

在回路内部不含有支路的回路叫做网孔（Mesh），如图 1-8 中的回路 dabcd、aR_3cba 就是网孔，而回路 daR_3cd 则不是网孔。网孔由哪些元件组成与电路的画法有关，将图 1-8 改成图 1-9 后，回路 dabcd 就不是网孔，而回路 aR_3cba、daR_3cd 则是网孔。

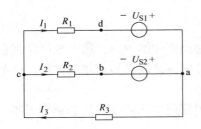

图 1-8　电路名词定义用图

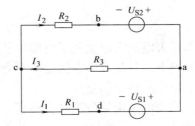

图 1-9　图 1-8 的另一画法

一般把含元件较多的电路称为网络（Network）。实际上，电路和网络这两个名词并无明确区别。

基尔霍夫定律（Kirchhoff's Law）有两条：一是电流定律，另一是电压定律。

基尔霍夫电流定律（KCL）：在任一时刻，流入一个节点的电流总和等于从这个节点流出电流的总和。这个定律是电流连续性的表现。

对于图 1-10，根据基尔霍夫定律可得出

$$I_1 + I_2 + I_3 = I_4 + I_5 \qquad (1-8)$$

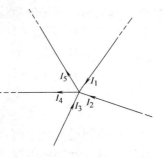

图 1-10　电路中一个节点

这个定律也可换另一种说法：流出节点电流的代数和为零。如果将流出电流定义为正，则流入电流为负。式（1-8）就可以写为

$$-I_1 - I_2 - I_3 + I_4 + I_5 = 0 \qquad (1-9a)$$

用电流的代数形式表示，可把这个定律写成一般形式，得

$$\sum I = 0 \qquad (1-9b)$$

即：在电路中任一节点上，各支路电流的代数和总等于零。这一结论与各支路上接什么样的元件无关，不论是线性电路还是非线性电路，它都是普遍适用的。

KCL 是运用于电路中节点的，也可以将其推广运用到电路中的一个封闭面。如图 1-11 中，点画线所包围的电路，有 3 条支

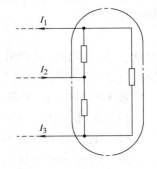

图 1-11　电流定律应用于一个封闭面

路与电路的其他部分连接，则可以把点画线所包围的封闭面看做一个节点，于是有

$$I_1 - I_2 + I_3 = 0 \qquad (1\text{-}10)$$

例 1-4 图 1-12 所示电路中，已知 $I_1 = 2A$，$I_3 = 3A$，$I_4 = -2A$。
试求电压源 U_S 支路和电阻 R_5 支路中流过的电流。

解 分别用 I_0、I_5 表示支路 da 和 cd 中的电流，其参考方向如图
所示。

对于节点 c，列出 KCL 方程，有

$$I_3 + I_5 - I_1 = 0$$

求得

$$I_5 = I_1 - I_3 = 2A - 3A = -1A$$

同理，对于节点 d，应用 KCL，可得

$$I_0 + I_4 - I_5 = 0$$

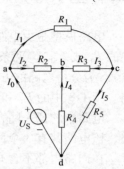

图 1-12 例 1-4 电路图

所以有

$$I_0 = I_5 - I_4 = (-1)A - (-2)A = 1A$$

基尔霍夫电流定律表明了电路中各支路电流之间必须遵守的规律，这个规律体现在电路
中各个节点上。基尔霍夫电压定律则表明电路中各元件电压之间必须遵守的规律，这个规律
体现在电路中的各个回路中。

基尔霍夫电压定律（KVL）：在任一时刻，沿闭合电路的电压降的代数和总等于零。

按图 1-13 所示的绕行方向，若规定支
路的电压参考方向与绕行方向一致时，该支
路电压取正值，否则取负值，则有

$$U_1 + U_{ac} - U_3 = 0$$
$$U_2 - U_4 - U_{ac} = 0$$
$$U_3 + U_6 - U_5 = 0$$
$$U_6 - U_7 - U_4 = 0$$
$$U_1 + U_2 - U_3 - U_4 = 0$$

电压定律是电路中两点间电压与所选择
路径无关这一性质的表现。

把这一定律写成一般形式，即在一闭合
回路中有

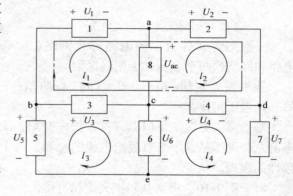

图 1-13 基尔霍夫电压定律说明电路

$$\sum U = 0$$

显然，这一定律也是和沿闭合回路会遇到什么样的元件无关，定律表明的只是这些元件电压
降的代数和应为零。

例 1-5 图 1-14 所示电路中，已知 $U_S = 10V$，$I_S = 5A$，$R_1 = 5\Omega$，$R_2 = 1\Omega$。

（1）求电压为 U_S 的电压源输出电流 I 和电流为 I_S 的电流源端电压 U。

（2）计算各元件的吸收功率。

解 （1）在图中标出 R_1 支路电流的参考方向及回路 l_1、l_2 的绕行方向。对回路 l_1 应用
KVL 可知 $U_{ab} = U_S = 10V$，因此有

$$I_1 = \frac{U_{ab}}{R_1} = \frac{10V}{5\Omega} = 2A$$

对于节点 a，写出 KCL 方程

$$I_1 - I - I_S = 0$$

求得电压源 U_S 的输出电流

$$I = I_1 - I_S = 2A - 5A = -3A$$

对回路 l_2 写出 KVL 方程

$$R_2 I_S + R_1 I_1 - U = 0$$

因此电流源 I_S 的端电压为

$$U = R_2 I_S + R_1 I_1 = 5V + 10V = 15V$$

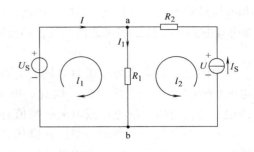

图 1-14　例 1-5 电路图

（2）对于电阻元件，有

$$P_{R_1吸} = I_1^2 R_1 = 2^2 \times 5W = 20W$$

$$P_{R_2吸} = I_S^2 R_2 = 5^2 \times 1W = 25W$$

对于电流源和电压源，由于元件电流、电压的参考方向为非关联的，所以有

$$P_{I_S吸} = -UI_S = -(15 \times 5)W = -75W$$

$$P_{U_S吸} = -U_S I = -10 \times (-3)W = 30W$$

实际上，电流源产生功率 75W，给电路提供能量。而电压源吸收功率 30W，处于充电状态，在电路中起负载作用。

本例结果表明，对一个完整的电路来说，各元件吸收功率的代数和等于零，或者说电路中产生的功率等于消耗的功率，该结论称为电路的功率平衡。显然，这是能量守恒原理在电路中的体现。

1.4　电路元件

电路元件是实际电路器件的理想化模型，是构成电路的基本单元。实际的电路器件是为达到某种目的而制造的，电路设计就是利用这些器件的主要物理特性实现规定的要求。用来构成集中参数电路常用的实际元器件有电阻器、电源、晶体管、电容器、电感器、变压器等。在第 1.1 节已讨论过可以用元件模型来代替实际的电路器件进行电路分析。下面介绍一些常用的电路元件。从元件对能量的表现划分为耗能元件、供能元件、储能元件和能量控制元件几大类。

1.4.1　耗能元件——电阻元件

电阻元件是一种对电流呈现阻力的元件，有阻碍电流流动的本性，电流要流过电阻就必然要消耗能量。因此，沿电流流动方向必然会出现电压降。常见的电阻元件有电阻器、白炽灯、电炉等。如果电阻元件的电阻为 R，则电阻元件的电压与通过其中电流的关系应为

$$U = RI \qquad\qquad (1\text{-}11a)$$

式中，R 为电阻，单位为 Ω；I 为流过该电阻的电流，单位为 A；U 为该电阻元件两端的电压，单位为 V。这就是人们所熟知的欧姆定律（Ohm's Law）。它表明了电阻元件的特性，即：电流流过电阻，就会沿着电流的方向出现电压降，其值为电流与电阻的乘积。注意：由于电流

和电压降的真实方向总是一致的,因此,只有在关联参考方向的前提下才可以使用式(1-11a)。如果电压降与电流的参考方向相反,则欧姆定律应写为

$$U = -RI \tag{1-11b}$$

电阻元件的电压与电流总是同时并存的,在任何时刻其电压(或电流)是由同一时刻的电流(或电压)所完全决定的,因此,电阻元件是一种"无记忆"(Memoryless)元件。换句话说,过去电阻上的电压或电流的数值对现在的数值是没有影响的。

电压与电流是电路的变量,从欧姆定律可知,电阻元件可以用它的电阻 R 来表征它的特性,因此,R 是一种"电路参数"(Parameter)。习惯上,常把电阻元件叫做电阻。电阻元件也可以用另一个参数——电导(Conductance)来表征,电导用符号 G 表示,其定义为

$$G = \frac{1}{R} \tag{1-12}$$

在国际单位制中电导的单位是西门子,简称西(S)。

用电导表征电阻元件时,欧姆定律就可以写为

$$U = \frac{I}{G} \tag{1-13a}$$

或

$$I = GU \tag{1-13b}$$

元件端电压与流经它的电流之间的关系,称为伏安特性(简记为 VAR——Volt Ampere Relationship,或称为 VAC——Volt Ampere Characteristics)。由于 VAR 可以用来表征元件的外特性,根据伏安特性的不同可以将电阻分为如下几种。

1.4.1.1 线性定常电阻

线性(Linear)定常电阻的伏安特性是一条不随时间而变化且经过原点的直线,如图1-15a所示。该直线的斜率倒数是电阻值 R。严格地讲,没有绝对定常的线性电阻,因为电阻器中流过的电流不同、通电时间长短不同,电阻器的温度会不同,电阻器的电阻值将随温度变化而变化。只要电阻值随温度的变化很小,可以认为是线性定常电阻。

线性定常电阻的两种特殊情况是开路和短路。所谓开路就是不管支路电压值是多少,支路的电流值恒等于零;而短路则意味着不管支路的电流值为多少,该支路的电压值恒为零。这两种情况的伏安特性如图 1-15b 和图 1-15c 所示。

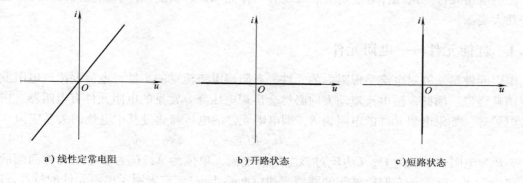

a)线性定常电阻   b)开路状态   c)短路状态

图 1-15 线性定常电阻的伏安特性

1.4.1.2 线性时变电阻

线性时变电阻的特性是：它满足线性条件，但其电阻值是随时间而变化的。其伏安特性是任何时刻都经过原点的直线。最常见的例子是可变电位器的滑动触头随时间的变化作来回运动，如图 1-16 所示。

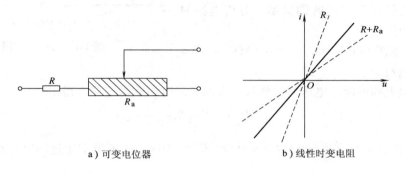

a）可变电位器　　　　　　　　　b）线性时变电阻

图 1-16　线性时变电阻的例子及其伏安特性

1.4.1.3 非线性电阻

非线性（Non-linear）电阻的种类很多，最典型的例子是半导体二极管。半导体二极管的伏安特性如图 1-17 所示。

比较图 1-15a 和图 1-17 就会发现，它们不仅是直线与非直线的不同，并且对坐标原点来说还有着对称与不对称的不同。元件的伏安特性对原点对称，说明元件对不同方向的电流或不同极性的电压其特性是一样的，这种性质为所有的线性电阻所具备，称为双向性（Bilateral）。因此，在使用线性电阻时，它的两个端钮是没有任何区别的。元件的伏安特性对原点不对称，说明元件对不同方向的电流或不同极性的电压反应是不同的，这种非双向性为大多数非线性电阻所具备。因此，在使用像二极管这样的元件时，必须认清它的两个端钮——正极和负极（见图 1-18）。电流从正极向负极流时为正向连接，电阻较小；电流从负极向正极流时为反向连接，电阻很大。显然，非线性电阻元件的电阻值随电压或电流的大小、方向而改变，不是常数。它的特性要用伏安特性来表示，不能笼统地说它有多少欧的电阻。

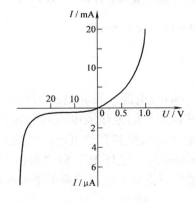

图 1-17　半导体二极管的伏安特性

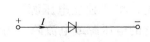

图 1-18　二极管符号

11

为了得到二极管的模型，引入理想二极管元件。这种理想元件具有如下的特性：正向连接时，好比一个闭合的开关，起着短路作用，电阻为零；反向连接时，就像一个打开的开关，起着开路的作用，电阻为无限大，如图1-19所示。注意，用这种理想二极管作为二极管的模型，分析电路时方便，但近似性较差。

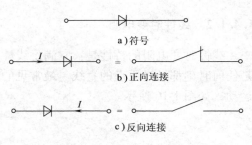

图1-19　理想二极管

例1-6　如图1-20所示，已知$R = 5\Omega$，$u(t) = 10\cos t \text{V}$，求$i(t)$。

解　电阻上的电流、电压为关联参考方向，所以由欧姆定律可得

$$i(t) = \frac{u(t)}{R} = \frac{10\cos t}{5}\text{A} = 2\cos t \text{A}$$

例1-7　如图1-21所示，已知$R = 5\text{k}\Omega$，$U = -10\text{V}$，求电阻中流过的电流和电阻吸收的功率。

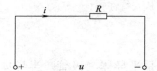

图1-20　例1-6电路图

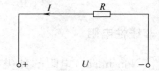

图1-21　例1-7电路图

解　由于电阻上电流、电压为非关联参考方向，因此按欧姆定律，其电流为

$$I = -\frac{U}{R} = -\frac{(-10)}{5 \times 10^3}\text{A} = 2 \times 10^{-3}\text{A} = 2\text{mA}$$

注意上面计算式中公式前的负号与算式括号中的负号，其含义是不同的，前者表示R中电流、电压参考方向为非关联的，后者表示R上电压的参考方向与实际方向相反。

电阻吸收的功率为

$$P = -UI = -(-10) \times 2 \times 10^{-3}\text{W} = 20 \times 10^{-3}\text{W} = 20\text{mW}$$

或者

$$P = RI^2 = 5 \times 10^3 \times (2 \times 10^{-3})^2\text{W} = 20 \times 10^{-3}\text{W} = 20\text{mW}$$

$$P = \frac{U^2}{R} = \frac{(-10)^2}{5 \times 10^3}\text{W} = \frac{100}{5 \times 10^3}\text{W} = 20 \times 10^{-3}\text{W} = 20\text{mW}$$

1.4.2　供能元件——独立电源

电源可分为独立（Independent）电源和非独立（Dependent）电源。独立电源的电压或电流是时间函数。而非独立电源的电压或电流却是电路中其他部分的电压或电流的函数，因此，又称做受控源（Controlled Source），意思是它的电压或电流的值受到其他电压或电流的控制。为方便起见，将"独立电压源"和"独立电流源"分别称为"电压源"和"电流源"，而对于非独立的电压源或电流源，用受控源来说明。这里只讨论独立电源，有关受控源的知识在1.4.4节讨论。

1.4.2.1　电压源

电流在纯电阻电路中流动时就会不断地消耗能量，电路中必须要有能量的来源——电源，由它不断提供能量。没有电源，在一个纯电阻电路中是不可能存在电流和电压的。

如果一个二端元件接到任一电路后，该元件的两端能保持规定的电压 $u_S(t)$，则此二端元件就称为理想电压源（Ideal Voltage Source）。

与电阻元件不同，理想电压源的电压与电流并无一定关系。它有两个基本性质：①它的端电压是定值 U_S 或是一定的时间函数 $u_S(t)$，与流过的电流无关；②流过它的电流不是由电压源本身就能确定的，而是由与之相连接的外部电路来决定的。理想电压源的符号及其直流情况的伏安特性如图 1-22 所示。其中，图 1-22a 所示的符号常用来表示直流理想电压源，特别是电池，长线段代表高电位端（即正极），短线段代表低电位端（即负极）。U_S 为电压源的端电压，也代表电压源的电动势（Electromotive Force）。这就是说，从电源的正极到负极有一电压降，其值为 U_S，或从电源的负极到正极有一电压升，其值为 U_S。图 1-22b 表示理想电压源的一般符号，它当然也可以用来表示直流理想电压源，此时 $u_S(t) = U_S$。图 1-22c 表示在直流情况下理想电压源的伏安特性。

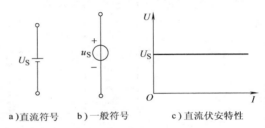

a）直流符号　　b）一般符号　　c）直流伏安特性

图 1-22　理想电压源

理想的电压源实际上是不存在的。比如常用的电池，它总是存在内阻的，当每库的正电荷由电池的负极转移到正极后，所获得的能量是化学反应所给予的定值能量与内阻损耗的能量的差额，因此，这时电池的端电压将低于定值电压（电动势）U_S。由于内阻损耗与电流有关，电流越大，损耗也越大，端电压就越低，这就不再具有端电压为定值的特点。在这种情况下，可以用一个理想电压源 U_S 和内阻 R_S 相串联的模型来表征实际的电压源，如图 1-23 所示。

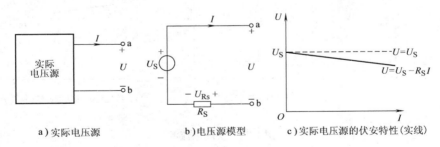

a）实际电压源　　　　b）电压源模型　　　　c）实际电压源的伏安特性（实线）

图 1-23　实际的电压源

若采用图 1-23b 所示电源电压 U 和电流 I 的参考方向，实际的电源电压可表示为

$$U = U_S - U_{R_S} = U_S - R_S I \tag{1-14}$$

对于电压源的支路电压和支路电流，习惯上采用非关联的参考方向（见图 1-23）。

电压源使用的特殊情况是：当电压源短路时，电压源的端电压为零；当电压源同外部电路不连接（开路）时，$U = U_S$。

1.4.2.2 电流源

人们比较熟悉电压源，对于电流源（Current Source）则较为生疏。光电池是一个电流源的例子，在具有一定照度的光线照射下，光电池将被激发产生一定值的电流，这个电流与照度成正比，换句话说，照度不变，则电流值不变。如果一个二端元件接到任一电路后，由该元件流入电路的电流能保持规定值 $i_S(t)$，则此二端元件成为理想电流源。它具有两个基本性质：①它的电流是定值或是一定的时间函数 $i_S(t)$，与端电压无关；②它的端电压不是由电流源本身就能确定的，而是由与之相连接的外电路来决定的。电流源的符号与伏安特性如图 1-24 所示。

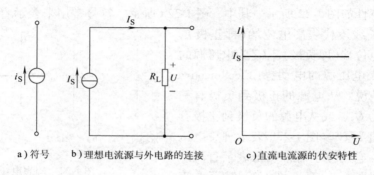

a）符号　　b）理想电流源与外电路的连接　　c）直流电流源的伏安特性

图 1-24　理想电流源的符号与伏安特性

理想电流源是不存在的。以光电池为例，被光激发后产生的电流，并不能全部输出，其中一部分将在光电池内部流动，而不能输出。这种实际的电流源可以用一个理想的电流源 I_S 和内阻 R_S 相并联的模型来表征，内阻 R_S 表明了电源内部的分流效应，如图 1-25a 所示。

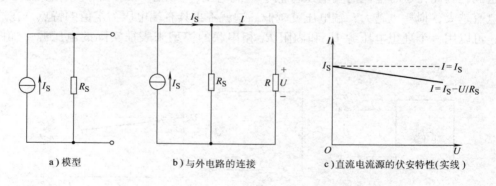

a）模型　　　　b）与外电路的连接　　　　c）直流电流源的伏安特性（实线）

图 1-25　实际电流源

当电源与外电阻相接后，根据这个模型可以得出电源往外输出的电流 I 为

$$I = I_S - \frac{U}{R_S} \tag{1-15}$$

式中，I_S 为电源产生的定值电流；U/R_S 则为电源内部电阻的分流电流，只在电源内部流动。因此，电源往外输出的电流小于定值 I_S，端电压越大，则内阻分流也越大，输出的电流就越小，其伏安特性如图 1-25c 所示。

特殊情况是：实际电流源的短路电流就等于定值电流 I_S。实际电流源的内阻越大，内部分流作用就越小，也就越接近理想电流源。而理想电流源的开路电流恒等于零。

1. 4. 2. 3 电源模型的等效互换

以上除介绍了理想的电压源和电流源之外，还介绍了两种电源的实际模型：电压源——串联电阻模型(实际电压源模型)和电流源——并联电阻模型(实际电流源模型)。对于一个实际电源，没有必要先确定它是电压源还是电流源，采用哪种模型都可以，因为对外电路来说两种模型是可以互换的。电源等效互换的依据是电源的外特性相同。

对于图 1-26a 所示的电压源电路来说，其电阻 R 两端的电压 U 和流过的电流 I 可表示为

$$U = U_S - R_S I \tag{1-16}$$

或改写为

$$I = \frac{U_S - U}{R_S} = \frac{U_S}{R_S} - \frac{U}{R_S} \tag{1-17}$$

而对于图 1-26b 所示的电流源电路来说，电阻 R 两端的电压 U 和流过的电流 I 可表示为

$$I = I_S - \frac{U}{R_S'} \tag{1-18}$$

或改写为

$$U = R_S' I_S - R_S' I \tag{1-19}$$

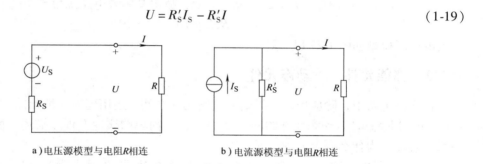

a)电压源模型与电阻R相连   b)电流源模型与电阻R相连

图 1-26 电源模型等效转换电路

如果这两种电源参数符合下列关系：

$$\frac{U_S}{R_S} = I_S \tag{1-20}$$

$$R_S = R_S' \tag{1-21}$$

将式(1-20)和式(1-21)代入式(1-17)中可得

$$I = \frac{U_S}{R_S} - \frac{U}{R_S} = I_S - \frac{U}{R_S'}$$

将式(1-20)和式(1-21)代入式(1-14)中可得

$$U = U_S - R_S I = R_S I_S - R_S I = R_S' I_S - R_S' I$$

显然，所得这两个式子即为电流源电路中的式(1-18)和式(1-19)。同样可以将式(1-20)和式(1-21)代入电流源的式(1-18)和式(1-19)，即能导出电压源的式(1-16)和式(1-17)。这说明：只要两种电源满足式(1-20)和式(1-21)所示关系，那么对外电阻 R 来说是完全等效的。

因此，对外电路来说，任何一个有内阻的电源都可以用电压源模型或电流源模型来表

示，不必追究哪一模型更能反映电源的内部过程。电路分析关心的是电源端点上的表现，而不是它的内部情况。

例1-8　求图1-27a所示电路的等效电流源模型和图1-27c所示电路的等效电压源模型。

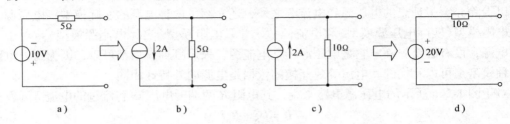

图1-27　例1-8电路

解　在图1-27a所示电路中，$U_S = 10V$，$R_S = 5\Omega$，故得其等效电流源模型中的电流源为

$$I_S = \frac{U_S}{R_S} = \frac{10}{5}A = 2A$$

根据原来模型中U_S的极性，可知电流源I_S的方向应向下。再把5Ω的电阻与电流源I_S并联，即得等效电流源模型，如图1-27b所示。

图1-27c所示电路中，$I_S = 2A$，$R_S = 10\Omega$，故得其等效电压源模型中的电压源为

$$U_S = R_S I_S = 10 \times 2V = 20V$$

等效电压源模型如图1-27d所示。

1.4.3　储能元件——动态元件

在实际电路中，除应用以上提到的电路元件之外，还用到另一类元件，称之为动态元件（Dynamic Element）。动态元件的$u—i$关系不能用简单的线性方程来描述，而要用$u—i$微分关系来表征。为什么要引入动态元件呢？

1）在实际的电路中有意接入了动态元件（如电容器、电感器等），使电路能够实现某一特定的功能。例如，电阻性电路不能完成滤波的作用，必须利用动态元件才能实现。

2）当电路中的信号变化较快时，一些实际的部件已不能再用电阻性模型来表示。例如，白炽灯在频率较高的场合就不能只用电阻元件来表示，而必须考虑到白炽灯的磁场和电场现象，在模型中就应当增加电感器、电容器等动态元件来表示。

下面介绍两种常用的动态元件——电容器和电感器。电容器和电感器的基本原理，在物理课中已经学过，这里只作复习性阐述。

1.4.3.1　电容元件

把两个平行金属片用不导电的介质隔开就构成一个电容器（Capacitor）。由于介质不导电，在外电源作用下，极板上便能分别聚集等量的异性电荷。外电源撤走后，极板上的电荷仍能依靠电场力的作用相互吸引，而又因介质所隔离不能中和，这种电荷可长久地聚集。因此，电容器是一种能聚集电荷的部件。电荷的聚集过程也是电场的建立过程，在这个过程中外力所做的功应等于电容器中所储藏的能量。因此，可以说电容器是一种能储存电场能量的部件。

实际电容器除了具备上述聚集电荷的主要性质以外，还有一些漏电（Leakage）现象。这

是由于介质不可能是理想的，或多或少有些导电能力的缘故。如果忽略其漏电现象，实际电容器可以用一个理想电容器元件作为它的模型。在需要考虑漏电现象时，再在这一模型中增添电阻元件等。理想电容器元件简称为电容元件，在电路图中用图 1-28 表示。注意：我们总是把 t 时刻储存在电流 $i(t)$ 参考方向所指的极板上的电荷叫做电容器所储存的电荷 $q(t)$。当电流 $i(t)$ 为正值时，正电荷向电容器的极板上聚集，极板的电荷用 $q(t)$ 表示。则根据式(1-1)有

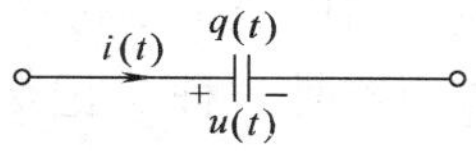

图 1-28　电容元件的符号

$$i(t) = \frac{\mathrm{d}q(t)}{\mathrm{d}t}$$

在物理课中已学过：在任一时刻极板上聚集的电荷取决于同一瞬间电容元件两端的电压。因此，电容元件是一种能使聚集电荷 q 与其两端的电压 u 相约束的元件，如果这种约束关系是一常量，电容元件就是线性的，这一常量叫做电容（Capacitance），符号用 C 表示，即

$$C = \frac{q(t)}{u(t)} \tag{1-22}$$

在国际单位制中，C 的单位为法［拉］（F），电荷的单位是库［仑］（C），电压的单位是伏［特］（V）。

一个实际的电容器，除了标明的电容量之外，还要标明它的额定工作电压。从式(1-22)可知，电容器两端所加电压越高，聚集的电荷就越多。但电容器所允许承受的电压是有限的，电压过高，介质就会击穿，一般电容器被击穿后，它的介质就从原来的不导电变成导电，丧失了电容器的作用。因此，使用电容器时不应超过它的额定工作电压。

由 $i(t) = \dfrac{\mathrm{d}q(t)}{\mathrm{d}t}$ 和 $q(t) = Cu(t)$ 得到

$$i(t) = \frac{\mathrm{d}q(t)}{\mathrm{d}t} = \frac{\mathrm{d}Cu(t)}{\mathrm{d}t} = C\frac{\mathrm{d}u(t)}{\mathrm{d}t} \tag{1-23a}$$

由式(1-23a)可知，在某一时刻电容器的电流取决于该时刻电压的变化率，而与该时刻的电容器电压或电压的历史无关。如果电压不变，那么 $\dfrac{\mathrm{d}u(t)}{\mathrm{d}t}$ 为零，虽有电压，电流也为零。电容器电压变化越快，电流也就越大。注意式(1-23a)是以关联的参考方向为前提的，否则，公式应改写为

$$i(t) = -C\frac{\mathrm{d}u(t)}{\mathrm{d}t} \tag{1-23b}$$

式(1-23a)还表明了电容器的一个重要性质：如果在任何时刻，通过电容器的电流只能为有限值，那么，$\dfrac{\mathrm{d}u(t)}{\mathrm{d}t}$ 就必须为有限值，这就意味着电容器两端的电压不可能发生跃变而只能是连续变化的。发生跃变意味着 $\dfrac{\mathrm{d}u(t)}{\mathrm{d}t}$ 为 ∞，这就要求电流为 ∞。由于实际电路只能提供有限的电流，因此，电容器电压不能跃变是分析动态电路时一个很有用的概念。

由式(1-23a)可以得出电容器的电压 $u(t)$ 表示为电流 $i(t)$ 的函数为

$$u(t) = \frac{1}{C}\int_{-\infty}^{t} i(\xi)\mathrm{d}\xi = \frac{1}{C}\int_{-\infty}^{t_0} i(\xi)\mathrm{d}\xi + \frac{1}{C}\int_{t_0}^{t} i(\xi)\mathrm{d}\xi = u(t_0) + \frac{1}{C}\int_{t_0}^{t} i(\xi)\mathrm{d}\xi \tag{1-24}$$

式中，t_0 为任意选定的初始时刻，而我们对 t_0 以后电容器的情况感兴趣。

式（1-24）显示：在某一时刻 t 电容器电压的数值并不取决于同一时刻的电流值，换句话说，与电流全部过去的历史有关。因此，说电容器电压有"记忆"（Memory）电流的作用，电容器是一种"记忆元件"。研究问题，总有一个起点，即总有一个初始时刻 t_0，那么式（1-24）又表示：没有必要去了解 t_0 以前电流的情况，t_0 以前的全部历史情况对未来（$t > t_0$ 时）产生的效果可以由 $u(t_0)$（即电容的初始电压）来反映。也就是说，如果知道了初始时刻 t_0 时开始作用的电流 $i(t)$ 以及电容的初始电压 $u(t_0)$，就能确定 $t \geqslant t_0$ 时的电容电压 $u(t)$。

电容器是存储电场能量的元件，它所吸收的能量为

因为

$$p = \frac{\mathrm{d}w}{\mathrm{d}t} = u(t)i(t)$$

所以

$$w_{\mathrm{C}} = \int_{-\infty}^{t} p\mathrm{d}\tau = \int_{-\infty}^{t} u(\tau)i(\tau)\mathrm{d}\tau \overset{i = C\frac{\mathrm{d}u_{\mathrm{C}}}{\mathrm{d}t}}{=\!=} C\int_{-\infty}^{t} u\frac{\mathrm{d}u}{\mathrm{d}\tau}\mathrm{d}\tau = \frac{1}{2}Cu^2(\tau)\Big|_{-\infty}^{t}$$
$$= \frac{1}{2}C[u^2(t) - u^2(-\infty)]$$

若电容器开始充电时的初始电压为零，即 $u(-\infty) = 0$，则上式可写为

$$w_{\mathrm{C}} = \frac{1}{2}Cu^2(t) \tag{1-25}$$

式（1-25）表明：电容器 C 在某一时刻的储能只取决于该时刻的电容电压值。不难看出，因为 $C > 0$，所以送入电容器的能量不可能为负值，因此电容器是无源元件。

电容器按容量是否可调分为可变电容器和固定电容器。固定电容器根据采用介质材料的不同又分为云母电容器、瓷介电容器、纸介电容器以及电解电容器等。云母电容器绝缘性能好、损耗小、精度高，容量一般小于 $0.1\mu\mathrm{F}$，适合于高频电路中应用。瓷介电容器的优点与云母电容器相仿，但价格比较低廉。纸介电容器稳定性差、损耗大，但制作工艺简单且价格低廉，适合于要求不高的低频电路。电解电容器一般具有正负极性，最大特点是容量大，很小体积可以做成很大的电容量，但损耗大、稳定性差。电解电容器可分为铝、钽、铌等几个品种，后两种性能较好。

如果用理想的电容器模型近似地作为实际的电容器模型，在有些条件下，近似性就较差。为了能够比较准确地描述实际的电容器，通常根据不同情况采用不同的模型。

在使用频率较低、电路分析精度要求不高的场合，一般可以直接用理想电容器来表示实际的电容器，如图 1-29a 所示。如果电容器消耗的能

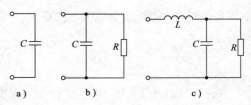

图 1-29　电容器的几种近似模型

量不容忽略，这些能量的损失一方面是由电容器的漏电流造成的，另一方面是介质处于反复极化时消耗的能量，可以在模型中添加一个并联电阻来计量这部分能量损失，如图 1-29b 所示。如果在电路中的应用频率较高时，实际电容器两端电压的变化率就较高，电流 $C\dfrac{\mathrm{d}u(t)}{\mathrm{d}t}$ 将产生不容忽视的磁场，因此，还应当在模型中添加电感元件 L，如图 1-29c 所示。

1) 电容器的并联。把 n 个电容器并列接到两个节点之间，形成了电容器的并联，如图 1-30a 所示。显然，各电容器两端电压为同一电压 u，由电容元件的伏安特性可得

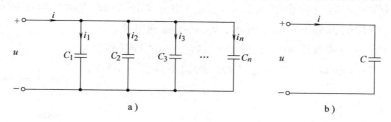

图 1-30 电容器的并联

$$i_1 = C_1 \frac{\mathrm{d}u}{\mathrm{d}t} \quad i_2 = C_2 \frac{\mathrm{d}u}{\mathrm{d}t} \quad \cdots \quad i_n = C_n \frac{\mathrm{d}u}{\mathrm{d}t}$$

又根据基尔霍夫电流定律得

$$i = i_1 + i_2 + \cdots + i_n = (C_1 + C_2 + \cdots + C_n) \frac{\mathrm{d}u}{\mathrm{d}t}$$

由图 1-30b 可得

$$i = C \frac{\mathrm{d}u}{\mathrm{d}t}$$

所以，若使两个图的伏安特性完全相同，就必须

$$C = C_1 + C_2 + \cdots + C_n \tag{1-26}$$

2) 电容器的串联。把 n 个电容器依次头、尾相接构成一个无分支的电路，形成电容器的串联，如图 1-31a 所示。

设每个电容器串联前初始电压为零，由伏安特性的积分形式可得

$$u_1 = \frac{1}{C_1} \int_{-\infty}^{t} i \mathrm{d}\tau \quad u_2 = \frac{1}{C_2} \int_{-\infty}^{t} i \mathrm{d}\tau \quad \cdots \quad u_n = \frac{1}{C_n} \int_{-\infty}^{t} i \mathrm{d}\tau$$

又根据基尔霍夫电压定律得

$$u = u_1 + u_2 + \cdots + u_n = \left(\frac{1}{C_1} + \frac{1}{C_2} + \cdots + \frac{1}{C_n} \right) \int_{-\infty}^{t} i \mathrm{d}\tau$$

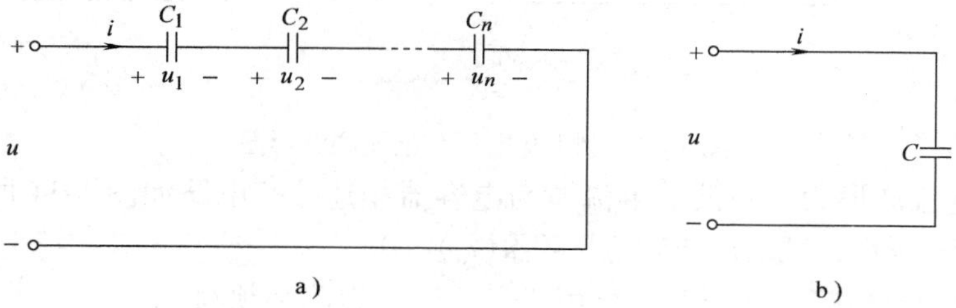

图 1-31 电容器的串联

由于图 1-31b 所示电路的端钮伏安特性为

$$u = \frac{1}{C} \int_{-\infty}^{t} i \mathrm{d}\tau$$

要使图 1-31a、b 等效，则

$$\frac{1}{C} = \frac{1}{C_1} + \frac{1}{C_2} + \cdots + \frac{1}{C_n} \tag{1-27}$$

例1-9 线性电容器与理想电压源相连接，电路如图1-32所示，电压源的电压是随时间按三角波方式变化的，如图1-33a所示，求电容器的电流。

解 已知电容器两端电压 $u(t)$，求电流 $i(t)$，可用式(1-23)。

从 0.25～0.75ms 期间，电压 u 由 100V 均匀下降到 −100V，电压变化率为

$$\frac{\mathrm{d}u}{\mathrm{d}t} = -\frac{200}{0.5} \times 10^3 \mathrm{V/s} = -4 \times 10^5 \mathrm{V/s}$$

故知在此期间，电流为

$$i = C\frac{\mathrm{d}u}{\mathrm{d}t} = -10^{-6} \times 4 \times 10^5 \mathrm{A} = -0.4\mathrm{A}$$

从 0.75～1.25ms 期间，电压变化率为

$$\frac{\mathrm{d}u}{\mathrm{d}t} = \frac{200}{0.5} \times 10^3 \mathrm{V/s} = 4 \times 10^5 \mathrm{V/s}$$

在此期间，电流为

$$i = C\frac{\mathrm{d}u}{\mathrm{d}t} = 10^{-6} \times 4 \times 10^5 \mathrm{A} = 0.4\mathrm{A}$$

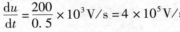

图1-32 例1-9电路图

故得电流随时间变化曲线如图1-33b所示。这种电路参数对时间的曲线常称为波形图。

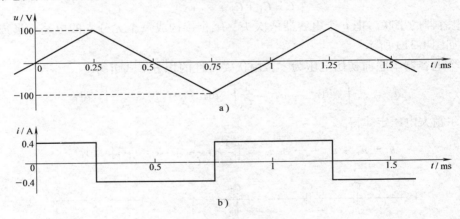

图1-33 例1-9电压和电流的波形图

例1-10 电流波形为三角波的电流源与电容器相连接，电路如图1-34所示。已知其电流波形如图1-35a所示，试求电压响应。设 $u(t_0)=0$。

解 已知电容器电流求电压时，可用式(1-24)。为此必须写出 $i(t)$ 的函数式子，所示的三角波可分段写出为

$$i = 5t \qquad 0 \leq t \leq 1$$
$$i = -5t + 10 \qquad 1 \leq t \leq 3$$
$$i = 5t - 20 \qquad 3 \leq t \leq 4$$

等等。利用式(1-24)求 $u(t)$，可分段计算。

在 $0 \leq t \leq 1$ 期间：

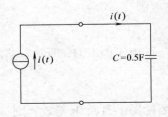

图1-34 例1-10电路图

$$u(t) = u(0) + \frac{1}{C}\int_0^t i(\xi)\,\mathrm{d}\xi = \frac{1}{0.5}\int_0^t 5\xi\,\mathrm{d}\xi = \frac{5\xi^2}{0.5 \times 2}\bigg|_0^1 = 5t^2$$

在 $t = 1\mathrm{s}$ 时，$u(1) = 5\mathrm{V}$。

在 $1 \leqslant t \leqslant 3$ 期间：

$$u(t) = u(1) + \frac{1}{C}\int_1^t i(\xi)\,\mathrm{d}\xi = 5 + \frac{1}{0.5}\int_1^t (-5\xi + 10)\,\mathrm{d}\xi$$

$$= 5 - 5\xi^2\bigg|_1^t + 20\xi\bigg|_1^t = -5t^2 + 20t - 10$$

在 $t = 3\mathrm{s}$ 时，$u(3) = -5 \times 3^2\mathrm{V} + 20 \times 3\mathrm{V} - 10\mathrm{V} = 5\mathrm{V}$。

在 $3 \leqslant t \leqslant 4$ 期间：

$$u(t) = u(3) + \frac{1}{C}\int_3^t i(\xi)\,\mathrm{d}\xi = 5 + \frac{1}{C}\int_3^t (5\xi - 20)\,\mathrm{d}\xi$$

$$= 5 + 5\xi^2\bigg|_3^t - 40\xi\bigg|_3^t = 5t^2 - 40t + 80$$

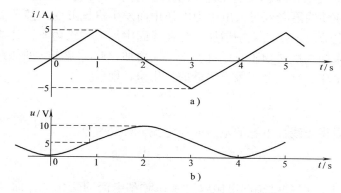

图 1-35　例 1-10 线性电容器对三角波电流源的响应波形图

$u(t)$ 的波形图可根据上面分析结果绘出，如图 1-35b 所示。

1.4.3.2　电感器

由前面对电容器的讨论可知，电容器能够储存电荷，电荷依靠电场力的作用聚集在极板上，换句话说，它是将能量存储在电场中。电感器则是将能量存储在磁场中的元件。因为导线中有电流时，其周围会产生磁场（见图 1-36），如果将导线绕成线圈，其磁场的构成就如图 1-37 所示，其目的是增强线圈内部的磁场，这就称之为电感器（Inductor）或电感线圈。

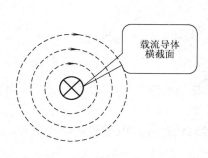

图 1-36　载流导体及其磁通线

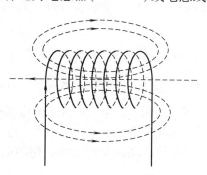

图 1-37　电感线圈及其磁通线

当电感线圈中有电流流过时，便产生磁通（Flux）Φ，磁通 Φ 在线圈中与线圈的一些线匝相交链。若磁通 Φ 与 N 匝相交链，则磁链（Flux Linkage）Ψ 为

$$\Psi = N\Phi$$

显然，磁链是电流 i 的函数。因此，电感元件是一种使磁链 Ψ 与电流相约束的元件。当元件周围的媒质为非铁磁物质（如空气）时，磁链 Ψ 与电流 i 成正比关系，也就是说约束关系为一常量，这种电感元件就是线性的，该常量叫做电感（Inductance），以符号 L 表示，即

$$\Psi = Li$$

或

$$L = \frac{\Psi}{i} \tag{1-28}$$

在国际单位制中，L 的单位为亨［利］（H）。磁链及磁通的单位为韦［伯］（Wb）。习惯上电感元件也称为电感。

一个实际的电感线圈，除标明它的电感量外，还应标明它的额定工作电流。电流过大时，会使线圈过热或使线圈受到过大电磁力的作用而发生机械形变，甚至烧毁线圈。

为了使每单位电流所产生的磁场增加，常在线圈中加入铁磁物质，其结果可以使同样电流所产生的磁链比未加入铁磁物质时成百上千倍地增加，此时 Ψ 与 i 的关系变为非线性。

根据电磁感应定律，感应电压等于磁链的变化率，即

$$u = \frac{\mathrm{d}\Psi}{\mathrm{d}t}$$

由式（1-28）可以得出线性电感的电压 u 与电流 i 的关系为

$$u = \frac{\mathrm{d}Li}{\mathrm{d}t} = L\frac{\mathrm{d}i}{\mathrm{d}t} \tag{1-29a}$$

式（1-29a）表明：在某一时刻电感的电压取决于该时刻电流的变化率，而与该时刻的电流或电流过去的历史无关。如果电流不变，那么 $\frac{\mathrm{d}i}{\mathrm{d}t}$ 为零，虽有电流，电感的感应电压也为零。电感电流变化越快，即 $\frac{\mathrm{d}i}{\mathrm{d}t}$ 越大，电感的感应电压也就越大。此外，从式（1-29a）中还得知：如果电感的电压只能为有限值，那么电感中电流不能发生跃变，即 $\frac{\mathrm{d}i}{\mathrm{d}t}$ 不能为 ∞。式（1-29a）是分析线性电感的基本公式。

注意：在 u、i 采用关联参考方向前提下才能使用式（1-29a）。在这一前提下，该式才能正确地反映感应电压 u 的真实极性。若参考方向不一致，式（1-29a）就变为

$$u = -\frac{\mathrm{d}Li}{\mathrm{d}t} = -L\frac{\mathrm{d}i}{\mathrm{d}t} \tag{1-29b}$$

也可以将电感的电流 i 表示为电压 u 的函数，对式（1-29a）积分，可得

$$i(t) = \frac{1}{L}\int_{-\infty}^{t} u(\xi)\mathrm{d}\xi = \frac{1}{L}\int_{-\infty}^{t_0} u(\xi)\mathrm{d}\xi + \frac{1}{L}\int_{t_0}^{t} u(\xi)\mathrm{d}\xi = i(t_0) + \frac{1}{L}\int_{t_0}^{t} u(\xi)\mathrm{d}\xi \tag{1-30}$$

式（1-30）表明，在某一时刻 t 的电感电流值取决于其初始值 $i(t_0)$ 以及在 $[t_0, t]$ 区间所有的电压值。因此，电感也有"记忆"，也是一种记忆元件。

电感是存储磁场能量的元件，仿照电容元件储能公式的推导，电感的储能公式为

$$w_{\mathrm{L}} = \frac{1}{2}Li^2(t) \tag{1-31}$$

式(1-31)表明：电感 L 在某一时刻 t 的储能只与同一时刻的电流数值有关。由于 $w_L \geq 0$，因此电感是无源元件。

实际的电感是由导线绕在绝缘骨架上（也有不用骨架的）而构成的，按工作频率可分为低频和高频两类。电感又称为扼流圈。低频电感通常是都有硅钢片磁心，多数用于电源的滤波电路。由于电感-电容式滤波器体积大、笨重且成本较高，一般常用电阻-电容式滤波器。

高频电感品种很多，有只由一组线圈构成的自感器，也有由两组或多组线圈构成的互感器，如接收机中的中频变压器、天线线圈和振荡线圈等。在结构上也有单层和多层、带磁心或不带磁心、有屏蔽和无屏蔽以及密封型和非密封型等多种。高频电感多用于无线电设备中，它是一种非标准元件，只有极少数品种具有比较统一的规格，如接收机中的中频变压器、振荡线圈和天线线圈等。

实际的电感线圈除具备储存磁能的主要性质外，也要消耗一些能量，这是因为线圈是由导线绕制的，导线总有一定的电阻，有电流时就要消耗能量。如果消耗的能量忽略不计，实际的电感线圈可用一个理想电感元件作为它的模型，如图 1-38a 所示。考虑导线电阻的能量消耗（尽管导线电阻消耗是沿整个导线分布的，可用一个集中电阻 R 来表示），实际电感的模型就如图 1-38b 所示。由于线圈

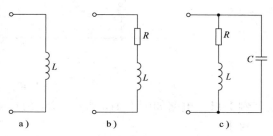

图 1-38　电感的几种近似模型

匝与匝之间还有电容存在，当施加于线圈的电压频率很高时，电容的作用不可忽略，其模型可用图 1-38c 表示。

1）电感的串联。n 个电感串联的电路如图 1-39a 所示。

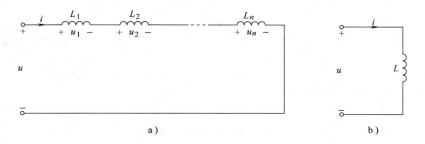

图 1-39　电感的串联

由电路和元件的伏安特性和基尔霍夫电压定律，根据图 1-39a 可得

$$u = u_1 + u_2 + \cdots + u_n = L_1 \frac{di}{dt} + L_2 \frac{di}{dt} + \cdots + L_n \frac{di}{dt} = (L_1 + L_2 + \cdots + L_n)\frac{di}{dt}$$

由图 1-39b 可得

$$u = L \frac{di}{dt}$$

若图 1-39a 与图 1-39b 的伏安特性完全相同，则有

$$L = L_1 + L_2 + \cdots + L_n \tag{1-32}$$

2）电感的并联。图 1-40 是 n 个电感并联的电路，各电感的电压是同一电压，其中第

$k(1 \leqslant k \leqslant n)$ 个电感的电流为

$$i_k = \frac{1}{L_k} \int_{-\infty}^{t} u \mathrm{d}\tau$$

由

$$i = i_1 + i_2 + \cdots + i_n$$

可得

$$\frac{1}{L} = \frac{1}{L_1} + \frac{1}{L_2} + \cdots + \frac{1}{L_n} \tag{1-33}$$

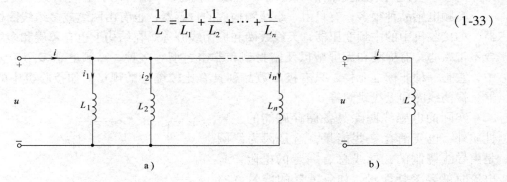

图 1-40 电感的串联

例 1-11 电路如图 1-41a 所示，$R = 5\Omega$，$L = 2\mathrm{H}$，电流源的波形图如图 1-41b 所示。要求：

（1）绘出 u_{ab} 与 u_{bc} 的波形图。

（2）写出 u_{ab} 与 u_{bc} 的表达式。

（3）$t = 2.5\mathrm{s}$ 时，各元件的功率。

（4）$t = 2.5\mathrm{s}$ 时，电感的储能。

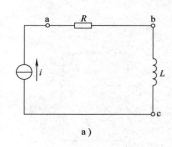
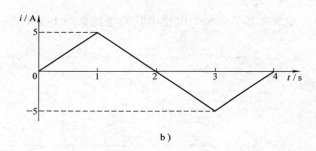

图 1-41 例 1-11 电路

解 （1）u_{ab} 为电阻的电压，应与 i 成正比，据此可绘出 u_{ab} 的波形图。u_{bc} 为电感电压，应与 i 对 t 的导数成正比，也就是与 i-t 曲线的斜率成正比，据此可绘出 u_{bc} 的波形图。各波形图如图 1-42 所示。

（2）在 $0 \leqslant t \leqslant 1$ 期间，$i = 5t$，有

$$u_{ab} = Ri = 5 \times (5t) = 25t$$

$$u_{bc} = L\frac{\mathrm{d}i}{\mathrm{d}t} = 2\frac{\mathrm{d}(5t)}{\mathrm{d}t} = 2 \times 5\mathrm{V} = 10\mathrm{V}$$

在 $1 \leqslant t \leqslant 3$ 期间，$i = -5t + 10$，有

$$u_{ab} = Ri = 5 \times (-5t + 10) = -25t + 50$$

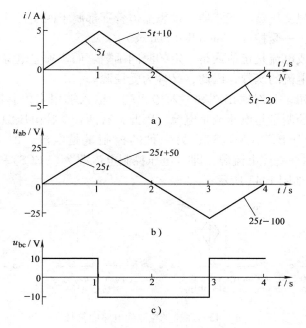

图 1-42 例 1-11 波形图

$$u_{bc} = L\frac{di}{dt} = 2\frac{d(-5t+10)}{dt}V = -10V$$

在 $3 \le t \le 4$ 期间，$i = 5t - 20$，有

$$u_{ab} = Ri = 5 \times (5t - 20) = 25t - 100$$

$$u_{bc} = L\frac{di}{dt} = 2\frac{d(5t-20)}{dt}V = 10V$$

（3）在 $t = 2.5s$ 时，有

$$i = -5t + 10\bigg|_{t=2.5} = -12.5A + 10A = -2.5A$$

$$u_{ab} = Ri = 5 \times (-2.5)V = -12.5V$$

$$u_{bc} = -10V$$

在 $t = 2.5s$ 时，电阻消耗的功率为

$$p_R = u_{ab}i = -12.5 \times (-2.5)W = 31.25W$$

在 $t = 2.5s$ 时，电感吸收的功率为

$$p_L = u_{bc}i = -10 \times (-2.5)W = 25W$$

此时电流源供给电路的功率为

$$p_i = u_{ac}i = (u_{ab} + u_{bc})i = (-12.5 - 10) \times (-2.5)W = 56.25W$$

（4）在 $t = 2.5s$ 时，电感的储能为

$$w_L = \frac{1}{2}Li^2 = \frac{1}{2} \times 2 \times (-2.5)^2 J = 6.25J$$

1.4.4 控能元件——受控电源

以上讨论了电路中常使用的二端元件。在电路中还用到另外一类元件——四端元件，也

25

称为耦合元件。像理想变压器、互感器、理想晶体管等都属于四端元件。下面就重点讨论电路中常用的四端元件——受控源（Controlled Source）。

独立电源的电压或电流是定值或是一定的时间函数。而非独立电源的电压或电流却是电路中其他部分电压或电流的函数，因此，又称为受控源。

受控源有两对端钮，一对输出端和一对输入端。输入端用来控制输出电压或电流的大小，施加于输入端的控制量是电压或是电流。因此，有两种受控电压源：其一，控制量是电压，即"电压控制电压源"（VCVS）；另一种的控制量是电流，即"电流控制电压源"（CCVS）。同样，有两种受控电流源，即"电压控制电流源"（VCCS）和"电流控制电流源"（CCCS）。4种受控源如图1-43所示。

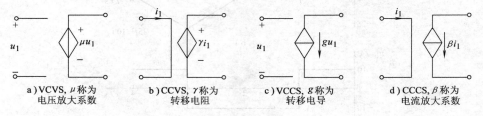

a）VCVS，μ称为
电压放大系数

b）CCVS，γ称为
转移电阻

c）VCCS，g称为
转移电导

d）CCCS，β称为
电流放大系数

图1-43　理想受控源的电路图符号

以上所述，都是指理想受控源而言。"理想"有两方面的含义：对受控电压源来说，其输出电阻为零，对受控电流源来说，其输出电阻为无限大，这是一方面的含义；另一方面的含义则是有关输入电阻的，对电压控制的受控源来说，其输入电阻为无限大，对电流控制的受控源来说，其输入电阻为零。

在非理想的状态下，受控源可具有有限值（即不为零或无限大）的输入电阻或输出电阻，这样的VCVS如图1-44所示。

例1-12　试化简图1-45a所示的电路。

解　对含有受控源的电路进行简化时，先把受控源看做独立电源，然后进行电源的等效变换。唯一要注意的是，在简化过程中不要把受控源的控制量消除掉。在此例中，也就是在简化过程中不要把含 I（控制量）的支路消除掉。

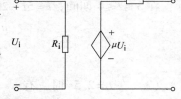

图1-44　具有有限输入电阻和
输出电阻的 VCVS

对受控源进行"电源等效变换"，便可得图1-45b。但还可以进一步化简，为此，写出图1-45b所示电路中 U 与 I 的关系式，即

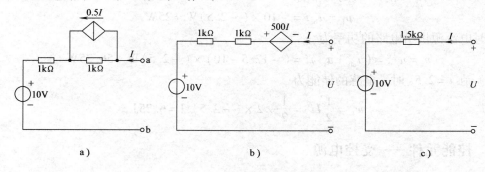

a）

b）

c）

图1-45　例1-12电路图

$$U = 2000I - 500I + 10$$
$$= 1500I + 10$$

根据这一结果，可得等效电路如图 1-45c 所示。从本例可以看出，CCVS 在这里相当于减去一个 500Ω 的电阻。

习　题

1-1　导线中的电流为 10A，20s 内有多少电子通过导线的某一横截面？

1-2　一个继电器的线圈，电阻为 48Ω，当电流为 0.18A 时才能动作，问线圈两端应施加多大的电压。

1-3　一个 1000W 的电炉，接在 220V 电源使用时，流过的电流有多大？

1-4　某电流表的量程为 10mA，当某电阻两端的电压为 8V 时，通过的电流为 2mA，如果给这个电阻两端加上 50V 的电压，能否用这个电流表测量通过这个电阻的电流？

1-5　在电路中已经定义了电流、电压的实际方向，为什么还要引入参考方向？参考方向与实际方向间有何区别和联系？

1-6　如何计算元件的吸收功率？如何从计算结果判断该元件为有源元件或无源元件？

1-7　标有 $10\mathrm{k}\Omega$（称为标称值）、1/4W（额定功率）的金属膜电阻，若使用在直流电路中，试问其工作电流和电压不能超过多大数值。

1-8　求图 1-46a、b 所示电路的 U_{ab}。

1-9　电路如图 1-47 所示，求：

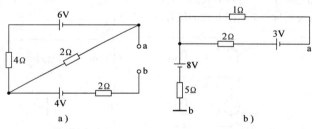

图 1-46　习题 1-8 电路图　　　　　　　　　图 1-47　习题 1-9 电路图

（1）列出电路的基尔霍夫电压方程。

（2）求出电流 I。

（3）求 U_{ab} 及 U_{cd}。

1-10　电路如图 1-48 所示，已知下列各电压：$U_1 = 10\mathrm{V}$，$U_2 = 5\mathrm{V}$，$U_4 = -3\mathrm{V}$，$U_6 = 2\mathrm{V}$，$U_7 = -3\mathrm{V}$ 以

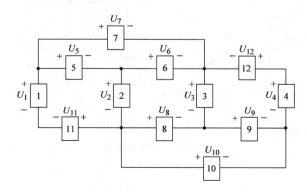

图 1-48　习题 1-10 和 1-11 电路图

及 $U_{12} = 8V$，其他各支路的电压是否都能确定？试尽可能多地确定各未知电压。

1-11 电路如图 1-48 所示，采用关联参考方向，且已知下列各支路电流：$I_1 = 2A$，$I_4 = 5A$，$I_7 = -5A$ 以及 $I_{10} = -3A$。其他各支路电流是否都能确定？试尽可能多地确定各未知电流。

1-12 220V、40W 的灯泡显然比 2.5V、0.3A 的小电珠亮得多。求 40W 灯泡的额定电流和小电珠的额定功率。能不能说，瓦数大的灯泡，它的额定电流也大？

1-13 今将内阻为 0.5Ω、量程为 1A 的电流表误接到电源上，若电源电压为 10V，电流表中将通过多大的电流？将发生什么后果？

1-14 试求图 1-49 所示电路中的等效电容、等效电感。

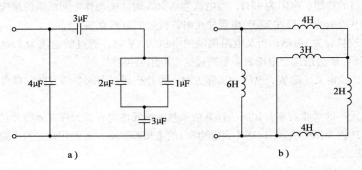

图 1-49 习题 1-14 电路图

1-15 将图 1-50 所示的各电路化为一个电压源与一个电阻串联的组合。

1-16 将图 1-51 所示的各电路化为一个电流源与一个电阻并联的组合。

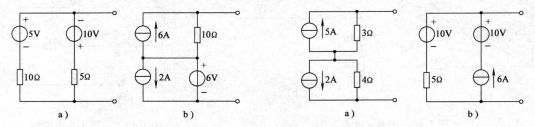

图 1-50 习题 1-15 电路图   图 1-51 习题 1-16 电路图

1-17 为什么电容器两极板得到的电荷恰好相等？如果两极板大小不同，这个结论正确吗？

1-18 电压如图 1-52a 所示，施加于电容器 C，如图 1-52b 所示，试求 $i(t)$，并绘出其波形图。

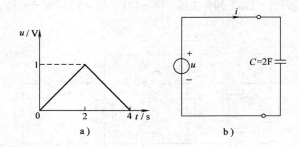

图 1-52 习题 1-18 图

第2章 电阻电路的一般分析方法

电路分析的基本任务就是根据已知的激励(独立源)、电路的结构以及元件参数求出电路的响应(电流、电压等)。分析的理论依据是根据元件的伏安特性和基尔霍夫定律。

本章以线性电阻电路为对象,介绍几种常用的重要定理和通用的电路分析方法。这些定理和方法也是分析动态电路和正弦稳态电路的重要基础。

2.1 电阻的串联和并联

串联和并联是电阻常见的两种连接方式,在进行电路分析时,往往用一个等效电阻来代替,从而达到简化电路组成、减少计算量的目的。下面讨论串、并联电路的分析以及等效电阻的计算和应用。

2.1.1 电阻的串联

图 2-1 是 3 个电阻串联的电路,电阻串联(Series Connection)的特点是:

1) 根据 KCL,通过串联电阻的电流是同一个电流。

2) 根据 KVL,串联电路两端口总电压等于各个电阻上电压的代数和,即

$$U = U_1 + U_2 + U_3 \tag{2-1}$$

应用欧姆定律,有

$$U = R_1 I + R_2 I + R_3 I = (R_1 + R_2 + R_3) I = RI \tag{2-2}$$

式中

$$R = R_1 + R_2 + R_3 \tag{2-3}$$

R 称为 3 个串联电阻的等效电阻。

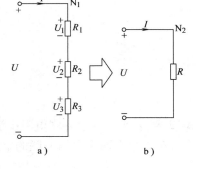

图 2-1 电阻串联电路

"等效"是电路分析中的一个基本概念。如果二端电路 N_1、N_2(见图 2-1a、b)的端口伏安特性完全相同,就称 N_1 与 N_2 是互为等效的电路。换句话说,互换 N_1 和 N_2,不会改变外电路中(等效电路以外)任一处的电流和电压。这种等效电路之间的互换,称为等效变换。所谓等效,是指外电路而言的,它们的作用效果是相同的。

式(2-2)表明,图 2-1a、b 所示电路端口的伏安特性相同,因此两个电路是等效的。

利用式(2-2)和 U_1、U_2、U_3 与电流的关系,可求得

$$\left.\begin{aligned} U_1 &= \frac{R_1}{R}U & P_1 &= IU_1 = I^2 R_1 \\ U_2 &= \frac{R_2}{R}U & P_2 &= IU_2 = I^2 R_2 \\ U_3 &= \frac{R_3}{R}U & P_3 &= IU_3 = I^2 R_3 \end{aligned}\right\} \tag{2-4}$$

式(2-4)表明,各串联电阻上的电压和消耗的功率均与它们的电阻值成正比。

2.1.2 电阻的并联

图2-2是3个电阻并联的电路,电阻并联(Parallel Connection)电路的特点是:

1) 根据 KVL,各并联电阻的端电压是同一个电压。

2) 根据 KCL,通过并联电路的总电流是各并联电路中电流的代数和,即

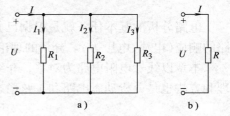

$$I = I_1 + I_2 + I_3 \qquad (2-5)$$

应用欧姆定律,式(2-5)可表示为

$$I = \frac{U}{R_1} + \frac{U}{R_2} + \frac{U}{R_3} = \left(\frac{1}{R_1} + \frac{1}{R_2} + \frac{1}{R_3} \right)U = \frac{U}{R} \qquad (2-6)$$

图 2-2 电阻并联电路

式中

$$\frac{1}{R} = \frac{1}{R_1} + \frac{1}{R_2} + \frac{1}{R_3} \qquad (2-7)$$

式(2-7)中的 R 称为并联电阻的等效电阻,它的倒数等于各个并联电阻倒数的总和。

式(2-6)表明,等效电阻 R 满足式(2-7)关系时,图 2-2b 与图 2-2a 所示电路具有相同的伏安关系,对其相连的外部电路而言,它们是互为等效的电路。

应用式(2-6)及 I_1、I_2、I_3 与电压 U 的关系,可求得

$$\left. \begin{array}{ll} I_1 = \dfrac{R}{R_1}I & P_1 = I_1 U = \dfrac{U^2}{R_1} \\[2ex] I_2 = \dfrac{R}{R_2}I & P_2 = I_2 U = \dfrac{U^2}{R_2} \\[2ex] I_3 = \dfrac{R}{R_3}I & P_3 = I_3 U = \dfrac{U^2}{R_3} \end{array} \right\} \qquad (2-8)$$

式(2-8)表明,各个并联电阻中流过的电流和消耗的功率均与电阻值成反比。

对于只有两个电阻并联的电路,通常记为 $R_1 /\!/ R_2$,由上面结论可得等效电阻的倒数

$$\frac{1}{R} = \frac{1}{R_1} + \frac{1}{R_2}$$

其等效电阻为

$$R = R_1 /\!/ R_2 = \frac{R_1 R_2}{R_1 + R_2} \qquad (2-9)$$

由式(2-8)和式(2-9)可求出两个电阻并联时各支路电流为

$$\left. \begin{array}{l} I_1 = \dfrac{R}{R_1}I = \dfrac{R_2}{R_1 + R_2}I \\[2ex] I_2 = \dfrac{R}{R_2}I = \dfrac{R_1}{R_1 + R_2}I \end{array} \right\} \qquad (2-10)$$

式(2-9)和式(2-10)会经常用到,应该熟记。

例 2-1 电路如图 2-3a 所示,求 ab 端等效电阻。

解 先将图 2-3a 在不改变元件连接关系的条件下,改画成容易看出的串并联关系,如

图 2-3b 所示。逐步利用电阻串联或并联等效电阻加以代替，最后求出 ab 端等效电阻，等效电路如图 2-3c 所示。

$$R_{ab} = R_5 + \left\{ R_3 /\!/ \left[R_4 + (R_2 /\!/ R_1) \right] \right\}$$

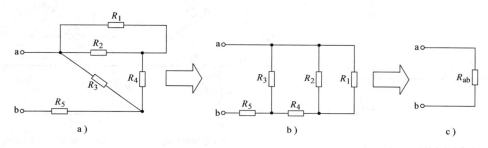

图 2-3　例 2-1 电路图

例 2-2　电路如图 2-4a 所示，求等效电阻 R_{ab}。

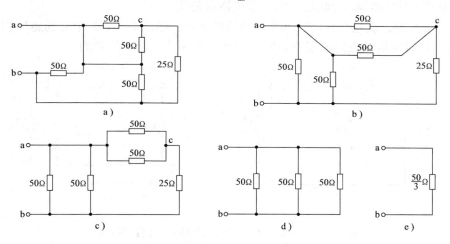

图 2-4　例 2-2 电路图及简化过程

　　解　初看起来图 2-4a 电路比较复杂，各电阻之间的关系不能一下子看出。遇此情况，应先观察电路共有几个节点，先设置这几个节点的位置如图 2-4b 所示。然后将各个节点之间的电阻用最短的线段重新画在节点之间，如图 2-4c 所示。此图中各电阻的连接关系就比较明显了，经过不断化简如图 2-4d、e 所示，可求得等效电阻为

$$R_{ab} = \frac{50}{3} \Omega$$

2.1.3　电阻的混联及丫-△等效变换

　　有一些混联电阻的电路，既不属于电阻串联，也不属于电阻并联，图 2-5 就是其中一例。此时无法用串、并联公式进行等效化简。仔细分析这类电路，可发现存在如下的典型联结：即星形联结(丫形或 T 形联结)，或三角形联结(△形联结或 Π 形联结)，如图 2-6 所示。

　　当它们被接在复杂的电路中，在一定的条件下可以等效互换，而不影响其余未经变换部分的电压和电流；经过等效变换后，可使整个电路简化，从而能够利用电阻串并联方法进行计算。两个电路相互等效的条件是要求它们端点的伏安特性关系完全相同。

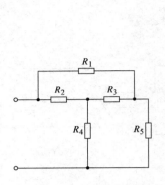

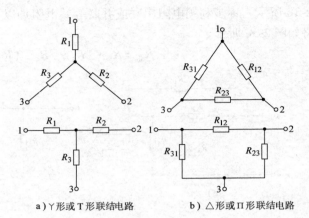

a）丫形或 T 形联结电路　　　　　b）△形或 Π 形联结电路

图 2-5　具有丫-△联结的电路　　　　　　　　图 2-6　两种典型的联结电路

下面证明丫形联结与△形联结电路等效变换的公式。

所谓等效变换，就是变换前后网络的外特性不变。像图 2-7a、b 中分别施加相同的电流源 I_1 和 I_2，若对应的端点间电压 U_{13} 和 U_{23} 不变，则两个电路是等效的。

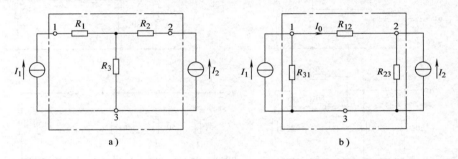

a）　　　　　　　　　　　　　　b）

图 2-7　电流源施加于丫(T)形网络和△(Π)形网络

对于图 2-7a 所示电路有

$$U_{13} = R_1 I_1 + R_3 (I_1 + I_2)$$
$$U_{23} = R_2 I_2 + R_3 (I_1 + I_2)$$

即

$$\left. \begin{array}{l} U_{13} = (R_1 + R_3) I_1 + R_3 I_2 \\ U_{23} = R_3 I_1 + (R_2 + R_3) I_2 \end{array} \right\} \tag{2-11}$$

对于图 2-7b 所示△形网络，将电流源并联电阻模型转换为电压源串联电阻模型后可得

$$I_0 = \frac{R_{31} I_1 - R_{23} I_2}{R_{12} + R_{23} + R_{31}}$$

以及

$$U_{13} = R_{31} I_1 - R_{31} I_0$$
$$U_{23} = R_{23} I_0 + R_{23} I_2$$

由此可得

$$
\left.\begin{array}{l}
U_{13} = \dfrac{R_{31}(R_{12}+R_{23})}{R_{12}+R_{23}+R_{31}}I_1 + \dfrac{R_{23}R_{31}}{R_{12}+R_{23}+R_{31}}I_2 \\[3mm]
U_{23} = \dfrac{R_{23}R_{31}}{R_{12}+R_{23}+R_{31}}I_1 + \dfrac{R_{23}(R_{12}+R_{31})}{R_{12}+R_{23}+R_{31}}I_2
\end{array}\right\} \tag{2-12}
$$

令式(2-11)和式(2-12)中 I_1 和 I_2 前面的系数分别相等，可得

$$
\left.\begin{array}{l}
R_1 + R_3 = \dfrac{R_{31}(R_{12}+R_{23})}{R_{12}+R_{23}+R_{31}} \\[3mm]
R_3 = \dfrac{R_{23}R_{31}}{R_{12}+R_{23}+R_{31}} \\[3mm]
R_2 + R_3 = \dfrac{R_{23}(R_{12}+R_{31})}{R_{12}+R_{23}+R_{31}}
\end{array}\right\} \tag{2-13}
$$

解式(2-13)可得将△形联结等效变换为丫形联结时

$$
R_1 = \frac{R_{12}R_{31}}{R_{12}+R_{23}+R_{31}}
$$

$$
R_2 = \frac{R_{12}R_{23}}{R_{12}+R_{23}+R_{31}} \tag{2-14}
$$

$$
R_3 = \frac{R_{23}R_{31}}{R_{12}+R_{23}+R_{31}}
$$

由式(2-13)也可解得将丫形联结等效电路变换为△形联结时

$$
R_{12} = \frac{R_1R_2 + R_2R_3 + R_3R_1}{R_3}
$$

$$
R_{23} = \frac{R_1R_2 + R_2R_3 + R_3R_1}{R_1} \tag{2-15}
$$

$$
R_{31} = \frac{R_1R_2 + R_2R_3 + R_3R_1}{R_2}
$$

由式(2-14)可知，当 $R_{12}=R_{23}=R_{31}=R_\triangle$ 时，有 $R_1=R_2=R_3=R_\curlyvee$，并有

$$
R_\curlyvee \frac{1}{3} R_\triangle \tag{2-16}
$$

同样，由式(2-15)可知，当 $R_1=R_2=R_3=R_\curlyvee$ 时，有 $R_{12}=R_{23}=R_{31}=R_\triangle$，并有

$$
R_\triangle = 3R_\curlyvee \tag{2-17}
$$

为了便于记忆式(2-14)和式(2-15)，可写成如下形式：

$$
\triangle\text{形联结电阻} = \frac{\text{丫形中各电阻两两乘积之和}}{\text{对面的丫形电阻}}
$$

$$
\curlyvee\text{形联结电阻} = \frac{\triangle\text{形相邻两电阻之积}}{\triangle\text{形各电阻之和}}
$$

例 2-3 电桥电路如图 2-8 所示，求电流 I。

解 可运用丫-△变换使原电路化为简单电路后求解电流 I。有好几种变换方式可供采用。例如，可把 5Ω、2Ω、3Ω 这 3 个电阻形成的△形联结化为等效的丫形联结；也可把 5Ω、2Ω、1Ω(指 2、4 间)3 个电阻形成的丫形联结化为等效△形联结；还可以把 2Ω、1Ω、1Ω 这 3 个电阻

形成的△形联结化为等效的Y形联结，但这一变换方式将使待求电流的支路消失。下面采用第一种方式对图 2-8a 所示电路进行简化，其过程如图 2-8b、c、d 所示。根据式(2-14)求出

$$R_1 = \frac{3 \times 5}{3 + 5 + 2}\Omega = 1.5\Omega$$

$$R_2 = \frac{2 \times 5}{3 + 5 + 2}\Omega = 1.0\Omega$$

$$R_3 = \frac{2 \times 3}{3 + 5 + 2}\Omega = 0.6\Omega$$

从图 2-8d 可以求得

$$U_{04} = 10 \times \left(\frac{0.89}{1.5 + 0.89} \right)V = 3.72V$$

再由图 2-8c 可以求得

$$I = \frac{U_{04}}{1.6}A = \frac{3.72}{1.6}A = 2.33A$$

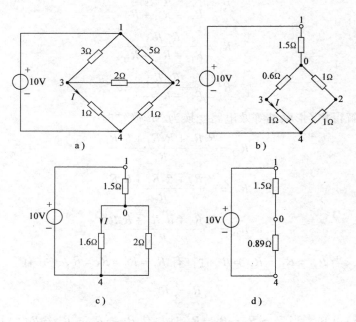

图 2-8　例 2-3 电路及其简化电路

2.2　电阻电路功率及负载获得最大功率的条件

　　一个实际的电源，它产生的功率通常由两部分组成，即电源内阻所消耗的功率和输出到负载上的功率。在电子技术中总希望负载上得到的功率越大越好，那么，怎样才能使负载从电源获得最大的功率呢？

　　设电路如图 2-9 所示，电源的开路电压为 U_S，内阻为 R_S，负载电阻为 R，则

$$I = \frac{U_S}{R_S + R}$$

负载功率为

$$P = I^2 R = \left(\frac{U_S}{R + R_S}\right)^2 R$$

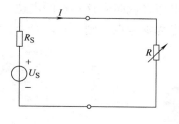

图 2-9 负载可变的串联电阻

若将负载 R 看做自变量来确定功率 P 的最大值，则利用数学知识可知，当 $\dfrac{dP}{dR} = 0$ 时求得的 R，即为 P 取得最大值时的负载电阻。

$$\frac{dP}{dR} = U_S^2 \frac{(R + R_S)^2 - 2R(R + R_S)}{(R + R_S)^4} = 0$$

即

$$(R + R_S)^2 - 2R(R + R_S) = 0$$

亦即

$$R = R_S$$

满足 $R = R_S$ 时，称为最大功率"匹配"（Match），此时负载所得的最大功率为

$$P = \frac{U_S^2 R}{(R + R_S)^2} = \frac{U_S^2 R}{(2R_S)^2} = \frac{U_S^2 R}{4R_S^2} = \frac{U_S^2}{4R} \tag{2-18}$$

2.3 电路中各点电位的计算

在电路的分析计算中，特别是在电子电路中，除经常使用"电压"这个物理量之外，还常用到另一个物理量——"电位"。

电压和电位有什么区别呢？

在第 1.2.2 节中已经提到，电压可用"电位差"表示。以图 2-10a 所示电路为例，可以列出下列各式：

$$U_{ab} = R_1 I_1$$
$$U_{ad} = U_{S1}$$
$$U_{ac} = R_1 I_1 - R_2 I_2$$
$$U_{bd} = R_3 I_3$$
$$U_{cd} = -U_{S2}$$

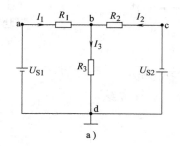
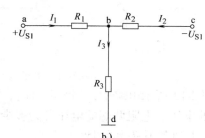

图 2-10 电位的计算图

那么，"电位"又是什么呢？在电路中任选一个"参考点"，电路中某一点到参考点的

电压降就叫做这一点的电位。电位也用 U 表示，a 点的电位记为 U_a。在图 2-10 中，若选 d 点为参考点，则

$$U_a = U_{ad} = U_{S1}$$
$$U_b = U_{bd} = R_3 I_3$$
$$U_c = U_{cd} = -U_{S2}$$
$$U_d = U_{dd} = 0$$

因此，电位虽是指一点而言，但实际上还是两点之间的电压，只不过第二点是规定了的参考点。所以能够计算电路中任意两点的电压，也就可以计算电位。

参考点又叫"零电位点"。零电位点一经选定，其他各点均有一定的电位。参考点可以任意选定，但一经选定，其他各点的电位就以该点为准计算。如果更换参考点，则各点的电位也会随之改变。在工程上常常选大地作为参考点，即认为地电位为零。在电子电路中常选一条特定的公共线作为参考点，这条公共线常是很多元件汇集处且与机壳相连接，这条线也叫"地线"。因此，在电子电路中，参考点用机壳符号"⏚"表示。在电路图中，不指定参考点而谈论电位是没有意义的。

为什么在电路分析中还要引用电位呢？确实，很多问题不必用电位去分析，但在电子电路中却常常遇到用电位而不用电压来进行分析、计算的情况。这是因为用电位分析，有时可以使问题简化，以图 2-10 所示电路为例。它共有 a、b、c、d 共 4 个不同的节点，任何两点之间都有一定的电压，共有 U_{ab}、U_{ac}、U_{ad}、U_{bc}、U_{bd}、U_{cd} 等 6 个不同的电压。若用电位来讨论，只要指定任一点作为零电位点，讨论其余 3 点的电位就可以了。这样，就使要讨论的对象数目大为减少，而且，当各点的电位已知后，任意两点的电压都可以算出。

根据上述情况，并考虑到电子电路中一般都把电源、信号输入和信号输出的公共端连在一起作为参考点，因此，电子电路有一种习惯画法，即：电源不再用电源符号表示，而改为标出其电位的极性及数值。图 2-11 列举两个例子，把一般电路的画法和电子电路中的习惯画法并列，以便比较和熟悉。

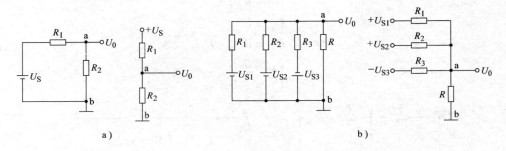

图 2-11 电子电路的习惯画法

例 2-4 图 2-12 所示电路中，当 S 闭合时，U_a、U_b 各为多少？开关两端的电压、电阻两端的电压各为多少？

S 打开时，上列各项又为多少？

解 S 闭合时，电路内由 a 向 b 有电流流过，其值为

$$I = \frac{12}{2}\text{mA} = 6\text{mA}$$

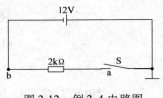

图 2-12 例 2-4 电路图

a 点经闭合的开关 S 接地，故

$$U_a = 0$$

$$U_b = -2I = -2 \times 6V = -12V$$

或经电源路径计算得

$$U_b = -12V$$

开关两端电压为零。电阻两端电压则为

$$U_{ab} = 2I = 2 \times 6V = 12V$$

或

$$U_{ab} = U_a - U_b = 0V - (-12)V = 12V$$

当开关打开时，电路内没有电流，电阻上没有压降，在计算 U_a 时，只能经由 2kΩ 及 12V 电压源路径计算，得

$$U_a = 0 \times 2V - 12V = -12V$$

同样得

$$U_b = -12V$$

开关两端电压，即 a 点与参考点之间的电压，亦即 a 点的电位，由于电阻中无电流流过，因此，电阻两端的压降为零，故 a 点电位与 b 点电位相同，均为 −12V。

2.4　应用基尔霍夫定律计算线性网络

对于电阻电路的分析问题，运用基尔霍夫定律和欧姆定律总能得到解决，下面用一个具体的例子来说明这一点。

电路图如图 2-13 所示，已知各电压源电压及电阻，求各支路电流。

设各支路的电流的参考方向如图 2-13 所示，先运用 KCL，可以得到如下 4 个方程(电流流入节点为负,流出节点为正)，即

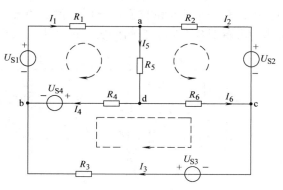

图 2-13　用基尔霍夫定律分析电路的例子

节点 a：　$-I_1 - I_2 + I_5 = 0$　　　(2-19a)

节点 b：　$I_1 - I_3 - I_4 = 0$　　　(2-19b)

节点 c：　$I_2 + I_3 - I_6 = 0$　　　(2-19c)

节点 d：　$I_4 - I_5 + I_6 = 0$　　　(2-19d)

这 4 个方程中只有 3 个独立方程，因为其中任何一个方程总可以由其他 3 个方程相加得出。仔细观察可以发现，在 4 个方程中每个支路电流都出现两次，一次为正值，一次为负值。

按基尔霍夫电流定律列出独立方程的节点，称为独立节点。由以上分析可知，在 n 个节点中，任意的 $(n-1)$ 个节点是独立的，余下一个节点是非独立的。

以上 6 个电流变量，但是只有 3 个独立的方程，所以还需提供另外 3 个方程。如何得到其余的 3 个方程呢？根据 KVL 可以得到如下 3 个方程：

$$R_1 I_1 + R_5 I_5 + R_4 I_4 + U_{S4} - U_{S1} = 0 \tag{2-20a}$$

$$R_2I_2 + R_5I_5 + R_6I_6 - U_{S2} = 0 \tag{2-20b}$$

$$R_3I_3 - R_4I_4 + R_6I_6 - U_{S3} - U_{S4} = 0 \tag{2-20c}$$

这 3 个方程中哪一个也不能从另两个相加减而得出，因而它们是独立的。若另取一个回路，譬如回路 badcb，则可以得出如下方程：

$$R_1I_1 + R_5I_5 + R_6I_6 + R_3I_3 - U_{S3} - U_{S1} = 0$$

而该式可以由式(2-20a)和式(2-20c)相加得到。如果再取别的回路，所得的方程也不是独立的。

为什么式(2-20a)、式(2-20b)和式(2-20c)恰好是独立的呢？仔细观察可以发现，这 3 个方程中依次都至少有一项为以前方程中所没有的。所以要使方程独立，在选取回路时，每次所取回路至少含有一条为其他回路所没有包含的支路即可。

由 KCL 和 KVL 得到 6 个独立的方程就可以求出支路电流 I_1、I_2、I_3、I_4、I_5、I_6。

在一般情况下，KVL 能够提供的独立方程个数总能等于支路数 b 与独立的节点数 $(n-1)$ 的差值。按 KVL 能列出的独立方程的那些回路称为独立回路，以 l 表示其数目，则

$$l = b - (n-1) \tag{2-21}$$

因此，在分析电阻电路时，以支路电路为求解对象，运用基尔霍夫两个定律总能列出足够的独立方程。解方程组就可以得到各支路电流。

2.5　网孔分析法

用基尔霍夫定律分析电路时，在支路较多的情况下，联立方程中的方程个数就较多(它是以支路电流为求解量)，求解很麻烦，如何能减少联立方程中方程的数目呢？

在图 2-13 中总共有 6 个支路，因此需要 6 个独立的方程来求解。如果设想在电路每个网孔里，有一个假想的网孔电流沿着网孔边界流动，如图 2-14a 中的虚线所示，若以网孔电流作为求解对象，则方程组的数目就会大大减少，而且支路电流也可以通过网孔电流求得。

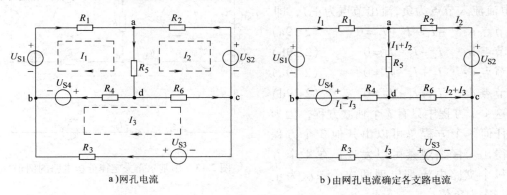

a)网孔电流　　　　　　　　　　　　b)由网孔电流确定各支路电流

图 2-14　网孔分析法

首先参看图 2-14b 可知，电路中各支路的电流都可以用网孔电流来表示，所以一旦求出网孔电流，所有支路的电流随之而定，由此可知，作为求解量的网孔电流是完备的(Complete)。所谓"完备"就是指可以利用网孔电流求出电路中所有的电流和电压。

另外，还可以看到，各网孔电流不能运用基尔霍夫电流定律。因为每一个网孔电流沿着

闭合的网孔流动，当它流经某一节点时，从该节点流入，又必从该节点流出。也就是说，就电流定律而言，各网孔电流是相互独立无关的。网孔电流可以作为网络的一组独立电流变量，它们的数目等于网络的网孔数，也即独立的回路数。

为了求解网孔电流，可以为每个网孔列出以网孔电流为求解量的基尔霍夫电压定律方程组。这些方程必然是够数的和独立的，能够唯一地求出解答。

由图 2-14a，根据 KVL 可得如下方程：

$$R_1 I_1 + R_5 I_1 + R_5 I_2 + R_4 I_1 - R_4 I_3 - U_{S1} + U_{S4} = 0 \tag{2-22a}$$

$$R_2 I_2 + R_5 I_2 + R_5 I_1 + R_6 I_2 + R_6 I_3 - U_{S2} = 0 \tag{2-22b}$$

$$R_3 I_3 + R_4 I_3 - R_4 I_1 + R_6 I_3 + R_6 I_2 - U_{S4} - U_{S3} = 0 \tag{2-22c}$$

经过整理可得

$$(R_1 + R_4 + R_5) I_1 + R_5 I_2 - R_4 I_3 = U_{S1} - U_{S4} \tag{2-23a}$$

$$R_5 I_1 + (R_2 + R_5 + R_6) I_2 + R_6 I_3 = U_{S2} \tag{2-23b}$$

$$-R_4 I_1 + R_6 I_2 + (R_3 + R_4 + R_6) I_3 = U_{S3} + U_{S4} \tag{2-23c}$$

研究式(2-23)，从中可以发现一些规律性的东西。下面以第一个网孔的方程式(2-23a)为对象进行研究。$(R_1 + R_4 + R_5) I_1$ 是网孔电流 I_1 流经网孔中的各电阻 R_1、R_4、R_5 时所引起的电压降。R_1、R_4 与 R_5 的总和就是第一个网孔内所有电阻的总和，可以用符号 R_{11} 来概括，并称 R_{11} 为第一网孔的自电阻(Self Resistance)。这样，方程式的第一项可写为 $R_{11} I_1$。由于绕行方向与网孔电流方向一致，因此，电压降 $R_{11} I_1$ 的方向总是与绕行方向一致。亦即：沿绕行方向的电压降 $R_{11} I_1$ 总是正值。R_5 是第一网孔和第二网孔的公共电阻，I_2 流过 R_5 产生电压降 $R_5 I_2$，R_5 是第一网孔和第二网孔的公共电阻，用符号 R_{12} 来表示，并称 R_{12} 为第一、第二网孔的互电阻(Mutual Resistance)。方程式的第二项就可以写为 $R_{12} I_2$。由于电流 I_2 与网孔电流 I_1 方向相同，因此，$R_{12} I_2$ 为正值，习惯上称 R_{12} 是正的。同理，R_4 在第一网孔中引起的电压降用 $R_{13} I_3$ 来表示，由于网孔电流 I_1 与电流 I_3 方向相反，但习惯上仍将 $R_{13} I_3$ 前冠以正号，而认为互电阻 $R_{13} = -R_4$，也即互电阻为负的。因此，自电阻总是正的，而互电阻既可为正也可为负，这取决于流过互电阻的两个网孔电流是否一致。经过如此概括以后，式(2-23a)的左端就可以改写为 $R_{11} I_1 + R_{12} I_2 + R_{13} I_3$，这是第一网孔的全部电阻压降，该式的右端则为该网孔中全部的电压源所引起的电压升。顺着绕行方向，U_{S1} 是电压升，U_{S4} 是电压降，故全部的电压源的电压升为 $U_{S1} - U_{S4}$，用符号 U_{S11} 来概括，因此，式(2-23a)就可以概括为普遍形式：

$$R_{11} I_1 + R_{12} I_2 + R_{13} I_3 = U_{S11} \tag{2-24a}$$

同理，可将式(2-23b)和式(2-23c)概括为

$$R_{21} I_1 + R_{22} I_2 + R_{23} I_3 = U_{S22} \tag{2-24b}$$

$$R_{31} I_1 + R_{32} I_2 + R_{33} I_3 = U_{S33} \tag{2-24c}$$

式(2-24)是以网孔电流为求解量、根据电压定律列出的方程组的普遍形式。这种形式的方程可以推广到多个网孔的场合。例如，在电路有 4 个网孔时，方程组的普遍形式为

$$\left. \begin{array}{l} R_{11} I_1 + R_{12} I_2 + R_{13} I_3 + R_{14} I_4 = U_{S11} \\ R_{21} I_1 + R_{22} I_2 + R_{23} I_3 + R_{24} I_4 = U_{S22} \\ R_{31} I_1 + R_{32} I_2 + R_{33} I_3 + R_{34} I_4 = U_{S33} \\ R_{41} I_1 + R_{42} I_2 + R_{43} I_3 + R_{44} I_4 = U_{S44} \end{array} \right\} \tag{2-25}$$

例2-5 电桥电路如图 2-15a 所示。已知 $U_S = 12V$、$R_S = 1\Omega$、$R_1 = 4\Omega$、$R_2 = 2\Omega$、$R_3 = 3\Omega$、$R_4 = 5\Omega$ 及 $R_M = 2\Omega$，试求流过 R_M 的电流 I。

解 本题只求一条支路内的电流，如在原电路图 2-15a 中，为每一网孔设一网孔电流，则 $I = I_3' - I_2'$。这就是说，列出网孔方程后，应解出 I_3' 及 I_2'，才能算出 I。

如果将原电路改画为图 2-15b，并没有改变电路的连接方式，但是，在这个电路图中，若为每一网孔设一网孔电流，则所求的支路电流 I 恰好就是网孔电流 I_3。这样，列出网孔方程后，只要解出 I_3 这个网孔电流就行了。根据图 2-15b 可得方程

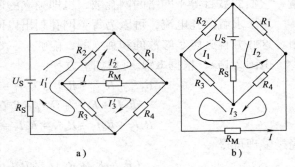

图 2-15 例 2-5 电路

$$(R_2 + R_3 + R_S)I_1 - R_S I_2 - R_3 I_3 = 12$$
$$-R_S I_1 + (R_S + R_1 + R_4)I_2 - R_4 I_3 = -12$$
$$-R_3 I_1 - R_4 I_2 + (R_3 + R_4 + R_M)I_3 = 0$$

把数据代入，得

$$6I_1 - I_2 - 3I_3 = 12$$
$$-I_1 + 10I_2 - 5I_3 = -12$$
$$-3I_1 - 5I_2 + 10I_3 = 0$$

解得

$$I_3 = \frac{\begin{vmatrix} 6 & -1 & 12 \\ -1 & 10 & -12 \\ -3 & -5 & 0 \end{vmatrix}}{\begin{vmatrix} 6 & -1 & -3 \\ -1 & 10 & -5 \\ -3 & -5 & 10 \end{vmatrix}}A = \frac{24}{320}A = 0.075A = 75mA$$

所以

$$I = I_3 = 75mA$$

例2-6 具有受控电流源的电路如图 2-16a 所示，试求输入电阻 R_i。

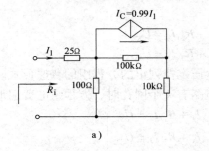

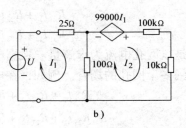

图 2-16 例 2-6 电路

解 所谓输入电阻(Input Resistance)就是从电路的某端口看进去的电阻,又叫做该端口的输入电阻。

把受控电流源变换为等效受控电压源,如图 2-16b 所示。设在其输入端接入电压源 U,求出输入端的电流 I_1,则

$$R_i = \frac{U}{I_1}$$

求出 I_1 可用网孔分析法。设网孔电流如图 2-16b 所示,并把受控源暂看做独立电源,得

$$125I_1 - 100I_2 = U$$
$$-100I_1 + 110100I_2 = 99000I_1$$

受控源的电压与 I_1 有关,故可与方程式左端的 I_1 项合并,得

$$125I_1 - 100I_2 = U$$
$$-99100I_1 + 110100I_2 = 0$$

解 I_1,得

$$I_1 = \frac{110100U}{3.85 \times 10^6}$$

故得

$$R_i = \frac{U}{I_1} = \frac{3.85 \times 10^6}{110100}\Omega = 35.0\Omega$$

2.6 节点分析法

若求解支路电压,那么对于一个具有 b 个支路的网络而言,就需要 b 个方程。现在要做的是如何减少联立方程中方程的数目。引入“节点电位”的概念可以达到这一目的。什么是“节点电位”呢?在一个电路中任选一个节点作为参考节点,其余的每个节点与参考节点之间的电压就叫做该节点的节点电位。显然一个具有 n 个节点的电路就有 $(n-1)$ 个节点电位。对于图 2-17 所示的电路来说,共有 4 个节点,若选节点 4 作为参考节点,其余 3 个节点分别对参考节点的电位是 U_1、U_2 及 U_3,即为节点电位。在求解电路时,以节点电位为求解量,则联立方程中方程的数目可以减少,而各支路的电压仍能求得。其原因是:电路中所有的支路电压都可以用节点电位来表示。这是因为电路中的支路或是接在节点与参考节点之间,或是接在节点之间。对前一种情况而言,其支路电压值即为节点电位值;对后一种情况而言,其支路电压必然会和两个有关的节点电位构成一个闭合回路,而这一支路电压可以根据基尔霍夫电压定律表示为这两个节点电位的代数和。图 2-17 所示电路中,前一种支路电压可写为 $U_{14} = U_1$,$U_{24} = U_2$,$U_{34} = U_3$。后一种支路电压可写为 $U_{12} = U_1 - U_2$,$U_{23} = U_2 - U_3$,$U_{13} = U_1 - U_3$。所以一旦求出节点电位,所有支路的支路电压就随之而定。

由于节点电位彼此独立无关,因此,节点电位可以作为一组独立电压变量,它们的数目等于网络

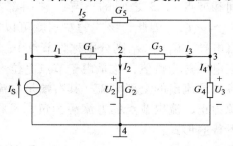

图 2-17 节点分析法用图

的独立节点数。为了求解节点电位，可以为每个独立节点列出以节点电位为求解量的基尔霍夫电流定律方程组。方程组中的各方程式的数目是足够且是独立的，能够唯一地求出解答。

如何列出以节点电位为求解量的方程组呢？

在线性电阻电路的条件下，各支路电流可以通过欧姆定律和支路电压相联系，而支路电压又总可以用节点电位来表示。因此，把电流定律和欧姆定律相结合就可以得到用节点电位来表示的电流定律方程——节点方程。

以下列出图 2-17 所示电路以节点电位为求解量的方程组，即节点方程。各节点的电位 U_1、U_2、U_3 通常都假定比参考节点电位为高，各支路电流的参考方向假定如图 2-17 所示。

在节点 1、2、3 可运用电流定律，得

$$\left.\begin{array}{c} I_1 + I_5 - I_S = 0 \\ -I_1 + I_2 + I_3 = 0 \\ -I_3 + I_4 - I_5 = 0 \end{array}\right\} \qquad (2\text{-}26)$$

为了使方程中包含求解量 U_1、U_2、U_3，可运用欧姆定律找出各电导上电压与电流的关系，得

$$\left.\begin{array}{l} I_1 = G_1(U_1 - U_2) \\ I_2 = G_2 U_2 \\ I_3 = G_3(U_2 - U_3) \\ I_4 = G_4 U_4 \\ I_5 = G_5(U_1 - U_3) \end{array}\right\} \qquad (2\text{-}27)$$

将式（2-27）代入式（2-26）中，整理后得

$$(G_1 + G_5)U_1 - G_1 U_2 - G_5 U_3 = I_S \qquad (2\text{-}28a)$$

$$-G_1 U_1 + (G_1 + G_2 + G_3)U_2 - G_3 U_3 = 0 \qquad (2\text{-}28b)$$

$$-G_5 U_1 - G_3 U_2 + (G_3 + G_4 + G_5)U_3 = 0 \qquad (2\text{-}28c)$$

这就是以 3 个节点电位为变量的 3 个方程。它们是来源于式（2-26），由于式（2-26）是独立的，因此这 3 个方程也是独立的。解这 3 个方程就可以求出节点电位 U_1、U_2、U_3。从节点电位可以得出所有的支路电压。

为了使今后在选定节点电位之后，能够直接列出方程组（2-28），对式（2-28）进行分析，找出规律性的东西。现在重点分析式（2-28a）。该式第一项系数（$G_1 + G_5$）是直接汇集于节点 1 的所有电导的总和，用 G_{11} 来概括；第二项和第三项前的系数分别是节点 1、2 之间和节点 1、3 之间的电导，它们都是负值，分别用 G_{12} 和 G_{13} 来表示，即 $G_{12} = -G_1$，$G_{13} = -G_5$。因此，该式的左端就可以写为 $G_{11}U_1 + G_{12}U_2 + G_{13}U_3$，其中 G_{11} 称为节点 1 的自电导，G_{12} 和 G_{13} 则分别称为节点 1、2 间和节点 1、3 间的互电导。自电导总为正值，而互电导总为负值，这是由于节点电位一律假定为正的缘故。等式左端代表从节点 1 通过各电导流出的全部电流，其右端是电流源输送给该节点的全部电流，即流入节点的电流源为正，流出节点的电流源为负，可将 I_S 用 I_{S11} 来概括。因此，式（2-28a）可以概括成如下普遍形式：

$$G_{11}U_1 + G_{12}U_2 + G_{13}U_3 = I_{S11} \qquad (2\text{-}29a)$$

同理可将式（2-28b）和式（2-28c）概括为如下形式：

$$G_{21}U_1 + G_{22}U_2 + G_{23}U_3 = I_{S22} \tag{2-29b}$$

$$G_{31}U_1 + G_{32}U_2 + G_{33}U_3 = I_{S33} \tag{2-29c}$$

式中，G_{22}、G_{33}分别为直接汇集于节点2、3所有电导的总和，称之为节点2、3的自电导；G_{21}、G_{23}、G_{31}、G_{32}分别为其下标数字所示节点间所接电导的总和，称为互电导；I_{S22}、I_{S33}则分别为电流源送给节点2、3电流的代数和。

式(2-29)是3个独立节点电路、以节点电位为求解量、电流定律方程组的普遍形式。它便于记忆，并且很容易推广到多个节点场合，例如，对于有4个独立节点的电路，有

$$\left.\begin{aligned}
G_{11}U_1 + G_{12}U_2 + G_{13}U_3 + G_{14}U_4 = I_{S11} \\
G_{21}U_1 + G_{22}U_2 + G_{23}U_3 + G_{24}U_4 = I_{S22} \\
G_{31}U_1 + G_{32}U_2 + G_{33}U_3 + G_{34}U_4 = I_{S33} \\
G_{41}U_1 + G_{42}U_2 + G_{43}U_3 + G_{44}U_4 = I_{S44}
\end{aligned}\right\} \tag{2-30}$$

一般来说，如果网络的独立节点数少于网孔数，本法和网孔法相比，方程数就少一些，较易求解。但也应考虑到其他一些因素，譬如网络中的电源种类。如果已知的电源是电流源，则节点分析法较方便，方程可由观察直接写出。如果电源为电压源，则网孔分析法较为方便。此外还应注意，网孔分析法只适合平面网络，而节点分析法无此限制。

例2-7 列出图2-18所示电路的节点方程。

解 该电路共有5个节点，选其中的一个作为参考节点，标以接地的符号。设其余4个节点电位分别为U_1、U_2、U_3、U_4，极性如图2-18所示。

直接汇集于节点1的电导总和为$G_{11} = 0.1\text{S} + 1\text{S} + 0.1\text{S} = 1.2\text{S}$；$G_{12} = -1\text{S}$；$G_{13} = 0$；$G_{14} = -0.1\text{S}$。注意，因为节点1、3间无直接的公有电导，故$G_{13} = 0$。又电流源电流是流入节点1的，故$I_{S11} = 1\text{A}$。对节点1可得

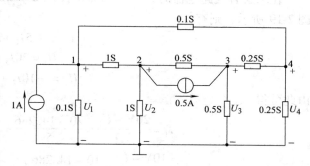

图2-18 例2-7电路图

$$1.2U_1 - U_2 - 0.1U_4 = 1$$

同理，对节点2、3、4可得

$$-U_1 + 2.5U_2 - 0.5U_3 = -0.5$$

$$-0.5U_2 + 1.25U_3 - 0.25U_4 = 0.5$$

$$-0.1U_1 - 0.25U_3 + 0.6U_4 = 0$$

例2-8 试用节点分析法求图2-19a所示电路的各支路电流。

本例说明：(1)有电压源时如何运用节点分析法；(2)用节点分析法求解支路电流的整个步骤。

如果电压源与电阻串联，如本题电路所示，则可以把该电压源-串联电阻组合变换为等效的电流源-并联电阻组合，如图2-19b所示。

本电路只有一个节点电位U_1。其中

$$G_{11} = \frac{1}{5}\text{S} + \frac{1}{20}\text{S} + \frac{1}{10}\text{S} = \frac{7}{20}\text{S}$$

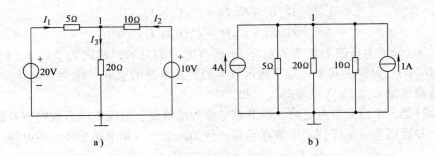

图 2-19 例 2-8 电路

$$I_{S11} = (4+1)\text{A} = 5\text{A}$$

故得

$$\frac{7}{20}U_1 = 5$$

$$U_1 = 5 \times \frac{20}{7}\text{V} = \frac{100}{7}\text{V} = 14.286\text{V}$$

这也就是电路中各支路的电压值。

在求解各支路电流时，应回到原电路图 2-19a。设各支路电流 I_1、I_2、I_3 的参考方向如图 2-19 所示，则有

$$U_1 = -5I_1 + 20$$

$$U_1 = 20I_3$$

$$U_1 = -10I_2 + 10$$

由此可得

$$I_1 = \frac{20\text{V} - U_1}{5\Omega} = \frac{20 - 14.286}{5}\text{A} = \frac{5.714}{5}\text{A} = 1.143\text{A}$$

$$I_2 = \frac{10\text{V} - U_1}{10\Omega} = \frac{10 - 14.286}{10}\text{A} = \frac{-4.286}{10}\text{A} = -0.4286\text{A}$$

$$I_3 = \frac{U_1}{20\Omega} = \frac{14.286}{20}\text{A} = 0.7143\text{A}$$

例 2-9 含有电压控制电流源(VCCS)的电路如图 2-20 所示，列出节点方程。

解 对含有受控源的电路，可以暂时先把受控源当做独立电源，列出所需的方程，另外，为了便于列出方程，把 R_4 与受控源的连接点也看做一个节点。所以，这个电路共有 3 个节点电位 U_1、U_2、U_3，得方程

$$\left(\frac{1}{R_1} + \frac{1}{R_2}\right)U_1 - \frac{1}{R_2}U_2 = I_S$$

$$-\frac{1}{R_2}U_1 + \left(\frac{1}{R_2} + \frac{1}{R_3}\right)U_2 = g_m U_{R2}$$

$$\frac{1}{R_4}U_3 = -g_m U_{R2}$$

显然，从这 3 个方程是无法解出节点电位的。因此下一步应把受控源的控制量设法用节点电位来表

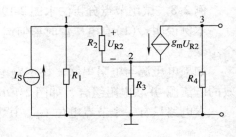

图 2-20 例 2-9 电路

示。对本题电路中的受控源，有

$$g_m U_{R2} = g_m(U_1 - U_2)$$

把它代入以上有关方程式中，并加整理可得

$$\left(\frac{1}{R_1} + \frac{1}{R_2}\right)U_1 - \frac{1}{R_2}U_2 = I_S$$

$$-\left(\frac{1}{R_2} + g_m\right)U_1 + \left(\frac{1}{R_2} + \frac{1}{R_3} + g_m\right)U_2 = 0$$

$$g_m U_1 - g_m U_2 + \frac{1}{R_4}U_3 = 0$$

从这 3 个方程可以明显看出，含受控源时，节点方程不能像正文中所总结的那样根据观察即可直接列出。

对含有其他 3 种受控源的电路写节点方程都可按照类似的步骤进行。先将其当做独立电源看待，把受控电压源变换为等效的受控电流源，初步列出方程。然后设法把受控源的控制量用节点电位去表示，得出最后结果。

2.7 弥尔曼定理

在分析电路时，常遇到只有两个节点，而支路数却很多的电路，并且这些支路还可以增减。如用网孔分析法，方程个数较多；如用节点分析法则只用一个方程即能求出各支路两端的电压，进而求出各支路的电流，没有求解方程组的问题。为便于应用，可以推导出一个专门为这类电路计算节点电位（亦即支路电压）的公式。

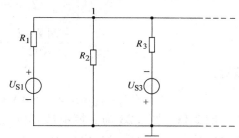

图 2-21 两个节点的网络

设电路如图 2-21 所示，则节点电位 U_1 的方程为

$$\left(\frac{1}{R_1} + \frac{1}{R_2} + \frac{1}{R_3}\right)U_1 = \frac{U_{S1}}{R_1} - \frac{U_{S3}}{R_3}$$

即有

$$U_1 = \frac{\dfrac{U_{S1}}{R_1} - \dfrac{U_{S3}}{R_3}}{\dfrac{1}{R_1} + \dfrac{1}{R_2} + \dfrac{1}{R_3}} \qquad (2\text{-}31)$$

注意：$\dfrac{U_{S3}}{R_3}$ 前为负号，因为这条含源支路的等效电流源不是输送电流给节点 1，而是从节点 1 流出电流的。如果认为 U_{S3} 本身包含负号，且不含电源的支路也假设有电源（只是电源值为零），则可将式（2-31）概括为

$$U_1 = \frac{\dfrac{U_{S1}}{R_1} + \dfrac{U_{S2}}{R_2} + \dfrac{U_{S3}}{R_3}}{\dfrac{1}{R_1} + \dfrac{1}{R_2} + \dfrac{1}{R_3}} = \frac{G_1 U_{S1} + G_2 U_{S2} + G_3 U_{S3} + \cdots + G_n U_{Sn}}{G_1 + G_2 + G_3 + \cdots + G_n} \qquad (2\text{-}32)$$

注意：式（2-32）的分子为各支路电导与电压之积（支路电流）的代数和，且有些项可能

为零。

上述公式是弥尔曼（J. Millman）于1940年提出的，所以称为"弥尔曼定理"。这个公式实质上是节点分析法的结果。

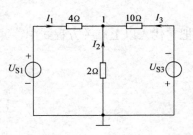

图 2-22　例 2-10 电路

例 2-10　电路如图 2-22 所示，已知 $U_{S1} = 12V$，$U_{S3} = 24V$，试用弥尔曼定理求各电流。

解　根据弥尔曼定理有

$$U_1 = \frac{\dfrac{12}{4} + \dfrac{0}{2} + \dfrac{-24}{10}}{\dfrac{1}{4} + \dfrac{1}{2} + \dfrac{1}{10}}V = \frac{3 - 2.4}{0.25 + 0.5 + 0.1}V = 0.706V$$

又

$$U_1 = -4I_1 + U_{S1} = -4I_1 + 12$$
$$U_1 = -2I_2$$
$$U_1 = -10I_3 - U_{S3}$$

故得

$$I_1 = \frac{12V - U_1}{4\Omega} = \frac{12 - 0.706}{4}A = 2.824A$$

$$I_2 = \frac{0.706}{-2}A = -0.353A$$

$$I_3 = \frac{-24V - U_1}{10\Omega} = \frac{-24 - 0.706}{10}A = -2.471A$$

核对：

$$I_1 + I_2 + I_3 = 2.824A + (-0.353)A + (-2.471)A = 0A$$

例 2-11　图 2-23 为一模拟计算机（Analog Computer）的加法电路，U_{S1}、U_{S2}、U_{S3}代表拟相加的数量，试证明输出电压 U_o 与被加电压之和（$U_{S1} + U_{S2} + U_{S3}$）成正比。

解　根据弥尔曼定理

$$U_o = \frac{\dfrac{U_{S1}}{R} + \dfrac{U_{S2}}{R} + \dfrac{U_{S3}}{R}}{\dfrac{1}{R} + \dfrac{1}{R} + \dfrac{1}{R} + \dfrac{1}{R}}$$

$$= \frac{\dfrac{1}{R}(U_{S1} + U_{S2} + U_{S3})}{4\dfrac{1}{R}}$$

$$= \frac{1}{4}(U_{S1} + U_{S2} + U_{S3})$$

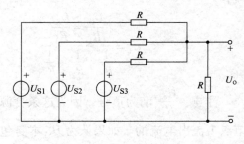

图 2-23　加法电路

故知输出电压 U_o 与（$U_{S1} + U_{S2} + U_{S3}$）成正比，$\dfrac{1}{4}$ 为比例常数。

习　　题

2-1　求图 2-24a 中的 U_{ab} 以及图 2-24b 中的 U_{ab} 及 U_{bc}。

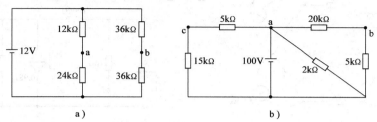

图 2-24　习题 2-1 电路图

2-2　电路如图 2-25 所示，已知 30Ω 电阻中的电流 $I_4 = 0.2A$，试求此电路的总电压 U 及总电流 I。

2-3　电路如图 2-26 所示，若 10Ω 两端的电压为 24V，求 $R = ?$

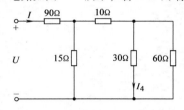

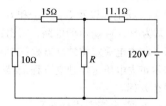

图 2-25　习题 2-2 电路图　　　　　　　图 2-26　习题 2-3 电路图

2-4　电路如图 2-27 所示，已知灯泡额定电压及电流分别是 12V 及 0.3A，问电源电压应多大，才能使灯泡工作在额定值。

2-5　电路如图 2-28 所示，求 R_1、R_2。

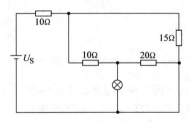

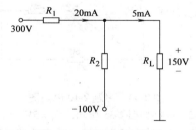

图 2-27　习题 2-4 电路图　　　　　　　图 2-28　习题 2-5 电路图

2-6　6 个相等电阻 R，各等于 20Ω，构成一个闭合回路（见图 2-29）。若将一外电源依次作用 a 和 b、a 和 c、a 和 d 之间，求在各种情况下的等效电阻。

2-7　梯形网络如图 2-30 所示，若输入电压为 U，求 U_a、U_b、U_c 和 U_d。

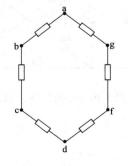

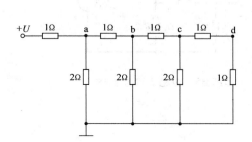

图 2-29　习题 2-6 电路图　　　　　　　图 2-30　习题 2-7 电路图

2-8 求图 2-31 所示电路中的 U。

2-9 求图 2-32 所示电路的输入电阻 R_i。为什么 R_i 比 16Ω 还大？

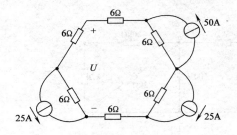

图 2-31 习题 2-8 电路图   图 2-32 习题 2-9 电路图

2-10 电路如图 2-33 所示。

（1）求电阻 R_{ab}。

（2）求各支路电流以及 U_{ab}、U_{ad} 和 U_{ac}。

2-11 试为图 2-34 所示的电路，写出：

（1）基尔霍夫电流定律独立方程（支路电流为未知量）。

（2）基尔霍夫电压定律独立方程（支路电流为未知量）。

（3）网孔方程。

（4）节点方程（参考节点任选）。

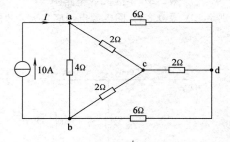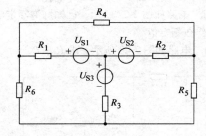

图 2-33 习题 2-10 电路图   图 2-34 习题 2-11 电路图

2-12 电路如图 2-35 所示，$U_S = 5V$、$R_1 = R_2 = R_4 = R_5 = 1\Omega$、$R_3 = 2\Omega$、$\mu = 2$，试求电压 U_1。

2-13 电路如图 2-36 所示，求各支路电流。

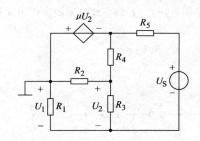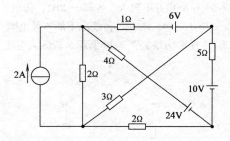

图 2-35 习题 2-12 电路图   图 2-36 习题 2-13 电路图

第3章　电路分析的几个定理

上一章讨论了分析线性网络的一般方法，如果能够掌握一些线性网络的性质，将会有助于简化分析工作，并且更深入地了解电路的一般关系。限于篇幅，本章仅讨论几个主要定理。首先讨论叠加定理，并由它导出戴维南定理。

3.1　叠加定理

由独立电源和线性元件组成的电路称为线性电路。叠加定理(Superposition Theorem)是体现线性电路特性的重要定理。

独立电源代表外界对电路的输入，统称激励。电路在激励作用下产生的电流和电压称为响应。

叠加定理的内容是：在任何由线性电阻、线性受控源及独立电源组成的电路中，在多个激励共同作用时，任一支路中产生的响应，等于各激励单独作用时在该支路所产生响应的代数和。

下面通过例子来说明应用叠加定理分析线性电路的方法、步骤以及注意点。

例3-1　图 3-1a 所示电路中，$R_1 = 3\Omega$、$R_2 = 5\Omega$、$U_S = 12V$、$I_S = 8A$，试用叠加定理求图中所示电流 I 和电压 U。

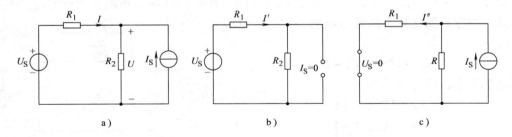

图 3-1　叠加定理应用示例

解　(1) 画出各独立电源作用时的电路模型。图 3-1b 为电压源单独作用时的电路，电流源置为零(即将含电流源的支路开路)；图 3-1c 为电流源单独作用时的电路，置电压源为零(即将电压源短路)。

(2) 求出各独立源单独作用时的响应分量。

对于图 3-1b 所示电路，由于电流源支路开路，R_1 与 R_2 为串联电阻，所以有

$$I' = \frac{U_S}{R_1 + R_2} = \frac{12}{3 + 5}A = 1.5A$$

$$U' = \frac{R_2}{R_1 + R_2}U_S = \frac{5}{3 + 5} \times 12V = 7.5V$$

对于图 3-1c 所示电路，电压源支路短路后，R_1 与 R_2 为并联电阻，故有

$$I'' = \frac{R_2}{R_1 + R_2}I_S = \frac{5}{3+5} \times 8\text{A} = 5\text{A}$$

$$U'' = (R_1 /\!/ R_2)I_S = \frac{3 \times 5}{3+5} \times 8\text{V} = 15\text{V}$$

（3）由叠加定理求得各独立电源共同作用时的电路响应，即为各响应分量的代数和。

$$I = I' - I'' = (1.5 - 5)\text{A} = -3.5\text{A} \quad (I' \text{ 与 } I \text{ 参考方向一致,而 } I'' \text{ 则相反})$$

$$U = U' + U'' = (7.5 + 15)\text{V} = 22.5\text{V} \quad (U' \text{、}U'' \text{ 与 } U \text{ 的参考方向均一致})$$

使用叠加定理分析电路时，应注意以下几点：

1）叠加定理仅适用于计算线性电路中的电流或电压，而不能用来计算功率，因为功率与独立电源之间不是线性关系。

2）各独立电源单独作用时，其余独立电源均置为零（电压源用短路代替,电流源用开路代替）。

3）响应分量叠加是代数量叠加，当分量与总量的参考方向一致时，取" + "号；与参考方向相反时，取" – "号。

4）如果只有一个激励作用于线性电路，那么激励增大 K 倍时，其响应也增大 K 倍，即电路的响应与激励成正比。这一特性称为线性电路的齐次性或比例性。

线性电路的齐次性是比较容易验证的。在电压源激励时，其值扩大 K 倍后，可等效成 K 个原来电压源串联的电路；在电流源激励时，电流源输出电流扩大 K 倍后，可等效成 K 个电流源相并联的电路。然后应用叠加定理，其响应也增大 K 倍，因此线性电路的齐次性结论成立。

例 3-2 图 3-2 所示线性无源网络 N 中，已知当 $U_S = 1\text{V}$，$I_S = 2\text{A}$ 时，$U = -1\text{V}$；当 $U_S = 2\text{V}$，$I_S = -1\text{A}$ 时，$U = 5.5\text{V}$。试求 $U_S = -1\text{V}$，$I_S = -2\text{A}$ 时，电阻 R 上的电压。

解 根据叠加定理和线性电路的齐次性，电压 U 可表示为

$$U = U' + U'' = K_1 U_S + K_2 I_S$$

代入已知数据，可得到

$$\left.\begin{array}{r} K_1 + 2K_2 = -1 \\ 2K_1 - K_2 = 5.5 \end{array}\right\}$$

求解后得

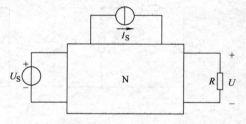

图 3-2 例 3-2 电路

$$K_1 = 2 \quad K_2 = -1.5$$

因此，当 $U_S = -1\text{V}$，$I_S = -2\text{A}$ 时，电阻 R 上的输出电压为

$$U = 2 \times (-1)\text{V} + (-1.5) \times (-2)\text{V} = 1\text{V}$$

例 3-3 求图 3-3a 所示电路中 R_4 的电压 U。

解 用叠加定理求解。先计算 U_S 单独作用时在 R_4 产生的电压 U'，此时应认为电流源为零值，即 $I_S = 0$，这就相当于把电流源用开路代替，得电路如图 3-3b 所示。显然，R_2 和 R_4 组成一个分压器，根据分压关系，可得

$$U' = \frac{R_4}{R_2 + R_4}U_S$$

再计算电流源单独作用时 R_4 的电压 U''，此时电压源 U_S 应以短路代替。经过整理，电

路如图 3-3c 所示。显然，R_2 和 R_4 组成一个分流器，根据分流关系，可得

$$I = \frac{R_2}{R_2 + R_4} I_S$$

故有

$$U'' = IR_4 = \frac{R_2 R_4}{R_2 + R_4} I_S$$

因此有

$$U = U' + U'' = \frac{R_4}{R_2 + R_4} U_S + \frac{R_2 R_4}{R_2 + R_4} I_S = \frac{R_4}{R_2 + R_4}(U_S + I_S R_2)$$

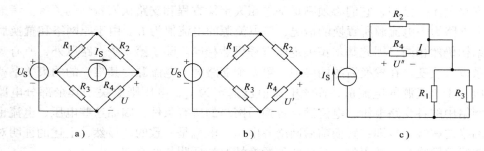

a)　　　　　　　　b)　　　　　　　　c)

图 3-3　例 3-3 电路

3.2　置换定理

在任意的线性或非线性网络中，若某一支路的电压和电流为 U_k 和 I_k，则不论该支路是由什么元件组成的，总可以用下列的任何一个元件去置换，即：①电压值为 U_k 的独立电压源；②电流值为 I_k 的独立电流源；③电阻值为 U_k/I_k 的电阻元件。这时，对整个网络的各个电压、电流不发生影响。这就是置换定理（Substitution Theorem）。

下面通过具体的例子来说明这个定理的正确性。图 3-4a 所示电路中的电压、电流已在第 2 章例 2-8 中求得，它们是：$U_1 = 14.286\text{V}$，$I_1 = 1.143\text{A}$，$I_2 = -0.4286\text{A}$，$I_3 = 0.7143\text{A}$。现在，为了表明置换定理的正确性，将含有 20Ω 电阻的支路换为一个电流源，这个电流源的电流值为 0.7143A，即原支路的电流值（I_3），如图 3-4b 所示。对于置换后的电路进行计算可知，置换对电路中的各电压、电流并无影响。对于图 3-4b 所示电路，可以列出节点方程

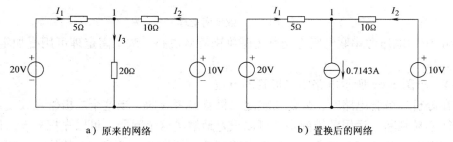

a）原来的网络　　　　　　　　b）置换后的网络

图 3-4　置换定理的例子

$$\left(\frac{1}{5} + \frac{1}{10}\right)U_1 = 4 + 1 - 0.7143$$

解得

$$U_1 = 14.286\text{V}$$

进一步可算得

$$I_1 = 1.143\text{A} \quad I_2 = -0.4286\text{A}$$

由此可知各电压和电流并未发生变化。这就说明电流为 I_k 的支路可以用一个电流值为 I_k 的电流源去置换，对网络不会产生影响。

现在来论证这一定理。设 U_1、U_2、$\cdots$、U_b 和 I_1、I_2、$\cdots$、I_b 为某一给定网络中已知的各支路电压和支路电流。已知，它们必须满足基尔霍夫定律方程和支路伏安特性的关系。考虑网络中第 k 个支路为一电流源所置换的情况，该电流源的电流值为 I_k。由于原网络和置换后的网络几何结构仍然相同，因此基尔霍夫定律方程仍然相同。除了第 k 条支路以外，所有支路的伏安关系也未改变。在置换后的网络中，第 k 个支路为一电流源，其唯一的约束关系就是支路电流应等于电流源的电流值，而该电流值已选定为 I_k，电压则取决于其余部分电路。因此，原网络中的各支路电压、电流满足置换后网络的所有条件，因而这些电压、电流也就是置换后网络的解答。也即：置换前后网络各电压、电流是一致的。显然，上述的证明对线性网络和非线性网络都是适用的。其他两种置换情况的证明与此类似。

3.3　戴维南定理

戴维南定理（Thevenin's Theorem）指出：对于线性有源二端网络，均可等效为一个电压源与电阻串联的电路。如图 3-5a、b 所示，图中 N 为线性有源二端网络，R 为求解支路。等效电压源 U_{oc} 的数值等于有源二端网络 N 的端口开路电压。串联电阻 R_o 等于 N 内部所有独立电源置零时网络两端之间的等效电阻，如图 3-5c、d 所示。

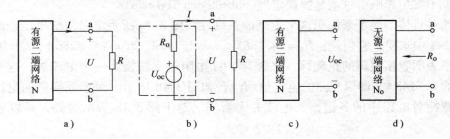

图 3-5　戴维南定理

图 3-5b 中的电压源串联电阻电路称为戴维南等效电路。戴维南定理可用叠加定理证明，此处从略。

例 3-4　求图 3-6a 所示电路中二极管的电流。

解　在分析二极管电路时，先需要确定二极管是否导通，当这个二极管在较复杂的电路中时，往往不易判断。运用戴维南定理可以很好地解决这个问题。可以先把含有二极管的支路断开，求得电路其余部分的戴维南等效电路之后，再把含二极管的支路接上。在一个简单的单回路电路中，很容易判断二极管是否导通。

在图 3-6a 所示电路中除二极管支路以外，与二极管连接的左边电路如图 3-7a 所示，其等效电路可求得如下：

$$U_{oc} = \frac{36 + 18}{12 + 18} \times 18V - 18V = 14.4V$$

$$R_o = \frac{18 \times 12}{18 + 12}k\Omega = 7.2k\Omega$$

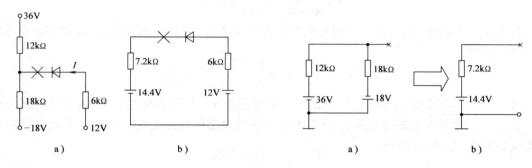

图 3-6 例 3-4 电路　　　　　　　图 3-7 例 3-4 变换电路

把二极管支路与这等效电路(见图 3-7b)接上后，即得图 3-6b。可知二极管阴极电位比阳极电位高 2.4V，因此二极管不导通，$I = 0$。

例 3-5 用戴维南定理求图 3-8a 所示电路中的电流 I。

解 (1)求开路电压 U_{oc}。自 a、b 处断开 R_L 支路，设定 U_{oc} 参考方向，如图 3-8b 所示，应用叠加定理求得有源二端网络的开路电压为

$$U_{oc} = U'_{oc} + U''_{oc} = \frac{R_3}{R_1 + R_3}U_S + [R_2 + (R_1 /\!/ R_3)]I_S$$

$$= \frac{12}{6 + 12} \times 12V + \left(4 + \frac{6 \times 12}{6 + 12}\right) \times 0.5V = (8 + 4)V = 12V$$

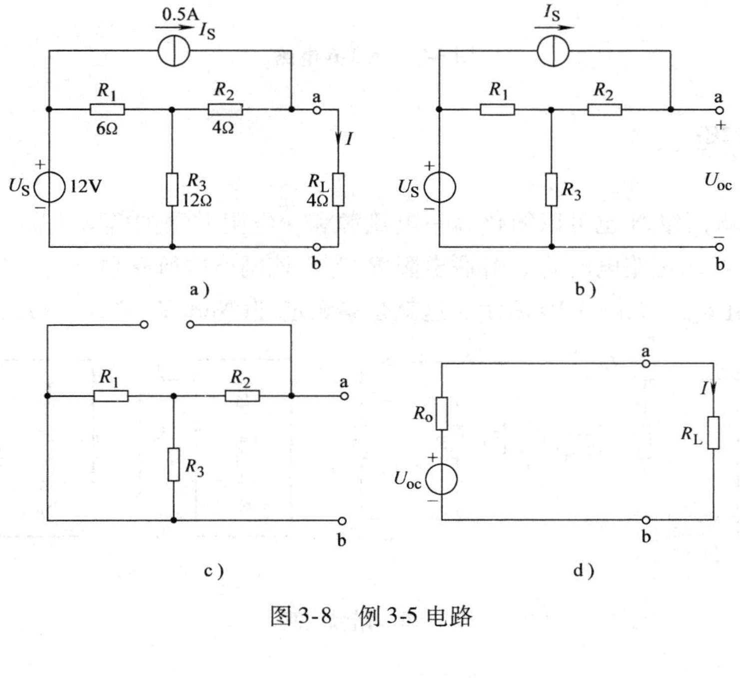

图 3-8 例 3-5 电路

53

（2）求等效电阻 R_o。将图 3-8b 中的电压源短路，电流源开路，得图 3-8c 所示电路，其等效电阻为

$$R_o = R_2 + (R_1 /\!/ R_3) = 4\Omega + \frac{6 \times 12}{6 + 12}\Omega = 8\Omega$$

（3）画出戴维南等效电路，接入 R_L 支路，如图 3-8d 所示，于是求得

$$I = \frac{U_{oc}}{R_o + R_L} = \frac{12}{8 + 4}A = 1A$$

例 3-6　试说明：若含源二端网络的开路电压为 U_{oc}，短路电流为 I_{sc}，则戴维南等效电路的串联电阻为

$$R_o = \frac{U_{oc}}{I_{sc}}$$

解　已知一个含源二端网络 N 可以用一个电压源 U_{oc}——串联电阻 R_o 的等效电路来代替。因此，原网络 N 的短路电流 I_{sc} 应等于这个等效电路的短路电流，而这个等效电路的短路电流显然为 U_{oc}/R_o，故得

$$I_{sc} = \frac{U_{oc}}{R_o}$$

如图 3-9b 所示。由上式可得

$$R_o = \frac{U_{oc}}{I_{sc}}$$

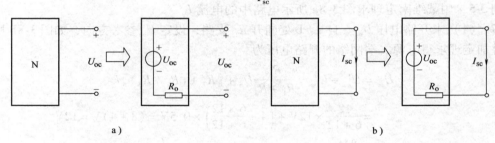

图 3-9　例 3-6 电路

3.4　诺顿定理

一个含源二端网络 N 也可以简化为一电流源和一电阻并联的等效电路。这个电流源的电流等于该网络 N 的短路电流 I_{sc}，并联电阻 R_o 等于该网络中所有独立电源为零值时所得网络 N_o 的等效电阻 R_{ab}，如图 3-10 所示。这就是诺顿定理（Norton's Theorem）。

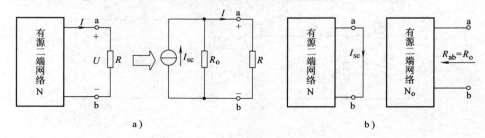

图 3-10　诺顿定理

54

例 3-7 用诺顿定理求图 3-11 所示电路中流过 4Ω 电阻的电流 I。

解 把原电路除 4Ω 电阻以外的部分(即图 3-11 中 a-b 右边部分)简化为诺顿等效电路。

(1) 将拟化简的二端网络短路,如图 3-12a 所示,求短路电流 I_{sc}。根据叠加定理可得

$$I_{sc} = \frac{24}{10}A + \frac{12}{10//2}A = (2.4 + 7.2)A = 9.6A$$

(2) 将二端网络中的电源置零(即此电路中电压源短路),如图 3-12b 所示,求等效电阻 R_o,可得

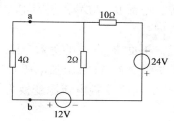

图 3-11 例 3-7 电路

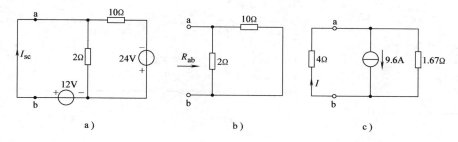

a)   b)   c)

图 3-12 运用诺顿定理解题电路

$$R_o = R_{ab} = 10//2\Omega = \frac{20}{12}\Omega = 1.67\Omega$$

(3) 求得诺顿等效电路后,将 4Ω 电阻接上,得图 3-12c,由此可得

$$I = 9.6 \times \frac{1.67}{4 + 1.67}A = 2.78A$$

3.5 应用戴维南定理分析受控源电路

在学习叠加定理的时候曾经指出,叠加定理适用于由独立源和线性元件组成的线性电路,而戴维南定理是由叠加定理推导而来的,因此,原则上戴维南定理是对含有独立电源和线性元件的电路而言的。在运用戴维南定理分析含受控源的电路,求等效电阻 R_o 时,必须考虑受控源的作用,特别要注意,不能像处理独立源那样把受控源也用短路或开路代替,否则将导致错误结果。所以对于含受控源的二端网络可用如下方法求出等效电阻:在无(独立)源二端网络两端施加电压 U,如图 3-13 所示,计算端口上的电流 I,则

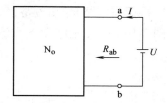

图 3-13 求等效电阻的一般方法

$$R_o = R_{ab} = \frac{U}{I}$$

例 3-8 求图 3-14 所示电路的戴维南等效电路。

解 先求开路电压 U_{oc},如图 3-14 所示,此时 I 为零,电流控制电流源(CCCS)的电流 $0.5I$ 也为零,相当于开路。各电阻上也无电压,故得

$$U_{oc} = U_{ab} = 10V$$

由于这个电流中包含有 CCCS，其电流为 $0.5I$。图中的 I 方向必须标出，因为作为受控源，电流 $0.5I$ 所示的方向取决于控制量 I 的方向，没有 I 的方向，也就谈不上 CCCS 电流的方向。

下面求 ab 端的等效电阻，为此将原电路中的独立电压源用短路代替，根据图 3-13 所示的方法，在 ab 端施加电压 U，如图 3-15a 所示，得出 I，从而求得 ab 端的等效电阻。为了算出 I，可把受控电流源变换为等效受控电压源，如图 3-15b 所示。由基尔霍夫电压定律得

$$2000I - U - 500I = 0$$

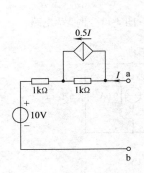

图 3-14　例 3-8 电路

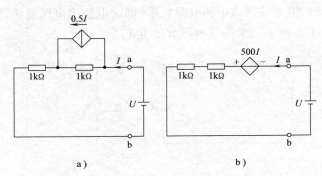

图 3-15　求例 3-8 等效电源的内阻

即

$$1500I = U$$

所以

$$R_{ab} = \frac{U}{I} = \frac{1500I}{I}\Omega = 1500\Omega$$

故原电路的等效电路由 10V 的电压源与 1500Ω 电阻串联组成。

例 3-9　求含受控源电路的等效电路时，其内阻 R_0 也可根据端口上的开路电压 U_{oc} 及短路电流 I_{sc} 求得。试用此方法求例 3-8 电路的等效电源内阻。

解　在例 3-8 中已根据原电路求得

$$U_{oc} = 10V$$

再把原电路 ab 端短路，如图 3-16a 所示。注意一切电源均应保留。设短路电流的方向如图 3-16 所示，则 CCCS 电流为 $0.5I_{sc}$，且其方向应与图 3-15a 中的方向相反。经过电源等

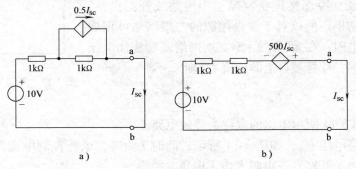

图 3-16　求例 3-8 戴维南等效电路的内阻

56

效变换得图 3-16b，由此可得

$$-10 + 2000I_{sc} - 500I_{sc} = 0$$

即

$$1500I_{sc} = 10$$

$$I_{sc} = \frac{1}{150}A$$

因此有

$$R_{ab} = \frac{U_{oc}}{I_{sc}} = \frac{10}{\dfrac{1}{150}}\Omega = 1500\Omega$$

例 3-10　求图 3-17a 所示电路中流过 R_C 的电流（其中 β 为常量）。

解　电源 U_2 对电路两处供电，可以用两个电源来代替，如图 3-17b 所示。图中 ab 左边的电路是拟简化的电路，这部分中 a′b′左边的部分又是在逐步简化过程中可以先简化的部分。对这部分来说

$$U'_{oc} = U_2 \frac{R_{B1}}{R_{B2} + R_{B1}}$$

$$R'_o = r_{be} + R_{B1} /\!/ R_{B2}$$

其等效电路如图 3-17c 中 a′b′左边所示。

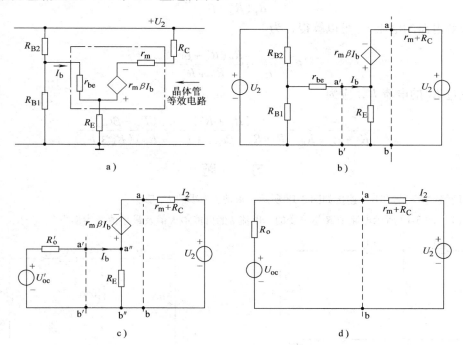

图 3-17　用戴维南定理逐步简化

现在来简化 ab 左边的整个部分，其开路电压为

$$U_{oc} = -r_m \beta I_{b1} + R_E I_{b1}$$

I_{b1} 是 ab 开路时 I_b 之值，其值为

$$I_{b1} = \frac{U'_{oc}}{R'_o + R_E}$$

故得

$$U_{oc} = \frac{(R_E - \beta r_m)}{R_E + R'_o} U'_{oc}$$

下面计算 ab 端的短路电流 I_{sc}。在短路时，R_E 的电压与受控源的电压相等，可表示为 $r_m \beta I_b$，I_{b2} 是 ab 短路时 I_b 之值。又流过 R_E 的电流为 $(I_{b2} - I_{sc})$，因此有

$$r_m \beta I_{b2} = R_E (I_{b2} - I_{sc})$$

只要求出 I_{b2}，则 I_{sc} 也可求出。由于 R_o 两端的电压为 $(U'_{oc} - r_m \beta I_{b2})$，它应等于 $R_o I_{b2}$，故得

$$R'_o I_{b2} = U'_{oc} - r_m \beta I_{b2}$$

由此得

$$I_{b2} = \frac{U'_{oc}}{\beta r_m + R'_o}$$

因此，算得

$$I_{sc} = \frac{R_E - \beta r_m}{R_E (R'_o + \beta r_m)} U'_{oc}$$

因此，等效电路的电阻 R_o 可以算得，为

$$R_o = \frac{U_{oc}}{I_{sc}} = \frac{R_E (R'_o + \beta r_m)}{R_E + R'_o}$$

最后求流过 R_2 的电流 I_2，应为

$$I_2 = \frac{U_2 - U_{oc}}{R_o + r_m + R_C} = \frac{U_2 (R_E + R'_o) - U'_{oc} (R_E - \beta r_m)}{R_E (R'_o + \beta r_m) + (r_m + R_C)(R_E + R'_o)}$$

习　题

3-1　网络"A"与"B"连接如图 3-18 所示，求使 I 为零的 U_S 值。

3-2　(1) 图 3-19 所示电路中 R 是可变的，电流 I 的可能最大值及最小值各为多少？

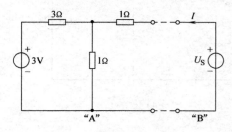

图 3-18　习题 3-1 电路图

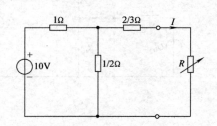

图 3-19　习题 3-2 电路图

(2) R 为何值时，R 的功率为最大？

3-3　求图 3-20 电路中 3kΩ 电阻上的电压(提示:3kΩ 两边分别化为戴维南等效电路)。

3-4　试求图 3-21 所示的桥式电路中，流过 5Ω 电阻的电流。

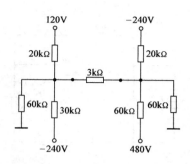

图 3-20 习题 3-3 电路图

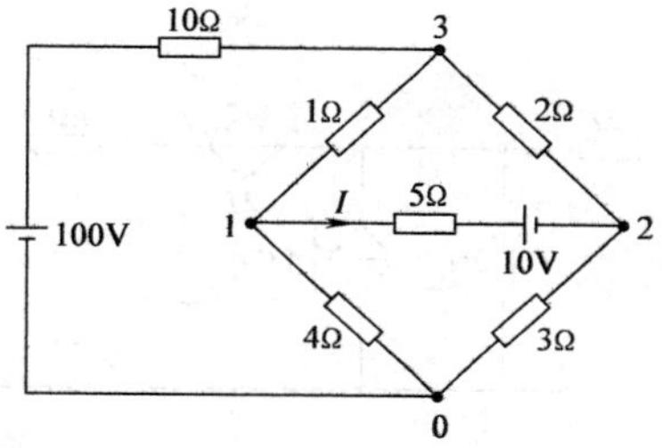

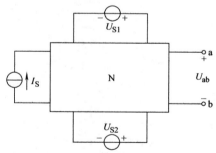

图 3-21 习题 3-4 电路图

3-5 试推导出图 3-22a 所示电路的戴维南等效电路如图 3-22b 所示。要求写出推导过程。

3-6 求图 3-23 所示电路中的 U_a。

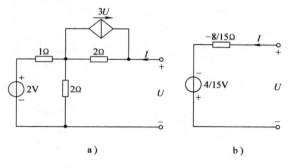

a)　　　　　　　　　　b)

图 3-22 习题 3-5 电路图

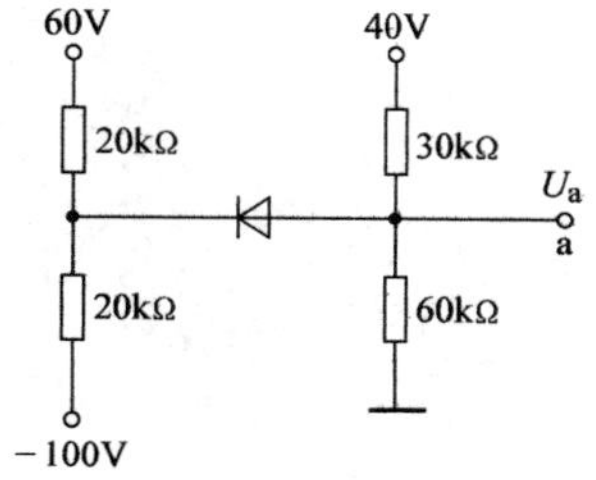

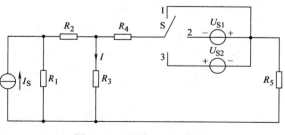

图 3-23 习题 3-6 电路图

3-7 求图 3-24 所示电路中的电压 U_{ab}。

3-8 电路如图 3-25 所示，当电压源 U_{S2} 不变，电流源 I_S 和电压源 U_{S1} 反向时，电压 U_{ab} 是原来的 0.5 倍；当电压源 U_{S1} 不变，电流源 I_S 和电压源 U_{S2} 反向时，电压 U_{ab} 是原来的 0.3 倍。问：当 U_{S1} 和 U_{S2} 均不变，仅 I_S 反向，电压 U_{ab} 为原来的几倍？

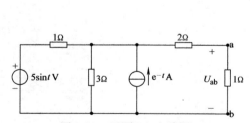

图 3-24 习题 3-7 电路图

图 3-25 习题 3-8 电路图

3-9 电路如图 3-26 所示，$U_{S1} = 10\text{V}$，$U_{S2} = 15\text{V}$，当开关 S 在位置 1 时，电流 $I = 40\text{mA}$；当开关 S 合向位置 2 时，电流 $I = -60\text{mA}$，如果把开关 S 合向位置 3，电流 I 为多少？

3-10 图 3-27 所示电路中电阻 R 可变，试问 R 为何值时可吸收最大功率，并求此功率。

3-11 电路如图 3-28 所示，已知当 $R_X = 8\Omega$ 时，电流 $I_X = 1\text{A}$。当 R_X 为何值时，$I_X = 0.5\text{A}$？

图 3-26 习题 3-9 电路图

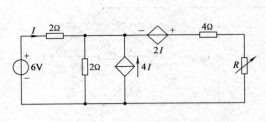

图 3-27 习题 3-10 电路图

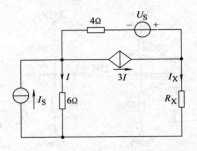

图 3-28 习题 3-11 电路图

第4章 动态电路的分析方法

前面介绍了线性电阻电路的分析方法。由于电阻元件的伏安特性为代数关系,所以在分析电阻性电路时,只需求解一组代数方程,如网孔分析法、节点分析法等。但在本章所讨论的电路中,除了含有电源和电阻以外,还将含有电容和电感元件。电容和电感元件的伏安特性为微分或积分关系,故称为动态元件(Dynamic Element)(参见1.4.3节)。

包含动态元件的电路叫做动态电路。动态电路在任一时刻的响应与激励有关,这是和电阻性电路完全不同的。例如,一个动态电路,尽管输入已不再作用,但仍然可以有输出,因为输入曾经作用过。因此,动态电路具有"记忆"(Memory)的特点,这完全是由动态元件的性能所决定的。

4.1 一阶电路的分析

不论是电阻性电路还是动态电路,各支路电流与各支路电压都受到基尔霍夫定律的约束,只是在动态电路中,来自元件性质的约束,除了电阻元件的欧姆定律,还有电容、电感的电压、电流关系,这些关系已在第1.4.3节讨论过,需要用微分(或积分)的形式来表示。因此,线性动态电路不能用线性代数方程,而需用线性微分方程来描述。用解析方法求解动态电路的问题就是求解微分方程的问题。

在实际工作中经常遇到只包含一个动态元件的线性电路,这种电路是用线性常系数一阶常微分方程来描述的,故称一阶电路或一阶网络(First Order Network)。本节讨论这类网络的解法。以电容元件为例,这类网络可以用图4-1a来概括,图中所示的方框部分只由电阻和电源组成电路,可以用戴维南等效电路或诺顿等效电路来代替。因此,这类网络的分析问题可归结为图4-1b或c所示电路的分析问题。本节着重分析的也就是这种简单的 *RC* 和 *RL* 电路。

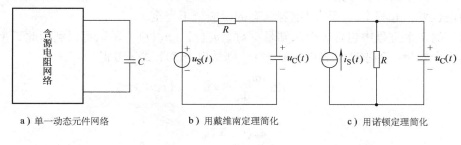

a)单一动态元件网络   b)用戴维南定理简化   c)用诺顿定理简化

图 4-1

4.1.1 一阶电路的零输入响应

动态网络中包含储能元件,因此,图4-1所示网络的响应,例如电容电压 $u_C(t)$ 等,不

仅取决于 R、C 的数值和输入 $u_S(t)$ 或 $i_S(t)$ 的形式，而且还取决于激励刚作用瞬间电容中的储能情况——初始状态。电路的响应与后一因素有关是一个新的概念，以前学过的电阻性网络只是对输入信号有响应。因此，在分析动态网络时将区分：①零输入响应（Zero-input Response）——无信号作用，由初始时刻的储能所产生的响应；②零状态响应（Zero-state Response）——初始时刻无储能，由初始时刻施加于网络的输入信号所产生的响应。

下面对零输入响应进行描述：图 4-2 所示的电路中电容已被电压源充电到电压 U_0。在 $t=0$ 时，开关 S_1 打开时，开关 S_2 同时闭合。这样通过换路，在 $t=0$ 时，被充电的电容就与电压源脱离而与电阻相连接。由于电容电压不能跃变，此时电容虽与电压源脱离，但仍具有初始电压 U_0，这也就是电阻 R 两端的电压。因此在换路瞬间电流将由零一跃而为 U_0/R。在换路后，电容通过 R 放电，电压逐渐减小，最后为零，电流也相应从 U_0/R 值逐渐下降，最后也为零。在这个过程中，初始时刻电容由于具有 U_0 的电压而储存的电场能量逐渐为电阻所消耗，转化为热能。因此，在 $t \geqslant 0$ 时，电路中并无电源作用，电路中的物理过程是由非零初始状态产生的，这就是零输入响应的一个例子。

下面对一阶零输入响应进行数学分析。为了分析的方便，将 $t \geqslant 0$ 时的 RC 电路重绘，如图 4-3 所示。根据基尔霍夫电压定律可得

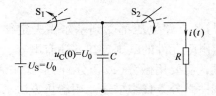

图 4-2　已充电的电容与电阻相连接　　　　图 4-3　RC 电路，$u_C(0) = U_0$

$$u_C(t) - u_R(t) = 0 \qquad (t \geqslant 0)$$

又

$$u_R(t) = Ri(t)$$

$$i(t) = -C\frac{\mathrm{d}u_C(t)}{\mathrm{d}t} \quad \text{及} \quad u_C(0) = U_0$$

电容关系式中出现负号是因为 $i(t)$ 与 $u_C(t)$ 的参考方向不一致。应注意的还有，电容电压的初始值也要一起写上，否则对电容状态的说明就不完全。

在以上的 3 个方程中包含 3 个未知量 $i(t)$、$u_C(t)$、$u_R(t)$，所以可以利用此 3 个方程解出任何一个未知量。如求解电容电压 $u_C(t)$，则从以上 3 个式子可得

$$u_C(t) + RC\frac{\mathrm{d}u_C(t)}{\mathrm{d}t} = 0 \qquad (t \geqslant 0) \tag{4-1}$$

及

$$u_C(0) = U_0 \tag{4-2}$$

$$\int \frac{\mathrm{d}u_C(t)}{u_C} = -\frac{1}{RC}\int \mathrm{d}t \tag{4-3}$$

解此方程得

$$u_C(t) = k\mathrm{e}^{-\frac{1}{RC}t}$$

这里的 k 是满足初始条件的常数，即当 $t=0$ 时，有

$$u_C(0) = k\mathrm{e}^0 = k = U_0$$

故得

$$u_C(t) = U_0\mathrm{e}^{-\frac{1}{RC}t} \qquad t \geq 0 \tag{4-4}$$

根据式(4-4)和式(4-5)得到电容电压与电流随时间变化的曲线如图 4-4 和图 4-5 所示。注意，在 $t=0$ 时，即在开关换路时，$u_C(t)$ 是连续的，没有跃变。

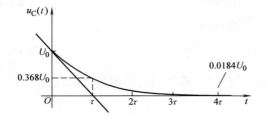

图 4-4　RC 电路电容放电时 u_C 随时间变化的曲线　　　　图 4-5　RC 电路电容放电时电流随时间变化的曲线

$u_C(t)$ 求得后，电流可以立即求得：

$$i(t) = -C\frac{\mathrm{d}u_C(t)}{\mathrm{d}t} = \frac{U_0}{R}\mathrm{e}^{-\frac{1}{RC}t} \qquad t \geq 0 \tag{4-5}$$

注意，在 $t=0$ 时，电流由零跃变而为 U_0/R，这正是由电容电压不能跃变所决定的。

由此可见，RC 电路的零输入响应是随时间衰减的指数曲线。当 C 用法拉、R 用欧姆为单位时，RC 的单位为秒，这是因为：欧·法 = 欧·库/伏 = 欧·安·秒/伏 = 欧·秒/欧 = 秒。因此（$-t/RC$）是无量纲的，令 $\tau = RC$，称之为时间常数（Time Constant）。电压、电流衰减的快慢，取决于时间常数 τ 的大小。以电压为例，当 $t = \tau$ 时，$u_C(\tau) = U_0\mathrm{e}^{-1} = 0.368U_0$；当 $t = 4\tau$ 时，$u_C(4\tau) = U_0\mathrm{e}^{-4} = 0.0184U_0$，经过 4 个时间常数，电容电压下降到原电压值的 1.8%，一般可认为已衰减到零（从理论上说，$t \to \infty$ 时，才衰减到零）。因此，时间常数 τ 越小，电压电流衰减越快；反之，则越慢。RC 电路的零输入响应由电容的初始电压 U_0 和时间常数 τ 所确定。

另一种典型的一阶电路是 RL 电路。现在来讨论它的零输入响应。设在 $t<0$ 时电路如图 4-6 所示，开关 S_1 与 b 端连接，S_2 打开，电感 L 由电流源 I_0 供电。设在 $t=0$ 时，S_1 迅速投向 c 端，S_2 同时闭合。这样电感 L 便与电阻相连接，由于电感电流不能跃变，电感虽已与电流源脱离，但仍具有初始电流 I_0，这电流将在 RL 回路中逐渐下降，最后为零。在这一过程中，初始时刻电感由于具有 I_0 的电流而储存的磁场能量逐渐为电阻所消耗，转化为热能。

为求得零输入响应，把 $t \geq 0$ 时的电路重绘，如图 4-7 所示，并列出

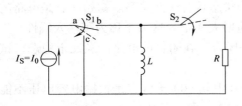

图 4-6　具有初始值 I_0 的电感与电阻连接

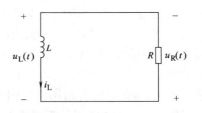

图 4-7　RL 电路，$i_L = I_0$

$$L\frac{\mathrm{d}i_\mathrm{L}(t)}{\mathrm{d}t} + Ri_\mathrm{L}(t) = 0 \qquad (t \geqslant 0) \tag{4-6}$$

及

$$i_\mathrm{L}(0) = I_0 \tag{4-7}$$

解得

$$i_\mathrm{L}(t) = I_0\mathrm{e}^{-t/\tau} \qquad (t \geqslant 0) \tag{4-8}$$

式中，τ 为电路时间常数，$\tau = L/R$。电感电压 $u_\mathrm{L}(t)$ 则为

$$u_\mathrm{L}(t) = L\frac{\mathrm{d}i_\mathrm{L}(t)}{\mathrm{d}t} = -RI_0\mathrm{e}^{-(R/L)t} \qquad (t \geqslant 0) \tag{4-9}$$

电流 $i_\mathrm{L}(t)$ 及电压 $u_\mathrm{L}(t)$ 的波形图如图 4-8 所示，它们是随时间衰减的指数曲线。

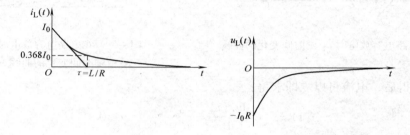

图 4-8　图 4-7 所示 RL 电路中 $i_\mathrm{L}(t)$ 及 $u_\mathrm{L}(t)$ 随时间变化的曲线

从以上分析可知：零输入响应是在零输入时由非零初始状态产生的，它取决于电路的初始状态和电路特性。因此，在求解这一响应时，首先必须掌握电容电压或电感电流的初始值。至于电路的特性，对一阶电路来说，则是通过时间常数 τ 来体现的。不论是 RC 电路还是 RL 电路，零输入响应都是随时间按指数规律衰减的，这是因为在没有外施电源的条件下，原有的储能总是要衰减到零的。在 RC 电路中，电容电压 $u_\mathrm{C}(t)$ 总是由初始值 $u_\mathrm{C}(0)$ 单调地衰减到零的，其时间常数 $\tau = RC$；在 RL 电路中，电感电流 $i_\mathrm{L}(t)$ 总是由初始值 $i_\mathrm{L}(0)$ 单调地衰减到零的，其时间常数 $\tau = L/R$。掌握了 $u_\mathrm{C}(t)$、$i_\mathrm{L}(t)$ 后，根据电路中电压、电流的约束关系就可以进一步求出其他各个电压和电流。注意：电路中所有的电压和电流都是随时间按指数规律衰减的，具有相同的时间常数，只是初始值各不相同而已。这是因为各元件的电压和电流或者是受代数关系的约束（电阻），或者是受微分、积分关系的约束（电感和电容），而一个指数函数 $k\mathrm{e}^{-t/\tau}$ 的导数或积分仍然是一个指数函数 $k'\mathrm{e}^{-t/\tau}$，其中 k' 等于 $-k/\tau$ 或 $-\tau k$。

时间常数体现了电路的固有性质。由于时间倒数具有频率的量纲，因此把 $-1/\tau$（即 $-1/RC$ 和 $-R/L$）称为 RC 电路或 RL 电路的固有频率（Natural Frequency）。

最后应指出，线性一阶网络零输入响应与初始状态具有线性关系。初始状态是电路的激励，若初始状态增大 A 倍，则零输入响应也相应地增大 A 倍。这关系称为零输入线性。

例 4-1　电路如图 4-9 所示，在 $t = 0$ 时，开关闭合，在闭合前电路已经处于稳态，试求 $t \geqslant 0$ 时的 $i(t)$。

解　作出 $t \geqslant 0$ 时的电路图，如图 4-10 所示，其中 $u_\mathrm{C}(0) = 2\mathrm{V}$，是根据电容电压不能跃变而确定的。10V 及 6Ω 串联支路被开关短路，对右边电路不起作用。

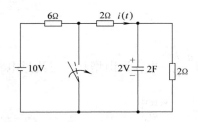

图 4-9　例 4-1 电路

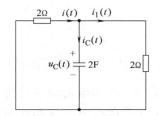

图 4-10　例 4-1，$t \geqslant 0$ 时的电路

自电容两端来看，电路其余部分的等效电阻为两个 2Ω 电阻的并联值，即 1Ω。故电路的时间常数 $\tau = RC = 1 \times 2\mathrm{s} = 2\mathrm{s}$。根据式（4-4），有

$$u_C(t) = 2\mathrm{e}^{-t/2} \qquad (t \geqslant 0)$$

根据 $u_C(t)$ 可分别求得 $i_C(t)$ 及 $i_1(t)$，为

$$i_C(t) = C \frac{\mathrm{d}u_C(t)}{\mathrm{d}t} = -2\mathrm{e}^{-t/2} \qquad (t \geqslant 0)$$

$$i_1(t) = \frac{u_C(t)}{2} = \mathrm{e}^{-t/2} \qquad (t \geqslant 0)$$

所以

$$i(t) = i_1(t) + i_C(t) = -\mathrm{e}^{-t/2} \qquad (t \geqslant 0)$$

4.1.2　一阶电路的零状态响应

零状态响应即为初始状态为零时的响应，换句话说，是在零初始状态下，在初始时刻由施加于电路的输入所产生的响应。这一响应与输入有关。

输入的最简单形式就是恒定的电流或电压。如图 4-11 所示电路，在开关打开以前，电流源产生的电流只在短路线中流动（注意：这里为什么要短路呢？其主要目的是保证电容的初始电压为零）。在 $t = 0$ 时开关打开，电流源即与 RC 电路接通。显然，$t \geqslant 0$ 时，3 个元件是并联连接，因此，电压是一样的，以 $u_C(t)$ 表示这电压并作为响应。根据基尔霍夫电流定律可以得到用 $u_C(t)$ 来表示的方程

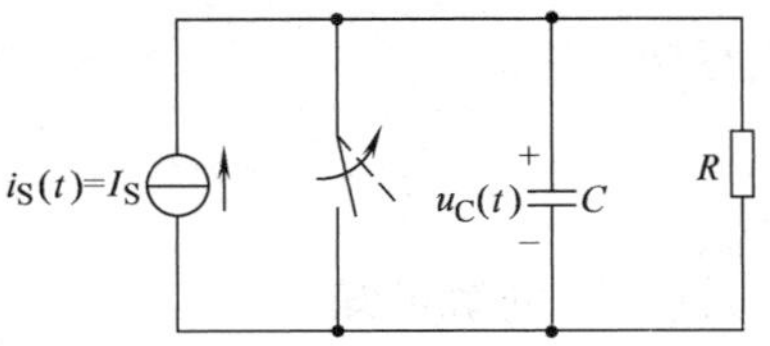

图 4-11　电流源与 RC 电路相接

$$C \frac{\mathrm{d}u_C(t)}{\mathrm{d}t} + \frac{1}{R}u_C(t) = i_S(t) = I_S \qquad (t \geqslant 0) \quad (4\text{-}10)$$

式中，I_S 为常量。因为初始状态为零，由此得微分方程的初始条件

$$u_C(0) = 0 \tag{4-11}$$

求解方程式（4-10）便可得到 $u_C(t)$。

下面从物理概念上定性地阐述开关打开后 $u_C(t)$ 变化的趋势。为了便于叙述，用 $t = 0_+$ 表示刚要换路后的瞬间，$t = 0_-$ 表示刚要换路前的瞬间。由于电容电压不能跃变，在 $t = 0_-$ 时电容电压既然为零，那么在 $t = 0_+$ 时电容电压仍然为零，这就决定了在 $t = 0_+$ 时电阻电流必然为零，因为电阻的电压与电容的电压是相等的。因此，在 $t = 0_+$ 时电流源的全部电流将流向电容，使电容充电。这时电容电压的变化率，从式（4-10）可知应为

$$\left.\frac{\mathrm{d}u_\mathrm{C}(t)}{\mathrm{d}t}\right|_{0+}=\frac{I_\mathrm{S}}{C}$$

以后，随着电容电压的逐渐增长，流过电阻的电流$\dfrac{u_\mathrm{C}(t)}{R}$也在逐渐增长，但流过电容的电流却逐渐减少，因为电流源提供的恒定电流总是一定的。到后来几乎所有的电流都流过电阻，电容如同开路，充电停止，电容电压几乎不再变化，$\dfrac{\mathrm{d}u_\mathrm{C}(t)}{\mathrm{d}t}\approx0$。这时电容电压

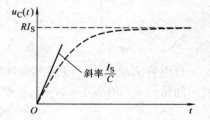

图4-12 电容电压的初始和最后情况

$$u_\mathrm{C}(t)\approx RI_\mathrm{S}$$

电路达到了稳态（Steady State）。图4-12表明了电容电压在初始时刻以及到最后的情况，至于整个过程按怎样的规律变化，则要通过以下数学分析才能解决。

式（4-10）是一阶非齐次微分方程$\left(\text{说明：方程}\dfrac{\mathrm{d}y}{\mathrm{d}x}+p(x)y=q(x)\text{是一个一阶微分方程，当}\right.$

$q(x)\equiv0$ 时，方程叫做齐次方程；否则，方程叫做非齐次方程$\Big)$，它的完全解由两部分组成，即

$$u_\mathrm{C}(t)=u_\mathrm{ch}(t)+u_\mathrm{cp}(t) \tag{4-12}$$

式中，$u_\mathrm{ch}(t)$为对应的齐次微分方程的解答——齐次解（Homogeneous Solution）；$u_\mathrm{cp}(t)$为非齐次微分方程的任一特解（Particular Solution）。

对应的齐次微分方程，即式（4-10）中输入I_S为零所得的方程为

$$C\frac{\mathrm{d}u_\mathrm{C}(t)}{\mathrm{d}t}+\frac{1}{R}u_\mathrm{C}(t)=0 \tag{4-13}$$

或写做

$$\frac{\mathrm{d}u_\mathrm{C}(t)}{\mathrm{d}t}=-\frac{1}{RC}u_\mathrm{C}(t) \tag{4-14}$$

由式（4-3）的解可知

$$u_\mathrm{ch}(t)=k\mathrm{e}^{-\frac{1}{RC}t}\qquad(t\geqslant0)$$

式中，常数k应根据初始条件$u_\mathrm{C}(0)$，由完全解式（4-12）来确定。为此，应先确定特解$u_\mathrm{cp}(t)$。

特解可以认为具有和外施激励函数相同的形式。由于式（4-10）的激励函数为常量I_S，因此，也可认为特解也为常量。令此常量为A，则

$$u_\mathrm{cp}(t)=A$$

将它代入式（4-10），可得

$$\frac{1}{R}A=I_\mathrm{S}$$

故知特解为

$$u_\mathrm{cp}(t)=RI_\mathrm{S}\qquad(t\geqslant0)$$

式（4-10）的完全解为

$$u_C(t) = u_{ch}(t) + u_{cp}(t) = ke^{-\frac{1}{RC}t} + RI_S \qquad (t \geqslant 0) \qquad (4\text{-}15)$$

为了满足式(4-11)的初始条件,令式(4-15)中 $t=0$,且将式(4-11)代入,得

$$u_C(0) = k + RI_S = 0 \qquad (4\text{-}16)$$

因此有

$$k = -RI_S$$

因为, $u_C(0) = 0$,所以,在零初始状态时电容电压的完全解,亦即零状态解为

$$u_C(t) = -RI_S e^{-\frac{1}{RC}t} + RI_S = RI_S(1 - e^{-\frac{1}{RC}t}) \qquad (t \geqslant 0) \qquad (4\text{-}17)$$

画出该函数的波形,如图4-13所示,在 $t=4\tau$ 时,电容电压与其稳定值相差仅为稳态值 RI_S 的 1.8% 时,一般可认为充电已基本完毕。因此, τ 越小,电容电压达到稳态值就越快。

对于图4-14所示的 RL 电路,其电感电流的零状态响应也有类似的分析。设开关在 $t=0$ 时闭合,由于电感电流不能跃变,所以在 $t=0_+$ 时电流仍然为零,电阻的电压也为零,此时全部外施电压 U_S 出现于电感两端,因此电流的变化率必须适应

$$L\frac{di_L(t)}{dt}\bigg|_{0+} = U_S$$

亦即

$$\frac{di_L(t)}{dt}\bigg|_{0+} = \frac{U_S}{L}$$

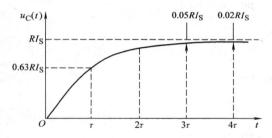

图 4-13　图 4-11 所示 RC 电路电容电压
随时间变化的曲线 $(u_C(0) = 0)$

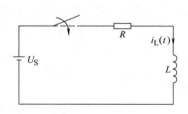

图 4-14　电压源与 RL 电路相接

这说明电流是要上升的。随着电流的逐渐上升,电阻电压逐渐增大,因而电感电压应逐渐减少,因为总电压是一定的。电感电压减小,意味着电流的变化率 $\dfrac{di_L(t)}{dt}$ 的减小,因此电流的上升将越来越缓慢,到后来 $\dfrac{di_L(t)}{dt} \approx 0$,电感电压几乎为零,电感如同短路。这时,全部电源电压将施加于电阻两端,电流应为

$$i_L(t) \approx \frac{U_S}{R}$$

电流几乎不再变化,电路到达稳态。

类似以上 RC 电路的零状态响应的求解步骤,可求得

$$i_L(t) = \frac{U_S}{R}(1 - e^{-\frac{R}{L}t}) \qquad (t \geqslant 0) \qquad (4\text{-}18)$$

67

零状态响应是由零值开始按指数规律上升趋向于稳态值 U_S/R 的。

例4-2 图4-15所示电路中，开关S在 $t=0$ 时闭合。用示波器观测电流波形，测得电流的初始值为10mA，电流在0.1s时接近于零。试求（1）R 的值；（2）C 的值；（3）$i(t)$。设开关闭合前电容电压为零。

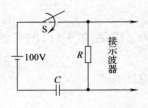

图4-15　例4-2图

解 由于电容电压不能跃变，$u_C(0_+)=0$。因此，在 $t=0_+$ 时，电阻电压为100V，电流的初始值应为 $\dfrac{100}{R}$ A。下面将电压源与电阻串联支路化为等效电流源与电阻并联电路，可直接利用图4-11所示电路的分析结果[见式(4-17)]，即

$$u_C(t) = \frac{U_S}{R}R(1 - e^{-\frac{1}{RC}t}) = U_S(1 - e^{-\frac{1}{RC}t}) \qquad (t \geqslant 0) \tag{4-19}$$

$$i(t) = C\frac{du_C(t)}{dt} = \frac{U_S}{R}e^{-\frac{1}{RC}t} \qquad (t \geqslant 0) \tag{4-20}$$

得

$$i(0) = \frac{U_S}{R}e^0 = \frac{U_S}{R} = \frac{100}{R}A$$

已知 $i(0)$ 为10mA，故得

$$\frac{100}{R}A = 10 \times 10^{-3}A \qquad 即 \quad R = 10^4\Omega$$

又，一般可认为在 $t=4\tau$ 时，电流已衰减到零，故得

$$4\tau = 0.1s$$

$$\tau = \frac{0.1}{4}s = 0.025s$$

由此可得

$$C = \frac{\tau}{R} = \frac{0.025}{10^4}F = 2.5 \times 10^{-6}F = 2.5\mu F$$

$$i(t) = \frac{U_S}{R}e^{-\frac{t}{\tau}} = 10e^{-40t}mA \qquad (t \geqslant 0)$$

例4-3 图4-16所示电路在 $t=0$ 时开关闭合，已知 $u_C(0)=0$。求 $t \geqslant 0$ 时的 $u_C(t)$ 及 $u_o(t)$。

解 运用戴维南定理把 $t \geqslant 0$ 时的电路就电容支路两端（图中"×"表示从此断开）看进去的部分进行戴维南等效电路化简，得电路如图4-17所示。则由式(4-19)可知

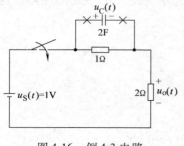

图4-16　例4-3电路

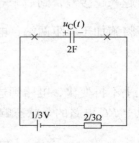

图4-17　$t \geqslant 0$ 时的等效电路

$$u_C(t) = \frac{1}{3}(1 - e^{-t/\tau})\,V \qquad (t \geq 0)$$

其中，$\tau = \frac{2}{3} \times 2s = \frac{4}{3}s$。又从原电路可得

$$
\begin{aligned}
u_o(t) &= u_S(t) - u_C(t) \\
&= \left(1 - \frac{1}{3} + \frac{1}{3}e^{-t/\tau}\right)V \qquad (t \geq 0) \\
&= \left(\frac{2}{3} + \frac{1}{3}e^{-t/\tau}\right)V
\end{aligned}
$$

4.1.3 一阶电路的完全响应

当电路的初始值储能不为零，且有独立源激励时，两者共同作用下产生的响应称为完全响应(Complete Response)。下面讨论在直流电源激励下计算一阶电路完全响应的三要素方法。

计算电路完全响应与计算零状态响应一样，都可通过求解电路的微分方程解决。在两种情况下，电路微分方程相同，解的表达式也相同，只是电路的初始条件不同，方程解中待定常数 A 值不同而已。若用 $y(t)$ 表示方程变量，则完全响应可表示为

$$
\begin{aligned}
y(t) &= y_p(t) + y_h(t) \\
&= y(\infty) + Ae^{-\frac{t}{\tau}}
\end{aligned}
\tag{4-21}
$$

在直流电源激励下，式(4-21)中微分方程特解 $y_p(t)$ 为常量，是 $t \to \infty$ 时电路达到稳态时的响应值，称为稳态值，记为 $y(\infty)$，齐次解 $y_h(t)$ 是含待定常数的指数函数。

设完全响应的初始值为 $y(0_+)$，则由式(4-21)可得

$$y(0_+) = y(\infty) + Ae^0$$

所以

$$A = y(0_+) - y(\infty)$$

将 A 代入式(4-21)，得

$$y(t) = y(\infty) + [y(0_+) - y(\infty)]e^{-\frac{t}{\tau}} \qquad t \geq 0 \tag{4-22}$$

式(4-22)是一阶电路在直流电源作用下计算完全响应的一般公式。公式中的初始值 $y(0_+)$、稳态值 $y(\infty)$ 和时间常数 τ 称为三要素，故式(4-22)也称为三要素公式，应用三要素公式求电路的响应方法称为三要素法。

响应的初始值 $y(0_+)$ 可以利用 0_+ 等效电路求出。当 $t \to \infty$ 时，电路已达稳态，电容可视为开路，电感可视为短路，可将原一阶电路等效为直流电路，计算该电路的稳态值 $y(\infty)$。时间常数 $\tau = R_0 C$(一阶 RC 电路)，或者 $\tau = L/R_0$(一阶 RL 电路)。这里的 R_0 是电路断开动态元件后，所得有源二端网络的戴维南或诺顿等效电路中的等效电阻。

下面通过例题说明如何应用三要素公式求解电路响应。

例 4-4 图 4-18a 所示的 RC 电路中，当开关 S_1 断开、开关 S_2 闭合时，电路已处于稳态。在 $t = 0$ 时，开关 S_1 闭合、开关 S_2 断开，此时电容电压的初始值 $u_C(0_+) = U_0$，求 $t \geq 0_+$ 时的电压 $u_C(t)$。

解 当开关 S_1 闭合，同时开关 S_2 打开后，电容电压 $u_C(t)$ 由电流源 I_S 和电容的初始状

态共同作用产生，故为完全响应。由于初始值 $u_C(0_+) = U_0$，稳态值 $u_C(\infty) = RI_S$ 和时间常数 $\tau = RC$，代入三要素公式求得完全响应为

$$u_C(t) = u_C(\infty) + [u_C(0) - u_C(\infty)] e^{-\frac{t}{\tau}}$$

$$= \underbrace{RI_S}_{\text{稳态响应}} + \underbrace{(U_0 - RI_S) e^{-\frac{t}{\tau}}}_{\text{暂态响应}} \qquad (t \geq 0)$$

此式表明完全响应 $u_C(t)$ 由两部分组成，其中一部分是电路微分方程的齐次解，它随时间 t 的增加按指数规律衰减，当 $t \to \infty$ 时趋近于零，称为暂态响应；第二部分是微分方程的特解，也是 $t \to \infty$ 时稳定存在的响应分量，称为稳态响应。

若将上式改写为

$$u_C = \underbrace{U_0 e^{-\frac{t}{RC}}}_{\text{零输入响应}} + \underbrace{RI_S(1 - e^{-\frac{t}{RC}})}_{\text{零状态响应}} \qquad (t \geq 0_+)$$

此式的第一项是独立电源为零时，由初始状态产生的响应，故为零输入响应；第二项初始状态为零时，由独立电源激励产生的响应，故为零状态响应。说明完全响应等于零输入响应与零状态响应的叠加，这样分解能清楚地看出激励与响应之间的因果关系。而分解成稳态响应和暂态响应则求解方便，同时也体现了电路的不同工作状态。具体地，在换路后，电路将经历 4τ 左右时间的暂态过程，然后进入稳态工作状态。

$u_C(t)$ 的波形如图 4-18b 所示，图中假设 $U_0 \geq RI_S$。

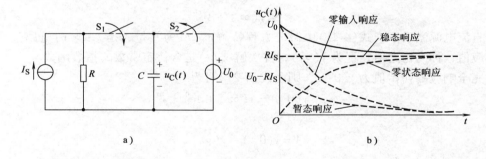

图 4-18 RC 电路的完全响应

例 4-5 图 4-19a 所示电路中，$t = 0$ 时开关 S_1 断开，开关 S_2 闭合，在开关动作前，电路已达稳态，试求 $t \geq 0$ 时的 $u_L(t)$ 和 $i_L(t)$。

解 $t < 0$ 时，电路已处于稳态，所以

$$i_L(0_-) = \frac{10}{1} A = 10A$$

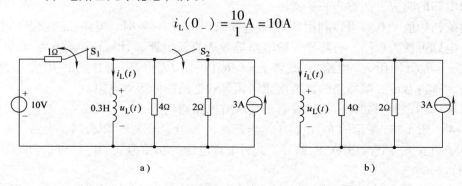

图 4-19 例 4-5 电路

电感电流初始条件为

$$i_L(0_+) = i_L(0_-) = 10A$$

开关动作后电路如图 4-19b 所示，电感电流稳态值为

$$i_L(\infty) = 3A$$

电路的时间常数

$$\tau = \frac{L}{R_0} = \frac{0.3}{4/\!/2}s = \frac{9}{40}s$$

根据三要素公式，得电感电流

$$i_L(t) = \left[3 + (10-3)e^{-\frac{40}{9}t}\right]A = (3 + 7e^{-\frac{40}{9}t})A$$

电感电压为

$$u_L(t) = L\frac{di_L}{dt} = -\frac{28}{3}e^{-\frac{40}{9}t}V$$

例 4-6　含受控源电路如图 4-20a 所示，$t < 0$ 时开关位于 2 处，电路已经稳定。$t = 0$ 时，开关由位置 2 切换到位置 1，求 $t \geqslant 0$ 时的电压 $u_C(t)$ 和电流 $i(t)$。

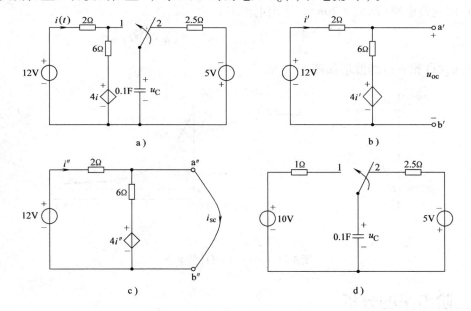

图 4-20　例 4-6 电路

解　（1）化简电路。为简化计算，将电路中含受控源部分用戴维南电路等效。对图 4-20b 所示电路，由 KVL 得

$$12V = \left[(2+6)i' + 4i'\right]\Omega$$

解得

$$i' = 1A$$

故开路电压为

$$u_{oc} = (6i' + 4i')\Omega = 10i'\Omega = 10V$$

对图 4-20c 所示电路，由于 $i'' = \dfrac{12V}{2\Omega} = 6A$（a″、b″短路），由受控源、6Ω 电阻和短路端构

成一回路, 其电流值为 $\dfrac{4i''\Omega}{6\Omega}$, 所以有

$$i_{sc} = i'' + \frac{4i''\Omega}{6\Omega} = (6+4)\,\mathrm{A} = 10\mathrm{A}$$

等效电阻 R_0 为

$$R_0 = \frac{u_{oc}}{i_{sc}} = \frac{10}{10}\Omega = 1\Omega$$

画出原电路左边的戴维南等效电路并与电路其他部分连接, 如图 4-20d 所示。

（2）计算电压 $u_C(t)$。由图 4-20d 所示电路, 分别求出

$$u_C(0_+) = u_C(0_-) = -5\mathrm{V}$$

$$u_C(\infty) = 10\mathrm{V}$$

$$\tau = R_0C = 1 \times 0.1\mathrm{s} = 0.1\mathrm{s}$$

利用三要素公式, 电压 $u_C(t)$ 为

$$u_C(t) = [10 + (-5-10)\mathrm{e}^{-10t}]\mathrm{V} = (10 - 15\mathrm{e}^{-10t})\mathrm{V} \qquad (t \geqslant 0)$$

（3）回到原电路（即图 4-20a）, 求出电流 $i(t)$ 为

$$i(t) = \frac{12\mathrm{V} - u_C(t)}{2\Omega} = (1 + 7.5\mathrm{e}^{-10t})\mathrm{A} \qquad (t \geqslant 0)$$

画出 $u_C(t)$ 和 $i(t)$ 的波形如图 4-21 所示。

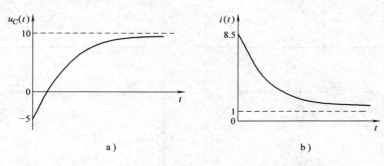

图 4-21　$u_C(t)$ 和 $i(t)$ 的波形

4.2　二阶电路的分析

用二阶线性微分方程来描述的网络称为二阶网络（或二阶电路）, 只包含一个电容和一个电感的线性电路是这类网络中的一个典型的例子。本节将对这一典型的电路进行分析。和一阶电路不同, 这类电路的响应可能出现周期性振荡的形式。在实际工作中, 要获得周期性波形时, 就可利用二阶电路的这一特点。

为了突出二阶电路的这一重要特点, 先从物理概念上阐述 LC 电路的零输入响应——自由振荡。然后, 着重分析 RLC 串联电路的零输入响应, 得出响应的几种可能形式。

4.2.1　LC 电路中的自由振荡

前面讨论的一阶网络中, 在电路中只涉及一种储能元件——电容或电感, 即一种储能形

式——或电场能量或磁场能量，如果一个网络中既能储存电场能量又能储存磁场能量，这样的网络会有什么特点呢？为了突出问题的实质，下面研究一个只有电容和电感组成的电路的零输入响应，如图 4-22 所示。设电容的初始电压为 U_0，电感的初始电流为零。

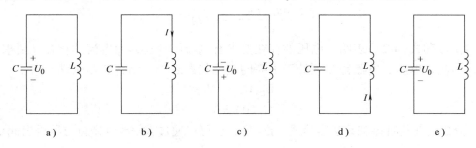

图 4-22　LC 电路中能量的振荡

显然，在初始时刻，能量全部储存于电容中，电感中是没有储能的。这时电路的电流虽然为零，但是电流的变化率却不为零，这是因为电感电压必须等于电容电压，由于电容电压不为零，所以电感电压也就不为零，而电感电压的存在，意味着 $\dfrac{\mathrm{d}i(t)}{\mathrm{d}t}\neq 0$。因此，电流将开始增长，原来储存在电容中的能量，将发生转移。图 4-22a 表示了初始时刻的情况。此后，随着电流的增长、电容的放电，能量逐渐转移到电感的磁场中。当电容电压下降到零的瞬间，电感电压也为零，因而 $\dfrac{\mathrm{d}i(t)}{\mathrm{d}t}=0$，电流达到最大值 I，如图 4-22b 所示，此时储能全部转入到电感。由于电感电流不能跃变，电路中的电流将从 I 逐渐减小，电容在这电流的作用下又被充电，只是电压的极性与以前不同。当电感中电流下降到零的瞬间，能量又再度全部储于电容之中，电容电压又达到了 U_0，只是极性相反而已，如图 4-22c 所示。然后，电容又开始放电，电流方向和开始时电容放电的方向相反，当电容电压再次下降到零的瞬间，能量又全部存储在电感之中，电流数值又达到了最大值 I，方向相反，如图 4-22d 所示。接着电容又在电流的作用下充电，当电流为零的瞬间，能量全部返回到电容，电容电压的大小和极性又同初始时刻一样，如图 4-22e 所示。电路电能恢复到初始时刻的情况。LC 振荡电路就是如此周而复始地重复着上述过程。

由此可见，在电容和电感两种不同的储能元件构成的电路中，随着储能在电场和磁场之间的往返转移，电路中的电流和电压将不断地改变大小和极性，形成周而复始的振荡。仅由初始储能维持的振荡，叫做自由振荡（Free Oscillation）。不难想象，如果电路中存在电阻，那么，储能终将被电阻消耗殆尽，自由振荡就不可能是等幅的，而将是减幅的，即幅度将逐渐减小而趋于零。这种自由振荡叫做阻尼振荡（Damped Oscillation）或衰减振荡。如果电阻较大，储能在初次转移时它的大部分就可能被电阻所消耗，因而不可能发生储能在电场与磁场间的往返转移现象，电流、电压就衰减为零，电路不会产生振荡。这就是既能储存电场能量又能储存磁场能量电路的特点。

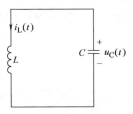

下面对 LC 振荡回路中自由振荡的变化方式作一个简单的分析。设 LC 振荡回路如图 4-23 所示，$L=1\mathrm{H}$、$C=1\mathrm{F}$、$u_C(0)=1\mathrm{V}$、$i_L(0)=0$。

图 4-23　LC 振荡回路

根据动态元件电压和电流的关系，可得

$$\frac{di_L(t)}{dt} = u_C(t) \tag{4-23}$$

$$\frac{du_C(t)}{dt} = -i_L(t) \tag{4-24}$$

式(4-23)和式(4-24)表明：电压的存在要求有电流的变化，而电流的存在又要求有电压的变化，因此，电压、电流都必须处于不断的变化状态之中。结合初始条件

$$u_C(0) = 1V \tag{4-25}$$

$$i_L(0) = 0 \tag{4-26}$$

根据以上分析的变化规律和数学表达式，推测到(也可以通过求解线性微分方程得出此结论)

$$u_C(t) = \cos t \, V \tag{4-27}$$

$$i_L(t) = \sin t \, A \tag{4-28}$$

因为这两个式子显然符合初始条件，而且在 $t \geq 0$ 时满足式(4-23)、式(4-24)，即

$$\frac{di_L(t)}{dt} = \frac{d}{dt}\sin t \, V = \cos t \, V = u_C(t)$$

$$\frac{du_C(t)}{dt} = \frac{d}{dt}\cos t \, A = -\sin t \, A = -i_L(t)$$

因此，LC 回路中的自由振荡是按正弦方式随时间变化的等幅振荡。

4.2.2　二阶电路的零输入响应描述

图4-24给出了 RLC 串联电路。对于每个元件，可以写出电压、电流的关系为

$$i(t) = C\frac{du_C(t)}{dt} \tag{4-29}$$

$$u_R(t) = Ri(t) = RC\frac{du_C(t)}{dt} \tag{4-30}$$

$$u_L(t) = L\frac{di(t)}{dt} = LC\frac{d^2u_C(t)}{dt^2} \tag{4-31}$$

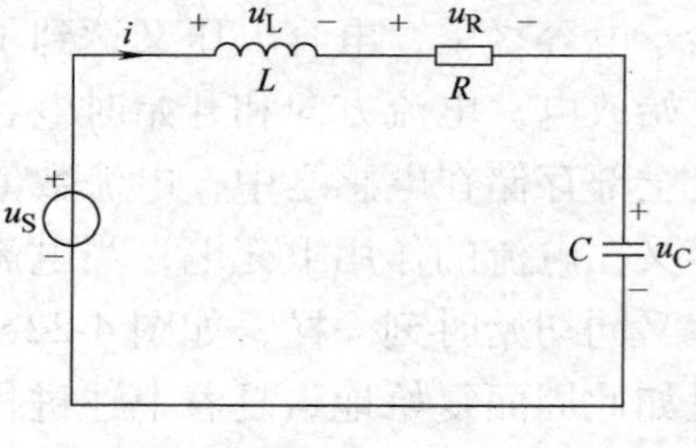

根据基尔霍夫电压定律可得

$$LC\frac{d^2u_C(t)}{dt^2} + RC\frac{du_C(t)}{dt} + u_C(t) = u_S(t) \tag{4-32}$$

图 4-24　RLC 串联电路

这是一个线性二阶常系数微分方程，未知量为 $u_C(t)$。为求出解答，必须知道两个初始条件，即 $u_C(0)$ 以及 $\left.\frac{du_C(t)}{dt}\right|_{t=0}$。$u_C(0)$ 即电容的初始状态，那么另一个初始条件该如何确定呢？由式(4-29)可知

$$\left.\frac{du_C(t)}{dt}\right|_{t=0} = \left.\frac{i(t)}{C}\right|_{t=0} = \frac{i(0)}{C} \tag{4-33}$$

如果知道了 $i(0)$ 就可以确定 $\left.\frac{du_C(t)}{dt}\right|_{t=0}$，而 $i(0)$ 就是 $i_L(0)$，即电感的初始状态。不难看出，根据电路的初始状态 $u_C(0)$ 及 $i_L(0)$ 和电路的激励 $u_S(t)(t \geq 0)$，就完全可以确定 $t \geq 0$

时的 $u_C(t)$。

下面讨论图 4-24 所示电路的零输入响应，也就是 $u_S(t) = 0$ 时电路的响应。使方程式 (4-32) 中的 $u_S(t) = 0$，得齐次方程

$$LC \frac{d^2 u_C(t)}{dt^2} + RC \frac{du_C(t)}{dt} + u_C(t) = 0 \tag{4-34}$$

式中，$u_C(t)$ 为齐次方程的待定函数。由二阶常系数齐次线性微分方程的求解过程可知，可设 $u_C(t) = k e^{st}$，其中 k 和 s 是需要进一步确定的，将其代回式 (4-34)，可得

$$(LCs^2 + RCs + 1) k e^{st} = 0 \tag{4-35}$$

由于 $e^{st} \neq 0$，为了使式 (4-35) 对所有 t 都满足，要求

$$LCs^2 + RCs + 1 = 0 \tag{4-36}$$

式 (4-36) 为式 (4-34) 的特征方程 (Characteristic Equation)，以上 s 的二次方程有两个根，即

$$s_{1,2} = \frac{-RC \pm \sqrt{(RC)^2 - 4LC}}{2LC} = -\frac{R}{2L} \pm \sqrt{\left(\frac{R}{2L}\right)^2 - \frac{1}{LC}} \tag{4-37}$$

由此可见，齐次方程的解答应包含具有 $k_1 e^{s_1 t}$ 及 $k_2 e^{s_2 t}$ 形式的两项，即

$$u_C(t) = k_1 e^{s_1 t} + k_2 e^{s_2 t} \tag{4-38}$$

s_1 和 s_2 称为电路的固有频率。k_1 和 k_2 可以由初始条件确定。由式 (4-38) 可得 $t = 0$ 时有

$$u_C(0) = k_1 + k_2 \tag{4-39}$$

对式 (4-38) 求导数，可得 $t = 0$ 时有

$$\left. \frac{du_C(t)}{dt} \right|_{t=0} = k_1 s_1 + k_2 s_2 = \frac{i_L(0)}{C} \tag{4-40}$$

由式 (4-39) 和式 (4-40) 可解得 k_1 和 k_2，得

$$k_1 = \frac{1}{s_2 - s_1} \left[s_2 u_C(0) - \frac{i_L(0)}{C} \right] \tag{4-41}$$

$$k_2 = \frac{1}{s_1 - s_2} \left[s_1 u_C(0) - \frac{i_L(0)}{C} \right] \tag{4-42}$$

将 k_1 和 k_2 代入式 (4-38) 就可得到用电路初始状态来表示的电容电压零输入解。电感电流 $i_L(t)$ 可由下式求得：

$$i_L(t) = i(t) = C \frac{du_C}{dt} = C k_1 s_1 e^{s_1 t} + C k_2 s_2 e^{s_2 t} \tag{4-43}$$

由于电路参数 R、L、C 之间的关系不同，从式 (4-37) 可知，固有频率 s_1 和 s_2 将出现 3 种可能的情况：

1) 当 $\left(\frac{R}{2L}\right)^2 > \frac{1}{LC}$ 时，s_1、s_2 为不相等的负实数。

2) 当 $\left(\frac{R}{2L}\right)^2 = \frac{1}{LC}$ 时，s_1、s_2 为相等的负实数。

3) 当 $\left(\frac{R}{2L}\right)^2 < \frac{1}{LC}$ 时，s_1、s_2 为共轭复数。

下面根据固有频率的 3 种可能分别进行讨论。其中前两种情况为非振荡情况，而后一种

为振荡情况。

4.2.3 二阶电路的零输入响应(非振荡情况)

当 $\left(\dfrac{R}{2L}\right)^2 > \dfrac{1}{LC}$ 时，亦即 $R^2 > 4L/C$ 时，固有频率 s_1、s_2 为不相等的负实数，可表示为

$$s_1 = -\alpha_1 \tag{4-44}$$
$$s_2 = -\alpha_2$$

其中

$$\alpha_{1,2} = \frac{R}{2L} \mp \sqrt{\left(\frac{R}{2L}\right)^2 - \frac{1}{LC}} \tag{4-45}$$

将式(4-45)代入式(4-41)和式(4-42)，根据式(4-38)可得

$$u_C(t) = \frac{u_C(0)}{\alpha_2 - \alpha_1}(\alpha_2 e^{-\alpha_1 t} - \alpha_1 e^{-\alpha_2 t}) + \frac{i_L(0)}{(\alpha_2 - \alpha_1)C}(e^{-\alpha_1 t} - e^{-\alpha_2 t}) \tag{4-46}$$

至于电感电流，根据

$$i_L(t) = C\frac{du_C}{dt}$$

可得

$$i_L(t) = \frac{u_C(0)\alpha_1\alpha_2 C}{\alpha_2 - \alpha_1}(e^{-\alpha_2 t} - e^{-\alpha_1 t}) + \frac{i_L(0)}{\alpha_2 - \alpha_1}(\alpha_2 e^{-\alpha_2 t} - \alpha_1 e^{-\alpha_1 t}) \tag{4-47}$$

式(4-46)和式(4-47)都表明响应是非振荡性的。设 $u_C(0) = U_0$、$i_L(0) = 0$，不难看出：由于 $\alpha_1 < \alpha_2$，见式(4-45)，$e^{-\alpha_2 t}$ 衰减得快，$e^{-\alpha_1 t}$ 衰减得慢，两者的差值始终为负，如图4-25b所示。这样，式(4-47)表明 $i_L(t)$ 始终为负值，电流方向不变。电流始终为负值，也说明电容电压的变化率始终为负值$\left(因为\dfrac{du_C}{dt} = \dfrac{1}{C}i_L\right)$，这说明电容电压始终是单调地下降。因此，电容自始至终在放电，最后，电压、电流均趋于零。$u_C(t)$ 和 $i_L(t)$ 的波形图如图4-25a所示。由于电流的初始值和稳态值均为零，因此将在某一时刻 t_m 电流达到最大值，此时 $\dfrac{di_L(t)}{dt} = 0$，对式(4-47)求导并注意到设 $i_L(0) = 0$，即可得下式：

$$\alpha_1 e^{-\alpha_1 t} - \alpha_2 e^{-\alpha_2 t} = 0$$

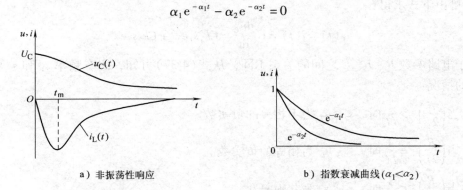

a) 非振荡性响应   b) 指数衰减曲线($\alpha_1 < \alpha_2$)

图4-25 *RLC* 非振荡响应曲线

故得

$$t = t_m = \frac{1}{\alpha_2 - \alpha_1} \ln \frac{\alpha_2}{\alpha_1}$$

从物理意义上来说，初始时刻后，电容通过电感、电阻放电，它的电场能量一部分转变为磁场能量储于电感之中，另一部分则为电阻所消耗。由于电阻比较大（$R^2 > 4L/C$），电阻消耗能量迅速。到 $t = t_m$ 时电流到达最大值，以后磁场储能不再增加，并随着电流的下降而逐渐放出，连同继续放出的电场能量一起供给电阻的能量损失。因此，电容电压单调地下降，形成非振荡的放电过程。

当 $u_C(0) = 0$、$i_L(0) \neq 0$ 时以及 $u_C(0) \neq 0$、$i_L(0) \neq 0$ 时，响应也都是非振荡性的，读者可以自己分析证明。

只要电路中电阻较大，符合 $R^2 > 4L/C$ 这一条件时，响应便是非振荡性的，称为过阻尼（Overdamped）情况。

当 $\left(\dfrac{R}{2L}\right)^2 = \dfrac{1}{LC}$ 时，亦即 $R^2 = 4L/C$ 时，固有频率 s_1、s_2 为相等的负实数，可表示为

$$s_{1,2} = -\alpha \tag{4-48}$$

其中

$$\alpha = \frac{R}{2L} \tag{4-49}$$

这时如以 $\alpha_1 = \alpha_2 = \alpha$ 代入式(4-46)或式(4-47)，其结果为不定式。在这种情况下，可运用洛必达（L'Hospital）法则求得结果，即

$$u_C(t) = u_C(0) \lim_{\alpha_1 \to \alpha_2} \frac{\left(\dfrac{d}{d\alpha_1}\right)(\alpha_2 e^{-\alpha_1 t} - \alpha_1 e^{-\alpha_2 t})}{\left(\dfrac{d}{d\alpha_1}\right)(\alpha_2 - \alpha_1)} + \frac{i_L(0)}{C} \lim_{\alpha_1 \to \alpha_2} \frac{\left(\dfrac{d}{d\alpha_1}\right)(e^{-\alpha_1 t} - e^{-\alpha_2 t})}{\left(\dfrac{d}{d\alpha_1}\right)(\alpha_2 - \alpha_1)}$$

$$= u_C(0)(1 + \alpha t) e^{-\alpha t} + \frac{i_L(0)}{C} t e^{-\alpha t} \tag{4-50}$$

同理可得

$$i_L(t) = -u_C(0) \alpha^2 C t e^{-\alpha t} + i_L(0)(1 - \alpha t) e^{-\alpha t} \tag{4-51}$$

从式(4-50)和式(4-51)可以看出，响应仍然是非振荡性的。但如果电阻 R 减小到 $R^2 < 4L/C$，则响应应为振荡性的，这将在下面讨论。故当符合 $R^2 = 4L/C$ 时，响应处于临近振荡的情况，称为临界阻尼（Critically Damped）情况。

例 4-7 图 4-24 所示电路中，$t \geq 0$ 时 $u_S(t) = 0$，$u_C(0) = 0$，$i_L(0) = 1\text{A}$，$C = 1\text{F}$、$L = 1\text{H}$。试分别求 $R = 3\Omega$ 和 $R = 2\Omega$ 时的 $u_C(t)$。

解 （1）$R = 3\Omega$ 时。

由式(4-37)可知，此时的固有频率为

$$s_{1,2} = -\frac{R}{2L} \pm \sqrt{\left(\frac{R}{2L}\right)^2 - \frac{1}{LC}} = -1.5 \pm \sqrt{(1.5)^2 - 1}$$

$$s_1 = -0.382$$

$$s_2 = -2.618$$

即

$$\alpha_1 = 0.382 \qquad \alpha_2 = 2.618$$

由式（4-46）可得

$$u_C(t) = \frac{i_L(0)}{(\alpha_2 - \alpha_1)C}(e^{-\alpha_1 t} - e^{-\alpha_2 t})$$

$$= (0.4474 e^{-0.382 t} - 0.4474 e^{-2.618 t})V \qquad (t \geqslant 0)$$

由于 $\alpha_1 < \alpha_2$，$u_C(t)$ 表示式中的前一项衰减较慢，后一项衰减较快，因此，两项之差总是为正，得 $u_C(t)$ 曲线如图 4-26 中的实线。响应为非振荡性的。

（2）$R = 2\Omega$ 时。

由式（4-37）可知，此时固有频率为

$$s_{1,2} = -\frac{R}{2L} = -1$$

即

$$\alpha = 1$$

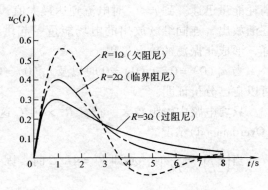

图 4-26　零输入响应与 R 的关系

由式（4-50）可得

$$u_C(t) = \frac{i_L(0)}{C} t e^{-\alpha t} \qquad (t \geqslant 0)$$

$$= t e^{-t}V$$

$u_C(t)$ 曲线如图 4-26 所示，响应仍是非振荡性的。

如果再减小 R，比如 R 减至 1Ω，则就会出现图（4-26）中虚线所示的振荡响应。

4.2.4　二阶电路的零输入响应（振荡情况）

当 $\left(\dfrac{R}{2L}\right)^2 < \dfrac{1}{LC}$，亦即 $R^2 < 4L/C$ 时，固有频率为共轭复数，可表示为

$$s_{1,2} = -\frac{R}{2L} \pm \sqrt{\left(\frac{R}{2L}\right)^2 - \frac{1}{LC}}$$

$$= -\frac{R}{2L} \pm j\sqrt{\frac{1}{LC} - \left(\frac{R}{2L}\right)^2} \qquad (4\text{-}52)$$

$$= -\alpha \pm j\omega_d$$

其中

$$\alpha = \frac{R}{2L} \qquad\qquad (4\text{-}53)$$

$$\omega_d = \sqrt{\frac{1}{LC} - \left(\frac{R}{2L}\right)^2} = \sqrt{\omega_0^2 - \alpha^2} \qquad\qquad (4\text{-}54)$$

式（4-54）中 $\omega_0 = \dfrac{1}{\sqrt{LC}}$，称为电路的谐振（Resonant）角频率。此时零输入响应的表示式（4-38）中，出现虚数，似乎不可理解。其实，$u_C(t)$ 仍然还是时间的实值函数，出现虚数只是表明它的振荡性。

根据线性二阶常系数微分方程解的特性，式(4-34)的解可写做

$$u_C(t) = e^{-\alpha t}[A\cos\omega_d t + B\sin\omega_d t] \tag{4-55}$$

式中，A 和 B 是待定常数。

把初始条件，即 $u_C(0) = u_C(t)\big|_{t=0}$ 以及 $i_L(0) = C\dfrac{du_C(t)}{dt}\bigg|_{t=0}$ 代入式(4-55)，可得

$$A = u_C(0) \tag{4-56}$$

$$B = \frac{1}{\omega_d}\Big[\alpha u_C(0) + \frac{i_L(0)}{C}\Big] \tag{4-57}$$

式(4-56)和式(4-57)表明 A 和 B 都是实数。因此，$u_C(t)$ 是时间的实值函数。为了便于说明 $u_C(t)$ 的特点，将式(4-55)改写为

$$u_C(t) = e^{-\alpha t}\sqrt{A^2 + B^2}\left(\frac{A}{\sqrt{A^2 + B^2}}\cos\omega_d t + \frac{B}{\sqrt{A^2 + B^2}}\sin\omega_d t\right)$$
$$= ke^{-\alpha t}\cos(\omega_d t - \phi) \tag{4-58}$$

其中

$$k = \sqrt{A^2 + B^2} \tag{4-59a}$$

$$\phi = \arctan\left(\frac{B}{A}\right) \tag{4-59b}$$

式(4-58)说明 $u_C(t)$ 是周期性的衰减振荡，如图 4-27a 所示。它的振幅 $ke^{-\alpha t}$ 是随时间作指数衰减的。把 α 称为衰减系数，α 越大，衰减速度越快；ω_d 是衰减振荡的角频率，ω_d 越大，振荡周期越小，振荡加快。图中所示按指数规律衰减的线称为包络线（Envelope）。显然，如果 α 增大，包络线就衰减得更快些，也就表明振荡的振幅衰减更快。

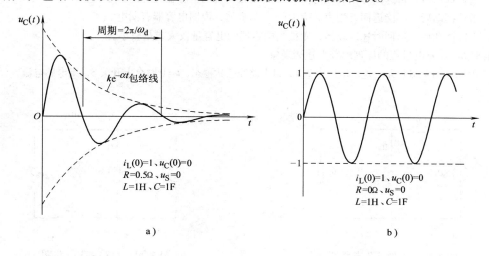

图 4-27 衰减振荡性响应与包络线

当电路中的电阻较小，符合 $R^2 < 4L/C$ 这一条件时，响应是振荡性的，称为欠阻尼（Under Damped）情况，这时电路的固有频率 s 是复数，它的实部 α 反映振幅的衰减情况，虚部 ω_d 反映振荡的角频率。

当电路中电阻 R 为零时，有

$$\alpha = 0$$

$$\omega_d = \omega_0 = \frac{1}{\sqrt{LC}}$$

因而有

$$u_C(t) = u_C(0)\cos\omega_0 t + \frac{i_L(0)}{\omega_0 C}\sin\omega_0 t \tag{4-60}$$

$$i_L(t) = -u_C(0)\omega_0 C\sin\omega_0 t + i_L(0)\cos\omega_0 t \tag{4-61}$$

式（4-60）和式（4-61）表明，这时的响应是等幅振荡，其振荡角频率为 ω_0，电路的固有频率 s 为虚数，其值即为 $\pm j\omega_0$。图 4-27b 是 $R=0$ 时的电容电压响应图。

综合以上两部分所述，电路的零输入响应的性质取决于电路的固有频率 s。固有频率可以是实数、复数或虚数，从而决定了响应为非振荡过程、衰减振荡过程或等幅振荡过程。从普遍意义的角度考虑固有频率是复频率，只有实部或只有虚部是它的特殊情况。一阶网络的固有频率 $s = -\frac{1}{\tau}$，亦即一阶网络的固有频率是负实数，表明零输入响应是按指数规律衰减的非振荡过程。在线性网络理论中，固有频率是一个很重要的概念。

习　题

4-1　在日常电工修理中，常用模拟万用表 $R \times 1000\Omega$ 这一档来检查电容量较大的电容器的质量。测量前，先把这一档的零点调整好，并将被测电容器短路使它放电完毕。测量时，如果：

（1）指针满偏转，说明电容器已短路。

（2）指针不动，说明电容器已断开。

（3）指针挥动后，再返回万用表无穷大（∞）刻度处，说明电容器是好的。

（4）指针挥动后，不能返回万用表无穷大（∞）刻度处，说明电容器有漏电。

（5）指针挥动后，返回时速度较慢，则被测电容器的电容量较大或是较小。

试根据 R、C 充电过程的原理解释上述诸现象。

4-2　电路如图 4-28 所示，电源电压为 24V，且电路原已达稳态，$t=0$ 时合上开关 S，则电感电流 $i_L(t) = $ _____A。

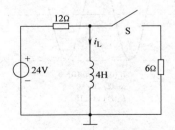

图 4-28　习题 4-2 电路图

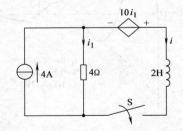

图 4-29　习题 4-3 电路图

4-3　电路如图 4-29 所示，在 $t=0$ 时开关闭合，闭合前电路已达稳态，求 $t \geq 0$ 时的电流 $i(t)$。

4-4　电路如图 4-30 所示，$i(t) = 10\text{mA}$、$R = 10\text{k}\Omega$、$L = 1\text{mH}$。开关接在 a 端为时已久，在 $t=0$ 时开关由 a 端投向 b 端，求 $t \geq 0$ 时，$u(t)$、$i_R(t)$ 和 $i_L(t)$，并绘出波形图。

4-5　电路如图 4-31 所示，开关接在 a 端为时已久，在 $t=0$ 时开关投向 b 端，求 3Ω 电阻中的电流。

4-6　电路如图 4-32 所示，开关在 $t<0$ 时一直断开，在 $t=0$ 时突然闭合。求 $u(t)$ 的零输入响应和零状态响应。

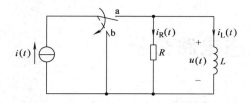

图 4-30 习题 4-4 电路图

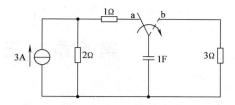

图 4-31 习题 4-5 电路图

4-7 电路如图 4-33 所示，已知

$$u_S(t) = \begin{cases} 0 & t < 0 \\ 1 & t \geq 0 \end{cases}$$

且 $u_C(0) = 5V$。求输出电压 $u_o(t)$ 的零输入响应和零状态响应。

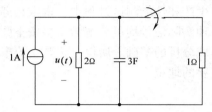

图 4-32 习题 4-6 电路图

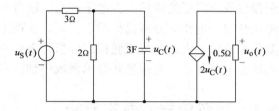

图 4-33 习题 4-7 电路图

4-8 电路如图 4-34 所示，电容 $C = 0.2F$ 时零状态响应 $u_C(t) = 20(1 - e^{-0.5t})V$。现若 $C = 0.05F$，且 $u_C(0_-) = 5V$，其他条件不变，求 $t \geq 0$ 时的全响应 $u_C(t)$。

4-9 图 4-35 所示电路中，$t = 0$ 时开关 S 闭合，在开关闭合前电路已处于稳态，求电流 $i(t)$。

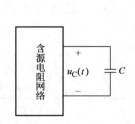

图 4-34 习题 4-8 电路图

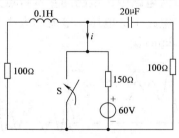

图 4-35 习题 4-9 电路图

4-10 电路如图 4-36 所示，开关在 $t = 0$ 时打开，打开前电路已处于稳态，求 $u_C(t)$、$i_L(t)$。

4-11 图 4-37 所示电路中，已知

$$i_S(t) = \begin{cases} 0 & t < 0 \\ 1 & t \geq 0 \end{cases}$$

电导 $G = 5S$，电感 $L = 0.25H$，电容 $C = 1F$，求电流 $i_L(t)$。

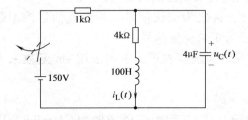

图 4-36 习题 4-10 电路图

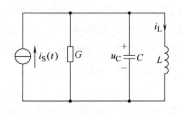

图 4-37 习题 4-11 电路图

第 5 章 正弦稳态电路分析

随时间其幅值按正弦规律变化的电流、电压称为正弦信号，或称为正弦交流电。本章将讨论在正弦电源作用下，电路达到稳定工作状态时的正弦稳态电路（Sinusoidal Steady-State Circuits）的基本概念、基本规律和基本分析方法；分析和计算正弦交流电路的电压、电流、功率和能量。

正弦交流电不仅容易产生，便于控制和变换，而且能够远距离传输，故在电力和信息处理领域都有广泛的应用。在电子产品、设备的研制、生产和性能测试过程中，常常会遇到各种正弦稳态电路的分析设计问题。而且在理论上，各种实际信号均可分解为众多按正弦规律变化的分量，电路系统正弦稳态分析是进行系统频率域分析的基础。所以，正弦交流电和正弦稳态电路分析，在理论和技术领域中都占有十分重要的地位。

5.1 正弦信号的基本概念

5.1.1 正弦信号的三要素

在直流电路中，电路的基本特点是电流、电压的大小和方向不随时间变化。但是在许多情况下，电路中的电压、电流的大小和方向都会随时间变化，图 5-1 是几种 $u(t)$、$i(t)$ 的波形（Waveform）图。

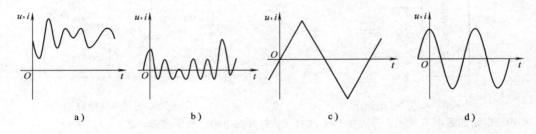

图 5-1 几种 u、i 的波形图

图 5-1a 所示波形大小随时间无规则变化；图 5-1b 所示波形在大小和方向上都随时间无规则变化；图 5-1c、d 所示波形大小和方向都随时间进行周期性的（Periodic）变化。

信号的波形大小和方向都随时间作周期性变化，称之为交流信号。若交流信号按正弦（Sinusoidal）规律变化则称为正弦交流信号。图 5-1d 为正弦交流信号。

正弦交流信号可用时间的 sin 函数表示，也可用 cos 函数表示，本书采用 sin 函数来表示。正弦交流信号的一般表达式为

$$u(t) = U_m \sin(\omega t + \theta) \tag{5-1}$$

式中，U_m 称为幅值，表示正弦量所能达到的最大值，U_m 又称为峰值或振幅（Amplitude）；$(\omega t + \theta)$ 称为相位；ω 称为角频率（Angular Frequency），定义为正弦量在单位时间内变化的

弧度（Radian）数，单位为弧度每秒（rad/s）。

当时间由 $t=0$ 变化到 T 时，相位变化了 2π，即 $[\omega(t+T)+\theta]-(\omega t+\theta)=2\pi$，故得

$$\omega T = 2\pi$$

即

$$T = \frac{2\pi}{\omega} \tag{5-2}$$

T 表示正弦量变化一周所需的时间，称为周期（Period），单位为秒（s）。周期 T 的倒数称为频率（Frequency），即

$$f = \frac{1}{T} \tag{5-3}$$

f 表示正弦量在单位时间内重复变化的次数，单位为赫兹，以 Hz 表示。

θ 是 $t=0$ 时的相位，称为初相（Initial Phase）角，单位为弧度。在作波形图时，横坐标可定为 ωt 或时间 t，两者差别仅在比例常数 ω。图 5-2a 中将两种横坐标都列出，予以比较，其中初相角 θ 为 0。图 5-2b 中有一个初相角 θ，此时 $u(t)=U_\mathrm{m}\sin(\omega t+\theta)$，也就是说当 $\omega t=-\theta$ 时，电压等于零。

由此可见，一个正弦信号应该由 3 个参数确定：最大值、频率（角频率）和初相角。这 3 个参数称为正弦信号的三要素。

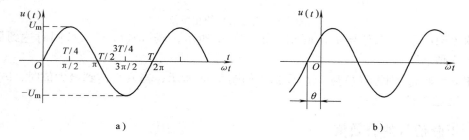

图 5-2　正弦量和正弦量的初相位

5.1.2　正弦信号的相位差

正弦信号经过微分、积分运算或几个同频率正弦信号相加、相减运算后的结果仍是同频率的正弦信号。因而在相同频率的正弦信号激励下，线性非时变电路的稳态响应都是同频率的正弦信号。

两个同频率正弦信号在任一时刻的相位之差称为相位差。假设同频率的正弦电流和电压为

$$i(t) = I_\mathrm{m}\sin(\omega t+\theta_\mathrm{i})$$
$$u(t) = U_\mathrm{m}\sin(\omega t+\theta_\mathrm{u})$$

则其相位差

$$\theta = (\omega t+\theta_\mathrm{i})-(\omega t+\theta_\mathrm{u}) = \theta_\mathrm{i}-\theta_\mathrm{u}$$

可见，两个同频率正弦信号的相位差实际上是它们的初相之差，其值与时间 t 无关。

如果 $\theta = \theta_\mathrm{i}-\theta_\mathrm{u} > 0$，如图 5-3a 所示，则表示随着 t 的增加，电流 $i(t)$ 要比电压 $u(t)$ 先到达最大值或最小值。这种关系称 $i(t)$ 超前于 $u(t)$（Current Leading Voltage）或 $u(t)$ 滞后于 $i(t)$

（Voltage Lagging Current），其超前或滞后的角度都是 θ；如果 $\theta < 0$，如图 5-3b 所示，则结论恰好与上面情况相反。

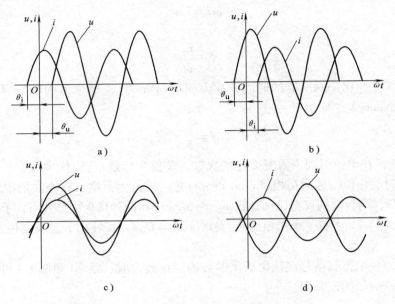

图 5-3　正弦信号的相位差

如果 $\theta = 0$，则称 $i(t)$ 与 $u(t)$ 同相。如图 5-3c 所示，表示 $i(t)$ 与 $u(t)$ 同时达到最小值、零值与最大值。

如果 $\theta = \pm\pi$，则称 $i(t)$ 与 $u(t)$ 反相。如图 5-3d 所示，当 $i(t)$ 达到最大值时，$u(t)$ 却为最小值，反之亦然。

5.1.3　正弦信号的有效值

由于正弦信号的幅值是在不断变化的，为了能够直观地比较正弦信号的大小，研究它们在电路中的平均效果，因而引入有效值（rms⊖ Value）的概念。

周期信号有效值的定义是：设两个阻值相同的电阻，分别通过周期电流和直流电流，在一个周期内，两个电阻消耗相同的能量，就称该直流电流值为周期电流的有效值。

当周期电流 $i(t)$ 通过电阻 R 时，一个周期内消耗的电能为

$$W_{\mathrm{i}} = \int_{t_0}^{t_0+T} p(t)\,\mathrm{d}t = \int_{t_0}^{t_0+T} Ri^2(t)\,\mathrm{d}t$$

式中，T 为周期信号的周期。

当直流电流 I 通过电阻 R 时，在相同的时间 T 内，电阻消耗的电能为

$$W_{\mathrm{I}} = RI^2 T$$

令 $W_{\mathrm{i}} = W_{\mathrm{I}}$，则有

$$RI^2 T = R \int_{t_0}^{t_0+T} i^2(t)\,\mathrm{d}t$$

⊖　rms—the square root of the mean value of the squared function。

即，周期电流 i 的有效值为

$$I = \sqrt{\frac{1}{T}\int_{t_0}^{t_0+T} i^2(t)\,\mathrm{d}t} \tag{5-4}$$

由于正弦电流是周期电流，所以可以直接应用式(5-4)求出它的有效值。设正弦电流为

$$i(t) = I_\mathrm{m}\sin(\omega t + \theta_\mathrm{i})$$

将它代入式(5-4)，得

$$
\begin{aligned}
I &= \sqrt{\frac{1}{T}\int_{t_0}^{t_0+T} I_\mathrm{m}^2\sin^2(\omega t + \theta_\mathrm{i})\,\mathrm{d}t} \\
&= \frac{I_\mathrm{m}}{\sqrt{2}} = 0.707 I_\mathrm{m}
\end{aligned} \tag{5-5}
$$

同样可求得正弦电压 $u = U_\mathrm{m}\sin(\omega t + \theta_\mathrm{u})$ 的有效值为

$$U = \frac{U_\mathrm{m}}{\sqrt{2}} = 0.707 U_\mathrm{m} \tag{5-6}$$

由式(5-6)可知，正弦信号的振幅值等于有效值的 $\sqrt{2}$ 倍，因此，可将正弦电流、电压的瞬时表达式改写为

$$i(t) = \sqrt{2}I\sin(\omega t + \theta_\mathrm{i})$$

$$u(t) = \sqrt{2}U\sin(\omega t + \theta_\mathrm{u})$$

在电工技术中，通常用有效值表示交流电的大小。例如，交流电压 220V、交流电流 40A，其电压、电流值都是指有效值。各种交流电气设备铭牌上标出的额定值及交流仪表的指示值也都是有效值。

例 5-1 已知正弦电压源的频率为 50Hz，初相角为 $\frac{\pi}{6}$ rad，由交流电压表测得电源开路电压为 220V。求该电源电压的振幅、角频率，并写出瞬时值的表达式。

解 因为 $f = 50\mathrm{Hz}$，$\theta_\mathrm{u} = \frac{\pi}{6}\mathrm{rad}$，所以有

$$\omega = 2\pi f\,\mathrm{rad} = 2\pi \times 50\,\mathrm{rad/s} = 314\,\mathrm{rad/s}$$

$$U_\mathrm{m} = \sqrt{2}U = \sqrt{2} \times 220\mathrm{V} \approx 311\mathrm{V}$$

电源电压瞬时表达式为

$$
\begin{aligned}
u(t) &= U_\mathrm{m}\sin(\omega t + \theta_\mathrm{u}) \\
&= 311\sin\left(314t + \frac{\pi}{6}\right)\mathrm{V}
\end{aligned}
$$

5.2 正弦信号的相量表示

正弦稳态电路中的电流、电压都是时间 t 的正弦函数。由于电阻元件和动态元件的伏安特性分别是代数关系、微积分关系，因此在求解正弦稳态响应时，需要经常作三角函数的代数运算和微分、积分运算。经验告诉我们，在人工方式下进行上述运算，不仅计算繁琐，而

且容易出错。为此，采用相量[⊖](Phasor)表示正弦信号，以简化正弦稳态电路的分析和计算。

5.2.1 复数及其运算

在数学中，一个复数 A 可表示为代数型、指数型或极型，即

$$A = a_1 + ja_2 \qquad (代数型)$$
$$= ae^{j\theta} \qquad (指数型)$$
$$= a \underline{/\theta} \qquad (极型) \qquad (5-7)$$

式中，$j = \sqrt{-1}$ 为复数单位[⊖]；a_1 和 a_2 分别为复数 A 的实部和虚部；a 和 θ 分别是 A 的模和辐角。复数 A 也可以表示为复平面上的一个点或由原点指向该点的有向线段(矢量)，如图 5-4 所示。由图可知，复数代数型与指数型(或极型)之间的关系为

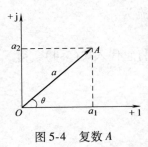

图 5-4 复数 A

$$\left. \begin{array}{l} a = \sqrt{a_1^2 + a_2^2} \\ \theta = \arctan \dfrac{a_2}{a_1} \end{array} \right\} \qquad (5-8)$$

和

$$\left. \begin{array}{l} a_1 = \mathrm{Re}A = a\cos\theta \\ a_2 = \mathrm{Im}A = a\sin\theta \end{array} \right\} \qquad (5-9)$$

式(5-9)中 $\mathrm{Re}A$ 和 $\mathrm{Im}A$ 分别表示取 A 的实部(The Real Part Of)和虚部(The Imaginary Part Of)。

若两个复数相等，则实部和虚部分别相等，或模和辐角分别相等。

两个复数相加(减)等于把它们的实部和虚部分别相加(减)。

例如，若 $A = a_1 + ja_2$，$B = b_1 + jb_2$，则

$$A \pm B = (a_1 + ja_2) \pm (b_1 + jb_2)$$
$$= (a_1 \pm b_1) + j(a_2 \pm b_2) \qquad (5-10)$$

复数的相加(减)运算宜采用代数型。

两个复数相乘(除)等于将它们的模相乘(除)、辐角相加(减)。

例如，若 $A = ae^{j\theta_A} = a \underline{/\theta_A}$，$B = be^{j\theta_B} = b \underline{/\theta_B}$，则

$$AB = abe^{j(\theta_A + \theta_B)} = ab \underline{/\theta_A + \theta_B}$$
$$\frac{A}{B} = \frac{a}{b}e^{j(\theta_A - \theta_B)} = \frac{a}{b} \underline{/\theta_A - \theta_B} \qquad (5-11)$$

复数的乘、除运算采用指数型或极型较为方便。

复数在复平面上进行代数运算有一定的几何意义。例如，复数的加、减运算可采用矢量的平行四边形法或多角形法作图完成。复数 A、B 相乘运算，相当于把矢量 A 的模(a)扩大 $b(B$ 的模)倍后，再绕原点按逆时针方向旋转 θ_B 角。复数 A 除以 B 时，相当于把矢量 A 的模缩小 b 倍后，再按顺时针方向旋转 θ_B 角。

⊖ 许多教材也称为向量或矢量，为了区分和数学上向量和矢量的差异，此处用相量。

⊖ 复数虚部单位一般用符号 i，但为了与电流符号区别，用符号 j 表示虚部单位。

5.2.2 用相量表示正弦信号

由前所述可知，正弦信号由振幅、角频率和初相 3 个要素确定。由于在正弦稳态电路中，各处的电流和电压都是正弦信号，并且稳态时它们的角频率与正弦电源的角频率相同，因此，在进行正弦稳态电路分析时，主要关注的是正弦电流、电压的振幅和初相两个要素。为了简化分析，现在以电流为例，介绍用相量表示的正弦信号。

根据欧拉公式，可将复指数函数 $I_m e^{j(\omega t + \theta_i)}$ 表示为

$$I_m e^{j(\omega t + \theta_i)} = I_m \cos(\omega t + \theta_i) + jI_m \sin(\omega t + \theta_i)$$

注意，上式中的虚部即为正弦电流的表达式，于是有

$$
\begin{aligned}
i(t) &= I_m \sin(\omega t + \theta_i) \\
&= \text{Im}[I_m e^{j(\omega t + \theta_i)}] = \text{Im}[I_m e^{j\theta_i} e^{j\omega t}] \\
&= \text{Im}[\dot{I}_m e^{j\omega t}]
\end{aligned}
\tag{5-12}
$$

式中

$$\dot{I}_m = I_m e^{j\theta_i} = I_m \underline{/\theta_i} \tag{5-13}$$

式(5-13)中复数 $\dot{I}_m$ 的模和辐角恰好分别对应正弦电流的振幅和初相。在此基础上再考虑已知的角频率，就能完全表示一个正弦电流。像这样能用来表示正弦信号的特定复数称为相量，并在符号上方标记圆点"·"，以便与一般的复数相区别。$\dot{I}_m$ 称为电流相量，把它表示在复平面上，称为相量图，如图 5-5 所示。

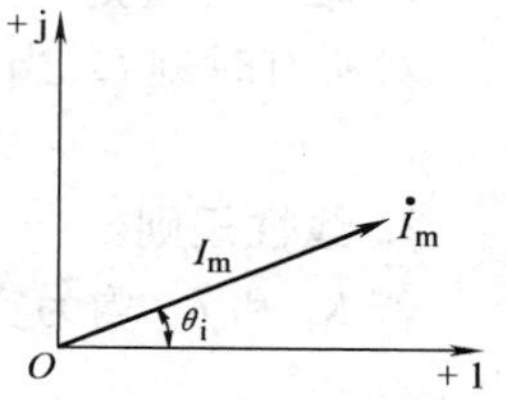

式(5-12)中的 $e^{j\omega t} = 1\underline{/\omega t}$，这是一个模值为 1，辐角随时间均匀增加的复值函数。相量 $\dot{I}_m$ 乘以 $e^{j\omega t}$，即 $\dot{I}_m e^{j\omega t} = I_m e^{j(\omega t + \theta_i)}$，表示相量 $\dot{I}_m$ 在复平面上绕原点以角速度 ω 按逆时针方向旋转，故称为旋转相量。它在复平面虚轴上的投影就是正弦电流变化规律，如图 5-6 所示。

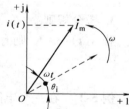

图 5-5 相量图

图 5-6 旋转相量

同样地，正弦电压可表示为

$$
\begin{aligned}
u(t) &= U_m \sin(\omega t + \theta_u) \\
&= \text{Im}[U_m e^{j(\omega t + \theta_u)}] = \text{Im}[\dot{U}_m e^{j\omega t}]
\end{aligned}
$$

其中

$$\dot{U}_m = U_m e^{j\theta_u} = U_m \underline{/\theta_u} \tag{5-14}$$

称为电压相量。由于正弦信号的振幅是其有效值的 $\sqrt{2}$ 倍，故有

$$
\left.
\begin{aligned}
\dot{I}_m &= I_m e^{j\theta_i} = \sqrt{2}I e^{j\theta_i} = \sqrt{2}\dot{I} \\
\dot{U}_m &= U_m e^{j\theta_u} = \sqrt{2}U e^{j\theta_u} = \sqrt{2}\dot{U}
\end{aligned}
\right\}
\tag{5-15}
$$

式中

$$
\left.
\begin{aligned}
\dot{I} &= I e^{j\theta_i} = I\underline{/\theta_i} \\
\dot{U} &= U e^{j\theta_u} = U\underline{/\theta_u}
\end{aligned}
\right\}
\tag{5-16}
$$

分别称为电流、电压的有效值相量，相应地，将 $\dot{I}_m$ 和 $\dot{U}_m$ 分别称为电流和电压的振幅相量。显然，振幅相量是有效值相量的 $\sqrt{2}$ 倍。

必须指出，正弦信号是代数量，并非矢量或复数量，所以，相量不等于正弦信号。但是，它们之间有相应的对应关系，即

$$
\left.\begin{array}{l}
i(t) = I_m \sin(\omega t + \theta_i) \leftrightarrow \dot{I}_m = I_m e^{j\theta_i} = I_m \,\underline{/\theta_i} \\
u(t) = U_m \sin(\omega t + \theta_u) \leftrightarrow \dot{U}_m = U_m e^{j\theta_u} = U_m \,\underline{/\theta_u}
\end{array}\right\}
\tag{5-17}
$$

或

$$
\left.\begin{array}{l}
i(t) = \sqrt{2}I \sin(\omega t + \theta_i) \leftrightarrow \dot{I} = I e^{j\theta_i} = I \,\underline{/\theta_i} \\
u(t) = \sqrt{2}U \sin(\omega t + \theta_u) \leftrightarrow \dot{U} = U e^{j\theta_u} = U \,\underline{/\theta_u}
\end{array}\right\}
\tag{5-18}
$$

因此，可以采用相量表示正弦信号。式(5-17)和式(5-18)中，双向箭头符号"↔"表示正弦信号与相量之间的对应关系。

下面给出几个正弦信号与相量之间的对应规则，为了减少篇幅，此处不予证明。为了便于叙述，设正弦信号 $A(t)$、$B(t)$ 与相量 $\dot{A}_m$、$\dot{B}_m$ 的对应关系为

$$
\left.\begin{array}{l}
A(t) = A_m \sin(\omega t + \theta_A) \leftrightarrow \dot{A}_m = A_m e^{j\theta_A} = a_1 + ja_2 \\
B(t) = B_m \sin(\omega t + \theta_B) \leftrightarrow \dot{B}_m = B_m e^{j\theta_B} = b_1 + jb_2
\end{array}\right\}
\tag{5-19}
$$

1. 唯一性规则

对所有时刻 t，当且仅当两个同频率的正弦信号相等时，其对应的相量才相等，即

$$
A(t) = B(t) \leftrightarrow \dot{A}_m = \dot{B}_m
\tag{5-20}
$$

2. 线性规则

若 K_1 和 K_2 均为实常数，且有

$$
A(t) \leftrightarrow \dot{A}_m \qquad B(t) \leftrightarrow \dot{B}_m
$$

则

$$
K_1 A(t) + K_2 B(t) \leftrightarrow K_1 \dot{A}_m + K_2 \dot{B}_m
\tag{5-21}
$$

3. 微分规则

若 $A(t) \leftrightarrow \dot{A}_m$，则有

$$
\frac{\mathrm{d}}{\mathrm{d}t} A(t) \leftrightarrow j\omega \dot{A}_m
\tag{5-22}
$$

例 5-2 在一个电路中的一个节点 A，在该节点的电流流向如图 5-7a 所示。已知 $i_1(t) = 5\sqrt{2}\sin(\omega t - 36.9°)$ A，$i_2(t) = 10\sqrt{2}\sin(\omega t + 53.1°)$ A，试求电流 $i(t)$。

解 由已知条件可得

$$
i_1(t) \leftrightarrow \dot{I}_1 = 5 \,\underline{/-36.9°}\ \text{A}
$$

$$
i_2(t) \leftrightarrow \dot{I}_2 = 10 \,\underline{/53.1°}\ \text{A}
$$

根据基尔霍夫电流定律，有

$$
i(t) = i_1(t) + i_2(t)
$$

设正弦电流 i 的有效值为 $\dot{I}$，则由线性和唯一性规则可得

$$
\dot{I} = \dot{I}_1 + \dot{I}_2 = 5 \,\underline{/-36.9°} + 10 \,\underline{/53.1°}
$$

$$
= (4 - j3) + (6 + j8) = 10 + j5 = 11.18 \,\underline{/26.6°}\ \text{A}
$$

因此，正弦电流 $i(t)$ 的表达式为

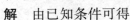
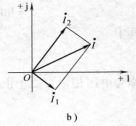

图 5-7 例 5-2 图

$$i(t) = 11.18\sqrt{2}\sin(\omega t + 26.6°)\,\text{A}$$

各电流的有效值相量如图 5-7b 所示。图中清楚地反映了各相量之间模及辐角或各正弦量之间振幅及初相的关系。本例题的简单计算表明，引入相量概念后，用复常数表示正弦量，将正弦量的三角函数运算转化为复数运算，从而为简化正弦稳态电路分析计算提供了条件。

5.3 基本元件的伏安特性和基尔霍夫定律的相量形式

就电路分析而言，理论上需要解决的主要问题是：①元件的特性和电路连接关系的描述（元件 VAR 和电路 KCL、KVL）；②建立电路元件模型；③列出电路方程，求得分析结果。对于正弦稳态电路，引入相量概念后，将分别对上述问题进行讨论和研究，以便导出正弦稳态电路的实用分析方法。本节先介绍基本元件的 VAR 和基尔霍夫定律的相量形式。

5.3.1 基本元件伏安特性的相量形式

5.3.1.1 电阻元件

如图 5-8a 所示，设电阻 R 的端电压与电流采用关联参考方向。当正弦电流

$$i(t) = \sqrt{2}I\sin(\omega t + \theta_i)$$

通过电阻时，由欧姆定律可知电阻元件的端电压为

$$u(t) = Ri(t) = \sqrt{2}RI\sin(\omega t + \theta_i)$$
$$= \sqrt{2}U\sin(\omega t + \theta_u) \tag{5-23}$$

式中，U 和 θ_u 是电压 $u(t)$ 的有效值和初相。

上式表明，电阻元件的电流、电压是同频率的正弦量，两者的有效值满足 $U = RI$，而初相是相同的。电流、电压的波形如图 5-8b 所示。

设正弦电流 $i(t)$ 和电压 $u(t)$ 对应的有效值相量分别为 $\dot{I}$ 和 $\dot{U}$，即 $i(t)\leftrightarrow\dot{I}$，$u(t)\leftrightarrow\dot{U}$，则根据上一节提到的线性规则和唯一性规则，式（5-23）对应的相量表达式为

$$\dot{U} = R\dot{I} \tag{5-24}$$

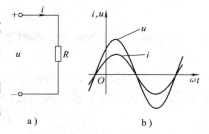

a)   b)

图 5-8 电阻元件的 i-u 关系

式（5-24）表明了电阻 R 上的电流、电压的相量关系，称为电阻元件伏安特性的相量形式。将式（5-24）中的相量表示成指数型，可得

$$Ue^{j\theta_u} = RIe^{j\theta_i}$$

按照复数相等定义，上式等号两边复数的模和辐角分别相等，即

$$\left.\begin{array}{r} U = RI \\ \theta_u = \theta_i \end{array}\right\} \tag{5-25}$$

显然，上述结果与式（5-23）表明的结论是完全一致的。

根据式（5-24）画出的电阻元件模型如图 5-9a 所示。它以相量形式的伏安特性描述电阻元件特性，故称为相量模型（Phasor Model）。电阻元件的电流、电压相量图如图 5-9b 所示。

5.3.1.2 电感元件

设电感 L 的端电压与电流采用关联参考方向，如图 5-10a 所示。当正弦电流

$$i(t) = \sqrt{2}I\sin(\omega t + \theta_i)$$

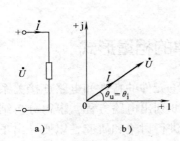

图 5-9　电阻元件的相量伏安特性　　　　图 5-10　电感元件的 i-u 关系

通过电感时，其端电压为

$$u(t) = L\frac{\mathrm{d}i(t)}{\mathrm{d}t} = \sqrt{2}\omega LI\cos(\omega t + \theta_i)$$

$$= \sqrt{2}\omega LI\sin(\omega t + \theta_i + 90°)$$

$$= \sqrt{2}U\sin(\omega t + \theta_u) \tag{5-26}$$

式中，U 和 θ_u 分别为电感电压的有效值和初相。

由式(5-26)可知电感电压和电流是同频率的正弦量，其波形如图 5-10b 所示。

若设电感电流、电压与有效值相量的对应关系为

$$i(t) = \sqrt{2}I\sin(\omega t + \theta_i) \leftrightarrow \dot{I} = Ie^{j\theta_i}$$

$$u(t) = \sqrt{2}U\sin(\omega t + \theta_u) \leftrightarrow \dot{U} = Ue^{j\theta_u}$$

则根据上一节的微分、线性和唯一性规则，可得式(5-26)的相量表达式为

$$\dot{U} = j\omega L\,\dot{I} \tag{5-27}$$

式(5-27)称为电感元件的伏安特性的相量形式。它同时体现了电感的电流、电压之间的有效值关系和相位关系。因为式(5-27)可以改写为

$$Ue^{j\theta_u} = j\omega LIe^{j\theta_i} = \omega LIe^{j(\theta_i+90°)}$$

根据两复数相等的定义，可得

$$U = \omega LI \tag{5-28}$$

$$\theta_u = \theta_i + 90° \tag{5-29}$$

由式(5-28)可知，电感的电流、电压有效值的关系除与 L 有关外，还与角频率 ω 有关。而电阻元件的 U-I 关系是与 ω 无关的。对给定的电感 L，当 U 一定时，ω 越高则 I 越小；ω 越低则 I 越大。也就是说电感对高频电源信号呈现较大的阻碍作用，这种阻碍作用是由电感元件中感应电动势反抗电流变化而产生的。在电子线路中使用的滤波电感或高频扼流圈，就是利用电感的这种特性以达到抑制高频电流通过的目的。在直流情况下，$\omega = 0$，$U = 0$，此时电感相当于短路。式(5-29)表明电感电压的相位超前电流 90°，这与电阻元件中电流电压同相也是完全不一样的。

根据式(5-27)画出的电感元件的相量模型如图 5-11a 所示，电感电流、电压的相量图如图 5-11b 所示。

90

5.3.1.3 电容元件

设电容元件 C，其电压、电流采用关联参考方向，如图 5-12a 所示。当电容端电压为

$$u(t) = \sqrt{2}U\sin(\omega t + \theta_u)$$

通过 C 的电流为

$$i(t) = C\frac{\mathrm{d}u}{\mathrm{d}t} = \sqrt{2}\omega CU\cos(\omega t + \theta_u)$$

$$= \sqrt{2}\omega CU\sin(\omega t + \theta_u + 90°)$$

$$= \sqrt{2}I\sin(\omega t + \theta_i) \tag{5-30}$$

式中，I 和 θ_i 分别是电容电流的有效值和初相。式(5-30)表明，电容电压、电流是同频率的正弦量，其波形如图 5-12b 所示。

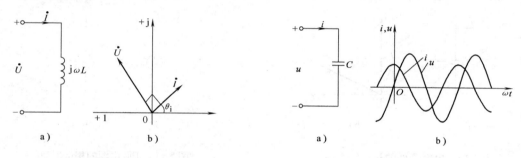

图 5-11 电感元件的相量伏安特性　　　图 5-12 电容元件的 i-u 关系

如果电容电压、电流与相量之间的对应关系为

$$\left.\begin{array}{l} u(t) = \sqrt{2}U\sin(\omega t + \theta_u) \leftrightarrow \dot{U} = Ue^{j\theta_u} \\ i(t) = \sqrt{2}I\sin(\omega t + \theta_i) \leftrightarrow \dot{I} = Ie^{j\theta_i} \end{array}\right\}$$

由上一节中的微分、线性和唯一性规则，可得式(5-30)的相量表达式为

$$\dot{I} = j\omega C\dot{U} \tag{5-31}$$

或

$$\dot{U} = \frac{1}{j\omega C}\dot{I} = -j\frac{1}{\omega C}\dot{I} \tag{5-32}$$

式(5-31)和式(5-32)称为电容元件伏安特性的相量形式。若将式(5-32)中的电流、电压相量表示成指数型，即

$$Ue^{j\theta_u} = -j\frac{1}{\omega C}Ie^{j\theta_i} = \frac{1}{\omega C}Ie^{j(\theta_i - 90°)}$$

则由复数相等定义，可得

$$U = \frac{1}{\omega C}I \tag{5-33}$$

和

$$\theta_u = \theta_i - 90° \tag{5-34}$$

式(5-33)表明，对于给定的电容 C，当 U 一定时，ω 越高，电容进行充放电的速率越快，单位时间内移动的电荷量越大，故 I 就越大，表示电流越容易通过。反之，ω 越低，电

流将越不容易通过，在直流情况下，$\omega = 0$，$I = 0$，电容相当于开路，所以电容元件具有隔直流的作用。由式（5-34）可知，电容电压的相位滞后电流90°。

根据式（5-32）画出电容元件的相量模型，如图5-13a所示。电容中电流、电压的相量图如图5-13b所示。

5.3.1.4 正弦电源的相量模型

如果一个独立电压源 $u_S(t)$ 的输出电压为正弦电压，即

$$u_S(t) = \sqrt{2} U_S \sin(\omega t + \theta_u)$$

就称其为正弦电压源。式中，U_S、ω 和 θ_u 分别为正弦电压 $u_S(t)$ 的有效值、角频率和初相。将正弦量 $u_S(t)$ 表示成相量 $\dot{U}_S$，得到正弦电压源的相量模型如图5-14a所示。图中的符号"+"和"−"表示电压 $\dot{U}_S$ 的参考极性。

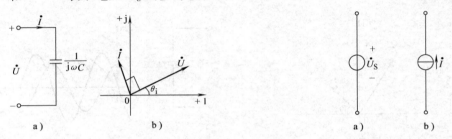

图5-13　电容元件的相量伏安特性　　　　　图5-14　正弦电源的相量模型

同样，如果一个独立电流源 $i_S(t)$ 的输出电流为正弦电流，即

$$i_S(t) = \sqrt{2} I_S \sin(\omega t + \theta_i)$$

就称它为正弦电流源。上式中 I_S、ω 和 θ_i 分别表示正弦电流的有效值、角频率和初相。正弦电流源的相量模型如图5-14b所示，图中 $\dot{I}_S$ 为正弦电流 $i_S(t)$ 对应的有效值相量，箭头方向表示其参考方向。

通常，把正弦电压源和正弦电流源统称为正弦独立源，或简称为正弦电源。

对于受控电源，应用与正弦电源类似的定义方法，可以得到正弦稳态情况下的正弦受控源，这里不再一一赘述，仅给出它们的相量模型，如图5-15所示。

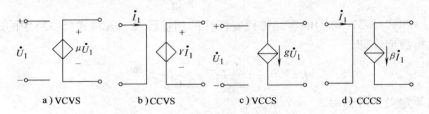

图5-15　正弦受控源的相量模型

5.3.2 基尔霍夫电流定律和电压定律的相量形式

KCL指出：对于集中参数电路中的任意节点，在任一时刻，流出（或流入）该节点的所有电流的代数和恒为零。在正弦稳态电路中，各支路电流都是同频率的正弦量，只是振幅和

初相不同，其 KCL 可表示为

$$\sum_{k=1}^{n} i_k(t) = \sum_{k=1}^{n} I_{km}\sin(\omega t + \theta_{ki}) = 0 \tag{5-35}$$

式中，n 为汇于节点的支路数；$i_k(t)$ 为第 k 条支路的电流。

设正弦电流 $i_k(t)$ 对应的相量为 $\dot{I}_{km}$，即

$$i_k(t) = I_{km}\sin(\omega t + \theta_{ki}) \leftrightarrow \dot{I}_{km} = I_{km}\mathrm{e}^{\mathrm{j}\theta_{ki}}$$

根据上节的线性规则和唯一性规则，可得式(5-35)对应的相量关系表示为

$$\sum_{k=1}^{n} \dot{I}_{km} = 0 \quad \text{或} \quad \sum_{k=1}^{n} \dot{I}_k = 0 \tag{5-36}$$

这就是 KCL 的相量形式。它表明，在正弦稳态电路中，对任一节点，各支路电量的代数和恒为零。

同理，对于正弦稳态电路中的任一回路，KVL 的相量形式为

$$\sum_{k=1}^{n} \dot{U}_{km} = 0 \quad \text{或} \quad \sum_{k=1}^{n} \dot{U}_k = 0 \tag{5-37}$$

式中，n 为回路中的支路数；$\dot{U}_{km}$ 和 $\dot{U}_k$ 分别为回路中的第 k 条支路电压的振幅相量和有效值相量。

式(5-37)表明，沿正弦稳态电路中任一回路绕行一周，所有支路电压相量的代数和恒为零。

例 5-3 电路如图 5-16a 所示。已知 $R=5\Omega$，$L=5\mathrm{mH}$，$C=100\mu\mathrm{F}$，$u_{ab}(t)=10\sqrt{2}\sin10^3t\mathrm{V}$。求电压源电压 $u_S(t)$，并画出各元件电流、电压的相量图。

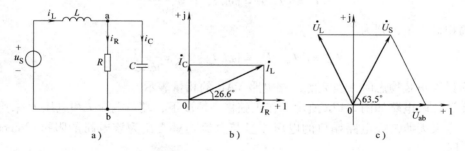

图 5-16 例 5-3 电路与电流、电压相量图

解 电压 u_{ab} 的有效值相量为

$$\dot{U}_{ab} = 10\,\underline{/0°}\ \mathrm{V}$$

分别计算

$$\omega L = 10^3 \times 5 \times 10^{-3}\Omega = 5\Omega$$

$$\frac{1}{\omega C} = \frac{1}{10^3 \times 100 \times 10^{-6}}\Omega = 10\Omega$$

根据 R、C 元件 VAR 的相量形式，得

$$\dot{I}_R = \frac{\dot{U}_{ab}}{R} = \frac{10\,\underline{/0°}}{5}\mathrm{A} = 2\,\underline{/0°}\ \mathrm{A}$$

$$\dot{I}_C = \frac{\dot{U}_{ab}}{-\mathrm{j}\left(\frac{1}{\omega C}\right)} = \frac{10\,\underline{/0°}}{-\mathrm{j}10}\mathrm{A} = \mathrm{j}1\mathrm{A} = 1\,\underline{/90°}\ \mathrm{A}$$

由 KCL 得

$$\dot{I}_{L} = \dot{I}_{R} + \dot{I}_{C} = (2 + j1)\,A = 2.24 \underline{/26.6°}\,A$$

由电感元件 VAR 的相量形式，求得

$$\dot{U}_{L} = j\omega L\,\dot{I}_{L} = j5 \times 2.24 \underline{/26.6°}\,V = 11.2 \underline{/116.6°}\,V$$

根据 KVL，可得电压源电压为

$$\dot{U}_{S} = \dot{U}_{L} + \dot{U}_{ab} = (11.2 \underline{/116.6°} + 10 \underline{/0°})\,V$$
$$= (-5.01 + j10.01)\,V + 10V = (4.99 + j10.01)\,V$$
$$= 11.18 \underline{/63.5°}\,V$$

所以有

$$u_{S}(t) = 11.18\sqrt{2}\sin(10^{3}t + 63.5°)\,V$$

各元件电流、电压的相量图如图 5-16b、c 所示。

5.4 相量模型

5.4.1 阻抗与导纳

由上节讨论可知，在电流、电压采用关联参考方向的条件下，3 种基本元件 VAR 的相量形式是

$$\dot{U} = R\dot{I}, \quad \dot{U} = j\omega L\dot{I}, \quad \dot{U} = \frac{1}{j\omega C}\dot{I} \tag{5-38}$$

如用振幅相量表示，则为

$$\dot{U}_{m} = R\dot{I}_{m}, \quad \dot{U}_{m} = j\omega L\dot{I}_{m}, \quad \dot{U}_{m} = \frac{1}{j\omega C}\dot{I}_{m} \tag{5-39}$$

下面讨论正弦稳态时一般无源二端电路 VAR 的相量表示。

设无源二端电路如图 5-17a 所示，在正弦稳态情况下，端口电流 $\dot{I}$ 和电压 $\dot{U}$ 采用关联参考方向。定义无源二端电路端口的电压相量与电流相量之比为该电路的阻抗（Impedance），记为 Z，即

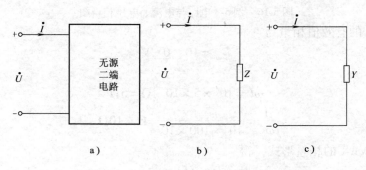

图 15-17 阻抗与导纳

$$Z = \frac{\dot{U}_{m}}{\dot{I}_{m}} = \frac{\dot{U}}{\dot{I}} \tag{5-40}$$

显然，阻抗的量纲为欧姆（Ω）。将式(5-40)中的相量表示成指数型，可得

$$Z = \frac{\dot{U}}{\dot{I}} = \frac{U e^{j\theta_u}}{I e^{j\theta_i}} = \frac{U}{I} e^{j(\theta_u - \theta_i)} = |Z| e^{j\varphi_Z} \tag{5-41}$$

$$= |Z| \cos\varphi_Z + j |Z| \sin\varphi_Z = R + jX$$

式中，R 和 X 分别称为阻抗的电阻（Resistor）和电抗（Reactance）；$|Z|$ 和 φ_Z 分别称为阻抗的模和阻抗角。

它们之间的转换关系为

$$\left.\begin{array}{r} R = |Z| \cos\varphi_Z \\ X = |Z| \sin\varphi_Z \end{array}\right\} \qquad \left.\begin{array}{l} |Z| = \sqrt{R^2 + X^2} = \dfrac{U}{I} \\ \varphi_Z = \arctan\dfrac{X}{R} = \theta_u - \theta_i \end{array}\right\} \tag{5-42}$$

式（5-42）表明，无源二端电路阻抗的模等于端口电压与端口电流的有效值之比，阻抗角等于电压与电流的相位差。若 $\varphi_Z > 0$，表示电压超前电流，电路呈感性；$\varphi_Z < 0$，电压滞后电流，电路呈电容性；$\varphi_Z = 0$ 时，电抗为零，电压与电流同相，电路呈电阻性。

将式（5-40）改写为

$$\dot{U}_m = Z \dot{I}_m \quad 或 \quad \dot{U} = Z \dot{I} \tag{5-43}$$

式（5-43）与电阻电路中的欧姆定律相似，故称为欧姆定律的相量形式。根据式（5-43）画出的相量模型如图5-17b 所示。

比较式（5-38）与式（5-43）可得基本元件 R、L 和 C 的阻抗分别为

$$\left.\begin{array}{l} Z_R = R \\ Z_L = j\omega L = jX_L \\ Z_C = \dfrac{1}{j\omega C} = -j\dfrac{1}{\omega C} = jX_C \end{array}\right\} \tag{5-44}$$

它们是阻抗的特殊形式，其中

$$\left.\begin{array}{l} X_L = \omega L \\ X_C = -\dfrac{1}{\omega C} \end{array}\right\} \tag{5-45}$$

式中，X_L 是电感的电抗；X_C 是电容的电抗；分别简称为感抗（Inductive Reactance）和容抗（Capacitive Reactance）。它们随角频率变化的曲线如图5-18a、b 所示，分别称为 X_L 和 X_C 的频率特性曲线。

把阻抗的倒数定义为导纳（Admittance），记为 Y，即

$$Y = \frac{1}{Z} \tag{5-46}$$

或

$$Y = \frac{\dot{I}_m}{\dot{U}_m} = \frac{\dot{I}}{\dot{U}} \tag{5-47}$$

导纳的量纲为西门子（S）。同样，将式（5-47）中的电流、电压相量表示成指数型，可得

$$Y = \frac{\dot{I}}{\dot{U}} = \frac{I e^{j\theta_i}}{U e^{j\theta_u}} = \frac{I}{U} e^{j(\theta_i - \theta_u)} = |Y| e^{j\varphi_Y}$$

$$= |Y| \cos\varphi_Y + j |Y| \sin\varphi_Y = G + jB \tag{5-48}$$

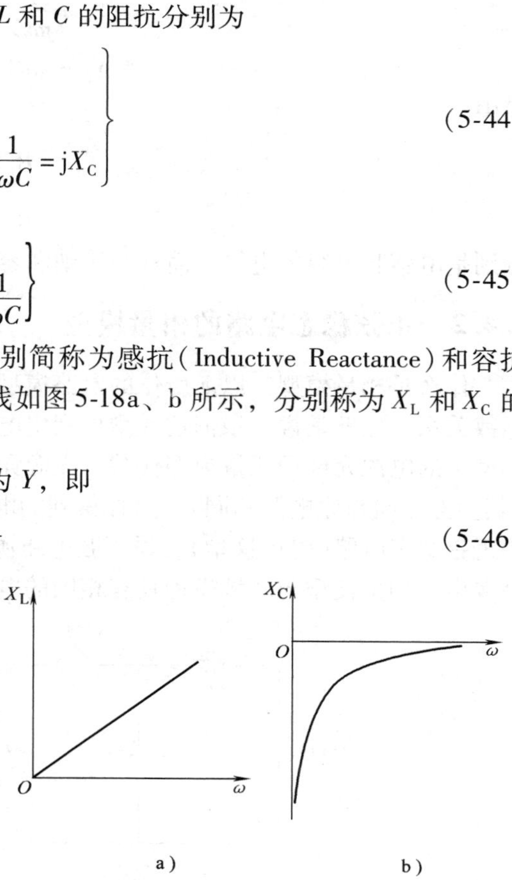

a)   b)

图5-18 X_L 和 X_C 的频率特性曲线

式中，G 和 B 分别称为导纳的电导（Conductance）和电纳（Susceptance）；$|Y|$ 和 φ_Y 分别称为导纳的模和导纳角。由式（5-48）和式（5-42）可得 $|Y|$、φ_Y 与 G、B 及 $|Z|$、φ_Z 之间的关系为

$$\left.\begin{aligned} G &= |Y|\cos\varphi_Y \\ B &= |Y|\sin\varphi_Y \end{aligned}\right\} \qquad \left.\begin{aligned} |Y| &= \sqrt{G^2 + B^2} = \frac{I}{U} = \frac{1}{|Z|} \\ \varphi_Y &= \arctan\frac{B}{G} = \theta_i - \theta_u = -\varphi_Z \end{aligned}\right\} \tag{5-49}$$

式（5-49）表明，无源二端电路的导纳模等于电流与电压的有效值之比，也等于阻抗模的倒数；导纳角等于电流与电压的相位差，也等于负的阻抗角。若 $\varphi_Y > 0$，表示 $\dot{U}$ 滞后 $\dot{I}$，电路呈电容性；若 $\varphi_Y < 0$，则 $\dot{U}$ 超前 $\dot{I}$，电路呈电感性；若 $\varphi_Y = 0$，$\dot{U}$ 与 $\dot{I}$ 同相，电路呈电阻性。

将式（5-47）改写为

$$\dot{I}_m = Y\dot{U}_m \quad \text{或} \quad \dot{I} = Y\dot{U} \tag{5-50}$$

式（5-50）也常称为欧姆定律的相量形式。它的相量模型如图 5-17c 所示。比较式（5-39）与式（5-50）可知，元件 R、L 和 C 的导纳分别为

$$\left.\begin{aligned} Y_R &= \frac{1}{R} = G \\ Y_L &= \frac{1}{j\omega L} = -j\frac{1}{\omega L} = jB_L \\ Y_C &= j\omega C = jB_C \end{aligned}\right\} \tag{5-51}$$

式中

$$\left.\begin{aligned} B_L &= -\frac{1}{\omega L} \\ B_C &= \omega C \end{aligned}\right\} \tag{5-52}$$

分别是电感和电容的电纳，简称为感纳和容纳。

5.4.2 正弦稳态电路的相量模型

什么是相量模型？以前所作的电路模型可以称为时域模型，它反映了电压与电流的时间函数关系，也就是说，根据这模型可列出电路的微分方程。在正弦稳态情况下，如果把时域模型中的电源元件用相量模型代替，无源元件用阻抗或导纳代替，电流、电压均用相量表示（其参考方向与原电路相同），这样得到的电路模型称为相量模型。例如，对于图 5-19a 给出的正弦稳态电路（时域模型），设正弦电压源的角频率为 ω，其相量模型如图 5-19b 所示。容易看出，相量模型与时域模型具有相同的电路结构。

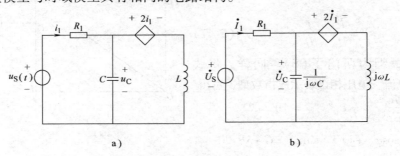

图 5-19　时域模型与相量模型

如前所述，进行直流电路分析时，各种定理、分析方法及计算公式都是根据基尔霍夫定律和元件端口的伏安关系得出的。对于正弦稳态电路，引入相量、阻抗、导纳和相量模型概念后，电路 KCL、KVL 和元件端口的 VAR 的相量形式与直流电路的相应关系完全相同。因此，分析直流电路的所有方法也都适用分析正弦稳态电路的相量模型。

5.4.3 阻抗和导纳的串、并联

下面给出阻抗和导纳串、并联的有关结论，其证明方法与电阻电路相似，这里不再重复。

设阻抗 $Z_1 = R_1 + jX_1$，$Z_2 = R_2 + jX_2$；导纳 $Y_1 = G_1 + jB_1$，$Y_2 = G_2 + jB_2$。则当两个阻抗 Z_1 和 Z_2 串联时，其等效阻抗 Z 为

$$Z = Z_1 + Z_2 = (R_1 + R_2) + j(X_1 + X_2) \tag{5-53}$$

分压公式为

$$\dot{U}_1 = \frac{Z_1}{Z_1 + Z_2}\dot{U} \quad \dot{U}_2 = \frac{Z_2}{Z_1 + Z_2}\dot{U} \tag{5-54}$$

式中，$\dot{U}$ 为两个串联阻抗的总电压相量。

当两个电导 Y_1 和 Y_2 并联时，其等效导纳 Y 为

$$Y = Y_1 + Y_2 = (G_1 + G_2) + j(B_1 + B_2) \tag{5-55}$$

分流公式为

$$\dot{I}_1 = \frac{Y_1}{Y_1 + Y_2}\dot{I} \quad \dot{I}_2 = \frac{Y_2}{Y_1 + Y_2}\dot{I} \tag{5-56}$$

式中，$\dot{I}$ 为通过并联导纳的总电流相量。

当两个阻抗 Z_1、Z_2 相并联时，它的等效阻抗 Z 为

$$Z = \frac{Z_1 Z_2}{Z_1 + Z_2} \tag{5-57}$$

其分流公式为

$$\dot{I}_1 = \frac{Z_2}{Z_1 + Z_2}\dot{I} \quad \dot{I}_2 = \frac{Z_1}{Z_1 + Z_2}\dot{I} \tag{5-58}$$

对于同一无源电路，如图 5-20a 所示，既可以把它等效成由电阻 R 和电抗 X 串联组成的阻抗 Z，如图 5-20b 所示，也可以将它等效成电导 G 和电纳 B 并联组成的导纳 Y，如图 5-20c 所示。

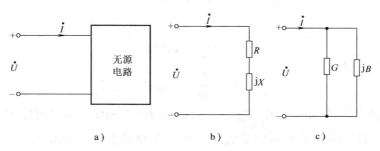

a)　　　　　　　　b)　　　　　　　　c)

图 5-20　阻抗与导纳的等效转换

显然，阻抗 Z 与导纳 Y 也是互为等效的，R、X 与 G、B 之间满足一定的转换关系。若将阻抗等效转换为导纳，由式(5-46)可得

$$Y = \frac{1}{Z} = \frac{1}{R + jX} = \frac{R}{R^2 + X^2} - j\frac{X}{R^2 + X^2} = G + jB$$

式中

$$G = \frac{R}{R^2 + X^2} \qquad B = \frac{-X}{R^2 + X^2} \tag{5-59}$$

同样地，将导纳等效转换为阻抗时，有

$$Z = \frac{1}{Y} = \frac{1}{G + jB} = \frac{G}{G^2 + B^2} - j\frac{B}{G^2 + B^2} = R + jX$$

式中

$$R = \frac{G}{G^2 + B^2} \qquad X = \frac{-B}{G^2 + B^2} \tag{5-60}$$

由式(5-59)和式(5-60)可见，一般情况下，阻抗中的电阻(R)与导纳的电导(G)以及阻抗中的电抗(X)与导纳中的电纳(B)都不是互为倒数关系。

例 5-4　RC 串联电路如图 5-21a 所示，已知 $R = 20\Omega$，$C = 2\mu F$，电源角频率 $\omega = 10^4 \text{rad/s}$。要求将它等效成 $R'C'$ 并联电路，如图 5-21b 所示，求 R' 和 C'。

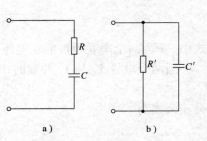

图 5-21　例 5-4 电路

解　先计算图 5-21a 所示电路的阻抗。因为

$$X_C = -\frac{1}{\omega C} = -\frac{1}{10^4 \times 2 \times 10^{-6}}\Omega = -50\Omega$$

所以

$$Z = R + jX_C = 20\Omega - j50\Omega = 53.85 \underline{/-68.2°}\ \Omega$$

该电路的导纳为

$$Y = \frac{1}{Z} = \frac{1}{53.85 \underline{/-68.2°}\ \Omega} = 18.6 \times 10^{-3} \underline{/68.2°}\ S = (6.9 \times 10^{-3} + j0.017)S$$

即

$$G = \frac{1}{R'} = 6.9 \times 10^{-3}S$$

$$B = \omega C' = 0.017S$$

于是有

$$R' = \frac{1}{G} = 145\Omega$$

$$C' = \frac{B}{\omega} = 1.7\mu F$$

例 5-5　电路如图 5-22a 所示，已知 $r = 10\Omega$，$L = 50\text{mH}$，$R = 50\Omega$，$C = 20\mu F$，电源 $u_S(t) = 100\sqrt{2}\sin 10^3 t\text{V}$。求电路的等效阻抗和各支路的电流，并画出电流相量图。

解　电压源相量和 jX_L、jX_C 分别为

$$\dot{U}_S = 100 \underline{/0°}\ V$$

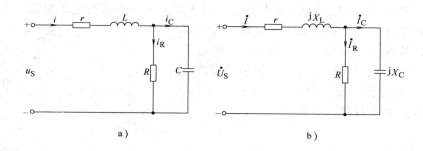

图 5-22 例 5-5 电路

$$jX_L = j\omega L = j1000 \times 50 \times 10^{-3}\Omega = j50\Omega$$

$$jX_C = -j\frac{1}{\omega C} = -j\frac{1}{1000 \times 20 \times 10^{-6}}\Omega = -j50\Omega$$

电路的相量模型如图 5-22b 所示。

设 r、L 串联支路的阻抗为 Z_{rL}，R、C 并联电路的阻抗为 Z_{RC}，可得

$$Z_{rL} = r + jX_L = （10 + j50）\Omega$$

$$Z_{RC} = \frac{R \times jX_C}{R + jX_C} = \frac{50（-j50）}{50 - j50}\Omega = 35.36 \angle -45°\Omega = (25 - j25)\Omega$$

电路总阻抗 Z 为

$$Z = Z_{rL} + Z_{RC} = （10 + j50）\Omega + （25 - j25）\Omega = （35 + j25）\Omega = 43 \angle 35.4°\Omega$$

电路总电流为

$$\dot{I} = \frac{\dot{U}_S}{Z} = \frac{100 \angle 0°}{43 \angle 35.4°}A = 2.33 \angle -35.4° A$$

由并联电路分流公式，求得 R、C 支路电流为

$$\dot{I}_R = \frac{jX_C}{R + jX_C}\dot{I} = \frac{-j50}{50 - j50} \times 2.33 \angle -35.4° A = 1.65 \angle -80.4° A$$

$$\dot{I}_C = \frac{R}{R + jX_C}\dot{I} = \frac{50}{50 - j50} \times 2.33 \angle -35.4° A = 1.65 \angle 9.6° A$$

画出电流 $\dot{I}_R$、$\dot{I}_C$ 和 $\dot{I}$ 的相量如图 5-23 所示。

运用相量和相量模型分析正弦稳态电路的方法称为相量法。用相量法求解正弦电路稳态响应的显著优点是简便实用，不仅避免了繁杂的三角函数运算，而且在相量模型求解时可以直接引用直流电路的分析方法。

然而应当指出，相量模型是一种假想的模型，是简化正弦稳态电路分析的工具。因为实际上并不存在参数是虚数的元件，也不会有用虚数来计算的电流和电压。此外，由于从电流、电压相量很容易得出对应的正弦量，因此，用相量法求出的结果，除非必要，一般不把相量改写成相应的正弦表示。

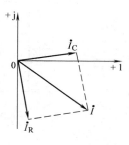

图 5-23 电流相量图

5.5 相量法分析

本节通过实例介绍如何应用相量法解决正弦稳态电路的分析计算问题。

例5-6 节点法。电路的相量模型如图 5-24 所示，求各节点的电压相量。

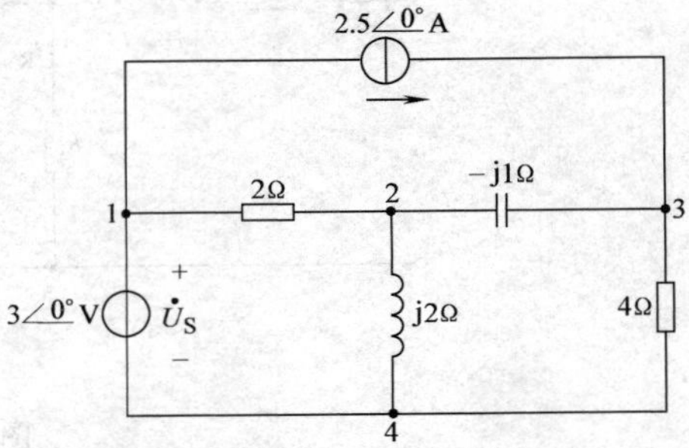

解 电路中含有一个独立电压源支路，可选择连接该支路的节点 4 为参考点，这时节点 1 的电位 $\dot{U}_1 = \dot{U}_S = 3\angle 0°$ V 是一个已知量，从而用节点法分析时可少列一个方程。设节点 2、3 的电位为 $\dot{U}_2$、$\dot{U}_3$，列出相应的节点方程。

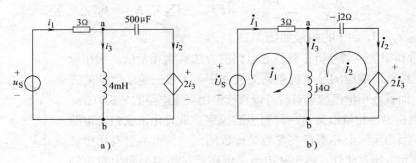

图 5-24　例 5-6 电路

节点 2

$$-\frac{1}{2}\dot{U}_1 + \left[\frac{1}{2} + \frac{1}{j2} + \frac{1}{(-j1)}\right]\dot{U}_2 - \frac{1}{(-j1)}\dot{U}_3 = 0$$

节点 3

$$-\frac{1}{(-j1)}\dot{U}_2 + \left[\frac{1}{4} + \frac{1}{(-j1)}\right]\dot{U}_3 = 2.5\angle 0°$$

将 $\dot{U}_1 = \dot{U}_S = 3\angle 0°$ 代入节点 2 方程，并整理得

$$\left.\begin{array}{r}(1+j1)\dot{U}_2 - j2\dot{U}_3 = 3 \\ j4\dot{U}_2 - (1+j4)\dot{U}_3 = -10\end{array}\right\}$$

计算方程组的系数行列式

$$A = \begin{vmatrix} 1+j1 & -j2 \\ j4 & -(1+j4) \end{vmatrix} = -5 - j5 = 7.1\angle -135°$$

故解得

$$\dot{U}_2 = \frac{1}{A}\begin{vmatrix} 3 & -j2 \\ -10 & -(1+j4) \end{vmatrix} V = \frac{32.14\angle -95.4°}{A}V = 4.53\angle 39.6° \text{ V}$$

$$\dot{U}_3 = \frac{1}{A}\begin{vmatrix} 1+j1 & 3 \\ j4 & -10 \end{vmatrix} V = \frac{24.17\angle -114.4°}{A}V = 3.04\angle 20.6° \text{ V}$$

例5-7 网孔法。电路如图 5-25a 所示，已知 $u_S = 10\sqrt{2}\sin 10^3 t$ V，求电流 $i_1(t)$、$i_2(t)$ 和电压 $u_{ab}(t)$。

图 5-25　例 5-7 电路

解 画出电路相量模型如图 5-25b 所示，图中

$$Z_L = j\omega L = j10^3 \times 4 \times 10^{-3} \Omega = j4\Omega$$

$$Z_C = \frac{1}{j\omega C} = -j\frac{1}{10^3 \times 500 \times 10^{-6}}\Omega = -j2\Omega$$

设网孔电流 $\dot{I}_1$、$\dot{I}_2$ 如图 5-25b 所示。将电路中受控源看成大小为 $2\dot{I}_3$ 的独立电源，列出

网孔方程。

网孔 1：$(3 + j4)\dot{I}_1 - j4\dot{I}_2 = 10\angle 0°$

网孔 2：$-j4\dot{I}_1 + (j4 - j2)\dot{I}_2 = -2\dot{I}_3$

由于受控源控制变量 $\dot{I}_3$ 未知，故需要增加一个辅助方程

$$\dot{I}_3 = \dot{I}_1 - \dot{I}_2$$

将上式代入网孔方程中整理后可得如下方程组：

$$\left. \begin{array}{l} (3 + j4)\dot{I}_1 - j4\dot{I}_2 = 10\angle 0° \\ (2 - j4)\dot{I}_1 + (-2 + j2)\dot{I}_2 = 0 \end{array} \right\}$$

由于

$$A = \begin{vmatrix} 3 + j4 & -j4 \\ 2 - j4 & -2 + j2 \end{vmatrix} = 2 + j6$$

$$A_1 = \begin{vmatrix} 10 & -j4 \\ 0 & -2 + j2 \end{vmatrix} = -20 + j20$$

$$A_2 = \begin{vmatrix} 3 + j4 & 10 \\ 2 - j4 & 0 \end{vmatrix} = -20 + j40$$

所以上面方程组的解为

$$\dot{I}_1 = \frac{A_1}{A}A = \frac{-20 + j20}{2 + j6}A = 4.47\angle -63.4° \, A$$

$$\dot{I}_2 = \frac{A_2}{A}A = \frac{-20 + j40}{2 + j6}A = 7.07\angle 45° \, A$$

电感支路电流为

$$\dot{I}_3 = \dot{I}_1 - \dot{I}_2 = (4.47\angle -63.4° - 7.07\angle 45°)A$$

$$= (2 - j4)A - (5 + j5)A = -3A - j1A = 3.16\angle -161.6° \, A$$

电感支路电压为

$$\dot{U}_{ab} = j4\dot{I}_3\Omega = j4 \times 3.16\angle -161.6° \, V = 12.64\angle -71.6° \, V$$

因此有

$$i_1(t) = 4.47\sqrt{2}\sin(10^3 t - 63.4°) \, A$$

$$i_2(t) = 7.07\sqrt{2}\sin(10^3 t + 45°) \, A$$

$$u_{ab}(t) = 12.64\sqrt{2}\sin(10^3 t - 71.6°) \, V$$

例 5-8　等效电源定理。电路相量模型如图 5-26a 所示，求负载 R_L 上的电压 $\dot{U}_L$。

解　将负载 R_L 断开，电路如图 5-26b 所示。由于电阻与电容的并联阻抗为

$$Z_{RC} = \frac{10 \times (-j5)}{10 - j5}\Omega = 4.46\angle -63.4° \, \Omega = (2 - j4)\Omega$$

故开路电压与等效内阻抗分别为

$$\dot{U}_{oc} = Z_{RC}\dot{I}_S = 4.46\angle -63.4° \times 10\angle 0° \, V = 44.6\angle -63.4° \, V$$

$$Z_o = Z_{RC} + Z_L = (2 - j4)\Omega + j20\Omega = (2 + j16)\Omega$$

画出戴维南等效电路如图 5-26c 所示。由图求得

$$\dot{U}_L = \dot{U}_{oc}\frac{R_L}{Z_o + R_L} = 44.6\angle -63.4° \times \frac{10}{(2 + j16) + 10} \, V = 22.3\angle -116.5° \, V$$

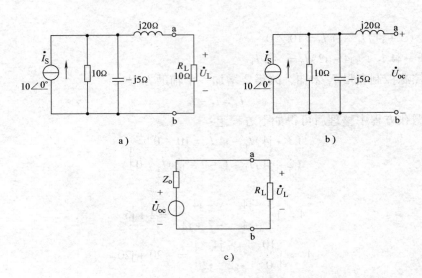

图 5-26　例 5-8 电路

5. 6　电路的谐振

由戴维南定理可知，无源二端网络可以等效成一个阻抗（或导纳）。网络中电感元件 L 的阻抗为 $Z_L = j\omega L$，电容元件 C 的阻抗为 $Z_C = 1/(j\omega C)$，两者都是电源信号角频率 ω 的函数，所以，网络等效阻抗（或导纳）的模和阻抗角也是频率的函数。一个网络在某些频率的电源激励下呈感性，即电压超前电流；在另一些频率的激励下却可以呈容性，即电压滞后电流。自然，当激励频率为某些特定值时，同一个网络还可以呈现阻性，即电压和电流完全同相。若含有电感 L、电容 C 的二端网络的端口电压与端口电流同相位，呈现电阻性，则称该网络处于谐振状态。谐振状态是线性电路在正弦稳态下的一种特定的工作状况。谐振电路在生产上应用非常广泛。

5. 6. 1　串联谐振

5. 6. 1. 1　谐振条件

以 RLC 串联电路为例分析串联谐振电路的工作特点，电路的相量模型如图 5-27 所示。图中，$jX_L = j\omega L$，$jX_C = -j/(\omega C)$，电源电压相量 $\dot{U}_S = U_S\ \underline{/\theta_u}$。电路总阻抗为

$$Z = R + j\left(\omega L - \frac{1}{\omega C}\right) \qquad (5\text{-}61)$$

根据谐振定义，发生谐振时，端口电压 $\dot{U}_S$ 与端口电流 $\dot{I}$ 应该同相位。只有当阻抗的虚部为零才能满足这个条件，即 $\mathrm{Im}Z = 0$。由式（5-61）得到发生谐振时的角频率为

$$\omega = \omega_0 = \frac{1}{\sqrt{LC}} \qquad (5\text{-}62)$$

式（5-62）是电路发生串联谐振的条件。谐振时的角频率称为谐振角频率，记做 ω_0。

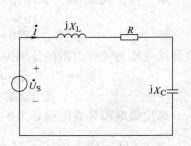

图 5-27　RLC 串联电路的相量模型

5.6.1.2 串联谐振的特征

RLC 串联电路在谐振时，阻抗、元件电压及电流有下面一些特点：

1）谐振时的阻抗最小，电流最大。

$$Z = R + j\left(\omega_0 L - \frac{1}{\omega_0 C}\right) = R \tag{5-63}$$

其中，$|Z| = \sqrt{R^2 + \left(\omega_0 L - \frac{1}{\omega_0 C}\right)^2} = R = |Z|_{\min}$，$\varphi_Z = 0$。

可见，RLC 串联电路谐振时阻抗最小，且等于电阻值，阻抗角为零。

2）谐振时的电压与电流同相（$\varphi_Z = 0$）。

$$\dot{I}_0 = \frac{\dot{U}_S}{Z} = \frac{U_S \underline{/\theta_u}}{Z} = \frac{U_S}{R} \underline{/\theta_u} \tag{5-64}$$

由此可见，电路的谐振电流与电压同相，并且达到最大值。其值的大小只与电阻有关，与电感和电容无关。

3）谐振时电阻、电感及电容电压分别为

$$\dot{U}_R = R\dot{I}_0 = \dot{U}_S \tag{5-65}$$

$$\dot{U}_L = j\omega_0 L \dot{I}_0 = j\frac{\omega_0 L}{R}\dot{U}_S = j\frac{1}{R}\sqrt{\frac{L}{C}}\dot{U}_S \tag{5-66}$$

$$\dot{U}_C = \frac{1}{j\omega_0 C}\dot{I}_0 = -j\frac{1}{R}\sqrt{\frac{L}{C}}\dot{U}_S \tag{5-67}$$

可见，谐振时电感电压和电容电压大小相等，方向相反，电阻电压等于电源电压，从端口来看，L 和 C 串联部分相当于被短路。各电压及电流的相量图如图 5-28 所示。$U_L = U_C$，$U_R = U_S$。但是，U_L 和 U_C 的单独作用不容忽视，因为若 $X_L = X_C \gg R$，则 $U_L = U_C \gg U_S$。如果电压过高时，可能会击穿线圈和电容的绝缘。因此，在电力系统中一般应避免发生串联谐振。但在无线电工程中则常利用串联谐振以获得较高电压，电容或电感上的电压常高于电源电压几十倍或几百倍。

因为串联谐振时 U_L 和 U_C 可能远远大于电源电压，所以串联谐振也称电压谐振。

图 5-29 表明了 RLC 串联电路在谐振频率点附近，电路电流、阻抗与频率的关系。在谐振频率点，电路阻抗最小，电流最大。电路电阻越小，谐振效果越明显。

例 5-9 图 5-27 所示电路中，RLC 串联，已知：$U_S = 25\text{V}$，$R = 50\Omega$，$X_L = X_C = 5000\Omega$。计算感抗和容抗上的电压。

解 当 $X_L = X_C$ 时电路谐振，即

$$U_L = U_C = I_0 X_L = \frac{X_L}{R}U = \frac{5000}{50} \times 25\text{V} = 2500\text{V}$$

可见 $U_L = U_C \gg U_S$（$2500\text{V} \gg 25\text{V}$），所以在电力系统中有时要防止发生串联谐振。

例 5-10 某无线接收电路为串联谐振电路，如图 5-30a 所示。已知 $R = 5\Omega$，设在频率 f_1 时，$X_L = X_C = 500\Omega$。$U_S = 25\mu\text{V}$，试求电容两端的电压。

解

$$U_C = I_0 X_C = \frac{X_C}{R}U_S = \frac{500}{5} \times 2.5\mu\text{V} = 250\mu\text{V}$$

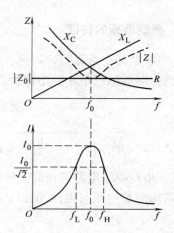

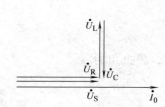

图 5-28   *RLC* 串联
谐振相量图

图 5-29   电流、阻
抗与频率的关系

所以无线电工程中可利用串联谐振得到较大的信号。

5.6.1.3   品质因数

RLC 串联电路的品质因数（*Q* 值），反映电路处于串联谐振时，电感电压或电容电压与信号源电压的比值。

$$Q = \frac{U_L}{U_S} = \frac{U_C}{U_S} = \frac{\omega_0 L}{R} = \frac{1}{\omega_0 RC} \tag{5-68}$$

$$\omega_0 = \frac{1}{\sqrt{LC}} \qquad Q = \frac{1}{R}\sqrt{\frac{L}{C}} \tag{5-69}$$

可见 *Q* 值由电路参数确定。通常 $R\downarrow \rightarrow Q\uparrow$，有

$$U_L = U_C = QU_S$$

5.6.1.4   串联谐振的选频特性

串联谐振在无线电工程中的应用较多，例如，用于接收机来选择信号。图 5-30 是接收机典型的输入电路，它的作用是将需要收听的信号从天线所收到的许多频率不同的信号之中选出来，其他不需要的信号则尽量地加以抑制。

输入电路的主要部分是天线线圈 L_1 和由电感线圈 *L* 与可变电容 *C* 组成的串联谐振电路。天线所收到的各种频率不同的信号都会在 *LC* 谐振电路中感应出相应的电动势 $e_1, e_2, e_3, \cdots$，如图 5-30b 所示。图中的 *R* 是线圈 *L* 的电阻。改变 *C*，对所需信号频率调到串联谐振，那么这时 *LC* 回路中该频率的电流最大，在可变电容两端的这种频率的电压也就最高。其他各种不同频率的信号虽然也在接收机里出现，但由于它们的频率不等于电路的谐振频率，在回路中引起的电流很小。这样串联谐振电路就起到了选择所需信号和抑制干扰的作用。

对无线接收机而言，对信号的选择能力——选择性，是一个重要指标。如图 5-31 所示，当谐振曲线比较尖锐时，稍有偏离谐振频率 f_0 的信号，电路中的电流就大大减弱。也就是

说曲线越尖锐，选择性越强。此外，引用通频带的概念。规定在电流 I 值等于最大值 I_0 的 70.7% 处频率的上下限之间的宽度称为通频带宽度，即

$$\Delta f = f_H - f_L$$

式中，f_L 为下限截止频率；f_H 为上限截止频率。

由图 5-31 可见，通频带宽度越小，表明谐振曲线越尖锐，电路的频率选择性就越强。而谐振曲线的尖锐或平坦与 Q 值有关。设电路的 L 和 C 值不变，只改变 R 值。R 值越小，Q 值越大，则谐振曲线越尖锐，也就是选择性越强。

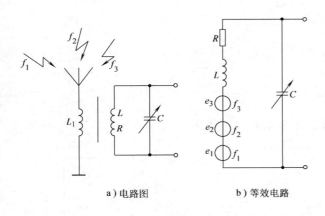

a）电路图　　　b）等效电路

图 5-30　某无线接收电路

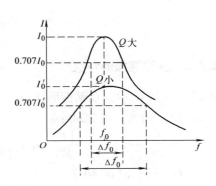

图 5-31　Q 与谐振曲线的关系

5.6.2　并联谐振

研究由 RLC 构成的并联电路在谐振频率点附近显现的特性具有重要实践意义。设并联谐振电路由理想元件 RLC 组成，电路如图 5-32 所示。该图表明了各参量的关系。图 5-33 表明在谐振频率点附近阻抗和电流与频率的关系。

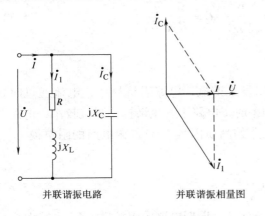

并联谐振电路　　　并联谐振相量图

图 5-32　并联谐振电路及相量图

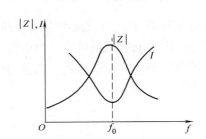

图 5-33　阻抗和电流的谐振曲线

5.6.2.1　谐振条件

由图 5-32 知

$$\dot{I} = \left(\frac{1}{R + j\omega L} + j\omega C \right) \dot{U} = \left[\frac{R}{R^2 + (\omega L)^2} - j \left(\frac{\omega L}{R^2 + (\omega L)^2} - \omega C \right) \right] \dot{U} \tag{5-70}$$

令虚部 $= 0$，$\dot{U}$ 与 $\dot{I}$ 同相，则得

$$\omega_0 = \sqrt{\frac{1}{LC} - \frac{R^2}{L^2}} \ \text{或} \ f_0 = \frac{1}{2\pi} \sqrt{\frac{1}{LC} - \frac{R^2}{L^2}} \tag{5-71}$$

通常 R 很小，$R \ll \omega L$，则

$$\omega L \approx \frac{1}{\omega C}$$

谐振条件为

$$X_L \approx X_C \ \text{或} \ \omega_0 \approx \frac{1}{\sqrt{LC}}, \ f_0 = \frac{1}{2\pi\sqrt{LC}} \tag{5-72}$$

5.6.2.2 并联谐振的特征

如图 5-34 所示，在谐振频率点，并联谐振电路有如下特征：

1）阻抗最大，电流最小。

$$|Z_0| = \frac{L}{RC}; \ I_0 = \frac{U}{|Z_0|}$$

2）U、I 同相（$\varphi_Z = 0$）。

3）$I_L \approx I_C \gg I_0$。

并联谐振时，支路电流有可能远远大于总电流，故称为电流谐振。

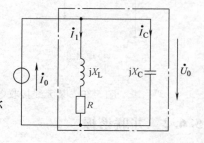

图 5-34 外加电流源并联谐振电路

5.6.2.3 品质因数（Q 值）

品质因数反映并联谐振时，支路电流与总电流的比值。

$$Q = \frac{I_C}{I} \approx \frac{I_1}{I} = \frac{\omega_0 L}{R} \quad \omega_0 \approx \frac{1}{\sqrt{LC}} \quad Q = \frac{1}{R}\sqrt{\frac{L}{C}} \tag{5-73}$$

5.6.2.4 并联谐振的选频特性

如图 5-34 所示，当恒流源为某一频率时电路发生谐振，电路阻抗最大，电流通过时在电路两端产生的电压也是最大。当电源为其他频率时，电路不发生谐振，阻抗较小，电路两端的电压也较小。这样就起到了选频的作用。电路的品质因数 Q 与谐振电路的阻抗模 $|Z_0|$ 的关系为

$$|Z_0| = Q\sqrt{\frac{L}{C}} \tag{5-74}$$

品质因数 Q 的值越大（在 L 和 C 不变时 R 值越小），谐振电路的阻抗模 $|Z_0|$ 也越大，阻抗谐振曲线也越尖锐，选择性也越强。并联谐振在无线电工程和工业电子技术中也常应用，例如可用于带通滤波、选频电路等。

例 5-11 如图 5-32 所示，一个电感为 0.25mH、电阻为 25Ω 的线圈与一个 85pF 的电容器组成并联电路，求该电路的谐振角频率和谐振时的阻抗。

解　该电路的导纳为

$$Y = \frac{1}{R + j\omega L} + j\omega C = \frac{R}{R^2 + (\omega L)^2} + j\left[\omega C - \frac{\omega L}{R^2 + (\omega L)^2}\right]$$

根据定义，谐振条件是

$$\text{Im}Y = \omega C - \frac{\omega L}{R^2 + (\omega L)^2} = 0$$

所以，谐振角频率为

$$\omega_0 = \sqrt{\frac{1}{LC} - \frac{R^2}{L^2}} = \frac{1}{\sqrt{LC}}\sqrt{1 - \frac{R^2 C}{L}}$$

从而得

$$\omega_0 = 6.86 \times 10^6 \text{rad/s}$$

谐振时的阻抗为　$Z = 1/Y = 118\text{k}\Omega$

习　题

5-1　若 $i_1(t) = \cos\omega t\text{A}$，$i_2(t) = \sqrt{3}\sin\omega t\text{A}$，求 $i_1(t) + i_2(t)$。

5-2　已知 $u_{ab}(t) = 100\cos(314t + 30°)\text{V}$，$u_{bc}(t) = 100\sin(314t + 60°)\text{V}$，在用相量法求 $u_{ac}(t)$ 时，下列 4 种算法的答案哪些是正确的？哪些是不正确的？错在何处？

方法 1：

$$\dot{U}_{abm} = 86.6 + j50$$
$$\underline{\dot{U}_{bcm} = 86.6 - j50}$$
$$\dot{U}_{abm} + \dot{U}_{bcm} = 173.2 + j0$$
$$u_{ac} = 173.2\cos314t\text{V}$$

方法 2：

$$\dot{U}_{abm} = 86.6 + j50$$
$$\underline{\dot{U}_{bcm} = 50 + j86.6}$$
$$\dot{U}_{abm} + \dot{U}_{bcm} = 136.6 + j136.6$$
$$u_{ac} = 193.4\cos(314t + 45°)\text{V}$$

方法 3：

$$\dot{U}_{abm} = -50 + j86.6$$
$$\underline{\dot{U}_{bcm} = 50 + j86.6}$$
$$\dot{U}_{abm} + U_{bcm} = 0 + j173.2$$
$$u_{ac} = 173.2\sin(314t + 90°)\text{V}$$

方法 4：

$$\dot{U}_{abm} = -50 + j86.6$$
$$\underline{\dot{U}_{bcm} = 86.6 - j50}$$
$$\dot{U}_{abm} + \dot{U}_{bcm} = 36.6 + j36.6$$
$$u_{ac} = 51.7\sin(314t + 45°)\text{V}$$

5-3　（1）指出图 5-35 所示相量模型是否有错。

　　　（2）指出下列各式是否有错：

$$\dot{I} = \frac{\dot{U}}{R + \omega L}; \qquad I_m = \frac{U_m}{R + \omega L}; \qquad \dot{U}_L = \dot{U}\frac{j\omega L}{R + j\omega L}; \qquad U_R = \dot{U}\frac{R}{R + \omega L}$$

$$\dot{U} = \dot{U}_L + \dot{U}_R; \qquad u = u_L + u_R; \qquad U_m = U_{Lm} + U_{rm}$$

5-4　电路如图 5-36 所示，频率 ω 为多大时，稳态电流 $i(t)$ 为零？

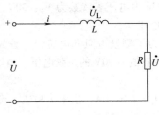

图 5-35　习题 5-3 电路图

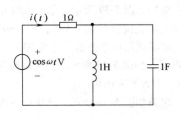

图 5-36　习题 5-4 电路图

5-5 若某电路的阻抗为 $Z = 3 + j4$，则导纳 $Y = \frac{1}{3} + j\frac{1}{4}$ ，对吗？为什么？

5-6 在某一频率时，测得若干线性时不变无源电路的阻抗如下：

RC 电路：$Z = 5 + j2$

RL 电路：$Z = 5 - j7$

RLC 电路：$Z = 2 - j3$

LC 电路：$Z = 2 + j3$

这些结果合理吗？为什么？

5-7 指出并改正下列表达式中的错误。

（1）$i(t) = 2\sin(\omega t - 15°) = 2e^{-j15°}$ A

（2）$\dot{U} = 5\,\underline{/90°} = 5\sqrt{2}\sin(\omega t + 90°)$ V

（3）$i(t) = 2\cos(\omega t - 15°) = 2\,\underline{/-15°}$ A

（4）$U = 220\,\underline{/38°}$ V

5-8 试求下列正弦信号的振幅、频率和初相，并画出其波形图。

（1）$u(t) = 10\sin 314t$ V

（2）$u(t) = 5\sin(100t + 30°)$ V

（3）$u(t) = 4\cos(2t - 120°)$ V

（4）$u(t) = 8\sqrt{2}\sin(2t - 45°)$ V

5-9 写出下列相量所表示的正弦信号的瞬时表达式（设角频率均为 ω）。

（1）$\dot{I}_{1m} = (8 + j12)$ A

（2）$\dot{I}_2 = 11.18\,\underline{/-26.6°}$ A

（3）$\dot{U}_{1m} = (-6 + j8)$ V

（4）$\dot{U}_2 = 15\,\underline{/-38°}$ V

5-10 电路如图 5-37 所示。已知 $u_C(t) = \cos 2t$ V，试求电源电压 $u_S(t)$。分别绘出图 5-37 中所标出的所有电压和电流的相量图。

5-11 电路如图 5-38 所示，写出输入阻抗与角频率 ω 的关系式，当 $\omega = 0$ 时，输入阻抗是多少？

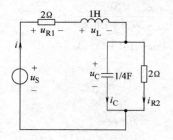

图 5-37 习题 5-10 电路图

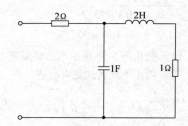

图 5-38 习题 5-11 电路图

5-12 电路如图 5-39 所示，电压源均为正弦电压，已知图 5-39a 中电压表读数为 V_1：30V，V_2：60V；图 5-39b 中电压表读数为 V_1：15V，V_2：80V，V_3：100V。求电源电压 u_S。

5-13 电感线圈可等效成一个电阻和一个电感的串联电路，为了测量电阻和电感值，首先在端口加 30V 直流电压，如图 5-40 所示，测得电流为 1A；再加 $f = 50$Hz、有效值为 90V 的正弦电压，测得电流有效值为 1.8A。求 R 和 L 的值。

5-14 电路如图 5-41 所示，已知电源电压为正弦电压，电流 $I_1 = I_2 = 10$A，试求 $\dot{I}$ 和 $\dot{U}_S$，设 $\dot{U}_S$ 的初相为零。

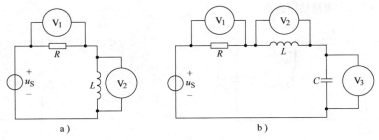

图 5-39　习题 5-12 电路图

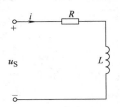

图 5-40　习题 5-13 电路图

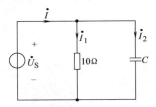

图 5-41　习题 5-14 电路图

5-15　电路如图 5-42 所示，已知 $R_1 = 1\Omega$，$C = 10^3 \mu F$，$R_2 = 0.5\Omega$，$\omega = 1000 rad/s$，$\dot{U}_S = U_S \angle 0°$ V。当电流有效值 I 最大时，电感 L 为何值？

5-16　在图 5-43 所示电路中，已知 $g = 1S$，$u_S = 10\sqrt{2}\sin t$ V，$i_S = 10\sqrt{2}\cos t$ A。求受控电流源两端电压 $u_{12}(t)$。

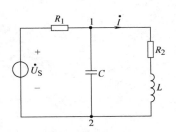

图 5-42　习题 5-15 电路图

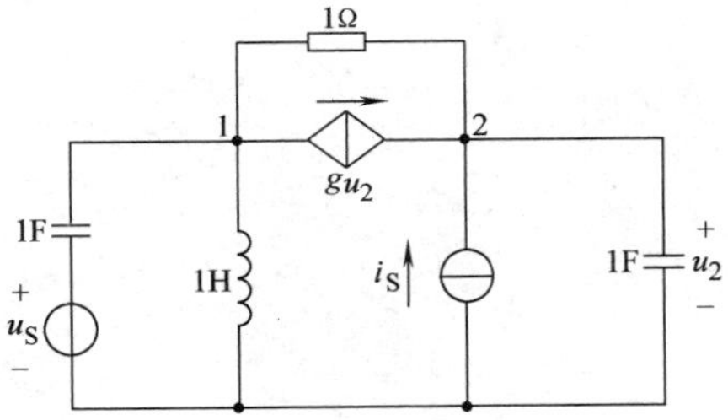

图 5-43　习题 5-16 电路图

5-17　电路相量模型如图 5-44 所示。试：(1)用节点分析法求流过电容的电流；(2)用叠加定理求流过电容的电流。

5-18　图 5-45 中点画线框部分为荧光灯等效电路，其中 R 为荧光灯等效电阻，L 为铁心电感，称为镇流器。已知 $\dot{U}_S = 220V$，$f = 50Hz$，荧光灯功率为 40W，额定电流为 0.4A，试求电阻 R 和电感 L。

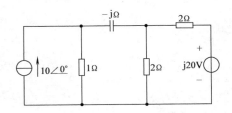

图 5-44　习题 5-17 电路图

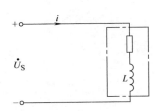

图 5-45　习题 5-18 电路图

5-19　图 5-46 所示电路中，$R_1 = 100\Omega$，$L_1 = 1H$，$R_2 = 200\Omega$，$L_2 = 1H$，正弦电源电压为 $\dot{U}_S = 100\sqrt{2}$ $\angle 0°$ V，角频率 $\omega = 100 rad/s$，电流有效值 $I_2 = 0$，求其他各支路电流。

5-20 求图 5-47 所示电路的谐振角频率。

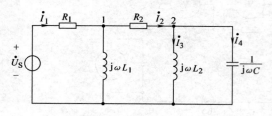

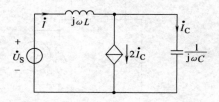

图 5-46 习题 5-19 电路图   图 5-47 习题 5-20 电路图

第2篇 模拟电子技术基础

"信号"是一个被广泛使用的名词。例如，无线电信号、电视信号、报警信号、交通信号等，这些信号都是信息的一种物理体现，信号被定义为一个随时间变化的物理量。信号可以用来传输信息。信息既可以用语言、文字、图像来表达，也可以用人们事先规定的编码来表达。但在很多情况下，这些表达信息的语言、文字、图像、编码不便于直接传输。为了便于信号的传输和处理，通常使用传感器把这些真实的物理信号转换成电信号来传送，即利用一种交换设备把各种信息转换为随时间作相应变化的电压或电流进行传输。这种随时间作相应变化的电压或电流就是电信号。

电信号可分为两大类：连续时间信号和离散时间信号。

连续时间信号是指随时间而连续变化的信号，它们在一个时间区间里的任何瞬间都有确定的值。这种幅度和时间都是连续变化的信号称为模拟信号，如模拟语音的音频信号、模拟图像的视频信号、模拟温度和压力这些物理量变化的信号等都是模拟信号。对于模拟信号，不仅要研究它的有无，而且还要研究它对时间的变化规律。

离散时间信号只在离散的时间点有确定的值。离散时间信号通常都是通过对连续时间信号采样得到的，而幅度和时间都是离散的，称为数字信号。对于数字信号，只需考虑它的有无或出现的次数，对信号的大小无严格的要求。这一点是模拟信号和数字信号最本质的区别。

一个真实的物理信号首先要经过传感器转换成幅度和时间都是连续的信号(模拟信号)。经过采样成为时间离散、幅度连续的信号，再经过模-数转换成为幅度和时间都是离散的信号(数字信号)。

产生和处理模拟信号的电路称为模拟电路，处理数字信号的电路称为数字电路。模拟电路、数字电路统称电子电路。例如，实现对信号放大、运算、比较和变换等处理功能的电路都是模拟电路，其由半导体器件及其他电路元件组成。

半导体器件是电子电路的核心部分。半导体器件经历了分立元件、集成电路、大规模集成电路和超大规模集成电路的变迁。半导体器件因为具有质量稳定、能耗小、体积小、重量轻、成本低等优点而得到广泛应用。

关于数字电路的特性、分析和处理方法等将在第3篇中讨论。本篇主要讨论模拟信号处理电路，包括半导体器件原理和应用、基本放大电路、负反馈放大电路、集成运算放大电路、功率放大与直流稳压电源等。

第 6 章　半导体器件的基本特性

电子电路由各种半导体器件、其他电路元件及电源等组成，最基本的一类半导体器件是晶体二极管（Diode）、双极型晶体管（Bipolar Junction Transistor，BJT）[又称三极管（Audion）]和单极型晶体管（Field-effect Transistors，FET）（又称场效应晶体管）等。而这些晶体管都是由半导体（Semiconductor）制成的。因此，要了解半导体器件的性能，就必须先明白半导体的基础知识、基本特性，然后学习半导体二极管、晶体管的工作原理、特性曲线和主要参数。

6.1　半导体基础知识

物质按导电性能分为导体（Conductor）、绝缘体（Insulator）和半导体。

物质的导电特性取决于物质的原子结构。导体一般为低价元素，如铜、铝、铁等金属，其最外层的电子受原子核的束缚力很小，极易挣脱原子核的约束成为自由电子（Free Electron），因此在外电场的作用下，这些电子产生定向运动（称为漂移运动）形成电流。高价元素（如惰性气体）和高分子物质（如橡胶、塑料）最外层电子受原子核的束缚力很强，极不易摆脱原子核的束缚成为自由电子，所以其导电性极差，可以作为绝缘材料。而半导体材料，最外层的电子既不像导体那样极易摆脱原子核束缚而成为自由电子，也不像绝缘体那样被原子核束缚得那么紧，因此，半导体的导电特性介于二者之间。但我们对半导体感兴趣的原因并不在于它的导电能力介于导体和绝缘体之间，而在于它具有独特的性质。

6.1.1　本征半导体

完全纯净的、结构完整的半导体称为本征半导体（Intrinsic Semiconductor）。常用的半导体材料是硅（Si-Silicon）和锗（Ge-Germanium），它们都是 4 价元素，在原子结构中最外层轨道上有 4 个价电子，图 6-1 是其简化原子结构模型。将纯净的半导体经过一定工艺过程制成单晶体时，晶体中的原子在空间形成排列整齐的点阵，称为晶格。由于相邻原子间的距离很小，因此相邻两个原子的一对最外层电子（价电子）成为共用电子，它们一方面围绕自身的原子核运动，另一方面又出现在相邻原子所属的轨道上。即价电子不仅受到自身原子核的作用，同时还受到相邻原子核的吸引。于是，两个相邻的原子共有一对价电子，组成共价键（Covalent Bond）结构。在晶体中，每个原子都和周围的 4 个原子用共价键的形式相互紧密地联系，如图 6-2 所示。

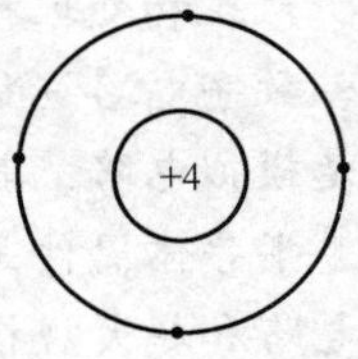

图 6-1　硅和锗的简化原子结构模型

晶体中的共价键具有很强的结合力，在常温下，仅有极少数的价电子由于热运动（热激发）获得足够的能量，从而摆脱共价键的束缚而成为自由电子，与此同时，在共价键中留下空位，称为空穴，空穴带正电荷，如图 6-3 所示。

在外电场的作用下，一方面自由电子产生定向移动，形成电子电流；另一方面，价电子也按一定方向依次填补空穴，可视为空穴产生定向移动，形成所谓空穴电流。

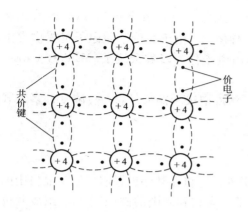

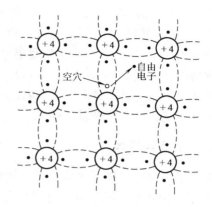

图 6-2　本征半导体晶体的结构示意图　　　图 6-3　本征半导体中的自由电子和空穴

由此可见，半导体中存在着两种载流子（Carrier）：带负电的自由电子和带正电的空穴。在本征半导体中，自由电子与空穴是成对产生的，因此，它们的浓度是相等的。理论分析表明，本征半导体中载流子的浓度为

$$n_i = p_i = K_1 T^{3/2} e^{-E_{GO}/(2kT)}$$

(6-1)

式中，n_i 和 p_i 分别表示自由电子与空穴的浓度（cm^{-3}）；T 为热力学温度；k 为玻耳兹曼常数（$8.63 \times 10^{-5} eV/K$）；E_{GO} 为热力学零时破坏共价键所需的能量，又称禁带宽度（硅为 $1.21eV$，锗为 $0.785eV$）；K_1 是与半导体材料载流子有效质量、有效能级密度有关的常数（硅为 $3.87 \times 10^{-6} cm^{-3} \cdot K^{-3/2}$，锗为 $1.76 \times 10^{-6} cm^{-3} \cdot K^{-3/2}$）。

价电子在热运动中获得能量产生电子、空穴对。同时，自由电子在运动过程中与空穴相遇，使电子、空穴对消失，这种现象称为复合。在一定温度下，载流子的产生过程和复合过程是相对平衡的，载流子的浓度是一定的。从式（6-1）中可以看出，在本征半导体中载流子的浓度，除与半导体材料本身性质有关外，还与温度有关，而且随着温度的升高，基本上按指数规律增加。因此，半导体中载流子浓度对温度十分敏感。硅材料，大约温度每升高 $8℃$，本征载流子浓度 n_i 增加一倍；锗材料，大约温度每升高 $12℃$，n_i 增加一倍。此外，半导体中载流子浓度还与光照有关。利用半导体对温度和光照的敏感性，可以用来制成热敏和光敏器件，这恰恰也是造成半导体器件温度稳定性差的原因。

6.1.2　杂质半导体

虽然本征半导体中存在两种载流子，但因本征半导体中载流子的浓度很低，所以它们导电能力很弱。当通过扩散工艺，人为地、有控制地掺入少量的特定杂质，其导电性能将产生质的变化。掺入杂质的半导体称为杂质半导体（Impurity Semiconductor）。

6.1.2.1　N 型半导体

在本征半导体中掺入 5 价元素，如磷、锑、砷等，则原来晶格中的某些硅（锗）原子被杂质原子所代替。由于杂质原子最外层有 5 个价电子，因此它与周围 4 个硅（锗）原子组成共价键时，还多余一个价电子。它不受共价键的束缚，而只受自身原子核的束缚，因此，它只要得到较少的能量就能成为自由电子，如图 6-4 所示。显然，掺入 5 价元素的杂质半导体

中自由电子浓度远远大于空穴浓度，即 $n_n \gg p_n$（n 代表电子，p 代表空穴，下标 n 表示是 N 型半导体），主要靠自由电子导电，所以称为 N 型半导体[⊖]。由于 5 价杂质原子可提供自由电子，故称为施主（Donor）杂质。N 型半导体中，自由电子称为多数载流子（Majority Carrier），空穴称为少数载流子（Minority Carrier）。

N 型半导体主要靠自由电子导电，多数载流子浓度取决于掺杂（Doping）浓度，多数载流子的浓度越高，导电性能就越强。

6.1.2.2 P 型半导体

在本征半导体中掺入 3 价元素，如硼、镓、铟等，它将在某些位置取代原来晶格中的硅（锗）原子，由于杂质原子的最外层只有 3 个价电子，当它和周围的硅（锗）原子组成共价键时，在缺少电子的地方将形成一个空位，称之为空穴（Hole）。其他共价键的电子只需摆脱原子核的束缚就转至这个空位上形成新的空穴，因此在较小能量下就可以形成空穴，如图 6-5 所示。显然，这种杂质半导体中空穴的浓度远远大于自由电子浓度，即 $p_p \gg n_p$（下标 p 表示 P 型半导体），主要靠空穴导电，所以称为 P 型半导体[⊖]。由于 3 价杂质原子可接受自由电子形成空穴，故称为受主（Acceptor）杂质。P 型半导体中，自由电子称为少数载流子，空穴称为多数载流子。

P 型半导体与 N 型半导体虽然各自都有一种多数载流子，但半导体中的正负电荷数是相等的，它们的作用相互抵消，因此对外仍呈现电中性。它们的导电特性主要由掺杂类型与掺杂浓度决定。这两种掺杂半导体是构成各种半导体器件的基础。

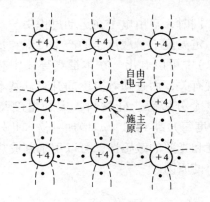

图 6-4 N 型半导体的结构示意图

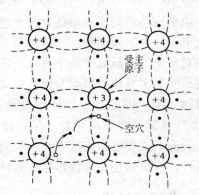

图 6-5 P 型半导体的结构示意图

6.2 PN 结及半导体二极管

在同一块本征半导体上，采用工艺的办法使其一边形成 N 型半导体，另一边形成 P 型半导体，则在两种半导体的交界处形成了 PN 结（PN Junction）。PN 结是构成半导体器件的基础。

⊖ N 为 Negative（负）的字头，由于电子带负电，故得此名。

⊖ P 为 Positive（正）的字头，由于空穴带正电，故得此名。

6.2.1　异型半导体的接触现象

物质总是从浓度高的地方向浓度低的地方运动，这种由于浓度差而产生的运动称为扩散（Diffusion）运动。在 P 型和 N 型半导体的交界面两侧，由于电子和空穴的浓度相差悬殊，则 N 区的电子必然向 P 区扩散；P 区空穴也会向 N 区扩散。由于它们均是带电粒子，所以电子由 N 区向 P 区扩散的同时，在 N 区剩下带正电的杂质离子；空穴由 P 区向 N 区扩散的同时，在 P 区剩下带负电的杂质离子。它们是不能移动的，称为空间电荷区，从而在 P 区和 N 区的交界处形成内电场（又称自建场）。

在电场力的作用下，载流子的运动称为漂移（Drift）运动。当空间电荷区形成后，少数载流子在自建场的作用下，产生漂移运动，其运动方向正好与扩散运动方向相反。扩散越多，电场越强，漂移运动越强，对扩散的阻力越大，从而达到动态平衡，形成 PN 结。扩散运动作用与漂移运动作用相等，PN 结的电流为零。此时在 PN 区交界处形成一个缺少载流子的高阻区，称为阻挡层［又称耗尽层（Depletion）］。上述过程如图 6-6a、b 所示。

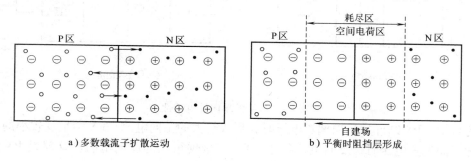

a）多数载流子扩散运动　　　　b）平衡时阻挡层形成

图 6-6　载流子的运动

6.2.2　PN 结的单向导电特性

如果在 PN 结的两端外加电压，就将破坏原来的平衡状态。此时，扩散电流不再等于漂移电流，因而 PN 结将有电流流过。当外加电压极性不同时，PN 结表现出截然不同的导电性能，即呈现出单向导电特性。

6.2.2.1　PN 结外加正向电压

将电源的正极接 PN 结 P 端，负极接 N 端，称正向接法或正向偏置（Forward Bias）。此时外加电压在阻挡层内形成的电场与自建场方向相反，削弱了自建场，使阻挡层变窄，如图 6-7a 所示，这使扩散运动增加，漂移运动减弱。因此，在电源的作用下，多数载流子就会向对方区域扩散形成正向电流，其方向是由电源的正极通过 P 区、N 区到电源负极。

此时 PN 结处于导通状态，它所形成的电阻为正向电阻，其阻值很小。正向电压越大，正向电流越大。

6.2.2.2　PN 结外加反向电压

当电源的正极接 PN 结的 N 端，负极接 P 端，称反向接法或反向偏置（Reverse Bias）。

由于外加电压在阻挡层内形成的电场与自建场方向相同，增强了自建场，使阻挡层变宽，如图 6-7b 所示，这样漂移作用就会大于扩散作用，少数载流子在电场的作用下作漂移运动，形成漂移电流，由于其电流方向与加正向电压时方向相反，故称为反向电流。由于反向电流是由少数载流子所形成的，而少数载流子数量很少，所以反向电流很小，而且当外加反向电压超过零点几伏时，少数载流子基本上全被电场拉过去形成漂移电流，此时反向电压再增加，载流子也不会增加，因此反向电流也不会增加，故称为反向饱和电流（Reverse Saturation Current），即 $I = -I_S$。

此时，PN 结处于截止状态，呈现的电阻称为反向电阻，其阻值很大，高达几十万欧以上。

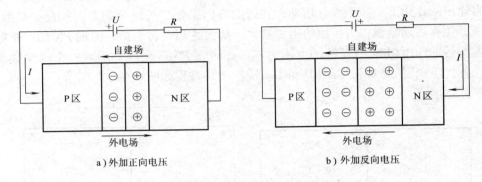

a）外加正向电压   b）外加反向电压

图 6-7   PN 结的单向导电特性

由此可知，PN 结外加正向偏置电压时，形成较大的正向电流，PN 结呈现较小的正向电阻；外加反向偏置电压时，反向电流很小，PN 结呈现很大的反向电阻。这就是 PN 结的单向导电特性。

6.2.2.3   PN 结的电流方程

在一定的简化假设情况下，肖克利方程（Shockley Equation）给出了流过 PN 结的电流与两端电压关系为

$$i_D = I_S\left[\exp\left(\frac{qu_D}{kT}\right) - 1\right] = I_S\left[\exp\left(\frac{u_D}{U_T}\right) - 1\right] \tag{6-2}$$

式中，q 为电子电荷量，$q = 1.60 \times 10^{-19}\text{C}$；$k$ 为玻耳兹曼常数，$k = 1.38 \times 10^{-23}\text{J/K}$；$T$ 为热力学温度。

k 和 q 为常数，令 $U_T = kT/q$ 是热力学温度 $T(\text{K})$ 的函数，在常温下，即 $T = 300\text{K}$ 时，$U_T \approx 26\text{mV}$。在反向偏置情况下，u_D 为负，只要 u_D 在数量级上足够大，则 $i_D = -I_S$，因此，式（6-2）中 I_S 为反向饱和电流。

6.2.2.4   PN 结的伏安特性

由式（6-2）可知，当 PN 结外加正向电压，且 $u_D \gg U_T$ 时，$i_D \approx I_S\exp\left(\dfrac{u_D}{U_T}\right)$，即 i_D 随 u_D 按指数规律变化；当 PN 结外加反向电压，且 $|u_D| \gg U_T$ 时，$i_D \approx -I_S$。PN 结中电流 i_D 与两端电压 u_D 的关系曲线如图 6-8 所示，称为 PN 结的伏安特性。其中，$u_D > 0$ 的部分称为正向特

性，$u_D < 0$ 的部分称为反向特性。

反向电压在一定范围内时，反向电流基本不随反向电压增加而增加，但当反向电压超过一定数值（反向击穿电压 U_B）后，反向电流会突然急剧增加，这种现象称为反向击穿（Breakdown）。击穿按机理分为雪崩击穿（Avalanche Breakdown）和齐纳击穿（Zener Breakdown）两种。

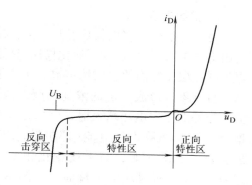

图 6-8　PN 结的伏安特性

当反向电压足够高时，阻挡层内电场很强，少数载流子在阻挡层内受强烈电场的加速作用，获得很大的能量，在运动中与其他原子发生碰撞时，有可能将价电子"打"出共价键，形成新的电子、空穴对，这些新的载流子与原来的载流子一起，在强电场作用下碰撞其他原子打出更多的电子、空穴对，如此连锁反应，使反向电流迅速增大。这种击穿称为雪崩击穿。

所谓"齐纳"击穿是当 PN 结两边掺入高浓度的杂质时，其阻挡层宽度很小（没有足够的空间使电子获得较大的速度），即使外加反向电压不太高（一般为几伏），在 PN 结区内也可以形成很强的电场，将共价键的电子直接"拉"出来，产生电子、空穴对，使反向电流急剧增加，出现击穿现象。

由于击穿破坏了 PN 结的单向导电性，若对其电流不加限制，可能造成 PN 结的永久损坏，所以一般使用时应尽量避免出现击穿现象。

需要指出的是，发生击穿并不一定意味着 PN 结被破坏。当反向击穿时，只要注意控制反向电流的数值（一般通过串电阻实现），不使其过大，就可避免因过热而烧坏 PN 结，当反向电压（绝对值）降低时，PN 结的性能可以恢复正常。稳压二极管，就是利用 PN 结的击穿特性，当流过 PN 结的电流变化时，反向击穿电压 U_B 基本不变。注意，当反向电压过高，反向电流过大时，PN 结耗散功率超过允许值，将导致 PN 结过热而烧坏，这就是 PN 结的热击穿，热击穿为破坏性击穿。

6.2.2.5　PN 结的电容效应

PN 结具有电容效应，根据产生的原因不同分为势垒电容（Barrier Capacitance）和扩散电容（Diffusion Capacitance）。

1. 势垒电容

当 PN 结外加反向电压变化时，空间电荷区的宽度将随之变化，即耗尽层的电荷量随外加电压变化而增多或减少，这种现象与电容器的充、放电过程相同，如图 6-9 所示。耗尽层宽窄变化所等效的电容称为势垒电容 C_b。C_b 具有非线性，它与结面积、耗尽层宽度、半导体的介质常数和外加电压有关。对于一个制作好的 PN 结，C_b 随着外加电压的变化而变化，因此，可以利用这一特性制作变容二极管。

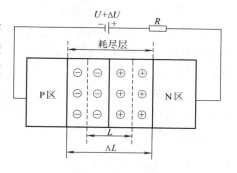

图 6-9　耗尽层的电荷量随外加电压变化

2. 扩散电容

另一种电荷存储机制是当 PN 结外加正向电压时，P 区的空穴扩散到 N 区(同理 N 区的自由电子扩散到 P 区，为了简化描述,只讨论空穴的运行过程)。在外加电压一定时，在 N 区靠近耗尽层交界面的空穴浓度高，远离交界面的地方空穴浓度低，且浓度自高到低逐渐衰减，直到零，形成一定的浓度梯度，从而形成扩散电流。当外加正向电压增大时，空穴浓度增大且梯度也增大，从外部看正向电流(即扩散电流)增大。当外加正向电压减小时，与上述变化相反。图 6-10 是描述 $U_1 > U_2$ 时所对应的电流曲线，阴影部分是空穴的数量。N 区中的空穴数量随外加电压变化而变化，电荷的积累和释放过程与电容器的充、放电过程相同，这种电容效应称为扩散电容 C_d。

由此可见，PN 结电容 C_j 是 C_b 与 C_d 之和。C_j 一般很小，对于低频信号呈现出很大容抗，其作用可忽略不计，但对于频率较高的信号，结电容的影响就不得不考虑(本书 12 章中开关特性涉及本知识点)。

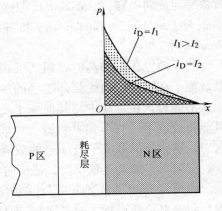

图 6-10　N 区空穴分布曲线

6.2.3　半导体二极管

将 PN 结用外壳封装起来，并加上电极引线就构成了半导体二极管，简称二极管。由 P 区引出的电极为阳极，由 N 区引出的电极为阴极，常见的外形如图 6-11 所示。

6.2.3.1　二极管的结构

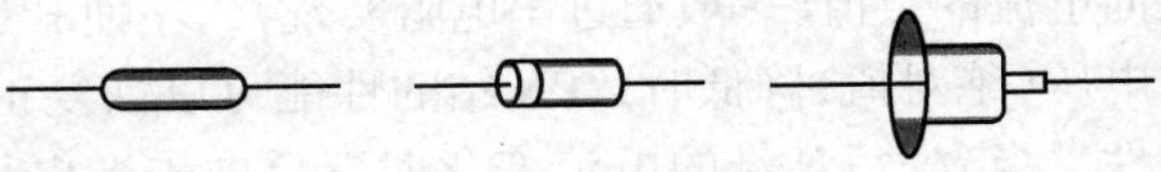

二极管的类型很多，依制造二极管的材料分，分为硅二极管和锗二极管；从管子的结构和工艺分，有点接触型(Point Contact Type)、面接触型(Junction Type)和平面型(Plane Type)。

图 6-11　二极管的几种形状

点接触型二极管的结构如图 6-12a 所示，由一根金属丝经过特殊工艺与半导体表面相接，形成 PN 结。它的特点是结面积小，因而结电容小，适用于高频下工作，最高工作频率可达几百兆赫，但不能通过很大电流，也不能承受高的反向电压，主要用于小电流整流和高频检波，也适用于开关电路。

硅平面型二极管是采用扩散法制成的，其结构如图 6-12b 所示。结面积大的平面型二极管能通过较大的电流，适用于大功率整流；结面积小的平面型二极管结电容小，适用于在脉冲数字电路中作开关管。

面接触型二极管是采用合金工艺制成的，其结构如图 6-12c 所示。它的特点是 PN 结面积大，能通过较大的电流，结电容也大，适用于工作频率较低的整流电路。

二极管的符号如图 6-12d 所示。

6.2.3.2　二极管的伏安特性

由于二极管是由 PN 结制成的，所以二极管的伏安特性与 PN 结的伏安特性相似。但是，

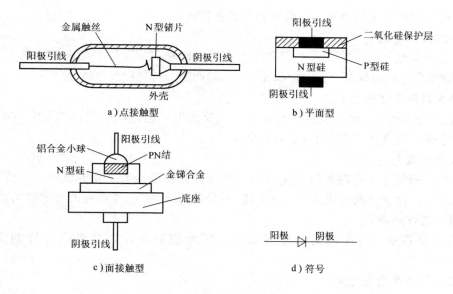

a) 点接触型

b) 平面型

c) 面接触型

d) 符号

图 6-12　半导体二极管的结构和符号

由于二极管存在半导体体电阻和引线电阻，所以当外加正向电压时，在电流相同的情况下，二极管的端电压大于 PN 结的压降；或者说，在外加正向电压相同的情况下，二极管的正向电流要小于 PN 结的电流；在大电流的情况下，这种影响更为明显。另外，由于二极管表面漏电的存在，使外加反向电压时的反向电流增大。

实测二极管的伏安特性发现，只有正向电压大于某一值时，正向电流才从零随端电压按指数规律增大。使二极管开始导通的临界电压称为开启电压 U_{on}，如图 6-13 所示。反向饱和电流为 I_S，击穿电压为 U_B。此外，环境温度对二极管的伏安特性也会产生影响，图中的虚线是温度升高的特性曲线。

由不同半导体材料制作的二极管参数是有差别的，为了对这些参数有一个感性认识，表 6-1 给出这些参数的数量级。

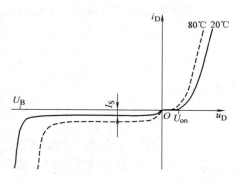

图 6-13　二极管的伏安特性

表 6-1　两种材料二极管的比较

材　料	开启电压 U_{on}/V	导通电压 U/V	反向饱和电流 $I_S/\mu A$
硅(Si)	≈0.5	0.6~0.8	<0.1
锗(Ge)	≈0.1	0.1~0.3	几十

6.2.3.3　二极管的主要参数

描述器件特性的物理量称为器件参数。它是器件特性的定量描述，也是选择器件的依据。各器件参数可由手册查得。二极管的主要参数有：

1. 最大整流电流 I_F

I_F 是二极管允许通过的最大正向平均电流。工作时应使工作平均电流小于 I_F，如超过 I_F，二极管将会过热而烧坏。此值取决于 PN 结的面积、材料和散热情况。

2. 最大反向工作电压 U_R

U_R 是二极管允许的最大反向工作电压。当反向电压超过此值时，二极管可能被击穿。为了留有余地，通常将击穿电压 U_B 的一半作为 U_R。

3. 反向电流 I_R

I_R 是指二极管未击穿时的反向电流值，即反向饱和电流 I_S。此值越小，二极管的单向导电性能越好。由于反向电流是由少数载流子形成的，因此 I_R 受温度的影响很大。

4. 最高工作频率 f_M

f_M 值主要取决于 PN 结的结电容大小，结电容越大，则二极管允许的工作频率越低。

5. 二极管的直流电阻 R_D

加到二极管两端的直流电压与流过二极管的电流之比，称为二极管的直流电阻 R_D，即

$$R_D = \frac{U_F}{I_F} \tag{6-3}$$

此值可由二极管的特性曲线求出，如图 6-14 所示。

6. 二极管的交流电阻 r_d

在二极管工作点附近电压的微变值 ΔU 与相应的微变电流 ΔI 之比，称为该点的交流电阻 r_d，即

$$r_d = \frac{\Delta U}{\Delta I} \tag{6-4}$$

当 $\Delta U \to 0$ 时

$$r_d = \frac{dU}{dI} \tag{6-5}$$

r_d 就是工作点 Q 处的切线斜率倒数。显然 r_d 是非线性的，即工作电流越大，r_d 越小。交流电阻也可从特性曲线上求出，如图 6-15 所示。

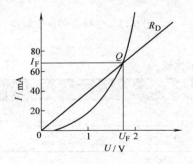

图 6-14 直流电阻求出

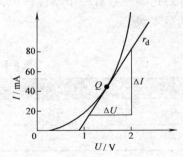

图 6-15 交流电阻求出

6.2.3.4　特殊二极管

利用二极管的基本特性可以生产出不同用途的特殊二极管。

1. 稳压二极管

稳压二极管(Zener Diode)是利用 PN 结的击穿特性。由图 6-16a 所示曲线可知，如果二极管工作在反向击穿区，则当反向电流在较大范围内变化 ΔI 时，二极管两端的电压变化 ΔU 很小，这说明它具有很好的稳压性能。稳压二极管的符号如图 6-16b 所示。

使用稳压管组成电路时需要注意的几个问题：①稳压管的正常工作状态是反向连接状态，即外加电源的正极接管子的 N 区，负极接 P 区；②稳压管应与负载并联，由于稳压管两端电压变化很小，因而使输出电压比较稳定；③必须限制流过稳压管的电流 I_Z，使流过稳压管的电流不超过规定值，以免过热而烧坏管子。同时，还应保证流过稳压管的电流 I_Z 大于某一数值(稳定电流)，以确保稳压管有良好的稳压特性。图 6-17 是典型的稳压应用电路，其中 R 是限流电阻。

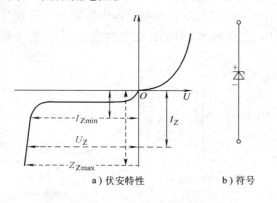

a) 伏安特性　　　b) 符号

图 6-16　稳压管的伏安特性和符号

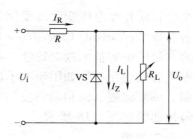

图 6-17　稳压管电路

（1）稳压原理

1）设负载 R_L 不变而电源电压 U_i 改变。若 U_i 增大，经 R 和 R_L 分压后的 U_o（即 U_Z）也增大，U_Z 增大使流过稳压管的电流 I_Z 急剧增大，根据 KCL 有 $I_R = I_Z + I_L$，所以 I_R 也随之增大，则电阻 R 上的电压 U_R 增大，因为 $U_o = U_i - U_R$，就抵消了 U_i 的增大值，使得输出电压 U_o 稳定。若 U_i 减小，上述变化过程相反，结果同样使 U_o 稳定。

2）设电源电压 U_i 不变而负载 R_L 改变。若 R_L 增大，U_i 经 R 和 R_L 分压后的 U_o（即 U_Z）增大，则 I_Z 也增大，导致 I_R 增大，因此会使 U_R 增大，根据 KVL 有 $U_o = U_i - U_R$，由于 U_i 不变，在 U_R 增大时，U_o 必然会减小，故 U_o 基本维持不变。若 R_L 减小，经稳压后的 U_o 同样基本不变。

（2）稳压管的主要参数

1）稳定电压 U_Z。该电压是稳压管工作在反向击穿区时的稳定工作电压。由于稳定电压随着工作电流的不同而略有变化，所以测试 U_Z 时应使稳压管的电流为规定值。稳定电压 U_Z 是根据使用要求挑选稳压管的主要依据之一。不同型号的稳压管，其稳定电压值不同。同一型号的管子也会由于制造工艺的分散性使得各管子的 U_Z 值存在一定差异。例如，2CW11 型稳压管的 U_Z 值在 $3.2 \sim 4.5\text{V}$ 之间。

2）稳定电流 I_Z。这是稳压管正常工作时的电流。I_Z 通常在最小稳定电流 I_{Zmin} 与最大稳定

电流 I_{Zmax} 之间。其中，I_{Zmin} 是指稳压管开始起稳定作用时的最小电流；I_{Zmax} 是指稳压管稳定工作时的最大允许电流，超过此电流稳压管将发生永久性击穿。故一般要求 $I_{Zmin} < I_Z < I_{Zmax}$。

3）动态电阻 r_z。r_z 是稳压管工作在稳压区时，两端电压变化量与电流变化量之比，即 $r_z = \Delta U / \Delta I$。$r_z$ 的值越小，则稳压性能越好。

4）额定功率 P_Z。由于稳压管两端的电压为 U_Z，而管子中又流过一定的电流，因此要消耗一定的功率，这部分功耗将转化为热能，使稳压管发热。P_Z 决定于稳压管允许的温升。稳压管的功耗超过此值时，会因结温升过高而损坏。

5）电压温度系数 α。它是指温度变化1℃时，所引起的稳压管电压变化的百分比，即 $\alpha = \Delta U_Z / \Delta T$。一般稳定电压 U_Z 低于4V的稳压管具有负温度系数（属齐纳击穿，即温度升高，U_Z 下降）。U_Z 高于7V的稳压管具有正温度系数（属雪崩击穿，即温度升高，U_Z 上升），而在4~7V之间时，温度系数很小（齐纳击穿和雪崩击穿均有）。

2. 变容二极管

二极管的结电容分为势垒电容和扩散电容。势垒电容的结构与平板电容很相似。外加反向电压增加，使耗尽层变宽，空间电荷增加，相当于电容充电；外加反向电压减少，使耗尽层变窄，电荷量减少，相当于放电。耗尽层中的电荷随外加电压变化而变化显示了电容效应。

势垒电容随外加电压变化而变化显著的二极管称为变容二极管（Variable Capacitance Diode）。可以利用变容二极管电容值的改变特性，在电路中用电压来控制电容的变化，例如用于电子调谐、频率的自动控制、调频调幅、调相和滤波等电路之中。其符号和特性曲线如图6-18所示。

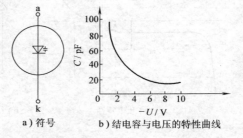

a）符号　　　b）结电容与电压的特性曲线

图6-18　变容二极管的符号和特性曲线

3. 光敏二极管

光敏二极管（Photodiode）是利用某些对光敏感的半导体材料制成的一种器件，它的少数载流子随着光照度增加而显著增加，所以反向电流随光照度增加而上升。这种二极管在管壳上有一个玻璃窗口以便接受光照，其反向电流与照度成正比，其外形如图6-19a所示，符号如图6-19b所示，等效电路如图6-19c所示，特性曲线如图6-19d所示。

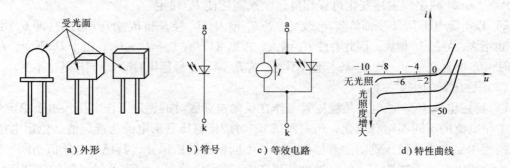

a）外形　　　b）符号　　　c）等效电路　　　d）特性曲线

图6-19　光敏二极管的外形、符号、等效电路和特性曲线

在无光照时，与普通二极管一样，具有单向导电性。外加正向电压时，电流与二极管两

端电压成指数关系，见特性曲线的第一象限；外加反向电压时，有较小的反向电流，通常小于 $0.2\mu A$。在有光照时，特性曲线下移，它们分布在第三、四象限内。反向电压在一定范围内，反向电流随光照度增加而增加。由光照而产生的电流称为光电流，光电流受入射照度的控制。照度一定时，光敏二极管可等效成恒流源。照度越大，光电流越大。这种特性可广泛用于遥控、报警及光电传感器之中。

4. 发光二极管

发光二极管(Light-Emitting Diode)包括可见光、不可见光、激光等不同类型。这里只对可见光发光二极管作简单介绍。发光二极管的发光颜色决定于所用材料，通常用元素周期表中Ⅲ、Ⅴ族元素的化合物，如砷化镓、磷化镓等所制成的。这种管子当有电流流过时将发出光，这是由于电子与空穴直接复合而放出能量的结果。光谱范围比较窄，其波长由所使用的基本材料而定，目前有红、绿、黄、橙等色，蓝色的发光二极管也在近几年研制出来。可以制成各种形状，如长方形、圆形等。图 6-20a 是常见的圆形发光二极管。其符号如图 6-20b 所示。

发光二极管也具有单向导电性。只有当外加的正向电压使正向电流足够大时才发光，它的开启电压比普通二极管的大，红色的在 $1.6\sim1.8V$ 之间，绿色的约为 2V。正向电流越大，发光越强。使用时特别注意不要超过最大功耗、最大正向电流和反向击穿电压等极限参数。

发光二极管因驱动电压低、功耗小、寿命长、可靠性高等优点广泛用于显示电路之中。

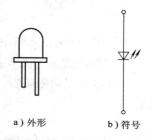

a) 外形　　　　b) 符号

图 6-20　发光二极管

6.2.4　半导体二极管的应用

二极管应用范围很广，利用二极管的单向导电特性，可组成整流、检波、钳位、限幅、开关等电路。利用二极管的其他特性，可使其应用在稳压、变容、温度补偿等方面。

6.2.4.1　单相整流电路

利用二极管的单向导电特性将双向变化的交流电转换为单相脉动的直流电，此转换过程称为整流，脉动直流电中除直流成分外，还含有称为纹波的交流成分，利用储能元件电容或电感滤除纹波的过程称为滤波(Filtering)。将电容与负载并联或将电感与负载串联即可实现滤波。

6.2.4.2　二极管限幅电路(Clipping Circuit)

限幅器又称为削波器，主要作用是限制输出电压的幅度，这种电路可用来减小某些信号的幅值以适应不同的要求或保护电路中的元器件。为讨论方便，仍然假设二极管是理想二极管。下面通过例子加以说明。

例如，某一电路的外部输入 u_i 可能由于其他外部因素的改变而改变，要保证后续电路的安全，应将 u_i 的最大电压限制在 5V，如何实现该电路？

电路如图 6-21a 所示。

1）当 $u_i > 5V$ 时，VD_2 正向偏置，VD_1 反向偏置，VD_2 导通，VD_1 截止，$u_o = 5V$。

2）当 $u_i < -5V$ 时，VD_1 正向偏置，VD_2 反向偏置，VD_1 导通，VD_2 截止，$u_o = -5V$。

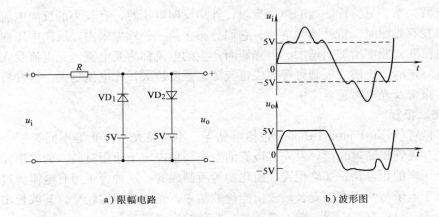

| a）限幅电路 | b）波形图 |

图 6-21　二极管双向限幅电路

3）当 $-5V < u_i < 5V$ 时，VD_1、VD_2 均反向偏置而截止，$u_o = u_i$。

u_o 的输出波形如图 6-21b 所示。

此电路为双向限幅器，直流电压的极性不能接反，否则不仅不能限幅，而且还会烧坏二极管。

6.3　半导体晶体管

双极型晶体管（Bipolar Junction Transistor，BJT）又称为半导体三极管或晶体管（Transistor），后面简称为晶体管。它是组成各种电子电路的核心器件。晶体管有 3 个电极，其外形如图 6-22 所示。

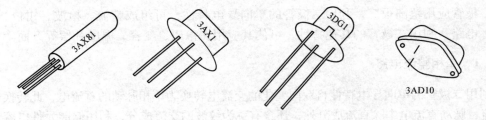

图 6-22　晶体管的外形

6.3.1　晶体管的结构及类型

根据不同的掺杂方式，在同一个硅片上制造出 3 个掺杂区域，并形成两个 PN 结，就构成晶体管。采用平面工艺制成的 NPN 型硅材料晶体管的结构如图 6-23a 所示，结构示意图如图 6-23b 所示。按 PN 结的组合方式不同可分为 PNP 和 NPN 两种类型的晶体管，其符号如图 6-23c 所示。

无论是 NPN 型还是 PNP 型的晶体管，它们均包含 3 个区——发射区、基区和集电区，并相应地引出 3 个电极：发射极（e——Emitter）、基极（b——Base）和集电极（c——Collector），同时，在 3 个区的两两交界处分别形成两个 PN 结，称其为发射结和集电结。常用的半导体材料有硅和锗，因此共有 4 种晶体管类型。它们对应的型号分别为：3A（锗 PNP）、

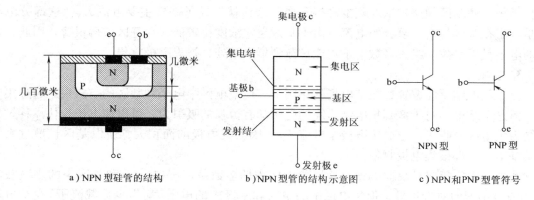

图 6-23　晶体管的结构示意图和符号

3B(锗 NPN)、3C(硅 PNP)、3D(硅 NPN)4 种系列。由于硅 NPN 型晶体管用得最广,故无特殊说明时,本书均以硅 NPN 型晶体管为例。

6.3.2　晶体管的放大作用

尽管从结构上看,晶体管相当于两个 PN 结背靠背地串在一起,但是,当用两个单独的二极管按上述关系串联起来就会发现,它们并不具有晶体管的放大作用。其原因是,为了使晶体管实现放大,必须由晶体管的内部结构和外部条件来保证。

从晶体管的内部结构来看,应具有以下 3 点:

1) 发射区进行重掺杂,多数载流子浓度很大。

2) 基区做得很薄,通常只有几微米到几十微米,且掺杂浓度较低。

3) 集电结面积较大,以保证尽可能多地收集发射区发射过来的多数载流子。

要使晶体管具有放大作用,还必须从外部条件来保证,即外加电源的极性应保证发射结处于正向偏置状态、集电结应处于反向偏置状态。

在满足上述条件下,分析放大过程。

6.3.2.1　载流子的传输过程

下面以 NPN 型晶体管为例,分 3 个过程来讨论晶体管内部载流子的传输过程。

1. 发射

由于发射结正向偏置,则发射区高浓度的多数载流子——自由电子在正向偏置电压作用下,大量地扩散注入到基区,与此同时,基区的空穴向发射区扩散。由于发射区是重掺杂,所以注入到基区的电子浓度,远大于基区向发射区扩散的空穴数(一般高几百倍),因此可以在分析中忽略这部分空穴的影响。可见,扩散运动形成发射极电流 I_E,其方向与电子流动方向相反。

2. 扩散和复合

由于电子的注入,使基区靠近发射结处电子浓度很高。此外,集电结反向使用,使靠近集电结处的电子浓度很低(近似为 0)。因此在基区形成电子浓度差,浓度差使电子向集电区作扩散运动。电子扩散时,在基区将与空穴相遇产生复合,同时接在基区的电源的正端则不断地从基区拉走电子,好像不断地供给基区空穴。电子复合的数目与电源从基区拉走的电子数目相等，使基区的空穴浓度基本维持不变。这样就形成了基极主要电流 I_{BN}，这部分电流就是电子在基区与空穴复合的电流。由于基区空穴浓度比较低，且基区做得很薄，因此，复合的电子是极少数，绝大多数电子均能扩散到集电结处，被集电极收集。

3. 收集

由于集电结反向偏置，在结电场的作用下，使集电区中电子和基区的空穴很难通过集电结，但这个结电场对扩散到集电结边缘的电子却有极强的吸引力，可以使电子很快漂移过集电结为集电区所收集，形成集电极主电流 I_{CN}。因为集电极的面积大，所以基区扩散过来的电子基本上全部被集电极收集。

此外，因为集电结反向偏置，所以集电区中的多数载流子（电子）和基区中的多数载流子（空穴）不能向对方扩散，但集电区中的空穴和基区中的电子（均为少数载流子）在结电场的作用下可以作漂移运动，形成反向饱和电流 I_{CBO}。I_{CBO} 数值很小，这个电流对放大没有贡献，且受温度影响较大，容易使管子不稳定，所以在制造过程中要尽量减小 I_{CBO}。

6.3.2.2　电流分配

载流子的定向运动即形成电流，晶体管的电流分配如图 6-24 所示。

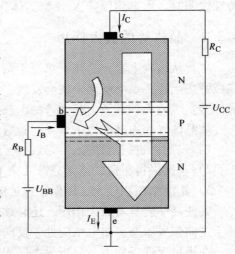

图 6-24　晶体管的电流分配

集电极电流 I_C 由 I_{CN} 和 I_{CBO} 两部分组成，前者是发射区发射的电子被集电极收集后形成的，后者是集电区和基区的少数载流子漂移运动形成的，即

$$I_C = I_{CN} + I_{CBO} \qquad (6\text{-}6)$$

基极电流 I_B 也由 I_{BN} 和 I_{CBO} 两部分组成，电子到达基区后，由于基区中空穴浓度低，只有很少一部分与基区中的空穴复合。复合掉的空穴由外电源补充，这样就形成了较小的电流 I_{BN}，I_{BN} 的方向由外电源流入基区。剩下的大部分电子扩散到集电结。故有

$$I_B = I_{BN} - I_{CBO} \qquad (6\text{-}7)$$

晶体管 3 个极的电流满足节点电流定律，即

$$I_E = I_C + I_B \qquad (6\text{-}8)$$

晶体管实质上是一个电流分配器，它把发射极注入的电子按一定比例分配给集电极和基极。晶体管制成以后，这种比例就确定了。这个百分比用 $\overline{\alpha}$ 表示，称为共基极直流放大系数，定义为

$$\overline{\alpha} = \frac{I_{CN}}{I_E} \qquad (6\text{-}9)$$

由于 $I_{CN} = I_C - I_{CBO}$，且 $I_C \gg I_{CBO}$，故

$$\overline{\alpha} = \frac{I_C - I_{CBO}}{I_E} \approx \frac{I_C}{I_E} \qquad (6\text{-}10)$$

将 $I_E = \dfrac{I_C - I_{CBO}}{\overline{\alpha}}$ 代入式(6-8)整理后得

$$I_C = \frac{\overline{\alpha}}{1 - \overline{\alpha}} I_B + \frac{1}{1 - \overline{\alpha}} I_{CBO} \tag{6-11}$$

令 $\overline{\beta} = \dfrac{\overline{\alpha}}{1 - \overline{\alpha}}$，则式（6-11）为

$$I_C = \overline{\beta} I_B + (1 + \overline{\beta}) I_{CBO} \tag{6-12}$$

当基极开路时 $I_B = 0$，则

$$I_C = (1 + \overline{\beta}) I_{CBO} = I_{CEO} \tag{6-13}$$

I_{CEO} 为基极开路时的集电极电流，通常称为穿透电流。

$$I_C = \overline{\beta} I_B + I_{CEO} \tag{6-14}$$

$$\overline{\beta} = \frac{I_C - I_{CEO}}{I_B} \tag{6-15}$$

一般 $I_C \gg I_{CEO}$，得

$$\overline{\beta} \approx \frac{I_C}{I_B} \tag{6-16}$$

$\overline{\beta}$ 为共发射极直流放大系数。

共发射极交流放大系数 β 定义为集电极电流变化量与基极电流变化量之比，即

$$\beta = \frac{\Delta i_C}{\Delta i_B} \tag{6-17}$$

共基极交流放大系数 α 定义为集电极电流变化量与发射极电流变化量之比，即

$$\alpha = \frac{\Delta i_C}{\Delta i_E} \tag{6-18}$$

显然 $\overline{\beta}$ 与 β、$\overline{\alpha}$ 与 α 意义不同。$\overline{\beta}$ 和 $\overline{\alpha}$ 反映静态（直流工作状态）时的电流放大特性，β 和 α 反映动态（交流工作状态）时的电流放大特性，但是在多数情况下，$\overline{\beta} \approx \beta$，$\overline{\alpha} \approx \alpha$。

6.3.3　晶体管的特性曲线

晶体管外部极间电压与电流的相互关系称为晶体管的特性曲线。它既简单又直观地反映了各极电流与电压之间的关系。晶体管特性曲线和参数是选用晶体管的主要依据。晶体管根据不同连接方式有不同的特性曲线，因共发射极用得最多，下面讨论 NPN 型晶体管共发射极的输入特性和输出特性。电路的典型连接方式如图 6-25a 所示。

6.3.3.1　输入特性

当 U_{CE} 不变时，输入回路的 i_B 与电压 u_{BE} 之间的关系曲线称为输入特性，即

$$i_B = f(u_{BE}) \big|_{U_{CE} = 常数} \tag{6-19}$$

由于输入回路只有发射结为非线性部件，而其他元件都为线性元件，所以输入特性与二极管伏安特性曲线相似。当改变 U_{CE} 值时可得一组曲线，如图 6-25b 所示。当 U_{CE} 增大时，集电极收集电子能力增强，在基区获得相同的 i_B 值，所需的电压 u_{BE} 相应增大，则曲线随 U_{CE} 增大而向右移，当 $U_{CE} \geqslant 1\mathrm{V}$ 后，各曲线已经很接近了，通常只给出 $U_{CE} \geqslant 1\mathrm{V}$ 的一条输入特性曲线（这是因为扩散到集电结的电子都已被集电极收集的缘故）。

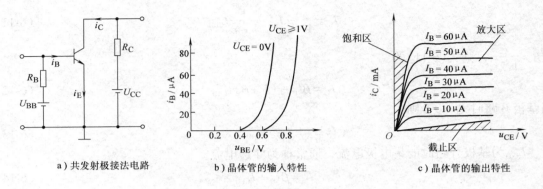

a) 共发射极接法电路 b) 晶体管的输入特性 c) 晶体管的输出特性

图 6-25 晶体管的特性曲线

6.3.3.2 输出特性

输出特性是指 I_B 一定时，输出回路中 i_C 与 u_{CE} 之间的关系，即

$$i_C = f(u_{CE}) \big|_{I_B = 常数} \qquad (6-20)$$

它是对应不同 I_B 值的一组曲线，如图 6-25c 所示。

每条曲线可分为上升、转折、平坦 3 个阶段。上升段曲线很陡，这是由于 u_{CE} 值很小，集电区收集电子的能力不够，当 u_{CE} 增加时，集电区收集电子能力增加，所以 i_C 受 u_{CE} 影响较大。当 u_{CE} 略有增加时，i_C 增加较快；转折段 i_C 随 u_{CE} 变化缓慢，这是由于 $u_{CE} \geq 1V$ 后，集电区收集电子的能力基本恢复正常，当 I_B 一定时，则基区扩散到集电结附近的电子数目一定，大部分电子已被集电区收集，再增大 u_{CE}，i_C 的增大趋势减缓；平坦段曲线说明 i_C 基本不随 u_{CE} 的增加而增加。这是由于 u_{CE} 增加到一定程度以后，集电区把从基区扩散过来的电子全部收集到集电区，u_{CE} 再增大，扩散来的电子数目也不会增多，即 i_C 值不随 u_{CE} 增加，只与 I_B 有关。在这个区域内，β 近似为常数。

输出特性曲线可分为放大区 (Active Region)、截止区 (Cutoff Region) 和饱和区 (Saturation Region) 3 个区，分别对应了晶体管的 3 个状态。

1) 放大区：特性曲线上平坦的部分，其特征是发射结正向偏置 (u_{BE} 大于发射结开启电压 u_{on})，集电结反向偏置。此时 $i_C = \beta I_B$，而与 u_{CE} 无关，i_C 的大小只受 I_B 的控制。在此区域内，晶体管的输出回路可等效为受控电流源。

2) 饱和区：曲线上拐点左面的区域，其特征是发射结和集电结均处在正向偏置。此时 i_C 不仅与 I_B 有关，而且明显随 u_{CE} 增大而增大，在此区域内，$i_C < \beta I_B$，晶体管无放大作用。当晶体管处于深度饱和时，u_{CE} 值很小。

3) 截止区：在曲线上靠近横轴的部分，其特征是发射结电压小于开启电压 u_{on} 且集电结反向偏置，此时 $I_B = 0$，$i_C \leq I_{CEO}$。在近似分析时可认为 $i_C = 0$。

特性曲线随温度而变化。温度升高时，输入特性曲线向左平移；输出特性曲线平行上移。

特性曲线是用图解法分析电路的基础，对分析工作波形有重要作用。PNP 型晶体管的特性曲线请参阅有关文献。

6.3.4 晶体管的主要参数

1. 电流放大系数 β，$\bar{\beta}$

它是衡量晶体管放大能力的重要指标。有共发射极直流放大系数 $\bar{\beta} = I_C/I_B$ 和交流放大系数 $\beta = i_C/i_B$。在放大区，由于 β 与 $\bar{\beta}$ 值相差不大，通常只给出 β 值。

2. 极间反向电流 I_{CBO}，I_{CEO}

I_{CBO} 为发射极开路时集电极与基极之间的反向饱和电流。

I_{CEO} 为基极开路时集电极与发射极之间的穿透电流。它在输出特性上对应 $I_B = 0$ 时的 I_C 值。$I_{CEO} = (1 + \beta)I_{CBO}$。

硅管的反向电流很小，锗管的较大。

3. 特征频率 f_T

由于晶体管中 PN 结的结电容存在，晶体管的交流放大系数是所加信号频率的函数。信号频率高到一定程度时，集电极电流与基极电流之比不但数值上下降，且产生相移。f_T 为 β 下降到 1 时的信号频率。

4. 集电极最大允许电流 I_{CM}

i_C 在相当大的范围内 β 值基本不变，但当 i_C 的数值大到一定程度时 β 值将减小。使 β 值明显减小的 i_C 即为 I_{CM}。通常是将 β 值下降到额定值的 2/3 时，所对应的集电极电流规定为 I_{CM}。

5. 极间反向击穿电压

它表示使用晶体管时外加在各极之间的最大允许反向电压，如果超过这个限度，则管子的反向电流急剧增大，可能损坏晶体管。反向击穿电压有以下几项。

1）U_{CBO}：发射极开路时，集电极-基极间的反向击穿电压。

2）U_{CEO}：基极开路时，集电极-发射极间的反向击穿电压。

3）U_{CER}：基极与发射极间有电阻 R 时，集电极-发射极间的反向击穿电压。

4）U_{CES}：基极与发射极短路时，集电极-发射极间的反向击穿电压。

5）U_{EBO}：集电极开路时，发射极-基极间的反向击穿电压。一般较小，仅有几伏左右。

上述电压一般存在如下关系：

$$U_{CBO} > U_{CES} > U_{CER} > U_{CEO}$$

由于 U_{CEO} 最小，因此使用时使 $U_{CE} < U_{CEO}$ 即可安全工作。

6. 集电极最大允许功率 P_{CM}

P_{CM} 决定了晶体管的温升。当硅管的结温度大于 150℃，锗管的结温度大于 70℃ 时，管子的特性明显变坏，甚至烧坏。对于确定型号的晶体管，P_{CM} 是一个确定值，即 $P_{CM} = i_C u_{CE} = $ 常数，在输出特性坐标平面中为双曲线中的一条，如图 6-26 所示。曲线右上方为过损耗区。

对于大功率管的 P_{CM}，应特别注意测试条件，如对散热片的规格要求。当散热条件不满足要求时，允许的最大功耗将小于 P_{CM}。

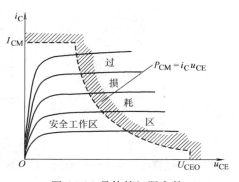

图 6-26 晶体管极限参数

习 题

6-1 选择合适答案填入空内。

（1）在本征半导体中加入_____元素可形成 N 型半导体，加入_____元素可形成 P 型半导体。

A. 5 价，3 价   B. 5 价，4 价   C. 3 价，5 价

（2）当加在 PN 结上的反向电压达到一定值后，流过 PN 结的电流会_____。

A. 维持不变   B. 迅速减小   C. 急速增加

（3）稳压二极管的稳压区是其工作在_____。

A. 正向导通区   B. 反向击穿区   C. 反向截止区

（4）当晶体管工作在放大区时，其外部条件是_____。

A. 发射结反偏，集电结正偏   B. 发射结正偏，集电结正偏

C. 发射结正偏，集电结反偏   D. 发射结反偏，集电结反偏

（5）当温度升高时，二极管的反向饱和电流将_____。

A. 增大   B. 不变   C. 减小

6-2 怎样用万用表判断二极管的正负与好坏？

6-3 什么是 PN 结的击穿现象？击穿有哪两种？击穿是否意味 PN 结坏了？为什么？

6-4 理想二极管组成的电路如图 6-27 所示，试确定各电路的输出电压 u_o。

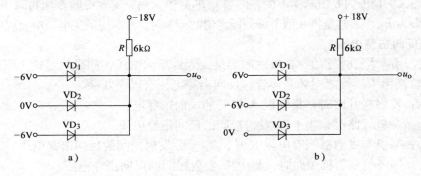

图 6-27 习题 6-4 电路图

6-5 现有两只稳压二极管，它们的稳定电压分别为 5V 和 9V，正向导通电压为 0.7V。若将它们串联相接，则可以得到几种稳压值？各为多少？

6-6 二极管电路如图 6-28 所示，判断图中的二极管是导通还是截止，并求出 AO 两端的电压 U_{AO}。

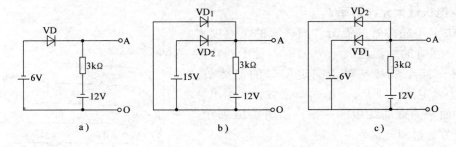

图 6-28 习题 6-6 电路图

6-7 二极管电路如图 6-29 所示。输入波形 $u_i = U_{im}\sin\omega t$，$U_{im} > U_R$，二极管的导通电压降可忽略，试画出输出电压 $u_{o1} \sim u_{o4}$ 的波形图。

6-8 为了使晶体管能有效地起放大作用，对晶体管的发射区掺杂浓度有什么要求、基区宽度有什么要

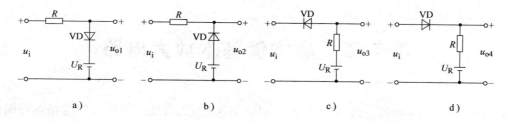

图 6-29　习题 6-7 电路图

求、集电结结面积比发射结面积大小有何要求？其理由是什么？如果将晶体管的集电极和发射极对调使用（即晶体管反接），能否起放大作用？

6-9　工作在放大区的某个晶体管，当 I_B 从 20μA 增大到 40μA 时，I_C 从 1mA 变成 2mA。它的 β 值约为多少？

6-10　工作在放大状态的晶体管，流过发射结的电流主要是什么？流过集电结的电流主要是什么？

6-11　某晶体管，其 $\alpha = 0.98$，当发射极电流为 2mA 时，基极电流是多少？该管的 β 多大？另一只晶体管，其 $\beta = 100$，当发射极电流为 5mA 时，基极电流是多少？该管的 α 多大？

6-12　放大电路中，测得几个晶体管的 3 个电极电位 U_1、U_2、U_3 分别为下列各组数值，判断它们是 NPN 型还是 PNP 型？是硅管还是锗管？确定 e、b、c（说明：硅管的 U_{BE} 为 0.6 ~ 0.8V；锗管的 U_{BE} 为 0.1 ~ 0.3V）。

（1）$U_1 = 3.3V$，$U_2 = 2.6V$，$U_3 = 15V$

（2）$U_1 = 3.2V$，$U_2 = 3V$，$U_3 = 15V$

（3）$U_1 = 6.5V$，$U_2 = 14.3V$，$U_3 = 15V$

（4）$U_1 = 8V$，$U_2 = 14.8V$，$U_3 = 15V$

6-13　电路如图 6-30 所示，已知晶体管为硅管，$U_{BE} = 0.7V$，$\beta = 50$，I_{CBO} 忽略不计，若希望 $I_C = 2mA$，试求图 6-30a 的 R_e 和图 6-30b 的 R_b 值，并将两者比较。

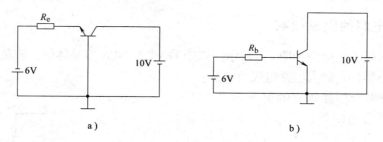

图 6-30　习题 6-13 电路图

第7章 晶体管基本放大电路

放大电路(Amplifier)是可以将电信号(电压、电流)不失真地进行放大的电路。例如，将传声器传送出微弱的电压信号放大之后能使扬声器还原出比较大的声音；又例如，将传感器送出的微弱电信号放大以后经处理能够实现自动控制等。

放大电路放大的本质是能量的控制和转换。表面是将信号的幅度由小增大，但是，放大的实质是能量转换，即由一个能量较小的输入信号控制直流电源，将直流电源的能量转换成与输入信号频率相同但幅度增大的交流能量输出，使负载从电源获得的能量大于信号源所提供的能量。因此，电路放大的基本特征是功率放大，即负载上总是获得比输入信号大得多的电压或电流，有时兼而有之。

一个放大电路一般由多个单级放大电路组成。限于篇幅，本书只讨论基本放大电路、负反馈放大电路和集成运算放大器，至于多级放大、放大电路的频率响应等内容请读者参考有关书籍。

7.1 放大电路的组成

通过控制晶体管的基极电流来控制集电极的电流，放大电路正是利用晶体管的这一特性组成放大电路。由于晶体管有 3 种不同的接法，先以共发射极(Common-Emitter)电路为例说明放大电路的组成原则。

7.1.1 放大电路的组成原则

基本共发射极放大电路如图 7-1 所示。图中的 VT 是 NPN 型晶体管，担负放大作用，是整个电路的核心器件。放大电路组成原则是：

1）必须根据所用晶体管的类型提供直流电源，以便设置合适的静态工作点，同时也为输出提供能量。直流电源的大小和极性应使晶体管的发射结处于正向偏置，集电结处于反向偏置，使晶体管工作在放大区。图 7-1 中 R_b、U_{BB} 既保证了发射结正向偏置，同时也为 VT 提供了合适的静态基极电流 I_B；R_c、U_{CC} 保证了集电结的反向偏置。

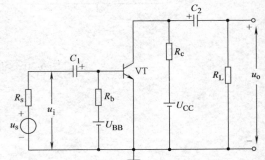

图 7-1 基本共射极放大电路

2）放大电路要对某一交流信号进行放大，故电路应保证被放大信号加至晶体管的发射结，以控制晶体管的基极电流；同时要保证放大后的信号能从电路中输出，R_c 就可将被放大后的集电极电流 i_c 转换为电压输出。

3）既要保证放大电路的静态工作点不受其他电路影响，又要保证被放大的交流信号送到放大电路以及将放大后的信号输出，电路使用了耦合电容（Coupling Capacitor）C_1、C_2。图中 R_s 为信号源内阻，u_s 为信号源电压。u_i 为放大器输入信号。C_1 一般选用容量大的电解电容，使其在输入信号频率范围内的容抗很小，可视为短路，所以输入信号几乎无损失地加在放大管的基极与发射极之间。电解电容是有极性的，使用时应注意极性，它的正极与直流电源正极相连，不能接反。C_2 的作用与 C_1 相似，使交流信号能顺利地传送到负载，同时将放大器与负载的直流分量隔离。R_L 是电路的负载。

4）图 7-1 中使用两个电源 U_{BB} 和 U_{CC}，由于需多个电源，给使用带来不便，为此，只要电阻取值合适，就可以与单电源配合使晶体管工作在合适的静态工作点，将 R_b 接至 U_{CC} 即可，如图 7-2a 所示。习惯画法如图 7-2b 所示。

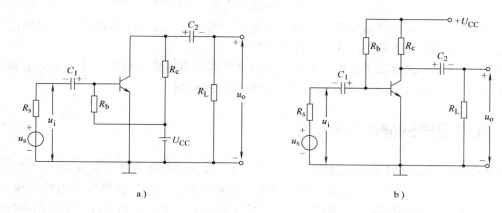

图 7-2 单电源共发射极放大电路

判断一个晶体管放大电路是否正确，按上述原则进行。如用 PNP 型晶体管，则电源和电容 C_1、C_2 的极性均相反。

7.1.2 直流通路和交流通路

一般情况下，在放大电路中，直流量和交流信号总是共存的。在对放大电路进行分析时，一方面要了解放大电路的静态工作点是否合适，另一方面还要分析放大电路的一些动态参数。由于放大电路中会有电容、电感等电抗元件的存在，因此，直流量所流经的通路和交流信号所流经的通路是不同的。

1. 直流通路

在直流电源的作用下直流电流流经的通路称为直流通路（Direct Current Path），直流通路用于研究放大电路的静态工作点。对于直流通路：①电容视为开路；②电感视为短路；③信号源为电压源视为短路，为电流源视为开路，但电源内阻保留。直流通路如图 7-3a 所示。

2. 交流通路

交流通路（Alternating Current Path）是在输入信号作用下交流信号流经的通路，交流通路用来研究放大电路的动态参数。对于交流通路：①容量大的电容视为短路；②无内阻的直流电源视为短路（由于理想直流电源的内阻为零,交流电流在直流电源上产生的压降为零,直流电源对交流通路而言视为短路）。图 7-3b 就是按此原则画出的交流通路。

放大电路的分析，包含两个部分：

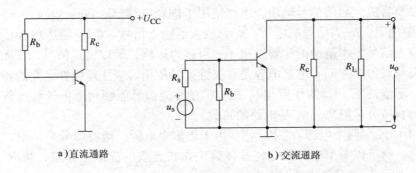

a)直流通路 b)交流通路

图7-3 基本共射极电路的交、直流通路

1）直流分析，又称静态分析，主要求出电路的直流工作状态（即确定放大电路的工作状态）。目的是确定晶体管工作在放大区的中间。

2）交流分析，又称动态分析，主要求出放大电路的电压放大倍数、输入电阻和输出电阻等性能指标，这些指标是分析、设计放大电路性能的依据。

7.2 放大电路的静态分析

放大电路的核心器件是具有放大作用的晶体管。要保证晶体管工作在放大区，使信号得到不失真的放大，对晶体管的直流工作状态有一定的要求，即保证晶体管发射结正向偏置、集电结反向偏置。如何根据放大电路计算出直流工作状态，或者说如何改变电路的参数保证晶体管工作在放大区，是本节讨论的主要问题。

直流工作点，又称静态工作点（Quiescent Point），指晶体管在直流工作状态下的各级电压电流值，简称 Q 点。它既可以通过解析的方法求出，也可以通过作图的方法求出。图解法（Graphical Method）形象直观，是对放大电路进行定性分析，有助于对放大电路的理解；解析法逻辑清晰，是对放大电路进行定量分析，可以得到放大电路的具体参数。

7.2.1 图解法确定静态工作点

晶体管的电流、电压关系可用其输入特性（Input Characteristics）和输出特性（Output Characteristics）曲线来表示。图解法就是在特性曲线上直接用作图的方法来确定静态工作点。

将图7-3a所示直流通路改画成图7-4a，由 a、b 两端向左看，其 $i_C \sim u_{CE}$ 关系由晶体管的输出特性曲线确定，如图7-4b所示。由 a、b 两端向右看，电流 i_C 与 u_{CE} 的关系由回路的电压方程表示

$$u_{CE} = U_{CC} - i_C R_c$$

u_{CE} 与 i_C 是线性关系，线性方程只需要确定两点即可。

令 $i_C = 0$，$u_{CE} = U_{CC}$，得 M 点；令 $u_{CE} = 0$，$i_C = U_{CC}/R_c$，得 N 点。将 M、N 两点连接起来，即得一条直线，称为直流负载线（Direct Load Line），因为它反映了直流电流、电压与负载电阻 R_c 的关系。

由于在同一回路中只有一个 i_C 值和 u_{CE} 值，那么，i_C、u_{CE} 既要满足图7-4b所示的输出特性，又要满足图7-4c所示的直流负载线，所以电路的直流工作状态必然在 $I_B = I_{BQ}$ 的特性

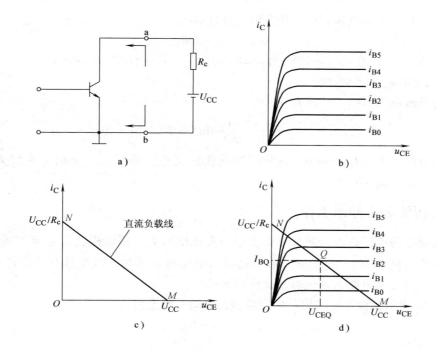

图7-4　静态工作点的图解法

曲线和直流负载线的交点，只要知道 I_{BQ} 就可以知道直流负载线与晶体管的哪一条特性曲线相交，I_{BQ} 一般可以通过直流通道基极回路求出，Q 点的确定如图 7-4d 所示。

由上述可知图解法求 Q 点的步骤：

1）在输出特性曲线所在的坐标中，按直流负载线方程 $u_{CE} = U_{CC} - i_C R_c$，作出直流负载线。

2）由基极回路求出 I_{BQ}。

3）找出 $i_B = I_{BQ}$ 这一条输出特性曲线，它与直流负载线的交点即为 Q 点，读出 Q 点坐标的电流、电压的值即为所求。

例 7-1　图 7-5a 所示电路中，已知 $R_b = 280\text{k}\Omega$，$R_c = 3\text{k}\Omega$，$U_{CC} = 12\text{V}$，晶体管的输出特性曲线如图 7-5b 所示，试用图解法确定静态工作点。

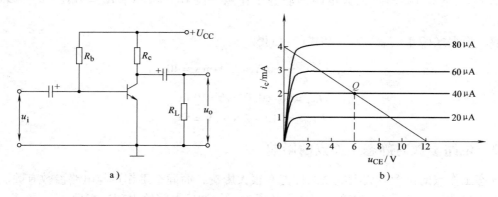

图7-5　例 7-1 电路

135

解 首先写出直流负载方程，并作出直流负载线。

$$u_{CE} = U_{CC} - i_C R_c$$

$$i_C = 0，u_{CE} = 12V；u_{CE} = 0，i_C = U_{CC}/R_c = 12/3mA = 4mA$$

连接这两点，即得直流负载线。

然后由基极输入回路，计算 I_{BQ}。

$$I_{BQ} = \frac{U_{CC} - U_{BE}}{R_b} = \frac{12 - 0.7}{280}mA \approx 0.04mA = 40\mu A$$

直流负载线与 $i_B = I_{BQ} = 40\mu A$ 这条特性曲线的交点，即 Q 点，从图上查出 $I_{BQ} = 40\mu A$ 时，$I_{CQ} = 2mA$，$U_{CEQ} = 6V$。

7.2.2 解析法确定静态工作点

解析法确定静态工作点，通常是求出基极直流电流 I_B、集电极直流电流 I_C 和集电极与发射极间的直流电压 U_{CE}。根据所求的参数可以确定晶体管放大电路静态工作点是否合适。这些参数是通过放大电路的直流通路计算得来的。

如图 7-3a 所示，首先可求出基极回路静态时的基极电流 I_{BQ}。

$$I_{BQ} = \frac{U_{CC} - U_{BE}}{R_b} \tag{7-1}$$

由于晶体管导通时，U_{BE} 变化很小，可视为常数。

$$\begin{aligned} &\text{硅管：} U_{BE} = 0.6 \sim 0.8V，通常取 0.7V。\\ &\text{锗管：} U_{BE} = 0.1 \sim 0.3V，通常取 0.2V。 \end{aligned} \tag{7-2}$$

当 U_{CC}、R_b 已知，则由式(7-1)式可求出 I_{BQ}。

根据晶体管各极的电流关系，可求出静态工作点的集电极电流 I_{CQ}。

$$I_{CQ} = \beta I_{BQ} \tag{7-3}$$

再根据集电极输出回路可求出 U_{CEQ}。

$$U_{CEQ} = U_{CC} - I_{CQ} R_c \tag{7-4}$$

至此，静态工作点的电流、电压都已估算出来。通常当 $U_{CEQ} = U_{CC}/2$ 可以大致认为静态工作点较为合适(请思考为什么)。

例 7-2 估算 7-2 所示放大电路的静态工作点。设 $U_{CC} = 12V$，$R_c = 3k\Omega$，$R_b = 280k\Omega$，$\beta = 50$。

解 根据式(7-1)、式(7-3)和式(7-4)得

$$I_{BQ} = \frac{12 - 0.7}{280}mA \approx 0.04mA = 40\mu A$$

$$I_{CQ} = 50 \times 0.04mA = 2mA$$

$$U_{CEQ} = (12 - 2 \times 3)V = 6V$$

7.2.3 电路参数对静态工作点的影响

静态工作点的位置对放大电路的性能有很大影响，而静态工作点与电路参数有关。下面分析电路参数 R_b、R_c、U_{CC} 对静态工作点的影响，为调试电路给出理论指导。

1. R_b 对 Q 点的影响

为明确元件参数对 Q 点的影响，当讨论 R_b 的影响时，假设 R_c 和 U_{CC} 不变。

R_b 变化，对 I_{BQ} 有影响，而对负载线无影响。如 R_b 增大，I_{BQ} 减小，工作点沿直流负载线下移，如图 7-6a 中 Q_1 点；否则，工作点沿直流负载线上移，如图 7-6a 中 Q_2 点。

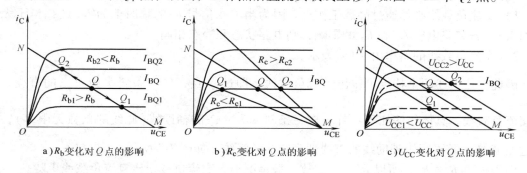

a）R_b 变化对 Q 点的影响　　　　b）R_c 变化对 Q 点的影响　　　　c）U_{CC} 变化对 Q 点的影响

图 7-6　电路参数对 Q 点的影响

2. R_c 对 Q 点的影响

R_c 的变化（假定 I_{BQ} 不变），仅改变直流负载线的 N 点，即改变直流负载线的斜率。

R_c 减小，N 点上升，直流负载线变陡，工作点沿 $i_B = I_{BQ}$ 这一条特性曲线右移，如图 7-6b 中 Q_2 点。

R_c 增大，N 点下降，直流负载线变平坦，工作点沿 $i_B = I_{BQ}$ 这一条特性曲线左移，如图 7-6b 中 Q_1 点。

3. U_{CC} 对 Q 点的影响

U_{CC} 的变化不仅影响 I_{BQ}，还影响直流负载线，因此，U_{CC} 对 Q 点的影响较复杂。

U_{CC} 上升，I_{BQ} 增大，同时直流负载线 M 点和 N 点同时增大，故直流负载线平行上移，所以工作点向右上方移动。

U_{CC} 下降，I_{BQ} 下降，同时直流负载线平行下移，所以工作点向左下方移动，如图 7-6c 所示。

实际调试中，改变电阻 R_b 来改变静态工作点使用较多，而很少通过改变 U_{CC} 来改变静态工作点。

7.3　放大电路的动态分析

这一节讨论当在放大电路上加交流输入信号 u_i 时电路的工作情况。由于加进了交流输入信号，输入电流 i_B 随 u_i 变化，晶体管的工作状态将来回移动。将加入交流输入信号后的状态称之为动态，加入交流信号后的放大电路分析称为放大电路动态分析。

7.3.1　图解法分析动态特性

通过图解法，可以画出对应输入波形时的输出电流和输出电压波形。

由于交流信号的加入，此时应按交流通路来考虑。如图 7-3b 所示，交流负载 $R'_L = R_c \mathbin{/\mkern-5mu/} R_L$。在交流信号作用下，晶体管工作状态的移动不再沿着直流负载线，而是按交流负载线

（Alternating Load Line）移动。因此，分析交流信号前，应先画出交流负载线。

7.3.1.1 交流负载线的作法

交流负载线具有如下两个特点：

1）交流负载线必然通过静态工作点。因为当输入信号 u_i 的瞬时值为零时（相当于无信号加入），若忽略电容 C_1 和 C_2 的影响，则电路状态和静态相同。

2）交流负载线的斜率由 $-1R_L'$ 表示。

因此，按上述两个特点可作出交流负载线，即过 Q 点，作一条斜率为 $-\dfrac{1}{R_L'}$ 的直线，就是交流负载线。具体作法如下：首先作一条斜率为 $-\dfrac{1}{R_L'}$ 的辅助线（此线的条数无限多），然后过 Q 点作一条平行于辅助线的直线即为交流负载线，如图 7-7 所示。

因为 $R_L' = R_c /\!/ R_L$，所以 $R_L' < R_c$，故一般情况下，交流负载线比直流负载线更陡。

交流负载线也可以通过求在 u_{CE} 坐标的截距，然后与静态工作点相连即可。由图 7-7 可看出

$$U_{CC}' = U_{CEQ} + I_{CQ}R_L' \tag{7-5}$$

连接 Q 点和 U_{CC}' 即为交流负载线。

例 7-3 作出图 7-5a 所示的交流负载线。已知晶体管的特性曲线如图 7-5b 所示，$U_{CC} = 12\text{V}$，$R_c = 3\text{k}\Omega$，$R_L = 3\text{k}\Omega$，$R_b = 280\text{k}\Omega$。

解 首先作出直流负载线，求出 Q 点，见例 7-2。为了方便作交流负载线将图 7-5b 重画于图 7-8。

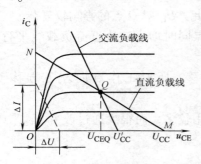

图 7-7 交流负载线的作出

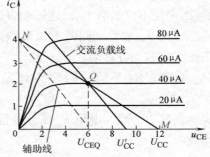

图 7-8 例 7-3 交流负载线的作出

$$R_L' = R_c /\!/ R_L = 1.5\text{k}\Omega$$

作一条辅助线，使其斜率为 $-\dfrac{1}{R_L'}$，有

$$\frac{\Delta U}{\Delta I} = R_L' = 1.5\text{k}\Omega$$

取 $\Delta U = 6\text{V}$，得 $\Delta I = 4\text{mA}$，连接该两点即为交流负载线的辅助线，过 Q 点作辅助线的平行线，即为交流负载线。可看出 $U_{CC}' = 9\text{V}$，与 $U_{CC}' = U_{CEQ} + I_C R_L' = (6 + 2\times1.5)\text{V} = 9\text{V}$ 一致。

7.3.1.2 画出交流波形

下面给出输入输出信号的定性描述，根据电路和晶体管的输入、输出特性曲线，画出波

形图和对应电路的位置，如图7-9所示。

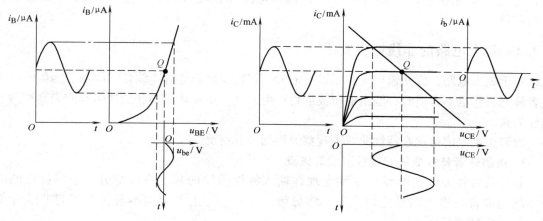

a）输入电压u_i与i_B的波形　　　　　　　　　　b）i_b与i_C及u_{CE}的波形关系

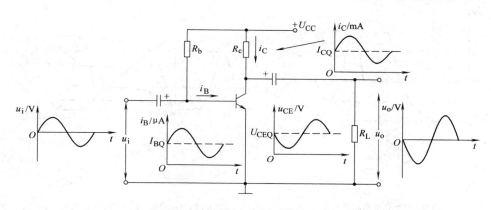

c）放大电路各点的波形

图7-9　放大器各极波形的定性描述

从图7-9可看出，在放大电路中，晶体管的输入电压u_{BE}、电流i_B，输出端的电压u_{CE}、电流i_C均含直流和交流分量。交流分量是由信号u_i引起的，直流分量是保证晶体管工作在放大区不可少的部分（假如直接将u_i加在晶体管发射结，当u_i负半周时，就无法保证发射结正向偏置的条件，正半周也需要信号足够大）。在输入端，直流成分上叠加交流成分，然后进行放大；在输出端，用电容将直流部分隔离，取出经过放大后的交流分量。它们的关系为

$$u_{BE} = U_{BEQ} + u_{be} = U_{BEQ} + U_{bem}\sin\omega t$$
$$i_B = I_{BQ} + i_b = I_{BQ} + I_{bm}\sin\omega t$$
$$i_C = I_{CQ} + i_c = I_{CQ} + I_{cm}\sin\omega t$$
$$u_{CE} = U_{CEQ} + U_{cem}\sin(\omega t + \pi)$$

其中，u_{CE}可由输出回路方程得出，即

$$u_{CE} = U_{CC} - i_C R_C = U_{CC} - I_{CQ}R_C - I_{cm}R_C\sin\omega t$$
$$= U_{CEQ} - U_{cem}\sin\omega t = U_{CEQ} + U_{cem}\sin(\omega t + \pi)$$

基极、集电极电流和电压的交流分量保持一定的相位关系。i_c、i_b 和 u_{be} 三者相位相同；u_{ce} 与它们相位相反。即输出电压与输入电压相位是相反的。这是共发射极放大电路的特征。

7.3.2　放大电路的非线性失真

对于放大电路，应使输出电压尽可能地大，但它受到晶体管非线性的限制。当信号过大或者静态工作点不合适时，输出电压波形将产生失真。由晶体管的非线性引起的失真称为非线性失真。

图解法可以清楚地在特性曲线上观察波形的失真情况。

1. 由晶体管特性曲线非线性引起的失真

晶体管特性曲线的非线性主要表现在输入特性曲线的起始弯曲部分、输出特性的间距不均匀或者当输入信号比较大时，将导致 i_b、u_{ce}、i_c 正负半周不对称，引起非线性失真，如图 7-10 所示。

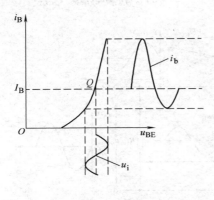
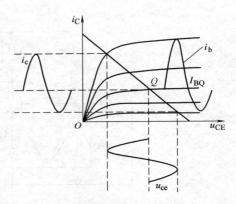

a）输入特性弯曲引起的失真　　　　　　　b）输出曲线簇上疏下密引起的失真

图 7-10　晶体管特性非线性引起的失真

2. 静态工作点不合适引起的失真

当静态工作点设置过低，在输入信号的负半周，晶体管的工作状态进入截止区，因而引起 i_b、i_c 和 u_{ce} 的波形失真，称为截止失真。由图 7-11a 可看出，对于 NPN 型晶体管共发射极放大电路，截止失真时，输出电压 u_{CE} 的波形出现顶部失真。

如果静态工作点设置过高，在输入信号的正半周，晶体管工作状态进入饱和区，此时，当 i_b 增大时，i_c 不随之增大，因此引起 i_c 和 u_{ce} 产生波形失真，称之为饱和失真。由图 7-11b 可看出，对于 NPN 型晶体管共发射极放大电路，当产生饱和失真时，输出电压 u_{CE} 的波形出现底部失真。

若放大电路采用 PNP 型晶体管，波形失真正好相反。截止失真导致 u_{CE} 底部失真；饱和失真引起 u_{CE} 顶部失真。

正由于上述原因，对放大电路而言就存在着最大不失真输出电压值 U_{max} 或峰-峰电压值 U_{p-p}。

最大不失真输出电压是指：当静态工作点已确定的前提下，逐步增大输入信号，晶体管的状态尚未进入截止和饱和时，输出所能获得的最大输出电压。如 u_i 增大时，首先进入饱和区，则最大不失真输出电压受饱和区限制，设晶体管的饱和电压为 U_{CES}（通常 U_{CES} < 0.3V），$U_{cem} = U_{CEQ} - U_{CES}$；如首先进入截止区，则最大不失真输出电压受截止区限制，$U_{cem} = I_{CQ}R'_L$。如图 7-12 所示，首先出现饱和失真，因为 $I_{CQ}R'_L > (U_{CEQ} - U_{CES})$，最大不失真输出电压选其中小的一个，所以 $U_{cem} = (U_{CEQ} - U_{CES})$。

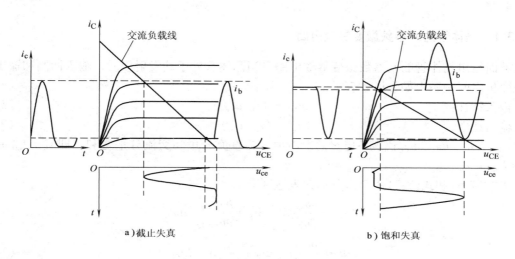

a）截止失真   b）饱和失真

图 7-11 静态工作点不合适产生的非线性失真

关于用图解法分析动态特性的步骤，可归纳如下：

1）首先作出直流负载线，求出静态工作点 Q。

2）作出交流负载线。根据要求从交流负载线画出电流、电压波形，或求出最大不失真输出电压值。

用图解法分析动态特性，可直观地反映输入电流与输出电流、电压的波形关系，形象地反映了工作点不合适引起的非线性失真。但图解法有它的局限性，信号很小时，作图很难准确。对于非电阻性负载或工作频率较高、需要考虑晶体管的电容效应以及分析负反馈放大器和多级放大器时，采用图解法就会遇到无法克服的困难。而且图解法不能确定放大器的输入、输出电阻和频率特性等参数。因此，图解法一

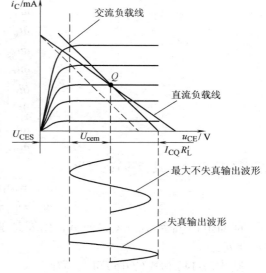

图 7-12 最大不失真输出电压

般适用于分析输出幅度比较大而工作频率又不太高的情况。对于信号幅度较小和信号频率较高的放大器，常采用微变等效电路（Equivalent Circuit）法进行分析。

7.3.3 晶体管的微变等效电路

微变等效电路分析法的基本思想是：当信号变化的范围很小（微变）时，可以认为晶体

管电压、电流变化量之间的关系基本上是线性的，即在一个很小的范围内，晶体管的输入特性、输出特性均可近似地看做一段直线。因此，就可给晶体管建立一个小信号的线性等效模型，这个模型就是晶体管微变等效电路。利用微变等效电路，可以将含有非线性元件（晶体管）的放大电路转化为线性电路，然后，就可以利用电路分析中各种分析线性电路的方法来求解电路。

7.3.3.1 晶体管的 h 参数微变等效电路

下面给出晶体管的 h 参数微变等效电路。当晶体管处于共发射极时，输入回路和输出回路各变量之间关系由如下形式表示：

输入特性：　　　　　　　　　　　$u_{BE} = f(i_B, u_{CE})$　　　　　　　　　　　(7-6)

输出特性：　　　　　　　　　　　$i_C = f(i_B, u_{CE})$　　　　　　　　　　　(7-7)

式中，i_B、i_C、u_{BE}、u_{CE} 代表各电量总瞬时值，为直流分量和交流分量之和，即 $i_B = I_{BQ} + i_b$，$u_{BE} = U_{BE} + u_{be}$，$i_C = I_{CQ} + i_c$，$u_{CE} = U_{CEQ} + u_{ce}$。

将式(7-6)和式(7-7)用全微分形式表达则有

$$du_{BE} = \frac{\partial u_{BE}}{\partial i_B}\bigg|_{U_{CEQ}} di_B + \frac{\partial u_{BE}}{\partial u_{CE}}\bigg|_{I_{BQ}} du_{CE} \qquad (7-8)$$

$$di_C = \frac{\partial i_C}{\partial i_B}\bigg|_{U_{CEQ}} di_B + \frac{\partial i_C}{\partial u_{CE}}\bigg|_{I_{BQ}} du_{CE} \qquad (7-9)$$

令

$$\frac{\partial u_{BE}}{\partial i_B}\bigg|_{U_{CEQ}} = h_{11} \qquad (7-10)$$

$$\frac{\partial u_{BE}}{\partial u_{CE}}\bigg|_{I_{BQ}} = h_{12} \qquad (7-11)$$

$$\frac{\partial i_C}{\partial i_B}\bigg|_{U_{CEQ}} = h_{21} \qquad (7-12)$$

$$\frac{\partial i_C}{\partial u_{CE}}\bigg|_{I_{BQ}} = h_{22} \qquad (7-13)$$

则可将式(7-8)、式(7-9)改写为

$$du_{BE} = h_{11}di_B + h_{12}du_{CE} \qquad (7-14)$$

$$di_C = h_{21}di_B + h_{22}du_{CE} \qquad (7-15)$$

前面指出 $i_B = I_{BQ} + i_b$，而 di_B 代表其变化量，故 $di_B = i_b$。同理 $du_{BE} = u_{be}$，$di_C = i_c$，$du_{CE} = u_{ce}$。

则式(7-14)和式(7-15)可改写成

$$u_{be} = h_{11}i_b + h_{12}u_{ce} \qquad (7-16)$$

$$i_c = h_{21}i_b + h_{22}u_{ce} \qquad (7-17)$$

根据式(7-16)和式(7-17)画出晶体管的微变等效电路，如图 7-13 所示。

7.3.3.2 h 参数的意义和求法

$$h_{11} = \frac{\partial u_{BE}}{\partial i_B}\bigg|_{U_{CEQ}} = \frac{\Delta u_{BE}}{\Delta i_B}\bigg|_{U_{CEQ}}$$

晶体管输出端交流短路(因为 $U_{CEQ}=$ 常数, $u_{ce}=0$)时的输入电阻,单位为欧姆(Ω),常用 r_{be} 表示。

$$h_{12}=\frac{\partial u_{BE}}{\partial u_{CE}}\bigg|_{I_{BQ}}=\frac{\Delta u_{BE}}{\Delta u_{CE}}\bigg|_{I_{BQ}}$$

晶体管输入端交流开路(因为 $I_{BQ}=$ 常数, $i_b=0$)时的电压反馈系数,无量纲,常用 μ_r 表示。

$$h_{21}=\frac{\partial i_C}{\partial i_B}\bigg|_{U_{CEQ}}=\frac{\Delta i_C}{\Delta i_B}\bigg|_{U_{CEQ}}$$

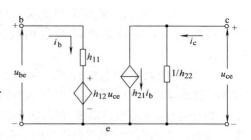

图 7-13　完整的 h 参数等效电路

晶体管输出交流短路时的电流放大系数,无量纲,常用 β 表示。

$$h_{22}=\frac{\partial i_C}{\partial u_{CE}}\bigg|_{I_{BQ}}=\frac{\Delta i_C}{\Delta u_{CE}}\bigg|_{I_{BQ}}$$

晶体管输入端交流开路时的输出导纳,单位西门子(S),常用 $1/r_{ce}$ 表示。

它们均可以从特性曲线上求出,如图 7-14 所示。

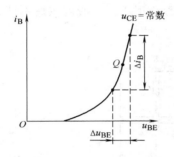
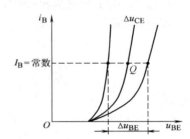
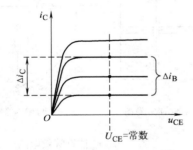
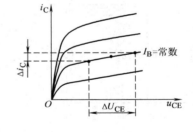

图 7-14　从特性曲线上求出 h 参数

由于 h_{12}、h_{22} 是 u_{CE} 变化通过基区宽度变化对 u_{BE} 及 i_C 产生的影响,这个影响一般很小,所以可以忽略不计。这样,式(7-16)和式(7-17)又可简化为

$$u_{be}=r_{be}i_b \tag{7-18}$$

$$i_c=\beta i_b \tag{7-19}$$

若用有效值代替各变化量,晶体管的微变等效电路就可以简化为图 7-15。今后分析放大电路一般均用此简化后的晶体管等效电路。

需要指出的是:

1)"等效"指的是只对微变量(交流小信号)的等效。晶体管外部的直流电源应视为零——直流电压源短路、直流电流源开路;外电路与微变量有关部分应全部保留。但这并不

意味着 h 参数的数值与直流分量无关，恰恰相反，h 参数的数值与特性曲线上 Q 点位置有着密切的关系。不过只要把动态运用范围限制在特性曲线的线性范围内，h 参数近似保持常数。

2）等效电路中的电流源 βi_b 为一受控电流源，它的数值和方向都取决于基极电流 i_b，不能随意改动。i_b 的正方向可以任意假设，但一旦假设好之后，i_b 的方向就一定了。如果假设 i_b 的方向为流入基极，则 βi_b 的方向必定从集电极流向发射极；反之，如果假设 i_b 的方向为流出基极，则 βi_b 的方向必定从发射极流向集电极。无论电路如何变化，支路如何移动，上述方向必须严格保持。

3）这种微变等效电路只适合工作频率在低频、小信号状态下的晶体管等效。低频通常是指频率低于几百千赫。在大信号工作时，不能用上述 h 参数等效电路来等效。

简化后的晶体管微变等效电路如图 7-15 所示。β 值通常可以通过查手册或测试得到，但 r_{be} 如何计算呢？画出晶体管内部结构示意图，如图 7-16a 所示，基极与发射极之间由三部分组成。基区体电阻 r'_{bb}，对于低频小功率管 r'_{bb} 约为 300Ω，高频小功率管时约为几十到一百欧。r'_e 为发射区体电阻，由于发射极重掺杂，故 r'_e 数值很小，一般可忽略不计。r_e 为发射结电阻。则输入等效电路如图 7-16b 所示。

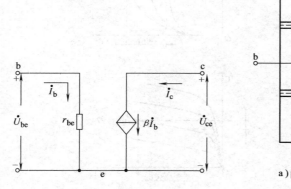

图 7-15 简化等效电路

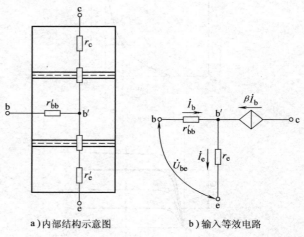

a）内部结构示意图   b）输入等效电路

图 7-16 r_{be} 估算等效电路

由输入等效电路，可以写出

$$\dot U_{be} = \dot I_b r'_{bb} + \dot I_e r_e$$

又

$$\dot I_e = (1 + \beta) \dot I_b$$

则

$$\dot U_{be} = \dot I_b r'_{bb} + (1 + \beta) \dot I_b r_e$$

故

$$r_{be} = \frac{\dot U_{be}}{\dot I_b} = r'_{bb} + (1 + \beta) r_e$$

其中，r_e 是发射结的动态电阻。由二极管的解析表达式(6-1)以及发射结正向偏置（对于硅管 $u > 0.7\mathrm{V}$）和常温情况下 $U_T \approx 26\mathrm{mV}$ 可知

$$i_E = I_S \left(e^{\frac{u}{U_T}} - 1 \right) \approx I_S e^{\frac{u}{U_T}}$$

$$\frac{1}{r_e} = \frac{di_E}{du} \approx \frac{1}{U_T} i_E$$

当用 Q 点切线代替 Q 点附近的曲线时

$$\frac{1}{r_e} \approx \frac{1}{U_T} I_{EQ}$$

则

$$r_e = \frac{26\text{mV}}{I_{EQ}\text{mA}} = \frac{26}{I_{EQ}} \Omega$$

r'_{bb} 对于小功率管而言约为 $100 \sim 300\Omega$，通常在分析时取 300Ω，所以有

$$r_{be} = 300 + (1 + \beta)\frac{26}{I_{EQ}} \tag{7-20}$$

7.3.4　3 种基本组态放大电路的分析

用微变等效电路对放大电路进行动态特性分析。用晶体管为主构成放大器有 3 种不同的接法，称为放大电路的 3 种基本组态，实际应用的放大电路都是由这 3 种基本放大电路的变形和组合而构成的。

一个放大电路的性能怎样，都是通过性能指标来描述的。我们先介绍描述放大电路常用的一些性能指标。

7.3.4.1　放大电路的性能指标

1. 电压放大倍数 $\dot{A}_u$

电压放大倍数（Amplification）$\dot{A}_u$ 是衡量放大电路电压放大能力的指标。它定义为输出电压的幅值与输入电压幅值之比，也称为增益（Gain）。

$$\dot{A}_u = \frac{\dot{U}_o}{\dot{U}_i} \tag{7-21a}$$

不考虑附加相移时

$$\dot{A}_u = \frac{U_o}{U_i} \tag{7-21b}$$

此外，有时也定义源电压放大倍数

$$\dot{A}_{us} = \frac{\dot{U}_o}{\dot{U}_s} \tag{7-22}$$

它表示输出电压与信号源电压之比。显然，当信号源内阻 $R_s = 0$ 时，$A_{us} = A_u$，A_{us} 就是考虑了信号源内阻 R_s 影响时的电压放大倍数。

2. 电流放大倍数 $\dot{A}_i$

A_i 定义为输出电流与输入电流之比，即

$$\dot{A}_i = \frac{\dot{i}_o}{\dot{i}_i} \tag{7-23}$$

A_i 越大表明电流放大能力越好。

3. 输入电阻 r_i

放大电路由信号源来提供输入信号，当放大电路与信号源相连时，就要从信号源索取电

流。取电流的大小表明了放大电路对信号源的影响程度，所以输入电阻(Input Resistance)是衡量放大电路对信号源的影响的指标。当信号频率不高时，不考虑电抗的效应，则

$$r_i = \frac{U_i}{I_i} \qquad (7\text{-}24)$$

对于多级放大电路，本级的输入电阻又构成前级的负载，表明了本级对前级的影响。对于输入电阻的要求视具体情况而不同。进行电压放大时，希望输入电阻要高；进行电流放大时，又希望输入电阻要低；有的时候又要求阻抗匹配，希望输入电阻为某一特殊数值，如 50Ω、75Ω、300Ω 等。

4. 输出电阻 r_o

从放大电路输出端看进去的等效电阻称为输出电阻(Output Resistance)。由微变等效电路求 r_o 的方法，一般是将输入电压信号源短路(或电流信号源开路)，注意应保留信号源内阻 R_s。然后在输出端外接一电压源 U_2(即用含受控源的戴维南等效电路法)，并计算出该电源供给的电流 I_2，则输出电阻由下式算出：

$$r_o = \frac{U_2}{I_2} \qquad (7\text{-}25)$$

输出电阻的高低表明了放大器所能带负载的能力。r_o 越小表明带负载能力越强。

实际中也可以通过实验的方法测得 r_o(戴维南定理)，测量出 r_o 后，放大电路可以等效为图7-17中点画线部分。

5. 通频带 f_{bw}

通频带(Bandwidth)是用于衡量放大电路对不同频率信号放大能力的参数。由于放大电路中电容、电感和半导体器件结电容等电抗元件的存在，在输入信号频率较低或较高时，放大倍数的数值会下降并产生相位移动。一般情况下，放大电路只适用于某一特定频率范围内的信号。图7-18为某放大电路放大倍数的数值与信号频率的关系曲线，称为幅频特性曲线，图中 $\dot{A}_m$ 为中频放大倍数。

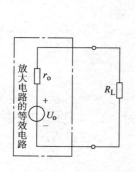

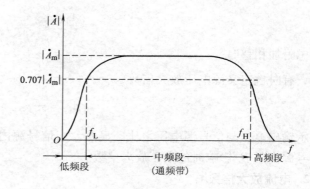

图7-17 戴维南等效电路

图7-18 放大电路的频率特性

在信号频率下降到一定程度时，放大倍数的数值明显下降，使放大倍数的数值等于 $0.707|\dot{A}_m|$ 的频率称为下限截止频率 f_L。信号频率上升到一定程度，放大倍数的数值也将减小，使放大倍数的数值等于 $0.707|\dot{A}_m|$ 的频率称为上限截止频率 f_H。f 小于 f_L 的部分称为放大电路的低频段，f 大于 f_H 的部分称为放大电路的高频段，而 f_L 与 f_H 之间形成的频带称为中频段，也称为放大电路的通频带 f_{bw}。

$$f_{bw} = f_H - f_L \tag{7-26}$$

通频带越宽，表明放大电路对不同频率信号的适应能力越强。当频率趋近于零或无穷大时，放大倍数的数值趋近于零。对于功率放大器（简称功放，音响设备，俗称扩音机），其通频带应宽于音频（20Hz~20kHz）范围，才能不失真地放大声音信号。在实用电路中有时也希望通频带尽可能窄，比如选频放大电路，从理论上讲，希望它只对单一频率的信号放大，以避免干扰和噪声的影响。

7.3.4.2 共发射极放大电路

共发射极放大电路如图7-19a所示，其微变等效电路如图7-19b所示。画微变等效电路时，把电容 C_1、C_2 和直流电源 U_{CC} 视为短路。

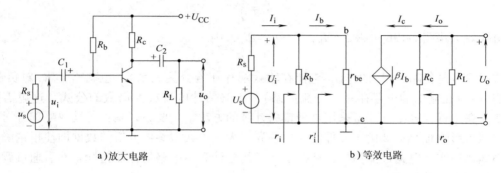

a）放大电路   b）等效电路

图7-19 共发射极放大电路及其微变等效电路

1. 电压放大倍数

$$\dot{A}_u = \frac{\dot{U}_o}{\dot{U}_i} \tag{7-27}$$

由图7-19b所示等效电路得

$$U_o = -\beta I_b R'_L \quad (其中 R'_L = R_c /\!/ R_L)$$

从输入回路得

$$U_i = I_b r_{be}$$

则

$$A_u = -\frac{\beta R'_L}{r_{be}} \tag{7-28}$$

讨论：

1）负号表示共发射极放大电路集电极输出电压与基极输入电压相位相反。

2）电压放大倍数与 β 以及静态工作点的关系。当静态工作点较低时，r'_{bb} 比较小，因此，$r_{be} = r'_{bb} + (1+\beta)\dfrac{26}{I_{EQ}} \approx (1+\beta)\dfrac{26}{I_{EQ}}$，又因为 $\beta \gg 1$，所以 $r_{be} \approx \beta\dfrac{26}{I_{EQ}}$，代入式（7-28）得

$$A_u \approx -\frac{I_{EQ}}{26}R'_L$$

当静态工作点较低时，电压放大倍数与 β 无关，而与静态工作点的电流 I_{EQ} 呈线性关系。增大 I_{EQ}，A_u 将增大。

当静态工作点很高时，如果满足 $r'_{bb} \gg (1+\beta)\dfrac{26}{I_{EQ}}$，则

$$A_u = -\frac{\beta R'_L}{r'_{bb}}$$

电压放大倍数与 β 呈线性关系，选 β 大的管子，A_u 线性增大。

当静态工作点在上述两者之间时，A_u 与 β 的关系较复杂，当 β 上升时，式(7-28)的分子、分母均增加，故对 A_u 的影响不明显，使 A_u 略上升；从式(7-28)也可以看出 A_u 与 I_{EQ} 的关系 $\left(\text{因为 } r_{be} = r'_{bb} + (1+\beta)\dfrac{26}{I_{EQ}}\right)$，$I_{EQ}$ 增大，分子不变，分母下降，所以 A_u 上升，但不是线性关系。

2. 电流放大倍数

$$\dot{A}_i = \frac{\dot{I}_o}{\dot{I}_i}$$

由等效电路图 7-19b 可得 $I_i \approx I_b$，$I_o \approx I_c = \beta I_b$，则

$$A_i = \beta \tag{7-29}$$

式(7-29)是忽略了 R_b 的作用(电流在输入端存在着分流关系)，也忽略了 R_c 对负载 R_L 的影响(电流在输出端也存在一个分流关系)，粗略估计电流放大倍数的公式。这里需要说明的是，在工程计算中，经常采用这种粗略计算的方法，主要原因是：①被忽略部分对整个分析的结果影响很小；②由于元件的参数差异很大，以典型参数分析的数据即使很精确也无法准确地描述实际电路性能指标。往往是通过粗略计算出电路的性能指标，然后通过调整电路参数达到设计的目的。

3. 输入电阻

由图 7-19 可以直接看出

$$r_i = R_b /\!/ r'_i$$

式中

$$r'_i = \frac{\dot{U}_i}{\dot{I}_b} = r_{be}$$

则

$$r_i = R_b /\!/ r_{be} \approx r_{be} \tag{7-30}$$

通常 $R_b \gg r_{be}$，所以 r_i 近似等于 r_{be}。

4. 输出电阻

根据含受控源戴维南定理等效电阻求法，令 $\dot{U}_s = 0$ 时，$\dot{I}_b = 0$，从而受控源 $\beta \dot{I}_b = 0$，外加电压源 U，求出相应电流 I，可得出等效电阻，本题可以直接得出

$$r_o = R_c$$

注意，因 r_o 常用来考虑电路的带负载能力，所以，求 r_o 时不应含 R_L（R_L 是负载）。

5. 源电压放大倍数

$$\dot{A}_{us} = \frac{\dot{U}_o}{\dot{U}_s} = \frac{\dot{U}_i}{\dot{U}_s}\frac{\dot{U}_o}{\dot{U}_i} = \frac{\dot{U}_i}{\dot{U}_s}\dot{A}_u$$

因为

$$\frac{\dot{U}_i}{\dot{U}_s} = \frac{r_i}{R_s + r_i}$$

故

$$\dot{A}_{us} = \frac{r_i}{R_s + r_i} \dot{A}_u \tag{7-31}$$

显然，考虑信号源的内阻时，放大倍数将下降。

7.3.4.3　共集电极放大电路

图 7-20a 是共集电极(Common-Collector)放大电路。信号从基极输入，射极输出，集电极是输入、输出的公共端。图 7-20b 为其微变等效电路。所谓共集电极放大电路，在基极输入、发射极输出，集电极为共用端。

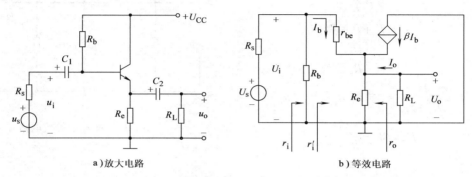

a)放大电路　　　　　　　　　　　b)等效电路

图 7-20　共集电极放大电路及其微变等效电路

1. 电压放大倍数

$$U_o = I_e R'_e = (1 + \beta) I_b R'_e \quad (其中 R'_e = R_e /\!/ R_L)$$
$$U_i = I_b r_{be} + (1 + \beta) I_b R'_e$$

所以有

$$A_u = \frac{U_o}{U_i} = \frac{(1 + \beta) R'_e}{r_{be} + (1 + \beta) R'_e} \tag{7-32}$$

通常

$$(1 + \beta) R'_e \gg r_{be}$$

所以有

$$A_u < 1 \quad 且 \quad A_u \approx 1$$

共集电极放大电路的电压放大系数小于 1 而接近于 1，且共集电极放大电路基极输入电压与射极的输出电压相位相同，所以又称为射极跟随器(Emitter Follower)。

2. 电流放大倍数

若考虑 $R_L = \infty$ 时，此时晶体管的输出作为放大电路的输出，则 $I_o = -I_e$，同时考虑到 $I_i \approx I_b$，则

$$A_i = \frac{I_o}{I_i} \approx \frac{-I_e}{I_b} = \frac{-(1 + \beta) I_b}{I_b} = -(1 + \beta) \tag{7-33}$$

尽管共集电极放大电路的电压放大倍数接近 1，但电路的输出电流要比输入电流大很多倍，所以电路有功率放大作用。

3. 输入电阻

$$r_i = R_b /\!/ r'_i$$

式中

$$r_i' = \frac{U_i}{I_b} = r_{be} + (1 + \beta) R_e'$$

$$r_i = R_b // [r_{be} + (1 + \beta) R_e'] \tag{7-34}$$

共集电极放大电路输入电阻高，这是该电路的特点之一。

4. 输出电阻

按戴维南等效电阻的计算方法，将信号源 u_s 短路，在输出端加电压源 U_2，其等效电路如图 7-21 所示。求出电流 I_2，则

$$r_o = \frac{U_2}{I_2}$$

$$I_2 = I' + I'' + I'''$$

$$I' = \frac{U_2}{R_e}$$

$$I'' = \frac{U_2}{R_s' + r_{be}} \quad (\text{其中 } R_s' = R_s // R_b)$$

$$I''' = \beta I'' = \frac{\beta U_2}{R_s' + r_{be}}$$

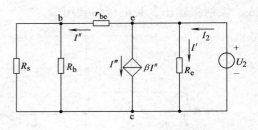

图 7-21 求 r_o 的等效电路

则

$$I_2 = \frac{U_2}{R_e} + \frac{(1 + \beta) U_2}{R_s' + r_{be}}$$

$$r_o = \frac{U_2}{I_2} = R_e // \frac{R_s' + r_{be}}{1 + \beta} \tag{7-35}$$

r_o 的值很小。输出电阻小也是共集电极放大电路的又一特点。

综合上述，共集电极放大电路是一个具有高输入电阻、低输出电阻、电压增益近似为1、输入相位与输出同相位的放大电路。所以共集电极放大电路常用做输入级、输出级，也可作为缓冲级，以隔离前后两级之间的相互影响。必须指出，由式(7-34)、式(7-35)可知，负载电阻 R_L 对输入电阻 r_i 有影响；信号源电阻 R_s 对输出电阻 r_o 有影响。在组成多级放大电路时，应特别注意上述关系。

7.3.4.4 共基极放大电路

共基极(Common-Base)放大电路如图 7-22a 所示，其微变等效电路如图 7-22b 所示。

共基极放大电路是基极作为共用端，信号从发射极输入、从集电极输出。

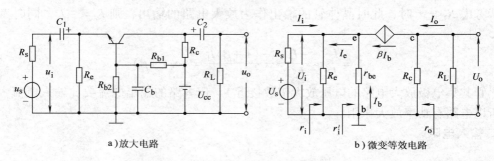

a) 放大电路 b) 微变等效电路

图 7-22 共基极放大电路及其微变等效电路

1. 电压放大倍数

$$U_o = -\beta I_b R'_L \quad （其中 R'_L = R_c // R_L）$$

$$U_i = -I_b r_{be}$$

则

$$A_u = \frac{U_o}{U_i} = \frac{\beta R'_L}{r_{be}} \tag{7-36}$$

其大小与共发射极放大电路相同，但输入和输出电压的相位是一致的。

2. 电流放大倍数

由图 7-22b 可知，若 $R_L = \infty$ 时，将晶体管的输出作为放大电路的输出，且忽略 R_e 上的分流，则有

$$I_o = I_c \qquad I_i \approx -I_e$$

所以有

$$A_i = \frac{I_o}{I_i} = \frac{I_c}{-I_e} = -\alpha \tag{7-37}$$

3. 输入电阻

$$r_i = R_e // r'_i$$

因为

$$r'_i = \frac{U_i}{-I_e}$$

又因为

$$U_i = -I_b r_{be} \qquad I_e = (1+\beta)I_b$$

所以有

$$r'_i = \frac{U_i}{-I_e} = \frac{-I_b r_{be}}{-(1+\beta)I_b} = \frac{r_{be}}{1+\beta}$$

故

$$r_i = R_e // \frac{r_{be}}{1+\beta} \approx \frac{r_{be}}{1+\beta} \tag{7-38}$$

与共发射极放大电路相比，其输入电阻减小到 $\frac{r_{be}}{1+\beta}$。

4. 输出电阻

由图 7-23a 求戴维南等效电路的开路电压，得

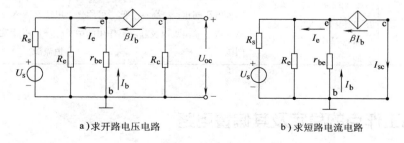

a）求开路电压电路　　　　　　　　b）求短路电流电路

图 7-23　求共基极放大电路的输出电阻

$$U_{oc} = -\beta I_b R_c$$

由图 7-23b 求戴维南等效电路的短路电流，得

$$I_{sc} = -\beta I_b$$

故输出电阻为

$$r_o = \frac{U_{oc}}{I_{sc}} = \frac{-\beta I_b R_c}{-\beta I_b} = R_c \tag{7-39}$$

7.3.4.5 3 种接法的比较

综上所述，晶体管放大电路的 3 种基本接法的特点归纳如下：

1）共发射极电路既能放大电流又能放大电压，输入电阻在 3 种电路中居中，输出电阻较大，频带较窄。常作为低频电压放大电路的单元电路。

2）共集电极电路只能放大电流不能放大电压，是 3 种接法中输入电阻最大、输出电阻最小的电路，并具有电压跟随特点。常用于电压放大电路的输入级和输出级，在功率放大电路中也常采用射极输出的形式。

3）共基极电路只能放大电压不能放大电流，输入电阻小，电压放大倍数和输出电阻与共发射极电路相当，频率特性是 3 种接法中最好的电路。常用于宽频带放大电路。

将上述 3 种基本放大电路列表进行比较，见表 7-1。

表 7-1 3 种基本放大电路比较

（设 $\beta = 50, r_{be} = 1.1k\Omega, r_{ce} = \infty, R_c = 3k\Omega, R_e = 3k\Omega, R_s = 3k\Omega, R_L = \infty$）

参数	接法	共 发 射 极	共 集 电 极	共 基 极
A_i	表达式	β	$-(1+\beta)$	$-\alpha$
	数值	50	-51	-0.98
A_u	表达式	$-\dfrac{\beta R_c}{r_{be}}$	$\dfrac{(1+\beta)R_e}{r_{be}+(1+\beta)R_e}$	$\dfrac{\beta R_c}{r_{be}}$
	数值	-136	0.993	136
r_i	表达式	r_{be}	$r_{be}+(1+\beta)R_e$	$r_{be}/(1+\beta)$
	数值	$1.1k\Omega$	$154k\Omega$	21.6Ω
r_o	表达式	R_c	$\dfrac{r_{be}+R_s}{1+\beta}$	R_c
	数值	$3k\Omega$	80.4Ω	$3k\Omega$
用途及特点		A_i 和 $|A_u|$ 均较大；输出电压与输入电压反相；r_i 和 r_o 适中，应用广泛	$|A_i|$ 较大，但 $A_u < 1$，输出电压与输入电压同相；r_i 高；r_o 低。可用做输入级、输出级以及起隔离作用的中间级	$A_i < 1$，但 A_u 较大，输出电压与输入电压同相；r_i 低；r_o 高。用于宽带放大或作为恒流源

7.4 静态工作点的稳定及其偏置电路

半导体器件是一种对温度十分敏感的器件，温度上升时反映在如下几个主要方面：

1）反向饱和电流 I_{CBO} 增加，穿透电流 $I_{CEO} = (1+\beta)I_{CBO}$ 也增加。反映在特性曲线上就是使特性曲线上移。

2）射-基电压 U_{BE} 下降，在外加电压和电阻不变的情况下，使基极电流 I_b 上升。

3）使晶体管的电流放大倍数 β 增大，使特性曲线间距增大。

综合起来，温度上升，将引起集电极电流 I_C 增加，使静态工作点随之变化（提高）。我们知道，静态工作点选择过高，将产生饱和失真，如图 7-24 所示，反之亦然。显然，不解决此问题，晶体管放大电路难于应用，冬天设计的电路，夏天可能工作不正常；北方设计的电路，到南方可能无法用。

解决办法可从两个方面入手：其一，使外界环境处于恒温状态，把放大电路置于恒温槽中，这种办法显然不现实；其二，使其在工作温度变化范围内，尽量减少静态工作点的变化。

由上述可知，静态工作点的变化集中在集电极电流 I_C 的变化。因此，静态工作点稳定的具体表现就是使 I_C 的稳定。为了克服 I_C 的漂移，可将集电极电流或电压变化量的一部分反馈到输入回路，影响基极电流 I_B 的大小，以补偿 I_C 的变化，这就是用负反馈法来稳定静态工作点。负反馈常用的电路有：电流反馈式偏置电路、电压反馈式偏置电路和混合反馈式偏置电路 3 种，其中最常用的是电流反馈式偏置电路，如图 7-25 所示。其中，C_e 是旁路电容（By-Pass Capacitor），对于直流，C_e 相当于开路；对于交流，C_e 相当于短路。该电路利用发射极电流 I_E 在 R_e 上产生的压降 U_E，调节 U_{BE}。当 I_C 因温度升高而增大时，流过电阻 R_e 的电流增大，所以 U_E 增大，在 U_B 不变时，U_{BE} 将减小，从而使 I_B 减小，$I_C = \beta I_B$ 也减小，达到静态工作点稳定的目的。由于 $I_E \approx I_C$，所以只要稳定 I_E，则 I_C 便稳定了。

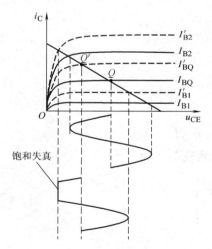

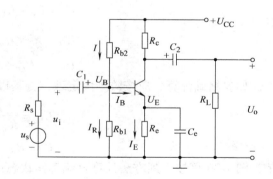

图 7-24　温度对 Q 点和输出波形的影响　　　图 7-25　电流反馈式偏置电路

稳定静态工作点的过程可表示如下：

$$T\uparrow \longrightarrow I_E\uparrow \longrightarrow I_E R_e\uparrow \longrightarrow U_{BE}\downarrow$$
$$I_E\downarrow \longleftarrow $$

电路要达到以上目的需做到：

1）要保持基极电位 U_B 恒定，使它与 I_B 无关，由图 7-25 可得

$$U_{CC} = (I_R + I_B) R_{b2} + I_R R_{b1}$$

若使 $I_R \gg I_B$，则

$$I_R \approx \frac{U_{CC}}{R_{b1} + R_{b2}}$$

$$U_B \approx \frac{R_{b1}}{R_{b1} + R_{b2}} U_{CC} \tag{7-40}$$

式(7-40)说明 U_B 与对温度敏感的晶体管无关，不随温度变化而变化，故 U_B 可以认为恒定不变。

2）由于 $I_E = \dfrac{U_E}{R_e}$，所以要稳定静态工作点，应使 U_E 不受 U_{BE} 的影响而恒定，因此需满足条件 $U_B \gg U_{BE}$，则

$$I_E = \frac{U_E}{R_e} = \frac{U_B - U_{BE}}{R_e} \approx \frac{U_B}{R_e} \tag{7-41}$$

具备上述条件后，就可以基本上认为晶体管的静态工作点与晶体管参数无关，达到稳定静态工作点的目的。同时，当选用不同 β 值的晶体管时，静态工作点也近似不变，有利于调试和生产。

实际中式(7-40)、式(7-41)满足如下关系：

$$I_R \geqslant (5 \sim 10) I_B \quad （硅管可以更小）$$

$$U_B \geqslant (5 \sim 10) U_{BE}$$

对于硅管，$U_B = 3 \sim 5\text{V}$；对于锗管，$U_B = 1 \sim 3\text{V}$。

对图 7-25 中静态工作点可按下述公式进行估算：

$$\left. \begin{aligned} U_B &= \frac{R_{b1}}{R_{b1} + R_{b2}} U_{CC} \\ U_E &= U_B - U_{BE} \\ I_{EQ} &= \frac{U_E}{R_e} \approx I_{CQ} \\ U_{CEQ} &\approx U_{CC} - I_{CQ} (R_c + R_e) \end{aligned} \right\} \tag{7-42}$$

如要精确计算，应按戴维南定理，将基极回路对直流等效为

$$\left. \begin{aligned} U_{BB} &= \frac{R_{b1}}{R_{b1} + R_{b2}} U_{CC} \\ R_b &= R_{b1} \mathbin{/\mkern-5mu/} R_{b2} \end{aligned} \right\} \tag{7-43}$$

依据图 7-26 可按下列方法计算直流工作状态：

$$I_B = \frac{U_{BB} - U_{BE}}{R_b + (1 + \beta) R_e}$$

$$I_C = \beta I_B$$

$$U_{CE} = U_{CC} - I_C (R_c + R_e)$$

对于静态工作点稳定电路图 7-25 进行动态分析，图 7-27 是它的微变等效电路，则

$$U_o = -\beta I_b R_L' \quad （其中 R_L' = R_c \mathbin{/\mkern-5mu/} R_L）$$

$$U_i = I_b r_{be}$$

所以有

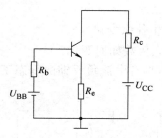

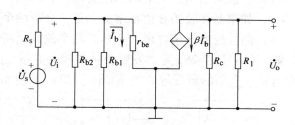

图 7-26 利用戴维南定理后的等效电路　　　　图 7-27 图 7-25 的微变等效电路

$$A_u = \frac{U_o}{U_i} = -\frac{\beta R_L'}{r_{be}}$$

输入电阻

$$r_i = R_{b1} // R_{b2} // r_{be}$$

输出电阻

$$r_o = R_c$$

例 7-4 设图 7-25 所示电路中 $U_{CC} = 24V$，$R_{b1} = 20k\Omega$，$R_{b2} = 60k\Omega$，$R_e = 1.8k\Omega$，$R_c = 3.3k\Omega$，$\beta = 50$，求静态工作点。

解 由式(7-42)可得

$$U_B = \frac{R_{b1}}{R_{b1} + R_{b2}} U_{CC} = \frac{20}{20 + 60} \times 24V = 6V$$

$$U_E = U_B - U_{BE} = (6 - 0.7)V = 5.3V$$

$$I_{CQ} \approx I_{EQ} = \frac{U_E}{R_e} = \frac{5.3}{1.8}mA \approx 2.9mA$$

$$I_{BQ} = \frac{I_{EQ}}{1 + \beta} \approx 58\mu A$$

$$U_{CEQ} = U_{CC} - I_{CQ}(R_c + R_e) = 24V - 2.9 \times 5.1V = 9.21V$$

例 7-5 图 7-28a、b 为两放大电路，已知晶体管的参数均为 $\beta = 50$，$r_{bb}' = 200\Omega$，$U_{BEQ} = 0.7V$，电路的其他参数如图 7-28 所示。

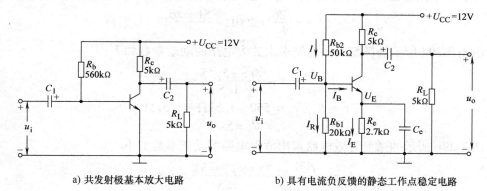

a) 共发射极基本放大电路　　　　　　b) 具有电流负反馈的静态工作点稳定电路

图 7-28 例 7-5 电路

（1）分别求出两放大电路的放大倍数和输入、输出电阻。

（2）如果晶体管的 β 值都增大一倍，分析两个 Q 点将发生什么变化。

（3）晶体管的 β 值都增大一倍，两个放大电路的电压放大倍数如何变化？

解 （1）图 7-28a 是共发射极基本放大电路，图 7-28b 是具有电流负反馈的静态工作点稳定电路。它们的微变等效电路如图 7-29a、b 所示。

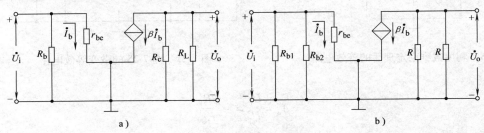

a)　　　　　　　　　　　　　b)

图 7-29　图 7-28 的微变等效电路

为求动态参数，首先得求它们的静态工作点。

图 7-28a 所示放大电路中

$$I_{BQ} = \frac{U_{CC} - U_{BE}}{R_b} = \frac{12 - 0.7}{560}\text{mA} \approx 0.02\text{mA}$$

$$I_{CQ} = \beta I_{BQ} = 50 \times 0.02\text{mA} = 1\text{mA}$$

$$U_{CEQ} = U_{CC} - I_{CQ}R_c = (12 - 1 \times 5)\text{V} = 7\text{V}$$

图 7-28b 所示放大电路中

$$U_B = \frac{R_{b1}}{R_{b1} + R_{b2}}U_{CC} = \frac{20}{20 + 50} \times 12\text{V} \approx 3.4\text{V}$$

$$U_E = U_B - U_{BE} = (3.4 - 0.7)\text{V} = 2.7\text{V}$$

$$I_{CQ} \approx I_{EQ} = \frac{U_E}{R_e} = \frac{2.7}{2.7}\text{mA} = 1\text{mA}$$

$$U_{CEQ} \approx U_{CC} - I_{CQ}(R_c + R_e) = (12 - 1 \times 7.7)\text{V} = 4.3\text{V}$$

$$I_{BQ} = \frac{I_{CQ}}{\beta} = \frac{1}{50}\text{mA} = 0.02\text{mA}$$

两个放大电路静态工作点处的 $I_{CQ}(I_{EQ})$ 值相同，且 r'_{bb} 和 β 也相同，则它们的 r_{be} 值均为

$$r_{be} = r'_{bb} + (1 + \beta)\frac{26}{I_{EQ}} = 200\Omega + \frac{51 \times 26}{1}\Omega \approx 1.5\text{k}\Omega$$

可由图 7-29a 所示的微变等效电路求出放大电路的动态参数如下：

$$A_u = -\frac{\beta R'_L}{r_{be}} = -\frac{50 \times (5 // 5)}{1.5} \approx -83.3$$

$$r_i = R_b // r_{be} = 560 // 1.5\text{k}\Omega \approx 1.5\text{k}\Omega$$

$$r_o = R_c = 5\text{k}\Omega$$

由图 7-29b 所示的微变等效电路求出放大电路的动态参数如下：

$$A_u = -\frac{\beta R'_L}{r_{be}} = -\frac{50 \times (5 // 5)}{1.5} = -83.3$$

$$r_i = r_{be} // R_{b1} // R_{b2} = 1.5 // 20 // 50\text{k}\Omega \approx 1.36\text{k}\Omega$$

$$r_o = R_c = 5\text{k}\Omega$$

可见上述两放大电路的 A_u 和 r_o 均相同，r_i 也近似相等。

（2）当 β 由 50 增大到 100 时，对于图 7-28a 所示放大电路，可认为 I_{BQ} 基本不变，即 I_{BQ} 仍为 0.02mA，此时有

$$I_{CQ} = \beta I_{BQ} = 100 \times 0.02\text{mA} = 2\text{mA}$$

$$U_{CEQ} = U_{CC} - I_{CQ}R_c = (12 - 2 \times 5)\text{V} = 2\text{V}$$

可见，β 增大后，共发射极基本放大电路的 I_{CQ} 增大，U_{CEQ} 减小，Q 点向近饱和区移动，对于本例，若 β 再增大，则晶体管进入饱和区，使电路不能进行线性放大。

对于图 7-28b 所示放大电路，当 β 增大时，U_B、U_E、I_{EQ}、I_{CQ}、U_{CEQ} 均没有变化，电路仍能正常工作，这也正是静态工作点稳定电路的优点。但此时 I_{BQ} 将减小。

$$I_{BQ} = \frac{I_{CQ}}{\beta} = \frac{1}{100}\text{mA} = 0.01\text{mA}$$

上述 Q 点的变化情况可用图 7-30 表示。

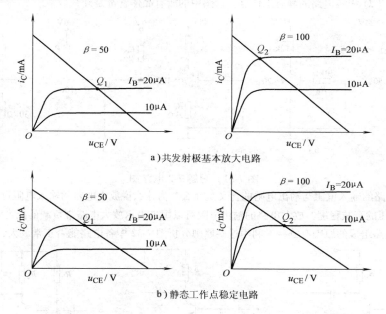

a）共发射极基本放大电路

b）静态工作点稳定电路

图 7-30　β 增大时两种共发射极放大电路 Q 点的变化情况

（3）两电路电压放大倍数的表达式是相同的，均为 $A_u = -\dfrac{\beta R_L'}{r_{be}}$，似乎 β 上升时其 $\dot{A}_u$ 均应同样比例地增大，实际并非如此。因为

$$r_{be} = r_{bb}' + (1+\beta)\frac{26}{I_{EQ}}$$

与静态工作点电流 I_{EQ} 有关。

对于图 7-28a，当 $\beta = 100$ 时，$I_{EQ} = 2\text{mA}$，则

$$r_{be} = 200\Omega + \frac{101 \times 26}{2}\Omega \approx 1.5\text{k}\Omega$$

$$A_u = -\frac{\beta R_L'}{r_{be}} = -\frac{100 \times (5 /\!/ 5)}{1.5} = -167$$

与 $\beta = 50$ 相比，r_{be} 几乎没变，$|A_u|$ 增大一倍。

对于图 7-28b，当 $\beta = 100$ 时，I_{EQ} 基本不变，仍为 1mA，则

$$r_{be} = 200\Omega + \frac{101 \times 26}{1}\Omega \approx 2.8\text{k}\Omega$$

$$A_u = -\frac{\beta R'_L}{r_{be}} = -\frac{100 \times (5 /\!/ 5)}{2.8} = -89.3$$

与 $\beta = 50$ 相比，r_{be} 增大了，但 $|\dot{A}_u|$ 基本不变。

其他静态工作点稳定的偏置电路，此处不再讲述。有兴趣的读者，可参考其他书。

习　题

7-1　什么是静态工作点？如何设置静态工作点？若静态工作点设置不当会出现什么问题？估算静态工作点时，应根据放大电路的直流通路还是交流通路？

7-2　试求图 7-31 中各电路的静态工作点。设图中的所有晶体管都是硅管。

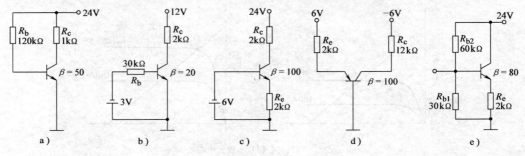

图 7-31　习题 7-2 电路图

7-3　放大电路的输入电阻与输出电阻的含义是什么？为什么说放大电路的输入电阻可以用来表示放大电路对信号源电压的衰减程度？放大电路的输出电阻可以用来表示放大电路带负载的能力吗？

7-4　放大电路组成的原则有哪些？利用这些原则分析图 7-32 中各电路能否正常放大，并说明理由。

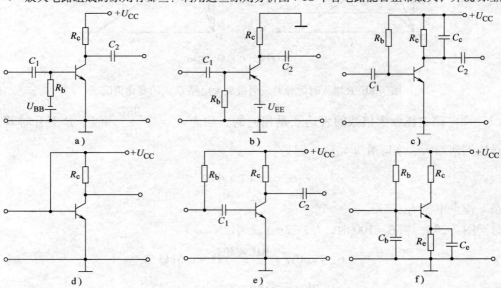

图 7-32　习题 7-4 电路图

7-5 晶体管的结电压为 0.7V，求图 7-33 所示电路中晶体管的 β 值。

7-6 求图 7-34 所示电路中的 I 和 U_o。其中晶体管的结压降为 0.7V，$\beta = 100$。

7-7 在放大电路中为什么经常用电容隔离信号源和负载？对于直流信号进行放大时这两个电容还需要吗？请予以说明。

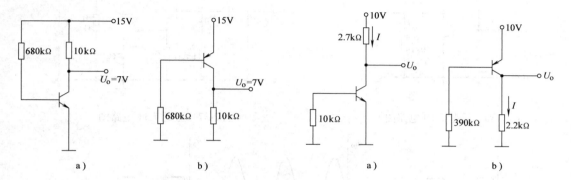

图 7-33 习题 7-5 电路图   图 7-34 习题 7-6 电路图

7-8 简单地描述求放大电路输出电阻的分析过程。

7-9 电路如图 7-35a 所示，晶体管的输出特性曲线如图 7-35b 所示。

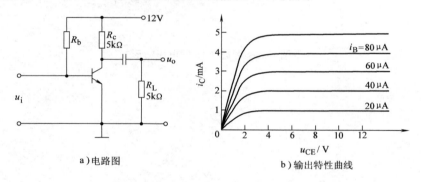

图 7-35 习题 7-9 电路图与输出特性曲线

（1）作出直流负载线。

（2）确定 R_b 分别为 10MΩ、560kΩ 和 150kΩ 时的 I_{CQ}、U_{CEQ}。

（3）当 $R_b = 560$kΩ，R_c 改为 20kΩ，Q 点将发生什么样的变化？晶体管工作状态有无变化？

7-10 电路如图 7-36 所示，设耦合电容的容量均足够大，对交流信号可视为短路，$R_b = 300$kΩ，$R_c = 2.5$kΩ，$U_{BE} = 0.7$V，$\beta = 100$，$r'_{bb} = 300$Ω。

（1）试计算该电路的 A_u、r_i、r_o。

（2）若将输入信号的幅值逐渐增大，在示波器上观察输出波形时，将首先出现哪一种失真？

（3）若将电阻调整合适的话，在输出端用电压表测出的最大不失真电压的有效值是多少？

7-11 图 7-37 是一个共发射极放大电路。

（1）画出它的直流通路并求 I_{EQ}，然后求 r_{be}，设 $U_{BE} = 0.7$V，$\beta = 100$，$r'_{bb} = 300$Ω。

（2）计算 A_u、r_i、r_o 的值。

7-12 共集电极放大电路有哪些特点？共基极放大电路有何特点？试将 3 种组态放大电路的性能进行比较，说明各电路的适用场合。

7-13 用示波器分别测得某 NPN 型管的共发射极基本放大电路的 3 种不正常输出电压波形如图 7-38 所示。试分析各属于何种失真？如何调整电路参数来消除失真？

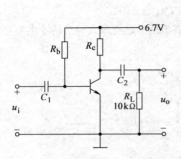

图 7-36 习题 7-10 电路图

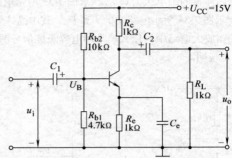

图 7-37 习题 7-11 电路图

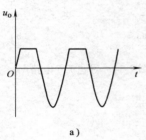

a）

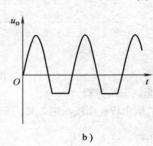

b）

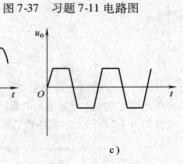

c）

图 7-38 习题 7-13 的电压波形

第8章 负反馈放大电路

上一章介绍了几种基本放大电路分析方法和性能参数计算。但在实际工作中,对放大电路的性能要求是多种多样的,基本放大电路往往不能满足实际应用的需要。例如,如何增加放大电路的输入电阻?如何使输出电流尽可能稳定?如何保证输出电压随负载变化波动较小?如何减小电路元件参数的变化对电路性能的影响?等等。要解决这些问题就必须在电路中引入负反馈,引入反馈的放大电路称为反馈放大电路(Feedback Amplifiers)。反馈放大电路分为正反馈(Positive Feedback)电路和负反馈(Negative Feedback)电路。正反馈主要用于振荡电路(Oscillator),在放大电路中常用的是负反馈电路,它对改善放大电路性能起着非常重要的作用。几乎所有的实际放大电路都引入负反馈。什么是负反馈?它对电路的性能有哪些改善?具有负反馈的放大电路又如何计算性能指标?这些都是本章要介绍的主要内容。

8.1 反馈的基本概念

8.1.1 反馈的定义

所谓反馈就是将放大电路的输出量(电压或电流)的部分或全部,通过一定的方式送回到放大器的输入端。可用图 8-1 所示框图表示。上一方框表示基本放大电路;下一方框表示将输出信号传送到输入回路所经过的电路,称之为反馈网络(Feedback Network)。箭头表示信号的传送方向,符号"$\otimes$"表示信号的叠加,输入量 X_i 和反馈量 X_f 经过叠加后得到净输入信号 X_i'。放大电路与反馈网络组成一个封闭系统,将引入了反馈的放大电路称为闭环(Closed-Loop)放大电路,而未引入反馈的基本放大电路称为开环(Open-Loop)放大电路。

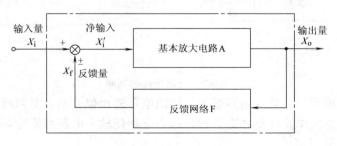

图 8-1　反馈放大电路框图

在没有反馈 X_f 时,$X_i' = X_i$,称 $A = \dfrac{X_o}{X_i}$ 为开环放大倍数。否则,$X_i' = X_i \pm X_f$,X_f 的正、负决定了净输入信号 X_i' 的大小,称 $A_f = \dfrac{X_o}{X_i} = \dfrac{X_o}{X_i' \mp X_f}$ 为闭环放大倍数。

8.1.2 反馈的分类和判断

8.1.2.1 按反馈的极性分类

负反馈：反馈信号 X_f 使净输入信号 X_i' 减小、闭环放大倍数 $|A_f|$ 下降，用于改善放大器的性能。

正反馈：反馈信号 X_f 使净输入信号 X_i' 增大、放大倍数 $|A_f|$ 上升，用于振荡电路。

依据正、负反馈定义，判断正、负反馈的思路就是看反馈量使净输入量 X_i' 增大还是减小。使 X_i' 增大是正反馈，否则是负反馈。

判断正、负反馈一般采用瞬时极性法。具体做法是：首先将反馈网络与放大电路输入端断开，其次假定输入信号有一个正极性（增加）的变化，用符号"＋"表示，再看反馈回路的量是正极性"＋"还是负极性"－"，最后根据反馈使净输入增加还是减小判断正、负反馈。

图 8-2a 所示放大电路中，由于 R_e 位于输出回路和输入回路，R_e 采样输出电流 $u_e = i_e R_e$，以电压 u_e 形式反映到输入回路，当输入 u_i "＋" $\rightarrow i_b$ "＋" $\rightarrow i_e$ "＋" $\rightarrow u_f = u_e = i_e R_e$ "＋"，使净输入 $u_{be} = u_i - u_f$ 减小，故是负反馈。

图 8-2b 所示放大电路中，R_f 将输出电压反馈到输入端，经两级放大后 u_o 与 u_i 极性相同，所以当输入 u_i "＋"，则 u_o "＋"，反馈电流的 i_f "＋"，则净输入 $i_b = i_i + i_f$，故为正反馈。

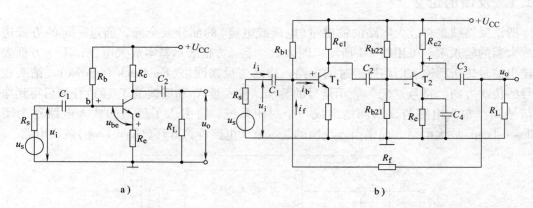

图 8-2　反馈极性的判断

由上判断过程可看出，放大电路输入、输出电压的相位关系，对判断正、负反馈十分重要。由于负反馈对放大电路性能才有改善，而正反馈使放大电路性能变坏，所以正、负反馈的判别一定要掌握好。

8.1.2.2 按交直流性质分类

直流反馈：若反馈到输入回路的信号是直流成分，则称为直流反馈。直流负反馈主要用于稳定静态工作点。

交流反馈：若反馈到输入回路的信号是交流成分，则称为交流反馈。交流负反馈主要用于放大电路的性能改善。

仅在直流通路中存在的反馈称为直流反馈；仅在交流通路中存在的反馈称为交流反馈。在大多数电路中，往往是交、直流反馈兼而有之。图 8-2a 中 R_e 上电压就既有直流量又有交流量，因而电路中既引入了直流反馈又引入了交流反馈。图 8-2b 中的 R_e 在交流情况下被 C_4 短路，所以只存在直流反馈。

8.1.2.3 按输出端取样对象分类

电压反馈：反馈信号的取样对象是输出电压。其特点是反馈信号与输出电压成正比关系，即电压反馈是将输出电压一部分或全部按一定方式反馈回输入端。

电流反馈：反馈信号取样对象为输出电流。其特点是反馈信号与输出电流成正比，即电流反馈是输出电流的一部分或全部按一定方式反馈到输入回路。

根据其特点可判断电流、电压反馈。假设将输出端短路，若反馈仍存在，说明反馈与输出电压不是成正比关系，故应为电流反馈；否则，则为电压反馈。

另一种判断电流、电压反馈的方法是根据电路的结构。电流反馈应取样输出电流，因此，取样电路(反馈网络与输出端的连接)是串联在输出回路中，故反馈端与输出端不为晶体管的同一极；电压反馈是取样输出电压，故反馈网络是并联接在输出回路，反馈端与输出端为晶体管同一极。上述关系如图 8-3 所示，即反馈端与输出端在晶体管同一极为电压反馈，反馈端与输出端在晶体管不同极为电流反馈。

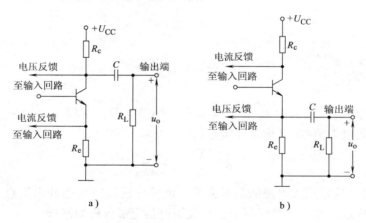

图 8-3 电流反馈与电压反馈

8.1.2.4 按输入端接入方式分类

串联反馈：反馈信号以电压形式串联接在输入回路中、以电压形式叠加决定净输入电压信号，即 $u_i' = u_i - u_f$。从电路结构上看，反馈信号与输入信号不在晶体管同一极，如图 8-4 所示。

并联反馈：反馈信号是并联接在输入回路中、以电流形式在输入端叠加决定净输入电流信号，即 $i_i' = i_i - i_f$。从电路结构上看，反馈信号与输入信号在晶体管同一极，如图 8-4 所示。

串联、并联反馈对信号源内阻 R_s 的要求是不同的。为使反馈效果好，串联反馈要求 R_s

越小越好，当 R_s 很大时，串联反馈效果趋于零。同理，并联反馈则要求 R_s 越大越好。

由于在放大电路中主要是使用负反馈，所以本章主要讨论负反馈。按采样和与输入端的连接不同，负反馈放大电路可分为4种反馈组态（Feedback Configuration），即串联电压（Voltage-Series）负反馈、串联电流（Current-Series）负反馈、并联电压（Voltage-Parallel）负反馈和并联电流（Current-Parallel）负反馈。

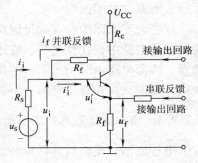

图 8-4　串联反馈与并联反馈

8.2　负反馈的4种组态

8.2.1　反馈的一般表达式

反馈放大电路的框图如图 8-1 所示。

基本放大电路的放大倍数（又称开环增益）为

$$A = \frac{X_o}{X_i'} \tag{8-1}$$

反馈网络的反馈系数（Feedback Factor）为

$$F = \frac{X_f}{X_o} \tag{8-2}$$

由于

$$X_i' = X_i - X_f \tag{8-3}$$

所以

$$X_o = A(X_i - X_f) = A(X_i - FX_o) = AX_i - AFX_o$$

故反馈放大电路的放大倍数（又称闭环增益）为

$$A_f = \frac{X_o}{X_i} = \frac{A}{1 + AF} \tag{8-4}$$

式（8-4）反映了反馈放大电路的基本关系，也是分析反馈问题的出发点。$(1 + AF)$ 是描述反馈强弱的物理量，称为反馈深度，它是反馈电路定量分析的基础。

下面结合具体电路，对4种组态进行分析。

8.2.2　串联电压负反馈

电路如图 8-5a 所示，为一个两级 RC 耦合放大电路。

该电路输出电压 u_o 通过电阻 R_f 和 R_{e1} 分压后送回到第一级放大电路的输入回路。当 $u_o = 0$ 时，反馈电压 u_f 就消失了，所以是电压反馈。由于在输入回路中，输入信号 u_i 和反馈信号 u_f 是串联的，故是串联反馈。用瞬时极性法判别其正、负反馈：输入"+"信号，经两级反相后 u_o 也是"+"，经 R_f、R_{e1} 分压后使 VT$_1$ 管的射极电压也上升，削弱了输入信号的作用，所以是负反馈。用框图表示，如图 8-5b 所示。

对于串联电压负反馈，因为输出是电压，反馈回来的是以电压形式加在输入端，故基本

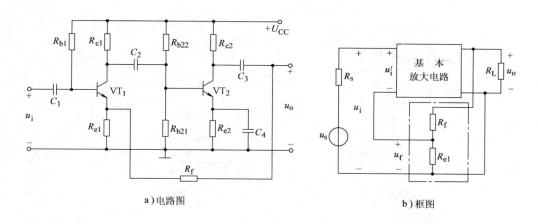

a）电路图　　　　　　　　　　　b）框图

图 8-5　串联电压负反馈放大电路

电路的放大倍数（开环放大倍数）为

$$\dot{A}_u = \frac{\dot{U}_o}{\dot{U}_i'} \quad （电压放大倍数）$$

反馈系数为

$$\dot{F}_u = \frac{\dot{U}_f}{\dot{U}_o}$$

闭环放大倍数为

$$\dot{A}_{uf} = \frac{\dot{A}_u}{1 + \dot{F}_u \dot{A}_u} \tag{8-5}$$

由于是电压负反馈，所以它对输出电压有稳定作用。当 u_i 为某一固定值时，由于晶体管参数或负载电阻的变化使 u_o 减小，则 u_f 也随之减小，结果使净输入电压 $u_i' = u_i - u_f$ 增大，因而 u_o 将增加，故电压负反馈使 u_o 基本不变。用下述方法可描述上述过程：

$$R_L\!\downarrow\ \longrightarrow\ u_o\!\downarrow\ \longrightarrow\ u_f\!\downarrow\ \longrightarrow\ u_i'\!\uparrow$$
$$u_o\!\uparrow$$

8.2.3　串联电流负反馈

电路如图 8-6a 所示。该电路实际上是一个静态工作点稳定电路。发射极的电阻 R_f 将输出回路的电流 i_e 送回到输入回路中去。当将输出端短路（即 $u_o = 0$）时，仍有电流流过 R_f，反馈仍存在，所以是电流反馈。反馈极性判断（Feedback Polarity Examination），仍采用瞬时极性法。输入为"＋"时，电流增大，R_f 上电压增大，故 u_e 上升，它抵消了输入信号的作用，因此是负反馈。

串联电流负反馈的框图如图 8-6b 所示。

因为采样输出电流，反馈电路是以电压形式在输入回路叠加，故基本放大电路的放大倍数为

$$\dot{A}_g = \frac{\dot{I}_o}{\dot{U}_i'} \quad （互导放大倍数，电导量纲）$$

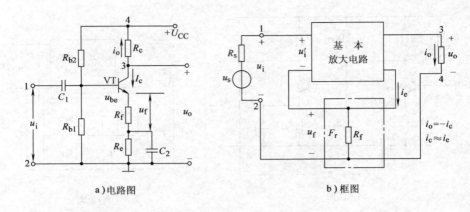

a）电路图 b）框图

图 8-6 串联电流负反馈放大电路

$$\dot{F}_r = \frac{\dot{U}_f}{\dot{I}_o} \quad （电阻量纲）$$

$$\dot{A}_{gf} = \frac{\dot{A}_g}{1 + \dot{F}_r \dot{A}_g} \tag{8-6}$$

由于是电流负反馈，所以稳定了输出电流。比如更换晶体管或温度变化，使晶体管的 β 值增大，则输出电流 i_o（或 i_e）将增大，u_f 也随之增大，结果使净输入 u_i' 下降，使输出电流下降，也就使得 i_o 基本保持不变，即

$$\beta\uparrow \longrightarrow i_o\uparrow \longrightarrow u_f\uparrow \longrightarrow u_i'\downarrow \longrightarrow i_b\downarrow$$
$$i_o\downarrow$$

8.2.4 并联电压负反馈

如图 8-7a 所示，它实质是一个共发射极基本放大电路，在 c、b 极间接入电阻 R_f 引入反馈。按前面判断反馈类型的方法来判断反馈的组态。下面按图 8-3、图 8-4 所示电路结构的特点判断反馈的组态。该电路从输出回路看，反馈的引出端与电压输出端是晶体管同一极，故为电压反馈；从输入回路看，反馈引入点与信号输入端为晶体管同一极，故为并联反馈。用瞬时极性判断法来判断是正反馈还是负反馈：输入信号"＋"，反馈的作用使同一点为"－"，故削弱了输入信号的作用，为负反馈。框图如图 8-7b 所示。

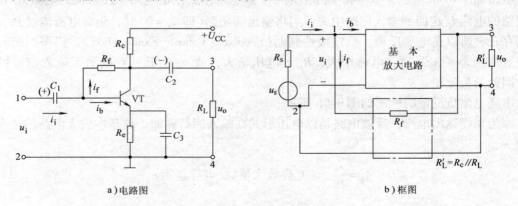

a）电路图 b）框图

图 8-7 并联电压负反馈放大电路

并联电压负反馈的放大倍数关系如下：

$$\dot{A}_r = \frac{\dot{U}_o}{\dot{I}_i} = \frac{\dot{U}_o}{\dot{I}_b} \quad （互阻放大倍数,电阻量纲）$$

$$\dot{F}_g = \frac{\dot{I}_f}{\dot{U}_o} \quad （电导量纲）$$

闭环放大倍数为

$$\dot{A}_{rf} = \frac{\dot{A}_r}{1 + \dot{F}_g \dot{A}_r} \tag{8-7}$$

由于是电压负反馈，与前分析一样，它稳定了输出电压。

8.2.5 并联电流负反馈

电路如图 8-8a 所示，反馈通过电阻 R_f，从输出级发射极引入到输入级的基极。由于反馈的引出端与输出电压端不是晶体管同一极，故为电流反馈；反馈引入端与输入信号端为晶体管同一极，故为并联反馈。按瞬时极性法判断是负反馈。框图如图 8-8b 所示。

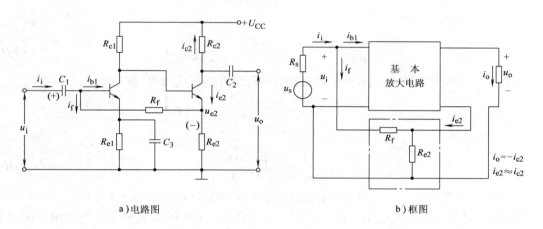

a）电路图   b）框图

图 8-8 并联电流负反馈放大电路

同样，由于是电流负反馈，所以稳定输出电流。

并联电流负反馈的放大倍数关系如下：

$$\dot{A}_i = \frac{\dot{I}_o}{\dot{I}_i} \quad （电流放大倍数）$$

$$\dot{F}_i = \frac{\dot{I}_f}{\dot{I}_o}$$

闭环放大倍数

$$\dot{A}_{if} = \frac{\dot{A}_i}{1 + \dot{F}_i \dot{A}_i} \tag{8-8}$$

综合上述，以上 4 种不同组态的反馈电路，其放大倍数具有不同的量纲，有电压放大倍数、电流放大倍数，也有互阻放大倍数和互导放大倍数。绝不能都认为是电压放大倍数，为了严格区分这 4 种不同含义的放大倍数，在用符号表示时加上了不同的脚注，相应地，4 种不同组态的反馈系数也用不同的下标表示出来。

8.3 负反馈对放大电路性能的影响

负反馈虽使放大电路的放大倍数下降，但对放大电路其他方面的性能有所改善，故应用十分广泛。本节分析负反馈对放大电路的哪些性能产生影响，使电路的性能得到何种改善，以及其改善程度与反馈深度有何关系。

8.3.1 提高放大倍数的稳定性

前面已提到电压负反馈能够稳定输出电压，电流负反馈能够稳定输出电流。这样，在放大电路输入信号一定的情况下，其输出受电路参数变化、电源电压波动和负载电阻改变的影响较小，即提高了放大倍数的稳定性。其定量关系如下：

由式(8-4)得

$$A_f = \frac{A}{1 + AF}$$

A_f 对 A 求导，则得

$$\frac{dA_f}{dA} = \frac{(1 + AF) - AF}{(1 + AF)^2} = \frac{1}{(1 + AF)^2} \tag{8-9}$$

实际中，常用相对变化量来表示放大倍数的稳定性，将式(8-9)改写成下式：

$$dA_f = \frac{dA}{(1 + AF)^2}$$

用 A_f 除两端后得

$$\frac{dA_f}{A_f} = \frac{1}{1 + AF} \frac{dA}{A} \tag{8-10}$$

从式(8-10)可看出，引入负反馈后，放大倍数的稳定性提高了 $(1 + AF)$ 倍。

例 8-1　某负反馈放大电路，其 $A = 10^4$，反馈系数 $F = 0.01$。如由于某些原因，使 A 变化了 $\pm 10\%$，求 A_f 的相对变化量是多少。

解　由式(8-10)可得

$$\frac{dA_f}{A_f} = \frac{1}{1 + 10^4 \times 0.01} \times (\pm 10\%) \approx \pm 0.1\%$$

即 A 变化 $\pm 10\%$ 的情况下，A_f 只变化 $\pm 0.1\%$。

例 8-2　对一个串联电压负反馈放大电路，若要求 $A_{uf} = 100$，当基本放大电路放大倍数 A_u 变化 10% 时，闭环增益变化不超过 0.5%，求 A_u 及反馈系数 F。

解　由式(8-10)可得

$$1 + A_u F_u = \frac{\dfrac{\Delta A_u}{A_u}}{\dfrac{\Delta A_{uf}}{A_{uf}}} = \frac{10}{0.5} = 20$$

因此

$$A_u F_u = 19$$

又因为

$$A_{uf} = \frac{A_u}{1 + A_u F_u}$$

所以

$$A_u = (1 + A_u F_u) A_{uf} = 20 \times 100 = 2000$$

则反馈系数为

$$F_u = \frac{19}{A_u} = \frac{19}{2000} = 0.0095$$

8.3.2 减小非线性失真和抑制干扰、噪声

由于放大电路中存在着非线性器件,所以即使输入信号 X_i 为正弦波,输出也不一定是正弦波,往往会产生非线性失真。引入负反馈以后,非线性失真将会减小。

假定原放大电路产生了非线性失真,如图 8-9a 所示。输入为正、负对称的正弦波,输出是正半周大、负半周小的失真波形。引入负反馈以后,输出端的失真波形反馈到输入端,与输入波形叠加以后就会导致净输入信号成正半周小、负半周大的波形。此波形经放大以后,使得输出端的正、负半周波形之间的差异减小,从而减小了放大电路输出波形的非线性失真,如图 8-9b 所示。

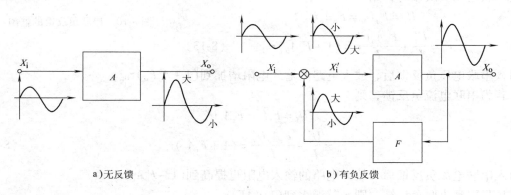

a)无反馈　　　　　　　　　　　　　　b)有负反馈

图 8-9　负反馈减小非线性失真

需要指出的是,负反馈只能减小本级放大器所产生的非线性失真,而对输入信号本身存在的非线性失真,负反馈无能为力。

可以证明,加入负反馈以后,放大电路的非线性失真减小到 $\gamma/(1 + AF)$。γ 为无反馈时的非线性失真系数。

同样道理,采用负反馈也可以抑制放大电路自身产生的噪声,其关系为 $N/(1 + AF)$。N 为无反馈的噪声系数。

但必须指出的是,引入负反馈后,噪声系数减小到 $N/(1 + AF)$,但输入信号也将按同样的规律减小,结果在输出端的输出信号与噪声之比(称为信噪比)并没有提高,因此为了提高信噪比,必须同时提高有用信号的输入,这就要求信号源有足够的负载能力。

采用负反馈,也可以抑制干扰信号,但若干扰信号混在输入信号中,负反馈也无济

于事。

8.3.3 负反馈对输入电阻的影响

负反馈对输入电阻的影响，只与反馈网络和基本放大器的连接方式有关，而与输出端的反馈方式无关，即仅取决于是串联反馈还是并联反馈。

8.3.3.1 串联负反馈使输入电阻提高

图 8-10 为串联负反馈的框图，r_i 为无负反馈时放大电路的输入电阻，即

$$r_i = \frac{U_i'}{I_i} \qquad (8-11)$$

有负反馈时的输入电阻 r_{if} 应为无负反馈时的输入电阻 r_i 与反馈网络的等效电阻 r_f 之和，即

$$r_{if} = r_i + r_f > r_i$$

其定量关系如下：

$$r_{if} = \frac{U_i'}{I_i} + \frac{U_f}{I_i} \qquad (8-12)$$

当是串联电压负反馈时，则

$$U_f = F_u U_o = F_u A_u U_i'$$

$$r_{if} = \frac{U_i'}{I_i} + \frac{F_u A_u U_i'}{I_i} = (1 + F_u A_u) r_i \qquad (8-13)$$

即引入串联电压负反馈后，放大电路的输入电阻增加到 $(1 + A_u F_u) r_i$。

若为串联电流负反馈，则

$$U_f = F_r \dot{I}_o = F_r A_g \dot{U}_i'$$

$$r_{if} = \frac{U_i'}{I_i} + \frac{F_r A_g U_i'}{I_i} = (1 + F_r A_g) r_i \qquad (8-14)$$

即引入串联电流负反馈后，放大电路的输入电阻也提高到 $(1 + F_r A_g) r_i$。

故只要是串联负反馈，则 r_{if} 就增大到 $(1 + AF) r_i$。

但应当指出的是，当考虑到偏置电阻 R_b 时，输入电阻应为 $r_{if} /\!/ R_b$，故输入电阻的提高，受到 R_b 的限制，当 R_b 值较小时，则输入电阻取决于 R_b 的值。

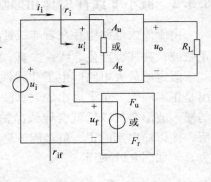

图 8-10　串联负反馈的框图

8.3.3.2 并联负反馈使输入电阻减小

图 8-11 为并联负反馈的框图，r_i 为无反馈时的放大电路的输入电阻，即

$$r_i = \frac{U_i}{I_i'} \qquad (8-15)$$

引入并联负反馈后，放大电路的输入电阻 r_{if} 等于无反馈时的输入电阻 r_i 与反馈网络等效电阻 r_f 并联，即

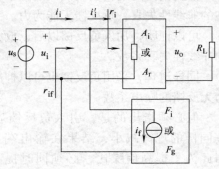

图 8-11　并联负反馈的框图

$$r_{if} = r_i /\!/ r_f$$

$$r_{if} = \frac{r_i r_f}{r_i + r_f}$$

并联电压负反馈网络的输入电阻为

$$r_f = \frac{U_i}{I_f}$$

其中

$$I_f = F_g U_o = F_g A_r I'_i$$

故

$$r_f = \frac{U_i}{F_g A_r I'_i} = \frac{r_i}{F_g A_r}$$

$$r_{if} = \frac{r_i \dfrac{r_i}{F_g A_r}}{r_i + \dfrac{r_i}{F_g A_r}} = \frac{r_i}{1 + F_g A_r} \tag{8-16}$$

引入并联电压负反馈后,其输入电阻减小到 $r_i/(1 + F_g A_r)$。

若引入的是并联电流负反馈,则 $I_f = F_i I_o = F_i A_i I'_i$

故

$$r_f = \frac{\dot{U}_i}{F_i A_i \dot{I}'_i} = \frac{r_i}{F_i A_i}$$

$$r_{if} = \frac{r_i \dfrac{r_i}{F_i A_i}}{r_i + \dfrac{r_i}{F_i A_i}} = \frac{r_i}{1 + F_i A_i} \tag{8-17}$$

所以引入并联电流负反馈后,其输入电阻也减小到 $r_i/(1 + F_i A_i)$。

综合上述,只要是并联负反馈,由于 $r_{if} = r_i /\!/ r_f$,故 r_{if} 将降低到 $\dfrac{r_i}{1 + AF}$。

8.3.4 负反馈对输出电阻的影响

负反馈对输出电阻的影响取决于反馈网络与放大电路在输出端的反馈方式,而与输入端的连接方式无关。

8.3.4.1 电压负反馈使输出电阻减小

将放大电路输出端用戴维南定理等效为电压源串电阻形式,如图 8-12 中点画线框内部分所示。r_o 为无反馈时放大器的输出电阻,按求输出电阻的方法,令输入信号为零($u_i = 0$ 或 $i_i = 0$)时,在输出端(不含负载电阻 R_L)外加电压 u_o,则无论是串联反馈还是并联反馈,$X'_i = -X_f$(因为 $X_i = 0$)均成立。故

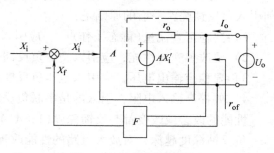

图 8-12 电压负反馈框图

171

$$AX_i' = -X_f A = -U_o FA$$

$$I_o = \frac{U_o - AX_i'}{r_o} = \frac{U_o + U_o AF}{r_o} = \frac{U_o(1 + AF)}{r_o}$$

$$r_{of} = \frac{U_o}{I_o} = \frac{r_o}{1 + AF} \tag{8-18}$$

可见，引入电压负反馈使输出电阻减小到 $r_o/(1 + AF)$。不同的反馈形式，其 A、F 的含义不同。串联负反馈 $F = F_u = U_f/U_o$，$A = A_u = U_o/U_i'$；并联负反馈 $F = F_g = I_f/U_o$，$A = A_r = U_o/I_i'$。

8.3.4.2 电流负反馈使输出电阻增大

将放大器输出端用电流源等效，如图 8-13 所示。令输入信号为零，在输出端外加电压，则 $X_i' = -X_f$，有

$$I_o = AX_i' + \frac{U_o}{r_o}$$

$$AX_i' = -AX_f = -FAI_o$$

代入合并得

$$(1 + AF)I_o = \frac{U_o}{r_o}$$

所以

$$r_{of} = \frac{U_o}{I_o} = (1 + AF)r_o \tag{8-19}$$

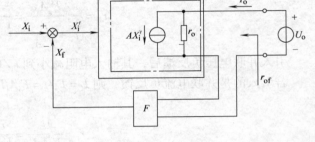

图 8-13 电流负反馈框图

可见，引入电流负反馈，使输出电阻增大到 $(1 + AF)r_o$。同样的反馈形式，其 A、F 的含义不同。串联负反馈 $F = F_r = U_f/I_o$，$A = A_g = I_o/U_i'$；并联负反馈 $F = F_i = I_f/I_o$，$A = A_i = I_o/I_i$。需要指出的是，电流负反馈使输出电阻增大，但考虑到 R_c 时，输出电阻为 $r_{of} /\!/ R_c$，故总的输出电阻增加不多，但当 $R_c \ll r_{of}$ 时，则放大电路的输出电阻仍然近似等于 R_c。

综上所述：

1）引入负反馈后对输入电阻的影响。若为串联负反馈则提高输入电阻，若为并联负反馈则减小输入电阻，其提高或减小的程度取决于反馈深度 $(1 + AF)$。

2）引入负反馈后对输出电阻的影响。若为电压负反馈则使输出电阻减小，若为电流负反馈则使输出电阻增大，其减小或增大的程度取决于反馈深度 $(1 + AF)$。

以上分析了引入反馈后对放大电路性能的改善及影响。为改善放大电路的某些性能应如何引入负反馈呢？一般的原则是：

1）要稳定直流量（静态工作点），应引入直流负反馈。

2）要改善交流性能，应引入交流负反馈。

3）要稳定输出电压，应引入电压负反馈；要稳定输出电流，需引入电流负反馈。

4）要提高输入电阻，引入的是串联负反馈；要减小输入电阻，则引入并联负反馈。

性能的改善或改变都与反馈深度 $(1 + AF)$ 有关，且均是以牺牲放大倍数为代价。

负反馈深度越深，对放大电路的性能改善越好，但负反馈放大器在一定的条件下可能转变为正反馈，从而产生自激振荡现象，使放大电路无法进行放大，性能改善也就失去意义。

其原因是:在讨论负反馈放大器时,只考虑了放大器处于中频范围的相移情况,而在高频区和低频区会出现一个附加相移 $\Delta\phi$(或增加或减小),单级放大电路中的附加相移最大可达 $\pm 90°$,两级放大电路的最大附加相移可达 $\pm 180°$,依此类推。由于在负反馈放大器中存在随频率变化的附加相移,所以有可能使按中频范围设计的放大器,在高频或低频区的某一频率上恰使附加相移达到 $180°$,从而使负反馈变成正反馈,且反馈越深,产生自激振荡的可能性越大。

8.4 负反馈放大电路的计算

对于复杂的放大电路,可用等效电路来求解放大倍数、输入和输出电阻等指标。放大电路在引入负反馈以后,由于增加了输入与输出之间的反馈网络,使电路在结构上出现多个回路和多个节点,必须求解联立方程,使计算十分复杂。虽然可以采用计算机求解,但缺乏明确的物理概念,所得结果对实际工作也无指导意义,所以除单级负反馈电路外,一般都不采用此法对负反馈进行计算。

另一种方法是将负反馈放大电路分解成为基本放大电路和反馈网络两个部分,然后分别求出基本放大电路的放大倍数 A 和反馈系数 F,最后按上一节所得负反馈放大电路的公式,分别求出 A_f、r_{if}、r_{of}。

在深度负反馈(Circuit With Strong Negative Feedback)的情况下,闭环放大倍数变得比较简单。深度负反馈的条件是$(1 + AF) \gg 1$。对于多级负反馈放大器,一般均满足深度负反馈的条件,可对深度负反馈闭环放大倍数进行估算,这就是本节讨论的重点。

8.4.1 深度负反馈放大电路的近似估算

当$(1 + AF) \gg 1$时,则式(8-4)为

$$A_f = \frac{A}{1 + AF} \approx \frac{A}{AF} = \frac{1}{F} \tag{8-20}$$

式(8-20)表明,在深度负反馈条件下,闭环放大电路的放大倍数仅取决于反馈系数 F,而与基本放大电路的放大倍数 A 基本无关。

具体进行估算时,可先求出反馈系数 F,然后根据式(8-20)即可求得 A_f,但各种不同的反馈组态,其 A_f 的含义不同。而实际中,我们常关注电压放大倍数,这样除串联电压负反馈外,其他各组态的负反馈电路,均需要进行转换才能计算出电压放大倍数。

为此,在深度负反馈条件下,只要找出 X_f 和输入信号 X_i 之间的联系,就可以直接求出电压放大倍数。

根据图8-1,可得

$$A_f = \frac{X_o}{X_i} \qquad F = \frac{X_f}{X_o}$$

深度负反馈时

$$A_f \approx \frac{1}{F}$$

故得

$$X_f \approx X_i \qquad (8\text{-}21)$$

因此，对于串联负反馈有

$$U_f \approx U_i \qquad U_i' \approx 0 \qquad (8\text{-}22)$$

从式(8-22)找出输出电压 $\dot{U}_o$ 与输入电压 $\dot{U}_i$ 的关系，从而估算出电压放大倍数 A_{uf}。

对于并联负反馈有

$$I_f \approx I_i \qquad I_i' \approx 0 \qquad (8\text{-}23)$$

从式(8-23)中找出 U_o 与 U_i 的关系，从而估算出 A_{uf}。

另外，深度负反馈时，基本放大电路的放大倍数均很大，所以，$\dot{U}_i' \approx 0$ 在并联负反馈时也满足。

下面通过 4 种负反馈组态的分析，说明如何利用近似条件进行估算。

8.4.2 串联电压负反馈

图 8-14a 所示电路为串联电压负反馈放大电路。

由于是串联电压负反馈，故 $U_i \approx U_f$。由图 8-14b 可知，输出电压 U_o 经 R_f 和 R_{e1} 分压后而反馈至输入回路，即

$$U_f \approx \frac{R_{e1}}{R_{e1} + R_f} U_o$$

则

$$A_{uf} = \frac{U_o}{U_i} \approx \frac{U_o}{U_f} = \frac{R_{e1} + R_f}{R_{e1}} \qquad (8\text{-}24)$$

如果 $R_{e1} = 100\Omega$，$R_f = 10\mathrm{k}\Omega$，则

$$A_{uf} = \frac{10 + 0.1}{0.1} = 101$$

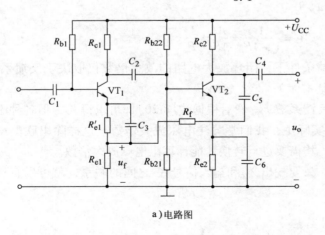

a）电路图

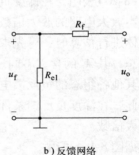

b）反馈网络

图 8-14 串联电压负反馈放大电路

由于输出电压与输入电压相位一致，故电压放大倍数为正值。

8.4.3 串联电流负反馈

电路如图 8-15a 所示，其反馈电路如图 8-15b 所示。

由深度串联负反馈知

$$U_i \approx U_f$$

由图 8-15b 可得

$$U_f = \frac{R_{e3} R_{e1}}{R_{e1} + R_f + R_{e3}} I_o$$

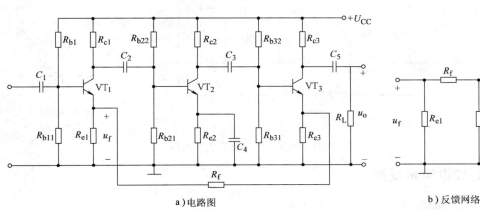

a）电路图   b）反馈网络

图 8-15 串联电流负反馈放大电路

又因为（注意：每级放大器反相一次，该电路三级放大，故输入与输出反相）

$$U_o = -I_o R'_L \qquad R'_L = R_{c3} /\!/ R_L$$

所以

$$A_{uf} = \frac{U_o}{U_i} \approx \frac{U_o}{U_f} = -\frac{R_{e1} + R_f + R_{e3}}{R_{e3} R_{e1}} R'_L \tag{8-25}$$

设 $R_{e1} = 1\text{k}\Omega$，$R_f = 10\text{k}\Omega$，$R_{e3} = 100\Omega$，$R_{c3} = 2\text{k}\Omega$，$R_L = 2\text{k}\Omega$，则

$$R'_L = \frac{R_{c3} R_L}{R_{c3} + R_L} = 1\text{k}\Omega$$

$$A_{uf} = -\frac{1 + 10 + 0.1}{1 \times 0.1} \times 1 = -111$$

8.4.4 并联电压负反馈

电路如图 8-16a 所示，其反馈网络如图 8-16b 所示。

由于是深度并联负反馈，$I'_i \approx 0$，输入电阻很小，所以 $U'_i \approx 0$，则 $I_i \approx I_f$，故

$$I_i = \frac{U_s - U'_i}{R_s} \approx \frac{U_s}{R_s}$$

$$I_f = -\frac{U_o - U'_i}{R_f} \approx -\frac{U_o}{R_f}$$

$$A_{usf} = \frac{U_o}{U_s} = -\frac{R_f}{R_s} \tag{8-26}$$

设 $R_s = 18\text{k}\Omega$，$R_f = 470\text{k}\Omega$，则有

$$A_{usf} = \frac{U_o}{U_s} = -\frac{R_f}{R_s} = -\frac{470}{18} \approx -26$$

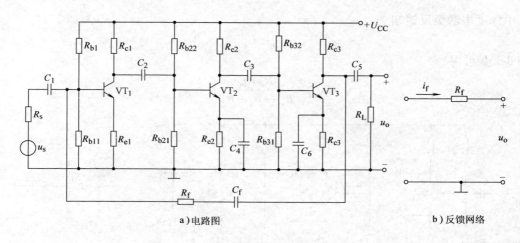

a）电路图　　　　　　　　　　　b）反馈网络

图 8-16　并联电压负反馈放大电路

8.4.5　并联电流负反馈

电路图及反馈网络如图 8-17a、b 所示。

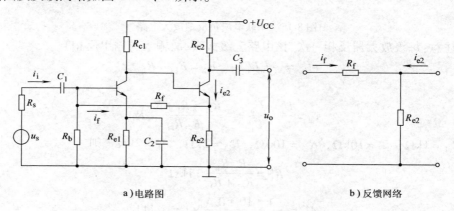

a）电路图　　　　　　　　　　　b）反馈网络

图 8-17　并联电流负反馈放大电路

同理，由深度并联负反馈知 $U_i = U_i' \approx 0$，所以

$$I_i = \frac{U_s - U_i}{R_s} \approx \frac{U_s}{R_s}$$

$$I_f = \frac{R_{e2}}{R_f + R_{e2}} I_o \qquad I_o \approx -I_{e2}$$

而

$$I_o = \frac{U_o}{R_L'} \qquad R_L' = R_{c2} \mathbin{/\!/} R_L$$

则

$$I_f = \frac{R_{e2}}{R_f + R_{e2}} \frac{U_o}{R_L'}$$

根据 $\dot{I}_i \approx \dot{I}_f$ 可得

176

$$\frac{U_{s}}{R_{s}} \approx \frac{R_{e2}}{R_{f} + R_{e2}} \frac{U_{o}}{R_{L}'}$$

所以

$$A_{usf} = \frac{U_{o}}{U_{s}} \approx \frac{(R_{f} + R_{e2})}{R_{e2} R_{s}} R_{L}' \qquad (8\text{-}27)$$

若设 $R_{s} = 5.1\text{k}\Omega$，$R_{f} = 6.8\text{k}\Omega$，$R_{e2} = 2\text{k}\Omega$，$R_{c2} = 6.8\text{k}\Omega$，$R_{L} = 5.1\text{k}\Omega$，则

$$A_{usf} = \frac{(6.8 + 2)}{5.1 \times 2} \times \frac{6.8 \times 5.1}{6.8 + 5.1} = 2.5$$

由上述 4 种反馈组态电路的分析可看出，对于深度负反馈电路，电压放大倍数可以十分方便地求出。但是，用上述方法难以求输入电阻 r_{if} 和输出电阻 r_{of}。且当放大电路不满足深度负反馈时，用上述方法求出的电压放大倍数误差很大。此时，可以采用框图的计算方法，读者可参阅其他参考书。

习　题

8-1　什么是反馈？如何判断反馈的极性？

8-2　如何判断电压反馈和电流反馈？如何判断串联反馈和并联反馈？

8-3　为了使反馈效果好，对信号源内阻 R_{s} 和负载电阻 R_{L} 有何要求？

8-4　对下面的要求，应引入何种反馈？

（1）要求稳定静态工作点。

（2）要求输出电流基本不变，且输入电阻提高。

（3）要求电路的输入端向信号源索取的电流较小。

（4）要求减小输出电阻。

（5）要求提高输入电阻。

8-5　电路如图 8-18 所示，试判断电路引入了什么性质的反馈（包括局部反馈和级间反馈：正、负、电流、

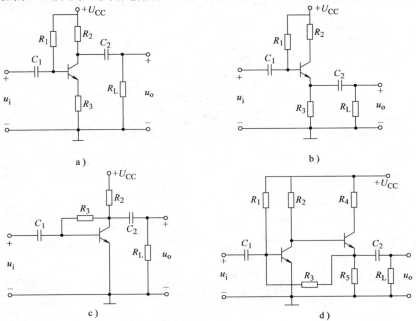

图 8-18　习题 8-5 电路图

电压、串联、并联、直流、交流）。

8-6 有一反馈电路的开环放大倍数 $A = 10^5$，反馈网络的反馈系数为 $F = 0.1$，反馈组态为电压并联负反馈，试计算：

（1）引入反馈后，输入电阻和输出电阻如何变化？变化了多少？

（2）闭环放大倍数稳定性提高了多少倍？若 $\dfrac{dA}{A}$ 为25%，问 $\dfrac{dA_f}{A_f}$ 为多少？

8-7 为什么在串联反馈中希望信号源内阻越小越好，而在并联反馈中希望信号源内阻越大越好？

8-8 在深度负反馈条件下，闭环增益 $A_f = 1/F$，A_f 的大小只取决于反馈网络的参数，而与晶体管的参数无关，因此，凡深度负反馈电路都可以随便选择晶体管。你认为这种说法对吗？为什么？

第9章 集成运算放大器基础

集成放大器是一种高放大倍数的多级直接耦合放大电路(Direct Coupling Amplifier)。由于它最初多用于模拟计算机中的各种信号运算(如比例、求和、求差、积分、微分等),故被称为集成运算放大电路(Integrated Operational Amplifier Circuit),简称集成运放。运算放大器的用途早已不限于运算,但人们仍沿用此名称。随着半导体技术的发展,可将整个放大器的晶体管、电阻元件和引线制作在面积仅为 $0.5mm^2$ 的硅片上。目前,集成运放的放大倍数可高达 10^7 甚至更高,集成运放工作在放大区时,输入和输出呈线性关系,所以又称为线性集成电路。需要说明的是,线性集成电路按其特点可分为运算放大电路、集成稳压电路、集成功率放大电路以及其他种类的集成电路。也可将几个集成电路和一些元件组合成具有一定功能的功能模块电路。

由于集成工艺的特点,集成运放和分立元件组成的具有同样功能的电路相比,具有如下特点:

1) 由于集成工艺不能制作大容量的电容,所以集成运放均采用直接耦合方式。

2) 为提高集成度和集成电路的性能,一般要求集成电路的功耗要小,所以集成运放各级的偏置电流通常较小。

3) 因为制作不同形式的集成电路,只是所用的掩膜不同,增加元件并不增加制造工序,所以集成运放允许采用复杂的电路形式,以达到提高各方面性能的目的。

4) 在集成运放电路中,电阻元件是利用硅半导体材料的体电阻制成的,所以集成电路中的电阻阻值范围有一定的限制,一般在几十欧,但制造有源器件(晶体管、场效应晶体管等)比制造大电阻占用的面积小,且工艺上也不会增加麻烦,因此,在集成电路中大量使用有源器件组成的有源负载(Active Component),以获得大电阻,提高放大电路的放大倍数。而且,二极管也常用晶体管来代替。

5) 由于集成电路中所有元件同处于一块硅片上,相互距离非常近,且在同一工艺条件下制造,因此,尽管各元件参数的绝对精度差,但它们的相对精度好,故对称性能好,特别适宜制作对称性要求高的电路,如差动电路(Differential Amplifier)、恒流源(Constant Current Source)电路等。

6) 集成晶体管和场效应晶体管因制作工艺不同,性能上有较大差异,所以在集成运放中常采用复合管形式,以弥补单管因工艺差异造成的性能差异,得到各方面性能俱佳的效果。

图 9-1a 是典型集成运放的原理框图,它由 4 个主要环节组成。输入级的作用是提供与输出端成同相关系和反相关系的两个输入端,对其要求是温度漂移要尽可能地小。中间级主要是完成电压放大任务。输出级是向负载提供一定功率,属于功率放大。偏置电路是向各级提供稳定的静态工作电流。除此之外还有一些辅助环节,如电平偏移电路用于调节各级工作电压,且当输入信号为零时,要求输出对地也为零;短路保护(过电流保护)电路是防止输出短路时损坏内部晶体管。

集成运放的输入端是输入级差动放大电路的两个输入端,输出端为射极输出器的输出

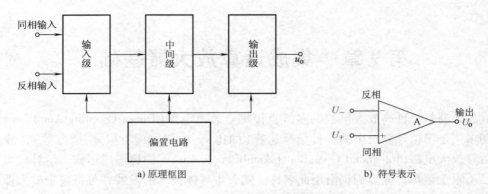

图 9-1　集成运放的原理框图及符号表示

端，所以整个集成运放可用图 9-1b 所示的电路符号(本书皆使用此符号,暂未使用新标准)来表示。图 9-1a 中箭头表示信号的传输方向。两个输入端一个叫同相端，用 " + " 号表示，从该端送输入信号时，其输出电压 U_o 与输入电压 U_+ 同相位；另一个输入端叫反相端，用 " – " 号表示，从该端输入信号时，其输出电压 U_o 与输入电压 U_- 反相位。集成运放的其他引脚一般不在符号中表示。

9.1　零点漂移

　　运算放大器均是采用直接耦合(在多级放大电路中,为了避免电容对缓慢变化信号带来的不良影响,而去掉电容,将前一级输出直接连接至下一级输入)方式，直接耦合会带来一些其他问题，请参阅有关书籍。这里主要讨论直接耦合放大电路的零点漂移(Zero Drift)问题。

　　直接耦合使得各级的静态工作点相互影响，如前一级的 Q 点发生变化，则会影响到后面各级的 Q 点。第一级的微弱信号变化，经多级放大以后使输出端产生很大的变化。最常见的由于环境温度变化而引起的工作点漂移，称为温漂，它是影响直接耦合放大电路性能的主要因素之一。当输入短路时，输出端却存在随时间缓慢变化的电压，如图 9-2 所示。这种输入电压为零、输出电压偏离零值的情况称为 "零点漂移"，简称 "零漂"。这种输出显然不是反映输入信号的输出，将会造成测量

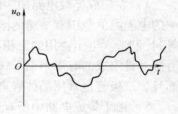

图 9-2　零点漂移

误差或使自动控制系统发生错误动作，严重时，将会淹没真正的信号。零漂不能以输出电压的大小来衡量。如果放大电路的放大倍数越高，虽然对输入信号放大越大，同时输出漂移必然也越大。所以衡量零漂的大小一般是将输出漂移电压折合到输入端。例如，两个放大电路 A、B，输出端的零漂均为 1V，但放大电路 A 的放大倍数是 1000，放大电路 B 的放大倍数为 200，而折合到输入端的零漂电压：A 为 $1V/1000 = 1mV$；B 为 $1V/200 = 5mV$。显然放大电路 A 的零漂小于 B。

　　产生零漂的原因主要是因为晶体管的参数受温度的影响。

　　为了解决零漂，人们采用了多种措施，其中最有效的措施之一就是采用差动放大电路(Differential Amplifier)。下面对差动放大电路作简单介绍。

9.2　差动放大电路

9.2.1　基本形式

差动放大电路的基本形式如图 9-3 所示，对电路要求是：两个电路的参数完全对称，两个管子的温度特性也完全对称。由于电路对称，当输入信号 $u_i = 0$ 时，则两管电流相等，两管的集电极电位也相等，所以输出电压 $u_o = u_{c1} - u_{c2} = 0$。如果温度上升会使两个管子的电流均增加，则集电极电位 u_{c1}、u_{c2} 均下降，由于两管处于同一环境温度，因此两管电流的变化量和电压的变化量都相等，即 $\Delta i_{c1} = \Delta i_{c2}$，$\Delta u_{c1} = \Delta u_{c2}$，其输出电压仍然为零。这说明，尽管每一个管子的静态工作点均随温度变化，但 c_1、c_2 两端之间的输出电压却不随温度而变化，且始终为零，故有效地消除了零漂。从以上过程可知，该电路是靠电路对称消除零漂的。

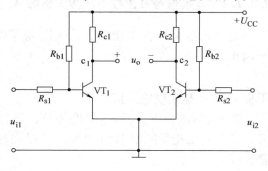

图 9-3　差动放大电路的基本形式

该电路对输入信号的放大作用又如何呢？

输入信号可以有两种类型——共模信号(Common-Mode Signal)和差模信号(Differential-Mode Signal)。

9.2.1.1　共模信号及共模电压放大倍数 A_{uc}

所谓共模信号是指在差动放大管 VT_1 和 VT_2 的基极接入幅度相等、极性相同的信号，如图 9-4a 所示，即

$$u_{ic1} = u_{ic2}$$

下标 ic 表示是共模输入信号。

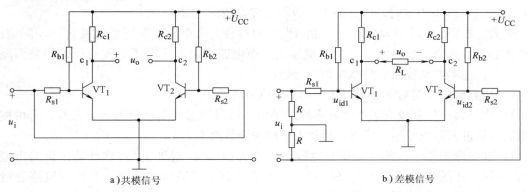

a)共模信号　　　　　　　　　　　　b)差模信号

图 9-4　差动放大电路的两种输入信号

共模信号的作用对两管是同向的，如 $u_{ic1} = u_{ic2}$ 均为正，将引起两管电流同量增加，而两管的集电极电压也将同量减小，故从两管集电极输出的共模电压 u_{oc} 为零。由上看出共模信

号的作用与温度影响相似。所以常常用对共模信号的抑制能力来反映电路对零漂的抑制能力，当然共模放大倍数（Common-Mode Gain）也反映了电路抑制零漂的能力。由于该电路从两管集电极的共模输出电压为零，所以

$$\dot{A}_{uc} = \frac{\dot{U}_{oc}}{\dot{U}_{ic}} = 0 \tag{9-1}$$

说明当差动电路对称时，对共模信号的抑制能力特强。

9.2.1.2 差模信号及差模电压放大倍数 A_{ud}

差模信号是指在差动放大管 VT_1 与 VT_2 的基极分别加入幅度相等而极性相反的信号，如图 9-4b 所示，即

$$u_{id1} = -u_{id2}$$

下标 id 表示是差模输入信号。

若 u_{id1} 对地为正，则 u_{id2} 对地为负，那么 VT_1 管集电极电压下降，VT_2 管集电极电压上升，且二者变化量的绝对值相等，所以在两管的集电极电压变化为每管集电极电压的 2 倍，即

$$u_{od} = u_{c1} - u_{c2} = 2u_{c1}（或 2u_{c2}）$$

而此时的两管基极 b_1、b_2 的信号为

$$u_{id} = u_{id1} - u_{id2} = 2u_{id1}$$

故

$$A_{ud} = \frac{U_{od}}{U_{id}} = \frac{2U_{c1}}{2U_{id1}} = \frac{U_{c1}}{U_{id1}} = A_{u1} \approx -\frac{\beta R'_L}{R_s + r_{be}} \tag{9-2}$$

这说明，差动放大电路的差模电压放大倍数等于单管电压放大倍数。需要指出的是 R'_L 的求出：当 $R_L \to \infty$ 时，$R'_L = R_c$；当输出端 c_1 和 c_2 间接入 R_L，由于一管电位下降，另一管电位上升，则中间某一点其电位不变，如果电路对称，这一点恰好在 $R_L/2$ 处，所以 $R'_L = R_c // (R_L/2)$。这是在求放大倍数时需注意的问题。

由上看出，输入端信号之差 $u_i = u_{i1} - u_{i2}$ 为零时（即共模信号时）输出为零；输入端信号之差 $u_i = u_{i1} - u_{i2}$ 不为零时，就有输出，故称为差动放大电路。

前面已提到，基本差动放大电路靠电路的对称性，在电路的两管集电极 c_1、c_2 间输出，将温度的影响抵消，这种输出称为双端输出。而电路中每一个管子并没有任何措施消除零漂。所以，基本差动放大电路存在如下问题：

1）电路难以绝对对称，所以输出仍然存在零漂。

2）由于每一管都没有采取消除零漂的措施，所以当温度变化范围十分大时，有可能使差动放大管进入截止或饱和状态，使放大电路失去放大能力。

3）在实际工作中，常常需要对地输出，即从 c_1 或 c_2 对地输出（这种输出称为单端输出），而这时零漂与单管放大电路时一样。为了抑制单端输出的零漂，必须对电路进行改进，为此提出了长尾式（Long Tailed Pair）差动放大电路。

9.2.2 长尾式差动放大电路

长尾式差动放大电路又称为射极耦合差动放大电路，如图 9-5 所示，图中两管通过射极

电阻 R_e 和 U_{EE} 耦合。

9.2.2.1 静态工作点

静态时，输入短路，由于流过电阻 R_e 的电流为 i_{E1} 和 i_{E2} 之和，且电路对称，$i_{E1} = i_{E2}$，由 VT_1 管得

$$U_{EE} - U_{BE} = 2I_{E1}R_e + I_B R_{s1}$$

又因为

$$I_{B1} = \frac{I_{E1}}{1 + \beta} \qquad R_{s1} = R_{s2} = R_s$$

所以有

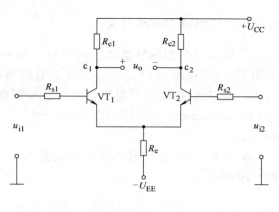

图 9-5　长尾式差动放大电路

$$I_{E1} = I_{E2} = \frac{U_{EE} - U_{BE}}{2R_e + \dfrac{R_s}{1 + \beta}} \approx \frac{U_{EE} - U_{BE}}{2R_e} \tag{9-3}$$

9.2.2.2 共模信号的抑制作用

共模信号对两管作用引起的同向变化与基本电路相似，但由于长尾式电路中发射极接入 R_e，只需讨论 R_e 的作用即可。

由于是同向，故流过 R_e 的共模信号电流是 $i_{e1} + i_{e2} = 2i_e$，对每一管而言，可视为在发射极接入电阻 $2R_e$，如图 9-6 所示。

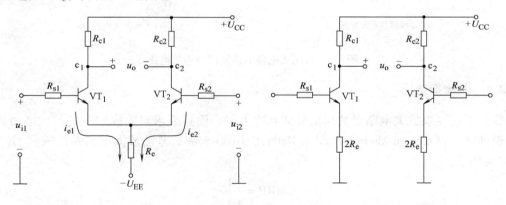

a）共模信号电流情况　　　　　　　　　　　　b）共模信号交流通路

图 9-6　长尾式电路的共模信号等效电路

对于双端输出电路，由于电路对称，其共模输出电压为零。当从一个管子的集电极对地输出时（即单端输出时），由于 $2R_e$ 引入了很强的负反馈，将对零漂起到抑制作用。单端输出时，共模放大倍数 $A_{uc单}$ 可求得（参看共发射极电路的放大倍数求法）

$$A_{uc单} = -\frac{\beta R_L'}{R_s + r_{be} + (1 + \beta)2R_e} \tag{9-4}$$

从式（9-4）可以看出，由于 R_e 的接入，使每一管的共模放大倍数下降很多，但对零漂有很强的抑制能力。

9.2.2.3 对差模信号的放大作用

差模信号引起两管电流反向变化，即一管电流上升则另一管电流下降。流过发射极电阻 R_e 的差模电流为 $i_{e1} - i_{e2}$，由于电路对称，$|i_{e1}| = |i_{e2}|$，所以流过 R_e 的差模电流为零，R_e 上的差模信号电压也为零，故可将发射极视为地电位，此处"地"称为"虚地（Virtual Ground）"，所以差模信号时，R_e 对电路不产生任何影响。其等效电路如图 9-7 所示。

由于 R_e 对差模信号不产生任何影响，故双端输出的差模放大倍数仍为单管放大倍数，即

$$A_{ud} = -\frac{\beta R'_L}{R_s + r_{be}} \tag{9-5}$$

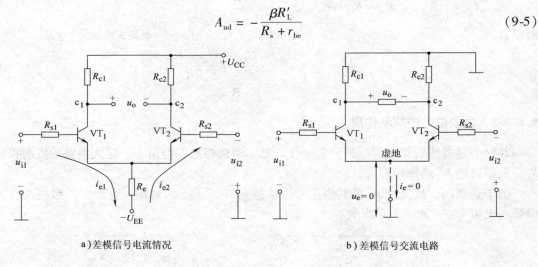

a）差模信号电流情况　　　　　　　　b）差模信号交流电路

图 9-7　长尾式电路的差模信号等效电路

9.2.2.4 共模抑制比

我们不仅要求放大电路对共模信号抑制能力好，而且要求对差模信号的放大能力要强。用共模抑制比（Common-Mode Rejection Ratio，CMRR）来衡量差动放大电路性能的优劣。CMRR 定义如下：

$$\text{CMRR} = \left| \frac{\dot{A}_{ud}}{\dot{A}_{uc}} \right| \tag{9-6}$$

这个值越大，表示电路对共模信号的抑制能力越好。

有时还用对数形式表示共模抑制比，即

$$\text{CMR} = 20\lg\left| \frac{\dot{A}_{ud}}{\dot{A}_{uc}} \right| = 20\lg|\dot{A}_{ud}| - 20\lg|\dot{A}_{uc}| \tag{9-7}$$

CMR 的单位为分贝（dB）。

9.2.2.5 一般信号输入情况

如果差动放大电路的输入信号既不是共模信号也不是差模信号，即 $u_{i1} \neq u_{i2}$，又应如何处理呢？此时可将输入信号分解成一对共模信号和一对差模信号，它们共同作用在差动放大

电路的输入端。设差模放大电路的输入为 u_{i1} 和 u_{i2}，则差模输入电压 u_{id} 是二者之差，即

$$u_{id} = u_{i1} - u_{i2} \qquad (9\text{-}8)$$

每一管的差动信号输入为

$$|u_{id1}| = |u_{id2}| = \pm\frac{1}{2}u_{id} = \pm\frac{1}{2}(u_{i1} - u_{i2}) \qquad (9\text{-}9)$$

共模输入电压 u_{ic} 为二者的平均值，即

$$u_{ic} = \frac{u_{i1} + u_{i2}}{2} \qquad (9\text{-}10)$$

则

$$u_{i1} = u_{ic} + u_{id1}$$
$$u_{i2} = u_{ic} - u_{id1}$$

根据叠加原理，输出电压为

$$\dot{U}_o = \dot{A}_{ud}\dot{U}_{id} + \dot{A}_{uc}\dot{U}_{ic} \qquad (9\text{-}11)$$

例 9-1 图 9-5 所示电路中，已知差模增益为 48dB，共模抑制比为 67dB，$U_{i1} = 5\text{V}$，$U_{i2} = 5.01\text{V}$。试求输出电压 U_o。

解 因为 $20\lg|\dot{A}_{ud}| = 48\text{dB}$，故 $A_{ud} \approx -251$；$\text{CMR} = 67\text{dB}$，故 $\text{CMRR} \approx 2239$，所以

$$A_{uc} = \frac{A_{ud}}{\text{CMRR}} = \frac{251}{2239} \approx 0.11$$

则输出电压为

$$U_o = A_{ud}U_{id} + A_{uc}U_{ic} = -251 \times (5 - 5.01)\text{V} + 0.11 \times \left(\frac{5 + 5.01}{2}\right)\text{V} = 3.06\text{V}$$

9.2.2.6 其他指标

1. 差模输入电阻 r_{id}

在差模输入信号作用下，输入电压 u_{id} 与输入电流 i_{id} 之比称为差模输入电阻 r_{id}，即从两个输入端看进去的差模输入电阻为

$$r_{id} = 2(r_{be} + R_s) \qquad (9\text{-}12)$$

2. 差模输出电阻 r_{od}

从两管集电极输出的差模输出电阻 r_{od} 为

$$r_{od} = 2R_c \qquad (9\text{-}13)$$

3. 共模输入电阻 r_{ic}

共模输入电阻为共模输入电压 u_{ic} 与共模输入电流 i_{ic} 之比。如两个输入端连接在一起接成共模输入信号，如图 9-8a 所示，其输入电阻为

$$r_{ic} = \frac{1}{2}(r_{be} + R_s) + (1 + \beta)R_e \qquad (9\text{-}14)$$

如共模信号分别由两个输入端送入，如图 9-8b 所示，则从一个输入端看进去的输入电阻为

$$r_{ic} = r_{be} + R_s + (1 + \beta)2R_e \qquad (9\text{-}15)$$

为了克服晶体管 VT_1、VT_2 和电路元件参数不对称所造成的输入电压为零时输出电压不为零的现象，电路中常增加调零电路，如图 9-9 所示。图 9-9a 在发射极增加电位器 RP，图

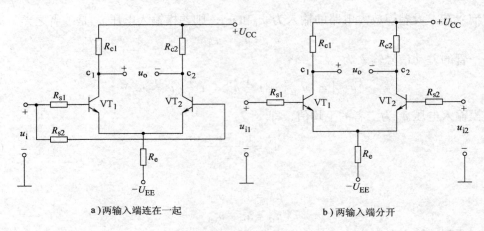

a) 两输入端连在一起   b) 两输入端分开

图 9-8   两种共模信号接入电路

9-9b 在集电极至电源间接入电位器 RP，它们均是利用电位器 RP 的不对称分配来补偿电路参数的不对称。

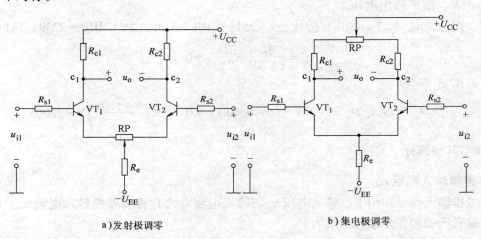

a) 发射极调零   b) 集电极调零

图 9-9   两种共模信号接入电路（改进）

注意 RP 的接入对指标参数的影响。如发射极调零电路，有关指标计算公式如下：差模放大倍数为

$$A_{ud} = -\frac{\beta R'_L}{R_s + r_{be} + (1+\beta)\dfrac{RP}{2}} \tag{9-16}$$

差模输入电阻（对应于图 9-9a）为

$$r_{id} = 2\left[R_s + r_{be} + (1+\beta)\frac{RP}{2}\right] \tag{9-17}$$

共模输入电阻（对应于图 9-9a）为

$$r_{ic} = \frac{1}{2}\left[r_{be} + R_s + (1+\beta)\frac{RP}{2}\right] + (1+\beta)R_e \tag{9-18}$$

或者为（对应于图 9-9b）

$$r_{\text{ic}} = \frac{1}{2}(r_{\text{be}} + R_{\text{s}}) + (1 + \beta)R_{\text{e}} \tag{9-19}$$

9.2.3 恒流源差动放大电路

长尾式差动放大电路由于接入 R_{e}，提高了共模信号的抑制能力，且 R_{e} 越大，抑制能力越强。但随着 R_{e} 的增大，在 R_{e} 上的直流压降也增大，为保证管子的正常工作，则必须提高 U_{EE} 值，这是不合算的。为此希望有这样一种器件：交流电阻 r 大，而直流电阻 R 小。恒流源就具备了此种特性。恒流源的电流、电压特性如图 9-10 所示。

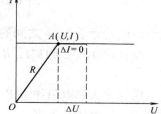

图9-10 恒流源的电流、电压特性

从图上可分别表示出交流电阻 r 和直流电阻 R。

在 A 点的直流电阻为

$$R = \frac{U}{I}$$

至于交流电阻 r，由于对于恒流源而言，不论电压的变化量 ΔU 为多少，电流的变化量 ΔI 总是为零，所以交流电阻 r 为

$$r = \frac{\Delta U}{\Delta I} \to \infty$$

将长尾式电路中的 R_{e} 用恒流源代替，得到恒流源差动放大电路，如图 9-11a 所示。

恒流源电路的等效输出电阻与求放大电路的输出电阻相同，其等效电路如图 9-11b 所示。将输入短路，输出加电源 U_{o}，求出 I_{o}，则恒流源的等效电阻为

$$r_{\text{o}} = \frac{U_{\text{o}}}{I_{\text{o}}}$$

由图 9-11b 得

$$U_{\text{o}} = (I_{\text{o}} - \beta I_{\text{b}})r_{\text{ce}} + (I_{\text{o}} + I_{\text{b}})R_3 \tag{9-20}$$

$$I_{\text{b}}(r_{\text{be}} + R_1 /\!/ R_2) + (I_{\text{o}} + I_{\text{b}})R_3 = 0 \tag{9-21}$$

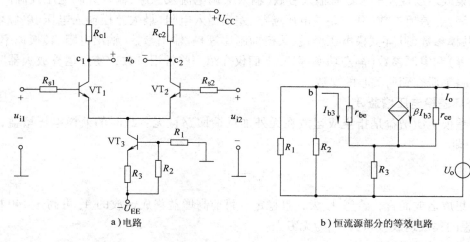

a）电路　　　　　　b）恒流源部分的等效电路

图9-11 恒流源差动放大电路

式 (9-21) 中 I_{b} 就是图 9-11 中的 I_{b3}，由式 (9-21) 得

$$I_b = -\frac{R_3}{r_{be} + R_3 + R_1 // R_2} I_o$$

代入式(9-20)，得恒流源的交流等效电阻为

$$r_{o3} = \frac{U_o}{I_o} = \left(1 + \frac{\beta R_3}{r_{be} + R_3 + R_1 // R_2}\right) r_{ce} + R_3 // (r_{be} + R_1 // R_2)$$

$$\approx \left(1 + \frac{\beta R_3}{r_{be} + R_3 + R_1 // R_2}\right) r_{ce} \tag{9-22}$$

式中，r_{ce} 是管子 c、e 之间的电阻（r_{ce} 通常大于 100kΩ，一般取 100kΩ）。

设 $\beta = 80$，$r_{be} = 1$kΩ，$R_1 = R_2 = 6$kΩ，$R_3 = 5$kΩ，则有

$$r_{o3} \approx 4.5\text{M}\Omega$$

用如此大的电阻作为 R_e，使共模信号的抑制能力得到很大的提高。而此时，恒流源所要求的电源电压却不高。

$$U_{EE} = U_{BE2} + U_{CE3} + I_{E3} R_3$$

对应的静态电流为

$$I_{E1} = I_{E2} \approx \frac{1}{2} I_{E3} \tag{9-23}$$

恒流源差动放大电路的指标计算与长尾式电路完全一样，只需用 r_{o3} 取代 R_e 即可。

9.3 集成运放的主要参数与选择

9.3.1 集成运放的主要参数

使用运算放大器更关心的是运算放大器的参数，所以了解运算放大器的参数对正确使用运算放大器显得尤为重要。

表征集成运放性能的参数有输入参数（输入失调电流及温漂、输入失调电压及温漂、输入偏置电流等）、差模参数（开环差模电压增益、差模输入电阻、最大差模输入电压、单位增益带宽等）、共模参数（开环共模电压增益、共模抑制比等）、输出参数（输出电阻、转换速率、最大输出电压等）和电源参数（静态功率等）。下面仅介绍一些常用参数，使用运算放大器时可根据集成电路手册查到所关心的参数。

1. 开环差模电压增益 A_{od}

开环差模电压增益是指集成运放在无外加反馈回路且无负载时的差模电压增益，常用 A_{od} 表示，即

$$A_{od} = \frac{U_o}{U_{id}}$$

对于集成运放而言，希望 A_{od} 大，且稳定。目前高增益集成运放的 A_{od} 可高达 140dB（10^7 倍），理想的集成运放被认为 A_{od} 为无穷大。

2. 最大输出电压 U_{op-p}

最大输出电压是指在规定电压和负载下，集成运放最大不失真输出电压的峰-峰值。如 F007 的电源电压为 ±15V 时的最大输出电压为 ±10V，按 $A_{od} = 10^5$ 计算，输出为 ±10V 时，

输入差模电压 U_{id} 的峰-峰值为 $\pm 0.1mV$。输入信号超过 $\pm 0.1mV$ 时，输出恒为 $\pm 10V$，不再随 U_{id} 变化，此时集成运放进入非线性工作状态。

用集成运放的传输特性曲线表示上述关系，如图 9-12 所示。

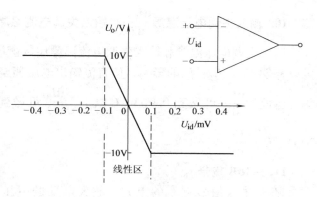

图 9-12　集成运放的传输特性曲线

3. 差模输入电阻 r_{id}

r_{id} 的大小反映了集成运放输入端向差模输入信号源索取电流的大小。要求 r_{id} 越大越好，一般集成运放的 r_{id} 为几百千欧至几兆欧，故输入级常采用场效应晶体管来提高输入电阻 r_{id}。F007 的 $r_{id} = 2M\Omega$。理想集成运放的 r_{id} 为无穷大。

4. 输出电阻 r_o

r_o 的大小反映了集成运放在小信号输出时的负载能力。有时只用最大输出电流 I_{omax} 表示它的极限负载能力。理想集成运放的 r_o 为零。

5. 共模抑制比 CMRR

共模抑制比反映了集成运放对共模信号的抑制能力，其定义同差动放大电路。CMRR 越大越好，理想集成运放的 CMRR 为无穷大。

6. 最大差模输入电压 U_{idmax}

从集成运放输入端看进去，一般都有两个或两个以上的发射结相串联，若输入端的差模电压过高，会使发射结击穿。NPN 型管的 e 结击穿电压仅有几伏；PNP 型横向管的 e 结击穿电压则可达数十伏，如 F007 为 $\pm 30V$。

7. 最大共模输入电压 U_{icmax}

输入端共模信号超过一定数值后，集成运放工作不正常，失去差模放大能力。F007 的 U_{icmax} 为 $\pm 13V$。

8. 输入失调电压 U_{IO}

输入失调电压(Input Offset Voltage)是指为了使输出电压为零而在输入端加的补偿电压(取掉外接调零电位器)，它的大小反映了电路的不对称程度和调零的难易。对于集成运放，要求输入信号为零时，输出也为零，但实际中往往输出不为零，将此电压折合到集成运放的输入端的电压，常称为输入失调电压 U_{IO}。其值在 $1 \sim 10mV$ 范围，要求越小越好。

9. 输入偏置电流 I_{IB} 和输入失调电流 I_{IO}

输入偏置电流是指输入差动放大管的基极偏置电流，用 $I_{IB} = \dfrac{1}{2}(I_{B1} + I_{B2})$ 表示；而将 I_{B1}、I_{B2} 之差的绝对值称为输入失调电流(Input Offset Current)，即

$$I_{IO} = \left| I_{B1} - I_{B2} \right|$$

可见 I_{IB} 相当于输入电流的共模成分；而 I_{IO} 相当于输入电流的差模成分。当它们流过信号电阻 R_s 时，其上的直流压降就相当于在集成运放的两个输入端上引入了直流共模和差模电压，因此也将引起输出电压偏离零值。显然，I_{IB} 和 I_{IO} 越小，它们的影响也越小。I_{IB} 的数值通常为十分之几微安，I_{IO} 则更小。F007 的 $I_{IB} = 200nA$，I_{IO} 为 $50 \sim 100nA$。

10. 输入失调电压温漂$\dfrac{\mathrm{d}U_{\mathrm{IO}}}{\mathrm{d}T}$和输入失调电流温漂$\dfrac{\mathrm{d}I_{\mathrm{IO}}}{\mathrm{d}T}$

输入失调电压温漂和输入失调电流温漂用以衡量集成运放的温漂特性。通过调零的办法可以补偿 U_{IO}、I_{IB}、I_{IO} 的影响，使直流输出电压调至零伏，但却很难补偿其温漂。低温漂型集成运放的 $\dfrac{\mathrm{d}U_{\mathrm{IO}}}{\mathrm{d}T}$ 可做到 $0.9\mu\mathrm{V/℃}$ 以下，$\dfrac{\mathrm{d}I_{\mathrm{IO}}}{\mathrm{d}T}$ 可做到 $0.009\mu\mathrm{A/℃}$ 以下。F007 的 $\dfrac{\mathrm{d}U_{\mathrm{IO}}}{\mathrm{d}T} = 20 \sim 30\mu\mathrm{V/℃}$，$\dfrac{\mathrm{d}I_{\mathrm{IO}}}{\mathrm{d}T} = 1\mathrm{nA/℃}$。

11. −3dB 宽带f_{h}

随着输入信号频率的上升，放大电路的电压放大倍数将下降，当 A_{od} 下降到中频的 0.707 倍时频率为截止频率，用 dB 表示正好下降了 3dB，故对应此时的频率f_{h} 称为上限截止频率，又常称为 −3dB 带宽。

随着输入信号频率继续增大，A_{od} 继续下降，当 $A_{\mathrm{od}} = 1$ 时，与此对应的频率f_{c} 称为单位增益带宽。F007 的 $f_{\mathrm{c}} = 1\mathrm{MHz}$。

12. 转换速率SR

频率带宽是在小信号的条件下测量的。在实际应用中，有时需要集成运放工作在大信号情况（输出电压峰值接近集成运放的最大输出电压 $U_{\mathrm{op\text{-}p}}$），此时用转换速率表示其特性

$$SR = \left| \frac{\mathrm{d}U_{\mathrm{o}}}{\mathrm{d}t} \right|$$

它是输出电压对时间的变化率，SR 越大的集成运放，其输出电压的变化率越大，所以，SR 大的集成运放才可能允许在较高的工作频率下输出较大的电压幅度。

集成运放指标的含义只有结合具体的应用才能正确体会。

9.3.2 集成运放的选择

集成运放的种类较多，除有不同增益的各种通用型集成运放外，还有为适应不同需要而设计的专用型，如高精度、高速度、宽频带、低功耗、高输入阻抗、高耐压、大功率、低漂移集成运放等。

通常情况下，在设计集成运放应用电路时，没有必要研究运放的内部电路，而是根据设计需求寻找具有相应性能指标的芯片。因此，了解运放的类型，理解运放主要性能指标的物理意义，是正确选择运放的前提。应根据以下几方面的要求选择运放：

1. 信号源的性质

根据信号源是电压源还是电流源、内阻大小、输入信号的幅值及频率变化范围等，选择运放的差模输入电阻 r_{id}、−3dB 带宽（或单位增益带宽）、转换速率 SR 等指标参数。

2. 负载的性质

根据负载电阻的大小，确定所需运放的输出电压和输出电流的幅值。对于容性负载和感性负载，还要考虑它们对频率参数的影响。

3. 精度要求

对模拟信号的处理，如放大、运算等，往往提出精度要求；如电压比较，往往提出响应时间、灵敏度要求。根据这些要求选择运放的开环差模电压增益 A_{od}、输入失调电压 U_{IO}、输

入失调电流 I_{IO} 及转换速率 SR 等指标参数。

4. 环境条件

根据环境温度的变化范围，可正确选择运放的失调电压及失调电流的温漂 dU_{IO}/dT、dI_{IO}/dT 等参数；根据所能提供的电源（如有些情况只能用干电池），选择运放的电源电压；根据对功耗有无限制，选择运放的功耗；等等。

根据上述分析就可以通过查阅手册等手段选择某一型号的运放，必要时还可以通过各种 EDA 软件进行仿真，最终确定最满意的芯片。目前，各种专用运放和多方面性能俱佳的运放种类繁多，采用它们会大大提高电路的质量。

不过，从性能价格比方面考虑，应尽量采用通用型运放，只有在通用型运放不满足应用要求时才采用特殊运放。

9.4　集成运放的应用

集成运放的应用，最早开始于模拟量的运算，随着集成电路技术的迅速发展，集成运放的性能得到了很大程度的改进和提高，从而使集成运放的应用日益广泛。集成运放的应用电路从功能上分为信号运算、信号处理、信号产生电路等。信号运算一般应包括比例运算、加减运算、积分和微分运算、对数和反对数运算、除法运算等；信号处理电路包括有源滤波器、电压比较器和采样保持电路等；信号产生电路是利用运放产生正弦信号和各种非正弦信号等。

在分析这些应用电路时，可以将实际的集成运放当做理想的集成运放来对待，这不仅使电路的分析大大简化，而且所得结果与实际情况非常接近。

1. 理想运放的几个重要指标

1）开环差模电压放大倍数　　　　$A_{od} \to \infty$

2）差模输入电阻　　　　　　　　$r_{id} \to \infty$

3）输出电阻　　　　　　　　　　$r_o \to 0$

4）共模抑制比　　　　　　　　　$CMRR \to \infty$

5）失调电压、失调电流及它们的温漂均为零。

2. 理想运放在线性工作区

当集成运放工作在线性区时，其输入与输出满足如下关系：

$$u_o = A_{od}(u_+ - u_-)$$

由于 A_{od} 很大，为使集成运放工作在线性区并稳定工作，输入信号变化范围很小。为了扩展集成运放的线性工作范围，必须通过外部元件引入负反馈。根据理想运放的条件（$A_{od} \to \infty$、$r_{id} \to \infty$），可以得到运放工作在线性区的两个重要结论：

（1）"虚短路"　反相输入端与同相输入端近似等电位，即 $u_+ \approx u_-$。这是因为 $A_{od} \to \infty$，所以

$$u_+ - u_- = \frac{u_o}{A_{od}} \to 0$$

若一个输入端接地，则另一个输入端称为"虚地"。

（2）"虚断路"　理想运放的输入电流为零，即 $i=0$，这是因为输入电阻 $r_{id} \to \infty$。换言之，从集成运放输入端看进去相当于断路。

"虚短路"和"虚断路"是非常重要的概念。对于运放工作在线性区的应用电路,"虚短"和"虚断"是分析其输入信号和输出信号关系的两个基本出发点。

对于理想运放,由于 $A_{od} \to \infty$,在两个输入端之间加很小电压,都会使输出电压超出其线性范围,因此,只有在电路中引入负反馈,才能保证集成运放工作在线性区。集成运放工作在线性区的特征就是电路引入负反馈。

3. 理想运放的非线性工作区

集成运放工作在开环状态或接入正反馈时,在输入端加入微小的电压变化量都将使输出电压超出线性放大范围达到正向饱和电压 U_{o+} 或负向饱和电压 U_{o-},输出值接近正负电源电压的值。这时集成运放工作在非线性状态,在这种状态下,也有两条重要结论:

1)输出电压只有两种可能取值,即

$$u_+ > u_- \text{ 时,} u_o = U_{o+}$$
$$u_+ < u_- \text{ 时,} u_o = U_{o-}$$

2)输入电流为零,即 $i = 0$。

根据以上讨论可知,在分析集成运放电路时,首先判断它是工作在什么区域,然后才能利用上述有关结论进行分析。

9.4.1 集成运放的使用

下面介绍使用集成运放时必须做的工作、运放的保护措施及运放的性能扩展技术等方面的问题。

9.4.1.1 使用时必须做的工作

1. 集成运放的外引线(引脚)

目前集成运放的常见封装方式有圆金属壳式和双列直插式封装,如图9-13所示,应根据设计电路的布局选择适当运放。双列直插式有 8、10、12、14、16 引脚等种类,虽然它们的外引线排列日趋标准化,但各制造厂仍略有区别。因此,使用运放前必须查阅有关手册,辨认引脚,以便正确连线。

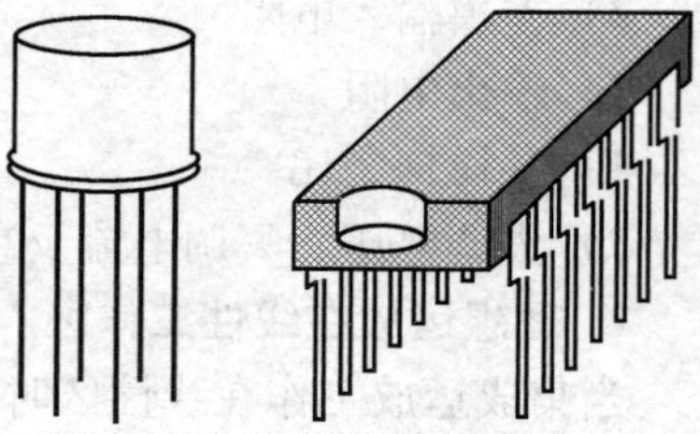

2. 参数测量

使用运放之前往往要用简易测试法判断其好坏。例如,用万用表中间档("×100Ω"或"×1kΩ"档,避免电流或电压过大)对照引脚测试有无短路和断路现象。由于元件材料和制造工艺的分散性,元件的实际参数和典型值之间往往有差异,在电路要求较高时,需对其主要参数进行测量。测量时可用专用集成运放参数测试仪器。

a)圆金属壳式   b)双列直插式

图9-13 集成运放的外形

3. 调零或调整偏置电压

由于失调电压及失调电流的存在,输入为零时输出往往不为零。对于内部无自动稳零措施的运放需外加调零电路,使之在零输入时输出为零。

对于单电源供电的运放,有时还需在输入端加直流偏置电压,设置合适的静态输出电压,以便能放大正、负两个方向的变化信号。

4. 消除自励振荡

为防止电路产生自励振荡，应在集成运放的电源端加上去耦电容[⊖]。有的集成运放还需要外接频率补偿电容，应注意接入合适容量的电容。

9.4.1.2 保护措施

集成运放在使用中常因以下 3 种原因被损坏：输入信号过大，使 PN 结击穿；电源电压极性接反或过高；输出端直接接"地"或接电源，此时，运放将因输出极功耗过大而损坏。因此，为使运放安全工作，也从这三方面进行保护。

1. 输入保护

一般情况下，运放工作在开环（即未引入反馈）时，易因差模电压过大而损坏；在闭环状态时，易因共模电压超出极限值而损坏。图 9-14a 是防止差模电压过大的保护电路，图 9-14b 是防止共模电压过大的保护电路。

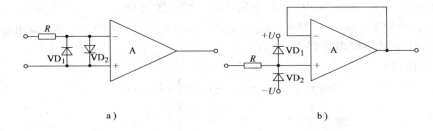

a)　　　　　　　　　　　　　　　b)

图 9-14　输入保护电路

2. 输出保护

图 9-15 是输出保护电路，限流电阻 R 与稳压管 VS 构成限幅电路，它一方面将负载与集成运放输出端隔离开来，限制运放的输出电流，另一方面也限制了电压的幅值。当然，任何保护措施都是有限度的，若将输出端直接接电源，则稳压管会损坏，使电路的输出电阻大大提高，影响了电路的性能。

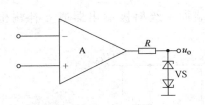

图 9-15　输出保护电路

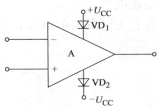

图 9-16　电源保护电路

3. 电源保护

为防止电源极性接反，可利用二极管的单向导电性，在电源端串联二极管来实现保护，如图 9-16 所示。

⊖　"去耦"是指去掉联系，一般去耦电容多用一个容量大的和一个容量小的电容并联在电源正、负极。去耦电容的作用是为了消除各电路因使用同一个电源相互之间产生的影响。

9.4.1.3 输出电压与输出电流的扩展

集成运放选定后，其参数便确定，可以通过附加电路来提高它某方面的性能。

1. 提高输出电压

为使输出电压幅值提高，势必要将运放的电源电压提高，然而集成运放的电源电压是不能任意改变的，因而电源电压的提高有一定的限度。为此，常采用在运放输出端再接一级较高电源供电的电路，来提高输出电压幅值。图 9-17 所示就是这类电路。

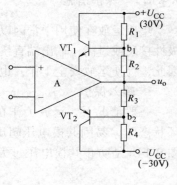

图 9-17 提高输出电压的电路

设图 9-17 中集成运放的电源电压为 $\pm 15V$，$R_1 = R_2 = R_3 = R_4 = R$。当集成运放的输入电压 $u_+ = u_- = 0$ 时，其输出电压 $u_o = 0$，因而 b_1 和 b_2 点的电位分别为 $u_{B1} = 15V$、$u_{B2} = -15V$，b_1 和 b_2 点的电位差 $u_{B1} - u_{B2} = 30V$。若忽略 VT_1、VT_2 管的 be 结电压，则 $u_{E1} \approx 15V$，$u_{E2} \approx -15V$，$u_{E1} - u_{E2} \approx u_{B1} - u_{B2}$。可见，对运放来说，其供电电压仍为 $\pm 15V$。

当有输入信号时，有

$$u_{B1} = \frac{1}{2}(U_{CC} - u_o) + u_o = \frac{1}{2}(U_{CC} + u_o)$$

$$u_{B2} = \frac{1}{2}(-U_{CC} - u_o) + u_o = \frac{1}{2}(-U_{CC} + u_o)$$

$$u_{B1} - u_{B2} = U_{CC} = 30V$$

说明两路供电电源的差值与无信号时相同，但是，由于 $\pm U_{CC} = \pm 30V$，使得输出电压的幅值变大了，可达二十几伏。

值得注意的是，虽然运放供电电源电压总值（$u_{B1} - u_{B2}$）没变，但实际上，当 $u_o = \pm 15V$ 时，运放的正电源电压 u_{B1} 约为 22.5V，负电源电压 u_{B2} 约为 $-7.5V$，这将使运放的参数产生一些变化。

2. 增大输出电流

为使负载上获得更大的电流，可在运放的输出端加一级射极输出器或互补输出级，如图 9-18 所示。

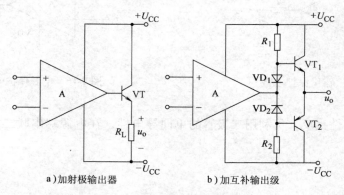

a）加射极输出器   b）加互补输出级

图 9-18 增大输出电流的措施

9.4.2　信号运算电路

9.4.2.1　比例运算电路

输出量与输入量成比例的运算放大电路称为比例运算电路(Scaling Circuit)。按输入信号的不同接法，比例运算电路可分为同相比例运算、反相比例运算和差动比例运算 3 种基本电路形式，它们是各种运算放大电路的基础。

1. 反相比例运算电路

反相比例运算电路如图 9-19 所示，输入信号加在反相输入端，反馈电阻 R_f 跨接在输出端与反相输入端之间，形成深度电压并联负反馈。R_p 是补偿电阻，以保证集成运放输入级的对称性，其值为 $u_i = 0$(将输入端接地)时反相输入端总的等效电阻，即 $R_p = R_1 /\!/ R_f$。

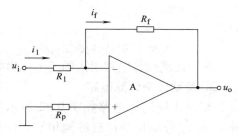

图 9-19　反相比例运算电路

利用运放工作在线性区的两个结论可得

$$u_- = u_+ = 0$$
$$i_1 = i_f$$

根据上述关系可进一步得出

$$i_1 = \frac{u_i - u_-}{R_1} = \frac{u_i}{R_1} = i_f = \frac{u_- - u_o}{R_f} = -\frac{u_o}{R_f}$$

$$u_o = -\frac{R_f}{R_1} u_i$$

由上式可知，该电路的输出电压与输入电压成比例，且相位相反，实现了信号的反相比例运算。其比值仅与 R_f/R_1 有关，而与集成运放的参数无关，只要 R_f 和 R_1 的阻值精度稳定，便可得到精确的比例运算关系。当 R_f 和 R_1 相等时，$u_o = -u_i$，该电路成为一个反相器。

由于反相比例运算电路在输入端采用并联负反馈，所以使其输入电阻减小，即

$$r_{if} = \frac{u_i}{i_1} = R_1$$

在输出端采用了电压负反馈，又使其输出电阻减小，即

$$r_{of} \approx 0$$

2. 同相比例运算电路

同相比例运算电路如图 9-20 所示，输入信号从同相端输入，反馈电阻仍然接在输出端与反相输入端之间，形成深度负反馈。同理取 $R_p = R_1 /\!/ R_f$，由图 9-20 可知

$$u_- = u_+ = u_i, \quad i_- = i_+ = 0$$

$$u_- = u_+ = u_i = \frac{R_1}{R_1 + R_f} u_o$$

所以有

$$u_o = \left(1 + \frac{R_f}{R_1}\right) u_- = \left(1 + \frac{R_f}{R_1}\right) u_i$$

上式表明输出电压与输入电压成同相比例关系，比例系数 $\left(1 + \dfrac{R_f}{R_1}\right) \geq 1$，且仅与电阻 R_1

和电阻 R_f 有关。当 $R_f = 0$ 或 $R_1 \to \infty$ 时，$u_o = u_i$，该电路构成了电压跟随器，如图 9-21 所示，其作用类似于射极输出器，利用其输入电阻高、输出电阻低的特点可作为缓冲和隔离电路。

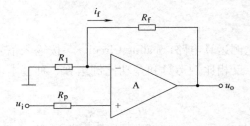

图 9-20　同相比例运算电路

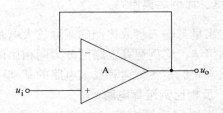

图 9-21　电压跟随器

同相比例运算电路引入的是电压串联负反馈，所以输入电阻很高，输出电阻很低。

3. 差动比例运算电路

差动比例运算电路如图 9-22 所示，两输入信号 u_{i1} 和 u_{i2} 分别加到运放的同相端和反相端，输出电压仍然由 R_f 送回到反相端。为了使两输入端平衡以提高共模抑制比，一般取 $R_1 = R_2$，$R_f = R_3$。

利用独立源线性叠加原理和理想运放的条件可得

$$u_- = \frac{R_f}{R_1 + R_f} u_{i1} + \frac{R_1}{R_1 + R_f} u_o$$

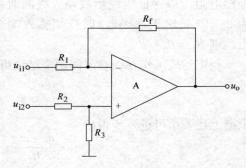

图 9-22　差动比例运算电路

u_- 处的电压是 $u_o = 0$ 时 u_{i1} 单独作用的电压与 $u_{i1} = 0$ 时 u_o 单独作用的电压之和。

$$u_+ = \frac{R_3}{R_2 + R_3} u_{i2} = \frac{R_f}{R_1 + R_f} u_{i2} \quad (因为 R_1 = R_2, R_f = R_3)$$

由于

$$u_- = u_+$$

所以有

$$u_o = \frac{R_f}{R_1}(u_{i2} - u_{i1})$$

若取 $R_f = R_1$，则差动比例运算电路就成为减法器。

9.4.2.2　加、减运算电路

1. 加法运算电路

加法运算电路（Summing Circuit）如图 9-23 所示，图中画出 3 个输入端，实际上可以根据需要增加输入端的数目，其中平衡电阻 R_p 为

$$R_p = R_1 // R_2 // R_3 // R_f$$

根据理想运放的"虚断"和"虚短"结论有

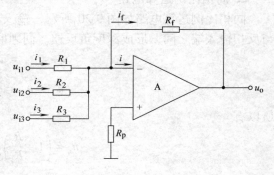

图 9-23　加法运算电路

$$i_f = i_1 + i_2 + i_3$$

即

$$-\frac{u_o}{R_f} = \frac{u_{i1}}{R_1} + \frac{u_{i2}}{R_2} + \frac{u_{i3}}{R_3}$$

$$u_o = -\left(\frac{R_f}{R_1}u_{i1} + \frac{R_f}{R_2}u_{i2} + \frac{R_f}{R_3}u_{i3}\right)$$

上式表明，输出电压是各个输入电压按比例相加，若 $R_1 = R_2 = R_3 = R_f$，则输出电压为

$$u_o = -(u_{i1} + u_{i2} + u_{i3})$$

所以该电路为一个反相加法电路。若将 3 个输入信号分别从同相端加入，则可得到同相加法电路，请读者自行证明，在此不再赘述。

2. 减法运算电路

前述的差动比例运算电路在 $R_f = R_1$ 的条件下可构成减法运算电路，另外利用反相加法电路也可以实现减法运算，设 $R_1 = R_2$，电路如图 9-24 所示。

该电路第一级为由反相比例放大器构成的反相器，第二级为反相加法器，根据前述讨论可得

$$u_o = -(u_{o1} + u_{i2})$$
$$= -(-u_{i1} + u_{i2})$$
$$= u_{i1} - u_{i2}$$

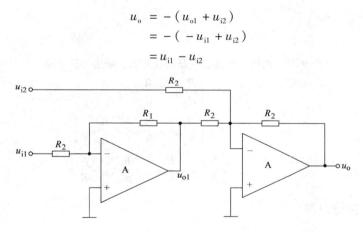

图 9-24　用反相加法器构成减法运算电路

3. 加、减混合运算电路

可实现加、减混合运算的电路如图 9-25 所示，为了保证外接电阻平衡，要求 $R_1 // R_2 // R_f = R_3 // R_4$。对该电路的求解可利用独立源线性叠加原理。当 u_{i1} 和 u_{i2} 作用于电路时，令 u_{i3} 和 u_{i4} 接地，这时电路变为反相加法器，此时的输出 u_{o1} 为

$$u_{o1} = -\left(\frac{R_f}{R_1}u_{i1} + \frac{R_f}{R_2}u_{i2}\right)$$

同理，当 u_{i3} 和 u_{i4} 作用于电路时，令 u_{i1} 和 u_{i2} 接地，这时电路变为同相加法器，此时的输出 u_{o2} 为

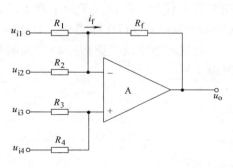

图 9-25　加、减混合运算电路

197

$$u_{o2} = \frac{R_f}{R_3}u_{i3} + \frac{R_f}{R_4}u_{i4}$$

输出电压为

$$u_o = u_{o1} + u_{o2}$$
$$= \left(\frac{R_f}{R_3}u_{i3} + \frac{R_f}{R_4}u_{i4}\right) - \left(\frac{R_f}{R_1}u_{i1} + \frac{R_f}{R_2}u_{i2}\right)$$

该电路虽能实现要求的功能，但电路调节不方便，因此可利用图 9-26 所示的两级反相加法电路实现上述运算，该电路是目前广泛采用的加、减运算电路。由于集成运放的输出电阻很小，所以多级级联时，前级与后级基本不会相互影响，所以电路调试非常方便。

由图 9-26 可得

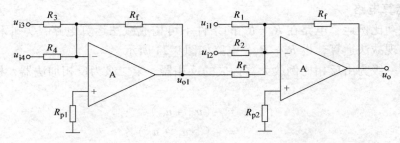

图 9-26　两级反相加法电路构成的加、减法运算电路

$$u_{o1} = -\left(\frac{R_f}{R_3}u_{i3} + \frac{R_f}{R_4}u_{i4}\right)$$

$$u_o = -\left(\frac{R_f}{R_1}u_{i1} + \frac{R_f}{R_2}u_{i2} + \frac{R_f}{R_f}u_{o1}\right)$$

$$u_o = \frac{R_f}{R_3}u_{i3} + \frac{R_f}{R_4}u_{i4} - \frac{R_f}{R_1}u_{i1} - \frac{R_f}{R_2}u_{i2}$$

9.4.2.3　积分、微分电路

1. 积分电路

把前述反相比例运算电路中的反馈电阻 R_f 用电容 C 代替，就构成了一个基本的积分电路（Integration Circuit），如图 9-27 所示。

利用理想运放"虚短"和"虚断"的概念可得

$$i_C = i_R$$
$$i_R = u_i/R$$
$$i_C = C\frac{du_C}{dt} = -C\frac{du_o}{dt}$$

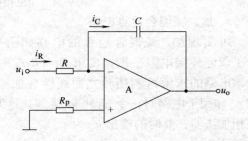

图 9-27　积分电路

所以有

$$u_o = -\frac{1}{C}\int i_C dt = -\frac{1}{RC}\int u_i dt$$

由上式可知，输出电压与输入电压的积分成正比并反相，所以该电路为反相积分器。

积分电路除了作为基本运算电路之外，利用它的充、放电过程可实现延时、定时以及各种波形的产生和变换，其典型的应用是将矩形波变为三角波或锯齿波。

2. 微分电路

微分是积分的逆运算，将基本积分电路中的电阻 R 与 C 互换位置，就构成了基本的微分电路（Differential Circuit），如图 9-28 所示。

根据"虚地"的概念，由电路可得

$$i_C = i_R$$

而

$$i_C = C \frac{du_C}{dt} = C \frac{du_i}{dt}$$

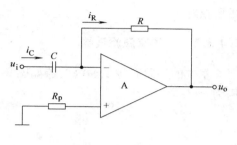

图 9-28　微分电路

所以有

$$u_o = -i_R R = -i_C R = -RC \frac{du_i}{dt}$$

由上式可知，该电路可以实现微分运算。其典型的应用为对输入信号的移相作用。

上面的基本微分电路存在两个问题：一是由于输出对输入信号的快速变化分量敏感，所以高频噪声和干扰所产生的影响比较严重；二是当输入电压发生突变时，可能使输出电压超过最大值，影响微分电路的正常工作。所以，实际的微分电路都是在基本微分电路的基础上改进而来的。限于篇幅，这里不再赘述。

9.4.3　有源滤波器

网络函数（Network Function）是响应（输出）相量对激励（输入）相量的比值。网络函数描述了电路在不同频率正弦信号激励下，指定端口的响应—激励关系。

滤波器（Filters）是一种能从信号中选出有用频率信号、衰减无用频率信号的电路，它在无线电通信、自动控制和各种测量系统中都有着重要的应用。滤波器有模拟滤波器和数字滤波器之分，这里主要讨论模拟滤波器。通过求解电路的网络函数来研究滤波器的概念和特性。

长期以来，模拟滤波器主要采用无源元件 L、C 组成，称为 LC 滤波器。LC 滤波器在高频领域应用中有无可置疑的优点，一直使用至今，但在低频工作时，为了获得良好的选择性，电感和电容都必须做得很大，以致设备的体积、重量、价格等都超出实际应用的范围。自 20 世纪 60 年代以来，由于集成运放的迅速发展，由 RC 和集成运放组成的有源滤波器获得了发展。有源滤波器的主要优点是：不用电感，因而体积小、重量轻，便于集成化；其次因集成运放具有高增益、高输入阻抗、低输出阻抗，所以构成的有源滤波器有一定的电压增益和良好的隔离性能，便于级联。有源滤波器的主要缺点是：受集成运放带宽的限制，其工作频率较低，所以仅适用于低频工作范围。

滤波器通常按它所能传输信号的频率范围来分类，可分为低通、高通、带通、带阻四大类。低通滤波器（Low-Pass Filter）是指能让低频信号通过而高频信号不能通过的滤波器；高通滤波器（High-Pass Filter）性能则与之相反；带通滤波器（Band-Pass Filter）是指能让一定频率范围的信号通过而在此之外的信号不能通过的滤波器;带阻滤波器(Band-Elimination Filter)性能则与之相反。这4种类型滤波器的理想频率特性如图9-29所示。

图中,ω_c为截止角频率(Cut-Off Frequency),它是指网络函数的幅值由最大值下降3dB时所对应的角频率;ω_0为带通或带阻的中心角频率(Center Frequenvy)。它们都是滤波器的重要指标。

9.4.3.1 一阶有源滤波器

基本的一阶有源低通滤波器如图9-30所示,RC低通网络接在运放的同相端,其输出电压为

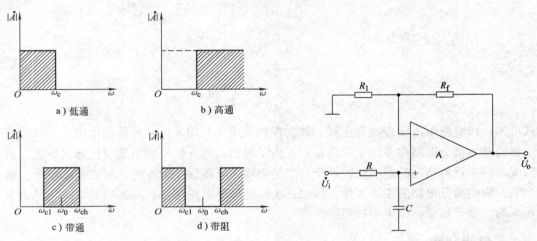

图9-29 各种类型滤波器的理想频率特性 图9-30 一阶有源低通滤波器

$$\dot{U}_o = \left(1 + \frac{R_f}{R_1}\right)\dot{U}_+$$

$$\dot{U}_+ = \frac{\frac{1}{j\omega C}\dot{U}_i}{R + \frac{1}{j\omega C}} = \frac{1}{1 + j\omega RC}\dot{U}_i$$

所以电压网络函数可表示为

$$\dot{A} = \frac{\dot{U}_o}{\dot{U}_i} = \left(1 + \frac{R_f}{R_1}\right)\frac{1}{1 + j\omega RC} = \frac{A_0}{1 + j\omega RC} = \frac{A_0}{1 + j\dfrac{\omega}{\omega_c}} \tag{9-24}$$

式中,$A_0 = 1 + \dfrac{R_f}{R_1}$;$\omega_c = \dfrac{1}{RC}$,当$\omega = \omega_c$时,其网络函数的幅值恰好下降3dB,所以$\omega_c$为该低通滤波器的截止角频率。根据式(9-24)可得归一化对数幅频特性曲线,如图9-31所示。

上述有源低通滤波器的电压网络函数的分母为ω的一次幂,故称为一阶滤波器。从图9-31可看出,在理想情况下,当$\omega > \omega_c$时,滤波器的输出应为零,但该电路却以每10倍频程下降20dB的斜率衰减,这就是说,在比截止频率(ω_c)高10倍处,其幅度仅下降20dB,所以滤波性能较差。为了改善滤波效果,可采用二阶或更高阶次的滤波器。实际上高于二阶的滤波器都可以由一阶和二阶滤波器构成,所以下面重点讨论二阶滤波器。

9. 4. 3. 2　二阶有源滤波器

1. 二阶有源低通滤波器

典型的二阶有源低通滤波器如图 9-32 所示，根据电路可写出下列联立方程：

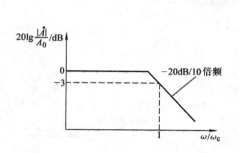

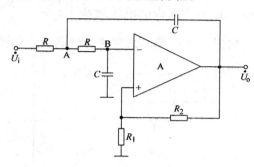

图 9-31　幅频特性　　　　　图 9-32　二阶有源低通滤波器

$$\frac{\dot{U}_i - \dot{U}_A}{R} = \frac{\dot{U}_A - \dot{U}_o}{\frac{1}{j\omega C}} + \frac{\dot{U}_A - \dot{U}_B}{R} \tag{9-25}$$

$$\frac{\dot{U}_A - \dot{U}_B}{R} = \frac{\dot{U}_B}{\frac{1}{j\omega C}} \tag{9-26}$$

由式(9-26)得

$$\dot{U}_A = (1 + j\omega RC)\dot{U}_B \tag{9-27}$$

将式(9-27)代入式(9-25)并整理得

$$\dot{U}_i = [1 + 3j\omega RC - (\omega RC)^2]\dot{U}_B - j\omega RC\dot{U}_o \tag{9-28}$$

式中，$\dot{U}_B$ 为运放反相端的电压，它近似等于同相端电压，所以有

$$\dot{U}_B = \frac{R_1}{R_1 + R_2}\dot{U}_o = \frac{\dot{U}_o}{A_0}$$

将上式代入式(9-28)，可得到该电路的电压网络函数为

$$\dot{A} = \frac{\dot{U}_o}{\dot{U}_i} = \frac{A_0}{1 + (3 - A_0)j\dfrac{\omega}{\omega_c} - \left(\dfrac{\omega}{\omega_c}\right)^2}$$

式中，A_0 为通带内的电压增益，$A_0 = 1 + \dfrac{R_2}{R_1}$；$\omega_c$ 为其截止频率，$\omega_c = \dfrac{1}{RC}$。

二阶有源低通滤波器与一阶滤波器相比，当 $\omega > \omega_c$ 时，二阶滤波器以每 10 倍频下降 40dB 的斜率衰减，比一阶滤波器的滤波效果要好得多。

2. 二阶有源高通滤波器

只要将低通滤波器中起滤波作用的电阻、电容互换，即可变成高通滤波器，电路如图 9-33 所示。与低通滤波电路的分析方法相类似，可求出二阶有源高通滤波器的电压网络函数为

$$\dot{A} = \frac{\dot{U}_\mathrm{o}}{\dot{U}_\mathrm{i}} = -\frac{A_0\left(\dfrac{\omega}{\omega_\mathrm{c}}\right)^2}{1 + (3-A_0)\mathrm{j}\dfrac{\omega}{\omega_\mathrm{c}} - \left(\dfrac{\omega}{\omega_\mathrm{c}}\right)^2}$$

式中，A_0 为带通内的电压增益，$A_0 = 1 + \dfrac{R_2}{R_1}$；$\omega_\mathrm{c}$ 为截止频率，$\omega_\mathrm{c} = \dfrac{1}{RC}$。

根据上式可画出其频率特性曲线，如图 9-34 所示。

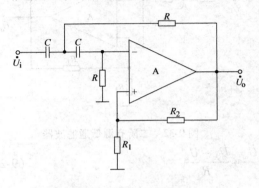

图 9-33　二阶有源高通滤波器　　　　图 9-34　幅频特性

3. 二阶有源带通滤波器

典型的二阶有源带通滤波器如图 9-35 所示，它由一个低通和一个高通滤波器串联而成，图中 R_1、C 构成低通滤波网络，R_2、C 构成高通滤波网络，两者共同覆盖的频带就提供了一个带通响应。根据电路图可推导出该电路的电压网络函数为

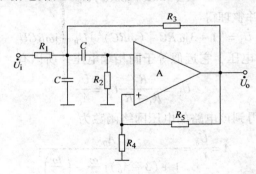

图 9-35　二阶有源带通滤波器

$$\dot{A} = \frac{\dot{U}_\mathrm{o}}{\dot{U}_\mathrm{i}} = \frac{A_0\,\dfrac{\omega}{\omega_0}\sqrt{R_2 R_3}}{\sqrt{R_1 R_2 R_3 (R_1 + R_3)}\left(1 - \dfrac{\omega^2}{\omega_0^2}\right) + 2\mathrm{j}\dfrac{\omega}{\omega_0}[R_1 R_3 + R_2 R_3 + R_2(1 - A_0)]}$$

式中，A_0 为通带内的电压增益，$A_0 = 1 + \dfrac{R_5}{R_4}$；$\omega_0^2$ 是带通滤波器的中心角频率，$\omega_0^2 = \dfrac{R_1 + R_3}{R_1 R_2 R_3 C^2}$。

有源滤波电路的分析和设计内容非常丰富，在许多有关专著中有详细讨论，在此仅介绍了有源滤波器的基本概念和几个基本电路，作为集成运放应用的一个方面，以便读者对有源滤波器的结构和分析方法有一个初步的了解，为今后进一步学习打下基础。

习　题

9-1　集成运放电路与分立元件放大电路相比有哪些突出优点?

9-2　什么是零点漂移?产生零点漂移的主要原因是什么?差动放大电路为什么能抑制零点漂移?

9-3　在 A、B 两个直接耦合放大电路中,A 放大电路的电压放大倍数为 100,当温度由 20℃ 变到 30℃ 时,输出电压漂移了 2V;B 放大电路的电压放大倍数为 1000,当温度从 20℃ 变到 30℃ 时,输出电压漂移 10V。哪一个放大电路的零漂小?为什么?

9-4　何谓差模信号?何谓共模信号?若在差动放大电路的一个输入端加入信号 $U_{i1} = 4\mathrm{mV}$,而在另一个输入端加入信号 U_{i2},当 U_{i2} 分别为

（1）$U_{i2} = 4\mathrm{mV}$

（2）$U_{i2} = -4\mathrm{mV}$

（3）$U_{i2} = -6\mathrm{mV}$

（4）$U_{i2} = 6\mathrm{mV}$

时,分别求出上述 4 种情况的差模信号 U_{id} 和共模信号 U_{ic} 的数值。

9-5　长尾式差动放大电路中 R_e 的作用是什么?它对共模输入信号和差模输入信号有何影响?

9-6　恒流源式差动放大电路为什么能提高对共模信号的抑制能力?

9-7　差动放大电路如图 9-36 所示,晶体管的参数 $\beta_1 = \beta_2 = 50$,$r'_{bb1} = r'_{bb2} = 300\Omega$,其他电路参数如图 9-36 所示。试求

（1）静态工作点。

（2）差模电压放大倍数和共模电压放大倍数。

（3）共模抑制比。

（4）差模输入电阻和输出电阻。

9-8　集成运放的理想条件是什么?工作在线性区的理想运放有哪两个重要特点?工作在非线性区时又有什么不同?

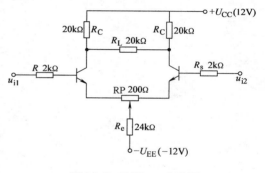

图 9-36　习题 9-7 电路图

9-9　电路如图 9-37 所示。集成运放电路输入点 B 的电压近似为零,那么将 B 点接地,输入输出关系是否仍然成立?既然运放输入电流趋于零,是否可将 A 点断开,此时放大器能工作吗?为什么?

9-10　假设图 9-38 所示电路中的集成运放是理想的,试求该电路的电压网络函数关系式。

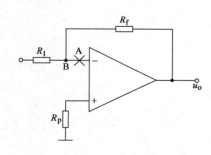

图 9-37　习题 9-9 电路图

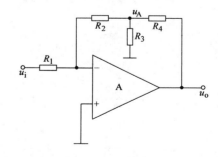

图 9-38　习题 9-10 电路图

9-11　图 9-39 为同相加法器,试证明

$$u_o = \left(1 + \frac{R_f}{R}\right)\left(\frac{R_2}{R_1 + R_2}u_{i1} + \frac{R_1}{R_1 + R_2}u_{i2}\right)$$

9-12 试求图 9-40 所示电路的电压传输关系式。

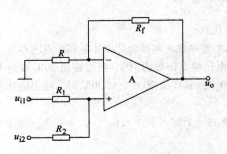

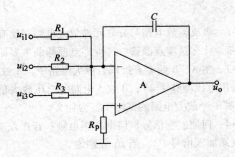

图 9-39 习题 9-11 电路图   图 9-40 习题 9-12 电路图

第 10 章　功率放大电路与直流稳压电源

10.1　功率放大电路

　　一个实用的放大器通常含有输入级、中间级及输出级三个部分，其任务各不相同。一般地说，输入级与信号源相连，因此要求输入级的输入电阻大、噪声低、共模抑制能力强、阻抗匹配等；中间级主要完成电压放大任务，以输出足够大的电压；输出级主要要求向负载提供足够大的功率，以便推动如扬声器、电动机之类的功率负载。功率放大电路的主要任务是放大信号功率。

10.1.1　功率放大电路的分类

　　功率放大电路按放大信号的频率，可分为低频功率放大电路和高频功率放大电路。前者用于放大音频范围(几十赫到几十千赫)的信号，后者用于放大射频范围(几百千赫到几十兆赫)的信号。

　　根据放大电路中晶体管在输入正弦信号的一个周期内的导通情况，可将放大电路分为下列三种工作状态。

　　(1) 甲类放大　在输入正弦信号的一个周期内晶体管都导通，都有电流流过晶体管。这种工作方式称为甲类放大，或称 A 类放大，如图 10-1a 所示。此时整个周期都有 $i_C > 0$，功率管的导电角 $\theta = 2\pi$。

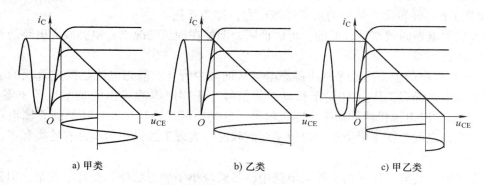

　　　　　a) 甲类　　　　　　　　　b) 乙类　　　　　　　　c) 甲乙类

图 10-1　各类功率放大电路的工作情况

　　(2) 乙类放大(B 类放大)　在输入正弦信号的一个周期内，只有半个周期晶体管导通，称为乙类放大，如图 10-1b 所示。此时功率管的导电角 $\theta = \pi$。

　　(3) 甲乙类放大(AB 类放大)　在输入正弦信号的一个周期内，有半个周期以上晶体管是导通的，称为甲乙类放大，如图 10-1c 所示。此时功率管的导电角 θ 满足 $\pi < \theta < 2\pi$。

　　(4) 丙类放大(C 类放大)　功率管的导电角小于半个周期，即 $0 < \theta < \pi$。

10.1.2 功率放大器的特点

功率放大器的主要任务是向负载提供较大的信号功率，故功率放大器应具有以下三个主要特点：

1. 输出功率要足够大

功率放大电路的任务是推动负载，因此功率放大电路的重要指标是输出功率，而不是电压放大倍数。

2. 效率要高

效率定义为输出信号功率与直流电源供给功率之比。放大电路的实质就是能量转换电路，因此它就存在着转换效率问题。

3. 非线形失真要小

功率放大电路工作在大信号的情况时，非线性失真是必须要考虑的问题。因此，功率放大电路不能用小信号的等效电路进行分析，而只能用图解法进行分析。

10.1.3 提高输出功率的方法

1）效率 η 是负载得到的有用信号功率（即输出功率 P_o）和电源供给的直流功率（P_U）的比值，即

$$\eta = P_o/P_U \tag{10-1}$$

式中，$P_U = P_o + P_T$，P_T 为管耗。要提高效率，就应减少消耗在晶体管上的功率 P_T，将电源供给的功率大部分转化为有用的信号输出功率。

2）在甲类放大电路中，为使信号不失真，需设置合适的静态工作点，保证在输入正弦信号的一个周期内，都有电流流过晶体管。

当有信号输入时，电源供给的功率一部分转化为有用的输出功率，另一部分则消耗在管子（和电阻）上，并转化为热量的形式耗散出去，称为管耗。

甲类放大电路的效率是较低的，可以证明，即使在理想情况下，甲类放大电路的效率最高也只能达到50%。

3）提高效率的主要途径是减小静态电流从而减少管耗。静态电流是造成管耗的主要因素，因此如果把静态工作点 Q 向下移动，使信号等于零时电源输出的功率也等于零（或很小），信号增大时电源供给的功率也随之增大，这样电源供给功率及管耗都随着输出功率的大小而改变，也就改变了甲类放大时效率低的状况。实现上述设想的电路有乙类和甲乙类放大电路。

乙类和甲乙类放大用于功率放大电路中，虽然减小了静态功耗，提高了效率，但都出现了严重的波形失真，因此，既要保持静态时管耗小，又要使失真不太严重，这就需要在电路结构上采取措施。除了改变功放管的工作状态，还可以进一步采用如下措施。

（1）提高电源电压　选用耐压高、容许工作电流和耗散功率大的器件。

（2）改善器件的散热条件　直流电源提供的功率，有相当多的部分消耗在放大器件上，使器件的温度升高，如果器件的热量及时散出后，则输出功率可以提高很多。

（3）选择最佳负载　功放晶体管若工作在乙类放大状态下，当负载改变时，交流负载线的斜率也会改变，故输出功率也改变。存在最佳负载 R_L 使效率提高。

10. 1. 4　乙类互补推挽功率放大电路

10. 1. 4. 1　双电源基本互补对称功率放大电路及其工作原理

图 10-2 是双电源乙类互补功率放大电路。这类电路又称为无输出电容的功率放大电路，简称 OCL 电路。VT_1 为 NPN 型管，VT_2 为 PNP 型管，两管参数对称。电路工作原理如下所述。

1. 静态分析

当输入信号 $u_i = 0$ 时，两晶体管都工作在截止区，此时 I_{BQ}、I_{CQ}、I_{EQ} 均为零，负载上无电流通过，输出电压 $u_o = 0$。$U_{CE1} = -U_{CE2} = U_{CC}$，设置于截止区内，两功放管属于乙类工作状态，输出电压为零，静态损耗也近似为零。

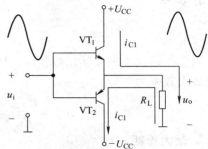

图 10-2　双电源乙类互补对称功率放大电路

2. 动态分析

1）当输入信号为正半周时，$u_i > 0$，晶体管 VT_1 导通，VT_2 截止，VT_1 管的发射极电流 i_{e1} 经 $+U_{CC}$ 自上而下流过负载，在 R_L 上形成正半周输出电压，$u_o > 0$。

2）当输入信号为负半周时，$u_i < 0$，晶体管 VT_2 导通，VT_1 截止，VT_2 管的发射极电流 i_{e2} 经 $-U_{CC}$ 自下而上流过负载，在 R_L 上形成负半周输出电压，$u_o < 0$。

10. 1. 4. 2　乙类双电源功率放大电路功率参数的分析计算

1. 输出功率 P_o

$$P_o = I_o U_o = \frac{U_{omax}}{\sqrt{2}} \frac{U_{omax}}{\sqrt{2}R_L} = \frac{1}{2} \frac{U_{omax}^2}{R_L} \tag{10-2}$$

$$U_{omax} = U_{CC} - U_{CES}$$

若忽略 U_{CES}，则　　　　　　　　　$U_{omax} \approx U_{CC}$

$$P_{omax} = \frac{1}{2R_L}(U_{CC} - U_{CES})^2 = \frac{1}{2}\frac{U_{omax}^2}{R_L} \approx \frac{1}{2}\frac{U_{CC}^2}{R_L} \tag{10-3}$$

2. 直流电流提供的功率 P_U

设流过晶体管的平均电流为 I_{CAV}，则

$$I_{CAV} = \frac{1}{2\pi}\int_0^\pi I_{om}\sin\omega t \mathrm{d}(\omega t) = \frac{I_{om}}{\pi} = \frac{U_{om}}{\pi R_L} \tag{10-4}$$

$$P_U = 2I_{CAV}U_{CC} = \frac{2}{\pi R_L}U_{om}U_{CC} \tag{10-5}$$

$$P_{Umax} = \frac{2}{\pi R_L}U_{CC}^2 \tag{10-6}$$

3. 管耗 P_T

$$P_{T1} = P_{T2} = \frac{1}{2}(P_U - P_o) = \frac{1}{2}\left(\frac{2}{\pi R_L}U_{CC}U_{om} - \frac{1}{2R_L}U_{om}^2\right)$$

$$= \frac{1}{R_L}\left(\frac{U_{om}}{\pi}U_{CC} - \frac{1}{4}U_{om}^2\right) \tag{10-7}$$

当最大输出电压幅值 $U_{omax} = U_{CC}$ 时，则

$$P_{T1} = P_{T2} = \frac{U_{CC}^2}{R_L}\frac{4-\pi}{4\pi} \approx 0.137P_{omax} \tag{10-8}$$

4. 效率

$$\eta = \frac{P_o}{P_U} = \frac{\pi U_{om}}{4U_{CC}} \tag{10-9}$$

当获得最大不失真输出幅度时，$U_{omax} \approx U_{CC}$，则可得到乙类双电源互补对称功率放大电路的最大效率为

$$\eta_{max} = \frac{P_{omax}}{P_U} \times 100\% = \frac{\pi}{4} \times 100\% \approx 78.5\% \tag{10-10}$$

5. 最大管耗

$$P_{T1} = \frac{1}{2}(P_U - P_o) = \frac{1}{2}\left(\frac{2}{\pi R_L}U_{CC}U_{om} - \frac{1}{2R_L}U_{om}^2\right) \tag{10-11}$$

可求得当 $U_{om} = 0.63U_{CC}$ 时，晶体管消耗的功率最大，其值为

$$P_{T1(max)} = \frac{U_{CC}^2}{\pi^2 R_L} = \frac{2}{\pi^2}P_{omax} \approx 0.2P_{omax} \tag{10-12}$$

6. 功率管的选择条件

在实际应用中，功率晶体管的选择主要依据以下原则：

1）每只功率晶体管的最大允许管耗 P_{CM} 必须大于 $0.2P_{om}$。如要求输出最大功率为10W，则应选择两只最大集电极功耗 $P_{CM} \geq 2W$ 的晶体管即可，当然还可以适当考虑裕量。

2）当 VT_2 导通时，VT_1 截止，所以当 VT_2 饱和时，U_{CE1} 得到最大值 $2U_{CC}$，因此应选用耐压 $|U_{(BR)CEO}| > 2U_{CC}$ 的管子。

3）所选管子的 I_{CM} 应大于电路中可能出现的最大集电极电流 U_{CC}/R_L。

10.1.5 甲乙类互补对称功率放大电路

10.1.5.1 实用的甲乙类双电源互补对称功率放大电路

1. 乙类互补对称功率放大电路的交越失真

理想情况下，乙类互补对称电路的输出没有失真。实际的乙类互补对称电路（见图10-3），由于没有直流偏置，只有当输入信号 u_i 大于管子的门限电压（NPN型硅管约为0.6V，PNP型锗管约为0.2V）时，管子才能导通。当输入信号 u_i 低于这个数值时，VT_1 和 VT_2 都截止，i_{c1} 和 i_{c2} 基本为零，负载 R_L 上无电流通过，出现一段死区，如图10-3所示。这种现象称为交越失真。

2. 甲乙类双电源互补对称电路

（1）基本电路 为了克服乙类互补对称电路的交越失真，需要给电路设置偏置，使之工作在甲乙类状态，如图10-4所示。

图10-4中，VT_3 组成前置放大级（注意，图中未画出 VT_3 的偏置电路），给功放级提供足

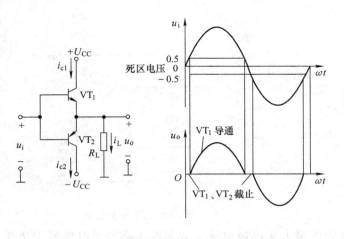

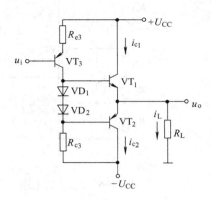

图 10-3　乙类互补对称功率放大电路的交越失真　　　　图 10-4　甲乙类双电源互补对称电路

够的偏置电流；VT$_1$ 和 VT$_2$ 组成互补对称输出级。

静态时，在 VD$_1$、VD$_2$ 上产生的压降为 VT$_1$、VT$_2$ 提供了一个适当的偏压，使之处于微导通状态，工作在甲乙类。这样，即使 u_i 很小（VD$_1$ 和 VD$_2$ 的交流电阻也小），基本上可线性地进行放大。

上述偏置方法的缺点：偏置电压不易调整，改进方法可采用 U_{BE} 扩展电路。

（2）U_{BE} 扩展电路　　U_{BE} 扩展电路如图 10-5 所示。

图 10-5 中，流入 VT$_4$ 基极的电流远小于流过 R_1、R_2 的电流，则由图可求出

$$U_{CE4} = U_{BE4} \frac{(R_1 + R_2)}{R_2}$$

由于 U_{BE4} 基本为一固定值（硅管为 0.6 ~ 0.7V），只要适当调节 R_1、R_2 的比值，就可改变 VT$_1$、VT$_2$ 的偏压 U_{CE4} 的值。U_{CE4} 就是 VT$_1$、VT$_2$ 的偏置电压，这种电路称为 U_{BE} 扩展电路。

例 10-1　在图 10-6 所示电路中，已知 $U_{CC} = 15V$，输入电压为正弦波，晶体管的饱和管压降为 3V，电压放大倍数为 1，负载电阻 $R_L = 4\Omega$。

（1）求解负载上可能获得的最大功率和效率。

（2）若输入电压最大有效值为 8V，则负载上能够获得的最大功率为多少？

解　（1）最大功率为

$$P_{om} = \frac{U_{om}^2}{R_L} = \frac{(U_{CC} - U_{CES})^2}{2R_L} = \frac{(15-3)^2}{2 \times 4}W = 18W$$

效率为

$$\eta = \frac{P_{om}}{P_U} = \frac{\pi}{4} \frac{(U_{CC} - U_{CES})}{U_{CC}} \approx \frac{(15-3)}{15} \times 78.5\% = 62.8\%$$

（2）当 $U_{om} = U_i = 8V$，则最大功率为

$$P_{om} = \frac{U_{om}^2}{R_L} = \frac{8^2}{4} = 16W$$

可见，功率放大电路的最大输出功率除了决定于功放本身参数外，还与输入电压有关。

例 10-2　已知图 10-6 所示电路中负载所需最大功率为 16W，负载电阻为 8Ω。设晶体管饱和管压降为 2V，试问：

（1）电源电压至少应取多少伏？

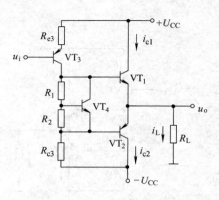

图 10-5　U_{BE} 扩展电路

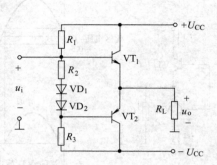

图 10-6　例 10-1 电路

（2）若电源电压取 20V，则晶体管的最大集电极电流、最大管压降和集电极最大功耗各为多少？

解　（1）根据

$$P_{omax} = \frac{U_{omax}^2}{2R_L} = \frac{(U_{CC} - U_{CES})^2}{2R_L} = \frac{(U_{CC} - 2)^2}{2 \times 8} W = 16 W$$

可以求出电源电压

$$U_{CC} \geqslant 18 V$$

（2）最大不失真输出电压的峰值为

$$U_{OM} = U_{CC} - U_{CES} = (20 - 2) V = 18 V$$

晶体管的最大集电极电流为

$$I_{Cmax} = I_{Lmax} = \frac{U_{OM}}{R_L} = \frac{18}{8} A = 2.25 A$$

最大管压降为

$$U_{CEmax} = 2U_{CC} - U_{CES} = (2 \times 20 - 2) V = 38 V$$

晶体管集电极的最大管耗为

$$P_{Tmax} = \frac{U_{CC}^2}{\pi^2 R_L} = \frac{20^2}{\pi^2 \times 8} W = 5.07 W$$

10.1.5.2　甲乙类单电源互补对称电路

1. 电路组成

甲乙类单电源互补对称电路如图 10-7 所示。

图中，VT_3 组成前置放大级，VT_2 和 VT_1 组成互补对称电路的输出级。

2. 工作原理

在 $u_i = 0$ 时，调节 R_1、R_2，就可使 I_{C3}、U_{B2} 和 U_{B1} 达到所需大小，给 VT_2 和 VT_1 提供一个合适的偏置，从而使 K 点电位 $U_K = U_C = U_{CC}/2$。

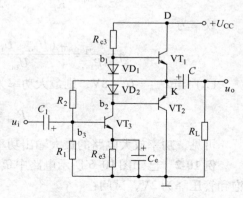

图 10-7　甲乙类单电源互补对称电路

$u_i \neq 0$ 时，在信号的负半周，VT_1 导电，有电流通过负载 R_L，同时向 C 充电；在信号的正半周，VT_2 导电，则已充电的电容 C 起着双电源互补对称电路中电源 $-U_{CC}$ 的作用，通过负载 R_L 放电。只要选择的时间常数 $R_L C$ 足够大（比信号的最长周期还大得多），就可以认为用电容 C 和一个电源 U_{CC} 可代替原来的 $+U_{CC}$ 和 $-U_{CC}$ 两个电源的作用。

3. 分析计算

采用一个电源的互补对称电路，由于每个管子的工作电压不是原来的 U_{CC}，而是 $U_{CC}/2$，即输出电压幅值 U_{om} 最大也只能达到约 $U_{CC}/2$，所以前面导出的计算 P_o、P_T、和 P_U 的最大值公式，必须加以修正才能使用。修正的方法也很简单，只要以 $U_{CC}/2$ 代替原来的公式中的 U_{CC} 即可。

4. 自举电路

（1）单电源互补对称电路存在的问题　单电源互补对称电路解决了静态工作点的偏置和稳定问题，但输出电压幅值达不到 $U_{om} = U_{CC}/2$。现分析如下：

1）理想情况。当 u_i 为负半周最大值时，i_{c3} 最小，u_{B1} 接近于 $+U_{CC}$，此时希望 VT_1 在接近饱和状态工作，即 $U_{CE1} = U_{CES}$，故 K 点电位 $U_K = +U_{CC} - U_{CES} \approx +U_{CC}$。

当 u_i 为正半周最大值时，VT_1 截止，VT_2 接近饱和导电，$U_K = U_{CES} \approx 0$。因此，负载 R_L 两端得到的交流输出电压幅值 $U_{om} = U_{CC}/2$。

2）实际情况。当 u_i 为负半周时，VT_1 导通，因而 i_{B1} 增加，由于 R_{c3} 上的压降和 U_{BE1} 的存在，当 K 点电位向 $+U_{CC}$ 接近时，VT_1 的基流将受限制而不能增加很多，因而也就限制了 VT_1 输向负载的电流，使 R_L 两端得不到足够的电压变化量，致使 U_{om} 明显小于 $U_{CC}/2$。

（2）解决方法

A. 电路

解决上述矛盾的方法是如何把图 10-7 中 D 点的电位升高，使 $U_D > +U_{CC}$。例如将图中 D 点与 $+U_{CC}$ 的连线切断，U_D 由另一电源供给，则问题即可以得到解决。通常的办法是在电路中引入 R_3、C_3 等元件组成的所谓自举电路，如图 10-8 所示。

B. 工作原理

在图 10-8 中，当 $u_i = 0$ 时，$u_D = U_D = U_{CC} - I_{c3}R_3$，而 $u_K = U_K = U_{CC}/2$，因此电容 C_3 两端电压被充电到 $U_{C3} = U_{CC}/2 - I_{c3}R_3$。

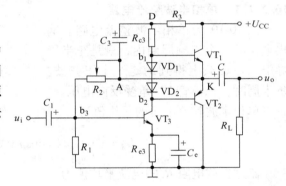

图 10-8　有自举电路的单电源互补对称电路

当时间常数 $R_3 C_3$ 足够大时，U_{c3}（电容 C_3 两端电压）将基本为常数（$U_{c3} \approx U_{C3}$），不随 u_i 而改变。这样，当 u_i 为负时，VT_1 导电，U_K 将由 $U_{CC}/2$ 向更正方向变化，考虑到 $U_D = U_{c3} + U_K$，显然，随着 K 点电位升高，D 点电位 U_D 也自动升高。因此，即使输出电压幅度升得很高，也有足够的电流 i_{B1}，使 VT_1 充分导电。这种工作方式称为自举，意思是电路本身把 U_D 提高了。

10. 2　直流稳压电源

图 10-9 为直流稳压电源的组成框图。

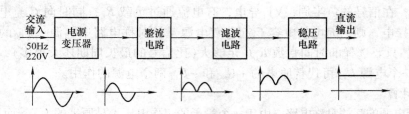

图 10-9　直流稳压电源的组成框图

整流电路将工频交流电转换为脉动直流电。

滤波电路将脉动直流中的交流成分滤除，减少交流成分，增加直流成分。

稳压电路采用负反馈技术，对整流后的直流电压进一步进行稳定。

10.2.1　整流电路

利用具有单向导电性能的整流元件（如二极管等），将交流电转换成单向脉动直流电的

电路称为整流电路。整流电路按输入电源相数可分为单相整流电路和三相整流电路，按输出波形又可分为半波整流电路和全波整流电路。目前广泛使用的是桥式整流电路。

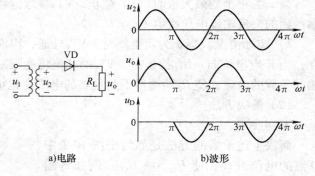

a)电路　　　　　　b)波形

图 10-10　单相半波整流电路

10.2.1.1　单相半波整流电路

图 10-10 为单相半波整流电路。输出电压在一个工频周期内，只是正半周导电，在负载上得到的是半个正弦波。负半周时，二极管 VD 承受反向电压。

单相半波整流电压的平均值为

$$U_o = \frac{1}{2\pi} \int_0^\pi \sqrt{2} U_2 \sin\omega t \, d(\omega t) = \frac{\sqrt{2}}{\pi} U_2 = 0.45 U_2 \tag{10-13}$$

流过负载电阻 R_L 的电流平均值为

$$I_o = \frac{U_o}{R_L} = 0.45 \frac{U_2}{R_L} \tag{10-14}$$

流经二极管的电流平均值与负载电流平均值相等，即

$$I_D = I_o = 0.45 \frac{U_2}{R_L} \tag{10-15}$$

二极管截止时承受的最高反向电压为 u_2 的最大值，即

$$U_{RM} = U_{2M} = \sqrt{2} U_2 \tag{10-16}$$

10.2.1.2　单相桥式（全波）整流电路

图 10-11 为单相全波整流电路。

当正半周时，二极管 VD_1、VD_3 导通，在负载电阻上得到正弦波的正半周。

当负半周时，二极管 VD_2、VD_4 导通，在负载电阻上得到正弦波的负半周。

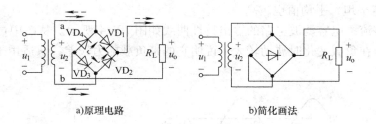

a)原理电路 　　　　　　　　　　　 b)简化画法

图 10-11　单相全波整流电路

在负载电阻上正、负半周经过合成，得到的是同一个方向的单向脉动电压。

图 10-12 为单相全波整流电路的波形。

单相全波整流电压的平均值为

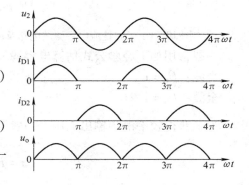

$$U_o = \frac{1}{\pi} \int_0^\pi \sqrt{2} U_2 \sin\omega t \mathrm{d}(\omega t) = 2\frac{\sqrt{2}}{\pi} U_2 = 0.9 U_2$$

$$(10\text{-}17)$$

流过负载电阻 R_L 的电流平均值为

$$I_o = \frac{U_o}{R_L} = 0.9 \frac{U_2}{R_L} \qquad (10\text{-}18)$$

流经每个二极管的电流平均值为负载电流的一半，即

$$I_D = \frac{1}{2} I_o = 0.45 \frac{U_2}{R_L} \qquad (10\text{-}19)$$

图 10-12　单相全波整流电路的波形

每个二极管在截止时承受的最高反向电压为 u_2 的最大值，即

$$U_{RM} = U_{2M} = \sqrt{2} U_2 \qquad (10\text{-}20)$$

整流变压器二次电压有效值为

$$U_2 = \frac{U_o}{0.9} = 1.11 U_o \qquad (10\text{-}21)$$

整流变压器二次电流有效值为

$$I_2 = \frac{U_2}{R_L} = 1.11 \frac{U_2}{R_L} = 1.11 I_o \qquad (10\text{-}22)$$

根据以上计算，可以选择整流二极管和整流变压器。

10.2.2　滤波电路

　　整流电路可以将交流电转换为直流电，但脉动较大。滤波电路利用电抗性元件对交、直流阻抗的不同，实现滤波，得到平稳的直流电源。滤波通常是利用电容或电感的能量存储功能来实现的。

10.2.2.1　电容滤波电路

　　图 10-13 为半波整流电容滤波电路及波形。

电容 C 放电的快慢取决于时间常数$(\tau = R_L C)$的大小，时间常数越大，电容 C 放电越慢，

输出电压 u_o 就越平坦，平均值也越高。

单相桥式整流、电容滤波电路的输出特性曲线如图10-14所示。从图中可见，电容滤波电路的输出电压在负载变化时波动较大，说明它的带负载能力较差，只适用于负载较轻且变化不大的场合。

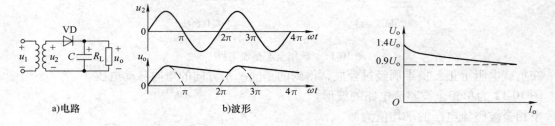

a)电路	b)波形

图10-13 半波整流电容滤波电路及波形   图10-14 电容滤波电路的输出特性

一般常用如下经验公式估算电容滤波时的输出电压平均值。

半波： $U_o = U_2$ (10-23)

全波： $U_o = 1.2 U_2$ (10-24)

为了获得较平滑的输出电压，一般要求 $R_L \geqslant (10 \sim 15) \dfrac{1}{\omega C}$，即

$$\tau = R_L C \geqslant (3 \sim 5) \frac{T}{2} \qquad\qquad (10-25)$$

式中，T 为交流电压的周期。

滤波电容一般选择体积小、容量大的电解电容器。应注意，普通电解电容器有正、负极性，使用时正极必须接高电位端，如果接反会造成电解电容器的损坏。

加入滤波电容以后，二极管导通时间缩短，且在短时间内承受较大的冲击电流（$i_C + i_o$），为了保证二极管的安全，选管时应放宽裕量。

单相半波整流、电容滤波电路中，二极管承受的反向电压为 $u_{DR} = u_C + u_2$，当负载开路时，承受的反向电压最高，为 $2\sqrt{2} U_2$。

例10-3 单相桥式电容滤波整流电路中，交流电源频率 $f = 50\text{Hz}$，负载电阻 $R_L = 40\Omega$，要求直流输出电压 $U_o = 20\text{V}$，选择整流二极管及滤波电容。

解 （1）选二极管

$$U_2 = \frac{U_o}{1.2} = \frac{20}{1.2}\text{V} \approx 17 \text{ V}$$

电流平均值为

$$I_D = \frac{1}{2} I_o = \frac{1}{2} \frac{U_o}{R_L} = \frac{1}{2} \times \frac{20}{40}\text{A} = 0.25\text{A}$$

承受的最高反压为

$$U_{RM} = \sqrt{2} U_2 = 24\text{V}$$

选二极管应满足 $I_F = (2 \sim 3) I_D$

可选 2CZ55C（$I_F = 1\text{A}, U_{RM} = 100\text{V}$）或 1A、100V 的整流桥。

（2）选滤波电容

$$T = \frac{1}{f} = \frac{1}{50}\text{s} = 0.02\text{s}$$

取

$$R_{\text{L}}C = 4 \times \frac{T}{2} = 0.04\text{s}$$

$$C = \frac{0.04\text{s}}{40\Omega} = 1000\mu\text{F}$$

可选 $1000\mu\text{F}$、耐压 50V 的电解电容。

10.2.2.2　电感滤波电路

图 10-15 为电感滤波电路,适用于负载电流较大的场合。它的缺点是制作复杂、体积大、笨重且存在电磁干扰。

10.2.2.3　复合滤波电路

图 10-16 为各种滤波电路。

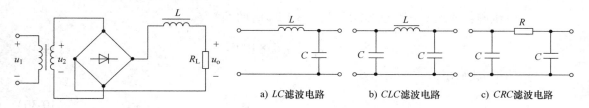

图 10-15　电感滤波电路　　　　　图 10-16　各种滤波电路

LC、$CLC\pi$ 型滤波电路适用于负载电流较大、要求输出电压脉动较小的场合。$CRC\pi$ 型滤波电路,只适用于负载电流较小的场合。

表 10-1 给出了各种整流滤波电路的参数。

表 10-1　各种整流滤波电路的参数

名　称	U_{o}(带载)	二极管反向最大电压	每管平均电流
半波整流	$0.45U_2$	$\sqrt{2}U_2$	I_{o}
桥式整流	$0.9U_2$	$\sqrt{2}U_2$	$0.5I_{\text{o}}$
半波整流、电容滤波	U_2	$2\sqrt{2}U_2$	I_{o}
桥式整流、电容滤波	$1.2U_2$	$\sqrt{2}U_2$	$0.5I_{\text{o}}$

10.2.3　直流稳压电路

引起输出电压变化的原因是负载电流的变化和输入电压的变化,将不稳定的直流电压变换成稳定且可调的直流电压的电路称为直流稳压电路。

直流稳压电路按调整器件的工作状态可分为线性稳压电路和开关稳压电路两大类。线性稳压电路又分为串联型稳压电路与并联型稳压电路两种,其中串联型稳压电路的电压调整管与负载串联,并联型稳压电路的电压调整管与负载并联。

10.2.3.1　稳压电路的技术指标

稳压电路的技术指标用于衡量稳压电路性能的高低。ΔU_I和ΔI_o引起的ΔU_o可用下式表示：

$$\Delta U_o \approx \frac{\partial U_o}{\partial U_I}\Delta U_I + \frac{\partial U_o}{\partial I_o}\Delta I_o = S_r\Delta U_I + R_o\Delta I_o \tag{10-26}$$

（1）稳压系数 S_r

$$S_r = \frac{\partial U_o}{\partial U_I} \approx \frac{\Delta U_o}{\Delta U_I}\Big|_{\Delta I_o = 0} \tag{10-27}$$

有时稳压系数也用下式定义：

$$S_r = \frac{\dfrac{\Delta U_o}{U_o}}{\dfrac{\Delta U_I}{U_I}}\Big|_{\Delta I_o = 0} \tag{10-28}$$

（2）电压调整率 S_U（一般特指 $\Delta U_i/U_i = \pm 10\%$ 时的 S_r）

$$S_U = \frac{1}{U_o}\frac{\Delta U_o}{\Delta U_I}\Big|_{\Delta I_o = 0} \times 100\% \tag{10-29}$$

（3）输出电阻 R_o

$$R_o = \frac{\Delta U_o}{\Delta I_o}\Big|_{\Delta U_I = 0} \tag{10-30}$$

（4）电流调整率 S_I

$$S_I = \frac{\Delta U_o}{U_o}\Big|_{\Delta U_I = 0} \times 100\% \tag{10-31}$$

当输出电流从零变化到最大额定值时输出电压的相对变化值，即为电流调整率。

（5）纹波抑制比 S_{rip}　输入电压交流纹波峰-峰值与输出电压交流纹波峰-峰值之比的分贝数，即为纹波抑制比。

$$S_{rip} = 20\lg\frac{U_{ip-p}}{U_{op-p}} \tag{10-32}$$

（6）输出电压的温度系数 S_T

$$S_T = \frac{1}{U_o}\frac{\Delta U_o}{\Delta T}\Big|_{\Delta I_o = 0, \Delta U_I = 0} \times 100\% \tag{10-33}$$

如果考虑温度对输出电压的影响，则输出电压是输入电压、负载电流和温度的函数。

$$U_o = f(U_I, I_o, T) \tag{10-34}$$

10.2.3.2　并联型稳压电路

硅稳压二极管稳压电路如图10-17所示。它是利用稳压二极管的反向击穿特性稳压的，由于反向特性陡直，较大的电流变化，只会引起较小的电压变化，适合于负载电流小、输出电压固定的场合。

1）当输入电压变化时如何稳压？

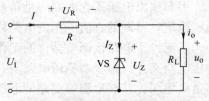

图 10-17　硅稳压二极管稳压电路

这一稳压过程可概括如下:

$$U_i \uparrow \to U_o \uparrow \to U_Z \uparrow \to I_Z \uparrow \to I_R \uparrow \to \to U_R \uparrow \to U_o \downarrow$$

2) 负载电流变化时如何稳压?

这一稳压过程可概括如下:

$$I_o \uparrow \to I_R \uparrow \to U_R \uparrow \to U_Z \downarrow (U_o \downarrow) \to I_Z \downarrow \to I_R \downarrow \to U_R \downarrow \to U_o \uparrow$$

10.2.3.3 串联型稳压电路

图 10-18 为串联型稳压电路,其稳压的实质: U_{CE} 的自动调节使输出电压恒定。

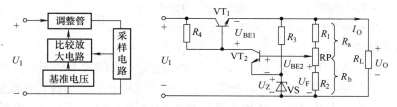

图 10-18 串联型稳压电路

1. 电路的组成及各部分的作用

1) 取样环节: 由 R_1、RP、R_2 组成的分压电路构成,它将输出电压 U_o 分出一部分作为取样电压 U_F,送到比较放大环节。

2) 基准电压: 由稳压二极管 VS 和电阻 R_3 构成的稳压电路组成,它为电路提供一个稳定的基准电压 U_Z,作为调整、比较的标准。

3) 比较放大环节: 由 VT_2 和 R_4 构成的直流放大器组成,其作用是将采样电压 U_F 与基准电压 U_Z 之差放大后去控制调整管 VT_1。

4) 调整环节: 由工作在线性放大区的功率管 VT_1 组成,VT_1 的基极电流 I_{B1} 受比较放大电路输出的控制,它的改变又可使集电极电流 I_{C1} 和集-射电压 U_{CE1} 改变,从而达到自动调整稳定输出电压的目的。

2. 电路的工作原理

稳压的实质: U_{CE} 的自动调节使输出电压恒定。概括如下:

$$U_o \uparrow \to U_F \uparrow \to I_{B2} \uparrow \to I_{C2} \uparrow \to U_{C2} \downarrow \to I_{B1} \downarrow \to U_{CE1} \uparrow$$
$$U_o \downarrow \leftarrow$$

3. 电路的输出电压

设 VT_2 的发射结电压 U_{BE2} 可忽略,则

$$U_F = U_Z = \frac{R_b}{R_a + R_b} U_o$$

或

$$U_o = \frac{R_a + R_b}{R_b} U_Z$$

用电位器 RP 即可调节输出电压 U_o 的大小,但 U_o 必定大于或等于 U_Z。例如: $U_Z = 6V$,$R_1 = R_2 = RP = 100\Omega$,则 $R_a + R_b = R_1 + R_2 + RP = 300\Omega$,$R_b$ 最大为 200Ω,最小为 100Ω,U_o 的范围为 9~18V。

10. 2. 3. 4 集成稳压器

集成稳压器是将稳压电路的主要元件甚至全部元件制作在一块硅基片上的集成电路，因而具有体积小、使用方便、工作可靠等特点。

1. 外形和引脚排列

图10-19为TO-220封装形式集成稳压器的引脚图。

CW7800系列（正电源）　　　CW7900系列（负电源）

输出电压：5V/6V/9V/12V/15V/18V/24V

输出电流：78L×　×/79L×　×——输出电流为100mA

　　　　　78M×　×/9M×　×——输出电流为500mA

　　　　　78×　×/79×　×——输出电流为1A

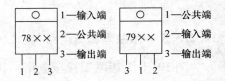

图10-19　集成稳压器的引脚图

2. 典型应用电路

（1）基本应用电路　图10-20是用7812三端式稳压器构成的单电源电压输出串联型稳压电源的基本应用电路。其中，整流部分采用了由4个二极管组成的桥式整流器。滤波电容 C_1、C_2 一般选取几百到几千微法。当稳压器距离整流滤波电路比较远时，在输入级必须接入电容器 C_3，以抵消线路的电感效应，防止产生自激振荡。输出端电容 C_4（0.1μF）用以滤除输出端的高频信号，改善电路的暂态响应。

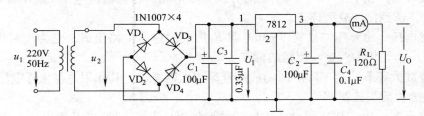

图10-20　由7812构成的串联型稳压电源

（2）提高输出电压与输出电流的电路　当集成稳压器本身的输出电压或输出电流不能满足要求时，可通过外接电路来进行性能扩展。图10-21是一种简单的输出电压扩展电路。如7812稳压器的3、2端之间输出电压为12V，因此只要选择适当的 R 值，使稳压管VS工作在稳压区，其稳定电压为 U_Z，则输出电压 $U_O = 12V + U_Z$，可以高于稳压器本身的输出电压。

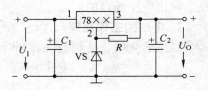

图10-21　输出电压扩展电路

图10-22是通过外接晶体管VT及电阻 R_1 来进行电流扩展的电路。电阻 R_1 的阻值由外接晶体管的发射结导通电压 U_{BE}、三端式稳压器的输入电流 I_i（近似等于三端稳压器的输出电流 I_{01}）和VT的基极电流 I_B 来决定，即

$$R_1 = \frac{U_{BE}}{I_R} = \frac{U_{BE}}{I_i - I_B} = \frac{U_{BE}}{I_{01} - \dfrac{I_C}{\beta}}$$

式中，I_C 为晶体管VT的集电极电流，$I_C = I_O - I_{01}$；β 为VT的电流放大系数。对于锗管 U_{BE} 可按0.3V估算，对于硅管 U_{BE} 按0.7V估算。

（3）能同时输出正、负电压的电路 图 10-23 为正、负双电压输出电路。例如某电路需要 $U_O = \pm 15V$，则可选用 7815 和 7915 三端式稳压器，这时的 U_I 应为单电压输出时的两倍。

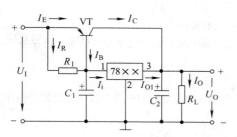

图 10-22 扩大输出电流的电路

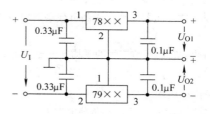

图 10-23 能同时输出正、负电压的电路

习 题

10-1 分析下列说法是否正确，凡对者在括号内打"√"，凡错者在括号内打"×"。

（1）在功率放大电路中，输出功率愈大，功放管的功耗愈大。（ ）

（2）功率放大电路的最大输出功率是指在基本不失真情况下，负载上可能获得的最大交流功率。（ ）

（3）当 OCL 电路的最大输出功率为 1W 时，功放管的集电极最大耗散功率应大于 1W。（ ）

（4）功率放大电路与电压放大电路、电流放大电路的共同点是

1）都使输出电压大于输入电压。（ ）

2）都使输出电流大于输入电流。（ ）

3）都使输出功率大于信号源提供的输入功率。（ ）

（5）功率放大电路与电压放大电路的区别是

1）前者比后者电源电压高。（ ）

2）前者比后者电压放大倍数大。（ ）

3）前者比后者效率高。（ ）

4）在电源电压相同的情况下，前者比后者的最大不失真输出电压大。（ ）

（6）功率放大电路与电流放大电路的区别是

1）前者比后者电流放大倍数大。（ ）

2）前者比后者效率高。（ ）

3）在电源电压相同的情况下，前者比后者的输出功率大。（ ）

10-2 已知电路如图 10-24 所示，VT_1 和 VT_2 管的饱和管压降 $|U_{CES}| = 3V$，$U_{CC} = 15V$，$R_L = 8\Omega$。选择正确答案填入空内。

（1）电路中 VD_1 和 VD_2 管的作用是消除_____。

A. 饱和失真　　　　B. 截止失真　　　　C. 交越失真

（2）静态时，晶体管发射极电位 U_{EQ}_____。

A. $>0V$　　　　　B. $=0V$　　　　　C. $<0V$

（3）最大输出功率 P_{OM}_____。

A. $\approx 28W$　　　　B. $=18W$　　　　C. $=9W$

（4）当输入为正弦波时，若 R_1 虚焊（即开路），则输出电压_____。

A. 为正弦波　　　　B. 仅有正半波　　　　C. 仅有负半波

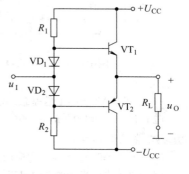

图 10-24 习题 10-2 电路图

（5）若 VD_1 虚焊，则 VT_1 管_____。

A. 可能因功耗过大烧坏　　B. 始终饱和　　　　C. 始终截止

10-3　判断下列说法是否正确，用"√""×"表示判断结果填入空内。

（1）直流电源是一种将正弦信号转换为直流信号的波形变换电路。（　　）

（2）直流电源是一种能量转换电路，它将交流能量转换为直流能量。（　　）

（3）在变压器二次电压和负载电阻相同的情况下，桥式整流电路的输出电流是半波整流电路输出电流的2倍。（　　）

因此，它们的整流管的平均电流比值为2:1。（　　）

（4）若 U_2 为电源变压器二次电压的有效值，则半波整流电容滤波电路和全波整流电容滤波电路在空载时的输出电压均为 $\sqrt{2}U_2$。（　　）

（5）当输入电压 U_1 和负载电流 I_L 变化时，稳压电路的输出电压是绝对不变的。（　　）

10-4　电路如图 10-25 所示，已知 VT_1 和 VT_2 的饱和管压降 $|U_{CES}| = 2V$，直流功耗可忽略不计。回答下列问题：

（1）R_3、R_4 和 VT_3 的作用是什么？

（2）负载上可能获得的最大输出功率 P_{om} 和电路的转换效率 η 各为多少？

（3）设最大输入电压的有效值为1V。为了使电路的最大不失真输出电压的峰值达到16V，电阻 R_6 至少应取多少千欧？

10-5　在图 10-26 所示电路中，已知 $U_{CC} = 18V$，二极管的导通电压 $U_D = 0.7V$，晶体管导通时的 $|U_{BE}| = 0.7V$，VT_2 和 VT_3 管发射极静态电位 $U_{EQ} = 0V$。

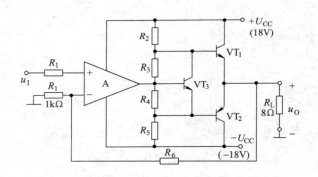

图 10-25　习题 10-4 电路图

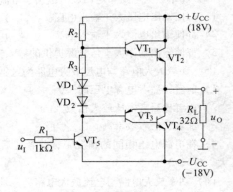

图 10-26　习题 10-5 电路图

试问：

（1）VT_1、VT_3 和 VT_5 管基极的静态电位各为多少？

（2）设 $R_2 = 10k\Omega$，$R_3 = 100\Omega$。若 VT_1 和 VT_3 管基极的静态电流可忽略不计，则 VT_5 管集电极静态电流为多少？静态时 $u_1 = ?$

（3）若静态时 $i_{B1} > i_{B3}$，则应调节哪个参数可使 $i_{B1} = i_{B3}$？如何调节？

（4）电路中二极管的个数可以是 1、2、3、4 吗？你认为哪个最合适？为什么？

10-6　在图 10-27 所示电路中，已知 $U_{CC} = 15V$，VT_1 和 VT_2 管的饱和管压降 $|U_{CES}| = 2V$，输入电压足够大。求解：

（1）最大不失真输出电压的有效值。

（2）负载电阻 R_L 上电流的最大值。

（3）最大输出功率 P_{om} 和效率 η。

10-7　已知图 10-28 所示电路中 VT_1 和 VT_2 管的饱和管压降 $|U_{CES}| = 2V$，导通时的 $|U_{BE}| = 0.7V$，输入

电压足够大。

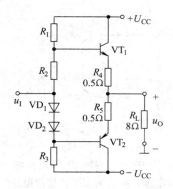

图 10-27 习题 10-6 电路图

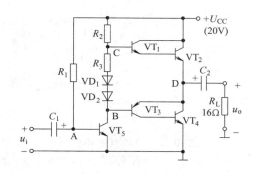

图 10-28 习题 10-7 电路图

（1）A、B、C、D 点的静态电位各为多少？

（2）为了保证 VT$_2$ 和 VT$_4$ 管工作在放大状态，管压降 $|U_{CE}| \geqslant 3V$，电路的最大输出功率 P_{om} 和效率 η 各为多少？

10-8 图 10-29 为两个带自举的功率放大电路。试分别说明输入信号正半周和负半周时功放管输出回路电流的通路，并指出哪些元件起自举作用。

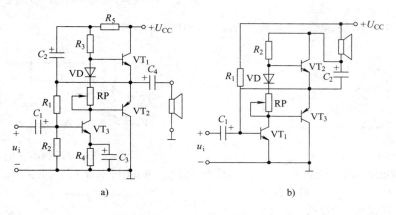

图 10-29 习题 10-8 电路图

10-9 LM1877N-9 为 2 通道低频功率放大电路，单电源供电，最大不失真输出电压的峰-峰值 $U_{OP-P} = U_{CC} - 6V$，开环电压增益为 70dB。图 10-30 为 LM1877N-9 中一个通道组成的实用电路，电源电压为 24V，$C_1 \sim C_3$ 对交流信号可视为短路；R_3 和 C_4 起相位补偿作用，可以认为负载为 8Ω。

（1）静态时 u_P、u_N、u_O'、u_o 各为多少？

（2）设输入电压足够大，电路的最大输出功率 P_{om} 和效率 η 各为多少？

10-10 OCL 电路如图 10-31 所示，已知 $U_{CC} = 12V$，$R_L = 8\Omega$，若晶体管处于临界饱和状态时集电极与发射极之间的电压为 $U_{CES} = 2V$，求电路可能的最大输出功率。

10-11 如果要求某一单相桥式整流电路的输出直流电压 U_o 为 36V，直流电流 I_o 为 1.5A，试选用合适的二极管。

10-12 设一半波整流电路和一桥式整流电路的输出电压平均值和所带负载大小完全相同，均不加滤波，试问两个整流电路中整流二极管的电流平均值和最高反向电压是否相同。

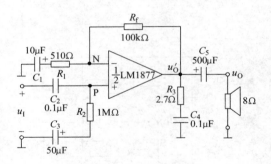

图 10-30　习题 10-9 电路图

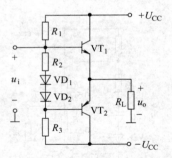

图 10-31　习题 10-10 电路图

10-13　欲得到输出直流电压 $U_\text{o} = 50\text{V}$ 直流电流 $I_\text{o} = 160\text{mA}$ 的电源，问应采用哪种整流电路？画出电路图，并计算电源变压器的容量(计算 U_2 和 I_2)，选定相应的整流二极管(计算二极管的平均电流 I_D 和承受的最高反向电压 U_RM)。

10-14　在图 10-32 所示电路中，已知 $R_\text{L} = 8\text{k}\Omega$，直流电压表 V_2 的读数为 110V，二极管的正向压降忽略不计，求：

(1) 直流电流表 A 的读数。

(2) 整流电流的最大值。

(3) 交流电压表 V_1 的读数。

10-15　图 10-33 为单相全波整流电路。已知 $U_2 = 10\text{V}$，$R_\text{L} = 100\Omega$。

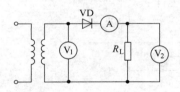

图 10-32　习题 10-14 电路图

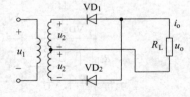

图 10-33　习题 10-15 电路图

(1) 求负载电阻 R_L 上的电压平均值 U_o 与电流平均值 I_o，并在图中标出 u_o、i_o 的实际方向。

(2) 如果 VD_2 脱焊，U_o、I_o 各为多少？

(3) 如果 VD_2 接反，会出现什么情况？

(4) 如果在输出端并接一滤波电解电容，试将它按正确极性画在电路图上，此时输出电压 U_o 约为多少？

10-16　在图 10-34 所示桥式整流电容滤波电路中，$U_2 = 20\text{V}$，$R_\text{L} = 40\Omega$，$C = 1000\mu\text{F}$。

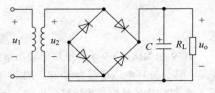

图 10-34　习题 10-16 电路图

(1) 正常时 U_o 为多大？

(2) 如果测得 U_o 为：① $U_\text{o} = 18\text{V}$；② $U_\text{o} = 28\text{V}$；③ $U_\text{o} = 9\text{V}$；④ $U_\text{o} = 24\text{V}$。电路分别处于何种状态？

(3) 如果电路中有一个二极管出现下列情况：①开路；②短路；③接反。电路分别处于何种状态？是否会给电路带来什么危害？

10-17　电容滤波和电感滤波电路的特性有什么区别？各适用于什么场合？

10-18　单相桥式整流、电容滤波电路中，已知交流电源频率 $f = 50\text{Hz}$，要求输出直流电压为 $U_\text{o} = 30\text{V}$，输出直流电流为 $I_\text{o} = 150\text{mA}$，试选择二极管及滤波电容。

10-19　根据稳压管稳压电路和串联型稳压电路的特点，试分析这两种电路各适用于什么场合？

10-20　试设计一台直流稳压电源，其输入为 220V、50Hz 交流电源，输出直流电压为 12V，最大输出电流为 500mA，试采用桥式整流电路和三端式集成稳压器构成，并加有电容滤波电路(设三端式稳压器的压差为5V），要求：

（1）画出电路图。

（2）确定电源压器的电压比，整流二极管、滤波电容器的参数，三端式稳压器的型号。

10-21　图10-35是由W78××稳压器组成的稳压电路，为一种高输入电压画法，试分析其工作原理。

10-22　图10-36是W78××稳压器外接功率管扩大输出电流的稳压电路，具有外接过电流保护环节，用于保护功率管VT_1，试分析其工作原理。

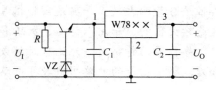

图10-35　习题10-21电路图

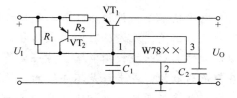

图10-36　习题10-22电路图

223

第3篇　数字逻辑电路基础

在电子技术中，被传送、加工和处理的信号按其性质分为两大类：一类是模拟信号，这类信号的特征是，无论从时间上或信号大小上看都是连续变化的，而用以传递、加工和处理模拟信号的电路叫做模拟电路；另一类是数字信号，数字信号的特征是，无论从时间或大小上看都是离散的，或者说是不连续的，传递、加工和处理数字信号的电路叫做数字电路。

数字电路与模拟电路相比，其特点如下：

1）在数字电路中，一般都采用二进制。因此，凡具有两个稳定状态的元件，其状态都可以用来表示二进制的两个数码，故数字电路对电路的各元件精度要求不很严格，允许元件的参数有较大的分散性，只要能够区分两种截然不同的状态即可。这一特点，对数字电路的集成化是十分有利的。

2）数字电路不仅具有算术运算功能，还具有一定的"逻辑思维功能"。电路的输出与输入之间的关系是逻辑关系，因此数字电路又称为逻辑电路。

3）抗干扰能力强、精度高。由于数字电路的信号传输、交换和处理都是二值信息，尽管数字信号受到的干扰与模拟信号是相同的，但数字信号受到干扰后的状态不易改变，经处理（整形等）后可以恢复原状，不易产生畸变，因而抗干扰能力强；此外可以很容易通过增加二进制数的位数来提高信号处理、存储与传输的精度。

4）数字信号便于长期存储，使大量的可贵信息资源得以长期保存。

5）保密性好，在数字电路中可以对信息进行加密处理，使可贵的资源不易被窃取。

6）通用性强，可以采用标准化的逻辑部件构成各种各样的数字系统。

正因为数字系统的这些优越性，它的应用几乎涵盖了国民经济建设和科学技术的所有领域，并逐步渗透到人们工作和生活的每个角落。于是有人提出了"数字地球"、"数字化世界"以及"数字化生存"等概念。另一方面，不能认为数字化技术将取代一切模拟技术的应用。实际上，人类在自然界中遇到的大多数都是模拟信号，为了要借助数字系统对其进行处理，需经 A-D、D-A 转换。

本篇讨论数字电路的基础知识：二进制数和逻辑代数（*Logic Algebra*）、基本逻辑器件介绍（逻辑门电路及触发器）、数字电路的设计（组合逻辑设计与时序逻辑设计）等内容。

第11章 数制、编码与逻辑代数

11.1 数制与数制转换

一个物理量的数值大小可以用两种不同的方法表示：一种是按"值"表示，一种是按"形"表示。所谓按"值"表示就是选定某种进位制来表示出某个数值，这就是所谓的数制。按"值"表示时需要解决3个问题：一是选择恰当的"数字符号"及组合规则；二是确定小数点的位置；三是正确地表示出正、负号。例如，十进制数 +15.5，用二进制数表示为"00001111.1"。所谓按"形"表示，就是按照一定的编码方法来形象地表示出某个数值。例如，在保密通信中需要约定：9999 表示"+"，3217 表示"1"，3257 表示"5"，4444 表示"."，于是 +15.5 可以在此约定下表示为 9999 3217 3257 4444 3257。采用按"形"表示时，先确定编码规则，然后在此编码规则的约定下编出一组代码，并给每个代码赋予一定的含义。这就是所谓的码制，以下将介绍数字电路中常用的几种数制和码制。

11.1.1 数制

11.1.1.1 十进制数

在日常生活中，使用最多的是十进制。十进制是用 10 个不同的数码 $0,1,2,\cdots,9$ 来表示。任何一个数都可以用这 10 个数码按一定的规律排列起来表示。当任何一位的数比 9 大 1 时，则向相邻高位进 1，本位复 0，称为"逢十进一"，因此，所谓十进制数就是以十为基数，逢十进一的计数体制。

例如，十进制数 3508.67 可以表示为如下形式：

$$3508.67 = 3 \times 10^3 + 5 \times 10^2 + 0 \times 10^1 + 8 \times 10^0 + 6 \times 10^{-1} + 7 \times 10^{-2}$$

显然，任意一个十进制数 N 可以表示为

$$(N)_{10} = k_{n-1} \times 10^{n-1} + k_{n-2} \times 10^{n-2} + \cdots + k_1 \times 10^1 + k_0 \times 10^0$$
$$+ k_{-1} \times 10^{-1} + k_{-2} \times 10^{-2} + \cdots + k_{-m} \times 10^{-m}$$

式中，n、m 为自然数；k_i 为系数（$0 \sim 9$ 中的某一个）；10 是进位基数；10^i 是十进制数的第 i 位的"权"（$i = n-1, n-2, \cdots, 1, 0, -1, \cdots, -m$），表示系数 k_i 在十进制数中的地位；$k_i 10^i$ 称为"加权系数"。不难看出，十进制数就是各加权系数之和。一般地，任意十进制数（括号右下标用 D——Decimal 表示）可表示为

$$(N)_D = \sum_{i=-m}^{n-1} (k_i \times 10^i) \tag{11-1}$$

11.1.1.2 其他常用的几种进位制

尽管十进制数是日常生活中使用最为频繁的数制，但日常生活中也常使用其他进制的

数。例如，今天星期五，问 4 天以后是星期几，显然可以知道是下星期二。用数学表示就是 $(5+4)_7 = (12)_7$，即"逢七进一"，这就是七进制数；又例如，当前是 11 月，问 5 个月以后是几月，可以很容易地用数学方法表示为 $(11+5)_{12} = (14)_{12}$，即下一年的 4 月，逢"十二进一"，这就是十二进制数。所以由此可知，日常生活中人们不自觉地应用着其他进制。下面将讨论的是在数字电路中常用的几种进制。

1. 二进制数

从前面的讨论可知，根据不同的场合和不同的需要，可以采用不同的进制。在数字电路中常采用的是二进制数，其优点已在引言中做了说明，那么二进制数如何表示呢？由前面的讨论不难想象：二进制数采用两个不同的符号 0 和 1 来表示，且计数规律为"逢二进一"。当 $1+1$ 时，本位复0，并向高位进一，即 $(1+1)_2 = (10)_2$。一般二进制数（括号右下标用 B——Binary 表示）可表示为

$$(N)_B = k_{n-1} \times 2^{n-1} + k_{n-2} \times 2^{n-2} + \cdots + k_1 \times 2^1 + k_0 \times 2^0$$
$$+ k_{-1} \times 2^{-1} + k_{-2} \times 2^{-2} + \cdots + k_{-m} \times 2^{-m}$$
$$= \sum_{i=-m}^{n-1} (k_i \times 2^i) \tag{11-2}$$

式中，n、m 为自然数；k_i 为系数；2 是进位基数；2^i 是第 i 位的"权"（$i = n-1, n-2, \cdots, 1, 0, -1, \cdots, -m$）。因此，二进制数是以 2 为基数，逢二进一的计数体制。

例如，$(1011.101)_B = 1 \times 2^3 + 0 \times 2^2 + 1 \times 2^1 + 1 \times 2^0 + 1 \times 2^{-1} + 0 \times 2^{-2} + 1 \times 2^{-3}$

由于多位二进制数不便识别和记忆，因此在数字计算机的资料中常采用八进制或十六进制数来表示二进制数（需要强调的一点是，计算机只识别二进制数，八进制和十六进制是为了便于人们阅读而采用的表示方法），即 3 位二进制数对应一位八进制数；4 位二进制数对应一位十六进制数。这样可以将较长的二进制数用比较容易记忆的八进制数或十六进制数表示。

2. 八进制数

八进制数有 8 个数字符号：0，1，2，3，4，5，6，7。其计数规律是"逢八进一"，即 $(7+1)_O = (10)_O$。八进制的基数是 2^3，故八进制数（括号右下标用 O——Octal 表示）按权展开为

$$(N)_O = \sum_{i=-m}^{n-1} (k_i \times 8^i) \tag{11-3}$$

例如，$(362.05)_O = 3 \times 8^2 + 6 \times 8^1 + 2 \times 8^0 + 0 \times 8^{-1} + 5 \times 8^{-2}$

3. 十六进制数

十六进制数由 16 个不同符号表示：0,1,2,3,4,5,6,7,8,9,A,B,C,D,E,F。其计数规律是"逢十六进一"，即 $(F+1)_H = (10)_H$，十六进制的基数是 2^4，故十六进制数（括号右下标用 H——Hexadecimal 表示）按权展开式为

$$(N)_H = \sum_{i=-m}^{n-1} (k_i \times 16^i) \tag{11-4}$$

例如，$(86B.0F)_H = 8 \times 16^2 + 6 \times 16^1 + B \times 16^0 + 0 \times 16^{-1} + F \times 16^{-2}$

基数和权是进位制的两个要素，正确理解其含义，便可掌握进位制的全部内容，表11-1列出了不同基数进位制数的相互关系。

表 11-1   常见数制

数　　制	数　字　符　号	基　　数
二进制 B（Binary）	0 1	2
八进制 O（Octal）	0 1 2 3 4 5 6 7	2^3
十进制 D（Decimal）	0 1 2 3 4 5 6 7 8 9	10
十六进制 H（Hexadecimal）	0 1 2 3 4 5 6 7 8 9 A B C D E F	2^4

11.1.1.3   二进制数的运算

二进制数与十进制数一样存在加法、减法、乘法、除法运算，其相应的规则如下：

加法规则：$0+0=0$ $1+0=1$ $0+1=1$ $1+1=0$（同时向较高邻位进一）

减法规则：$0-0=0$ $1-0=1$ $1-1=0$ $0-1=1$（同时向较高邻位借位）

乘法规则：$0\times0=0$　　　$0\times1=0$　　　$1\times0=0$　　　$1\times1=1$

除法规则：$0\div1=0$　　　$1\div1=1$

例 11-1　计算$(1011)_B+(1110)_B$。

解

$$
\begin{array}{cccc}
 1 & 1 & 1 & \quad \leftarrow 进位\\
 1 & 0 & 1 & 1\\
+\enspace) \quad 1 & 1 & 1 & 0\\
\hline
1 \quad 1 & 0 & 0 & 1
\end{array}
$$

所以，$(1011)_B+(1110)_B=(11001)_B$。

例 11-2　计算$(1101)_B-(1011)_B$。

解

$$
\begin{array}{cccc}
 & 1 & & \quad \leftarrow 借位\\
 1 & 1 & 0 & 1\\
-\enspace) \quad 1 & 0 & 1 & 1\\
\hline
 0 & 0 & 1 & 0
\end{array}
$$

所以，$(1101)_B-(1011)_B=(0010)_B$。

二进制数的乘法和除法运算同十进制类似，但采用二进制的运算规则，读者可自行探讨。

11.1.2   数制间的转换

由于人们已经习惯十进制数，而计算机使用的是二进制数，因此在输入数据时就需要将十进制数转换成可以被机器所接受的二进制数，而机器运算的结果在输出时又要转换成人们熟悉的十进制数，因此，不同的数制之间需要相互转换。

11.1.2.1   二进制、八进制、十六进制转换成十进制

根据式（11-2）、式（11-3）、式（11-4）将二进制、八进制、十六进制数按权展开并求和即得到对应的十进制数。

下面通过例子来说明其转换方法。

例 11-3　求下列各式的等值十进制数：

$(11010.101)_B$

$(464.302)_O$

$(2E0.B2)_H$

解　将以上各式按不同进制的权展开即可。

$$(11010.101)_B = 1 \times 2^4 + 1 \times 2^3 + 0 \times 2^2 + 1 \times 2^1 + 0 \times 2^0 + 1 \times 2^{-1} + 0 \times 2^{-2} + 1 \times 2^{-3}$$
$$= (26.625)_D$$

$$(464.302)_O = 4 \times 8^2 + 6 \times 8^1 + 4 \times 8^0 + 3 \times 8^{-1} + 0 \times 8^{-2} + 2 \times 8^{-3} = (308.40625)_D$$

$$(2E0.B2)_H = 2 \times 16^2 + E \times 16^1 + 0 \times 16^0 + B \times 16^{-1} + 2 \times 16^{-2}$$
$$= 2 \times 16^2 + 14 \times 16^1 + 11 \times 16^{-1} + 2 \times 16^{-2} = (736.0076349)_D$$

11.1.2.2　十进制数转换成二进制数、八进制数、十六进制数

将十进制转换成其他进制时，需要把整数部分和小数部分分别进行转换。

对于整数部分，采用"除新基数取余法"，其转换步骤如下：

第一步，用新基数去除十进制数，第一次的余数为新基数制数中的最低有效位（Least Significant Bit, LSB）数字。

第二步，用新基数去除前一步的商，余数为与前一位新基数制数相邻的高一位数字。

第三步，重复第二步过程，直到商等于零为止。而商为零的余数就是新基数制数中的最高有效位（Most Significant Bit, MSB）数字。

下面通过举例说明数制的转换过程。

例 11-4　将十进制数$(43)_D$转换为等值的二进制数、八进制数。

解　采用短除法。将待转换的十进制数被 2 或被 8 去除，其结果是将余数由后向前写出即为所要转化的结果。

所以　　$(43)_D = (101011)_B$　　$(43)_D = (53)_O$

对于小数部分，采用"乘新基数取整法"，其转换步骤如下：

第一步，用新基数乘以十进制小数，第一次乘积中整数部分的数字是新基数制的小数最高有效位（MSB）数字。

第二步，用新基数乘以前一次乘积的小数部分，这次乘积中整数部分的数字是新基数制小数中的下一位数字。

第三步，重复第二步过程，直到乘积的小数部分为零，或者进行达到其误差要求的小数转换精度为止。

```
              商        余数
   2   4 3          …………1        LSB
     2   2 1 ←      …………1         ↑
       2   1 0      …………0        读
         2   5      …………1        数
           2   2    …………0        方
             2   1  …………1        向   MSB
                 0
```

```
                商        余数
   8   4 3          …………3
     8   5 ←        …………5
         0
```

例 11-5　将十进制数 $(0.695)_D$ 转换为等值的二进制数、八进制数。

解

$0.695 \times 2 = 1.390$	1 ……	MSB	$0.695 \times 8 = 5.56$	5 ……	MSB
$0.390 \times 2 = 0.780$	0		$0.560 \times 8 = 4.48$	4	
$0.780 \times 2 = 1.560$	1	读数方向	$0.480 \times 8 = 3.84$	3	读数方向
$0.560 \times 2 = 1.120$	1		$0.840 \times 8 = 6.72$	6	
$0.120 \times 2 = 0.240$	0		$0.720 \times 8 = 5.76$	5	
$0.240 \times 2 = 0.480$	0		$0.760 \times 8 = 6.08$	6	
$0.480 \times 2 = 0.960$	0		$0.080 \times 8 = 0.64$	0	
$0.960 \times 2 = 1.920$	1 ……	LSB	$0.640 \times 8 = 5.12$	5 ……	LSB

所以　$(0.695)_D = (0.10110001)_B$　　　　$(0.695)_D = (0.54365605)_O$

例 11-6　将十进制数 $(43.695)_D$ 转换为二进制数、八进制数。

解　将以上两例的整数部分和小数部分相加即可。

$\quad(43.695)_D = (101011.10110001)_B$　　　　　$(43.695)_D = (53.54365605)_O$

11.1.2.3　二进制数与八进制数的相互转换

八进制数的基数是 2^3，因此二进制数与八进制数的转换采用"三位聚一位"的方法。即从二进制数的小数点开始，把二进制数的整数部分从低位起，每 3 位分一组，最高位不够 3 位时通过补零补齐 3 位。二进制数的小数部分从高位起，每 3 位分一组，最低位不够 3 位时通过补零补齐 3 位，然后顺序写出对应的八进制数即可。

例 11-7　将 $(11010010011.11)_B$ 转换成等值的八进制数。

解

二进制数　011　010　010　011　.　110
　　　　　↓　↓　↓　↓　↓　↓　$(11010010011.11)_B = (3223.6)_O$
八进制数　3　2　2　3　.　6

八进制数转换成二进制数时，其过程相反，采用"一位拆三位"的方法。即将每位八进制数用相应的 3 位二进制数来表示，去掉整数部分最高位和小数部分最后位的零。

例 11-8　将 $(276.04)_O$ 转换为等值的二进制数。

解

八进制数　2　7　6　.　0　4
　　　　　↓　↓　↓　↓　↓　$(276.04)_O = (10111110.0001)_B$
二进制数　010　111　110　.　000　100

11.1.2.4　二进制数与十六进制数的相互转换

十六进制数的基数是 2^4，所以每一位十六进制数对应 4 位二进制数，4 位二进制数表示一位十六进制数。

同二进制数与八进制数的相互转换类似。二进制数转换为十六进制数时，采用"四位聚一位"的方法，从小数点处分别向左右两边以 4 位为一组划分，最高位与最低位不足 4 位者补零，则每组4位二进制数便对应一位十六进制数。

十六进制数转换为二进制数时，采用"一位拆四位"的方法。

十进制、二进制、八进制及十六进制数之间的对应关系见表11-2。

表 11-2　常用进制对照表

十 进 制 数	二 进 制 数	八 进 制 数	十六进制数	十 进 制 数	二 进 制 数	八 进 制 数	十六进制数
0	00000	0	0	9	01001	11	9
1	00001	1	1	10	01010	12	A
2	00010	2	2	11	01011	13	B
3	00011	3	3	12	01100	14	C
4	00100	4	4	13	01101	15	D
5	00101	5	5	14	01110	16	E
6	00110	6	6	15	01111	17	F
7	00111	7	7	16	10000	20	10
8	01000	10	8				

例 11-9　将 $(110110101010110.101101)_B$ 转换为十六进制数，将 $(36B.A)_H$ 转换为二进制数。

解

二进制数　0110　1101　0101　0110　.　1011　0100

　　　　↓　　↓　　↓　　↓　　　↓　　↓

十六进制数　6　　D　　5　　6　.　B　　4

所以　$(110110101010110.101101)_B = (6D56.B4)_H$

十六进制数　3　　6　　B　.　A

　　　　↓　　↓　　↓　　　↓

二进制数　0011　0110　1011　.　1010

所以　$(36B.A)_H = (1101101011.101)_B$

11.2　二进制数的编码

人们在交换信息时，可以通过一定的信号或符号来进行。数字系统中处理的信息分为两类：一类是数值；另一类是文字符号。它们都可用多位二进制数来表示，前一类表示数值的大小，后一类则表示不同的符号，这种多位二进制数叫做代码。所谓编码就是按照一定的规则组合的代码，并赋予一定的含义。比如下面介绍的 BCD 码以及在计算机中将各种符号给予一定代码的 ASCII 码等。这一节主要介绍几种常用的编码，为学习后续课程中的数字编码技术作些准备。

11.2.1　二—十进制（BCD）码

计算机通常是对输入的十进制数直接进行处理，即把十进制数的每一位用多位二进制数来表示，将此称为二进制编码的十进制数，简称 BCD（Binary Coded Decimal）码。它具有二进制数的形式，又具有十进制数的特点，可以作为人与计算机联系的一种中间表示。

11.2.1.1　8421 码

n 位二进制代码可以组成 2^n 个不同码字，也就是说，它们可以表示 2^n 种不同信息或数据。给 2^n 种信息中的每一个信息指定一个具体码字的过程称为编码。

对于十进制数，由于有 0～9 十个数字符号，因此 2^3 只能表示 8 个不同码字，要表示 10 个不同的数字符号至少需要 4 位二进制数来表示。由于 2^4 可以表示 16 种不同码字，所以用 4 位二进制数表示十进制数只需要从中选取 10 种码字，其余的 6 种码字无效。若按照从左到右的顺序，各位的权分别为 2^3、2^2、2^1、2^0，这种代码称为有权码或权码。例如，按照这种有权码，则 3——0011，6——0110，9——1001，这种码称为 BCD—8421 码。

8421 码是一种有权码，它与自然二进制数有很好的对应关系，故易于实现彼此间的相互转换，8421 码的各位系数与它代表的十进制数的关系为

$$(N)_D = 8a_3 + 4a_2 + 2a_1 + 1a_0 \tag{11-5}$$

例如：$(92.35)_D = (1001\ 0010\ .\ 0011\ 0101)_{8421}$。

具有奇偶性是 8421 码的另一个优点。凡是对应十进制数是奇数的码字，最低位皆为 1，而偶数码字的最低位则是 0。因此，采用 8421 码的十进制数易判别奇偶性。

11.2.1.2　2421 码

2421 码是另一种有权码，它也是由 4 位二进制数表示的 BCD 码，其各位的权值是 2、4、2、1，它所代表的十进制数表示为（注意 0～4 前 5 个数的最高位为 0，5～9 后 5 个数的最高位为 1）

$$(N)_D = 2a_3 + 4a_2 + 2a_1 + 1a_0 \tag{11-6}$$

例如：$(652.37)_D = (1100\ 1011\ 0010\ .\ 0011\ 1101)_{2421}$。

除上面介绍的 8421 码、2421 码外，还有许多种 BCD 码是有权码。所有的有权码都可以写出每个码字的按权展开式，并且可以用加权法换算为它所表示的十进制数。有权码的展开式为

$$(N)_D = W_3 a_3 + W_2 a_2 + W_1 a_1 + W_0 a_0 \tag{11-7}$$

式中，$a_3 \sim a_0$ 为各位代码；$W_3 \sim W_0$ 为各位权值。

有权码分为正权码、负权码和余权码。凡每位的权值都为正数时，称为正权码，例如 2421、3321、4221、8421 码等，约有 18 种。凡是有一位的权值为负数码时称为负权码，例如 432-1、542-1、622-1、742-1、832-1 等，约有 71 种之多。最低两位为负权的有 63-2-1、84-2-2、75-3-1、86-4-2、87-4-2 等。

例如，$(8)_D = (1111)_{432\text{-}1} = 1 \times 4 + 1 \times 3 + 1 \times 2 + 1 \times (-1)$。

11.2.1.3　余 3 码

余 3 码是由 8421 码加 3（0011）得来的。余 3 码每位无固定的权，因此它是一种无权码。

余 3 码同十进制数的转换虽然也是直接按位转换，但这种转换一般是通过 8421 码为中间过渡形式实现的。

例如$(18)_D = (0001\ 1000)_{8421}$，若在每个数符的对应代码（8421码）上加上0011，其结果为余3码，即

```
十进制数        1      8
8421 码       0001   1000
加 0011    +   0011   0011
          ─────────────────
余 3 码       0100   1011
```

又如将余3码$(0100\ 1010\ 1000\ 0011)_{XS3}$（XS3表示余3码）转换为十进制数，应首先用余3码减去0011，得到8421码，再用8421码的规则转换为十进制数，转换过程为

$$(0100\ 1010\ 1000\ 0011)_{XS3} = (0001\ 0111\ 0101\ 0000)_{8421} = (1750)_D$$

表11-3列出了几种常用的BCD码，其中格雷码（Gray码）和右移码也属于无权BCD码。这种码的特点是：相邻的两个码组之间仅有一位不同，因而常用于模拟量的转换中，当模拟量发生微小变化可能引起数字量发生变化时，格雷码仅改变一位，这样与其他码同时改变两位或多位的情况相比更为可靠，也就是说减小了出错可能性。

表 11-3　常用的 BCD 码

编码种类　　十进制数	8421 码	2421（A）码	2421（B）码	余 3 码	格 雷 码	右 移 码
0	0000	0000	0000	0011	0000	00000
1	0001	0001	0001	0100	0001	10000
2	0010	0010	0010	0101	0011	11000
3	0011	0011	0011	0110	0010	11100
4	0100	0100	0100	0111	0110	11110
5	0101	0101	1011	1000	0111	11111
6	0110	0110	1100	1001	0101	01111
7	0111	0111	1101	1010	0100	00111
8	1000	1110	1110	1011	1100	00011
9	1001	1111	1111	1100	1101	00001
权	8 4 2 1	2 4 2 1	偏权	无权		

11.2.2　字符编码

字符编码就是对可显示、不可显示的字符或控制字符的编码，以便于信息的交换、处理、存储和数据传输的格式控制。

对字符编码，不仅要对0~9数字字符编码，而且要对字母a~z、标点符号、标记（如<、>、=、…）都以二进制代码的形式做出规定。

目前广泛使用的字符编码有ASCII（American Standard Code for Information Interchange）码、电传码等。表11-4是标准ASCII码字符表。

从表中可以看出大写字母A~Z的ASCII码为十六进制数41~5A，小写字母a~z的

ASCII 码为十六进制数 61～7A，数字字符的 ASCII 码为十六进制数 30～39。其他符号的 ASCII 码也可以从表中查得。

表 11-4 ASCII 码字符表

高位 低位		0	1	2	3	4	5	6	7
		000	001	010	011	100	101	110	111
0	0000	NUL	DLE	SP	0	@	P	、	p
1	0001	SOH	DC1	!	1	A	Q	a	q
2	0010	STX	DC2	"	2	B	R	b	r
3	0011	ETX	DC3	#	3	C	S	c	s
4	0100	EOT	DC4	$	4	D	T	d	t
5	0101	ENQ	NAK	%	5	E	U	e	u
6	0110	ACK	SYN	&	6	F	V	f	v
7	0111	BEL	ETB	'	7	G	W	g	w
8	1000	BS	CAN	(	8	H	X	h	x
9	1001	HT	EM	)	9	I	Y	i	y
A	1010	LF	SUB	*	:	J	Z	j	z
B	1011	VT	ESC	+	;	K	[	k	|
C	1100	FF	FS	,	<	L	\	l	|
D	1101	CR	GS	–	=	M	]	m	}
E	1110	SO	RS	.	>	N	↑	n	~
F	1111	SI	US	/	?	O	←	o	DEL

表中的一些控制字符符号说明如下：

NUL	空	DLE	数据链换码
SOH	标题开始	DC1	设备控制 1
STX	正文结束	DC2	设备控制 2
ETX	本文结束	DC3	设备控制 3
EOT	传输结束	DC4	设备控制 4
ENQ	询问	NAK	否定
ACK	承认	SYN	空转同步
BEL	报警符	ETB	信息组传送结束
BS	退一格	CAN	作废
HT	横向列表	EM	纸尽
LF	换行	SUB	减
VT	垂直制表	ESC	换码

11.2.3　奇偶校验码

以数字形式传递信息比模拟形式传递信息有较强的抗干扰能力，但在进行大量的数据交换、数据远距离传输以及数据存储过程中免不了要产生错误，产生错误可能有多种因素，如设备的临界工作状态、高频干扰、电源偶然的瞬变现象等。为了减少这种错误，人们在具体的编码形式上想办法减少出错，或者一旦出现错误时易于发现或改正，因此，纠错编码和容错技术受到普遍重视，目前已发展成为信息论学科的重要组成部分。

具有检错、纠错能力的编码，称之为"可靠性编码"。目前，常采用的代码有格雷码、奇偶校验码和海明码（Hamming Code）等。其中奇偶校验码是计算机的存储器中广泛采用的可靠性代码，它由若干有效信息位和一位不带信息的校验位组成，其中校验位的取值（0或1）将使整个代码组成中的"1"的个数为奇数或偶数。若"1"的个数为奇数则称为奇校验；若"1"的个数为偶数则称为偶校验。这种利用"1"码元的奇偶性达到检错和纠错的编码，称为奇偶校验码。奇偶校验用在数字检错中，均采用奇性校验码，这是因为奇校验时，不存在全0代码，在某些场合下便于判别。

以8421码的偶校验为例，只要对所有的信息位 A、B、C、D 进行"模2加"，就可以得到校验位的代码，即

$$P = A \oplus B \oplus C \oplus D \tag{11-8}$$

将式（11-8）的结果取反就可以得到奇校验码的校验位 P'，见表11-5。

表11-5　8421奇偶校验码

8421码	8421偶校验码		8421奇校验码	
	信息位 $A\,B\,C\,D$	校验位 P	信息位 $A\,B\,C\,D$	校验位 P'
0000	0 0 0 0	0	0 0 0 0	1
0001	0 0 0 1	1	0 0 0 1	0
0010	0 0 1 0	1	0 0 1 0	0
0011	0 0 1 1	0	0 0 1 1	1
0100	0 1 0 0	1	0 1 0 0	0
0101	0 1 0 1	0	0 1 0 1	1
0110	0 1 1 0	0	0 1 1 0	1
0111	0 1 1 1	1	0 1 1 1	0
1000	1 0 0 0	1	1 0 0 0	0
1001	1 0 0 1	0	1 0 0 1	1

对奇偶校验码进行检查时，看码中"1"的个数是否符合约定的奇偶要求，如果不对，就是非法码。例如，偶校验中，代码10001是合法码，而代码10101就是非法码。

奇偶校验码的检错能力是很低的，它只能检测单个错误或奇数个错误，对于偶数个错误就没有办法检测出来。

简单的奇偶校验码没有纠错能力。要纠错首先是要对错误进行定位，但简单的奇偶校验

码无定位能力，因而就不具备自动纠错能力。

在数据的成组传送或存储的场合，多采用双向奇偶校验，使编码具有一定的纠错能力。

双向奇偶校验如图 11-1 所示，在水平和垂直两个方向各加一个校验位，形成阵列码。图中每列是一个数据字，7 位信息加一位校验位 P，P 是垂直冗余校验，（Vertical Redundancy Cheek，VRC），它对每个码字分别进行奇偶校验。横列第 16 个码字用做校验字，它是水平冗余校验（Lateral Redundancy Cheek，LRC），它对数据块每一位分别进行奇偶校验。校验字的最后一位 E 是对校验位进行奇偶校验，当信息的奇偶性无错时指示为 0，奇偶性有错时指示为 1。如果信息某一位出错，则可以从 VRC 和 LRC 的指示中确定错误的位置，并对该位进行纠正。

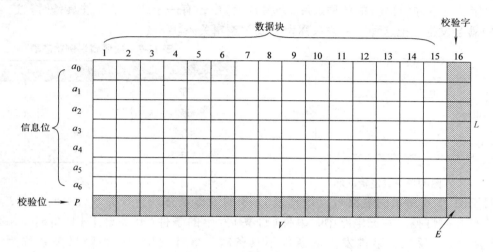

图 11-1　双向奇偶校验示意图

11.3　逻辑代数

1849 年英国数学家乔治·布尔（George Boole，1815—1864）首先提出了用数学研究人的逻辑思维规律和推理过程的方法——布尔代数（Boolean Algebra）。1938 年克劳德·香农（Claude E. Shannon）又将布尔代数的一些基本前提和定理应用于逻辑电路的数学描述，称为二值布尔代数，即开关代数。随着数字技术的发展，布尔代数成为数字逻辑电路分析和设计的基础，又称为逻辑代数。

11.3.1　基本逻辑

在二值逻辑中，最基本的逻辑有：与逻辑、或逻辑和非逻辑 3 种。

下面通过熟悉的例子来了解这 3 种基本逻辑。

在图 11-2 中有两个开关 S_1、S_2。从图可知，只有 S_1、S_2 同时合上时，灯才亮。将开关与灯亮的关系列于表11-6。从这个例子中可以得出这样一种因果关系：只有当决定某一事件（灯亮）的条件（开关合上）全部具备时，这一事件（灯亮）才会发生。把这种因果关系称为"与"逻辑关系。

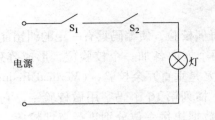

图 11-2　与逻辑举例

表 11-6　与逻辑举例状态表

开关 S_1	开关 S_2	灯
断	断	灭
断	合	灭
合	断	灭
合	合	亮

将图 11-2 改接为图 11-3 所示的形式，其工作状态见表 11-7。在图 11-3 所示的电路中，只要开关 S_1、S_2 有一个合上，或者两个都合上，灯就会亮。这样可以得出另一个因果关系：只要决定某一事件（灯亮）的各种条件（开关合上）中，有一个或几个条件具备时，这一事件（灯亮）就会发生。把这种因果关系称为"或"逻辑关系。

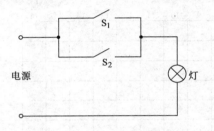

图 11-3　或逻辑举例

表 11-7　或逻辑举例状态表

开关 S_1	开关 S_2	灯
断	断	灭
断	合	亮
合	断	亮
合	合	亮

对于图 11-4 所示的电路可以得到表 11-8 的工作状态。当开关 S 合上时灯灭；反之，当开关打开时灯亮。在该电路中，事件（灯亮）发生的条件（开关合上）具备时，事件（灯亮）不会发生；反之，事件发生的条件不具备时，事件发生。这种因果关系称为"非"逻辑。

上述 3 种基本逻辑可以用逻辑代数来描述。在逻辑代数中用字母 A、B、C、…来表示逻辑变量，这些逻辑变量在二值逻辑中只有 0 和 1 两种取值，以代表逻辑变量的两种不同逻辑状态。若将以上的例子用逻辑代数来描述，则逻辑变量 A、B 代表开关 S_1、S_2，以取值 1 表示开关合上，取值 0 表示开关断开；用 P 作为灯的逻辑变量，以取值 1 表示灯亮，以取值 0 表示灯灭。与、或、非 3 种基本逻辑关系的逻辑变量和取值见表 11-9、表 11-10 和表11-11，这种图表称为逻辑真值表，或简称真值表（Truth Table）。

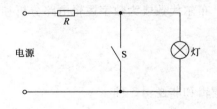

图 11-4　非逻辑举例

表 11-8　非逻辑举例状态表

开关 S	灯
断	亮
合	灭

表 11-9、表 11-10、表 11-11 是用图表描述 3 种基本的逻辑关系，若用数学表达式来描述 3 种基本逻辑关系，"与"逻辑可以写成

$$P = A \cdot B \tag{11-9}$$

表 11-9　与逻辑真值表		
A	B	P
0	0	0
0	1	0
1	0	0
1	1	1

表 11-10　或逻辑真值表		
A	B	P
0	0	0
0	1	1
1	0	1
1	1	1

表 11-11　非逻辑真值表	
A	P
0	1
1	0

在逻辑代数中，将"与"逻辑称为"与"运算或者逻辑乘。符号"·"为逻辑乘的运算符，在不至于混淆的情况下，也可以将符号"·"省略，写成 $P = AB$。在有些文献中，也有采用符号"∧"、"∩"及"&"来表示逻辑乘。

"或"逻辑为

$$P = A + B \tag{11-10}$$

在逻辑代数中，将"或"逻辑称为"或"运算或者逻辑加。符号"+"为逻辑加的运算符。在有些文献中，也有采用符号"∨"、"∪"等来表示逻辑加。

"非"逻辑为

$$P = \bar{A} \tag{11-11}$$

读做"A 非"或"非 A"。

在数字逻辑电路中，采用一些逻辑符号图形表示上述 3 种基本逻辑关系，如图 11-5 所示。图中：(1)是国家标准《电气图形符号》中"二进制逻辑单元"的图形符号；(2)是过去沿用的图形符号；(3)是部分国外资料中常用的图形符号。

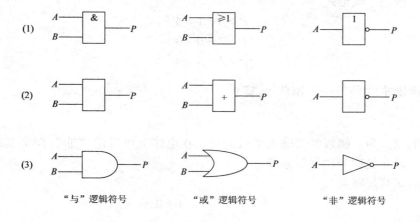

"与"逻辑符号　　　　　"或"逻辑符号　　　　　"非"逻辑符号

图 11-5　基本逻辑的逻辑符号

在数字逻辑电路中，把能实现基本逻辑关系的基本单元电路称为逻辑门电路。把能实现"与"逻辑的基本单元电路称为"与"门；把能实现"或"逻辑的基本单元电路称为"或"门；把能实现"非"逻辑的基本单元电路称为"非"门（或称为反相器）。图 11-5 所示的逻辑符号也用于表示相应的逻辑门。

11.3.2　基本逻辑运算

最基本的逻辑运算（Logic Operation）有 3 种：逻辑加、逻辑乘和逻辑非。逻辑变量只有 0、1 两种取值。

11.3.2.1 逻辑加("或"——"OR"运算)

$$P = A + B$$

逻辑加的意义是：A 或者 B 只要有一个为 1，则函数值 P 就为 1。它表示"或"逻辑关系。在电路上可以用"或"门实现逻辑加运算。因而，逻辑加又称为"或"运算。

逻辑加的运算规则为

$$0 + 0 = 0 \qquad 1 + 0 = 1 \qquad 0 + 1 = 1 \qquad 1 + 1 = 1$$

必须指出，逻辑加的运算和二进制加法的规则是不同的。

由此可以推出一般形式

$$P = A + 0 = A \tag{11-12}$$

$$P = A + 1 = 1 \tag{11-13}$$

$$P = A + A = A \tag{11-14}$$

11.3.2.2 逻辑乘("与"——"AND"运算)

$$P = A \cdot B$$

逻辑乘的意义为：只有 A 和 B 都为 1 时，函数值 P 才为 1。它表示"与"逻辑关系。在电路上可用"与"门实现逻辑乘运算。因而，逻辑乘又称为"与"运算。

逻辑乘的运算规则为

$$0 \cdot 0 = 0 \qquad 0 \cdot 1 = 0 \qquad 1 \cdot 0 = 0 \qquad 1 \cdot 1 = 1$$

由此可以推出一般形式

$$P = A \cdot 1 = A \tag{11-15}$$

$$P = A \cdot 0 = 0 \tag{11-16}$$

$$P = A \cdot A = A \tag{11-17}$$

11.3.2.3 逻辑非("非"——"NOT"运算)

$$P = \overline{A}$$

逻辑非的意义为：函数值为输入变量的反。在电路上可以用"非"门来实现逻辑非运算。因而，逻辑非又称为"非"运算。

逻辑非的运算规则为

$$\overline{0} = 1 \qquad \overline{1} = 0$$

由此可以推出

$$P = \overline{\overline{A}} = A \tag{11-18}$$

$$P = A + \overline{A} = 1 \tag{11-19}$$

$$P = A \cdot \overline{A} = 0 \tag{11-20}$$

11.3.2.4 复合逻辑运算

在逻辑代数中，除去最基本的"与"、"或"、"非"3 种运算外，还常采用一些复合逻辑运算。

1. 逻辑"与非"——"NAND"运算

"与非"逻辑是"与"逻辑运算和"非"逻辑运算的复合，它是将输入变量先进行

"与"运算，然后再进行"非"运算。其表达式为

$$P = \overline{A \cdot B}$$ (11-21)

"与非"逻辑真值表见表11-12。由真值表可知，对于"与非"逻辑，只要输入变量中有一个为0，输出就为1，只有当输入变量全部为1时，输出才为0。其逻辑符号如图11-6a所示。

2. 逻辑"或非"——"NOR"运算

"或非"逻辑是"或"逻辑运算和"非"逻辑运算的复合，它是将输入变量先进行"或"运算，然后再进行"非"运算。其表达式为

$$P = \overline{A + B}$$ (11-22)

表 11-12　两输入变量"与非"逻辑真值表

A	B	P
0	0	1
0	1	1
1	0	1
1	1	0

表 11-13　两输入变量"或非"逻辑真值表

A	B	P
0	0	1
0	1	0
1	0	0
1	1	0

"或非"逻辑运算的真值表见表11-13。由真值表可见，对于"或非"逻辑，只要输入变量中有一个为1，输出就为0，只有当输入变量全部为0，输出才为1。其逻辑符号如图11-6b所示。

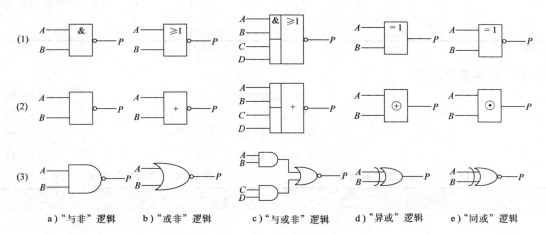

a）"与非"逻辑　　b）"或非"逻辑　　c）"与或非"逻辑　　d）"异或"逻辑　　e）"同或"逻辑

图 11-6　复合逻辑符号

3. 逻辑"与或非"——"AND-OR-INVERT"运算

"与或非"逻辑是"与"逻辑运算和"或非"逻辑运算的复合，它是先将输入变量 A、B 及 C、D 进行"与"运算，然后再进行"或非"运算。其表达式为

$$P = \overline{A \cdot B + C \cdot D}$$ (11-23)

"与或非"运算的真值表见表11-14。其逻辑符号如图11-6c所示。

4. 逻辑"异或"——"Exclusive-OR"运算和"同或"运算

"异或"逻辑和"同或"逻辑是只有两个输入变量的逻辑函数（Logic Function）。

只有当两个输入变量 A 和 B 的取值相异时，输出 P 才为1，否则 P 为0，这种逻辑关系

叫做"异或",记为

$$P = A \oplus B = A\,\overline{B} + \overline{A}B \tag{11-24}$$

"$\oplus$"是"异或"运算符,其真值表见表11-15。其逻辑符号如图11-6d所示。

其一般运算规则为

$$P = A \oplus 0 = A \tag{11-25}$$

$$P = A \oplus 1 = \overline{A} \tag{11-26}$$

$$P = A \oplus \overline{A} = 1 \tag{11-27}$$

$$P = A \oplus A = 0 \tag{11-28}$$

只有当两个输入变量A和B的取值相同时,输出P才为1,否则P为0,这种逻辑关系叫做"同或",记为

$$P = A \odot B = \overline{A}\,\overline{B} + AB \tag{11-29}$$

"$\odot$"是"同或"运算符,其真值表见表11-16。其逻辑符号如图11-6e所示。

表 11-14　2-2 输入变量"与或非"逻辑真值表

A	B	C	D	P	A	B	C	D	P
0	0	0	0	1	1	0	0	0	1
0	0	0	1	1	1	0	0	1	1
0	0	1	0	1	1	0	1	0	1
0	0	1	1	0	1	0	1	1	0
0	1	0	0	1	1	1	0	0	0
0	1	0	1	1	1	1	0	1	0
0	1	1	0	1	1	1	1	0	0
0	1	1	1	0	1	1	1	1	0

其一般运算规则为

$$P = A \odot 0 = \overline{A} \tag{11-30}$$

$$P = A \odot 1 = A \tag{11-31}$$

$$P = A \odot \overline{A} = 0 \tag{11-32}$$

$$P = A \odot A = 1 \tag{11-33}$$

表 11-15　"异或"逻辑真值表

A	B	P
0	0	0
0	1	1
1	0	1
1	1	0

表 11-16　"同或"逻辑真值表

A	B	P
0	0	1
0	1	0
1	0	0
1	1	1

由以上分析可知,"同或"与"异或"逻辑正好相反,因此有

$$A \odot B = \overline{A \oplus B} \tag{11-34}$$

$$A \oplus B = \overline{A \odot B} \tag{11-35}$$

有时又将"同或"逻辑称为"异或非"逻辑。

由"异或"逻辑和"同或"逻辑的定义可得

$$A \odot B = \overline{A} \odot \overline{B} \tag{11-36}$$

$$A \oplus B = \overline{A} \oplus \overline{B} \tag{11-37}$$

$$A \odot B = \overline{A} \oplus B = A \oplus \overline{B} \tag{11-38}$$

$$A \oplus B = \overline{A} \odot B = A \odot \overline{B} \tag{11-39}$$

11.3.3 逻辑函数与真值表

普通代数是处理数量的代数,而逻辑代数则是处理状态的代数,这就是它们的区别。逻辑代数是由一系列的逻辑变量 A、B、C、…等组合,表现出一定的逻辑关系所构成的逻辑函数式,即 $P = P(A, B, C, \cdots)$,也叫逻辑表达式。在逻辑运算中,逻辑变量的取值仅为"1"或"0",而且必须取其中的一个值。这两个取值称为逻辑"1"和逻辑"0",这里的"1"和"0"不是数字量,是逻辑量,它只代表两种不同的对立状态,在电路中,它表示电位的高与低,电信号的有与无等。

例如,图 11-7 为楼道里"单刀双掷"开关控制楼道灯的示意图。A 表示楼上开关,B 表示楼下开关,两个开关的上接点分别为 a 和 b;下接点分别为 c 和 d。在楼下可以按开关 B,打开灯照亮楼梯;上楼后,可以按动开关 A 关掉灯。其开关接通、关断与灯亮和灭的关系见表 11-17。

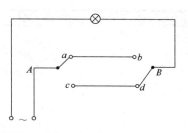

图 11-7 楼道灯开关示意图

对于上述电路,可用数学方法来描述。设逻辑变量 P 表示灯的亮和灭,若取 $P = 1$ 表示灯亮,$P = 0$ 表示灯灭;开关 A 和 B 接到上接点 a 和 b 时为1,接到下接点 c 和 d 点时为0。这样就不难写出开关电路 P 的值,见表 11-18,该表称为逻辑函数 P 的真值表。

表 11-17 楼道灯开关状态表

开关 A	开关 B	P
c	d	亮
c	b	灭
a	d	灭
a	b	亮

表 11-18 楼道灯开关真值表

A	B	P
0	0	1
0	1	0
1	0	0
1	1	1

在真值表的左边部分列出所有输入信号的全部组合。如果有 n 个输入变量,由于每个输入变量有两种可能的取值,因此共有 2^n 个组合。右边部分列出每种输入组合的相应输出。由真值表可以很方便地写出输出变量的函数表达式。其方法是,把每个输出变量 $P = 1$ 的相对应一组输入变量 $(A, B, C, \cdots)$ 组合状态以逻辑乘形式表示(用原变量形式表示该变量取值 1,用反变量形式表示该变量取值 0),再将所有 $P = 1$ 的逻辑乘进行逻辑加,即得出 P 的逻辑函数表达式,这种表达式又称为"与-或"表达式,或称为"积之和"式。

例如,表 11-18 中,$P = 1$ 所对应的输入变量的组合是 $A = 0$、$B = 0$ 和 $A = 1$、$B = 1$,用逻辑乘 $\overline{A}\,\overline{B}$ 表示 $A = 0$、$B = 0$,用逻辑乘 AB 表示 $A = 1$、$B = 1$,则将所有 $P = 1$ 的逻辑乘进行逻辑加就得到逻辑函数表达式 $P = \overline{A}\,\overline{B} + AB$。这个表达式描述了楼道灯开关的逻辑功能。

当然,也可以将真值表中 $P = 0$ 对应的一组输入变量 $(A, B, C, \cdots)$ 组合状态以逻辑加形式表示(用原变量形式表示该变量取值 0,用反变量形式表示该变量取值 1),再将所有 $P = 0$ 的逻辑加进行逻辑乘,也可以得出 P 的逻辑函数表达式,这种表达式又称为"或-与"表达式,或称为"和之积"式。

同样以表 11-18 为例,对应 $P = 0$ 的输入变量组合 $A = 0$、$B = 1$,用逻辑加 $(A + \overline{B})$ 来表

示；$A=1$、$B=0$，用逻辑加（$\overline{A}+B$）来表示。将所有的逻辑加进行逻辑乘，得出函数表达式为 $P=(A+\overline{B})(\overline{A}+B)$ $(=A\overline{A}+AB+\overline{A}\ \overline{B}+\overline{B}B=AB+\overline{A}\ \overline{B})$。这个"或-与"表示式展开后化简与前面提到的"与-或"表达式是相同的，它同样描述了图 11-7 所示楼道开关的逻辑功能。

例 11-10 有 A、B、C 共 3 个输入信号，当 3 个输入信号中有两个或两个以上输入信号为高电平时，输出高电平，其余情况均输出低电平。列出上述问题的真值表并写出该问题的逻辑函数表达式。

解 由于有 3 个输入信号，因此可能出现的组合为 $2^3=8$ 种，即 000、001、010、011、100、101、110、111。根据题意可以写出其真值表，见表 11-19。

表 11-19 例 11-10 真值表

A	B	C	P
0	0	0	0
0	0	1	0
0	1	0	0
0	1	1	1
1	0	0	0
1	0	1	1
1	1	0	1
1	1	1	1

由真值表可知，$P=1$ 的输入变量组合有 $ABC=$ 011、101、110、111 四组，于是可以写出输出 P 的"积之和"式为

$$P=\overline{A}BC+A\overline{B}C+AB\overline{C}+ABC$$

$P=0$ 的输入变量组合有 $ABC=$ 000、001、010、100 四组，所以可以写出输出函数的"和之积"式为

$$P=(A+B+C)(A+B+\overline{C})(A+\overline{B}+C)(\overline{A}+B+C)$$

11.3.4 逻辑函数的基本定理

在讨论逻辑代数的基本公式之前，先介绍逻辑函数"相等"（即"等值"）的概念。

假设，$F(A_1,A_2,\cdots,A_n)$ 为变量 $A_1,A_2,\cdots,A_n$ 的逻辑函数，$G(A_1,A_2,\cdots,A_n)$ 为变量 $A_1,A_2,\cdots,A_n$ 的另一逻辑函数，如果对应于 $A_1,A_2,\cdots,A_n$ 的任一状态组合，F 和 G 的值都相同，则称 F 和 G 是等值的，或者说 F 和 G 相等，记作 $F=G$。

也就是说，如果 $F=G$，那么它们就应该有相同的真值表。反过来，如果 F 和 G 的真值表相同，则 $F=G$。因此，要证明两个逻辑函数相等，只要把它们的真值表列出，如果完全一样，则两个函数相等。

例 11-11 设 $F=A(B+C)$，$G=AB+AC$，试证明 $F=G$。

解 根据逻辑函数表达式和自变量的取值，可以计算出逻辑函数的值，比如由 $A=1$、$B=0$、$C=0$ 可以计算出

$$F=A(B+C)=1\cdot(0+0)=0$$
$$G=AB+AC=1\cdot0+1\cdot0=0$$

若 $A=1$、$B=0$、$C=1$ 可以计算出

$$F = A(B + C) = 1 \cdot (0 + 1) = 1$$
$$G = AB + AC = 1 \cdot 0 + 1 \cdot 1 = 1$$

若将 A、B、C 的 8 种组合对应的逻辑函数 F 和 G 的值全部求出，见表 11-20。

表 11-20　例 11-11 真值表

A	B	C	$F = A(B + C)$	$G = AB + AC$
0	0	0	0	0
0	0	1	0	0
0	1	0	0	0
0	1	1	0	0
1	0	0	0	0
1	0	1	1	1
1	1	0	1	1
1	1	1	1	1

由表 11-20 可知，对应每一组 A、B、C 的任一取值组合，F 和 G 的值均相同，所以 $F = G$。

在"相等"的意义下，可以说函数表达式 $A(B + C)$ 和表达式 $AB + AC$ 是表示同一个逻辑的两种不同的表达式。它们的结构形式和组成不同，但它们所具有的逻辑功能是完全相同的。

下面给出逻辑代数中最基本的几组等式。这些公式反映了逻辑代数运算的基本规律，它们的正确性都可以用真值表加以验证。

（1）变量与常量的关系公式

$$A + 0 = A \qquad A + 1 = 1 \qquad A + \overline{A} = 1$$
$$A \cdot 0 = 0 \qquad A \cdot 1 = A \qquad A \cdot \overline{A} = 0$$
$$A \odot 0 = \overline{A} \qquad A \odot 1 = A \qquad A \odot \overline{A} = 0$$
$$A \oplus 0 = A \qquad A \oplus 1 = \overline{A} \qquad A \oplus \overline{A} = 1$$

（2）交换律、结合律、分配律

交换律：$A + B = B + A \qquad A \cdot B = B \cdot A \qquad A \odot B = B \odot A \qquad A \oplus B = B \oplus A$

结合律：$(A + B) + C = A + (B + C) \qquad (A \cdot B) \cdot C = A \cdot (B \cdot C)$

　　　　$(A \odot B) \odot C = A \odot (B \odot C) \qquad (A \oplus B) \oplus C = A \oplus (B \oplus C)$

分配律：$A(B + C) = AB + AC \qquad A + BC = (A + B)(A + C)$

　　　　$A(B \oplus C) = AB \oplus AC \qquad A + (B \odot C) = (A + B) \odot (A + C)$

（3）逻辑代数的一些特殊规律

重叠律：$A + A = A \qquad A \cdot A = A \qquad A \odot A = 1 \qquad A \oplus A = 0$

反演律：$\overline{A + B} = \overline{A} \cdot \overline{B} \qquad \overline{AB} = \overline{A} + \overline{B} \qquad \overline{A \odot B} = A \oplus B \qquad \overline{A \oplus B} = A \odot B$

调换律："同或"、"异或"逻辑的特点还表现在变量的调换律。

"同或"调换律：若 $A \odot B = C$，则必有 $A \odot C = B$，$B \odot C = A$。

"异或"调换律：若 $A \oplus B = C$，则必有 $A \oplus C = B$，$B \oplus C = A$。

由调换律可以证明如下公式：

$$A \cdot B = A \odot B \odot (A + B)$$
$$A + B = A \oplus B \oplus (A \cdot B)$$
$$A + B = A \odot B \odot (A \cdot B)$$
$$A \cdot B = A \oplus B \oplus (A + B)$$

下面对上面第一个公式进行证明，其余可以同理得证。

设 $A \cdot B = A \odot B \odot (A + B)$，则由调换律知，$A \cdot B \odot (A + B) = A \odot B$。将等式的左边化简可得

$$\overline{AB(A + B)} + AB(A + B) = (\overline{A} + \overline{B})\overline{A}\ \overline{B} + AB = \overline{A}\ \overline{B} + AB = A \odot B$$

等式得证。

11.3.5　3个规则

11.3.5.1　代入规则

任何一个含有变量 A 的等式，如果将所有出现变量 A 的地方都代之以一个逻辑函数 F，则等式仍然成立。

因为任何一个逻辑函数，它和一个逻辑变量一样，只有两种可能的取值(0和1)，所以代入规则是正确的。

有了代入规则，就可以将上述基本等式中的变量用某一逻辑函数来代替，从而扩大了等式的应用范围。

例 11-12　已知等式 $(A + B)E = AE + BE$，试证明将所有 E 的地方代以 $(C + D)$，等式仍成立。

解
原等式左边 $= (A + B)(C + D) = AC + AD + BC + BD$
原等式右边 $= A(C + D) + B(C + D) = AC + AD + BC + BD$
所以等式的左边与右边相等。

必须注意的是，在使用代入规则时，一定要把所有出现被代替变量的地方都代之同一函数，否则不正确。

11.3.5.2　反演规则

设 F 是一个逻辑函数表达式，如果将 F 中所有的"·"(注意:在逻辑表达式中,不致混淆的地方,"·"常被省略)换为"+"，所有的"+"换为"·"；所有的常量"0"换为常量"1"，所有的常量"1"换为常量"0"；所有的原变量换为反变量，所有的反变量换为原变量，这样所得到的新函数式就是 $\overline{F}$。$\overline{F}$ 称为原函数 F 的反函数，或称为补函数。

反演规则又称为德·摩根(De·Morgan)定理，或称为互补规则。它的意义在于运用反演规则可以较方便地求出反函数 $\overline{F}$。

例 11-13　已知 $F = A\ \overline{BC} + A(D + \overline{E})$，求 $\overline{F}$。

解　由反演规则可得

$$\overline{F} = (\overline{A} + B + \overline{C})(\overline{A} + \overline{D}E)$$

在运用反演规则时要特别注意运算符号的优先顺序，即在原函数中的运算顺序在反函数中不改变其运算顺序。

11.3.5.3　对偶规则

设 F 是一个逻辑函数表达式，如果将 F 中所有的"·"换为"+"，所有的"+"换

为"·";所有的常量"0"换为常量"1",所有常量"1"换为常量"0",则得到一个新的函数表达式 F^*,F^* 称为 F 的对偶式。例如

$$F = (\overline{A} + B)C \qquad\qquad F^* = \overline{A}B + C$$
$$F = \overline{A}B + C \qquad\qquad F^* = (\overline{A} + B)C$$
$$F = A\overline{B} + A(C + 0) \qquad\qquad F^* = (A + \overline{B})(A + C \cdot 1)$$

必须注意,F 的对偶式 F^* 和 F 的反演式是不同的,在求 F^* 时不需要将原变量和反变量互换。

如果 $F(A, B, C, \cdots) = G(A, B, C, \cdots)$,则 $F^* = G^*$。例如

$$F = (A + B)(A + C) \qquad\qquad G = A + BC$$

由分配律知 $F = G$,则

$$F^* = AB + AC \qquad\qquad G^* = A(B + C)$$

不难看出 $F^* = G^*$。

由分配律的公式可知

$$A(B + C) = AB + AC$$
$$A + BC = (A + B)(A + C)$$

所以上面两个公式互为对偶式,因此在记前面的公式时只需要记一半即可。

在使用对偶规则写函数的对偶式时,同样要注意运算符号顺序。

11.3.6 常用公式

逻辑代数的常用公式如下。

1. $AB + A\overline{B} = A$

证明:$AB + A\overline{B} = A(B + \overline{B}) = A \cdot 1 = A$

此公式称为吸收律。它的意义是,如果两个乘积项,除了公有因子(如 A)外,不同因子恰好互补(如 B 和 $\overline{B}$),则这两个乘积项可以合并为一个由公有因子组成的乘积项。这个公式是简化逻辑函数时应用最普遍的公式。

根据对偶规则,有

$$(A + B)(A + \overline{B}) = A$$

2. $A + AB = A$

证明:$A + AB = A(1 + B) = A \cdot 1 = A$

它的意义是,如果两个乘积项,其中一个乘积项的部分因子(如 AB 中的 A)恰好是另一个乘积项(如 A)的全部,则该乘积项(如 AB)是多余的,如 $ABC + ABCDE = ABC$。

根据对偶规则,有

$$A(A + B) = A$$

3. $A + \overline{A}B = A + B$

证明:$A + \overline{A}B \overset{\text{分配律}}{=} (A + \overline{A})(A + B) = 1 \cdot (A + B) = A + B$

它的意义是,如果两个乘积项,其中一个乘积项(如 $\overline{A}B$)的部分因子(如 $\overline{A}$)恰好是另一乘积项的补(如 A),则该乘积项($\overline{A}B$)中的这部分因子($\overline{A}$)是多余的,如 $ABC + \overline{ABC}DE = ABC + DE$。根据对偶原则,有

$$A(\overline{A} + B) = AB$$

4. $AB + \overline{A}C + BC = AB + \overline{A}C$

证明：

$$AB + \overline{A}C + BC = AB + \overline{A}C + (A + \overline{A})BC = AB + \overline{A}C + ABC + \overline{A}BC = AB + \overline{A}C$$

推论：

$$AB + \overline{A}C + BCDE\cdots = AB + \overline{A}C$$

$$\big[= AB + \overline{A}C + (A + \overline{A})BCDE$$

$$= AB + ABCDE + \overline{A}C + \overline{A}BCDE = AB(1 + CDE) + \overline{A}C(1 + BDE) = AB + \overline{A}C \big]$$

上式的意义是，如果两个乘积项中的部分因子恰好互补(如 AB 和 $\overline{A}C$ 中的 A 和 $\overline{A}$)，而这两个乘积项中的其余因子(如 B 和 C)都是第三乘积项中的因子，则这个第三乘积项是多余的。

根据对偶规则，有

$$(A + B)(\overline{A} + C)(B + C) = (A + B)(\overline{A} + C)$$

5. $AB + \overline{A}C = (A + C)(\overline{A} + B)$

证明：

$$(A + C)(\overline{A} + B) = A\overline{A} + AB + \overline{A}C + BC = AB + \overline{A}C + BC \overset{\text{由前一公式}}{=\!=\!=} AB + \overline{A}C$$

根据对偶规则，有

$$(A + B)(\overline{A} + C) = AC + \overline{A}B$$

这两个公式称为交叉互换律。

11.3.7 逻辑函数的标准形式

真值表不仅是一种直观的逻辑关系表示方式，而且还是逻辑电路设计时从逻辑要求过渡到逻辑函数表达式的有力工具。从上面介绍的逻辑函数相等及各个公式可见，对于一个逻辑函数的表达式不是唯一的。从真值表出发，写出的逻辑函数表达式有两种标准形式：最小项(Minterm)表达式和最大项(Maxterm)表达式。下面就具体介绍这两种标准表达式的组成。

11.3.7.1 最小项和最大项

1. 最小项

在 n 个变量的逻辑函数中，若 m 为包含 n 个因子的乘积项，而且这 n 个因子均以原变量或反变量的形式在 m 中出现一次，则称 m 为该组变量的最小项。n 个变量共有 2^n 个不同的组合值，所以有 2^n 个最小项。

例如，A、B、C 这3个变量的最小项有 $\overline{A}\,\overline{B}\,\overline{C}$、$\overline{A}\,\overline{B}C$、$\overline{A}B\,\overline{C}$、$\overline{A}BC$、$A\,\overline{B}\,\overline{C}$、$A\,\overline{B}C$、$AB\,\overline{C}$、$ABC$ 共8个(即 2^3 个)最小项。

输入变量的每一组取值都使一个对应的最小项的值等于1。例如，在3个变量 A、B、C 的最小项中，当 $A = 1$、$B = 0$、$C = 1$ 时，$A\,\overline{B}C = 1$。如果把 $A\,\overline{B}C$ 的取值看做一个二进制数，那么所表示的十进制数就是5。为了今后的使用方便，将 $A\,\overline{B}C$ 这个最小项记作 m_5。按照这个约定，就得到了3个变量最小项的编号表，见表11-21。

根据同样的道理，把 A、B、C、D 这4个变量的16个最小项记作 $m_0 \sim m_{15}$。

表 11-21 3 个变量最小项的编号表

最 小 项	使最小项为 1 的变量取值			对应的十进制数	编 号
	A	B	C		
$\overline{A}\,\overline{B}\,\overline{C}$	0	0	0	0	m_0
$\overline{A}\,\overline{B}\,C$	0	0	1	1	m_1
$\overline{A}\,B\,\overline{C}$	0	1	0	2	m_2
$\overline{A}\,B\,C$	0	1	1	3	m_3
$A\,\overline{B}\,\overline{C}$	1	0	0	4	m_4
$A\,\overline{B}\,C$	1	0	1	5	m_5
$A\,B\,\overline{C}$	1	1	0	6	m_6
$A\,B\,C$	1	1	1	7	m_7

从最小项的定义出发，可以证明它具有如下的重要性质：

1）在逻辑函数输入变量任何取值下必有一个最小项，且仅有一个最小项的值为 1。

2）全体最小项的和为 1。

3）任意两个最小项的乘积为 0。

4）具有相邻的两个最小项之和可以合并成一项，并可消取一对因子。若两个最小项只有一个因子不同，则称这两个最小项具有相邻性。例如，$\overline{A}\,B\,\overline{C}$ 和 $AB\,\overline{C}$ 两个最小项仅有第一个因子不同，所以它们具有相邻性。这两个最小项相加时定能合并成一项并将一对不同的因子消去，即

$$\overline{A}\,B\,\overline{C} + AB\,\overline{C} = (A + \overline{A})B\,\overline{C} = B\,\overline{C}$$

2. 最大项

在 n 个变量的逻辑函数中，若 M 为 n 个变量之和，而且这 n 个变量均以原变量或反变量的形式在 M 中出现一次，则称 M 为该组变量的最大项。

例如，3 个变量 A、B、C 的最大项有 $(\overline{A} + \overline{B} + \overline{C})$、$(\overline{A} + \overline{B} + C)$、$(\overline{A} + B + \overline{C})$、$(\overline{A} + B + C)$、$(A + \overline{B} + \overline{C})$、$(A + \overline{B} + C)$、$(A + B + \overline{C})$、$(A + B + C)$ 共 8 个（即 2^3 个）最大项。对于 n 个变量则有 2^n 个最大项。可见，n 变量的最大项的数目和最小项的数目是相等的。

输入变量的每一组取值都使一个对应的最大项的值为 0。例如，在 3 个变量 A、B、C 的最大项中，当 $A = 1$、$B = 0$、$C = 1$ 时，$(\overline{A} + B + \overline{C}) = 0$。若将使最大项为 0 的 ABC 取值视为一个二进制数，并以其对应的十进制数给最大项编号，则 $(\overline{A} + B + \overline{C})$ 可记作 M_5。由此得到的 3 变量最大项的编号表见表 11-22。

表 11-22 3 变量最大项的编号表

最 大 项	使最大项为 0 的变量取值			对应的十进制数	编 号
	A	B	C		
$A + B + C$	0	0	0	0	M_0
$A + B + \overline{C}$	0	0	1	1	M_1
$A + \overline{B} + C$	0	1	0	2	M_2
$A + \overline{B} + \overline{C}$	0	1	1	3	M_3

（续）

最 大 项	使最大项为 0 的变量取值			对应的十进制数	编 号
	A	B	C		
$\bar{A}+B+C$	1	0	0	4	M_4
$\bar{A}+B+\bar{C}$	1	0	1	5	M_5
$\bar{A}+\bar{B}+C$	1	1	0	6	M_6
$\bar{A}+\bar{B}+\bar{C}$	1	1	1	7	M_7

根据最大项的定义，同样也可以得到它的主要性质，这就是：

1）在输入变量的任何取值下必有一个最大项，且只有一个最大项的值为 0。

2）全体最大项之积为 0。

3）任意两个最大项之和为 1。

4）只有一个变量不同的两个最大项的乘积等于各相同变量之和。例如，$(A+B+C)$、$(A+B+\bar{C})$ 两个最大项中只有一个变量不同，它们具有相邻性，这两个最大项乘积结果为

$$(A+B+C)(A+B+\bar{C})=(A+B)(A+B)+(A+B)\bar{C}+(A+B)C+C\bar{C}=A+B$$

如果将表 11-21 和表 11-22 加以对比则可发现，最大项和最小项之间存在如下关系：

$$M_i=\overline{m_i}$$

例如，$m_0=\bar{A}\,\bar{B}\,\bar{C}$，则 $\overline{m_0}=\overline{\overline{A}\,\overline{B}\,\overline{C}}=A+B+C=M_0$

11.3.7.2 最小项表达式

设 F 是 n 个变量组成的"与或"式，若式中每一个"与"项都是这 n 个变量的一个最小项，则称 F 为最小项表达式。

例如：$F(A、B、C)=A\bar{B}C+AB\bar{C}+ABC$

下面介绍几种求最小项表达式的方法。

1. 配项法

该方法是将"与-或"式中不是最小项的"与"项利用 $A+\bar{A}=1$ 进行配项，使之成为最小项。

例 11-14 求 $F(A、B、C)=\overline{\bar{A}\,\bar{B}}(A+C)$ 的最小项表达式。

解 先将 F 变为"与-或"式

$$F(A、B、C)=\overline{\bar{A}\,\bar{B}}(A+C)=(\bar{A}+B)(A+C)=\bar{A}C+AB$$

再用 $(B+\bar{B})$ 乘以 $\bar{A}C$，用 $(C+\bar{C})$ 乘以 AB 得最小项表达式为

$$F=\bar{A}C(B+\bar{B})+AB(C+\bar{C})=\bar{A}BC+\bar{A}\,\bar{B}C+ABC+AB\bar{C}=\sum m(1,3,6,7)$$

2. 真值表法

由最小项性质可知：在逻辑函数 F 的真值表中，若有 K 组变量取值使 $F=1$，则该函数 F 就是由这 K 组变量组合值所对应的最小项之和。

例 11-15 逻辑函数 $F(A、B、C)$ 的真值表见表 11-23，试写出该函数的最小项表达式。

表 11-23　例 11-15 真值表

A	B	C	F
0	0	0	0
0	0	1	0
0	1	0	0
0	1	1	1
1	0	0	0
1	0	1	1
1	1	0	1
1	1	1	1

解

（1）找出 $F=1$ 的变量取值组合：

$$(011)、(101)、(110)、(111)$$

（2）写出 $F=1$ 中各组合对应的最小项。把组合值中"1"写作原变量，"0"写作反变量，即

$$\overline{A}BC、A\overline{B}C、AB\overline{C}、ABC$$

（3）将所得最小项"或"，即得到最小项的表达式。

$$F(A、B、C) = \overline{A}BC + A\overline{B}C + AB\overline{C} + ABC$$
$$= \sum m\ (3,\ 5,\ 6,\ 7)$$

11.3.7.3　最大项表达式

在"或-与"式中，若每个"或"项都是最大项，则该式称为最大项表达式。

同样，可以由真值表求最大项表达式，即真值表中使函数值为 0 的那些项对应的函数最大项。此时，变量的值为 0 时取原变量，变量的值为 1 时取反变量。将所求最大项"与"即得到最大项表达式。

例 11-16　函数 F 的真值表见表 11-23，求 F 的最大项表达式。

解　使 F 值为 0 的变量 ABC 的值为（000）、（001）、（010）、（100），则 F 的最大项为 $(A+B+C)$、$(A+B+\overline{C})$、$(A+\overline{B}+C)$、$(\overline{A}+B+C)$，即 M_0、M_1、M_2、M_4，由此可写出 F 的最大项表达式为

$$F(A、B、C) = \prod M\ (0,\ 1,\ 2,\ 4)$$

也可以直接将最小项表达式转换为最大项表达式，即 $\overline{F}$ 的最小项表达式为

$$\overline{F}(A、B、C) = m_0 + m_1 + m_2 + m_4$$

所以，最大项表达式为

$$F(A、B、C) = \overline{m_0 + m_1 + m_2 + m_4} = \overline{m_0} \cdot \overline{m_1} \cdot \overline{m_2} \cdot \overline{m_4}$$
$$= M_0 \cdot M_1 \cdot M_2 \cdot M_4 = \prod M\ (0,\ 1,\ 2,\ 4)$$

11.4　逻辑函数的化简

逻辑函数的化简是逻辑设计中的一个重要课题。同一逻辑函数可以有繁简不同的表达式，实现它的电路也不同。化简的目的就是寻求一种最佳等效函数式，以便用集成电路去实

现此函数时能获得速度快、可靠性高、集成电路块数最少、输入端数最少的电路。

对于不同规模的集成电路，所要求的最小价格覆盖函数式是不同的。当输入既有原变量又有反变量存在的情况下，逻辑函数的乘积项（或者是和项）数最小，且每个乘积项（或者是和项）的变量数最少的最简函数式，就是最小价格覆盖函数式。在这种情况下，逻辑函数的化简就是寻求最简函数式。

逻辑函数的化简方法主要有代数法、图解法和列表法 3 种。但是，不论是哪种化简方法，它们都是利用吸收律、重叠律、反演规则等一些基本公式和法则。因此，熟练掌握这些公式、法则，是学习各种化简方法的重要环节。

11.4.1　代数化简法

运用逻辑代数的基本公式和法则对逻辑函数进行代数变换，消去多余项和多余变量，以期获得最简函数式的方法就是代数化简法。

1. 合并项法

常用公式 $AB + A\bar{B} = A$ 将两项合并为一项。

例 11-17　化简逻辑函数 $F = A(BC + \bar{B}\bar{C}) + A(B\bar{C} + \bar{B}C)$。

解　$F = ABC + A\bar{B}\bar{C} + AB\bar{C} + A\bar{B}C = AB(C + \bar{C}) + A\bar{B}(C + \bar{C})$

$= AB + A\bar{B} = A(B + \bar{B}) = A$

2. 吸收法

常利用公式 $A + AB = A$ 及 $AB + \bar{A}C + BC = AB + \bar{A}C$ 消去多余项。

例 11-18　化简逻辑函数 $F = A\bar{B} + A\bar{B}CD(E + F)$。

解　$F = A\bar{B}[1 + CD(E + F)] = A\bar{B}$

3. 消去法

常用公式 $A + \bar{A}B = A + B$ 消去多余因子。

例 11-19　化简逻辑函数 $F = AB + \bar{A}C + \bar{B}C$。

解　$F = AB + (\bar{A} + \bar{B})C = AB + \overline{AB}C = AB + C$　　（将 AB 看成一个变量）

4. 配项法

为了求得最简结果，有时可以将某一乘积项乘以 $(A + \bar{A})$，将一项展开为两项，或者利用公式 $AB + \bar{A}C = AB + \bar{A}C + BC$ 增加 BC 项，再与其他乘积项进行合并化简，以达到求得最简结果的目的。

例 11-20　化简逻辑函数 $F = A\bar{B} + B\bar{C} + \bar{B}C + \bar{A}B$。

解

$$F = A\bar{B} + B\bar{C} + \bar{B}C(A + \bar{A}) + \bar{A}B(C + \bar{C})$$
$$= A\bar{B} + B\bar{C} + A\bar{B}C + \bar{A}\bar{B}C + \bar{A}BC + \bar{A}B\bar{C}$$
$$= (A\bar{B} + A\bar{B}C) + (B\bar{C} + \bar{A}B\bar{C}) + \bar{A}C(\bar{B} + B)$$
$$= A\bar{B} + B\bar{C} + \bar{A}C$$

根据以上的一些方法可以对逻辑函数进行化简。

例 11-21　化简逻辑函数 $F = AD + A\bar{D} + AB + \bar{A}C + BD + A\bar{B}EF + \bar{B}EF$。

解　（1）利用 $(A + \bar{A}) = 1$ 把 $AD + A\bar{D}$ 合并得

$$F = A + AB + \bar{A}C + BD + A\bar{B}EF + \bar{B}EF$$

（2）利用 $A + AB = A$，把包含 A 这个因子的乘积项消去，得

$$F = A + \overline{A}C + BD + \overline{B}EF$$

（3）利用 $A + \overline{A}B = A + B$，可消去 $\overline{A}C$ 中因子 $\overline{A}$，得

$$F = A + C + BD + \overline{B}EF$$

例 11-22 化简逻辑函数 $F = \overline{AB + \overline{A}\ \overline{B} + C} + AB$。

解 （1）首先去掉函数式中 $AB + \overline{A}\ \overline{B} + C$ 的非号，利用 $\overline{A + B + C} = \overline{A}\ \overline{B}\ \overline{C}$ 可将 F 化为

$$F = \overline{AB} \cdot \overline{\overline{A}\ \overline{B}} \cdot \overline{C} + AB$$

（2）利用公式 $A + \overline{A}B = A + B$ 消去 $\overline{AB}$（视 AB 为一个变量），上式简化为

$$F = \overline{\overline{A}\ \overline{B}} \cdot \overline{C} + AB$$

（3）再次利用摩根定理 $\overline{AB} = \overline{A} + \overline{B}$ 去掉 $\overline{\overline{A}\ \overline{B}}$ 的公用非号，上式又可化简为

$$F = (\overline{\overline{A}} + \overline{\overline{B}}) \cdot \overline{C} + AB = (A + B)\overline{C} + AB = A\overline{C} + B\overline{C} + AB$$

从上述例子可以看出：当函数式较繁，用公式化简法一开始不可能知道它的最简式，只有在化简过程中不断尝试方能逐渐清楚。

化简的步骤是：首先将表达式转换成"与或"表达式；然后用合并项法、吸收法和消去法去化简函数式；最后，再思考一下能否用配项法再给予展开化简。

11.4.2　**图解法**（卡诺图法）

由于代数化简法不太方便，往往依据设计者的经验和对公式运用的灵活性不同而不同，有时还不易化到最简，以下介绍另一种化简方法——卡诺图（Karnaugh Map）法，它可以帮助我们直观地写出最简逻辑表达式。

11.4.2.1　**卡诺图的画法**

卡诺图就是根据真值表，按一定规则画出来的方格图。两个变量的逻辑函数 $F = F(A, B)$，它的真值表和对应的卡诺图如图 11-8 所示。由图可见，卡诺图是由一些方块组成，每个方块表示一个特定的变量组，所以方块个数由逻辑变量数来决定。

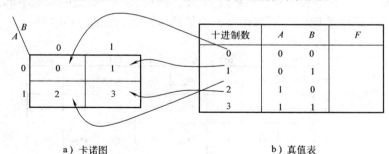

a）卡诺图　　　　　　　b）真值表

图 11-8　两变量的真值表所对应的卡诺图

一个变量的卡诺图，由 2^1 个方块组成；

两个变量的卡诺图，由 2^2 个方块组成；

三个变量的卡诺图，由 2^3 个方块组成；

$\vdots$

n 个变量的卡诺图，由 2^n 个方块组成。

卡诺图的画法遵循下面3条原则：

1）画卡诺图的重要规则是每个变量都把全图分为两半，一半代表原变量，另一半代表反变量。根据逻辑变量的个数确定方块数，画出方格图。

2）把变量的符号(A、B、…)分别标注在方格图的左上角斜线两侧，并在方格图上方和左侧的每个方块的边沿，标注每个变量的取值。其取值原则是：在任何两个相邻和轴对称的方块中，其变量的组合之间，只允许而且必须有一个变量取值不同，这是构成卡诺图的重要原则。

3）每个方块的编号，就是真值表中变量每种组合的二进制所对应的十进制数。

为了说明以上画卡诺图的原则，以4变量(A、B、C、D)为例说明卡诺图的画法，如图11-9所示。

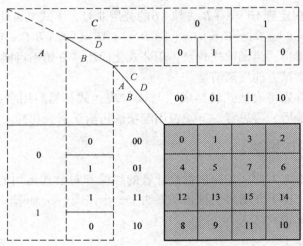

图 11-9　4 变量卡诺图

4变量的卡诺图是由 2^4 个方块组成，AB 或 CD 相邻的两个变量组合的取值只有一个不同，方块的编号如图 11-9 所示。另外注意到，它的轴对称的方块取值也只有一个变量不同，如图中的 0 号和 2 号、5 号和 7 号、4 号和 12 号，都只有一个变量的取值不同。

依照以上作卡诺图的原则，不难作出 5 变量的卡诺图，如图 11-10 所示。

CDE AB	000	001	011	010	110	111	101	100
00	m_0	m_1	m_3	m_2	m_6	m_7	m_5	m_4
01	m_8	m_9	m_{11}	m_{10}	m_{14}	m_{15}	m_{13}	m_{12}
11	m_{24}	m_{25}	m_{27}	m_{26}	m_{30}	m_{31}	m_{29}	m_{28}
10	m_{16}	m_{17}	m_{19}	m_{18}	m_{22}	m_{23}	m_{21}	m_{20}

图 11-10　5 变量的卡诺图

11.4.2.2　逻辑相邻对称

在卡诺图中，凡紧邻的小方格或与轴线对称的小方格都叫逻辑相邻对称。如图 11-10 所示，0 号与 1 号、8 号、2 号、16 号、4 号都属于逻辑相邻对称关系；1 号与 0 号、3 号、5 号、9 号、17 号相邻对称。逻辑相邻对称有一重要特点，就是它们之间的逻辑变量的取值只有一个变量取值不同，可以圈在一起，利用吸收律 $AB + A\bar{B} = A$ 进行合并。

11.4.2.3　卡诺图与最小项

卡诺图中每个方块都对应着一个最小项。因为任何一个逻辑函数都是由若干个最小项组成的，都可以化成若干最小项之和，即成为标准的"与或"表达式，所以都可以用卡诺图表示。

11.4.3　卡诺图化简法

卡诺图是化简逻辑函数式的重要工具。化简的方法是：首先将待化简的逻辑式填入卡诺图中，然后将卡诺图中标"1"（或"0"）的逻辑相邻对称方块圈在一起，合并最小项消去互补变量，写出保留项式子，即为化简的逻辑式。

11.4.3.1　用卡诺图表示逻辑函数

填写卡诺图的原则是将逻辑函数所包括的全部最小项填入相应的方块中，将待化简的逻辑函数式填入卡诺图的方法有 3 种。

1）根据真值表来填写卡诺图。首先列出待化简逻辑式的真值表，然后将真值表中 $F = 1$ 的变量组合填入卡诺图相应的方块中。例如，将 $F = A + \bar{A}\bar{B}$ 式填入卡诺图，如图 11-11 所示。注意：列逻辑式的真值表时要将变量的各种组合都罗列出来。

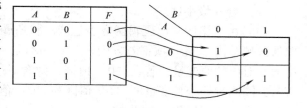

图 11-11　两变量的真值表填入卡诺图

2）根据标准"与或"表达式最小项填写卡诺图。

下面通过例子来说明这种方法。

例 11-23　将 $F = \overline{(AB + \bar{A}\bar{B} + C)}AB$ 式填入卡诺图中。

解　将逻辑函数 F 转换成标准"与或"式：

$$F = \overline{(AB + \bar{A}\bar{B} + \bar{C})} + AB = \overline{AB} \cdot \overline{\bar{A}\bar{B}} \cdot \bar{C} + AB = (\bar{A} + \bar{B})(A + B)C + AB(C + \bar{C})$$

$$= (\bar{A}A + \bar{A}B + A\bar{B} + B\bar{B})C + ABC + AB\bar{C}$$

$$= \bar{A}BC + A\bar{B}C + ABC + AB\bar{C}$$

将标准"与或"式中最小项用"1"填入卡诺图（见图 11-12）的相应方块中，其他方块填"0"或空着。

3）根据"与或"表达式应用观察方法填写卡诺图。

例 11-24　把 $F = ABCD + B$ 式填入卡诺图中。

解　$F = ABCD + B$。若使 $F = 1$，则必须 $B = 1$，所以凡是 $B = 1$ 的方块均填 1，如图 11-13 所示。

A \ BC	00	01	11	10
0	0	0	1	0
1	0	1	1	1

图 11-12 例 11-23 卡诺图

AB \ CD	00	01	11	10
00				
01	1	1	1	1
11	1	1	1	1
10				

图 11-13 例 11-24 卡诺图

11.4.3.2 逻辑函数的卡诺图化简法

利用卡诺图化简逻辑函数的基本原理是 2^n 个对称最小项可以消去 n 个变量，具体方法是：

1）将卡诺图中标“1”（或“0”）的对称方块用虚线圈起来，这叫做合并最小项。

2）再根据 $A+\overline{A}=1$ 消去互补变量，根据 $A+A=A$ 写出保留项，即可得到最简“与或”逻辑表达式。

例 11-25 化简 $F=\overline{A}\,\overline{B}\,\overline{C}\,\overline{D}+A\,\overline{B}\,\overline{C}D+\overline{A}B\,\overline{C}+AB\,\overline{D}+\overline{A}BC+BCD$。

解 （1）将函数 F 填入卡诺图，如图 11-14 所示。

（2）合并最小项。

（3）由卡诺图写出逻辑函数表达式。将所圈对应的变量取值区域写出“与”项：若方圈在“1”值区，则“与”项中含其对应的原变量；若在“0”值区，则含对应的反变量；若某方圈同时处于某变量的“1”值区和“0”值区，则该变量被消去。得到简化表达式为

$$F=A\,\overline{B}\,\overline{C}\,D+\overline{A}\,\overline{C}\,\overline{D}+B\,\overline{D}+BC+\overline{A}B$$

AB \ CD	00	01	11	10
00	1			
01	1	1	1	1
11	1		1	1
10		1		

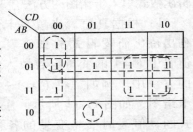

图 11-14 例 11-25 卡诺图

例 11-26 化简 $F=ABCDE+A\,\overline{B}\,\overline{C}D\,\overline{E}+\overline{A}\,\overline{B}\,\overline{C}\,D\,\overline{E}+\overline{A}BCDE+AB\,\overline{D}E$
$+\overline{A}B\,\overline{D}E+B\,\overline{C}\,\overline{D}\,\overline{E}+\overline{B}\,\overline{C}\,\overline{D}\,\overline{E}+B\,\overline{C}DE$。

解 将逻辑函数 F 各项填入卡诺图（见图 11-15）中，根据逻辑对称关系可知：0、2、

AB \ CDE	000	001	011	010	110	111	101	100
00	m_0 1	m_1	m_3	m_2 1	m_6	m_7	m_5	m_4
01	m_8 1	m_9 1	m_{11} 1	m_{10}	m_{14}	m_{15} 1	m_{13} 1	m_{12}
11	m_{24} 1	m_{25} 1	m_{27} 1	m_{26}	m_{30}	m_{31} 1	m_{29} 1	m_{28}
10	m_{16} 1	m_{17}	m_{19}	m_{18} 1	m_{22}	m_{23}	m_{21}	m_{20}

图 11-15 例 11-26 卡诺图

16、18 号位于卡诺图右半部的 4 个角，是逻辑相邻对称，圈在一起可以消去 A、D 变量，保留 $\overline{B}\,\overline{C}\,E$；9、11、25、27、15、13、31、29 号是卡诺图左右两半对称的方块，将它们圈在一起可以消去变量 A、C、D，保留变量 BE；0、8、24、16 号是上下两半按中线的对称，圈在一起可以消去 A、B 变量，保留 $\overline{C}\,\overline{D}\,\overline{E}$。故写出化简结果为

$$F = \overline{B}\,\overline{C}\,E + \overline{C}\,\overline{D}\,\overline{E} + BE$$

11.4.4　具有约束条件的逻辑函数化简

11.4.4.1　"约束"的概念

"约束"（Constraint）是用来说明逻辑函数中各逻辑变量之间制约关系的一个概念，例如，用 A、B、C 这 3 个变量分别表示加法、乘法和除法 3 种操作，当任一变量是 1 时，即进行相应的某一项操作。因为机器是按指令顺序进行加、乘、除操作的，每次只能进行 3 种操作中的一种，这样任何时候 3 个变量中只能有一个变量为 1，即 A、B、C 这 3 个变量取值只可能出现 000、001、010、100 这 4 种组合，而不会出现 011、101、110、111 这 4 种组合。若用标准"与或"表达式来表示，这种操作的逻辑关系必须满足最小项

$$\overline{A}BC + A\,\overline{B}C + AB\,\overline{C} + ABC = 0$$

的约束条件。

有时还会碰到另外一种情况，就是在输入变量的某些取值组合下，函数值是 0 是 1 皆可（即是任意的），并不影响具体的逻辑关系。把这些组合所对应的最小项称为任意项。

可见，约束项和任意项既可写入函数式中，也可不写入，并不影响函数的功能，因此把约束项和任意项统称为无关项。

11.4.4.2　具有"约束"逻辑函数的化简

若能合理利用约束项，一般都可得到更加简单的化简结果。约束项在卡诺图中用"x"表示，在化简逻辑函数时既可以把它看成是 1，也可以把它看成是 0，决定于如何使得卡诺图中的矩形圈尽可能地大，圈的个数尽可能地少。

仍然通过例子来说明具有约束逻辑函数的化简方法。

例 11-27　如图 11-16 所示，设 $ABCD$ 是十进制 y 的二进制编码，当 $y \geqslant 5$ 时，输出 $F = 1$，求 F 的最简"与或"表达式。

解　根据题意，当 $ABCD$ 取值 0000～0100 时，因为 $y \leqslant 4$ 时，输出 $F = 0$；当 $ABCD$ 取值 0101～1001 时，$y \geqslant 5$，输出 $F = 1$。而 $ABCD$ 取值为 1010～1111 是不会出现的。因此是约束项，可用符号"x"表示。约束项在化简中可以根据需要，既可以当 0 使用，也可以当 1 使用，因为它们为 0 或 1 对整个函数的逻辑功能无影响。列出真值表见表 11-24。

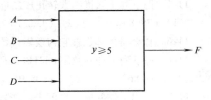

图 11-16　$y \geqslant 5$ 比较器框图

表 11-24 $y \geqslant 5$ 比较器的真值表

十进制数	A	B	C	D	F
0	0	0	0	0	0
1	0	0	0	1	0
2	0	0	1	0	0
3	0	0	1	1	0
4	0	1	0	0	0
5	0	1	0	1	1
6	0	1	1	0	1
7	0	1	1	1	1
8	1	0	0	0	1
9	1	0	0	1	1
	1	0	1	0	x
	1	0	1	1	x
	1	1	0	0	x
	1	1	0	1	x
	1	1	1	0	x
	1	1	1	1	x

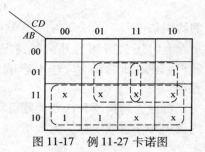

图 11-17 例 11-27 卡诺图

　　根据真值表画出相应的卡诺图如图 11-17 所示，化简时如不利用打"x"的约束项，则可得化简结果为 $F = A\,\bar{B}\,\bar{C} + \bar{A}BD + \bar{A}BC$。如果化简时适当地利用约束项，则化简结果为 $F = A + BD + BC$。虽然都为 3 个乘积项，但输入变量共少了 3 个 ($\bar{A}$、$\bar{B}$、$\bar{C}$)，可以减少 3 条输入线，进一步地简化了比较器的逻辑图。

习　题

11-1　在数字系统中，为什么要采用二进制？如何用 BCD 码表示十进制数？

11-2　什么叫编码？用二进制编码与二进制数有何区别？

11-3　将下列二进制数转换成十进制数：

(1) 11000101　　　　(2) 10100110.1001　　　　(3) 111111　　　(4) 110011001100

11-4　将下列十进制数转换成二进制数、八进制数、十六进制数：

(1) 57　　　　　　　(2) 18.34　　　　　　　(3) 46.75　　　(4) 0.904

11-5　把下列十六进制数转化成二进制数、八进制数、十进制数（均取小数点后 3 位）：

(1) $(78.8)_H$　　　　(2) $(4A8.E7)_H$　　　　(3) $(3AB6)_H$　　　(4) $(0.42)_H$

11-6　什么是模 2 加？它与逻辑代数加法有何区别？

11-7　将下列十进制数用 8421BCD 码表示：

(1) $(37.86)_D$　　　　(2) $(605.01)_D$

11-8　列出下述问题的真值表，并写出逻辑表达式。

(1) 有 A、B、C 共 3 个输入信号，如果 3 个输入信号均为 0 或其中一个为 1 时，输出信号 $Y = 1$，其余情况下，输出 $Y = 0$。

(2) 有 A、B、C 共 3 个输入信号，当 3 个输入信号出现奇数个 1 时，输出为 1，其余情况下输出为 0（这是奇校验的校验位生成器）。

（3）有 3 个温度探测器，当某个温度探测器的温度超过 60℃时，输出信号为 1，否则输出信号为 0。当有两个或两个以上的温度探测器的输出信号为 1 时，总控制器输出信号为 1，自动控制调控设备使温度降低到 60℃以下。试写出总控制器的真值表和逻辑表达式。

11-9 在图 11-18 所示的开关电路中，写出描述电路接通与各开关之间关系的逻辑表达式。

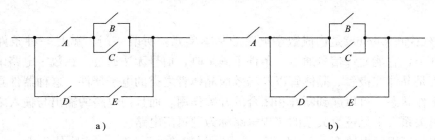

图 11-18 习题 11-9 图

11-10 根据下列文字叙述建立真值表。

（1）$F(A,B,C)$ 为 3 变量的逻辑函数，当变量组合值中出现偶数个"1"时，$F=1$，否则 $F=0$。

（2）在一个 3 输入电路中，当 3 个输入端的信号完全一致时，输出为"1"，在其他输入情况下，输出为"0"。

11-11 证明下列等式：

（1）$AB + \bar{A}C + \bar{B}C = AB + C$

（2）$BC + D + \bar{D}(\bar{B} + \bar{C})(AD + B) = B + D$

（3）$ABC + \bar{A}\,\bar{B}\,\bar{C} = \overline{A\,\bar{B} + B\,\bar{C} + C\,\bar{A}}$

（4）$A\,\bar{B} + B\,\bar{C} + C\,\bar{A} = \bar{A}B + \bar{B}C + \bar{C}A$

（5）$\overline{MCD} + M\,\bar{C}\,\bar{D} = (M \oplus C)(M \oplus D)$

11-12 用代数法化简下列各式：

（1）$F = \overline{\bar{A}BC(B + \bar{C})}$

（2）$F = A + ABC + \overline{ABC} + CB + C\,\bar{B}$

（3）$F = \overline{(\bar{A} + B) + \overline{(\bar{A} + B)} + \overline{(AB)}(A\,\bar{B})}$

（4）$F = \overline{A\,\bar{B} + ABC + A(B + A\,\bar{B})}$

11-13 用卡诺图法化简下列各式：

（1）$F = \bar{A}\,BC + \bar{A}BC + AB\,\bar{C} + ABC$

（2）$F = A(\bar{A}C + BD) + B(C + DE) + B\,\bar{C}$

（3）$F = (\bar{A} + \bar{B} + \bar{C})(B + \bar{B}C + \bar{C})(\bar{D} + DE + \bar{E})$

（4）$F = (A \oplus B)C + ABC + \overline{ABC}$

（5）$F(a,b,c,d) = \sum m(4,5,6,8,9,10,13,14,15)$

第 12 章　集成逻辑门电路

门电路(Gate Circuit)是构成数字电路的基本单元。所谓"门"就是一种条件开关,在一定的条件下,它能允许信号通过,条件不满足时,信号无法通过。在数字电路中,实际使用的开关都是晶体二极管、晶体管以及场效应晶体管之类的电子器件。这种器件具有可以区分的两种工作状态,可以起到断开和闭合的开关作用。而且门电路的输出与输入之间存在着一定的逻辑关系,常见逻辑关系的实现电路称为逻辑门电路。

最基本的逻辑门电路有:"与"门、"或"门和"非"门。在实际使用中,常用的是具有复合逻辑功能的门电路,如"与非"门、"或非"门、"与或非"门、"异或"门等电路。

逻辑门电路可以由分立元件构成,但目前大量使用的是集成逻辑门电路,它按晶体管的导电类型分为双极性(Bipolar)和单极性两类。双极性有:晶体管逻辑门电路(简称为 TTL 电路)、射极耦合逻辑门电路(简称为 ECL 电路)、集成注入逻辑门电路(简称为 I^2L 电路)等;单极性有:金属-氧化物-半导体互补对称逻辑门电路(简称 CMOS 电路)等。

本章在分析晶体二极管、晶体管开关特性(Switching Characteristic)的基础上,以分立元件构成的基本门电路入手,分析其工作原理,目的是帮助理解逻辑门电路,重点介绍目前广泛使用的集成 TTL 电路和 MOS 电路。

在介绍门电路之前,先介绍一个术语——"电平"。所谓"电平"是指一个电压范围,而不是指具体的电压值。比如,电压 2.1~5V 可能都是"高电平","低电平"也许是 0~0.8V,这里之所以用"可能"或"也许"是因为不同的门电路对高、低电平的要求是不同,是由门电路的技术指标所决定的。

12.1　半导体二极管和晶体管的开关特性

一个理想的开关元件应具备 3 个主要特点:①在接通状态时,其接通电阻为零,使流过开关的电流完全由外电路决定;②在断开状态下,阻抗为无穷大,流过开关的电流为零;③断开和接通之间的转换能在瞬间完成,即开关时间为零。尽管实际使用的半导体电子开关特性与理想开关有所差别,但是只要设置条件适当,就可以认为在一定程度上接近理想开关。

12.1.1　晶体二极管的开关特性

晶体二极管由 PN 结构成,具有单向导电特性。在近似的开关电路分析中,晶体二极管可以当做一个理想开关来分析;但在严格的电路分析中或者在高速开关电路中,晶体二极管则不能当做一个理想开关。

12.1.1.1　晶体二极管开关的静态特性曲线

第 6 章对二极管的工作原理和特性进行了描述,为了说明它的开关特性,将二极管的特性曲线重画于此，如图 12-1 所示。

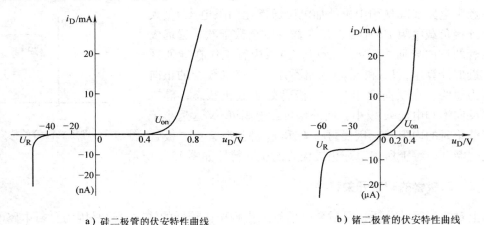

a）硅二极管的伏安特性曲线　　　　　　　　b）锗二极管的伏安特性曲线

图 12-1　二极管的静态特性曲线

当外加正向电压时，正向电流 i_D 随着正向电压 u_D 的增加而增加，但当正向电压较小时，流过二极管的电流很小。当外加正向电压超过门限电压 U_{on} 后，二极管的电流明显增大，并按指数规律上升。硅二极管的门限电压为 $0.6 \sim 0.7V$，锗二极管的门限电压为 $0.2 \sim 0.3V$。

当二极管外加反向电压时，若 u_D 在一定范围内，仅有较小的反向饱和电流 I_S，它几乎与反向电压的增加无关。对于锗管，反向饱和电流 I_S 大约是几十微安；对于硅管，反向饱和电流极小，一般小于 $1\mu A$。

当反向电压很高时，反向电流会急剧增加，二极管被击穿。对于应用在开关状态的二极管来说，应避免工作在反向击穿区。

在数字电路中，二极管作为开关管使用主要应用在大信号工作状态，即由导通状态到截止状态。当 $u_D > U_{on}$ 时，二极管处于导通状态，当 $U_R < u_D < U_{on}$ 时，二极管处于截止状态。因此，采用线性化的方法，将二极管的特性曲线用几段折线来近似，便可以直观说明二极管的开关特性。

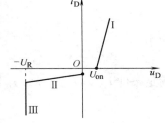

图 12-2　二极管线性化
特性曲线

图 12-2 为二极管伏安特性分段线性化的曲线，它将二极管的工作状态分成 3 个区。

Ⅰ区：导通区是一条斜率为 $1/r_D$、交横轴于 U_{on} 的直线。r_D 为二极管正向导通时的内阻，其值约为数十欧至数百欧。此区二极管端电压与电流的关系为

$$u_D = i_D r_D + U_{on}$$

Ⅱ区：截止区近似是一条斜率为 $1/r_R$、与纵轴相交于 $-I_S$ 的直线，r_R 为二极管截止时的反向电阻，通常为数百千欧。此区二极管电压与电流的关系可写为

$$i_D = \frac{u_D}{r_R} - I_S$$

Ⅲ区：击穿区近似为一条斜率是 $1/r_Z$、向上延伸并交横轴于 $-U_R$ 的直线。r_Z 为二极管反向击穿时的内阻，通常为几欧。此区二极管电压与电流的关系为

$$u_D = -U_R + i_D r_Z$$

在数字电路实际使用中，外加电压通常比门限电压 U_{on} 大得多，外接负载电阻 R_L 通常也是在数百欧至数千欧，远远大于二极管的正向导通内阻 r_D。所以，当二极管工作在导通区时，在近似计算中，U_{on} 和 r_D 可忽略不计，即将二极管的正向导通视为短路。在反向运用时，二极管处于截止状态，硅二极管的反向饱和电流 I_S 极小，而外接负载电阻 R_L 又远远小于二极管截止时的内阻 r_R，因而可将 I_S 和 r_R 都忽略，把二极管看成完全断开。综上所述，理想二极管的伏安特性如图 12-3 所示。

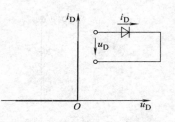

图 12-3　理想二极管的伏安特性

12.1.1.2　二极管的瞬态开关特性

以上对二极管的分析，只适合电信号工作频率比较低的情况。这是因为分析电路的前提是认为二极管的导通与截止是瞬时完成的，然而当电路中的信号频率比较高（$>10^6$ Hz）时，从实验和理论分析均可得出，二极管从导通转为截止的时间是不能忽略的，二极管的开关特性将受到影响（从截止转为导通的时间比从导通转为截止的时间小得多，可以忽略）。

二极管的瞬态开关特性是指二极管在正向导通与反向截止这两种状态之间转换时，所具有的过渡特性，也称为二极管的动态特性。

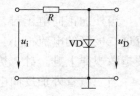

图 12-4　二极管开关电路

为了能有一个较为明确的形象概念，给出图 12-4 所示的一个简单的二极管开关电路。设输入信号为图 12-5a 所示方波信号，在 u_i 的作用下，二极管的开关特性描述如下：

1）当 $t \leqslant t_1$ 时，$u_i = U_F$，二极管正向导通，此时

$$i_D = \frac{U_F - u_D(t)}{R}$$

式中

$$u_D(t) = i_D(t) r_D + U_{on}$$

满足条件 $U_F \gg U_{on}$，$R \gg r_D$ 时

$$i_D \approx \frac{U_F}{R} \qquad u_D(t) = U_{on}$$

$i_D(t)$、$u_D(t)$ 的波形如图 12-5b、c 所示。

2）当 $t = t_1$ 瞬间，输入电压 $u_i(t)$ 突然由 U_F 跃降到 $-U_R$，在满足条件 $r_R \gg R$ 的条件下，如果二极管是一个理想开关，则通过它的电流应从 U_F/R 突然下降到 $-I_S$，二极管上的压降则应近似等于所加的反向电压 $-U_R$，其 $i_D(t)$、$u_D(t)$ 的理想波形如图 12-5b、c 所示。然而，实际的波形并非如此。二极管不能随 u_i 的下跳立即反偏截止，这时仍有电流流过，此电流是从正向的 U_F/R 突然变成很大的反向电流，其值近似等于 $-U_R/R$，这说明二极管仍然是正向导通的。维持一段时间（t_s）后，反向电流才开始下降，再经过一段时间（t_f），反向电流逐渐衰减到 $i_D = -I_S$，同时二极管的压降 $u_D(t)$ 才下降至反向电压 $-U_R$，此时二极管才算进入到稳定的截止状态。$i_D(t)$、$u_D(t)$ 的实际波形如图 12-6b、c 所示。

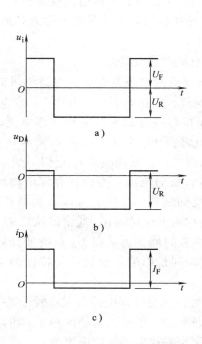

图 12-5　理想二极管的开关特性

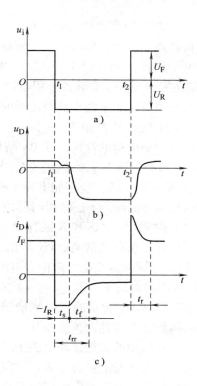

图 12-6　二极管的瞬态开关特性

输入电压 $u_i(t)$ 由 U_F 下跳至 $-U_R$ 开始,到反向电流恢复稳定截止值 $-I_S$ 为止,二极管经历了从导通到截止的过渡过程,这段过程称为二极管的反向恢复时间(Reverse Recovery Time)t_{rr},如图 12-6c 所示。通常,t_s 为存储时间,t_f 为下降时间,$t_{rr} = t_s + t_f$。

3)当 $t = t_2$ 时,输入电压 $u_i(t)$ 由 $-U_R$ 返回到 U_F,二极管将由反向截止过渡到正向导通。这段过渡过程所需的时间很短,对开关速度的影响可以忽略不计。

由以上分析可知,当输入信号 $u_i(t)$ 为频率很高的矩形脉冲,而其负半波的宽度与二极管的反向恢复时间 t_{rr} 可以比较时,二极管就不再具有单向导电的特性,不能作为一个电子开关来应用。

12.1.1.3　产生反向恢复过程的原因

产生反向恢复时间 t_{rr} 的原因应从半导体的导电特性加以解释。

当二极管加正向偏置电压时,外加电场与自建电场方向相反,使 PN 结的耗尽层变窄,如图 12-7 所示。实际上,由 P 区扩散到 N 区的空穴,不会全部与电子复合而立即消失,而是在一定路程内边扩散边复合,逐渐减少。这样,

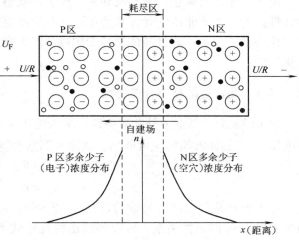

图 12-7　二极管多余的少数载流子浓度分布

261

就在 N 区内产生一定数量的空穴积累，靠近耗尽层边缘的浓度最大，随着距离的增加空穴浓度按指数规律衰减，形成一梯度分布。同理，N 区的电子扩散到 P 区后，也将在 P 区出现一定的电子积累，如图 12-7 所示。这些扩散到对方区域并积累的少数载流子称为多余少子，把 PN 结两侧出现的少数载流子积累现象称为存储效应。

正向导通时，非平衡少数载流子的积累现象叫做电荷存储效应。

当输入电压 u_i 突然由 U_F 变为 $-U_R$ 时，由于正向导通时二极管存储的电荷不可能立即消失，这些存储电荷的存在，使 PN 结仍然维持正向偏置；但在外加反向电压 U_R 的作用下，P 区的电子被拉回 N 区，N 区的空穴被拉回 P 区，使得这些存储电荷形成漂移电流，$i_D = (u_i - u_D)/R \approx -U_R/R$，使存储电荷不断减少。从 u_i 负跳变开始至反向电流 I_D 降到 $0.9I_R$ 所需的时间称为存储时间 t_s。这段时间内，PN 结处于正向偏置，反向电流 I_R 近似不变。

经过 t_s 时间后，P 区和 N 区存储电荷已显著减少，反向电流一方面使存储电荷继续消失，同时使耗尽层逐渐加宽，PN 结由正向偏置转为反向偏置，二极管逐渐转为截止状态，反向电流由 I_R 逐渐减小至反向饱和电流值。这段时间称为下降时间 t_f，通常以从 $0.9I_R$ 下降到 $0.1I_R$ 所需的时间来确定 t_f。$t_{rr} = t_s + t_f$，称为反向恢复时间，通常以 U_R 负跳变开始到反向电流下降到 $0.1I_R$ 所需的时间来确定 t_{rr}。反向恢复时间是影响二极管开关特性的主要原因，是二极管开关特性的重要参数。

反向恢复时间的长短，既取决于二极管本身的结构，也与外部电路有关。管子的 PN 结面积越大，管内存储的电荷越多，反向恢复时间 t_{rr} 就越长。一般开关管结面积小，可以使存储电荷很快消失，所以反向恢复时间短。此外，由外部电路提供的正向电流越大，存储电荷越多，则反向恢复时间越长；反向电流越大，存储电荷消散得越快，则反向恢复时间就越小。

厂家产品手册上给出的反向恢复时间是在一定的工作条件下测得的，一般开关管的反向恢复时间在纳秒(ns)数量级。

12.1.2　晶体管的开关特性

由于晶体管有截止、饱和及导通 3 种工作状态，在一般模拟电子电路中，晶体管常常当做线性放大元件或非线性元件来使用；在数字电路中，在大幅度脉冲信号作用下，晶体管也可以作为电子开关，而且晶体管易于构成功能更强的开关电路。因此，它的应用比开关二极管更广泛。

12.1.2.1　晶体管的稳态开关特性

图 12-8a 为一基本单管共射电路。输入电压 u_i 通过电阻 R_b 作用于晶体管的发射结，输出电压 u_o 由晶体管的集电极取出。其输入回路和输出回路的关系式如下：

$$u_{be} = u_i - R_b i_b$$

$$u_o = u_{ce} = U_{cc} - R_c i_c$$

基本单管共射电路的传输特性如图 12-8b 所示。所谓传输特性是指电路的输出电压 u_o 与输入电压 u_i 的函数关系。可以将输出特性曲线大体分为 3 个区域：截止区、放大区和饱和区。

当输入电压 u_i 小于门限电压 U_{on} 时，晶体管工作在截止区，此时晶体管的发射结和集电

结均处于反向偏置，则

$$i_b \approx 0, \quad i_c \approx 0, \quad u_o \approx U_{CC}$$

晶体管 VT 相当于开关断开。

当输入电压 u_i 大于门限电压 U_{on} 而又小于某一数值（如在图 12-8b 中约为 1V），晶体管工作在放大区，晶体管发射结正向偏置，集电结反向偏置，此时 i_b、i_c 随 u_i 的增加而增加，u_o 随 u_i 的增加而下降。当输入电压有较小的 Δu_i 的变化时，则输出电压 Δu_o 有较大的变化，即

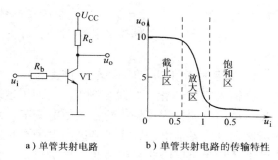

a）单管共射电路　　b）单管共射电路的传输特性

图 12-8　基本单管共射电路及其传输特性

$$\Delta u_o / \Delta u_i \gg 1$$

当输入电压 u_i 大于某一数值时，晶体管工作在饱和区，晶体管发射结和集电结均处于正向偏置，此时基极电流 i_b 足够大，满足

$$i_b > I_{BS} = \frac{U_{CC} - U_{ces}}{\beta R_c}$$

此时

$$u_o = U_{ces} \approx 0$$

$$i_c = \frac{U_{CC} - U_{ces}}{R_c} \approx \frac{U_{CC}}{R_c}$$

晶体管 c、e 极之间相当于开关闭合。

12.1.2.2　晶体管的瞬态开关特性

晶体管的瞬态开关过程与二极管的瞬态开关过程相类似，是指在截止和饱和状态之间转换所具有的过渡特性。若晶体管是一个理想的、无惰性的开关，那么输出电压 u_o 应重现输入电压 u_i 的波形，只是波形幅度增大和倒相而已。但实际上，晶体管是有惰性的开关，当信号频率高到其周期值能与晶体管的开关时间相比拟时，截止状态和饱和状态之间的转换不能在瞬间完成，这就使得晶体管作为电子开关的开关性能遭到破坏。

若图 12-9a 是输入电压 u_i 的波形，则 i_c 和 u_c 的波形如图 12-9b、c 所示。

延迟时间 t_d——指输入信号 u_i 正跃变开始到集电极电流上升到 $0.1I_{cs}$ 所需的时间。

上升时间（Rise Time）t_r——指集电极电流 i_c 从 $0.1I_{cs}$ 上升到 $0.9I_{cs}$ 所需的时间。

存储时间（Store Time）t_s——指从输入信号 u_i 负跳变瞬间开始，到集电极电流下降至 $0.9I_{cs}$ 所需的时间。

下降时间（Fall Time）t_f——指晶体管的集电极电路从 $0.9I_{cs}$ 开始下降到 $0.1I_{cs}$ 所需的时间。

通常，把延迟时间 t_d 与上升时间 t_r 之和称为晶体

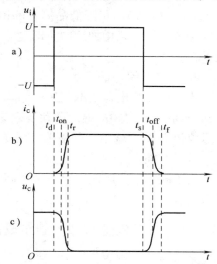

图 12-9　晶体管的瞬态开关特性

管的开启时间 t_{on} ，即 $t_{on} = t_d + t_r$ ，它反映了晶体管从截止到饱和所需的时间。存储时间 t_s 与下降时间 t_f 之和称为晶体管的关闭时间，即 $t_{off} = t_s + t_f$ ，它反映了晶体管从饱和到截止所需的时间。

1. 延迟时间（Delay Time）t_d 的产生

当输入电压 u_i 由 $-U$ 跳变到 U ，随即出现基极电流 I_b ，但晶体管不能立即导通，因为要使发射结由反偏转为正偏、阻挡层由宽变窄、发射结电压由 $-U$ 上升到门限电压 U_{on} ，这时发射区向基区发射电子，注入基区的电子在基区内形成电子浓度梯度分布。扩散到集电结边缘的电子被集电区吸收，形成集电极电流 i_c 。由此可知，i_c 的出现比 u_i 上跳时刻要延迟一个时间 t_d 。这就是 t_d 产生的原因。

2. 上升时间 t_r 的产生

发射结开始导通后，发射极不断向基区注入电子，但集电极电流不能立刻上升到最大值。这是因为集电极电流的形成，要求电子在基区中有一逐步积累的过程，需要一定的时间，不会随 i_b 跃变而跃变。

上升时间 t_r 与管子的结构有关，基区的宽度越小，t_r 越小。外电路方面，基区正向驱动电流 i_b 越大，则基区电子浓度分布建立越快，t_r 越短。为了提高晶体管的开关速度，减小上升时间 t_r ，首先应选用基区宽度较小的高频管和开关管；其次，在电路设计上，加大正向基极电流。

当上升时间结束后，晶体管进入饱和状态。集电结转向正向偏置，收集电子的能力减弱，造成超量的电子电荷在基区存储。

3. 存储时间 t_s 的产生

当输入信号 u_i 由 U 下跳到 $-U$ 时，基极电流 i_b 为 $-U/R_b$ ，这使基区存储的电子在反向电流作用下逐渐消散。随着多余电荷的消失，晶体管由饱和退到临界饱和所需要的时间就是存储时间 t_s 。

存储时间 t_s 不仅与管子的内部结构有关，同时也与外部电路有关。为了提高晶体管的开关速度，减小存储时间：第一，可选用基区很薄的高频管或开关管；第二，减小正向驱动电流 i_b（$= U/R_b$），可降低晶体管的饱和深度，从而使积累的超量电荷减少。此外，可增大反向偏置电压，以增加反向驱动电流 $-U/R_b$ ，使超量电荷消散速度加快，便可减小存储时间 t_s 。

4. 下降时间 t_f 的产生

当基区超量电荷消散完后，晶体管脱离饱和，集电结开始由正向偏置转向反向偏置，在反向驱动电流 $-U/R_b$ 继续驱动下，基区存储电荷开始消散，电子浓度梯度下降，从而使集电极电流 i_c 随之减小，并最后降至 0。因此，下降时间 t_f 就是晶体管从饱和经过放大区转到截止区的时间。

为了减小下降时间，除可选用高频管和开关外，可加大 $-U$ 和减小 R_b 加速基区电荷的消散过程。

12.1.3 由二极管与晶体管组成的基本逻辑门电路

基本逻辑运算有："与"、"或"、"非" 3 种运算，相应的基本逻辑门有："与"、"或"、"非"门。在实际应用中，还经常将这些基本逻辑门组合为复合门电路，通常也把这些常用的复合门电路也称为基本逻辑单元，如"与非"门电路、"或非"门电路等。

本节介绍简单的二极管门电路和晶体管反相器(Inverter)，作为逻辑门电路的基础。

12.1.3.1 二极管"与"门和"或"门电路

1. "与"门电路

图 12-10a 为二极管"与"门电路，A、B、C 是它的 3 个输入端，F 是输出端，图 12-10b 是它的逻辑符号。

对于 A、B、C 中的每一个输入端而言，都只能有两种状态：高电位或低电位。对于图 12-11 所示电路，约定：5V 左右为高电平，用"1"表示，0V 左右为低电平，用"0"表示。

当输入端 A、B、C 全为高电平"1"，即 3 个输入端都在 5V 左右时，3 个二极管均截止，输出端 F 电位与 U_{CC} 相同。因此，输出端 F 也是"1"。

当输入端不全为"1"，而有一个或一个以上

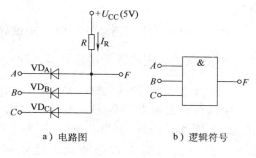

a) 电路图　　　　b) 逻辑符号

图 12-10　二极管"与"门电路

为"0"时，如输入端 A 是低电平 0V，则二极管 VD_A 因正向偏置而导通，输出端 F 的电平近似等于输入端 A 的电平，即 F 为"0"。这时二极管 VD_B、VD_C 因承受反向电压而截止。

当输入端 A、B、C 都是低电平时，即 3 个输入端都在 0V 左右，VD_A、VD_B、VD_C 均导通，所以输出端 F 为低电平，即 F 为"0"。

若把输入端 A、B、C 看做逻辑变量，F 看做逻辑函数，根据以上分析可知：只有当 A、B、C 都为"1"时，F 才为"1"，否则，F 为"0"，这正是"与"逻辑运算，也是把此电路称为"与"门的由来。"与"门的输出 F 与输入 A、B、C 的关系可用如下逻辑式来表达：

$$F = A \cdot B \cdot C$$

2. "或"门电路

图 12-11a 为二极管组成的"或"门电路，图 12-11b 是它的逻辑符号。图中，A、B、C 是输入端，F 是输出端。

"或"门的逻辑功能为：输入只要有一个为"1"，其输出就为"1"。例如，A 端为高电平"1"，而 B、C 端为低电平"0"时，则二极管 VD_A 因承受较高的正向电压而导通，F 端的电位为 U_A，此时 VD_B、VD_C 承受反向电压而截止。所以输出端 F 为高电平"1"。

可以分析得出，只有在输入端 A、B、C 全为"0"时，输出端 F 才为"0"，其余情况输出 F 全为"1"。这正是"或"逻辑运算，故称此电路为"或"门电路，其逻辑表达式为

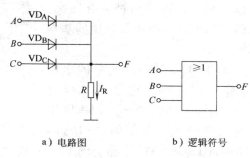

a) 电路图　　　　b) 逻辑符号

图 12-11　二极管"或"门电路

$$F = A + B + C$$

12.1.3.2 晶体管"非"门电路

由晶体管反相器可以组成最简单的"非"门电路。其电路组成和逻辑符号如图 12-12 所示。图中，A 为输入端，F 为输出端。

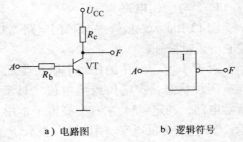

a）电路图   b）逻辑符号

图 12-12 晶体管"非"门电路

当输入端 A 为"0"时，若能满足基极电位 $U_B < 0$ 的条件，则晶体管可靠截止，输出端 F 的电位接近于 U_{CC}，在这种情况下，F 输出高电平"1"。

当输入端 A 为高电平"1"时，如电路参数满足 $I_B > \dfrac{U_{CC}}{\beta R_c}$ 条件，则晶体管饱和导通，即

$$U_{ce} = U_{ces} \approx 0.3V$$

所以在输出端 $U_F = 0.3V$，F 输出为低电平。

综上所述，当 A 为"0"时，F 为"1"；当 A 为"1"时，F 则为"0"。换句话说，输出 F 总与输入端 A 状态相反，这正是逻辑"非"运算。由于晶体管反相器能完成"非"逻辑运算，所以称为"非"门电路，其逻辑表达式为

$$F = \bar{A}$$

12.1.3.3 复合门电路

上面介绍了二极管"与"门和"或"门电路，其优点是电路简单、经济。但在许多门电路互相连接时，由于二极管有正向压降，通过一级门电路以后，输出电平对输入电平约有 0.7V（硅管）的偏移。这样经过一连串的门电路之后，高低电平就会严重偏离原来的数值，以至造成错误的结果。此外，二极管门电路带负载能力也较差。

为了解决这些问题，采用二极管与晶体管门组合，组成"与非"门、"或非"门电路。"与非"门和"或非"门电路在带负载能力、工作速度和可靠性方面都大为提高，因此成为逻辑电路中最常用的基本单元。

图 12-13a 是一个简单的集成"与非"门电路，它是由二极管"与"门和晶体管"非"门串联组成的二极管-晶体管逻辑门（Diode-Transistor Logic，DTL）电路。图 12-13b 是"与非"门的逻辑符号。

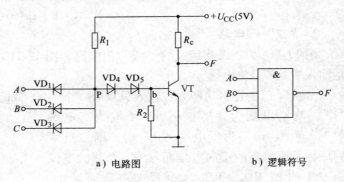

a）电路图   b）逻辑符号

图 12-13 DTL"与非"门电路

在图 12-13a 中，二极管 VD_4、VD_5 与电阻 R_2 组成分压器，对 P 点的电位进行变换。

当输入端 A、B、C 都是高电平时（如 5V），二极管 $VD_1 \sim VD_3$ 均截止，而 VD_4、VD_5 和 VT 导通，U_P 约为 $3 \times 0.7V = 2.1V$，VD_4、VD_5 呈现的电阻比较小，使流入晶体管的基极电流 I_b 足够大，从而使晶体管饱和导通，$U_F \approx 0.3V$，即输出为低电平；在输入端 A、B、C

中，只要有一个为低电平 0.3V 时，U_P 将为 $0.3V + 0.7V = 1V$，此时，VD_4、VD_5 和晶体管均截止，$U_F \approx + U_{CC}$，即输出为高电平。

由上所述可知，当输入全为高电平时，输出为低电平，只要有一个输入为低电平，输出就为高电平。可见此逻辑电路具有"与非"的逻辑关系，即

$$F = \overline{A \cdot B \cdot C}$$

同理，可用二极管"或"门和晶体管"非"门组成"或非"门电路。若将二极管的"与"门电路的输出同由二极管与晶体管组成的"或非"门电路的输入相连，便可构成"与或非"门电路。这些都是逻辑电路中常用的基本逻辑单元。

12.2 TTL "与非" 门电路

由于晶体管-晶体管逻辑（Transistor-Transistor Logic，TTL）集成电路具有结构简单、稳定可靠、工作速度范围很宽等优点，所以 TTL 集成电路是被广泛应用的数字集成电路之一。它的生产历史最长，品种繁多。本节通过对 TTL "与非"门典型电路的介绍，熟悉 TTL "与非"门有关参数等。

12.2.1 典型 TTL "与非" 门电路

12.2.1.1 电路结构

图 12-14 为一典型 TTL "与非"门电路，按图中点画线分为 3 部分。

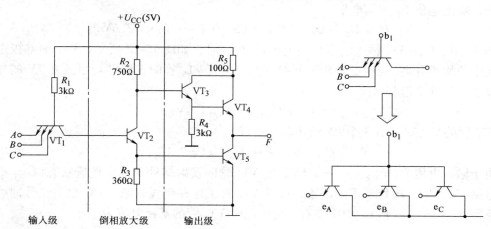

图 12-14 典型 TTL "与非" 门电路

输入级：由多发射极晶体管 VT_1 和电阻 R_1 组成，完成"与非"门的逻辑功能。

倒相放大级：由 VT_2 管和电阻 R_2、R_3 组成，它的作用是为后级提供较大的驱动电流，以增强输出级的负载能力；同时 VT_2 管的发射极和集电极分别向输出级提供同相和反相的信号，以控制输出级工作。

输出级：由晶体管 VT_3、VT_4、VT_5 和电阻 R_4、R_5 组成，VT_3 管和 VT_4 管为两级射极跟随器，VT_5 是倒相器，倒相器和射极跟随器串接，组成推拉式的输出级，以提高 TTL 电路的

开关速度和负载能力。

12.2.1.2　TTL"与非"门的工作原理

下面以图 12-14 所示电路来分析"与非"门的逻辑关系，并估算电路中有关点的电位。

当输入端中有一个或几个接低电平时，设输入端 A 接低电平 0.3V，其余各输入端均接高电平 3.6V。由于 VT_1 管的 $b_1 e_A$ 结率先导通，把基极电位钳定在 1V 左右，即

$$U_{B1} = U_A + U_{beA} = (0.3 + 0.7)V = 1V$$

使 VT_1 管的其他发射结处于反偏截止状态。由于 $U_{B1} = 1V$，不足以使 VT_2、VT_5 管导通，故 VT_2、VT_5 处于截止状态，此时 U_{CC} 通过 R_1 为 VT_1 提供的基极电流为

$$I_{B1} = \frac{U_{CC} - U_{B1}}{R_1} = \frac{5-1}{3} mA = 1.33mA$$

而 VT_1 的集电极通过 VT_2 的集电结和 R_2 连接在 U_{CC} 上，故 I_{c1} 仅仅是 VT_2 管的反向饱和电流 I_{CBO}，可见

$$\beta_1 I_{B1} \gg I_{c1}$$

因而，VT_1 管处于深度饱和状态。

$$U_{ce1} = U_{ces1} = 0.1V$$

这时，VT_1 的基极电流 I_{B1} 几乎全部流至接低电平的输入端 A（A 端的电压为 U_A）。

$$U_{B2} = U_{ce1} + U_A = (0.1 + 0.3)V = 0.4V$$

由于 $U_{B2} < 0.7V$，所以 VT_2、VT_5 管截止，使 U_{c2} 的值接近电源电压 U_{CC}(5V)，这一电压能推动复合管 VT_3、VT_4 进入导通状态，VT_3 管和 VT_4 管的发射结分别具有 0.7V 的导通压降，所以输出电压 U_F 为高电平。

$$U_F = U_{CC} - U_{BE3} - U_{BE4} = (5 - 0.7 - 0.7)V = 3.6V$$

当 A、B、C 这 3 个输入端全接高电平(3.6V)时，如图 12-15 所示。VT_1 的基极电位和集电极电位均要升高。当 U_{c1} 上升至 1.4V 时，VT_2、VT_5 管的发射结均得到 0.7V 的导通电压而导通，且处于饱和状态。

$$U_{c1} = U_{BE2} + U_{BE5} = 1.4V$$

VT_1 管的基极对地有 3 个 PN 结串联，所以

$$U_{B1} = U_{BC1} + U_{BE2} + U_{BE5} = 2.1V$$

由于输入电压 $U_A = U_B = U_C = 3.6V$，使 VT_1 管的发射结处于反向偏置状态($U_{BE1} < 0V$)，而集电结($U_{BC1} > 0$)却处于正向偏置，可见 VT_1 管工作在倒置状态。VT_1 倒置工作时，电流放大系数 $\beta_{反}$ 很小，一般在 0.01 左右。由于此时 VT_1 管的基极电流为

$$I_{B1} = \frac{U_{CC} - U_{B1}}{R_1} = \frac{5 - 2.1}{3} mA \approx 0.97mA$$

则 VT_2 管的基极电流 $I_{B2} = I_{c1} = (1 + \beta_{反}) I_{B1} \approx I_{B1}$，此时，只要合理选择 R_1、R_2 便可保证 VT_2 管处于饱和状态。

由于 VT_2 饱和，$U_{c2} = 1V$，所以 VT_3 管导通，则 VT_4 管的基极电位为

$$U_{B4} = U_{e3} = U_{c2} - U_{BE3} = (1 - 0.7)V = 0.3V$$

故 VT_4 管截止。

对于 VT_5 管的工作情况，VT_4 管是 VT_5 管的集电极负载，VT_4 管截止使 VT_5 管的集电极

电流近似为 0，但 VT₅ 管的基极却有 VT₂ 管发射极送来的相当大的基极电流，即可满足 $\beta I_{B5} \gg I_{c5}$，所以 VT₅ 管处于饱和状态，从而使输出电压 $U_F = U_{ce5} = 0.3V$，即输出低电平。

需要特别说明的是：当某一输入端悬空时，输入端为高电平还是低电平？结论是悬空为高电平。比如在图 12-15 中，3 个输入端都悬空时，晶体管 VT₁ 不导通，电源电压经 VT₁、VT₂ 和 VT₅ 使输出为低电平，此结论与 3 个输入端全为高电平是相同的，故输入端悬空相当于高电平。

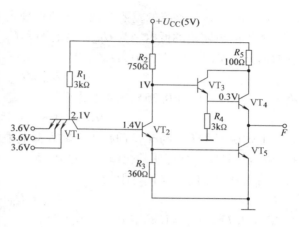

图 12-15　输入全为高电平时的工作情况

综合上面两方面的结果可知图 12-14 所示的电路具有"与非"功能。

12.2.2　TTL"与非"门的电压传输特性

电压传输特性是指输出电压与输入电压之间的关系曲线。TTL"与非"门电压传输特性曲线如图 12-16 所示。这条曲线反映了"与非"门的重要特性。从输入和输出电压变化的关系中可以了解到关于 TTL"与非"门电路在应用时的主要参数，如开门电平、关门电平、抗干扰能力等。

电压传输特性大体可分成 4 段。

AB 段：u_i 在 0 ~ 0.6V 之间，属于低电平范围，VT₂、VT₅ 处于截止状态，u_o 保持高电平 3.6V。

BC 段：u_i 在 0.6 ~ 1.3V 之间，在这个区间里，$U_{c1} > 0.7V$（$U_{c1} = u_i + U_{ces1}$），VT₂ 开始导通（VT₅ 仍然截止），VT₂ 的集电极电流增大，引起 U_{c2} 减小，输出电压 u_o 随之下降（$u_o = U_{c2} - U_{BE3} - U_{BE4}$）。

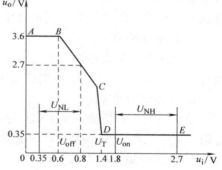

图 12-16　TTL"与非"门的传输特性

CD 段：u_i 在 1.4V 左右，这一段曲线很陡，u_i 略增加一些，u_o 迅速下降，这是因为当 u_i 增大到约 1.4V 时，VT₅ 开始导通，VT₄ 趋于截止，u_i 略有增加，I_{B5} 迅速增大，U_{c2} 迅速下降，迫使 VT₃、VT₄ 截止，并促使 VT₅ 很快进入饱和状态，这一段称为特性曲线的转折区。转折区中所对应的电压称为"门限电压"，用 U_T 表示。

DE 段：$u_i > 1.4V$，VT₅ 处于深度饱和状态，输出电压维持低电平不变。

结合电压传输特性，现在讨论 TTL"与非"门的抗干扰能力问题。在集成门电路中，经常以噪声容限的数值来定量说明门电路抗干扰能力的大小。

由图 12-16 可知，在确保输出为高电平时，输入低电平可以有一个变化范围，同样，在确保输出为低电平时输入高电平也有一个变化范围，这个变化范围就是电路的抗干扰能力。

所谓关门电平，就是在保证输出为额定高电平（手册中规定为 2.7V）条件下，允许的最大输入低电平值，用 U_{off} 表示；而在确保输出为额定低电平（手册中规定为 0.35V）时所允许的最小输入高电平值称为开门电平，用 U_{on} 表示。

U_{on} 和 U_{off} 是门电路的重要参数，手册中规定 $U_{off} \le 0.8V$，$U_{on} \ge 1.8V$。

如果前级输出的低电平为 U_{OL}、高电平为 U_{OH}，对应为本级输入低电平 U_{IL}、高电平 U_{IH}，则输入低电平时的噪声容限为

$$U_{NL} = U_{off} - U_{IL}$$

将 $U_{off} = 0.8V$、$U_{IL} = 0.35V$ 代入上式得

$$U_{NL} = (0.8 - 0.35)V = 0.45V$$

上式说明 TTL "与非" 门在正常输入低电平为 0.35V 的情况下允许叠加一个噪声（或干扰）电压，只要干扰电压的幅值不超过 0.45V，电路仍能正常工作。

输入高电平时的噪声容限为

$$U_{NH} = U_{IH} - U_{on}$$

当 $U_{IH} = 2.7V$，$U_{on} = 1.8V$，则 $U_{NH} = 0.9V$。

上式表明，在输入高电平时，只要干扰电压的幅值不超过 0.9V，输出就能保持正确的逻辑值。

12. 2. 3　TTL "与非" 门的主要参数

从使用的角度说，除了解门电路的电路原理、逻辑功能外，还必须了解门电路的主要参数的定义和测试方法，并根据测试结果判断器件性能的好坏。下面，在讨论电压传输特性的基础上，讨论 TTL "与非" 门的几个主要参数。

1. 输出高电平 U_{OH}

输出高电平是指当输入端有一个（或几个）接低电平、输出端空载时的输出电平。标准高电平 $U_{SH} \ge 2.4V$，U_{OH} 的典型值为 3.5V。

2. 输出低电平 U_{OL}

输出低电平是指输入全为高电平时的输出电平，对应图 12-16 中 D 点右边平坦部分的电压值。标准低电平 $U_{SL} \le 0.4V$，U_{OL} 的典型值为 0.35V。

3. 输入端短路电流 I_{IS}

当电路任一输入端接 "地"，而其余端开路时，流过这个输入端的电流称为输入端短路电流 I_{IS}。I_{IS} 构成前级负载电流的一部分，因此希望尽量小些。

4. 扇出系数 N

扇出（Fan-out）系数是指带负载的个数。它表示 "与非" 门输出端最多能与几个同类 "与非" 门连接，典型电路的 $N > 8$。

5. 空载功耗

"与非" 门的空载功耗是当 "与非" 门空载时的电源总电流 I_{CL} 与电源电压 U_{CC} 的乘积。当输出为低电平时的功耗为空载导通功耗 P_{on}，当输出为高电平时的功耗称为空载截止功耗 P_{off}。P_{on} 总比 P_{off} 大。

6. 开门电平 U_{on}

在额定负载下，确保输出为标准低电平 U_{SL} 时的输入电平称为开门电平。它表示使 "与非" 门开通时的最小输入电平。

7. 关门电平 U_{off}

关门电平是指输出电平上升到标准高电平 U_{SH} 时的输入电平。它表示使 "与非" 门关断

所需的最大输入电平。

8. 高电平输入电流 I_{IH}

一个输入端接高电平、其余接"地"时的反向电流称为高电平输入电流（或输入漏电流）。它构成前级"与非"门输出高电平时的负载电流的一部分，此值越小越好。

9. 平均传输延迟时间 t_{pd}

在"与非"门输入端加上一个方波电压，输出电压较输入电压有一定的时间延迟。如图 12-17 所示，从输入波形上升沿的中点到输出波形下降沿的中点之间

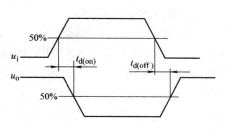

图 12-17　平均传输延迟时间的定义

的时间延迟称为导通延迟时间 $t_{d(on)}$，从输入波形下降沿中点到输出波形上升沿中点之间的时间延迟称为截止延迟时间 $t_{d(off)}$。平均传输延迟时间定义为

$$t_{pd} = \frac{t_{d(on)} + t_{d(off)}}{2}$$

此值表示电路的开关速度，越小越好。

12.2.4　TTL 门电路的改进

12.2.4.1　浅饱和 TTL 电路

前面介绍的 TTL 电路属中速门电路，即 $t_{pd} = 40 \sim 60 \mathrm{ns}$。典型的 TTL "与非"门中，一般将 VT_5 设计在深度饱和状态，管子的存储时间较大，因此限制了电路的工作速度。图 12-18 为浅饱和 TTL 电路，这种电路既能进一步减小 VT_5 管的存储时间，又能提高抗干扰能力。与图 12-14 所示电路相比，其主要区别是用一个晶体管网络（VT_6、R_3、R_6）代替了 VT_5 的泄放电阻 R_3，从而起到了以下作用。

1. 提高工作速度

当输入由低电平转为全为高电平过程中，由于 VT_6 的基极通过 R_3 接到 VT_2 的发射极，而 VT_5 管的基极与 VT_2 管的发射极相连，故 VT_5 比 VT_6 先导通，这就使得 I_{E2} 在 VT_2 刚导通的一段时间内全部流入 VT_5 基极，增加了 VT_5 的过驱动系数，使 VT_5 迅速饱和，减少了电路的开启时间。当全部输入完全转为高电平后，VT_6 进入饱和状态，I_{E2} 被 VT_6 管分流，VT_5 管的基极电流为

$$I_{B5} = I_{E2} - (I_{B6} + I_{c6})$$

显然，I_{B5} 减小了，只要适当地选择电路参数 R_2、R_3、R_6，就能保证 VT_5 导通时，总是处于浅饱和状态，从而缩短了存储时间 t_s。因

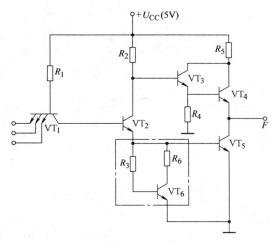

图 12-18　浅饱和 TTL 电路

此，引入 VT_6 网络，能提高电路的工作速度，使这种浅饱和型电路的 t_{pd} 可降至 10ns。

2. 提高抗干扰能力

当输入电压 u_i 上升到 0.6V 时，由于加入 VT_6 网络后，VT_1 的集电极到地有两个 PN 结(未加 VT_6 时，VT_1 集电极经 VT_2 发射结和电阻 R_3 接地,加入 VT_6 网络后,VT_1 集电极或经 VT_2、VT_5,或经 VT_2、R_3、VT_6 接地,都必须经过两个 PN 结)。当输入电压 u_i 上升到 0.7V 时，VT_2 管不会导通，所以不会引起输出电压 u_o 下降。只有当 u_i 上升到 1.4V 时，VT_2 管才会导通，输出 u_o 才开始下降，这样就使得传输特性变陡，从而提高了抗干扰能力。其传输特性如图 12-19 所示。

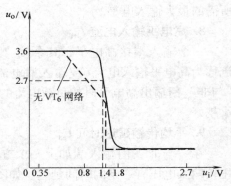

图 12-19　浅饱和 TTL 电路的传输特性

12.2.4.2　肖特基 TTL 电路

为了进一步提高门电路的工作速度，可采用肖特基 TTL 电路。所谓肖特基 TTL 电路就是在图 12-18 所示电路的 VT_2 管和 VT_5 管的基极和集电极之间并联肖特基二极管(Schottky Barrier Diode,SBD)。

这种二极管称为金属—半导体二极管，它借助于金属铝和 N 型硅的接触势垒产生整流作用。其特点是正向压降小，为 0.3～0.4V，比普通硅二极管的正向压降(0.7～0.8V)要小得多。导电机制是多数载流子，几乎没有电荷存储效应，开关速度比一般 PN 结二极管高一万倍以上，故适合于作抗饱和器件。将肖特基二极管并联在晶体管的基极和集电极之间后的晶体管如图 12-20a 所示。

现在简要说明提高电路工作速度的原理。

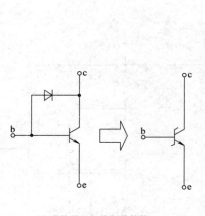

a) 肖特基二极管与晶体管
组成电路的等效电路

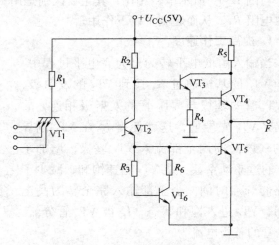

b) 肖特基 TTL 电路的组成

图 12-20　肖特基 TTL 电路

当 TTL 处于高电平输出时，VT_2、VT_5 截止，它们的集电极电位比基极电位高，肖特基二极管反向偏置，当输入由低电平转为全高电平的过程中，VT_1 为 VT_2 提供的过驱动电流以及 VT_2 为 VT_5 提供的过驱动电流不会被肖特基二极管分流，将全部用来驱动 VT_2 和 VT_5，使之快速导通，以减小 t_{pd}。当 VT_2、VT_5 导通并趋向饱和时，它们的集电极也逐渐由反偏转为正偏。当 U_{BE} 达到 $0.3 \sim 0.4V$ 时，肖特基二极管导通，分走了一部分基极电流，使集电结电压被钳定在 $0.3 \sim 0.4V$，VT_2、VT_5 管自动处于浅饱和状态。采取这种措施以后，TTL 电路的工作速度可提高到相当水平。一般情况下 t_{pd} 可以降到 $0.2 \sim 0.4ns$。

12.2.5　集电极开路 TTL 电路（OC 门）

同一逻辑函数可以用不同的门电路来实现，若能使门电路的输出直接相连，有时候可以在很大程度上简化电路。

但是，前面所讲的 TTL 门电路却不允许输出端直接相连，因为这些具有推拉式输出级的门电路，无论是输出高电平还是输出低电平，其输出电阻都很小。假如把这样的两个门电路的输出端并联，当一个门输出高电平，而另一个门输出低电平时，必定有一个很大的电流流过两个门的输出级电路，如图 12-21 所示。由于这个电流很大，不仅会使导通门输出的低电平严重抬高，破坏了逻辑功能，甚至还会把截止门管 VT_5 烧坏。

为了实现 TTL "与非" 门的 "线与"（即将几个门的输出端直接相连实现逻辑与的功能），制成了集电极开路 TTL 电路，简称 OC（Open Collector Gate）电路或 OC 门。图 12-22a、b 为该电路的内部结构和逻辑符号。

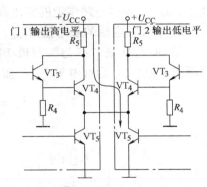

图 12-21　两个 TTL "与非"
门输出端并联

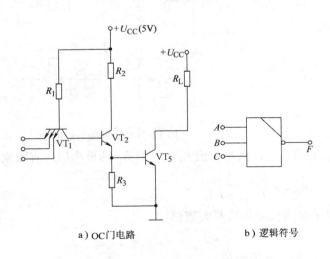

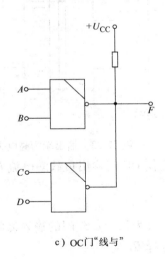

a) OC 门电路　　　　　　　b) 逻辑符号　　　　　　c) OC 门 "线与"

图 12-22　集电极开路 TTL 电路（OC 门）

图 12-22a 表明，OC 门与普通 TTL "与非" 门不同之处，仅仅是用外接电阻 R_L 代替了两级射极跟随器 VT_3、VT_4，因此，当 N 个 OC 门的输出端相并联时，不会出现电流与地之间的低阻通路。图 12-22c 给出两个 OC 门实现 "线与" 的电路。

OC 门电路进行"线与"时,对外接电阻 R_L 的选取,必须保证输出高、低电平时,在规定的"0、1"电平范围内。下面对 R_L 的选值进行分析。

1. 求负载电阻的最大值 R_{Lmax}

将 n 个 OC 门的输出端并联,且输出均为高电平,负载是 m 个 TTL"与非"门的输入端,如图 12-23 所示。图中,I_{OH} 是每个 OC 门输出为高电平时晶体管集电极的漏电流,I_{IH} 是负载门每个输入端为高电平时的输入漏电流。

$$U_{OH} = U_{CC} - I_{RL}R_L = U_{CC} - (nI_{OH} + mI_{IH})R_L$$

则

$$R_{Lmax} = \frac{U_{CC} - U_{OHmin}}{nI_{OH} + mI_{IH}}$$

式中,U_{OHmin} 为门电路规定的输出高电平最小值。

2. 求负载电阻的最小值 R_{Lmin}

用 OC 门实现"线与"逻辑功能时,从最不利情况考虑,设只有一个 OC 门的驱动管饱和导通,输出 u_o 为低电平 U_{OL},流入导通门的电流方向如图 12-24 所示。由图可知

$$I_{OL} = I_{RL} + mI_{IL} = \frac{U_{CC} - U_{OL}}{R_L} + mI_{IL}$$

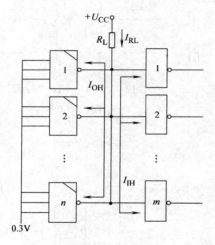

图 12-23　输出端为高电平

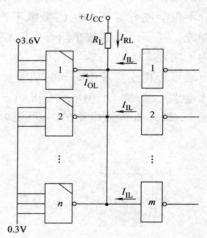

图 12-24　输出端为低电平

为使 OC 门输出负载灌电流 I_{OL} 不超过允许的最大值 I_{OLmax},对 R_L 的最小值应有限制,则

$$R_{Lmin} = \frac{U_{CC} - U_{OLmax}}{I_{OLmax} - mI_{IL}}$$

式中,I_{IL} 为每个负载门的输入低电平电流;m 为负载的数目。

选择 R_L 应满足

$$R_{Lmin} \leqslant R_L \leqslant R_{Lmax}$$

12.2.6　三态 TTL 门(TSL 门)

在微型计算机系统中,信息通过总线与各设备进行分时交换。为了减轻总线的负载和相互间干扰,要求有 3 种状态的输出门电路,简称三态门(Three State Output Gate)。所谓三态

门，是指输出不仅有高电平和低电平两种状态，还有第 3 种状态——高阻输出状态。高阻输出状态可以减轻总线的负载和相互间干扰。

图 12-25a 是一个简单的 TSL 门电路，其中 E 为使能端，A、B 为数据输入端。

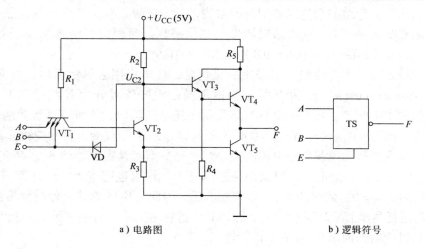

a) 电路图　　　　　　　　　　　　　b) 逻辑符号

图 12-25　TSL 门

当 $E = 1$ 时，TSL 门的输出状态将完全取决于数据输入端 A、B 的状态，电路输出与输入的逻辑关系与一般"与非"门相同，这种状态称为三态"与非"门工作状态。

当 $E = 0$ 时，由于 E 端与 VT_2 的集电极相连，U_{c2} 也是低电平，这时 $VT_2 \sim VT_5$ 均截止，从输出端看进去，电路处于高阻状态，这是三态"与非"门的第三种状态(禁止态)。

TSL 门的真值表见表 12-1，逻辑符号如图 12-25b 所示。

利用三态门的总线结构(见图 12-26)，以实现分时轮换传输信号而不至于互相干扰。控制信号 $E_1 \sim E_n$ 在任何时间里只能有一个为"1"，即只能使一个门工作，其余门处于高阻状态。TSL 门不需要外接负载，门的输出极采用的是推拉式输出，输出电阻低，因而开关速度比 OC 门快。

表 12-1　TSL 门的真值表

使能端	数据输入端		输出端
E	A	B	F
	0	0	1
	0	1	1
1	1	0	1
	1	1	0
0	x	x	高阻

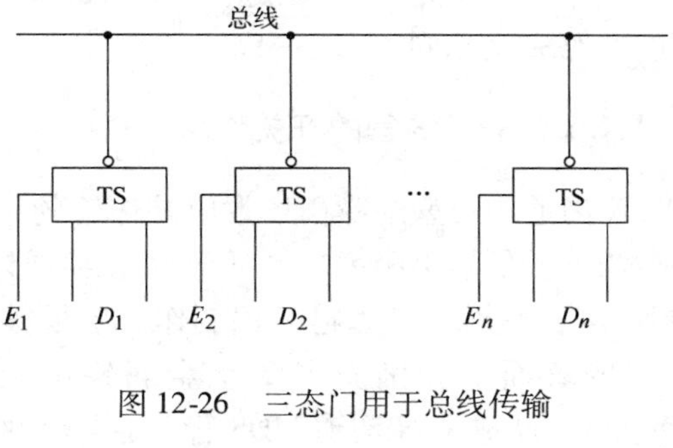

图 12-26　三态门用于总线传输

12.3　场效应晶体管与 MOS 逻辑门

场效应晶体管(Field Effect Transistor, FET)是利用输入回路的电场效应来控制输出回路电流的一种半导体器件，并以此命名。由于它仅靠半导体中的多数载流子导电，又称单极性晶体管。场效应晶体管不仅具备双极性晶体管的体积小、质量轻、寿命长等优点，而且输入回路的内阻高达 $10^7 \sim 10^{12}\,\Omega$，噪声低，热稳定性好，抗辐射能力强，且比后者耗电省，这些优点使之从 20 世纪 60 年代诞生起就广泛地应用于各种电子电路之中。

场效应晶体管分为结型和绝缘栅型两种结构，限于篇幅，有关结型场效应晶体管(Junction Field Effect Transistor, JFET)的知识请参考其他书籍，我们仅对绝缘栅型场效应晶体管(Insulated Gate Field Effect Transistor, IGFET)作简要描述。

绝缘栅型场效应晶体管的绝缘层采用二氧化硅，各电极用金属铝引出，故又称为 MOS(Metal-Oxide-Semiconductor)管。根据导电沟道不同，MOS 管可分为 N 沟道和 P 沟道两类，简称 NMOS 管和 PMOS 管。每一类又分为增强型和耗尽型两种。所谓增强型就是 $u_{GS}=0$ 时，没有导电沟道，即 $i_D=0$，只有当 $u_{GS}>0$ 时才开始有 i_D，u_{GS} 的改变，将改变衬底靠近绝缘层处感应电荷的多少，从而控制漏极电流的大小。而耗尽型就是当 $u_{GS}=0$ 时，存在导电沟道，$i_D \neq 0$，当 u_{GS} 由大变小、由正变负时反向层逐渐变窄，沟道电阻变大，i_D 逐渐减小，当 u_{GS} 减小到某一值时，$i_D=0$，此时的 u_{GS} 称为夹断电压。因此，MOS 管的 4 种类型为：N 沟道增强型管、N 沟道耗尽型管、P 沟道增强型管和 P 沟道耗尽型管。由于增强型和耗尽型的输出特性相近，只讨论增强型 MOS 管的工作原理。

NMOS 电路的特点是工作速度快、集成度高、直流电源电压较低，从工艺上讲，NMOS电路比较适用于制造大规模数字集成电路，如存储器和微处理器等，但不宜制成通用的逻辑门电路，原因是 NMOS 电路带电容负载的能力较弱。CMOS 电路是互补对称 MOS 电路的简称，其电路结构都采用增强型 PMOS 管和增强型 NMOS 管按互补对称形式连接而成。本节以N 沟道增强型 MOS 管为例，分析其开关特性。至于 CMOS 管的电压传输特性将在后面讨论。

12.3.1　N 沟道增强型 MOS 管的开关特性

在 MOS 集成电路中，为了使电路前后两级的高低电平范围能大致相同，一般都采用增强型 MOS 管作为开关工作管。由于 PMOS 集成电路的工艺较容易，它的产品较早问世，但从概念的叙述来说，由于 NMOS 各极所加电压均是正值，分析较为直观。所以，一般都以NMOS 为例去分析 MOS 集成电路的组成及工作原理。PMOS 电路只是与其电压极性相反，分析的思路完全相同。

12.3.1.1　NMOS 管的开关作用

N 沟道增强型绝缘栅场效应晶体管的结构如图 12-27a 所示。该类场效应晶体管以一块掺杂浓度较低、电阻率较高的 P 型硅半导体薄片作为衬底，利用扩散工艺制作两个高掺杂的 N^+ 区，然后在 P 型硅表面制作一层很薄的二氧化硅绝缘层，并在二氧化硅的表面及两个 N^+ 区的表面上分别安置 3 个金属铝电极——栅极 G(Gate)、源极 S(Source)、漏极 D(Drain)，就成了 N 沟道 MOS 管。通常将衬底与源极接在一起使用。这样，栅极和衬底各相当于一个板极，中间是绝缘层，形成电容。当栅-源电压变化时，将改变衬底靠近绝缘层处感应电荷的多少，从而控制漏极电流的大小。

由于栅极与源极、漏极均无电接触，故称"绝缘栅极"。图 12-27b 是 N 沟道增强型绝缘栅场效应晶体管的代表符号，图 12-27c 是 P 沟道增强型绝缘栅场效应晶体管的代表符号，图 12-27d 也给出 N 沟道耗尽型绝缘栅场效应晶体管的代表符号。

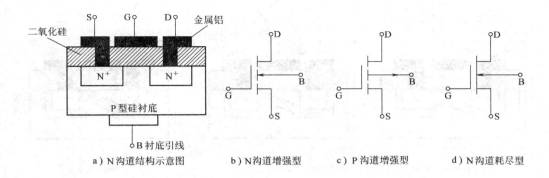

a) N沟道结构示意图　　　b) N沟道增强型　　　c) P沟道增强型　　　d) N沟道耗尽型

图 12-27　绝缘栅场效应晶体管的结构及符号

MOS 管是一个受输入电压控制的器件。由于"绝缘栅极",所以输入电阻很大($10^{10}\,\Omega$以上),输入电流可以视为零。

1. 工作原理

当 G-S 之间不加电压时,D-S 之间是两只背向的 PN 结,不存在导电沟道,因此,即使 D-S 之间加上电压,也不会有漏极电流。

当 $u_{DS}=0$,且 $u_{GS}>0$ 时,由于二氧化硅的存在,栅极电流为零。但是栅极金属层将聚集正电荷,它们排斥 P 型衬底靠近二氧化硅一侧的空穴,使之剩下不能移动的负离子区,形成耗尽层,如图 12-28a 所示。当 u_{GS} 增大时,一方面耗尽层增宽,另一方面将衬底的自由电子吸引到耗尽层与绝缘层之间,形成一个 N 型薄层,称为反向层,如图 12-28b 所示。这个反向层就构成了 D-S 的导电沟道。使沟道刚刚

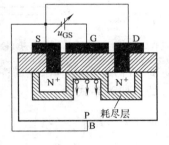

a) 耗尽层的形成　　　b) 导电沟道的形成

图 12-28　$u_{DS}=0$ 时 u_{GS} 对导电沟道的影响

形成的 G-S 电压称为开启电压(Threshold Voltage)U_T。u_{GS} 越大,反向层越厚,导电沟道电阻越小。

当 u_{GS} 是大于 U_T 的确定值时,若在 D-S 之间加正向电压,则将产生一定的漏极电流。即 u_{DS} 较小时,u_{DS} 的增大使 i_D 线性增大,沟道沿 S-D 方向逐渐变窄。一旦 u_{DS} 增大到使 $u_{GD}=U_T$(即 $u_{GD}=u_{GS}-U_T$)时,沟道在漏极一侧出现夹断点,称为预夹断。如果 u_{DS} 继续增大,夹断区随之延长,而且 u_{DS} 增大部分几乎全部用于克服夹断区对漏极电流的阻力。从外部看,i_D 几乎不因 u_{DS} 的增大而变化,管子进入恒流区,i_D 几乎仅决定于 u_{GS}。其过程如图 12-29 所示。

在 $u_{DS}>u_{GS}-U_T$ 时,对应于每一个 u_{GS} 就有一个确定的 i_D。此时,可将 i_D 视为电压 u_{GS} 控制的电流源。

2. 特性曲线与电流方程

图 12-30 为 N 沟道增强型 MOS 管的转移特性和输出特性曲线,它们之间的关系见图中标注。与晶体管的输出特性曲线一样,MOS 管的输出特性也有 3 个工作区域:可变电阻区、恒流区及夹断区,如图 12-30b 所示。

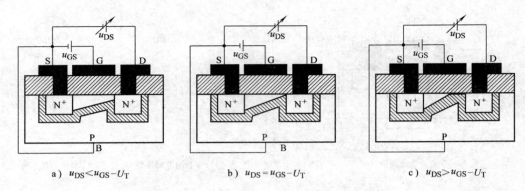

a) $u_{DS} < u_{GS} - U_T$　　　b) $u_{DS} = u_{GS} - U_T$　　　c) $u_{DS} > u_{GS} - U_T$

图 12-29　u_{GS} 是大于 U_T 的某一值时 u_{DS} 对 i_D 的影响

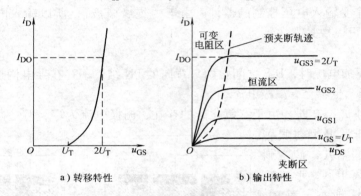

a) 转移特性　　　b) 输出特性

图 12-30　N 沟道增强性 MOS 管的特性曲线

漏极电流 i_D 与栅-源电压 u_{GS} 的近似关系式为

$$i_D = I_{DO}\left(\frac{u_{GS}}{U_T} - 1\right)^2$$

式中，I_{DO} 是 $u_{GS} = 2U_T$ 时的 i_D。

从 N 沟道增强型绝缘栅场效应晶体管的转移特性知，只有当输入端栅源电压 U_{GS} 的值大于管子的开启电压 U_T 的值时，漏极和源极之间才能形成导电沟道，并在漏源间正向电压 u_{DS} 的作用下，与外电路闭合，有漏极电流 i_D 流过 MOS 管的漏源端。因此，图 12-31a 所示的 NMOS 管开关电路中（为了便于同学与已学过的 NPN 型晶体管进行比较理解，采用 12-31b 所示的简化开关电路），只要输入电压 $u_i > U_T$ 时，MOS 管导通，若漏极电阻 $R_D \gg r_{on}$（MOS 管的导通电阻），则

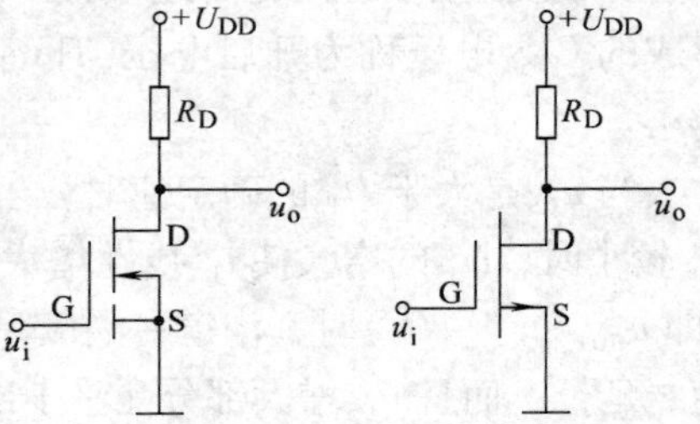

a) 开关电路　　　b) 简化开关电路

图 12-31　NMOS 管开关电路

$$U_o = \frac{U_{DD}}{R_D + r_{on}} r_{on}$$

输出为低电平，相当于开关闭合。当 $u_i < U_T$ 时，MOS 管截止，$i_D \approx 0$，输出 u_o 为高电平，相当于开关断开，其输出电压近似为 U_{DD}。这样，漏源间就成了被栅极控制的电子开关（严格地说，MOS 管工作在开关状态时，u_i 的值除大于 U_T 外，还应同时满足栅漏电压 $u_{GD} > U_T$，使 MOS 管工作在漏极特性的恒流区）。

12.3.1.2 NMOS 管的开关时间

NMOS 管工作时，管内只有一种载流子(电子)参与导电，因此没有双极性晶体管饱和工作时有存储电荷效应的问题，这正是开关时间上 MOS 电路优于晶体管电路的方面。但是相对来说，NMOS 管工作时，其导通电阻 r_{on}(几百欧)要比双极性晶体管饱和工作时大，为了能够得到所要求的输出低电平的值，漏极负载电阻 R_D 的值要大于 r_{on} 的值 10 倍以上，这样，当考虑输出端的负载电容 C_o(包括下一级 MOS 管的输入电容和分布电容)时，NMOS 管从导通转为截止，负载电容 C_o 的充电时间将很大。例如，$R_D = 100\text{k}\Omega$，$C_o = 1\text{pF}$，充电时间常数 $\tau = R_D C_o = 100 \times 10^3 \times 1 \times 10^{-12}\text{s} = 100\text{ns}$，这就使得 MOS 电路在开关时间上一般要比晶体管电路大。

12.3.2 NMOS 反相器

通过对 NMOS 管开关特性的分析知，其漏源输出端与栅源输入端满足反相器的关系。但为了使输出的低电平值要远小于开启电压 U_T 值，漏极负载电阻 R_D 应选得很大。R_D 越大，在集成电路中占用集成芯片的面积越大(集成电路中 20kΩ 电阻所占面积约为一个 MOS 管所占面积的 20 倍)，对提高集成度不利，因此，在 MOS 集成电路中，通常是以另一个 MOS 管来作为工作管的负载，以替代大电阻 R_D。

12.3.2.1 负载管工作在饱和状态

如图 12-32 所示，VT_1 为工作管(或称为开关管)，VT_2 为负载管，二者均属增强型器件。

负载管 VT_2 的伏安特性如图 12-33 所示，由于该管的栅极与漏极相连，并接在电源 U_{DD} 上，所以 $u_{GS2} = u_{DS2}$，VT_2 管始终处于恒流区，如图中粗实线所示。由此可看出，随着 u_{GS2} 增加，漏极电流 i_{D2} 也随之增加，但并不是线性关系。

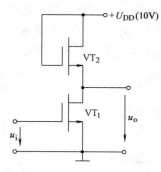

图 12-32 负载管工作于饱和
状态时的倒相器

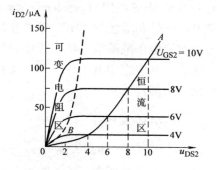

图 12-33 VT_2 管的伏安特性

下面分析倒相器工作原理。

设输入高电平 $u_{iH} = 8\text{V}$，输入低电平 $u_{iL} = 0\text{V}$。当输入高电平 u_{iH} 时，$u_{GS1} = u_{iH} = 8\text{V}$，$u_{GS1} > U_T(U_T = 2\text{V})$，$VT_1$ 管导通。U_{DS1} 很小，近似等于 0，即输出 u_o 为低电平 u_{oL}。

当输入低电平 $u_{iL} = 0\text{V}$ 时，因为 $u_{GS1} < U_T$，VT_1 管截止，其输出电压为

$$u_o = u_{DS1} = U_{DD} - u_{DS2} = U_{DD} - U_T = (10 - 2)\text{V} = 8\text{V}$$

即输出高电平。因此，实现了倒相功能。

由于 MOS 管的栅极输入端被二氧化硅绝缘，因此，当以同类门作为它的负载。MOS 管稳态工作时，输入端和输出端均没有电流流入和流出，在 VT_1 管截止时，$I_{D1}=0$，静态功耗为零；VT_1 管导通时，$I_{D1}\neq0$，有静态功耗。但动态工作时，需要对电容充放电，存在着动态电流。动态功耗大于静态功耗，并随着输入信号频率的增高而增大。因此，MOS 管的静态负载能力大于动态负载能力。它的功耗在毫瓦数量级。

12.3.2.2 负载管工作在非饱和区

为了提高输出高电平的幅度和加速倒相器的关断过程，可使负载管 VT_2 工作于非饱和状态。负载管工作于非饱和状态时的倒相器如图 12-34 所示。即将负载管 VT_2 的栅极单独接一个电源 U_{GG}，为保证 VT_2 工作于非饱和区（非恒流区），应选择 $u_{DS2}<u_{GS2}-U_T$，所以一般选择 $U_{GG}>U_{DD}+U_T$。

通过以上分析可以得出如下结论：

1）当负载管工作于非饱和状态的倒相器，输出的高电平为 U_{DD}，它比负载管工作于饱和状态时的倒相器的输出高电平要高出一个开启电平 U_T，因而可得到大的输出幅度。

2）对于负载管工作在非饱和状态的电路，当倒相器从饱和状态转向截止时，负载管的导通电阻 R_{on} 不会变得很大（参考有关书籍，通过负载线可得），倒相器的关闭时间要比负载管工作于饱和状态时小，从而提高了倒相器的工作速度。

3）负载管工作在非饱和状态电路的明显缺点是需要两个电源。

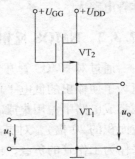

图 12-34 非饱和型负载倒相器

12.3.3 CMOS 逻辑门电路

互补对称 MOS 电路（Complementary Metal-Oxide-Semiconductor，CMOS）的电路结构都采用增强型 PMOS 管和增强型 NMOS 管按互补对称形式连接而成，由于 CMOS 集成电路具有功耗低、工作电流电压范围宽、抗干扰能力强、输入阻抗高、扇出系数大、集成度高、成本低等一系列优点，其应用领域十分广泛，尤其在大规模集成电路中更显示出它的优越性，是目前得到广泛应用的器件。

12.3.3.1 CMOS 反相器

CMOS 反相器是 CMOS 集成电路最基本的逻辑元件之一，其电路如图 12-35 所示，它是由一个增强型 NMOS 管 VT_N 和一个 PMOS 管 VT_P 按互补对称形式连接而成的。

两管的栅极相连作为反相器的输入端，漏极相连作为输出端，VT_P 管的衬底和源极相连后接电源 U_{DD}，VT_N 管的衬底与源极相连后接地。一般地，$U_{DD}>U_{TN}+|U_{TP}|$，其中 U_{TN} 和 $|U_{TP}|$ 是 VT_N 和 VT_P 的开启电压。

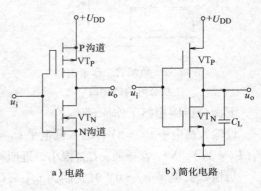

a) 电路　　b) 简化电路

图 12-35 CMOS 反相器

当输入电压 u_i = "0"（低电平）时，NMOS 管 VT_N 截止，而 PMOS 管 VT_P 导通，这时 VT_N 管的阻抗比 VT_P 管的阻抗高得多（两阻抗比值可高达 10^6 以上），电源电压主要降在 VT_N 上，输出电压为 "1"（约为 U_{DD}）。

当输入电压 u_i = "1"（高电平）时，VT_N 导通，VT_P 截止，电源电压主要降在 VT_P 上，输出 u_o = "0"，可见此电路实现了逻辑"非"功能。

通过 CMOS 反相器电路原理分析，可发现 CMOS 门电路相比 NMOS、PMOS 门电路具有如下优点：

1）无论输入是高电平还是低电平，VT_N 和 VT_P 两管中总是一个管子截止，另一个导通，流过电源的电流仅是截止管的沟道泄漏电流，因此，静态功耗很小。

2）两管总是一个管子充分导通，这使得输出端的等效电容 C_L 能通过低阻抗充放电，改善了输出波形，同时提高了工作速度。

3）由于输出低电平约为 0V，输出高电平为 U_{DD}，因此，输出高电平时的电压值大。

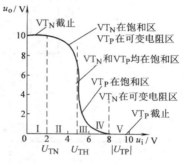

图 12-36 CMOS 反相器电压的传输特性

CMOS 反相器的电压传输特性如图 12-36 所示。特性区大致分成 5 个区域：

第 Ⅰ 区域：$u_i < U_{TN}$，这时 VT_N 截止，VT_P 导通（工作在可变电阻区），流过两管的电流近似为 0，$u_{DS2} \approx 0$，$u_o = u_{DS1} \approx U_{DD}$。

第 Ⅱ 区域：$u_i > U_{TN}$，VT_N 开始导通，但工作在饱和区，VT_P 仍工作在可变电阻区的导通状态。这时有一个较小的电流流过两管，u_{DS2} 已不为 0，所以 u_o 开始下降。

第 Ⅲ 区域：输入电压 u_i 增大到 U_{TH} 时，VT_N 和 VT_P 都工作在饱和区，有较大电流流过两管，这时只要 u_i 有一个很小的变化，就会引起 u_o 有一个很大的变化，所以这一段内曲线最陡，称为特性转换区，U_{TH} 称为状态转移电压。

第 Ⅳ 区域：u_i 继续增大，VT_N 进入非饱和区，u_{DS1}（即 u_o）迅速减少，流过两管的电流开始下降。

第 Ⅴ 区域：VT_N 导通（工作在可变电阻区），VT_P 截止，$u_o = u_{DS1} \approx 0V$。

从传输特性曲线可以看出：区域Ⅲ很陡，且 $U_{TH} \approx U_{DD}/2$，所以，CMOS 反相器的电压传输特性接近于理想开关特性。由于电压传输特性曲线的转折点大约为 $U_{DD}/2$，干扰信号必须大于或等于 $U_{DD}/2$ 才能导致状态改变，所以说 CMOS 门电路具有极强的抗干扰能力。

12.3.3.2 CMOS "与非" 门电路

电路如图 12-37 所示，设 CMOS 管的输出高电平为 "1"，低电平为 "0"，图中 VT_1、VT_2 为两个串联的 NMOS 管，VT_3、VT_4 为两个并联的 PMOS 管，每个输入端（A 或 B）都直接连到配对的 NMOS 管（驱动管）和 PMOS 管（负载管）的栅极。当两个输入中有一个或一个以上为低电平 "0" 时，与低电平相连接的 NMOS 管仍截止，而 PMOS 管导通，使输出 F 为高电平，只有当两个输入端同时为高电平 "1" 时，VT_1、VT_2 管均导通，VT_3、VT_4 管均截止，输出 F 为低电平。

由以上分析可知，该电路实现了逻辑与非功能，即

$$F = \overline{AB}$$

12.3.3.3 CMOS "或非" 门电路

图 12-38 为两输入 CMOS "或非" 门电路，其连接形式正好和 "与非" 门电路相反，VT_1、VT_2 两 NMOS 管是并联的，作为驱动管，VT_3、VT_4 两个 PMOS 管是串联的，作为负载管，两个输入端 A、B 仍接至 NMOS 管和 PMOS 管的栅极。

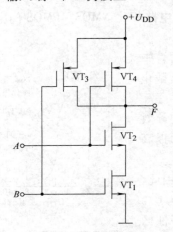

图 12-37 CMOS "与非" 门

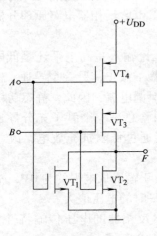

图 12-38 CMOS "或非" 门

其工作原理是：当输入 A、B 中只要有一个或一个以上为高电平 "1" 时，与高电平直接连接的 NMOS 管 VT_1 或 VT_2 就会导通，PMOS 管 VT_3 或 VT_4 就会截止，因而输出 F 为低电平。只有当两个输入均为低电平 "0" 时，VT_1、VT_2 管才截止，VT_3、VT_4 管都导通，故输出 F 为高电平 "1"，因而实现了或非逻辑关系，即

$$F = \overline{A + B}$$

12.3.3.4 CMOS 传输门电路

CMOS 传输门也是 CMOS 集成电路的基本单元，其功能是对所要传送的信号电平起允许通过或者禁止通过的作用。

CMOS 传输门的基本电路及逻辑符号如图 12-39 所示，它是由一只增强型 NMOS 管 VT_N 和一只增强型 PMOS 管 VT_P 按闭环互补形式连接而成的，设输入模拟信号的变化范围为 $-5 \sim 5V$。为使衬底与漏极之间的 PN 结任何时刻都不致正偏，故 VT_P 的衬底接 5V 的电压，VT_N 的衬底接 $-5V$ 的电压，两管的栅极由互补信号电压(5V 和 $-5V$)来控制，分别用 c 和 $\bar{c}$ 表示。

传输门的工作原理如下：

1）当 c 端接低电平($-5V$)时，VT_N 的栅压为 $-5V$(c 端)，u_i 为 $-5 \sim 5V$ 范围内的任意值，VT_N 不导通。同时，VT_P 的栅压为 5V($\bar{c}$)，u_i 在 $-5 \sim 5V$ 范围内任意取值，VT_P 也不导通。所以，当 c 端接低

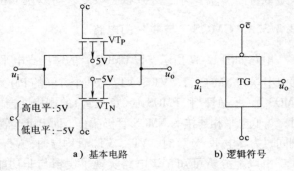

a) 基本电路　　　　b) 逻辑符号

图 12-39 CMOS 传输门

电平时，开关是断开的。

2）当 c 端接高电平（5V）时，此时 VT_N 的栅压为 5V（c 端），u_i 为 $-5 \sim 5V$ 范围内的任意值，VT_N 导通。同时，VT_P 的栅压为 $-5V(\bar{c})$，u_i 在 $-5 \sim 5V$ 范围内任意取值，VT_P 也导通。所以，当 c 端接高电平时，开关是导通的。

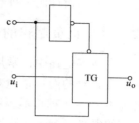

由此可知，当 $u_i < -5V$ 时，仅有 VT_N 导通，当 $u_i > 5V$ 时，仅有 VT_P 导通。当 u_i 在 $-5 \sim 5V$ 的范围内，VT_N 和 VT_P 两管均导通。进一步分析还可看到，一管导通的程度越深，另一管的导通将相应减少。换句话说，当一管的导通电阻减少，则另一管的导通电阻就增大。由于两管并联运行，可近似认为开关的导通电阻为一常数。这是 CMOS 传输门的优点。

图 12-40　CMOS 模拟开关

由 CMOS 倒相器和 CMOS 传输门可构成模拟开关。这种模拟开关常用于 CMOS 触发器和 A-D 转换器中，其电路如图 12-40 所示。

12.3.3.5　CMOS 三态门电路

CMOS 三态门实现的方法很多，现举两例说明。

1）利用 CMOS 传输门构成三态门电路，如图 12-41 所示。其工作原理是：当 c = "1" 时，传输门导通，输出 $u_o = u_i$；当 c = "0" 时，传输门断开，输出为高阻状态。

2）利用 CMOS 倒相器（由 VT_1、VT_2 构成）附加一个 PMOS 管和一个 NMOS 管构成三态门电路，如图 12-42 所示。其工作原理是：当禁止端 c = "1" 时，VT_3、VT_4 截止，输出高阻状态；当 c = "0" 时，则处于信息传输状态，$u_o = u_i$。

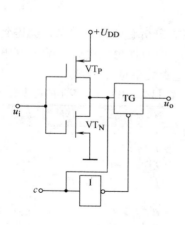

图 12-41　用 CMOS 传输门
构成三态门

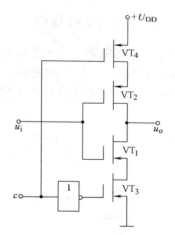

图 12-42　附加 MOS 管构成三态门

12.4　正逻辑与负逻辑

在逻辑电路分析中，只要电路的结构定下来，其输入和输出的电平关系被唯一确定，至于该电路能实现什么逻辑功能还取决于对电路的高、低电位赋予什么逻辑值。同一个门电路，对高、低电位的赋值不同，它实现的逻辑功能也不同。本节所讨论的问题是下一章逻辑电路分析与设计的一种有益工具。

12.4.1　正负逻辑的基本概念

在数字电路中，常用电平的高低或脉冲的有无表示两种逻辑状态。所谓逻辑电平的高低，是相对的而不是绝对的。如图 12-43a 所示，从 $0 \sim 0.4\text{V}$ 都算逻辑低电平，用 L 表示；从 $2.4 \sim 3.4\text{V}$ 都算逻辑高电平，用 H 表示。在数字电路中的信号，其顶部和底部必须位于规定的电平范围内，否则会出现逻辑错误。

用逻辑表达式去描述系统的功能时，面临的第一个问题是对实际电平进行逻辑赋值。一个实际电平（高或低），既可将它指定为逻辑"0"，也可将它指定为逻辑"1"，这就是说，对实际电平进行赋值时存在着两种逻辑极性：正逻辑和负逻辑。

正逻辑：用高电平 H 表示逻辑"1"，低电平 L 表示逻辑"0"，如图 12-43a 所示。

负逻辑：用高电平 H 表示逻辑"0"，低电平 L 表示逻辑"1"，如图 12-43b 所示。

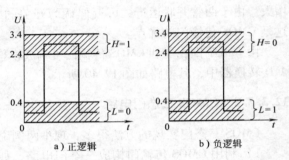

图 12-43　逻辑电平和逻辑极性

当然，指定逻辑极性是一种人为的约定，只是借助这种约定才能将逻辑功能与逻辑电路联系起来。

12.4.2　正负逻辑变换规则

对于某一逻辑电路，从正逻辑和负逻辑的两个角度去分析它的逻辑关系，会得到截然不同的结果。例如图 12-44 所示电路，设 VD_A、VD_B、VD_C 均为理想二极管，输入高电平 $H = 5\text{V}$，低电平 $L = 0\text{V}$，则输出端 P 与输入端 A、B、C 的逻辑关系见表 12-2。

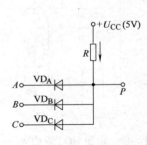

图 12-44　二极管门电路

表 12-2　电平高低表示的真值表

A	B	C	P
L	L	L	L
L	L	H	L
L	H	L	L
L	H	H	L
H	L	L	L
H	L	H	L
H	H	L	L
H	H	H	H

从正逻辑的角度看，该电路的真值表见表 12-3。显然表 12-3 的真值表说明图 12-44 所示电路是一个二极管"与"门电路；若从负逻辑电路来看，即用高电平 H 表示逻辑"0"，低电平 L 表示逻辑"1"，则可得到真值表，见表 12-4。从表 12-4 不难看出图 12-44 所示电路是一个二极管"或"门电路。

表 12-3　电路正逻辑表示的真值表

A	B	C	P
0	0	0	0
0	0	1	0
0	1	0	0
0	1	1	0
1	0	0	0
1	0	1	0
1	1	0	0
1	1	1	1

表 12-4　电路负逻辑表示的真值表

A	B	C	P
1	1	1	1
1	1	0	1
1	0	1	1
1	0	0	1
0	1	1	1
0	1	0	1
0	0	1	1
0	0	0	0

由此可以得出这样的结论：正逻辑"与"门和负逻辑"或"门在功能上所给出的结果是一样的。也就是说，正"与"门和负"或"门是同一逻辑电路的两种不同名称。

由于正负逻辑之间存在着简单的对偶关系，要将正逻辑和负逻辑相互转换并不困难，办法是将逻辑式中的"0"和"1"对换，这样一来，则有：

1）正逻辑"与"门等同于负逻辑"或"门。

2）正逻辑"或"门等同于负逻辑"与"门。

3）正逻辑"与非"门等同于负逻辑"或非"门。

4）正逻辑"或非"门等同于负逻辑"与非"门。

5）正逻辑"异或"门等同于负逻辑"同或"门。

6）正逻辑"同或"门等同于负逻辑"异或"门。

图 12-45 是有关门电路两种逻辑符号的对比。由图可知：所有正逻辑符号的输入端均无小圈，且名称中的"正"字省略；所有负逻辑符号的输入端均有小圈，但名称中的"负"字不能省略。

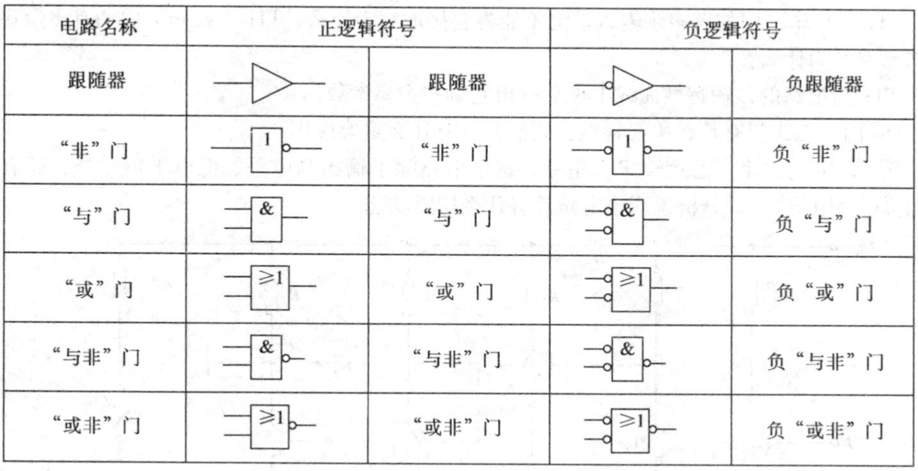

电路名称	正逻辑符号		负逻辑符号	
跟随器		跟随器		负跟随器
"非"门		"非"门		负"非"门
"与"门		"与"门		负"与"门
"或"门		"或"门		负"或"门
"与非"门		"与非"门		负"与非"门
"或非"门		"或非"门		负"或非"门

图 12-45　正负逻辑符号对比

例 12-1　试用与非门实现逻辑函数 $F = AB + \overline{A}C + BC$。

解　因 $F = AB + \overline{A}C + BC$ 是"与或"表达式，可用 3 个二输入端的"与"门和一个三输入端"或门"来实现。其逻辑图如图 12-46a 所示。如第一级用正"与非"门，则为使得逻辑函数不变，第二级应该用负"或非"门，如图 12-46b 所示。由于"或非"门与正"与非"门等效,故用两级"与非"门实现了给定的逻辑函数,如图 12-46c 所示。本题用反演规则两次求"非",也可得到"与非-与非"表示式,从而画出相应的逻辑图。比较后不难发现,用负逻辑表示比较直观,而且简明易行。

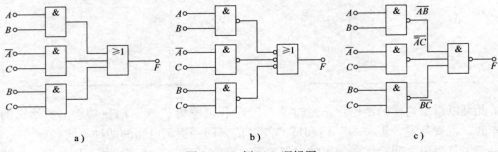

a)　　　　　　　　　　　　　b)　　　　　　　　　　　　　c)

图 12-46　例 12-1 逻辑图

习　　题

12-1　二极管为什么能起开关作用?二极管的瞬态开关特性各用哪些参数描述?

12-2　二极管门电路如图 12-47 所示。已知二极管 VD_1、VD_2 导通压降为 0.7V,试回答下列问题:

（1）A 接 10V,B 接 0.3V,输出 $U_。$ 为多少伏?

（2）A、B 都接 10V,输出 $U_。$ 为多少伏?

（3）A 接 0.3V,B 悬空,测 U_B 为多少伏。

12-3　晶体管工作在饱和区、放大区、截止区各有什么特点?

12-4　高速 TTL"与非"门电路如何改进?简述浅饱和电路的工作原理。

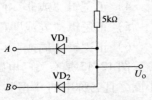

图 12-47　习题 12-2 电路图

12-5　TTL"与非"门如有多余输入端能不能将它接地?为什么?TTL"或非"门如有多余端能不能将它接 U_{CC} 或悬空?为什么?

12-6　TTL 门电路的传输特性曲线上可反映出它哪些主要参数?

12-7　OC 门、三态门有什么主要特点?它们各自有什么重要应用?

12-8　图 12-48 为一个三态逻辑 TTL 电路,这个电路除了输出高电平、低电平信号外,还有第三个状态——禁止态(高阻抗)。试分析说明该电路具有什么逻辑功能。

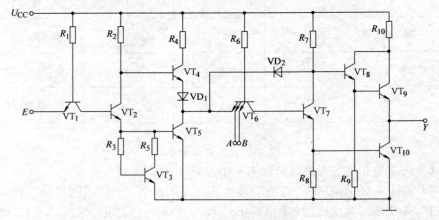

图 12-48　习题 12-8 电路图

第 13 章　组合逻辑电路的分析与设计

随着半导体技术的发展，在一个半导体芯片上集成的电子元件的数目越来越多，并按集成电子元件数目的多少可分为小规模集成电路(Small Scale Integrated Circuit, SSI)、中规模集成电路(Middle Scale Integrated Circuit, MSI)、大规模集成电路(Large Scale Integrated Circuit, LSI)和超大规模集成电路(Very Large Scale Integrated Circuit, VLSI)。

小规模集成电路是主要完成基本逻辑运算的逻辑器件。例如，各种门电路和后面将要讲的触发器都属于 SSI 电路。中规模集成电路能够完成一定的逻辑功能(如编码器、译码器、计数器等)，通常称为逻辑组件(也称为逻辑部件，或称为模块)。大规模、超大规模集成电路是一个逻辑系统，例如微型计算机中的中央处理器(Central Processing Unit, CPU)、单片微机及大容量的存储器等。

尽管现在已进入大规模集成电路时代，但其基础电路仍然是中小规模集成电路，首先分析由基本门电路构成的电路的功能和由 MSI 构成的一些逻辑部件的功能，除此之外，还探讨设计一个满足具体逻辑问题或逻辑功能的逻辑电路的方法。

一个数字系统，通常包含许多数字逻辑电路。根据逻辑功能的不同特点，可以把这些逻辑电路分为两大类，一类叫做组合逻辑电路，简称组合电路(Combinational Logic Circuit)，另一类叫做时序逻辑电路，简称时序电路(Sequential Logic Circuit)。本章将对组合逻辑电路的分析和设计方法进行讨论。

所谓组合逻辑电路，就是任意时刻的输出稳定状态仅仅取决于该时刻的输入信号，而与输入信号作用前电路所处的状态无关。这是组合逻辑电路在逻辑功能上的共同特点。

图 13-1 就是一个组合逻辑电路的例子。它有 3 个输入变量 A、B、CI 和两个输出变量 S、CO。由图可知，在任何时刻，只要 A、B 和 CI 的取值确定了，则 S 和 CO 的取值也随之确定，与电路的过去工作状态无关。

从组合逻辑电路功能的特点不难想到，既然它的输出与电路的历史状况无关，那么电路中就不能包含有存储单元。这就是组合逻辑电路在电路结构上的共同特点。

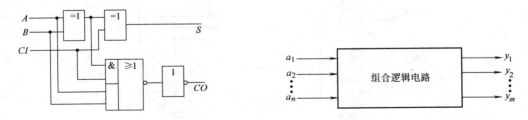

图 13-1　组合逻辑电路举例　　　　　图 13-2　组合逻辑电路的框图

对于任何一个多输入、多输出的组合逻辑电路，都可以用图 13-2 所示的框图表示。图中，$a_1, a_2, \cdots, a_n$ 表示输入变量，$y_1, y_2, \cdots, y_m$ 表示输出变量。输出与输入的逻辑关系可以用一组逻辑函数表示

$$\begin{cases} y_1 = f_1(a_1, a_2, \cdots, a_n) \\ y_2 = f_2(a_1, a_2, \cdots, a_n) \\ \quad\vdots \\ y_m = f_m(a_1, a_2, \cdots, a_n) \end{cases} \tag{13-1}$$

或者写成向量函数的形式

$$Y = F(A) \tag{13-2}$$

本章将运用前两章所介绍的逻辑代数和逻辑门电路等基本知识，介绍对组合逻辑电路进行分析和设计的方法。

13.1 组合逻辑电路的分析

13.1.1 组合逻辑电路的一般分析方法

组合逻辑电路的分析就是根据已知的电路，确定其逻辑功能。对逻辑电路进行分析，一方面可以更好地对其加以改进和应用，另一方面也可以用于检验所设计的逻辑电路是否优化，以及是否能实现预定的逻辑功能。

分析组合逻辑电路通常可以按以下方法进行：

1）根据题意，由已知条件（逻辑电路图）写出各输出端的逻辑函数表达式。

2）用逻辑代数和逻辑函数化简等基本知识，对各逻辑函数表达式进行化简和变换。

3）根据简化的逻辑函数表达式列出相应的真值表。

4）依据真值表和逻辑函数表达式对逻辑电路进行分析，确定逻辑电路的功能，给出对该逻辑电路的评价。

值得注意的是：在确定电路的逻辑功能时，其描述术语要尽量规范、简短和准确。在数字系统中，常见的组合逻辑电路的逻辑功能主要有：二进制数的运算、二进制数的比较、编码与译码、数字信号的选择与分配、二进制代码的变换、奇偶校验等。

下面通过举例来说明分析组合逻辑电路的方法。

例 13-1　分析图 13-3a 给定的组合逻辑电路。

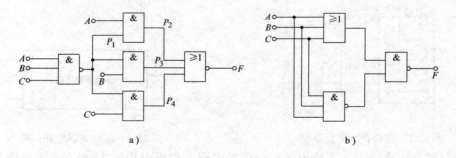

a) b)

图 13-3　例 13-1 逻辑电路图

解　第一步：根据给定的逻辑电路图，写出逻辑函数表达式。

根据电路中每种逻辑门电路的功能，从输入到输出，逐渐写出各逻辑门的函数表达式。

$$P_1 = \overline{ABC}$$

$$P_2 = A \cdot P_1 = A \cdot \overline{ABC}$$

$$P_3 = B \cdot P_1 = B \cdot \overline{ABC}$$

$$P_4 = C \cdot P_1 = C \cdot \overline{ABC}$$

$$F = \overline{P_2 + P_3 + P_4} = \overline{A \cdot \overline{ABC} + B \cdot \overline{ABC} + C \cdot \overline{ABC}}$$

第二步：化简电路的输出函数表达式。

用代数化简法对所得输出函数表达式化简如下：

$$F = \overline{A \cdot \overline{ABC} + B \cdot \overline{ABC} + C \cdot \overline{ABC}} = \overline{\overline{ABC}(A + B + C)}$$
$$= \overline{\overline{ABC}} + \overline{A + B + C} = ABC + \overline{A}\ \overline{B}\ \overline{C}$$

第三步：根据化简后的逻辑函数表达式列出真值表。该函数的真值表见表 13-1。

第四步：功能评述。

由真值表可知，该电路仅当输入 A、B、C 取值都为"0"或都为"1"时，输出 F 的值为 1，其他情况下输出 F 均为"0"。也就是说，当输入一致时输出为"1"，输入不一致时输出为"0"。可见，该电路具有检查输入信号是否一致的逻辑功能，一旦输出为"0"，则表明输入不一致。因此，通常称该电路为"不一致电路"。

在某些对信息的可靠性要求非常高的系统中，往往采用几套设备同时工作，一旦运行结果不一致，便由"不一致电路"发出报警信号，通知操作人员排除故障，以确保系统的可靠性。

表 13-1　例 13-1 逻辑函数真值表

A	B	C	F
0	0	0	1
0	0	1	0
0	1	0	0
0	1	1	0
1	0	0	0
1	0	1	0
1	1	0	0
1	1	1	1

其次，又从分析可知，该电路的设计方案并非最佳。根据化简后的逻辑函数表达式，可作出图 13-3b 所示的逻辑电路。显然，它比原电路简单、清晰。

13.1.2　加法器电路分析

算术运算是数字系统的基本功能之一，更是数字计算机中不可缺少的组成单元。构成算术运算电路的基本单元则是加法器（Adder），因为两个二进制数之间的算术运算，无论是加、减、乘、除，都可化做若干步加法运算来进行。

13.1.2.1　加法器的电路结构和工作原理

最基本的加法器是一位加法器，一位加法器按功能不同又有半加器（Half Adder）和全加器（Full Adder）之分。

所谓"半加"是指不考虑来自低位进位的本位相加。实现半加运算的电路叫做半加器。

按二进制加法的运算规则可以列出半加器真值表（见表 13-2）。其中，A、B 是两个加数，S（Sum）是相加的和，CO（Carry Out）是向高位的进位。将 S、CO 和 A、B 关系写成逻辑

289

表达式则得到

$$\begin{cases} S = \overline{A}B + A\overline{B} = A \oplus B \\ CO = AB \end{cases} \tag{13-3}$$

因此，半加器是由一个"异或"门和一个"与"门组成的，如图 13-4 所示。

表 13-2 半加器的真值表

A	B	S	CO
0	0	0	0
0	1	1	0
1	0	1	0
1	1	0	1

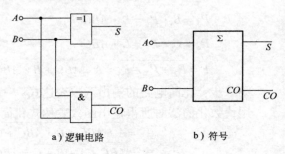

a) 逻辑电路   b) 符号

图 13-4 半加器

　　所谓"全加"是指将本位的加数、被加数以及来自低位的进位 3 个数相加。实现这种运算的电路称为全加器。

　　根据二进制加法运算规则可列出 1 位全加器的真值表，见表 13-3。

　　画出 S 和 CO 的卡诺图，如图 13-5 所示，采用合并"0"再求反的化简方法得

$$\begin{cases} S = \overline{\overline{A}\,\overline{B}\,CI + A\,\overline{B}CI + \overline{A}BCI + AB\,\overline{CI}} \\ CO = \overline{\overline{A}\,\overline{B} + \overline{B}\,\overline{CI} + \overline{A}\,\overline{CI}} \end{cases} \tag{13-4}$$

表 13-3 1 位全加器的真值表

CI	A	B	S	CO
0	0	0	0	0
0	0	1	1	0
0	1	0	1	0
0	1	1	0	1
1	0	0	1	0
1	0	1	0	1
1	1	0	0	1
1	1	1	1	1

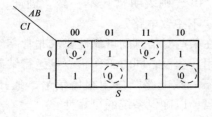

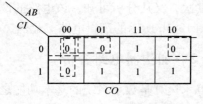

图 13-5 全加器的卡诺图

　　根据上面的逻辑表达式可以画出全加器的逻辑图如图 13-6 所示。

　　多位加法电路一般可简单地由多个一位加法器串联而成。因为两个多位数相加时，每一位都是将该位的两个数与低位进位相加的，故可使用全加器来实现。只要依次将低位全加器的进位输出端接到高位全加器的进位输入端，就可以构成多位加法器了。图 13-7 就是根据上述原理接成的 4 位逐位进位加法器电路。显然，每一位的相加结果都必须等到低一位的进位产生以后才能建立起来。

　　这种加法器的最大缺点是运算速度慢。在最不利的情况下，做一次加法运算需要经过 4

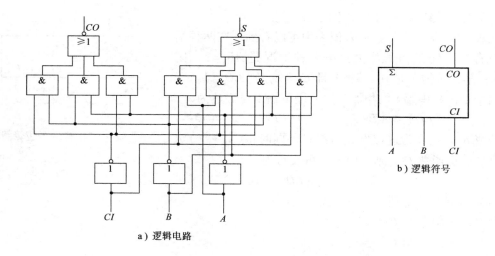

a）逻辑电路

图 13-6　全加器逻辑电路

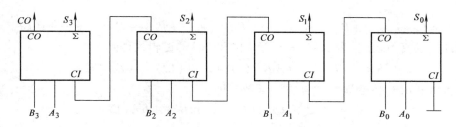

图 13-7　4 位逐位进位加法器电路

个全加器的传输延迟时间（从输入加数到输出状态稳定建立起来所需要的时间）才能得到稳定可靠的运算结果。但考虑到串行进位加法器（*Serial Carry Adder*）的电路结构比较简单，因而在对运算速度要求不高的设备中，这种加法器仍不失为一种可取的电路。

13. 1. 2. 2　标准 MSI 加法器 74LS82、74LS283

集成电路 74LS82 是由两个一位全加器串联构成的两位串行进位全加器组件，如图 13-8 所示。图中，A_1、B_1 和 A_2、B_2 分别为两个二进制数的第一位和第二位的数码，C_0 为低位来的进位，$\sum_1$ 为第一位的和，$\sum_2$、C_2 分别为第二位的和及向高位的进位。

不难看出，由两片 7482 型两位全加器串接，即可实现两个 4 位二进制的加法运算。由 74LS82 构成的多位加法电路，虽然并不复杂，但它们的进位信号需要一位一位地传递，位数越多，所需的加法时间越长。为了提高加法电路的工作速度，关键是要减少进位信号的传递时间，为此，生产了快速进位的 4 位全加器 74LS283。

74LS283 是一个 4 位全加器，该器件中各进位不是由前级全加器的进位输出提供的，而是同时形成的，仅经历了三级门电路的延迟时间。从进位输入到进位输出的传输延迟时间比数码从输入到输出的传输延迟时间还短。因此，这一器件称为快速进位或超前进位全加器（*Look-ahead Carry Adder*）。其逻辑图如图 13-9 所示。

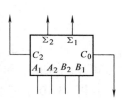

图 13-8　74LS82 的
逻辑符号

291

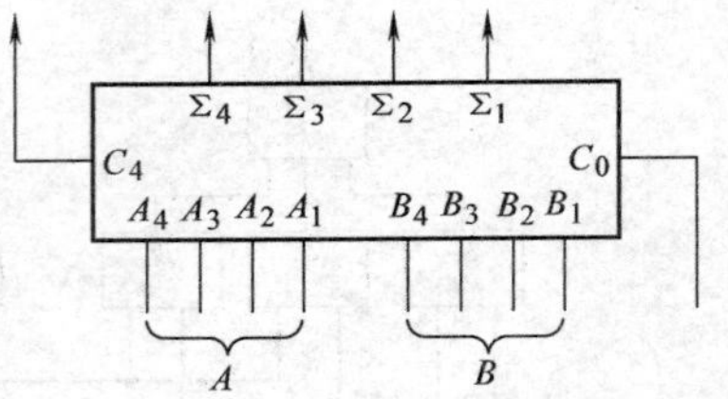

下面分析 74LS283 的工作原理。

从表 13-3 所示全加器的真值表中可以看到，在两种情况下会有进位输出信号产生：第一种情况是 $AB = 1$，则 $CO = 1$；第二种情况是 $A + B = 1$ 且 $CI = 1$，则 $CO = 1$。于是，两个多位数中第 i 位相加产生的进位输出可表达为

$$(CO)_i = A_i B_i + (A_i + B_i)(CI)_i \qquad (13-5)$$

若将 $A_i B_i$ 定义为进位生成函数 G_i，同时将 $(A_i + B_i)$ 定义为进位传送函数 P_i，则式(13-5)可改写为

$$(CO)_i = G_i + P_i (CI)_i \qquad (13-6)$$

图 13-9 74LS283 的逻辑图

将式(13-6)展开后得到

$$
\begin{aligned}
(CO)_i &= G_i + P_i(CI)_i \\
&= G_i + P_i[G_{i-1} + P_{i-1}(CI)_{i-1}] \\
&= G_i + P_i G_{i-1} + P_i P_{i-1}[G_{i-2} + P_{i-2}(CI)_{i-2}] \\
&\vdots \\
&= G_i + P_i G_{i-1} + P_i P_{i-1} G_{i-2} + \cdots + P_i P_{i-1} + \cdots + P_1 G_0 + P_i P_{i-1} + \cdots + P_0 CI_0 \qquad (13-7)
\end{aligned}
$$

从全加器的真值表(见表 13-3)写出第 i 位和(S_i)的逻辑式得到

$$S_i = A_i \overline{B_i} (\overline{CI})_i + \overline{A_i} B_i (\overline{CI})_i + \overline{A_i} \overline{B_i} (CI)_i + A_i B_i (CI)_i \qquad (13-8)$$

有时也将式(13-8)变换为"异或"函数，即

$$
\begin{aligned}
S_i &= (A_i \overline{B_i} + \overline{A_i} B_i)(\overline{CI})_i + (A_i B_i + \overline{A_i} \overline{B_i})(CI)_i \\
&= (A_i \oplus B_i)(\overline{CI})_i + \overline{(A_i \oplus B_i)}(CI)_i \\
&= A_i \oplus B_i \oplus (CI)_i \qquad (13-9)
\end{aligned}
$$

根据式(13-7)和式(13-9)构成超前进位加法器 74LS283，如图 13-10 所示。现在以第 1 位($i = 1$)为例，分析它的逻辑功能。门 G_{22} 的输出 X_1、门 G_{23} 的输出 Y_1(Y_1 是低位进位，图 13-10 中"与或非"门的输出都是产生低位进位的输出端)和 S_1 分别为

$$
\begin{aligned}
X_1 &= \overline{\overline{A_1 B_1}(A_1 + B_1)} = A_1 \oplus B_1 \\
Y_1 &= \overline{\overline{A_0 + B_0} + \overline{(CI)_0 \, \overline{A_0 B_0}}} = A_0 B_0 + (A_0 + B_0)(CI)_0 \\
&= G_0 + P_0 (CI)_0 \\
&= (CO)_0 \\
&= (CI)_1 \\
S_1 &= X_1 \oplus Y_1 \\
&= A_1 \oplus B_1 \oplus (CI)_1
\end{aligned}
$$

可见，$(CO)_0$ 和 S_1 的结果与式(13-7)和式(13-9)完全相符。

从图 13-10 上还可以看出，从两个加数送到输入端到完成加法运算只需三级门电路的传输延迟时间，而获得进位输出信号仅需一级反相器和一级"与或非"门的传输延迟时间。必须指出的是，运算时间的缩短是以增加电路的复杂程度为代价换取的。当加法器的位数增加时，电路的复杂程度也随之急剧上升。对于多位字长的超前进位加法器，既要保持同时进位的快速性能，又要减少电路的复杂性，通常的做法是：根据元器件的特性，将超前进位加法器分为若干个小组，对小组内的进位逻辑和组间的进位逻辑作不同的选择，形成多种进位

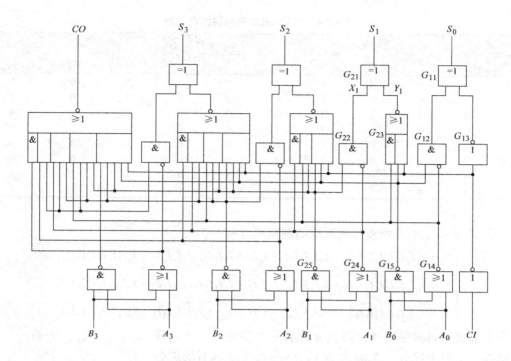

图 13-10　4 位超前进位加法器 74LS283 的逻辑电路

链结构，这里不作详细介绍。

13.1.3　编码器电路分析

在数字系统中，常常需要将某一信息变换为特定的二值代码以便系统识别。把二进制代码按一定的规律编排，使每组代码具有特定含义称为编码（Encode）。编码器（Encoder）的逻辑功能就是把输入的每一个高、低电平信号编成一个对应的二进制代码输出。例如，按电话键上的任何一个数字时（比如 8），仅按一个键，而要让系统知道已按了这个数字，必须将这个数字转换成一个系统可识别的代码（如 8421 码），这个过程就是编码。

13.1.3.1　编码器的电路结构和工作原理

目前经常使用的编码器有普通编码器和优先编码器（Priority Encoder）两类。普通编码器工作时，在任何时刻只允许输入一个编码信号，否则输出将发生混乱。而优先编码器工作时，由于电路设计时考虑了信号按优先级排队处理过程，故当几个输入信号同时出现时，只对其中优先权最高的一个信号进行编码，从而保证了输出的稳定。

现以 3 位二进制普通编码器为例，分析一下普通编码器的工作原理。图 13-11 是 3 位二进制编码器的框图，它有 $I_0 \sim I_7$ 共 8 个输入端，输出是 3 位二进制代码 $Y_2Y_1Y_0$。为此，又把它叫做 8 线-3 线编码器。输出与输入的对应关系见表 13-4。

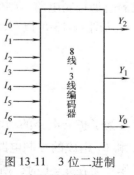

图 13-11　3 位二进制
编码器的框图

293

表 13-4　3 位二进制编码器的真值表

输　　入								输　　出		
I_0	I_1	I_2	I_3	I_4	I_5	I_6	I_7	Y_2	Y_1	Y_0
1	0	0	0	0	0	0	0	0	0	0
0	1	0	0	0	0	0	0	0	0	1
0	0	1	0	0	0	0	0	0	1	0
0	0	0	1	0	0	0	0	0	1	1
0	0	0	0	1	0	0	0	1	0	0
0	0	0	0	0	1	0	0	1	0	1
0	0	0	0	0	0	1	0	1	1	0
0	0	0	0	0	0	0	1	1	1	1

将表 13-4 所示的真值表写成对应的逻辑式可得

$$\begin{cases} Y_2 = \bar{I_0}\bar{I_1}\bar{I_2}\bar{I_3}I_4\bar{I_5}\bar{I_6}\bar{I_7} + \bar{I_0}\bar{I_1}\bar{I_2}\bar{I_3}\bar{I_4}I_5\bar{I_6}\bar{I_7} + \bar{I_0}\bar{I_1}\bar{I_2}\bar{I_3}\bar{I_4}\bar{I_5}I_6\bar{I_7} + \bar{I_0}\bar{I_1}\bar{I_2}\bar{I_3}\bar{I_4}\bar{I_5}\bar{I_6}I_7 \\ Y_1 = \bar{I_0}\bar{I_1}I_2\bar{I_3}\bar{I_4}\bar{I_5}\bar{I_6}\bar{I_7} + \bar{I_0}\bar{I_1}\bar{I_2}I_3\bar{I_4}\bar{I_5}\bar{I_6}\bar{I_7} + \bar{I_0}\bar{I_1}\bar{I_2}\bar{I_3}\bar{I_4}\bar{I_5}I_6\bar{I_7} + \bar{I_0}\bar{I_1}\bar{I_2}\bar{I_3}\bar{I_4}\bar{I_5}\bar{I_6}I_7 \\ Y_0 = \bar{I_0}I_1\bar{I_2}\bar{I_3}\bar{I_4}\bar{I_5}\bar{I_6}\bar{I_7} + \bar{I_0}\bar{I_1}\bar{I_2}I_3\bar{I_4}\bar{I_5}\bar{I_6}\bar{I_7} + \bar{I_0}\bar{I_1}\bar{I_2}\bar{I_3}\bar{I_4}I_5\bar{I_6}\bar{I_7} + \bar{I_0}\bar{I_1}\bar{I_2}\bar{I_3}\bar{I_4}\bar{I_5}\bar{I_6}I_7 \end{cases}$$

由于普通编码器在同一时刻只允许有一个值输入，所以任何时刻 $I_0 \sim I_7$ 当中仅有一个取值为 1，即输入变量取值的组合仅有表 13-4 中列出的 8 种状态，而输入变量其他组合对应的那些最小项均为约束项。利用这些约束项可将上式化简，得

$$\begin{cases} Y_2 = I_4 + I_5 + I_6 + I_7 \\ Y_1 = I_2 + I_3 + I_6 + I_7 \\ Y_0 = I_1 + I_3 + I_5 + I_7 \end{cases}$$

图 13-12 就是根据上式得出的编码器电路。这个电路是由 3 个或门组成的。

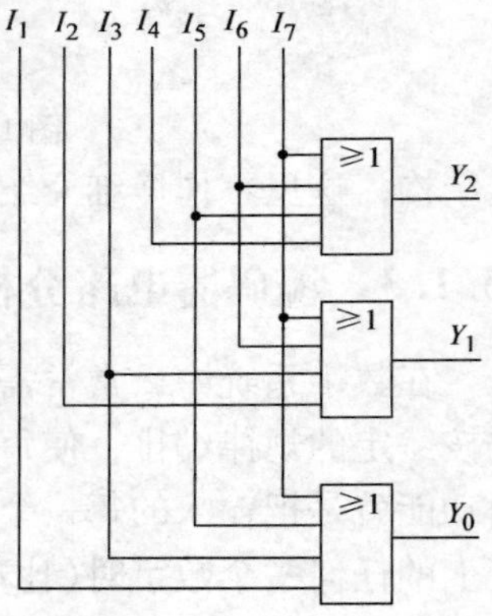

13. 1. 3. 2　标准编码器 74LS148

74LS148 是一个 8 线-3 线优先编码器。

图 13-13 给出了 8 线-3 线优先编码器 74LS148 的逻辑电路。如果不考虑 G_1、G_2、G_3 构成的附加控制电路，则编码器电路只有图中点画线框内的部分。

从图 13-13 可以写出输出的逻辑表达式，即得到

$$\begin{cases} \bar{Y_2} = \overline{(I_4 + I_5 + I_6 + I_7) \cdot S} \\ \bar{Y_1} = \overline{(I_2\bar{I_4}\bar{I_5} + I_3\bar{I_4}\bar{I_5} + I_6 + I_7) \cdot S} \\ \bar{Y_0} = \overline{(I_1\bar{I_2}\bar{I_4}\bar{I_6} + I_3\bar{I_4}\bar{I_6} + I_5\bar{I_6} + I_7) \cdot S} \end{cases}$$

为了扩展电路的功能和增强使用的灵活性，在 74LS148 的逻辑电路中，附加了由门 G_1、G_2 和 G_3 组成的控制电路。其中，$\bar{S}$ 为选通输入端，只有在 $\bar{S}=0$ 的条件下，编码器才能正常工作。而在 $\bar{S}=1$ 时，所有的输出端均被封锁在高电平。

选通输出端 $\bar{Y}_S$ 和 $\bar{Y}_{EX}$ 用于扩展编码功能，由图可知

图 13-12　3 位二进制编码器

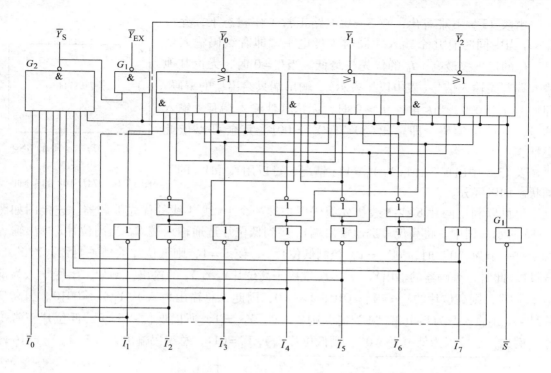

图 13-13　8 线-3 线优先编码器 74LS148 的逻辑电路

$$\overline{Y}_S = \overline{\overline{I}_0 \, \overline{I}_1 \, \overline{I}_2 \, \overline{I}_3 \, \overline{I}_4 \, \overline{I}_5 \, \overline{I}_6 \, \overline{I}_7 S}$$

上式表明，只有当所有的编码输入端都是高电平（即没有编码输入），而且 $S = 1$ 时，$\overline{Y}_S$ 才是低电平。因此，$\overline{Y}_S$ 的低电平输出信号表示"电路工作，但无编码输入"。

从图 13-13 还可以写出

$$\overline{Y}_{EX} = \overline{\overline{\overline{I}_0 \, \overline{I}_1 \, \overline{I}_2 \, \overline{I}_3 \, \overline{I}_4 \, \overline{I}_5 \, \overline{I}_6 \, \overline{I}_7 S} \cdot S} = \overline{(I_0 + I_1 + I_2 + I_3 + I_4 + I_5 + I_6 + I_7) \cdot S}$$

这说明只要任何一个编码输入端有低电平信号输入，且 $S = 1$，$\overline{Y}_{EX}$ 的低电平输出信号表示"电路工作，而且有编码输入"。根据以上 3 个方程可以列出表 13-5 所示的 74LS148 的功能表。它的输入和输出均以低电平作为有效信号。其引脚分配如图 13-14 所示。

表 13-5　74LS148 的功能表

| 输　入 | | | | | | | | | 输　出 | | | | |
$\overline{S}$	$\overline{I}_0$	$\overline{I}_1$	$\overline{I}_2$	$\overline{I}_3$	$\overline{I}_4$	$\overline{I}_5$	$\overline{I}_6$	$\overline{I}_7$	$\overline{Y}_2$	$\overline{Y}_1$	$\overline{Y}_0$	$\overline{Y}_S$	$\overline{Y}_{EX}$
1	x	x	x	x	x	x	x	x	1	1	1	1	1
0	1	1	1	1	1	1	1	1	1	1	1	0	1
0	x	x	x	x	x	x	x	0	0	0	0	1	0
0	x	x	x	x	x	x	0	1	0	0	1	1	0
0	x	x	x	x	x	0	1	1	0	1	0	1	0
0	x	x	x	x	0	1	1	1	0	1	1	1	0
0	x	x	x	0	1	1	1	1	1	0	0	1	0
0	x	x	0	1	1	1	1	1	1	0	1	1	0
0	x	0	1	1	1	1	1	1	1	1	0	1	0
0	0	1	1	1	1	1	1	1	1	1	1	1	0

由表 13-5 不难看出，在 $\bar{S}=0$ 电路正常工作状态下，允许 $\bar{I}_0 \sim \bar{I}_7$ 当中同时有几个输入端同时为低电平，即有编码输入信号。$\bar{I}_7$ 的优先权最高，$\bar{I}_0$ 的优先权最低。当 $\bar{I}_7=0$ 时，无论其他输入端有无输入信号（表中以 x 表示），输出端只给出 $\bar{I}_7$ 的编码，即 $\bar{Y}_2 \bar{Y}_1 \bar{Y}_0 = 000$，当 $\bar{I}_7=1$、$\bar{I}_6=0$ 时，无论其他输入端有无输入信号，只对 $\bar{I}_6$ 编码，即输出为 $\bar{Y}_2 \bar{Y}_1 \bar{Y}_0 = 001$。其余可以依此类推。

表 13-5 中出现 3 种 $\bar{Y}_2 \bar{Y}_1 \bar{Y}_0 = 111$ 情况，可以用 $\bar{Y}_S$ 和 $\bar{Y}_{EX}$ 的不同状态加以区分。

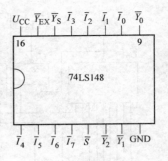

图 13-14　74LS148 的引脚图

也可以利用两片 8 线-3 线优先编码器扩展一个 16 线-4 线的优先编码器。连接图如图 13-15 所示。图中，将高位片选通输出端 $\bar{Y}_S$ 接到低位片选通输入端 $\bar{S}$。当高位片 $\bar{I}_8 \sim \bar{I}_{15}$ 输入线中有一个为 "0" 时，则 $\bar{Y}_S=1$，控制低位片 $\bar{S}$，使 $\bar{S}=1$，则低位片输出被封锁，$\bar{Y}_2 \bar{Y}_1 \bar{Y}_0 = 111$。此时，编码器的输出 $\bar{Y}_3 \bar{Y}_2 \bar{Y}_1 \bar{Y}_0$ 取决于高位片 $\bar{Y}_2 \bar{Y}_1 \bar{Y}_0$ 的输出。例如，$\bar{I}_{13}$ 线输入为低电平 "0"，则高位片的 $\bar{Y}_2 \bar{Y}_1 \bar{Y}_0 = 010$，$\bar{Y}_{EX}=0$，因此，总输出为 $\bar{Y}_3 \bar{Y}_2 \bar{Y}_1 \bar{Y}_0 = 0010$。当高位片 $\bar{I}_8 \sim \bar{I}_{15}$ 线输入全为高电平 "1" 时，则 $\bar{Y}_S=0$，$\bar{Y}_{EX}=1$，所以低位片 $\bar{S}=0$，低位片正常工作。例如，$\bar{I}_4$ 输入为低电平 "0"，则低位片 $\bar{Y}_2 \bar{Y}_1 \bar{Y}_0 = 011$，总编码输出为 $\bar{Y}_3 \bar{Y}_2 \bar{Y}_1 \bar{Y}_0 = 1011$。

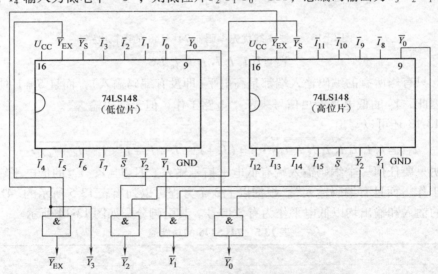

图 13-15　8 线-3 线扩展为 16 线-4 线优先编码器

13.1.4　译码器电路分析

译码器（Decoder）的逻辑功能与编码器相反，它是将具有特定含义的不同二进制代码辨别出来，并转换成对应的输出高电平、低电平信号。常用的译码器电路有标准译码器和数字显示译码器两类。

13.1.4.1　译码器的电路结构和工作原理

两个输入量的二进制译码器的逻辑电路如图 13-16 所示。输入的两位二进制代码共有 4

种状态，译码器将每个输入代码译成对应的一根输出线上的高、低电平信号。因此，这个译码器叫做2线-4线译码器。其中 S 是选通控制，对于图 13-16a，$S=1$ 有效，即输出取决于输入 A、B，当 $S=0$ 时，输出全为"0"。图 13-16b 是负逻辑电路。

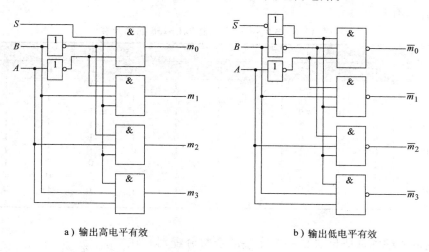

a）输出高电平有效　　　　　　　　b）输出低电平有效

图 13-16　二进制译码器的逻辑电路

13.1.4.2　标准译码器

1. 3 线-8 线译码器 74LS138

74LS138 是一个用 TTL 与非门构成的 3 线-8 线译码器。它的内部逻辑电路图如图 13-17 所示。

当附加控制门 G_S 的输出为高电平（$S=1$）时，可由逻辑电路写出

$$\left\{\begin{array}{l} \overline{Y}_0 = \overline{\overline{A}_2\,\overline{A}_1\,\overline{A}_0} = \overline{m}_0 \\[4pt] \overline{Y}_1 = \overline{\overline{A}_2\,\overline{A}_1 A_0} = \overline{m}_1 \\[4pt] \overline{Y}_2 = \overline{\overline{A}_2 A_1\,\overline{A}_0} = \overline{m}_2 \\[4pt] \overline{Y}_3 = \overline{\overline{A}_2 A_1 A_0} = \overline{m}_3 \\[4pt] \overline{Y}_4 = \overline{A_2\,\overline{A}_1\,\overline{A}_0} = \overline{m}_4 \\[4pt] \overline{Y}_5 = \overline{A_2\,\overline{A}_1 A_0} = \overline{m}_5 \\[4pt] \overline{Y}_6 = \overline{A_2 A_1\,\overline{A}_0} = \overline{m}_6 \\[4pt] \overline{Y}_7 = \overline{A_2 A_1 A_0} = \overline{m}_7 \end{array}\right.$$

由上式可以看出，$\overline{Y}_0 \sim \overline{Y}_7$ 是 A_2、A_1、A_0 这 3 个变量的全部最小项的译码输出，所以也把这种译码器叫做最小项译码器。

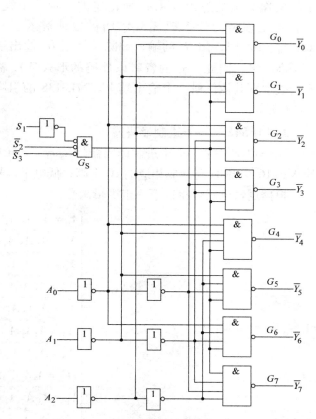

图 13-17　3 线-8 线译码器 74LS138 的逻辑电路

74LS138 有 3 个附加的控制端 S_1、$\overline{S}_2$ 和 $\overline{S}_3$。当 $S_1 = 1$、$\overline{S}_2 + \overline{S}_3 = 0$ 时，G_s 输出为高电平（$S = 1$），译码器处于工作状态。否则，译码器被禁止，所有的输出端被封锁在高电平，见表 13-6。这 3 个控制端也叫做"片选"输入端，利用片选的作用可以将多片连接起来，以扩展译码器的功能。

表 13-6　3 线-8 线译码器 74LS138 的功能表

输　入					输　出							
S_1	$\overline{S}_2 + \overline{S}_3$	A_2	A_1	A_0	$\overline{Y}_0$	$\overline{Y}_1$	$\overline{Y}_2$	$\overline{Y}_3$	$\overline{Y}_4$	$\overline{Y}_5$	$\overline{Y}_6$	$\overline{Y}_7$
0	x	x	x	x	1	1	1	1	1	1	1	1
x	1	x	x	x	1	1	1	1	1	1	1	1
1	0	0	0	0	0	1	1	1	1	1	1	1
1	0	0	0	1	1	0	1	1	1	1	1	1
1	0	0	1	0	1	1	0	1	1	1	1	1
1	0	0	1	1	1	1	1	0	1	1	1	1
1	0	1	0	0	1	1	1	1	0	1	1	1
1	0	1	0	1	1	1	1	1	1	0	1	1
1	0	1	1	0	1	1	1	1	1	1	0	1
1	0	1	1	1	1	1	1	1	1	1	1	0

带控制输入端的译码器又是一个完整的资料分配器。在图 13-17 所示电路中，如果把 S_1 作为"数据"输入端（同时令 $\overline{S}_2 = \overline{S}_3 = 0$），而将 $A_2 A_1 A_0$ 作为地址输入端，那么从 S_1 送来的资料只能通过由 $A_2 A_1 A_0$ 所指定的一根输出线送出去。这就不难理解为什么把 $A_2 A_1 A_0$ 叫做地址输入了。例如当 $A_2 A_1 A_0 = 101$ 时，门 G_5 的输入端除了接至 G_s 输出端的以外全是高电平，因此，S_1 的资料以反码的形式从 $\overline{Y}_5$ 输出，而不会被送到其他任何一个输出端上。74LS138 的引脚图如图 13-18 所示。

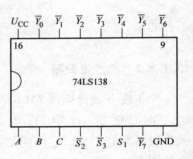

图 13-18　74LS138 的引脚图

2. 74LS42 二一十进制译码器

74LS42 是一个二一十进制译码器（Binary-coded Decimal Decoder），其基本逻辑功能是将输入的 10 个 BCD 码译成相应的 10 个高、低电平信号输出。图 13-19 是 74LS42 的逻辑电路。

根据逻辑电路可得以下一组逻辑函数：

$$\overline{Y}_0 = \overline{\overline{A}_3 \, \overline{A}_2 \, \overline{A}_1 \, \overline{A}_0}$$
$$\overline{Y}_1 = \overline{\overline{A}_3 \, \overline{A}_2 \, \overline{A}_1 A_0}$$
$$\overline{Y}_2 = \overline{\overline{A}_3 \, \overline{A}_2 A_1 \, \overline{A}_0}$$
$$\overline{Y}_3 = \overline{\overline{A}_3 \, \overline{A}_2 A_1 A_0}$$
$$\overline{Y}_4 = \overline{\overline{A}_3 A_2 \, \overline{A}_1 \, \overline{A}_0}$$
$$\overline{Y}_5 = \overline{\overline{A}_3 A_2 \, \overline{A}_1 A_0}$$
$$\overline{Y}_6 = \overline{\overline{A}_3 A_2 A_1 \, \overline{A}_0}$$
$$\overline{Y}_7 = \overline{\overline{A}_3 A_2 A_1 A_0}$$
$$\overline{Y}_8 = \overline{A_3 \, \overline{A}_2 \, \overline{A}_1 \, \overline{A}_0}$$
$$\overline{Y}_9 = \overline{A_3 \, \overline{A}_2 \, \overline{A}_1 A_0}$$

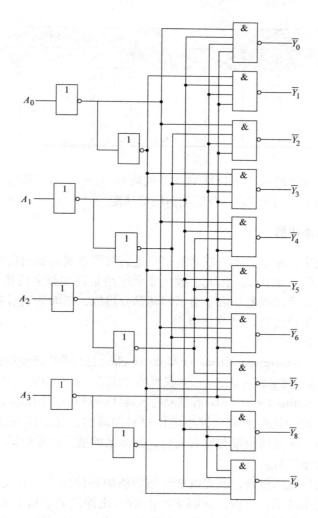

图 13-19　二—十进制译码器 74LS42

根据以上的逻辑函数表达式可以列出电路的功能表，见表 13-7。

表 13-7　二—十译码器 74LS42 的功能表

序号	输　　入				输　　出									
	A_3	A_2	A_1	A_0	$\overline{Y}_0$	$\overline{Y}_1$	$\overline{Y}_2$	$\overline{Y}_3$	$\overline{Y}_4$	$\overline{Y}_5$	$\overline{Y}_6$	$\overline{Y}_7$	$\overline{Y}_8$	$\overline{Y}_9$
0	0	0	0	0	0	1	1	1	1	1	1	1	1	1
1	0	0	0	1	1	0	1	1	1	1	1	1	1	1
2	0	0	1	0	1	1	0	1	1	1	1	1	1	1
3	0	0	1	1	1	1	1	0	1	1	1	1	1	1
4	0	1	0	0	1	1	1	1	0	1	1	1	1	1
5	0	1	0	1	1	1	1	1	1	0	1	1	1	1
6	0	1	1	0	1	1	1	1	1	1	0	1	1	1
7	0	1	1	1	1	1	1	1	1	1	1	0	1	1
8	1	0	0	0	1	1	1	1	1	1	1	1	0	1
9	1	0	0	1	1	1	1	1	1	1	1	1	1	0

（续）

序号	输入				输出									
	A_3	A_2	A_1	A_0	$\overline{Y}_0$	$\overline{Y}_1$	$\overline{Y}_2$	$\overline{Y}_3$	$\overline{Y}_4$	$\overline{Y}_5$	$\overline{Y}_6$	$\overline{Y}_7$	$\overline{Y}_8$	$\overline{Y}_9$
伪码	1	0	1	0	1	1	1	1	1	1	1	1	1	1
	1	0	1	1	1	1	1	1	1	1	1	1	1	1
	1	1	0	0	1	1	1	1	1	1	1	1	1	1
	1	1	0	1	1	1	1	1	1	1	1	1	1	1
	1	1	1	0	1	1	1	1	1	1	1	1	1	1
	1	1	1	1	1	1	1	1	1	1	1	1	1	1

对于 BCD 码的伪码（即 1010～1111 这 6 个代码），$\overline{Y}_0 \sim \overline{Y}_9$ 均无低电平信号产生，译码器拒绝"翻译"，所以这个电路结构具有拒绝伪码的功能。

13.1.4.3 数字显示译码器

在各种数字系统中，常常需要将数字量以十进制数码直观地显示出来，供人们直接读取结果或监视数字系统的工作状况。因此，数字显示电路是许多数字设备中不可缺少的部分。数字显示电路通常由显示译码器和数字显示器两部分组成，下面分别对数字显示器和显示译码器的电路结构和工作原理加以简单介绍。

1. 7 段字符显示器

7 段字符显示器（Seven-segment Character Mode Display）是目前广泛使用的一种数字显示器件，常称为 7 段数码管。这种数字显示器由 7 段可发光的"线段"拼合而成。常见的 7 段字符显示器有发光二极管（Light Emitting Diode，LED）和液晶显示器（Liquid Crystal Display，LCD）两种。

发光二极管是由磷砷化钾或砷化钾半导体材料制成的，且杂质浓度很高。当外加电压时，导带中大量的电子跃迁回价带与空穴复合，把多余的能量以光的形式释放出来，成为一定波长的可见光，清晰悦目。

磷砷化钾制成的发光二极管，其光波波长与所渗磷和钾的比例有关，含磷的比例越高，波长越短，且发光效率越低。目前，我国生产的磷砷化钾发光二极管有 BS201、BS202 等，其波长约为 650nm，呈橘黄色。半导体数码管的结构如图 13-20 所示。图 13-20a 是共阳极 7 段数码管的结构；图 13-20b 是共阴极 7 段发光数码管的结构。

半导体数码管的每段发光二极管，既可以用半导体晶体管驱动，也可以直接用 TTL 门

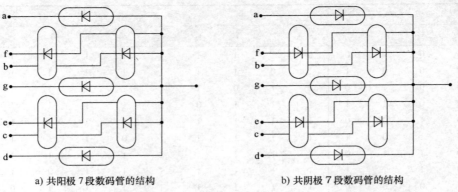

a) 共阳极 7 段数码管的结构　　　　　　b) 共阴极 7 段数码管的结构

图 13-20　半导体数码管的结构

电路驱动。半导体晶体管的驱动电路如图 13-21 所示。图中，a ~ g 为发光二极管，当译码器输出为高电平时，NPN 型晶体管饱和导通，相应段的发光二极管发光。发光二极管的工作电压为 1.5 ~ 3V，工作电流为十几毫安。R 是限流电阻，调节电阻 R 可改变发光二极管的工作电流，用以控制发光二极管的亮度。

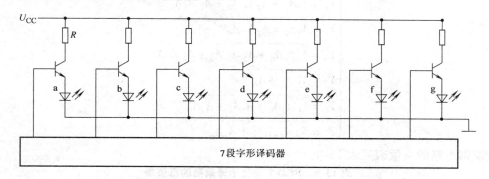

图 13-21　半导体晶体管的驱动电路

2. 7 段显示译码器

显示译码器是用于驱动数码管显示数字或字符的组合逻辑组件。与 7 段字符显示器相应的显示译码器有 BCD 码-7 段译码器和 BCD 码-十进制译码器两类。由于显示器件种类很多，因而显示译码器有多种型号。这里只介绍用于驱动 7 段半导体数码管的显示译码器。

半导体数码管有共阳极和共阴极两种结构，因而与之对应的 7 段译码器有低电平输出和高电平输出两类。输出有效电平为低电平的 BCD 码-7 段译码器有 7447、74LS47 和 74LS247 等，输出有效电平为高电平的 BCD 码-7 段译码器有 7448、74LS48 和 74LS248 等。

图 13-22 给出了 BCD-7 段显示译码器 7448 的逻辑电路。如果不考虑逻辑电路中由 G_1 ~

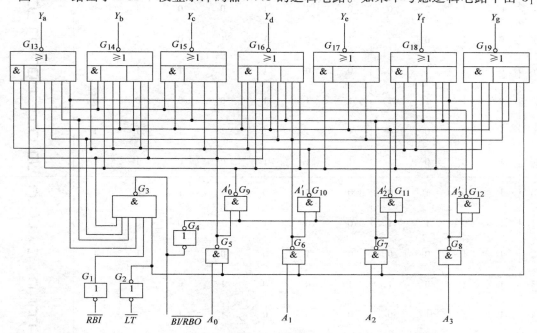

图 13-22　BCD-7 段显示译码器 7448 的逻辑电路

G_4 组成的附加控制电路的影响(即 G_3 和 G_4 的输出为高电平)，则 $Y_a \sim Y_g$ 与 A_3、A_2、A_1、A_0 之间的逻辑关系为

$$
\begin{cases}
Y_a = \overline{\overline{A_3}\ \overline{A_2}\ \overline{A_1}A_0 + A_3A_1 + A_2\overline{A_0}} \\
Y_b = \overline{A_3A_1 + A_2A_1\overline{A_0} + A_2\overline{A_1}A_0} \\
Y_c = \overline{A_3A_2 + \overline{A_2}A_1\overline{A_0}} \\
Y_d = \overline{A_2A_1A_0 + A_2\overline{A_1}\ \overline{A_0} + \overline{A_2}\ \overline{A_1}A_0} \\
Y_e = \overline{A_2\overline{A_1} + A_0} \\
Y_f = \overline{\overline{A_3}\ \overline{A_2}A_0 + \overline{A_2}A_1 + A_1A_0} \\
Y_g = \overline{\overline{A_3}\ \overline{A_2}\ \overline{A_1} + A_2A_1A_0}
\end{cases}
$$

该逻辑电路的真值表见表 13-8。

表 13-8　BCD-7 段显示译码器的真值表

数字	输　　入				输　　出							字形
	A_3	A_2	A_1	A_0	Y_a	Y_b	Y_c	Y_d	Y_e	Y_f	Y_g	
0	0	0	0	0	1	1	1	1	1	1	0	
1	0	0	0	1	0	1	1	0	0	0	0	
2	0	0	1	0	1	1	0	1	1	0	1	
3	0	0	1	1	1	1	1	1	0	0	1	
4	0	1	0	0	0	1	1	0	0	1	1	
5	0	1	0	1	1	0	1	1	0	1	1	
6	0	1	1	0	0	0	1	1	1	1	1	
7	0	1	1	1	1	1	1	0	0	0	0	
8	1	0	0	0	1	1	1	1	1	1	1	
9	1	0	0	1	1	1	1	1	0	1	1	
10	1	0	1	0	0	0	0	1	1	0	1	
11	1	0	1	1	0	0	1	1	0	0	1	
12	1	1	0	0	0	0	0	0	1	1	1	
13	1	1	0	1	1	0	0	1	0	1	1	
14	1	1	1	0	0	0	0	1	1	1	1	
15	1	1	1	1	0	0	0	0	0	0	0	

附加电路用于扩展功能。其功能和用法如下所述。

1）灯测试输入$\overline{LT}$。当有$\overline{LT} = 0$的输入时，G_4、G_5、G_6、G_7和G_8的输出同时为高电平，使$A_0' = A_1' = A_2' = 0$，对于后面的译码电路而言，相当于$A_0 = A_1 = A_2 = 0$，由$Y_a \sim Y_f$与A_3、A_2、A_1、A_0的逻辑关系知：$Y_a \sim Y_f$将全为高电平，同时，由于G_{19}的两组输入中均含有低电平输入，因而Y_g也处于高电平状态。可见，只要令$\overline{LT} = 0$，便可使被驱动数码管的7段同时点亮，以检查该数码管各段是否能正常发光。正常工作时，$\overline{LT}$为高电平。

2）灭零输入$\overline{RBI}$。设置灭零输入信号$\overline{RBI}$的目的是为了能把不希望显示的零熄灭。例如，有一个8位的数码显示电路，整数部分为5位，小数部分为3位，在显示168.2这个数时，将呈现00168.200字样。如果将前、后多余的零熄灭，则显示的结果将更醒目。

由图13-22可知，当输入$A_3 = A_2 = A_1 = A_0 = 0$时，本应显示0。如果需要将这个零熄灭，则可加入$\overline{RBI} = 0$的输入信号。这时$G_3$的输出为低电平，并经过$G_4$（输出为低电平）使$A_3' = A_2' = A_1' = A_0' = 1$。由于$G_{13} \sim G_{19}$每个与或非门都有一组输入高电平，所以$Y_a \sim Y_g$全为低电平，使本应该显示的零熄灭。

3）灭灯输入/灭零输出$\overline{BI}/\overline{RBO}$。这是一个双功能的输入/输出端。$\overline{BI}/\overline{RBO}$作为输入端使用时，称为灭灯输入控制端。只要加入灭灯控制信号$\overline{BI} = 0$，无论$A_3 A_2 A_1 A_0$的状态是什么，定可将被驱动的数码管的各段同时熄灭。由图13-22可见，此时G_4肯定输出低电平，使$A_3' = A_2' = A_1' = A_0' = 1$，$Y_a \sim Y_g$同时为低电平，因而将被驱动的数码管熄灭。

$\overline{BI}/\overline{RBO}$作为输出端使用时，称为灭零输出端。由图13-22可得

$$\overline{RBO} = \overline{A_3} \ \overline{A_2} \ \overline{A_1} \ \overline{A_0} \cdot \overline{LT} \cdot \overline{RBI}$$

上式表明，只有当输入为$A_3 = A_2 = A_1 = A_0 = 0$，而且有灭零输入信号（$\overline{RBI} = 0$）时，$\overline{RBO}$才会给出低电平。因此$\overline{RBO} = 0$表示译码器已将本应该显示的零熄灭了。

将灭零输入端与灭零输出端配合使用，即可实现多位数码显示系统的灭零控制。只需在整数部分把高位的$\overline{RBO}$与低位的$\overline{RBI}$相连，在小数部分将低位的$\overline{RBO}$与高位的$\overline{RBI}$相连，就可以把前、后多余的零熄灭。在这种连接方式下，整数部分中有高位是零，而且被熄灭的情况下，低位才有灭零输入信号。同理，小数部分只有在低位是零，其且被熄灭时，高位才有灭零输入信号。

13.2 组合逻辑设计

13.2.1 组合逻辑电路设计的基本思想

组合逻辑电路设计是根据具体逻辑问题或逻辑功能的要求，得到实现该逻辑问题或逻辑功能的"最优"逻辑电路。所谓"最优"的逻辑设计，往往不能用一个或几个简单指标来描述，"最优"所追求的目标是逻辑门最少和器件种类最少等。在用小规模集成电路进行逻辑设计时，利用前面介绍的逻辑函数简化和变换等方法，以达到最稳定、最经济的指标。这是数字电路逻辑设计的基础，是比较成熟和经典的设计方法。这一部分主要是以这一基本思想来讨论逻辑电路的设计问题。

随着数字集成电路生产工艺的不断成熟，中、大规模通用数字集成电路产品已批量生

产，且产品已标准化、系列化，成本低廉，许多数字电路都可直接使用中、大规模集成电路的标准模块来实现。这样不仅可以使电路体积大大缩小，还可减少连线，提高电路的可靠性，降低电路的成本。在这种情况下追求门数最少和器件种类最少将不再成为"最优"设计的指标，转为追求集成块数的减少。用标准的中规模集成电路模块来实现组合电路的设计、用大规模集成电路的可编程逻辑器件实现给定的逻辑功能的设计，已成为目前逻辑设计的新思想。前面所分析的组合逻辑电路都是中规模集成电路组件。

13.2.2 组合逻辑电路的一般设计方法

根据给出的实际逻辑功能要求，求出实现这一逻辑功能的最优电路，是设计组合逻辑电路时要完成的基本工作，其一般方法可总结如下。

第一步：根据实际逻辑问题的叙述，进行逻辑抽象。

在许多情况下，给出的实际逻辑问题或提出的实际要求，都是用文字描述的一个具有一定因果关系的事件。为了能够很好地设计出相关电路，就需要通过逻辑抽象的方法，用一个逻辑函数来描述这一因果关系。

逻辑抽象的工作可以这样来进行：

1）分析事件的因果关系，确定输入变量和输出变量。一般总是把引起事件的原因定为输入变量，而把事件的结果作为输出变量。

2）定义逻辑状态的含义。以二值逻辑的 0、1 两种状态分别代表输入量和输出量的两种不同状态。这里 0 和 1 的具体含义完全是由设计者人为选定的。这项工作叫做逻辑状态赋值。

3）根据给定的因果关系列出逻辑真值表，进而写出相关的逻辑函数标准表达式。

至此，便将一个实际的逻辑问题抽象成一个逻辑函数。

第二步：根据选定的器件类型将逻辑函数进行变换和简化，写出与使用的逻辑门相对应的最简逻辑函数表达式。

第三步：按简化的逻辑函数表达式绘制逻辑电路图。至此，原理性设计就已完成。

第四步：为了把逻辑电路实现为具体的电路装置，还需要一系列的工艺设计工作。最后还必须完成装配、调试。

应当指出，上述的设计并不是一成不变的。例如，有的逻辑问题或设计要求是直接以真值表给出的，这就不必再进行逻辑抽象了。又如，有的问题逻辑关系简单、直观，也可以不经过逻辑真值表而直接写出逻辑函数表达式。

通常在逻辑电路设计过程中还应注意以下几个问题：

1）输入变量的形式。输入变量有两种方式，一种是既提供原变量也提供反变量，另一种是只提供原变量而不提供反变量。

在信号源只提供原变量而不提供反变量时，只能由电路本身提供所需的反变量。最简便的方法是对每个输入的原变量增加一个非门，产生所需要的反变量。但是，这样处理往往是不经济的，而且增加了组合电路的级数，使信号的传输时间受到影响。通常需要采取适当的设计方法来节省器件，满足信号传输的时间要求。

2）对组合电路信号传输时间的要求，即对组合电路级数的要求。

3）单输出函数还是多输出函数。在实际的问题中常常遇到多输出电路，即对应一种输入组合下，有一组函数输出。如编码器、译码器、全加器等电路，都是多输出函数的组合电路。多输出函数电路的设计是以单输出函数设计为基础的，但又有其特点。多输出函数电路是一个整体，设计时要求对总体电路进行简化，而不是对局部进行简化，即应考虑同一个门电路能为多少个函数所公用，从而使总体电路所用门数减少，电路最简单。

4）逻辑门输入端数的限制。在用小规模集成电路实现逻辑函数时，通常一个芯片中封装有几个逻辑门，每个逻辑门的输入端数目是一定的。如74LS00芯片，一个芯片上有4个与非门，每个与非门都有两个输入端；又如74LS10芯片中有3个与非门，每个与非门有3个输入端。

当用这些逻辑门实现逻辑函数时，在许多情况下需要根据芯片中提供的逻辑门数目及输入端数目，在上述的设计方法基础上结合代数变换，以求使用的芯片数目最少，获得较好的设计。

13.2.3　组合逻辑电路的设计举例

下面通过例子来说明如何应用以上介绍的方法来设计常用的组合逻辑电路。

例13-2　用与非门设计一个三变量"多数表决电路"。

解　第一步：根据给定的逻辑要求建立真值表。

不难理解，"多数表决电路"的逻辑功能就是按照少数服从多数的原则执行表决，确定某项决议是否通过。假设用 A、B、C 分别代表参加表决的 3 个逻辑变量，函数 F 表示表决结果。并约定，逻辑变量取值为 0 表示反对，逻辑变量取值为 1 表示赞成；逻辑函数 F 取值为 0 表示决议被否定，逻辑函数取值为 1 表示决议通过。那么，按照少数服从多数的原则可知，函数和变量的关系是：当 3 个变量 A、B、C 中有两个或两个以上取值为 1 时，函数 F 的取值为 1，其他情况下函数 F 的取值为 0。因此，可列出该逻辑问题的真值表，见表13-9。

第二步：根据真值表写出函数的最小项表达式。

由表 13-9 所示的真值表，可写出函数 F 的最小项表达式为

$$F(A、B、C) = \sum m(3,5,6,7)$$

第三步：化简函数表达式，并转换成适当的形式。

将函数的最小项表达式填入卡诺图，利用卡诺图对逻辑函数进行化简，得最简"与或"表达式为

$$F(A、B、C) = AB + AC + BC$$

表 13-9　例 13-2 真值表

A	B	C	F
0	0	0	0
0	0	1	0
0	1	0	0
0	1	1	1
1	0	0	0
1	0	1	1
1	1	0	1
1	1	1	1

由于该题要求使用"与非"门，故将上式表达式变换成"与非-与非"表达式为

$$F(A、B、C) = \overline{\overline{AB + AC + BC}} = \overline{\overline{AB} \cdot \overline{AC} \cdot \overline{BC}}$$

第四步：画出逻辑电路图。

由函数的"与非-与非"表达式，可画出实现给定功能的逻辑电路图，如图13-23所示。

例13-3　设输入只有原变量，在不提供反变量的情况下，用三级与非门实现逻辑函数

$$F(A、B、C) = \sum m(3,4,5,6)$$

解　若采用上述的一般方法，首先将卡诺图化简成最简"与或"表达式为

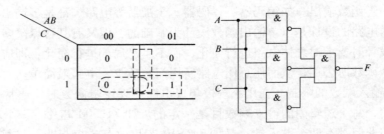

图 13-23 例 13-2 的卡诺图及逻辑电路图

$$F(A、B、C) = A\bar{B} + A\bar{C} + \bar{A}BC$$

其中，反变量 $\bar{A}$、$\bar{B}$、$\bar{C}$ 若分别由与非门得到，画出逻辑电路如图 13-24a 所示，需要 7 个与非门。

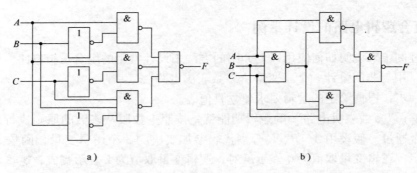

a)   b)

图 13-24 实现例 13-3 的两种方案

如果运用代数变换将上述表达式进行如下变换：

$$F = A(\bar{B} + \bar{C}) + \bar{A}BC$$
$$= A\overline{BC} + \bar{A}BC$$
$$= A\overline{\overline{ABC}} + BC\overline{\overline{ABC}}$$

根据该函数实现的逻辑电路图如图 13-24b 所示。用 4 个与非门可以实现该电路，它比图 13-24a 节省 3 个与非门，连线也少了。所以图 13-24b 所示的电路更为简单。从变换的过程可知，它是采取下述两个措施而获得最简电路的。

1）合并的最简"与或"表达式中，若具有相同原变量因子的乘积项，以减少乘积项的数目及"非"号为首先考虑因素。

例如，乘积项 $A\bar{B} + A\bar{C}$ 中的原变量都是 A，就可以合并成

$$A\bar{B} + A\bar{C} = A\overline{BC}$$

这样就可以减少一项和一个"非"号。

通常一个乘积项（或合并积项）由两部分组成：不带"非"号部分及带"非"号的部分。前者称为乘积项的头部，后者称为乘积项尾部，如

$$\underset{\text{头部}}{A}\ \underset{\text{尾部}}{\overline{BCUV}}$$

因此，上述合并就是由两个或两个以上具有相同头部的乘积项进行的合并。

例如，设有两个乘积项 $A\bar{B}\,\overline{U}\,V + A\bar{B}\,\overline{X}\,Y$，可以利用"加对乘的分配律"及反演律来进行合并为一个乘积项，其过程如下：

$$AB\overline{U}\overline{V} + A\overline{B}\overline{X}Y = A\overline{B}(\overline{U}\overline{V} + \overline{X}Y)$$
$$= A\overline{B}(\overline{U}\overline{V} + \overline{X})(\overline{U}\overline{V} + Y)$$
$$= A\overline{B}(\overline{U} + \overline{X})(\overline{V} + \overline{X})(\overline{U} + Y)(\overline{V} + Y)$$
$$= A \cdot \overline{B} \cdot \overline{UX} \cdot \overline{VX} \cdot \overline{UY} \cdot \overline{VY}$$

2）寻找公共尾因子，以进一步减少非号。

一个乘积项的尾部因子可以根据需要加以扩展，即将头部因子的各种组合分别插入其尾部因子而得到扩展的尾部因子。如乘积项$BC\overline{A}$的尾因子是$\overline{A}$，将头部BC的各种组合插入尾部，得到扩展因子$\overline{AC}$、$\overline{AB}$、$\overline{ABC}$。可以证明用这些因子代替原有因子$\overline{A}$，乘积项的值不变，即

$$BC\overline{ABC} = BC(\overline{A} + \overline{B} + \overline{C}) = BC\overline{A}$$

这些扩展尾因子称为代替尾因子。

例 13-4 试用 74LS00 二输入四"与非"门实现下列函数：

$$F(A、B、C、D) = \sum m(0,1,2,4,6,11,14,15)$$

解 利用卡诺图化简得到函数表达式为

$$F = \overline{A}\,\overline{D} + \overline{A}\,\overline{B}\,\overline{C} + ABC + ACD$$

由于所用芯片每个门只有两个输入端，对于三变量的乘积项可用提公因子法，对于上式作如下变换：

$$F = \overline{A}\,\overline{D} + \overline{A}\,\overline{B}\,\overline{C} + ABC + ACD$$
$$= \overline{A}(\overline{D} + \overline{B}\,\overline{C}) + A(BC + CD)$$
$$= \overline{A}\,\overline{D} \cdot \overline{B}\,\overline{C} + A\,\overline{BC} \cdot \overline{CD}$$
$$= \overline{\overline{A}\,\overline{D} \cdot \overline{B}\,\overline{C}\,\overline{A}\,\overline{BC} \cdot \overline{CD}}$$

根据上式可以画出实现该逻辑函数的逻辑电路，如图 13-25 所示。

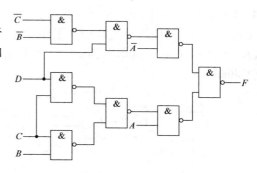

图 13-25   例 13-4 逻辑电路图

13.3 组合逻辑电路中的竞争-冒险现象

13.3.1 竞争-冒险现象的产生

在前面讨论组合电路的分析与设计问题时，都是在理想的情况下进行的，即把所有的逻辑门都看成是理想的开关器件，认为电路中的连线及逻辑门都没有延迟，电路中有多个输入信号发生变化时，都是同时在瞬间完成的。但是，事实上信号的变化是需要一定的过渡时间，信号通过逻辑门也需要一个响应时间，多个信号发生变化时，也可能有先后快慢的差异。因此，在理想情况下设计的组合逻辑电路，受到上述因素影响后，可能在输入信号变化的瞬间，在输出端出现一些不正确的尖峰信号。这些尖峰信号的出现称为冒险（Hazard）现象。

输入同一门的一组信号，由于来自不同途径，会通过不同数目的门，经过不同长度的导线，它们到达的时间总会有先有后。这种现象好像运动员进行赛跑，到达终点的时间有快有慢一样。故称逻辑电路中信号传输过程中的这一现象为竞争（Race）现象。在逻辑电路中，

竞争现象是随时随地都可能出现的，这一现象也可广义地理解为多个信号到达某一点有时差所引起的现象。

值得注意的是，输入有竞争，输出不一定都会产生冒险。组合逻辑电路中的冒险是一种瞬态现象，它表现为在输出端产生不应有的尖峰脉冲，并暂时地破坏正常逻辑关系。一旦瞬态过程结束，即可恢复正常的逻辑关系。根据产生竞争-冒险的原因不同，可分为逻辑冒险和功能冒险。

所谓逻辑冒险是指在组合逻辑电路中，当某一个变量发生变化时，由于此信号在电路中经过的路径不同，使到达电路中某个门的同一个输入信号产生了时差，进而导致输出端产生瞬时的尖峰脉冲干扰，如图13-26a所示。

所谓功能冒险是指在组合逻辑电路的输入端，当有几个变量同时发生变化时，由于这几个变量的快慢各不相同，传送到电路中某个门的输入端必然有时间差，进而导致输出端产生瞬时的尖峰脉冲干扰，如图13-26b所示。

下面通过具体的例子来说明这两种冒险出现的情况以及对应的输出波形。

图13-26a中，假设B处于0状态，则门1的输出为$\overline{A}$。当$A=1$时，$F=\overline{A+\overline{A}}=0$；当$A=0$时，$F=\overline{A+\overline{A}}=0$。可是，当$A$由1变为0的$t_2$时刻，由于门1有$t_{pd}$的传输延时，所以在$t_2\sim(t_2+t_{pd})$期间，或非门2的两个输入均为0，经或非门2延时$t_{pd}$之后，其输出$F$在$(t_2+t_{pd})\sim(t_2+2t_{pd})$期间为1，产生不应有的、宽度很窄的脉冲，这种尖峰脉冲俗称毛刺（Glitch）。

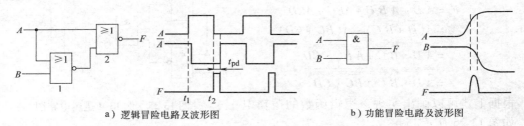

a）逻辑冒险电路及波形图　　　　　　　　b）功能冒险电路及波形图

图13-26　冒险组合逻辑电路举例

由此可见，毛刺的出现是由于电路中的信号传输延迟造成的。一般来说，当一个门的输入有两个或两个以上变量发生变化时，由于这些变量（信号）是经过不同路径产生的，使得它们状态改变的时刻有先有后，这种时差引起的现象称为竞争，竞争的结果若导致险象发生，并造成错误的结果，常称这种竞争为临界竞争；若竞争的结果不导致险象发生，或虽有险象发生，但不影响系统的工作，则称这种竞争为非临界竞争。

13.3.2　竞争-冒险现象的判断

判断一个逻辑电路是否可能产生冒险的方法，可归纳为代数法、卡诺图法、实验分析和计算机辅助分析等。

代数法是从逻辑函数表达式的结构来判断是否具有产生冒险的条件。具体方法是：首先检查逻辑函数表达式中是否存在具备竞争条件的变量，即是否有某个变量A同时以原变量和反变量的形式出现在逻辑函数表达式中。若有，则将逻辑函数表达式中的其他变量的各种取值组合依次代入，使逻辑函数表达式中仅保留被研究的变量A，再看逻辑函数表达式的形

式是否会出现 $A + \bar{A}$ 或 $A\bar{A}$ 的形式，若有，则说明对应的逻辑电路可能产生冒险。

例 13-5　已知描述某组合电路的逻辑函数表达式为 $F = \bar{A}\bar{C} + \bar{A}B + AC$，试判断逻辑电路是否可能产生险象。

解　观察函数表达式可知，变量 A 和 C 均具备竞争条件，所以应对这两个变量分别进行分析。先考察变量 A，为此将 B 和 C 的各种取值组合分别代入函数表达式中，可得到如下结果：

$$BC = 00 \qquad F = \bar{A}$$
$$BC = 01 \qquad F = A$$
$$BC = 10 \qquad F = \bar{A}$$
$$BC = 11 \qquad F = A + \bar{A}$$

由此可见，当 $B = C = 1$ 时，A 的变化可能使电路产生险象。类似地，将 A 和 B 的各种取值组合分别代入函数表达式中，可由代入结果判断出变量 C 发生变化时不会产生险象。

卡诺图是判断冒险的另一种方法，它比代数法更直观、方便。其具体方法是：首先作出逻辑函数的卡诺图，并在卡诺图上将对称相邻的项圈（卡诺圈）出来，若发现某两个卡诺圈存在"相切"关系，即两个卡诺圈之间存在不被同一卡诺圈包含的相邻最小项，则该电路可能存在冒险现象。

例 13-6　已知某组合逻辑电路对应的函数表达式为 $F = \bar{A}D + \bar{A}C + AB\bar{C}$，试判断该电路是否可能产生险象。

解　首先作出给定函数的卡诺图，并画出函数表达式中各"与"项对应的卡诺圈，如图 13-27 所示。

观察该卡诺图可发现，包含最小项 m_1、m_3、m_5、m_7 的卡诺圈和包含最小项 m_{12}、m_{13} 的卡诺圈之间存在相邻最小项 m_5、m_{13}，且 m_5 和 m_{13} 不被同一个卡诺圈所包含，所以这两个卡诺圈"相切"。这说明相应电路可能产生险象。这一结论可用代数法验证，即假定 $B = D = 1$，$C = 0$，代入函数表达式可得 $F = A + \bar{A}$，可见相应电路可能由于 A 的变化而产生险象。

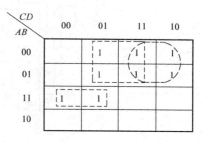

图 13-27　例 13-6 卡诺图

上述方法虽然简单，但局限性较大，如果输入变量的数目很多，就很难从逻辑函数式或卡诺图上简单地找出所有产生竞争-冒险的情况。

将计算机辅助分析的手段用于分析数字电路以后，为从原理上检查复杂数字电路的竞争-冒险现象提供了有效的手段。通过在计算机上运行数字电路的模拟程序，能够迅速查出电路是否会存在竞争-冒险现象。目前已有这类成熟的程序可供选用。

此外，用实验来检查电路的输出端，是否有因为竞争-冒险而产生的尖峰脉冲，也是一种十分有效的判断方法。这时加到输入端的信号波形，应该包含输入变量的所有可能发生的状态变化。

值得注意的是：即使是用计算机辅助手段检查过的电路，往往也还需要经过实验的方法检验，才能最后确定电路是否存在竞争-冒险。因为在用计算机软件模拟数字电路时，只能采用标准化的典型参数，有时还要做一些近似，所以得到的模拟结果有时和实际电路的工作状态会有出入。因此可以认为，只有实验检查的结果才是最终的结论。

13.3.3　冒险现象的消除

1. 接入滤波电容

由于竞争-冒险而产生的尖峰脉冲一般都很窄（多在几十纳秒以内），所以只要在输出端并接一个很小的滤波电容 C_f，如图 13-28a 所示，就足以把尖峰脉冲的幅度削弱至门电路的阈值（门限）电压以下。在 TTL 电路中 C_f 的数值通常在几十至几百皮法的范围内。

这种方法的优点是简单易行，而缺点是增加了输出电压波形的上升时间和下降时间，使波形变坏。

2. 引入选通脉冲

第二种常用的方法是在电路中引入一个选通脉冲 P，如图 13-28b 所示。因为 P 的高电平出现在电路到达稳定状态以后，所以 $G_0 \sim G_3$ 每个门的输出都不会出现尖峰脉冲。但需注意，这时 $G_0 \sim G_3$ 正常的输出信号将变成脉冲信号，而且它们的宽度与选通脉冲相同。

例如，当输入信号 AB 变成 11 以后，Y_3 并不马上变成高电平，而要等到 P 端的正脉冲出现时才给出一个正脉冲。

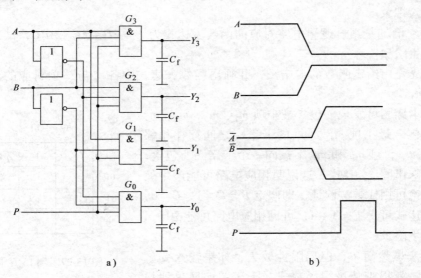

图 13-28　消除竞争-冒险现象的几种方法

3. 修改逻辑设计

以图 13-29（实线部分）所示电路为例，可以得到它的输出逻辑函数式为 $Y = AB + \overline{A}C$，而且可以知道在 $B = C = 1$ 的条件下，当 A 改变状态时存在竞争-冒险。

根据逻辑代数的常用公式可知

$$Y = AB + \overline{A}C = AB + \overline{A}C + BC$$

我们发现，在增加了 BC 项以后，在 $B = C = 1$ 时，无论 A 如何改变，输出始终保持 $Y = 1$。因此，A 状态变化不再会引起竞争-冒险。

因为 BC 一项对函数 Y 来说是多余的，所以把它叫做 Y 的冗余项，同时把这种修改逻辑设计的方法叫增加冗余项的方法。增加冗余项以后电路如图 13-29 虚线部分所示。

用增加冗余项的方法消除竞争-冒险，适用范围是很有限的。由图 13-29 中不难发现，如果 A 和 B 同时改变状态，即 AB 从 10 变为 01 时，电路仍然存在竞争-冒险。可见，增加了冗余项 BC 以后，仅仅消除了 $B=C=1$ 时由于 A 的状态变化所导致的竞争-冒险。

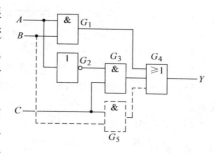

图 13-29　用增加冗余项
消除竞争-冒险

比较上述 3 种方法不难发现，接滤波电容的方法简单易行，但输出的电压波形随之变坏，因此，只适用于对输出波形的前、后沿要求不严格的场合。引入选通脉冲的方法也比较简单，而且不需要增加电路元件(仅增加元件的输入端即可)，但使用这种方法时必须设法得到一个与输入信号同步的选通脉冲，对这个脉冲的宽度和作用的时间均有严格的要求。至于修改逻辑设计的方法，若能运用得当，有时可以收到令人满意的效果，如图 13-29 所讨论的电路。然而用这种方法解决问题有一定的局限性。

习　题

13-1　写出图 13-30 所示逻辑电路输出 F 的逻辑表达式，并说明其逻辑功能。

13-2　组合逻辑电路如图 13-31 所示。

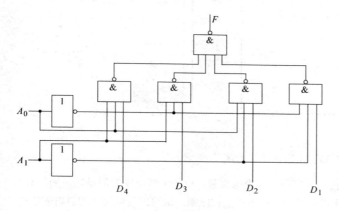

图 13-30　习题 13-1 电路图

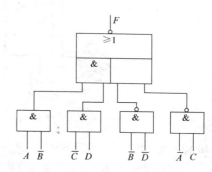

图 13-31　习题 13-2 电路图

(1) 写出函数 F 的表达式。

(2) 将函数 F 化为最简 "与或" 式，并用 "与非" 门实现电路。

(3) 若改用 "或非" 门实现，试写出相应的表达式。

13-3　组合逻辑电路如图 13-32 所示。分析电路功能，写出函数 F 的逻辑表达式。将分析的结果，列成真值表的形式。

13-4　在有原变量输入又有反变量输入的条件下，用 "与非" 门设计实现下列逻辑函数的组合逻辑电路：

(1) $F(A,B,C,D)=\sum m(0,2,6,7,10,12,13,14,15)$

(2) $F(A,B,C,D)=\sum m(0,1,3,4,6,7,10,12,13,14,15)$

(3) $F(A,B,C,D)=\sum m(0,2,3,4,5,6,7,12,14,15)$

(4) $\begin{cases} F_1(A,B,C,D)=\sum m(2,4,5,6,7,10,13,14,15) \\ F_2(A,B,C,D)=\sum m(2,5,8,9,10,11,12,13,14,15) \end{cases}$

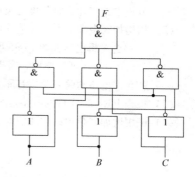

图 13-32　习题 13-3 电路图

311

13-5 在有原变量输入又有反变量输入的条件下，用"或非"门设计实现下列逻辑函数的组合逻辑电路：

(1) $F(A,B,C) = \sum m(0,1,2,4,5)$

(2) $F(A,B,C,D) = \sum m(0,1,2,4,6,10,14,15)$

13-6 在只有原变量输入没有反变量输入的条件下，用"与非"门设计实现下列逻辑函数的组合逻辑电路：

(1) $F = A\bar{B} + A\bar{C}D + \bar{A}C + B\bar{C}$

(2) $F(A,B,C,D) = \sum m(1,5,6,7,12,13,14)$

13-7 试设计一个8421BCD码校验电路。要求当输入量$DCBA \leqslant 2$ 或 $\geqslant 7$ 时，电路输出F为高电平，否则为低电平。用"与非"门设计实现该电路，写出F的表达式。

13-8 试用一个两位二进制数比较电路，实现两个两位二进制数A_1A_0、B_1B_0的比较逻辑功能。当$A > B$时，$F_1 = 1$；$A = B$时，$F_2 = 1$；$A < B$时，$F_3 = 1$。

13-9 有一水塔，由两台一大一小的电动机M_S和M_L驱动水泵向水塔注水，当水塔的水位在C以上时，不给水塔注水，当水位降到C点，由小电动机M_S单独驱动，水位降到B点时，由大电动机M_L单独驱动给水塔注水，水位降到A点时，则两个电动机同时驱动，如图13-33所示。试设计一个控制电动机工作的逻辑电路。

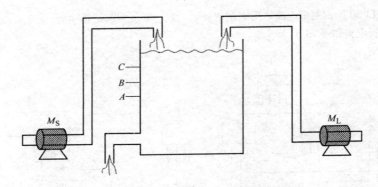

图 13-33 水塔水位示意图

13-10 飞机在下列条件下不允许发动：门关上但座位皮带未束紧；束紧了座位皮带但是制动闸没有松开；松开了制动闸但门未关上。但是在维修飞机时发动，则不受上述限制。试写出飞机发动的逻辑表达式，并用"与非"门实现。

13-11 TTL"或非"门组成如图13-34所示电路。

(1) 分析电路在什么时刻可能出现冒险现象。

(2) 用增加冗余项的方法来消除冒险，电路应该怎样修改？

13-12 组合逻辑电路如图13-35所示。

(1) 分析图13-35所示电路，写出函数F的逻辑表达式，用$\sum m$形式表示。

(2) 若允许电路的输入变量有原变量和反变量的形式，将电路改用最少数目的"与非"门实现。

(3) 检查上述(2)实现的电路是否存在竞争-冒险现象。若存在，则可能在什么时刻出现冒险现象？

(4) 试用增加冗余项的方法消除冒险(写出函数表达式即可)。

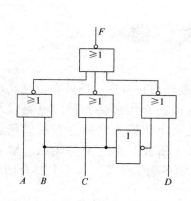

图 13-34　习题 13-11 电路图

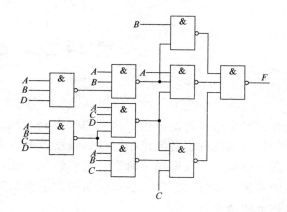

图 13-35　习题 13-12 电路图

第 14 章 触 发 器

在数字系统中，常常需要存储各种数字信息。触发器(Flip-Flop)是具有记忆功能、能存储数字信号的最常用的基本单元电路。触发器与前面已介绍过的各种门电路以及由它们组成的各种组合电路相比较，触发器的显著特点是输出与输入之间存在反馈路径，因此它的输出不仅取决于研究时刻的输入，而且还依赖于研究时刻之前的输入。触发器可由双极型器件(如 TTL)构成，也可由单极型器件(如 MOS 管)构成。本章主要介绍由 TTL 构成的触发器。

触发器按照电路结构形式的不同，可分成基本触发器、同步触发器、主从触发器、边沿触发器等。按照在时钟脉冲(Clock Pulse)控制下逻辑功能的不同，又可分为 RS、D、JK、T、T' 共 5 种类型。本章主要介绍各种触发器的结构特点、工作原理、逻辑功能表示方法、相互之间的转换，最后简要介绍典型集成触发器的动态特性和主要参数。

14.1 基本触发器

14.1.1 基本触发器的逻辑结构和工作原理

基本触发器的逻辑结构如图 14-1 所示。它可由两个与非门交叉耦合构成，图 14-1a 是其逻辑电路图和逻辑符号，也可以由两个或非门交叉耦合构成，如图 14-1b 所示。

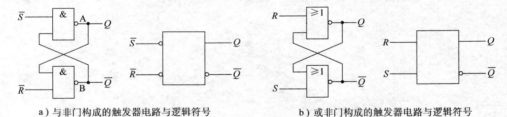

a) 与非门构成的触发器电路与逻辑符号　　　　b) 或非门构成的触发器电路与逻辑符号

图 14-1　基本触发器的逻辑结构及逻辑符号

现在以两个与非门组成的基本触发器为例分析其工作原理。

在图 14-1a 中，A 和 B 是两个与非门，它可以是 TTL 门，也可以是 CMOS 门。Q 和 $\overline{Q}$ 是触发器的两个输出端。当 $Q=0$，$\overline{Q}=1$ 时，称触发器状态为 0，当 $Q=1$，$\overline{Q}=0$ 时，称触发器状态为 1。触发器有 $\overline{R}$、$\overline{S}$ 两个输入端，字母上的非号表示低电平或负脉冲有效(在逻辑符号中用小圆圈表示)。根据与非逻辑关系可写出触发器输出端的逻辑表达式为

$$Q=\overline{\overline{S}\,\overline{Q}} \qquad\qquad \overline{Q}=\overline{\overline{R}Q}$$

根据以上两式，可得如下结论：

1) 当 $\overline{R}=0$，$\overline{S}=1$ 时，则 $\overline{Q}=1$，$Q=0$，触发器置 0。

2) 当 $\overline{R}=1$，$\overline{S}=0$ 时，则 $\overline{Q}=0$，$Q=1$，触发器置 1。

3) 当 $\overline{R}=1$，$\overline{S}=1$ 时，触发器状态保持不变，触发器具有保持功能。

4）当 $\bar{R}=0$，$\bar{S}=0$ 时，则 $\bar{Q}=1$，$Q=0$，触发器两输出端均置1。如果 $\bar{R}=0$ 和 $\bar{S}=0$ 的持续时间相同，并且同时发生由 0 变到 1，则两个与非门输出都要由 1 向 0 转换，这就出现了所谓的竞争现象。假若与非门 A 的延迟时间小于 B 门的延迟时间，则触发器将最终稳定在 $\bar{Q}=0$，$Q=1$ 的状态。而假若与非门 B 的延迟时间小于 A 门的延迟时间，则触发器将最终稳定在 $\bar{Q}=1$，$Q=0$ 的状态。因此，在 $\bar{R}=0$ 和 $\bar{S}=0$ 而且又都同时变为 1 时，电路的竞争使得最终稳定状态不能确定。这种状态应尽可能避免。但假若 $\bar{R}=0$ 和 $\bar{S}=0$ 后，$\bar{R}$ 和 $\bar{S}$ 不是同时恢复为 1，那么最后稳定状态的新状态仍按上述 1）或 2）的情况确定，即触发器或被置 0 或被置 1。图 14-2 为基本触发器的工作波形。图中虚线部分表示不确定状态。

由上述分析可见，两个与非门交叉耦合构成的基本触发器具有置 0、置 1 及保持功能。通常称 $\bar{S}$ 为置 1 端，因为 $\bar{S}=0$ 时被置 1，所以是低电平有效。$\bar{R}$ 为置 0 端，因为 $\bar{R}=0$ 时置 0，所以也是低电平有效。基本触发器又称置 0置 1 触发器，或称为 RS 触发器。

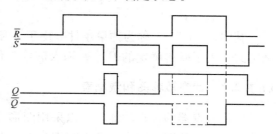

图 14-2　基本触发器的工作波形

需要强调的是，当 $\bar{S}=0$，$\bar{R}=1$，触发器置 1 后，如果 $\bar{S}$ 由 0 恢复至 1，即 $\bar{S}=1$，$\bar{R}=1$，触发器保持在 1 状态，即 $Q=1$。同理，当 $\bar{S}=1$，$\bar{R}=0$ 时，触发器置 0 后，$\bar{R}$ 由 0 恢复至 1，即 $\bar{S}=1$，$\bar{R}=1$ 时，触发器保持在 0 状态，即 $Q=0$。这一保持功能和前面介绍的组合电路是完全不同的，因为在组合电路中，如果输入信号确定后，将只有唯一的一种输出。

14.1.2　基本触发器功能的描述

描述触发器的逻辑功能，通常采用下面 3 种方法。

14.1.2.1　状态转移真值表

为了表明触发器在输入信号作用下，触发器下一稳定状态（次态）Q^{n+1} 与触发器稳定状态（现态）Q^n 以及输入信号之间的关系，可将上述对触发器分析的结论用表格形式来描述，见表 14-1。该表称为触发器状态转移真值表。表 14-2 为表 14-1 的简化表。

表 14-1　基本触发器状态转移真值表

现　态	输 入 信 号		次　态	功　能
Q^n	$\bar{R}$	$\bar{S}$	Q^{n+1}	
0	0	1	$\left.\begin{array}{c}0\\0\end{array}\right\} 0$	置0
1	0	1		
0	1	0	$\left.\begin{array}{c}1\\1\end{array}\right\} 1$	置1
1	1	0		
0	1	1	$\left.\begin{array}{c}0\\1\end{array}\right\} Q^n$	保持
1	1	1		
0	0	0	不确定	不正常（不允许）
1	0	0		

14. 1. 2. 2 特征方程（状态方程）

触发器的逻辑功能还可用逻辑函数表达式来描述。描述触发器逻辑功能的函数表达式称为特征方程，或称为状态转移方程，简称为状态方程。由表 14-1 通过卡诺图 14-3 简化，可得

$$\begin{cases} Q^{n+1} = \overline{\overline{S}} + \overline{R}Q^n = S + \overline{R}Q^n \\ \overline{S} + \overline{R} = 1 \end{cases}$$

其中，$\overline{S} + \overline{R} = 1$ 称为约束条件。由于 $\overline{S}$ 和 $\overline{R}$ 同时为 0 又同时恢复为 1 时，状态 Q^{n+1} 是不确定的。为了获得确定的 Q^{n+1}，输入信号 $\overline{S}$ 和 $\overline{R}$ 应满足 $\overline{S} + \overline{R} = 1$。

表 14-2 简化真值表

$\overline{R}$	$\overline{S}$	Q^{n+1}
0	1	0
1	0	1
1	1	Q^n
0	0	不定

14. 1. 2. 3 状态转移图和激励表

描述触发器的逻辑功能还可以采用图形方式，即状态转移图来描述。图 14-4 为基本触发器的状态转移图。图中，两个圆圈分别代表基本触发器的两个稳定状态，箭头表示在输入信号作用下状态转移的方向，箭头旁的标注表示状态转移时的条件。

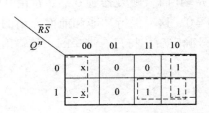

图 14-3 基本触发器的卡诺图

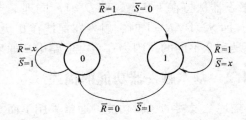

图 14-4 基本触发器的状态转移图

由图 14-4 可见，如果触发器当前稳定状态是 $Q^n = 0$，则在输入信号 $\overline{S} = 0$，$\overline{R} = 1$ 的条件下，触发器转移至下一个状态（次态）$Q^{n+1} = 1$；如果输入信号 $\overline{S} = 1$，$\overline{R} = 0$ 或 1，则触发器维持在 0；如果触发器的当前稳定状态是 $Q^n = 1$，则在输入信号 $\overline{S} = 1$，$\overline{R} = 0$ 的作用下，触发器转移至下一状态（次态）$Q^{n+1} = 0$；如果输入信号 $\overline{S} = 1$ 或 0，$\overline{R} = 1$，则触发器维持在 1。这与表 14-1 所描述的功能是一致的。

由图 14-4 可以方便地列出表 14-3。表 14-3 表示触发器由当前状态 Q^n 转移至确定要求的下一状态 Q^{n+1} 时，对输入信号的要求。因此表 14-3 为触发器的激励表或驱动表。它实质上是表 14-1 所示状态转移真值表的派生表。

上述触发器逻辑功能的几种描述方法，其本质是相通的，可以互相转换。在分析包含触发器的逻辑电路时，必须熟练地运用状态转移真值表、状态方程及状态转移图。而在设计包含有触发器的逻辑电路（时序逻辑电路）时，必须运用触发器的激励表。

表 14-3 基本触发器的激励表

状态 转移		激励 输入	
$Q^n \longrightarrow Q^{n+1}$		$\overline{R}$	$\overline{S}$
0	0	x	1
0	1	1	0
1	0	0	1
1	1	1	x

注：x 表示任意，0 或 1。

14.2 同步触发器

前面介绍的基本 RS 触发器，其输出状态直接受输入信号控制。而在实际运用中，常常需要触发器的输入仅作为触发器发生状态变化的转移条件，不希望触发器状态随输入信号的变化而立即发生相应变化，而是要求在时钟脉冲信号（CP）的作用下，触发器状态根据当时的输入激励条件发生相应的状态转移（例如，计算机中存储器只有在存数据时才将输入端的数据存入，其他时间则保存数据值不变）。为此，在基本触发器的基础上加上触发引导电路，构成时钟控制的触发器。时钟控制触发器的种类很多，其中最简单、最基本的一类是本节将要介绍的同步触发器。

14.2.1 同步 RS 触发器

由与非门构成的同步 RS 触发器逻辑图如图 14-5a 所示，其逻辑符号如图 14-5b 所示。图中，门 A 和 B 构成基本触发器，门 C 和 E 构成触发引导电路。

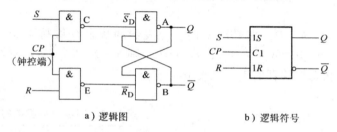

a）逻辑图   b）逻辑符号

图 14-5　同步 RS 触发器

由图 14-5a 可见，基本触发器的输入为

$$\overline{S}_D = \overline{S \cdot CP} \qquad \overline{R}_D = \overline{R \cdot CP}$$

当 $CP=0$ 时，不论 S、R 是什么，$\overline{S}_D$、$\overline{R}_D$ 的值都为 1，由基本触发器功能可知，触发器状态 Q 维持不变。当 $CP=1$ 时，$\overline{S}_D = \overline{S}$，$\overline{R}_D = \overline{R}$，触发器状态将发生转移。

根据基本触发器的状态方程，可以得到，当 $CP=1$ 时有

$$\begin{cases} Q^{n+1} = S + \overline{R}Q^n \\ RS = 0 \end{cases}$$

该式是同步 RS 触发器的状态方程，其中 $RS=0$ 是约束条件，它表明在 $CP=1$ 期间，触发器的状态按上式的描述发生状态转移。

同理可以得到在 $CP=1$ 时，同步 RS 触发器的状态转移真值表，见表 14-4。激励表见表 14-5。状态转移图如图 14-6 所示。

表 14-4　同步 RS 触发器的状态转移真值表

R	S	Q^{n+1}
0	0	Q^n
0	1	1
1	0	0
1	1	不定

表 14-5　同步 RS 触发器的激励表

$Q^n \longrightarrow Q^{n+1}$		R	S
0	0	x	0
0	1	0	1
1	0	1	0
1	1	0	x

图 14-7 是同步 RS 触发器的工作波形。当 $CP=0$ 时，不论 R、S 如何变化，触发器状态维持不变。只有当 $CP=1$ 时，R、S 的变化才能引起状态的改变。

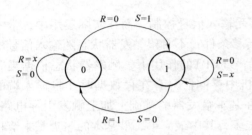

图 14-6　同步 RS 触发器的状态转移图

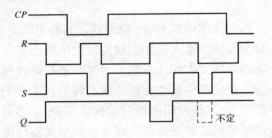

图 14-7　同步 RS 触发器的工作波形

14.2.2　同步 D 触发器

为了避免同步 RS 触发器的输入信号同时为 1，可以在 S 和 R 之间接一个"非门"，信号只从 S 端输入，并将 S 端改称为数据输入端 D，如图 14-8 所示。这种单输入的触发器称为同步 D 触发器。

由图可知，$S=D$，$R=\overline{D}$，当 $CP=0$ 时，触发器的状态 Q 维持不变。当 $CP=1$ 时，若 $D=1$，则 $S=1$，$R=\overline{S}=0$，故 $Q^{n+1}=1$；若 $D=0$，则 $S=0$，$R=\overline{S}=1$，故 $Q^{n+1}=0$。由此得到同步 D 触发器的状态转移真值表，见表 14-6。

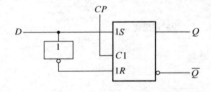

图 14-8　同步 D 触发器

表 14-6　同步 D 触发器的状态转移真值表

D	Q^{n+1}
0	0
1	1

由状态转移真值表可直接列出同步 D 触发器的状态方程为

$$Q^{n+1}=D$$

同步 D 触发器的逻辑功能表明：只要向同步触发器送入一个 CP，即可将输入数据 D 存入触发器。CP 过后，触发器将存储该数据，直到下一个 CP 到来时为止，故 D 触发器也称 D 锁存器。

同理可得同步 D 触发器在 $CP=1$ 时的激励表，见表 14-7，状态转移图如图 14-9 所示。

表 14-7　同步 D 触发器的激励表

$Q^n \longrightarrow Q^{n+1}$		D
0	0	0
0	1	1
1	0	0
1	1	1

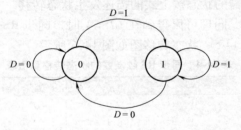

图 14-9　同步 D 触发器的状态转移图

14.2.3 同步触发器的触发方式和空翻问题

1. 空翻问题

由于在 $CP = 1$ 期间，同步触发器的触发引导门都是开放的，触发器都可以接收输入信号而翻转，所以在 $CP = 1$ 期间，如果输入信号发生多次变化，触发器的状态也会发生相应的改变，如图 14-10 所示。这种在 $CP = 1$ 期间，由于输入信号变化而引起的触发器翻转的现象，称为触发器的空翻现象。

由于同步触发器存在空翻问题，其应用范围也就受到了限制。它不能用来构成移位寄存器（Register）和计数器（Counter），因为在这些部件中，当 $CP = 1$ 时，不可避免地会使触发器的输入信号发生变化，从而出现空翻，使这些部件不能按时钟脉冲的节拍正常工作。此外，这种触发器在 $CP = 1$ 期间，如遇到一定强度的正向脉冲干扰，使 S、R 或 D 信号发生变化时，也会引起空翻现象，所以它的抗干扰能力也差。

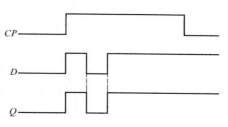

图 14-10 同步触发器的空翻波形

2. 触发方式

由于同步触发器在 CP 为高电平期间均可翻转，所以其 CP 触发方式属于电平触发方式。因此，同步触发器也称为电平触发型触发器。为了提高触发器工作的可靠性，希望在每个 CP 周期里输出端的状态只能改变一次，为此，在同步触发器的基础上又设计出了主从结构触发器。

14.3 主从触发器

14.3.1 主从触发器的基本原理

图 14-11a 所示为主从 RS 触发器的原理电路。图 14-11b 为其逻辑符号。它是由两个高电平触发方式的同步 RS 触发器构成的。其中，门 E、F、G、H 构成主触发器，时钟信号为 CP，输出为 $Q_\text{主}$、$\overline{Q}_\text{主}$，输入为 R、S；门 A、B、C、D 构成从触发器，时钟信号为 $\overline{CP}$，输入为主触发器的输出 $Q_\text{主}$、$\overline{Q}_\text{主}$，输出为 Q、$\overline{Q}$。从触发器的输出为整个主从触发器（Master-Slave Flip-Flop）的输出，主触发器的输入为整个主从触发器的激励输入。

当 $CP = 0$ 时，$\overline{CP} = 1$，主触发器被封锁，而从触发器被打开，接收主触发器的内容，从而使 $Q = Q_\text{主}$，$\overline{Q} = \overline{Q}_\text{主}$。

当 $CP = 1$ 时，主触发器被打开，而从触发器被封锁。其状态方程为

$$\begin{cases} Q_\text{主}^{n+1} = S + \overline{R}Q_\text{主}^n \\ RS = 0 \end{cases} \quad CP = 1 \text{ 期间有效}$$

此时，因为 $\overline{CP} = 0$，从触发器被封锁，输出端 Q、$\overline{Q}$ 保持原来状态不变。

当 CP 由 1 跳变至 0 时，因为 $CP = 0$，主触发器被封锁，此后无论 S 和 R 的状态如何改变，在 $CP = 0$ 期间主触发器的状态不再改变。而 $\overline{CP}$ 由 0 跳变至 1，从触发器接收 $CP = 1$ 期

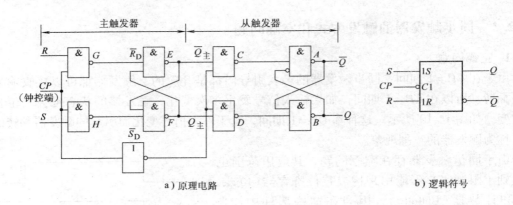

a）原理电路   b）逻辑符号

图 14-11   主从 RS 触发器

间存入的主触发器状态信号，从而更新状态，从触发器状态方程为

$$\begin{cases} Q^{n+1} = Q_{主}^{n+1} = S + \overline{R}Q^n \\ RS = 0 \end{cases} \quad CP \text{ 下降沿到来后有效}$$

综上所述，图 14-11a 所示的主从触发器的工作分两步进行。第一步，当 CP 由 0 跳变到 1 及 $CP = 1$ 期间，主触发器接收输入信号激励，状态发生变化；而 $\overline{CP}$ 由 1 变为 0 及 $\overline{CP} = 0$ 期间，从触发器被封锁，因此，触发器状态保持不变，这一步称为准备阶段。第二步是当 CP 由 1 跳变到 0，且 $CP = 0$ 期间，主触发器被封锁，主触发器状态保持不变，而从触发器时钟 $\overline{CP}$ 由 0 跳变到 1，接收这一时刻主触发器的状态，触发器输出状态发生变化。

在 CP 的一个变化周期内，只有在 CP 下降沿来到的瞬间，触发器输出状态（Q、$\overline{Q}$）才能发生一次翻转，这种触发方式称为脉冲触发。因此，这种触发器能有效地克服空翻。图 14-12 为主从 RS 触发器的工作波形。在图 14-11b 中，CP 端的小圆圈"○"表示触发器是 CP 下降沿触发的。

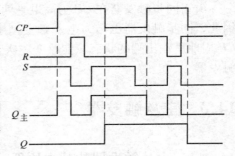

图 14-12   主从 RS 触发器的工作波形

14.3.2 主从 JK 触发器及其一次翻转现象

主从 RS 触发器在 $CP = 1$ 时，当输入 $R = S = 1$ 时，主触发器也会出现输出状态不定的情况，因而限制了它的实际应用。为了使触发器的逻辑功能更加完善，可以利用 $CP = 1$ 期间，Q、$\overline{Q}$ 的状态不变且互补的特点，将 Q 和 $\overline{Q}$ 反馈到输入端，并将 S 改为 J，R 改为 K，则构成如图 14-13 所示的主从 JK 触发器。

由于主从 JK 触发器的基本结构仍然是主从结构，所以它的工作原理和主从 RS 触发器基本相同。由图 14-13 可得 $S = J\overline{Q^n}$，$R = KQ^n$，将它们代入主从 RS 触发器的状态方程即可得到主从 JK 触发器的状态方程为

$$Q^{n+1} = J\overline{Q^n} + \overline{K}Q^n \quad CP \text{ 下降沿到来后有效}$$

由于 $S \cdot R = J\overline{Q^n} \cdot KQ^n = 0$，对于 J、K 的任意取值都不会使 R、S 同时为 1，因此，J、K 之间不会有约束。

320

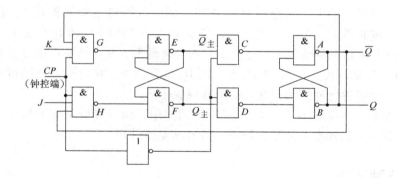

图 14-13　主从 JK 触发器

　　根据主从 JK 触发器的状态方程,可得到状态转移方程真值表(见表 14-8)、激励表(见表 14-9)以及状态转移图(见图 14-14)。由表 14-8 可见,主从 JK 触发器在 $J=K=0$ 时,具有保持功能;在 $J=0$、$K=1$ 时具有置 0 功能;在 $J=1$、$K=0$ 时具有置 1 功能;在 $J=1$、$K=1$ 时具有翻转功能。

表 14-8　主从 JK 触发器的状态转移真值表

J	K	Q^{n+1}
0	0	Q^n
0	1	0
1	0	1
1	1	$\overline{Q^n}$

表 14-9　主从 JK 触发器的激励表

$Q^n \longrightarrow Q^{n+1}$		J	K
0	0	0	x
0	1	1	x
1	0	x	1
1	1	x	0

　　由前面分析主从 JK 触发器的工作原理可知,在 $CP=1$ 期间,J、K 信号是不变的,当 CP 由 1 变 0 时,从触发器达到稳定状态(即主触发器的输出状态输入到从触发器,并决定了整个触发器的输出状态)。但是如果在 $CP=1$ 期间,J、K 信号发生变化,主从 JK 触发器就有可能产生一次翻转现象。所谓主从 JK 触发器的一次翻转现象是在 $CP=1$ 期间,不论输入信号 J、K 变化多少次,主触发器能且仅能翻转一次。这是因为在图 14-13 中,状态互补的 Q、$\overline{Q}$ 分别反馈到了门 G、H 的输入端,使这两个门中总有一个是被封锁的,而根据同步 RS 触发器的性能知道,从一个输入端加信号,其状态能且仅能改变一次。例如,当 $\overline{Q}=0$、$Q=1$ 时,门 H 被封锁,J 不起作用,信号只能由 K 端经门 G 将主触发器置 0,且一旦置 0 后,无论 K 怎么变化,主触发器都将保持 0 状态不变。$\overline{Q}=1$、$Q=0$ 时的情况正好相反,被

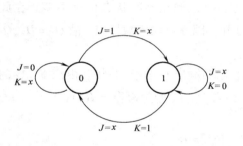

图 14-14　主从 JK 触发器的状态转移图

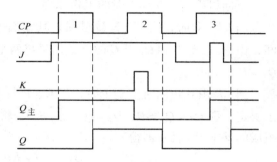

图 14-15　主从 JK 触发器的工作波形

321

封锁的是门 G，信号只能由 J 端经门 H 起作用，因而仅可将主触发器置 1，且一旦置 1 以后，状态也不可能再改变。综上所述，只有当 $Q=1$，在 $CP=1$ 时 K 由 0 变 1，或 $Q=0$，在 $CP=1$ 时 J 由 0 变 1 这两种情况下，才产生一次翻转现象，并非所有的跳变信号都会使主从 JK 触发器出现一次翻转现象。图 14-15 为主从 JK 触发器的工作波形。由图可见，在第二个时钟脉冲及第三个时钟脉冲期间存在一次翻转现象。

一次翻转现象，不仅限制了主从 JK 触发器的使用，而且降低了它的抗干扰能力。下面介绍一种能克服一次翻转现象的触发器——边沿触发器。

14.4 边沿触发器

14.4.1 维持阻塞 D 触发器

图 14-16a 为维持阻塞 D 触发器的逻辑电路图。其逻辑符号如图 14-6b 所示。其中 $\bar{S}_D$ 和 $\bar{R}_D$ 输入端为异步置 1 和置 0 输入端。当 $\bar{R}_D=0$，$\bar{S}_D=1$ 时，$\bar{R}_D$ 封锁门 F 使 $Q_2=1$，封锁门 E 使 $Q_3=1$，这样保证触发器可靠置 0；当 $\bar{R}_D=1$，$\bar{S}_D=0$ 时，$\bar{S}_D$ 封锁门 G 使 $Q_1=1$，在 $CP=1$ 时，使 $Q_3=0$，从而使 $Q_4=1$，保证了触发器置 1，在 $CP=0$ 时，也能保证触发器可靠置 1。故 $\bar{S}_D$ 和 $\bar{R}_D$ 输入端对触发器的影响与时钟信号无关。

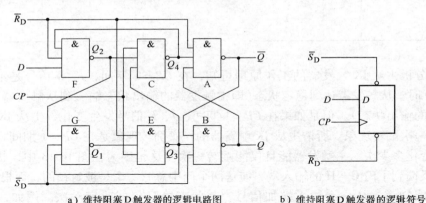

a）维持阻塞 D 触发器的逻辑电路图　　　　b）维持阻塞 D 触发器的逻辑符号

图 14-16　维持阻塞 D 触发器

下面讨论 $\bar{R}_D=\bar{S}_D=1$ 时的工作原理。

当 $CP=0$ 时，门 C、E 被封锁，其输出 $Q_3=Q_4=1$，触发器的状态保持不变。在此期间，由于 Q_4 至 F 和 Q_3 至 G 的反馈信号将两个门打开，因此可输入数据 D，故 $Q_2=\bar{D}$，$Q_1=\bar{Q}_2=D$。

当 CP 由 0 正向跳变到 1 时，门 C、E 打开，它们的输出 Q_4、Q_3 的状态由门 F、G 的输出决定，即 $Q_3=\bar{Q}_1=\bar{D}$，$Q_4=\overline{Q_2 \cdot Q_3}=D$，将 Q_3（相当于 $\bar{S}$）、Q_4（相当于 $\bar{R}$）代入由门 A、B 组成的基本 RS 触发器得

$$Q^{n+1}=S+\bar{R}Q^n=D+DQ^n=D$$

实现 D 触发器的逻辑功能。

在 $CP=1$ 期间输入信号被封锁。这是因为，当 $D=0$ 时，触发器翻转后，$Q_4=0$ 反馈到门 F 的输入端将门 F 封锁，因此，Q_1、Q_2、Q_3 和 Q_4 在 D 发生变化时都不会改变状态；当 $D=1$ 时，触发器翻转后，$Q_3=0$ 反馈到门 C 和门 G 的输入端将其封锁，因此，Q_1、Q_2 和 Q_4 在 D 发生变化时都不会改变。

总之，该触发器是在 CP 上升沿前接收输入信号，上升沿时触发器翻转，图中" $>$ "表示边沿触发。上升沿后的输入信号被封锁，从而克服了空翻现象和一次翻转现象。

14.4.2 边沿 JK 触发器

边沿 JK 触发器的逻辑符号如图 14-17 所示。图中" $>$ "表示边沿触发，"○"表示下降沿触发。$\bar{S}_D$ 和 $\bar{R}_D$ 输入端为异步置 1 和置 0 输入端。边沿 JK 触发器的逻辑功能和前面讨论的主从 JK 触发器的功能相同，因此，它们的特性表、驱动表和特性方程也相同。但边沿 JK 触发器只有在 CP 下降沿到达时才有效。它的特性方程如下：

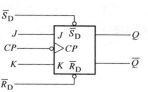

$$Q^{n+1}=J\bar{Q}^n+\bar{K}Q^n \quad CP \text{ 下降沿到达时刻有效}$$

下面举例说明边沿 JK 触发器的工作情况。

图 14-17　边沿 JK 触发器的
逻辑符号

例 14-1　若边沿 JK 触发器 CP、$\bar{R}_D$、$\bar{S}_D$、J、K 端的电压波形如图 14-18 所示，试画出 Q、$\bar{Q}$ 端对应的电压波形。设 Q 初始状态为 0。

解

第一个时钟脉冲 CP 下降沿到达之前，由于异步置 1 端 $\bar{S}_D=0$，触发器状态由 0 变为 1。

第一个时钟脉冲 CP 下降沿到达时，由于 $J=0$、$K=1$，触发器置 0，状态由 1 变为 0。

第二个时钟脉冲 CP 下降沿到达时，由于 $J=1$、$K=0$，触发器置 1，状态由 0 变为 1。

第三个时钟脉冲 CP 下降沿到达时，由于 $J=1$、$K=1$，触发器置状态翻转，状态由 1 变为 0。

第四个时钟脉冲 CP 下降沿到达时，由于 $J=0$、$K=0$，触发器状态保持，状态仍为 0。

第五个时钟脉冲 CP 下降沿到达之前，由于异步置 0 端 $\bar{R}_D=0$，触发器状态仍为 0。

第五个时钟脉冲 CP 下降沿到达时，由于 $J=1$、$K=1$，触发器置状态翻转，状态由 0 变为 1。

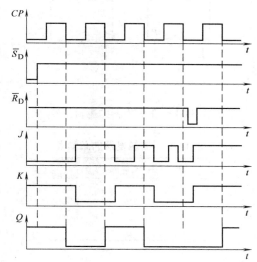

图 14-18　边沿触发器的工作波形

对应波形如图 14-18 所示。

由上题分析可得如下结论：

1）边沿 JK 触发器用时钟脉冲 CP 下降沿触发，这时电路才会接收 J、K 端的输入信号并改变状态，而在 CP 为其他值时，不管 J、K 为何值，电路状态都不会改变。

2）在一个时钟脉冲 CP 作用时间内，只有一个下降沿，电路最多只能改变一次状态，因此电路没有空翻问题。

14.5 触发器的类型及转换

根据在时钟信号 CP 控制下逻辑功能的不同，常把钟控触发器分成 RS、D、JK、T、T′ 5 种类型。这些不同类型的触发器可以按照一定的方法互相转换。下面首先介绍 T 触发器和 T′ 触发器的功能，然后通过实例介绍触发器间相互转换的方法。

14.5.1 T 触发器和 T′ 触发器

在 CP 控制下，根据输入信号 $T(T=0$ 或 $T=1)$ 的不同，具有保持和翻转功能的电路，都叫做 T 触发器。将 JK 触发器的 J、K 端短接，并取名为 T 端，就能构成 T 触发器，其逻辑符号如图 14-19 所示。T 触发器的状态方程为

$$Q^{n+1} = J\overline{Q^n} + \overline{K}Q^n$$
$$= T\overline{Q^n} + \overline{T}Q^n$$
$$= T \oplus Q^n$$

由此可得 T 触发器的状态转移真值表(见表 14-10)、激励表(见表 14-11)以及状态转移图(见图 14-20)。

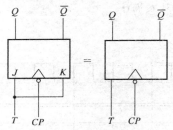

图 14-19 T 触发器的逻辑符号

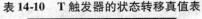

表 14-10 T 触发器的状态转移真值表

T	Q^{n+1}
0	Q^n
1	$\overline{Q^n}$

表 14-11 T 触发器的激励表

$Q^n \longrightarrow Q^{n+1}$		T
0	0	0
0	1	1
1	0	1
1	1	0

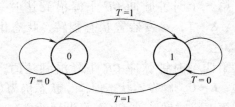

图 14-20 T 触发器的状态转移图

由表 14-10 可见，T 触发器在 $T=0$ 时，具有保持功能；在 $T=1$ 时，具有翻转功能。

在 CP 控制下，只具有翻转功能的电路叫做 T′ 触发器。即在 T 触发器中，当 T 恒为 1 时就构成了 T′ 触发器，其状态方程为

$$Q^{n+1} = T \oplus Q^n = 1 \oplus Q^n = \overline{Q^n}$$

14.5.2 触发器类型转换的方法

所谓触发器的类型转换，就是用一个已有的触发器去实现另一类型触发器的功能。一般转换要求示意图如图 14-21 所示。其目的是求转换逻辑，也就是求已有触发器的激励方程。

常用的方法有两种。

1）公式法：通过比较触发器的状态转移方程求转换逻辑。

2）图形法：利用触发器的状态转移表、激励表和卡诺图求转换逻辑。

例如，将钟控 RS 触发器转换成 JK 触发器。

1）用公式法。RS 触发器的状态转移方程为

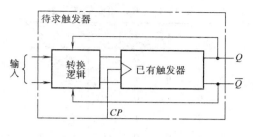

图 14-21　转换要求示意图

$$\begin{cases} Q^{n+1} = S + \overline{R}Q^n \\ SR = 0 \end{cases}$$

JK 触发器的状态转移方程为

$$Q^{n+1} = J\,\overline{Q^n} + \overline{K}Q^n$$

由 RS 触发器的状态转移方程和 JK 触发器的状态转移方程得

$$S + \overline{R}Q^n = J\,\overline{Q^n} + \overline{K}Q^n$$

故得

$$\begin{cases} S = J\,\overline{Q^n} \\ R = K \end{cases}$$

但是，考虑到 RS 触发器的约束条件，在 $J = K = 1$，$Q^n = 0$ 的条件下，不能满足，故应变换 JK 触发器状态转移方程，即

$$Q^{n+1} = J\,\overline{Q^n} + \overline{K}Q^n = J\,\overline{Q^n} + \overline{KQ^n}Q^n$$

再比较状态转移方程得

$$\begin{cases} S = J\,\overline{Q^n} \\ R = KQ^n \end{cases}$$

这样，使得约束条件始终能够满足。图 14-22 是将 RS 触发器转换为 JK 触发器的逻辑电路图。

2）用图形法。根据 JK 触发器的状态转移真值表和钟控 RS 触发器的激励表列出 RS→JK 的使用表，见表14-12。

JK 触发器的状态转移真值表，反映了对转换的要求，当 Q^n、J、K 的取值确定以后，便可以求出相应的 Q^{n+1}。这里的 Q^n 和 Q^{n+1} 既是待求的 JK 触发器的现态和次态，也是已有 RS 触发器的现态和次态。因此，Q^n 和 Q^{n+1} 的对应关系也反映了对 RS 触发器的激励要求，再根据 RS 触发器的激励表即可确定对应的 R、S 取值。即 Q^n 和 J、K 的取值决定了 Q^{n+1} 的值，从而也就决定了 R、S 的值。表 14-12 所示的 R 和 S 与 Q^{n+1} 是一样的，同样是 Q^n 和 J、K 的函数，把反映这些函数关系的表格叫做使用表。该表的具体产生过程是：先由 J、K 和 Q^n 求出 Q^{n+1}，再由相应的 Q^n→Q^{n+1} 的对应关系确定 R、S。

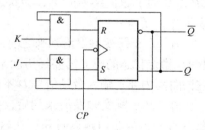

图 14-22　RS→JK 触发器转换逻辑图

根据表 14-12，以 J、K、Q^n 作为输入变量，R、S 作为输出变量，通过卡诺图（见图 14-23）化简得出其逻辑表达式为

$$R = KQ^n \qquad S = J\,\overline{Q^n}$$

所得结果与公式法求出的相同。

表 14-12　RS→JK 的使用表

J	K	Q^n	Q^{n+1}	R	S
0	0	0	0	x	0
0	0	1	1	0	x
0	1	0	0	x	0
0	1	1	0	1	0
1	0	0	1	0	1
1	0	1	1	0	x
1	1	0	1	0	1
1	1	1	0	1	0

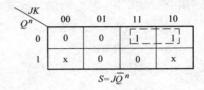

图 14-23　R、S 函数的卡诺图

对于其余各种类型的触发器之间的转换，请读者仿照上述方法自行练习。

14.6　集成触发器的脉冲工作特性和动态参数

为了正确地使用触发器，不但需要掌握触发器的逻辑功能，而且需要掌握触发器的脉冲工作特性，即触发器对时钟脉冲、输入信号以及在时间上它们之间的相互配合问题。

由于集成触发器的输入、输出电路结构与相应集成门的输入、输出结构类似，所以两者的输入、输出特性也相似。描述这些特性的静态参数，如 I_{IL}、I_{IH}、U_{OH}、U_{OL} 等，它们的定义和测试方法也大体相同，不再赘述。下面以维持阻塞 D 触发器为例，着重介绍集成触发器的脉冲工作特性及动态参数。

根据前面分析可知，维持阻塞 D 触发器的工作分两个阶段：在 $CP=0$ 时，为准备阶段；CP 由 0 向 1 正向跳变时刻，为状态转移阶段。为了使维持阻塞 D 触发器（见图 14-16）能可靠工作，要求：

在 CP 正跳变触发沿到来之前，门 F 和门 G 输出端 Q_2 和 Q_1 应建立起稳定状态。由于 Q_2 和 Q_1 稳定状态的建立需要经历两个与非门的延迟时间，这段时间称为建立时间 $t_{set}=2t_{pd}$。在这段时间内要求输入激励信号 D 不能发生变化。所以 $CP=0$ 的持续时间应满足 $t_{CPL}\geqslant t_{set}=2t_{pd}$。

在 CP 正跳变触发沿来到后，要达到维持阻塞作用，必须使 Q_4 或 Q_3 由 1 变为 0，这需要经历一个与非门延迟时间。在这段时间内，输入激励信号 D 也不能发生变化，将这段时间称为保持时间 t_h，其中 $t_h=1t_{pd}$。

$CP=1$ 的持续时间 t_{CPH} 必须大于 t_{CPHL}。该触发器的 t_{CPHL} 为三级与非门（$C\rightarrow A\rightarrow B$ 或 $E\rightarrow B\rightarrow A$）延迟时间，即 $t_{CPH}>t_{CPHL}=3t_{pd}$。

CP 脉冲的工作频率应满足

$$f_{CPmax}=\frac{1}{t_{CPH}+t_{CPL}}=\frac{1}{5t_{pd}}$$

维持阻塞 D 触发器对输入信号 D 及触发脉冲 CP 的要求示意如图 14-24 所示。

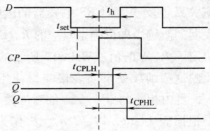

图 14-24　维持 D 触发器对 CP 和输入信号的要求及触发器翻转时间的示意图

习　题

14-1　输入信号 u_i 如图 14-25 所示。试画出在该输入信号 u_i 作用下，由"与非"门组成的基本 RS 触发器 Q 端的波形。

（1）u_i 加于 $\overline{S}$ 端，且 $\overline{R}=1$，初始状态 $Q=0$。

（2）u_i 加于 $\overline{R}$ 端，且 $\overline{S}=1$，初始状态 $\overline{Q}=1$。

14-2　图 14-26 为两个"与或非"门构成的基本触发器，试写出其状态方程、真值表及状态转移图。

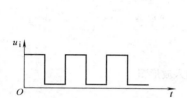

图 14-25　习题 14-1 输入波形图

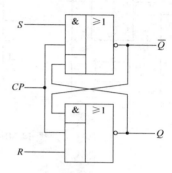

图 14-26　习题 14-2 电路

14-3　主从 JK 触发器的输入端波形如图 14-27 所示，试画出输出端的波形。

14-4　电路如图 14-28 所示，它是否是由 JK 触发器组成的二分频电路？请通过画出输出脉冲 Y 与输入脉冲 CP 的波形图说明什么是二分频。

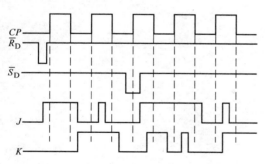

图 14-27　习题 14-3 波形图

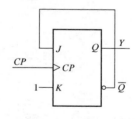

图 14-28　习题 14-4 电路

14-5　维持阻塞 D 触发器接成如图 14-29a、b、c、d 所示形式，设触发器的初始状态为 0，试根据图 14-29e 所示的 CP 波形画出 Q_a、Q_b、Q_c、Q_d 的波形。

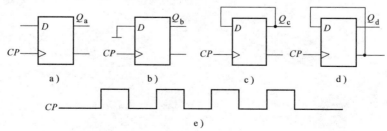

图 14-29　习题 14-5 电路与 CP 波形

14-6 设计一个 4 人抢答逻辑电路，具体要求如下：

（1）每个参赛者控制一个按钮，按动按钮发出抢答信号。

（2）竞赛主持人另有一个按钮，用于将电路复位。

（3）竞赛开始后，先按动按钮者将对应的一个发光二极管点亮，此后其他 3 人再按动按钮对电路不起作用。

14-7 电路如图 14-30a 所示，已知 CP 和 x 的波形如图 14-30b 所示。设触发器的初始状态为 $Q = 0$，试画出 Q 端的波形图。

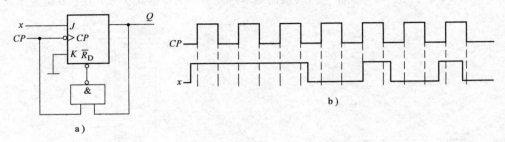

图 14-30 习题 14-7 电路与输入波形图

第15章 时序逻辑电路的分析与设计

如前所述，根据逻辑功能和电路组成的不同特点可将逻辑电路分为组合逻辑电路和时序逻辑电路两大类。第13章中已对组合逻辑电路的分析与设计作了介绍。本章将首先介绍时序逻辑电路的特点及功能描述的方法、时序逻辑电路的分析方法，然后以时序逻辑电路的分析方法为主线介绍常用的时序逻辑电路，如计数器、寄存器、移位寄存器等，最后介绍时序逻辑电路的设计方法。

时序逻辑电路的特点是电路在某一时刻的稳定输出不仅取决于该时刻的输入，而且还依赖于该电路过去的状态，也就是电路具有记忆功能。时序逻辑电路又分为同步时序电路和异步时序电路两类。同步时序电路中，只有一个统一的时钟脉冲，只有时钟脉冲到达时，电路的状态才发生变化。异步时序电路中电路的状态改变没有统一的时钟脉冲来同步。由于篇幅所限，本章将同步时序电路和异步时序电路放在一起讨论，读者只需注意电路的状态改变是否由统一脉冲触发就可以区分同步和异步时序电路。

15.1 时序逻辑电路概述

15.1.1 时序逻辑电路的特点

在组合逻辑电路中，当输入信号变化时，输出信号也随之立刻响应。也就是说，在任何一个时刻的输出信号仅取决于当时的输入信号。而在时序逻辑电路中，输出信号不仅取决于当时的输入信号，而且还取决于电路原来的工作状态。时序逻辑电路的结构框图如图 15-1 所示，它有两个特点：第一，时序逻辑电路包括组合逻辑电路和存储电路两部分。时序逻辑电路的状态是靠具有记忆功能的存储电路来记忆和表征的，因此存储电路是不可缺少的。存储电路可以由触发器构成，也可以由带有反馈的组合（延时）电路构成。第二，存储电路的状态（图15-1 中的 y_1、y_2、$\cdots$、y_l）反馈到输入端，与输入信号共同决定其组合逻辑电路部分的输出（z_1、z_2、$\cdots$、z_j）。

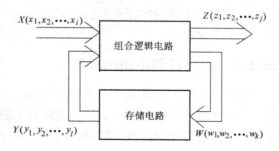

图 15-1　时序逻辑电路的结构框图

15.1.2 时序逻辑电路的功能描述方法

在第14章介绍的触发器就是简单的时序逻辑电路，因为其次态输出 Q^{n+1} 不仅和输入信号有关，而且还与输入信号作用前触发器所处的状态 Q^n 有关。因此，触发器逻辑功能的描述方法也适用一般时序逻辑电路。

329

1. 逻辑方程式

在图 15-1 中：

$X(x_1, x_2, \cdots, x_i)$ 为外部输入信号。

$Z(z_1, z_2, \cdots, z_j)$ 为电路的输出信号。

$W(w_1, w_2, \cdots, w_k)$ 为存储电路的输入信号。

$Y(y_1, y_2, \cdots, y_l)$ 为存储电路的输出信号。

这些信号之间的关系为

$Z(t_n) = F[X(t_n), Y(t_n)]$　　电路输出函数表达式

$W(t_n) = G[X(t_n), Y(t_n)]$　　存储电路的激励函数

$Y(t_{n+1}) = H[W(t_n), Y(t_n)]$　　存储电路的状态方程

式中，t_n、t_{n+1} 表示相邻两个离散时间；$Y(t_n)$ 表示 t_n 时刻存储电路的当前状态，即现态；$Y(t_{n+1})$ 为存储电路在 t_{n+1} 时刻的状态，即次态。

由这些关系可看出，t_{n+1} 时刻的输出 $Z(t_{n+1})$ 由 t_{n+1} 时刻的输入 $X(t_{n+1})$ 及存储电路在 t_{n+1} 时刻的状态 $Y(t_{n+1})$ 决定；而 $Y(t_{n+1})$ 由 t_n 时刻的存储电路的激励输入 $W(t_n)$ 及在 t_n 时刻存储电路的状态 $Y(t_n)$ 决定。因此，t_{n+1} 时刻电路的输出不仅取决于 t_{n+1} 时刻的输入 $X(t_{n+1})$，而且还取决于在 t_n 时刻存储电路的输入 $W(t_n)$ 及存储电路在 t_n 时刻的状态 $Y(t_n)$。这充分反映了时序电路的特点。

2. 状态转换表

反映时序电路的输出 $Z(t_n)$、状态 $Y(t_{n+1})$ 与输入 $X(t_n)$、现态 $Y(t_n)$ 之间对应取值关系的表格叫做状态转移表。

3. 状态转移图

反映时序电路状态转移规律及相应输入、输出取值情况的几何图形叫做状态转移图。

4. 时序图（又叫做工作波形图）

时序图是用波形的形式，形象地表达了输入信号、输出信号、电路状态等的取值在时间上的对应关系。

以上几种描述时序逻辑电路功能的方法可以相互转换。此外，利用卡诺图也可以表示时序电路的逻辑功能。

15.1.3　时序逻辑电路的分类

时序逻辑电路按其状态的改变方式不同，可分为同步时序逻辑电路和异步时序逻辑电路。在同步时序逻辑电路中，存储电路状态的变更是在同一个时钟脉冲控制下进行的。在异步时序逻辑电路中没有统一的时钟信号，各存储器件状态的变更不是同时发生的。

时序逻辑电路按其输出与输入的关系不同，可分为米里（Mealy）型和摩尔（Moore）型两类。在米里型时序逻辑电路中，输出信号不仅取决于当前输入信号，而且还取决于存储电路的状态。在摩尔型时序逻辑电路中，输出信号仅仅取决于存储电路的状态，或者就以存储电路的状态作为输出。

15.2　时序逻辑电路的分析

时序逻辑电路的分析，就是对一个给定的时序逻辑电路，找出在输入信号及时钟信号作

用下，电路状态和输出的变化规律。而这种变化规律通常表现在状态转移表、状态图或时序图中。因此，分析一个给定的时序逻辑电路，实际上就是求出该电路的状态转移表、状态图或时序图，从而确定该电路的逻辑功能。

分析时序逻辑电路可按下列步骤进行：

1）根据给定的时序逻辑电路，写出各个触发器的时钟方程、驱动方程及电路的输出方程的逻辑表达式。

2）求状态方程。把驱动方程代入相应触发器的特性方程，即可求出电路的状态方程，也就是各个触发器的状态方程。

3）根据状态方程和输出函数表达式进行计算，列出状态转换表、画状态图或波形图。

4）说明时序逻辑电路的逻辑功能。

可将上述分析步骤概括为图 15-2 所示。

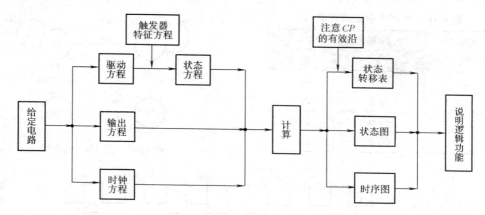

图 15-2 时序逻辑电路的分析步骤

例 15-1 试分析图 15-3 所示的同步时序逻辑电路。

解 由图 15-3 可见，该电路由两个 D 触发器作为存储电路，组合逻辑电路包括一个与门和一个或非门。各级触发器受同一时钟 CP 控制，所以是同步时序逻辑电路。电路有一个输入 X 和一个输出 Z。输出 Z 与输入 X 及电路状态 Q_1^n、Q_2^n 有关，因此，该电路属于米里（Mealy）型。

按照上述步骤，具体分析如下：

（1）写出时钟方程、驱动方程和电路的输出方程。

时钟方程：$CP_1 = CP_2 = CP$。

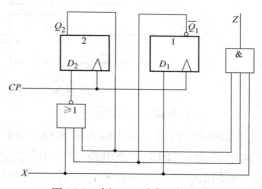

图 15-3 例 15-1 时序逻辑电路

在同步时序电路中，由于各个触发器的时钟脉冲都相同，所以时钟方程常常不单独写出来，而在异步时序电路中，则必须写出时钟方程。

驱动方程为

$$\begin{cases} D_1 = X \\ D_2 = \overline{X + Q_2^n + \overline{Q_1^n}} = \overline{X}\ \overline{Q_2^n} Q_1^n \end{cases}$$

输出方程：$Z = XQ_2^n \overline{Q_1^n}$。

（2）求状态方程。

将驱动方程代入 D 触发器的特性方程 $Q_1^{n+1} = D$ 得电路的状态方程为

$$\begin{cases} Q_2^{n+1} = \overline{X}\ \overline{Q_2^n} Q_1^n \\ Q_1^{n+1} = X \end{cases}$$

（3）根据状态方程、输出方程列出状态转移表、画状态转移图或时序图。

状态转移表就是将电路的输入和存储电路（触发器）的初始状态（现态）的各种取值组合代入状态方程和输出方程计算，求出相应的存储电路的下一状态（次态）和输出值，把这些计算结果列成真值表形式，就得到状态转移表。对于本例，计算结果见表15-1。

由状态转移表可以画出状态图，如图15-4所示。也可以画出时序图（注意时钟脉冲有效沿是上升沿），如图15-5所示。

表 15-1　例 15-1 状态转移表

现态 （$Q_2^n Q_1^n$）		次态/输出（$Q_2^{n+1} Q_1^{n+1}/Z$）	
		$X = 0$	$X = 1$
0	0	00/0	01/0
0	1	10/0	01/0
1	1	00/0	01/0
1	0	00/0	01/1

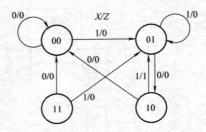

图 15-4　例 15-1 状态图

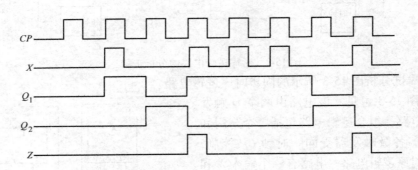

图 15-5　例 15-1 时序逻辑电路的时序图

（4）说明电路的逻辑功能。

由时序图可见，每当输入 X 出现"101"序列，输出 Z 就产生一个脉冲信号，其他情况下输出 Z 为 0。因此，该电路是"101"序列检测器。

常用的时序逻辑电路有计数器、寄存器、移位寄存器等，下面以上述时序逻辑电路的分析方法为基础，分析常用时序逻辑电路中的典型电路，并讨论其逻辑功能。

15.3　计数器

计数器（Counter）是统计输入脉冲个数的时序电路。它可以用于计数、定时、分频及执行数字运算等。几乎每一种数字设备中都有计数器。

根据计数器中各个触发器状态更新情况的不同，可分为异步计数器和同步计数器两大类。在异步计数器中，有的触发器直接受输入计数脉冲控制，有的则是把其他触发器的输出用做时钟脉冲，各个触发器的状态更新有先有后，是异步的。而在同步计数器中，各个触发器受同一时钟脉冲(输入计数器脉冲)的控制，各个触发器的状态更新是同步的。根据计数器在计数过程中数值增、减情况的不同，又可分为加法计数器、减法计数器以及可逆计数器。随着计数脉冲的输入作递增计数的称为加法计数器，作递减计数的称为减法计数器，而可增可减则称为可逆计数器。根据计数器计数长度(模值)的不同，又可分为二进制计数器和非二进制计数器(常用的有二—十进制计数器)。

15.3.1　异步计数器

由于构成异步计数器(Asynchronous Counter)的各级触发器的时钟脉冲，不一定都是计数输入脉冲，各级触发器的状态转移不是在同一时钟脉冲作用下发生转移，因此，在分析异步计数器时，必须注意各级触发器的时钟信号。

15.3.1.1　异步二进制计数器

图 15-6 为 4 位异步二进制加法计数器。它是由 4 级 T 触发器逐级串联构成的。各级触发器的激励输入 T 均为 1(即为 T'触发器)。由图可知，时钟方程为

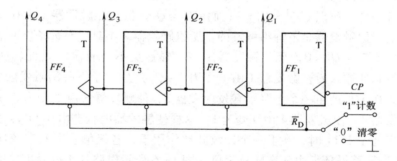

图 15-6　4 位异步二进制加法计数器

$$\begin{cases} CP_1 = CP \downarrow \\ CP_2 = Q_1 \downarrow \\ CP_3 = Q_2 \downarrow \\ CP_4 = Q_3 \downarrow \end{cases}$$

状态方程为

$$\begin{cases} Q_1^{n+1} = \overline{Q}_1^n \cdot CP \downarrow \\ Q_2^{n+1} = \overline{Q}_2^n \cdot Q_1 \downarrow \\ Q_3^{n+1} = \overline{Q}_3^n \cdot Q_2 \downarrow \\ Q_4^{n+1} = \overline{Q}_4^n \cdot Q_3 \downarrow \end{cases}$$

根据状态方程可以写出状态转移表，见表 15-2。

表 15-2　4 位异步二进制加法计数器的状态转移表

现态				次态				有效时钟
Q_4^n	Q_3^n	Q_2^n	Q_1^n	Q_4^{n+1}	Q_3^{n+1}	Q_2^{n+1}	Q_1^{n+1}	
0	0	0	0	0	0	0	1	CP_1
0	0	0	1	0	0	1	0	CP_1、CP_2
0	0	1	0	0	0	1	1	CP_1
0	0	1	1	0	1	0	0	CP_1、CP_2、CP_3
0	1	0	0	0	1	0	1	CP_1
0	1	0	1	0	1	1	0	CP_1、CP_2
0	1	1	0	0	1	1	1	CP_1
0	1	1	1	1	0	0	0	CP_1、CP_2、CP_3、CP_4
1	0	0	0	1	0	0	1	CP_1
1	0	0	1	1	0	1	0	CP_1、CP_2
1	0	1	0	1	0	1	1	CP_1
1	0	1	1	1	1	0	0	CP_1、CP_2、CP_3
1	1	0	0	1	1	0	1	CP_1
1	1	0	1	1	1	1	0	CP_1、CP_2
1	1	1	0	1	1	1	1	CP_1
1	1	1	1	0	0	0	0	CP_1、CP_2、CP_3、CP_4

在列状态表时，要特别注意状态方程中每一个表达式有效的时钟条件，只有在相应时钟脉冲触发沿到来时，触发器才会按照方程式规定的次态进行转换，否则触发器仍然保持原来状态。例如：在 $Q_4^n Q_3^n Q_2^n Q_1^n = 0000$ 时，当输入计数脉冲下降沿到来时，由于 $CP_1 = CP$，触发器 1 具备了时钟条件，所以 $Q_1^{n+1} = \overline{Q_1^n} = 1$；而 $CP_2 = Q_1$，虽然在触发器 1 由 0 变为 1 时，Q_1 端出现了上升沿，但触发器是下降沿触发的，所以触发器 2 不具备时钟条件，故触发器 2 保持原来状态，即 $Q_2^{n+1} = Q_2^n = 0$；至于触发器 3、4，显然更不会翻转。又如 $Q_4^n Q_3^n Q_2^n Q_1^n = 0111$ 时，在下一计数脉冲输入后，触发器 1 由 1 变为 0→Q_1 产生一个下降沿触发触发器 2，使触发器 2 由 1 变为 0→Q_2 产生一个下降沿触发触发器 3，使触发器 3 由 1 变为 0→Q_3 产生一个下降沿触发触发器 4，使触发器 4 由 0 变为 1。这样使触发器的状态由 0111 转移到 1000。当各级触发器状态处于 1111 时，在下一个计数脉冲作用下，各级触发器状态依次由 1 转移至 0，完成一次状态转移循环。由状态转移表可知图 15-6 所示电路是 4 位异步二进制加法计数器，可用于模为 2、4、8、16 的计数。

相对计数脉冲 CP 而言，Q_1、Q_2、Q_3、Q_4 的输出分别为其二分频、四分频、八分频、十六分频，其波形图如图 15-7 所示。4 个 Q 输出端经译码后也可直接显示计数值的变化。

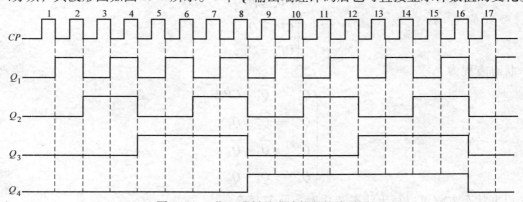

图 15-7　4 位二进制异步计数器的波形图

15. 3. 1. 2 异步五进制计数器

图 15-8 为异步五进制计数器，它是由 3 个边沿 JK 触发器组成的。由图可写出各个触发器的激励输入和时钟为

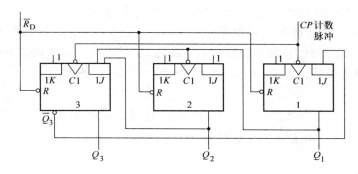

图 15-8　异步五进制计数器

$$\begin{cases} J_1 = \overline{Q}_3^n, & K_1 = 1, & CP_1 = CP \downarrow \\ J_2 = 1, & K_2 = 1, & CP_2 = Q_1^n \downarrow \\ J_3 = Q_2^n Q_1^n, & K_3 = 1, & CP_3 = CP \downarrow \end{cases}$$

状态方程为

$$\begin{cases} Q_1^{n+1} = \overline{Q}_3^n \cdot \overline{Q}_1^n \cdot CP \downarrow \\ Q_2^{n+1} = \overline{Q}_2^n \cdot Q_1^n \downarrow \\ Q_3^{n+1} = Q_2^n \cdot Q_1^n \cdot \overline{Q}_3^n \cdot CP \downarrow \end{cases}$$

根据状态方程可写出状态转移表，见表 15-3。

表 15-3　异步五进制计数器的状态转移表

序　号	现　态			次　态			有 效 时 钟
	Q_3^n	Q_2^n	Q_1^n	Q_3^{n+1}	Q_2^{n+1}	Q_1^{n+1}	
0	0	0	0	0	0	1	CP_1、CP_3
1	0	0	1	0	1	0	CP_1、CP_2、CP_3
2	0	1	0	0	1	1	CP_1、CP_3
3	0	1	1	1	0	0	CP_1、CP_2、CP_3
4	1	0	0	0	0	0	CP_1、CP_3
偏离	1	0	1	0	1	0	CP_1、CP_2、CP_3
现态	1	1	0	0	1	0	CP_1、CP_3
	1	1	1	0	0	0	CP_1、CP_2、CP_3

在列状态转移表时，其注意事项与二进制异步计数器中相同。由状态转移表可画出状态转移图，如图 15-9 所示。由状态图可见，图 15-8 所示电路有 5 个有效状态，且偏离状态能自动返回到有效循环之中，所以该电路是一个能自动启动的异步五进制计数器。

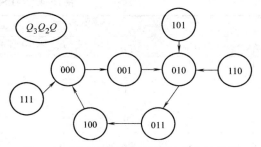

图 15-9　异步五进制计数器的状态转移图

15.3.1.3 中规模集成异步计数器

中规模集成异步计数器产品型号比较多。下面以74LS290异步二-五-十进制计数器为典型电路，介绍其功能以及应用。

图15-10是74LS290异步二-五-十进制计数器的内部电路结构图。图中，FF_3、FF_2、FF_1构成五进制计数器，与图15-8所示电路相同；FF_0是一个单独的T'（因为$J=1$、$K=1$）触发器；两个与非门的输出可使各触发器异步清0或置1。该电路可以实现如下功能：

1）异步清0。当$R_{0A}=R_{0B}=1$，且$S_{9A} \cdot S_{9B}=0$时，各触发器的$\bar{R}_D$均为0，迫使$Q_3Q_2Q_1Q_0=0000$。

2）异步置9。当$S_{9A}=S_{9B}=1$，且$R_{0A} \cdot R_{0B}=0$时，使触发器FF_0、FF_3的$\bar{S}_D$和触发器FF_1、FF_2的$\bar{R}_D$为0，从而使得$Q_3Q_2Q_1Q_0=1001$。

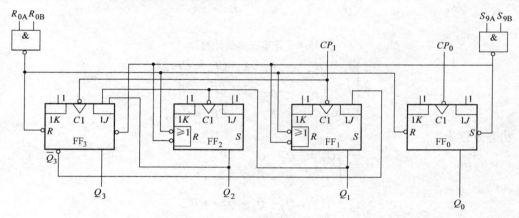

图15-10 74LS290异步二-五-十进制计数器

3）计数。当$R_{0A} \cdot R_{0B}=0$，且$S_{9A} \cdot S_{9B}=0$时，各触发器的$\bar{R}_D$与$\bar{S}_D$都为1，此时电路就可用来完成计数功能。

二进制计数：由CP_0输入计数脉冲，Q_0输出，可以完成1位二进制计数。

五进制计数：由CP_1输入计数脉冲，由Q_3、Q_2、Q_1输出。因为这由FF_3、FF_2、FF_1组成的电路与图15-8所示的五进制计数器完全相同，故可用它完成五进制计数。

十进制计数：将二、五进制计数器按异步方式串接，则可以实现十进制计数。

不同的连接方式可实现不同编码的十进制计数。74LS290的功能表见表15-4。

表15-4 74LS290的功能表

输　　入					输　　出			
R_{0A}	R_{0B}	S_{9A}	S_{9B}	CP	Q_3	Q_2	Q_1	Q_0
1	1	0	x	x	0	0	0	0
1	1	x	0	x	0	0	0	0
0	x	1	1	x	1	0	0	1
x	0	1	1	x	1	0	0	1
x	0	0	x	↓		计数		
x	0	x	0	↓		计数		
0	x	x	0	↓		计数		
0	x	0	x	↓		计数		

如果计数脉冲由 CP_0 输入，Q_0 接 CP_1 端，则按表 15-5 所示的 8421BCD 码进行十进制计数；如果将计数脉冲由 CP_1 输入，Q_3 输出接 CP_0 端，则按表 15-6 所示的 5421BCD 码进行十进制计数。

表 15-5 8421BCD 码计数

Q_3	Q_2	Q_1	Q_0
0	0	0	0
0	0	0	1
0	0	1	0
0	0	1	1
0	1	0	0
0	1	0	1
0	1	1	0
0	1	1	1
1	0	0	0
1	0	0	1

Q_0 接 CP_1

表 15-6 5421BCD 码计数

Q_0	Q_3	Q_2	Q_1
0	0	0	0
0	0	0	1
0	0	1	0
0	0	1	1
0	1	0	0
1	0	0	0
1	0	0	1
1	0	1	0
1	0	1	1
1	1	0	0

Q_3 接 CP_0

利用 R_{0A}、R_{0B} 端子的异步清 0 功能，可以实现其他 N 进制的计数器。方法是：当计数输出的码值递增到等于 N 时，使 R_{0A}、R_{0B} 都为 1，计数器则立即清 0，清 0 后 R_{0A}、R_{0B} 不再都为 1，所以再输入计数脉冲时，就可以从头开始下一个计数循环。用这种方法构成的 N 进制计数器称为反馈归零型 N 进制计数器。

15.3.2 同步计数器

15.3.2.1 同步二进制计数器（Synchronous Counter）

图 15-11 为同步二进制加法计数器。它由 4 个 JK 触发器组成。图中各触发器的 CP 端都由同一个时钟控制，所以是同步时序逻辑电路。另外，在 $\overline{R_D}$ 加入负脉冲，可使全部触发器异步置 0，使计数器进入初始状态。由图 15-11 可写出各触发器的激励信号为

$$\begin{cases} J_1 = K_1 = 1 \\ J_2 = K_2 = Q_1^n \\ J_3 = K_3 = Q_1^n Q_2^n \\ J_4 = K_4 = Q_1^n Q_2^n Q_3^n \end{cases}$$

将激励信号分别代入 JK 触发器的特性方程得电路的状态方程为

$$\begin{cases} Q_1^{n+1} = \overline{Q_1^n} \\ Q_2^{n+1} = Q_1^n \overline{Q_2^n} + \overline{Q_1^n} Q_2^n = Q_1^n \oplus Q_2^n \\ Q_3^{n+1} = Q_1^n Q_2^n \overline{Q_3^n} + \overline{Q_1^n Q_2^n} Q_3^n = (Q_1^n Q_2^n) \oplus Q_3^n \\ Q_4^{n+1} = Q_1^n Q_2^n Q_3^n \overline{Q_4^n} + \overline{Q_1^n Q_2^n Q_3^n} Q_4^n = (Q_1^n Q_2^n Q_3^n) \oplus Q_4^n \end{cases}$$

输出函数表达式为

$$Z = Q_1^n Q_2^n Q_3^n Q_4^n$$

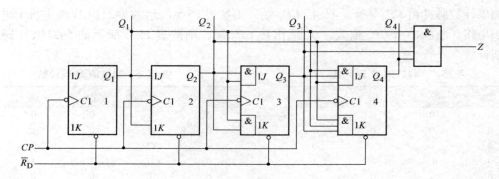

图 15-11 同步二进制加法计数器

可以依次根据电路的现态 Q_1^n、Q_2^n、Q_3^n、Q_4^n 代入上述状态方程及输出函数表达式可以得到状态转移表，见表 15-7。

表 15-7 4 位二进制加法计数器的状态转移表

计数脉冲 CP 序号	现 态				次 态				输出
	Q_4^n	Q_3^n	Q_2^n	Q_1^n	Q_4^{n+1}	Q_3^{n+1}	Q_2^{n+1}	Q_1^{n+1}	Z
0	0	0	0	0	0	0	0	1	0
1	0	0	0	1	0	0	1	0	0
2	0	0	1	0	0	0	1	1	0
3	0	0	1	1	0	1	0	0	0
4	0	1	0	0	0	1	0	1	0
5	0	1	0	1	0	1	1	0	0
6	0	1	1	0	0	1	1	1	0
7	0	1	1	1	1	0	0	0	0
8	1	0	0	0	1	0	0	1	0
9	1	0	0	1	1	0	1	0	0
10	1	0	1	0	1	0	1	1	0
11	1	0	1	1	1	1	0	0	0
12	1	1	0	0	1	1	0	1	0
13	1	1	0	1	1	1	1	0	0
14	1	1	1	0	1	1	1	1	0
15	1	1	1	1	0	0	0	0	1

由状态转移表可见：若用各触发器的状态 $Q_4^n Q_3^n Q_2^n Q_1^n$ 代表 4 位二进制数，那么从初始状态 0000 开始，每输入一个 CP 脉冲，计数器加 1，计数器所显示的二进制数恰好等于输入计数脉冲（CP）的个数，所以该计数器具有加法计数的功能；当第 16 个脉冲输入后，计数器由 "1111" 转移到 "0000"，即回到初始状态，这表示完成一次状态转移的循环，这时输出端输出一个脉冲 $Z = 1$，Z 为计数器的进位输出信号。以后每输入 16 个计数脉冲，计数器状态转换循环一次，因此，这种计数器通常称为模 16 加法计数器，或称为 4 位二进制加法计数器。

图 15-12 为同步二进制减法计数器。同理可求出电路的状态方程为

$$\begin{cases} Q_1^{n+1} = \overline{Q_1^n} \\ Q_2^{n+1} = \overline{Q_1^n}\,\overline{Q_2^n} + Q_1^n Q_2^n \\ Q_3^{n+1} = \overline{Q_1^n}\,\overline{Q_2^n}\,\overline{Q_3^n} + \overline{\overline{Q_1^n}\,\overline{Q_2^n}}\,Q_3^n \\ Q_4^{n+1} = \overline{Q_1^n}\,\overline{Q_2^n}\,\overline{Q_3^n}\,\overline{Q_4^n} + \overline{\overline{Q_1^n}\,\overline{Q_2^n}\,\overline{Q_3^n}}\,Q_4^n \end{cases}$$

输出函数表达式为

$$Z = \overline{Q_4^n}\,\overline{Q_3^n}\,\overline{Q_2^n}\,\overline{Q_1^n}$$

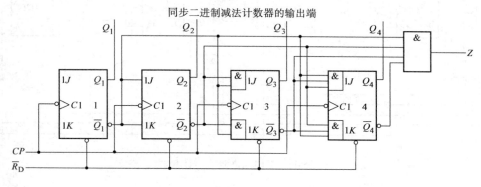

图 15-12　同步二进制减法计数器

Z 为借位信号。减法计数器的状态转移表见表 15-8。

表 15-8　4 位二进制减法计数器的状态转移表

计数脉冲 CP 序号	现　态				次　态				输出
	Q_4^n	Q_3^n	Q_2^n	Q_1^n	Q_4^{n+1}	Q_3^{n+1}	Q_2^{n+1}	Q_1^{n+1}	Z
0	0	0	0	0	1	1	1	1	1
1	1	1	1	1	1	1	1	0	0
2	1	1	1	0	1	1	0	1	0
3	1	1	0	1	1	1	0	0	0
4	1	1	0	0	1	0	1	1	0
5	1	0	1	1	1	0	1	0	0
6	1	0	1	0	1	0	0	1	0
7	1	0	0	1	1	0	0	0	0
8	1	0	0	0	0	1	1	1	0
9	0	1	1	1	0	1	1	0	0
10	0	1	1	0	0	1	0	1	0
11	0	1	0	1	0	1	0	0	0
12	0	1	0	0	0	0	1	1	0
13	0	0	1	1	0	0	1	0	0
14	0	0	1	0	0	0	0	1	0
15	0	0	0	1	0	0	0	0	0

　　将同步二进制加法计数器和减法计数器合并在一起，再增加一些控制门就可以组成同步二进制可逆计数器（Up-down Counter），如图 15-13 所示。其中，M 为加/减控制端，级间控制门相当于与或逻辑。

　　当 $M = 1$ 时，该计数器进行加法计数。

　　当 $M = 0$ 时，该计数器进行减法计数。

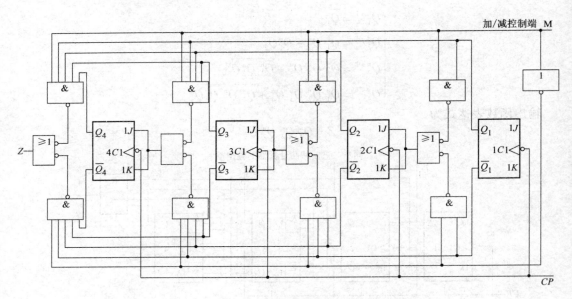

图 15-13　4 位二进制可逆计数器

15. 3. 2. 2　同步二一十进制计数器

　　二一十进制计数器是按二一十进制码(BCD 码)的规律进行计数的,它输出二一十进制码,且逢十进一,所以可简称为十进制计数器。采用不同的 BCD 码,其相应的十进制计数器的逻辑结构也各不相同。现在来分析常用的 8421BCD 码同步十进制计数器,如图 15-14所示。

同步二一十进制加法计数器的输出端

图 15-14　同步二一十进制加法计数器

　　该电路是由 4 个边沿 JK 触发器和一个与门组成的。由图 15-14 可写出各个触发器的激励函数为

$$\begin{cases} J_1 = 1\,, & K_1 = 1 \\ J_2 = \overline{Q}_4^n Q_1^n\,, & K_2 = Q_1^n \\ J_3 = Q_2^n Q_1^n\,, & K_3 = Q_2^n Q_1^n \\ J_4 = Q_3^n Q_2^n Q_1^n\,, & K_4 = Q_1^n \end{cases}$$

将激励函数分别代入 JK 触发器的特性方程得电路的状态方程为

$$\begin{cases} Q_1^{n+1} = \overline{Q_1^n} \\ Q_2^{n+1} = \overline{Q_4^n} Q_1^n \overline{Q_2^n} + \overline{Q_1^n} Q_2^n \\ Q_3^{n+1} = Q_2^n Q_1^n \overline{Q_3^n} + \overline{Q_2^n Q_1^n} Q_3^n \\ Q_4^{n+1} = Q_3^n Q_2^n Q_1^n \overline{Q_4^n} + \overline{Q_1^n} Q_4^n \end{cases}$$

输出方程为

$$Z = Q_4^n Q_1^n$$

由上述状态方程和输出方程可写出其状态转移表，见表 15-9。

表 15-9　同步二—十进制加法计数器的状态转移表

计数脉冲 CP 序号	现　态				次　态				输出
	Q_4^n	Q_3^n	Q_2^n	Q_1^n	Q_4^{n+1}	Q_3^{n+1}	Q_2^{n+1}	Q_1^{n+1}	Z
0	0	0	0	0	0	0	0	1	0
1	0	0	0	1	0	0	1	0	0
2	0	0	1	0	0	0	1	1	0
3	0	0	1	1	0	1	0	0	0
4	0	1	0	0	0	1	0	1	0
5	0	1	0	1	0	1	1	0	0
6	0	1	1	0	0	1	1	1	0
7	0	1	1	1	1	0	0	0	0
8	1	0	0	0	1	0	0	1	0
9	1	0	0	1	0	0	0	0	1
偏	1	0	1	0	1	0	1	1	0
离	1	0	1	1	0	1	0	0	1
状	1	1	0	0	1	1	0	1	0
态	1	1	0	1	0	1	0	0	1
	1	1	1	0	1	1	1	1	0
	1	1	1	1	0	0	0	0	1

由表 15-9 可以作出其状态转移图，如图 15-15 所示。

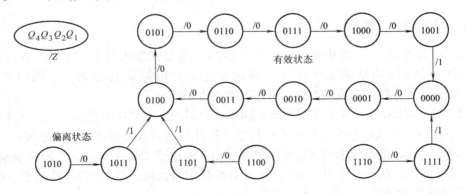

图 15-15　同步二—十进制加法计数器的状态转移图

由状态转移图可见，从 0000 到 1001 的计数顺序和二进制递增计数器是相同的。当进入 1001 状态后，下一个计数脉冲下降沿到来时，计数器又回到了 0000 状态，完成一次状态转移循环。因此，图15-14是按照8421码进行加法计数的同步十进制计数器。

又由状态转移图可以看出，计数器实际使用了从0000到1001的10个状态，通常称为有效状态，这10个有效状态自成闭合环，称为有效循环。而计数器由4个触发器组成，共可组成16种不同的状态，其余6个状态（即1010到1111）却不被计数器所利用，称为无效状态或偏离状态。在正常计数过程中，偏离状态不会出现，只有在刚给计数器接通电源时的随机状态下，或运行过程中受到严重干扰时，才可能脱离有效循环而进入偏离状态。电路进入偏离状态后，若在计数脉冲(CP)的作用下可以返回到有效状态，称为能自动启动。由图15-15所示状态转移图可知，该计数器一旦进入偏离状态，最多经过两个计数脉冲触发，就可以返回到有效循环中。例如，计数器可以从无效状态1010→1011→0100（有效状态），所以该计数器能够自动启动。

由状态转移表可以画出时序图，如图15-16所示。

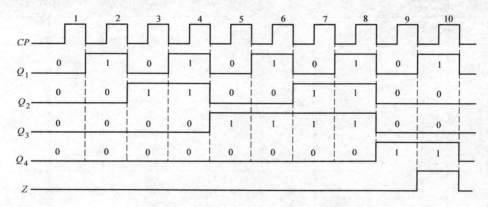

图15-16 同步二—十进制加法计数器的时序图

从时序图可以看出，进位信号Z在计数器状态为1001时（即第9个脉冲下降沿到来时，变成高电平，但并不是马上起作用，而是在第10个计数脉冲下降沿到来时），进位输出Z由1变到0，从而发出进位信号，使计数器高位触发器翻转（即进位），同时，本位归0（即电路返回到0000状态），完成逢十进一的功能。

15.3.2.3 集成同步计数器

集成同步计数器产品型号比较多。其电路结构都是在基本计数器（如二进制计数器、二—十进制计数器）的基础上增加了一些附加电路，以扩展其功能。下面以可预置的74LS161集成同步计数器为典型电路，介绍其功能及应用。

图15-17是74LS161 4位二进制可预置同步计数器的内部结构电路图。它是由4个JK触发器和一些控制门构成的基本4位同步计数器。该计数器具有异步清零、同步置数、计数以及保持的功能。$\overline{CR}$(低电平有效)为异步置零，$\overline{LD}$(低电平有效)为同步置数控制端，CT_P、CT_T为计数控制端，D_0、D_1、D_2、D_3是预置数的数据输入端，CO为进位输出端，Q_0、Q_1、Q_2、Q_3是计数器的输出端。其具体功能说明如下：

1）同步触发器。时钟脉冲CP用上升沿同步触发各触发器。

2）异步清零。$\overline{CR}$端的负脉冲经一级门缓冲后，送到各触发器的$\overline{R}_D$端，强迫各触发器同时置零。

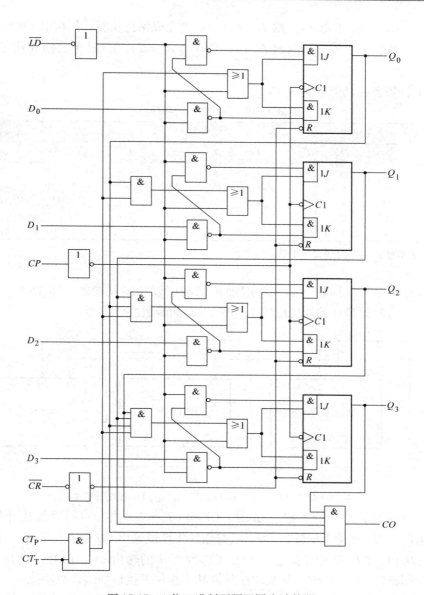

图 15-17　4 位二进制可预置同步计数器

下面以触发器 Q_0 为例说明其功能。触发器 Q_0 的驱动方程为

$$J_0 = \overline{\overline{LD} \cdot \overline{\overline{LD} \cdot D_0}} (CT_P \cdot CT_T + LD) = \overline{LD} \cdot CT_P \cdot CT_T + LD \cdot D_0 \cdot CT_P \cdot CT_T + LD \cdot D_0$$

$$K_0 = \overline{\overline{LD} \cdot D_0} (CT_P \cdot CT_T + LD) = \overline{LD} \cdot CT_P \cdot CT_T + \overline{D_0} \cdot CT_P \cdot CT_T + LD \cdot \overline{D_0}$$

输出函数表达式为

$$CO = Q_0^n \cdot Q_1^n \cdot Q_2^n \cdot Q_3^n \cdot CT_T$$

3）同步置数。当置数控制端 $\overline{LD} = 0$ 时，则 $J_0 = D_0$，$K_0 = \overline{D_0}$，在 CP 上升沿作用下，完成置数功能 Q_1^{n+1}。

4）保持。若 $\overline{LD} = 1$，$CT_T = 1$，$CT_P = 0$，则 $J_0 = K_0 = 0$，完成保持功能，即 $Q_0^{n+1} = Q_0^n$，且输出 $CO = Q_0^n \cdot Q_1^n \cdot Q_2^n \cdot Q_3^n$ 也保持不变。

若 $\overline{LD}=1$，$CT_T=0$，$CT_P=x$，则 $J_0=K_0=0$，也完成保持功能，但输出 $CO=0$。

5）计数。若 $\overline{LD}=1$，$CT_T=1$，$CT_P=1$，则 $J_0=K_0=1$，在 CP 上升沿作用下实现计数，即 $Q_0^{n+1}=\overline{Q_0^n}$。

74LS161 计数器的功能表见表 15-10。

表 15-10 74LS161 的功能表

输　入								输　出			
$\overline{CR}$	$\overline{LD}$	CT_T	CT_P	CP	D_0	D_1	D_2	D_3	Q_0	Q_1	Q_2	Q_3
0	x	x	x	x	x	x	x	x	0	0	0	0
1	0	x	x	↑	D_0	D_1	D_2	D_3	D_0	D_1	D_2	D_3
1	1	0	x	x	x	x	x	x	触发器保持，$CO=0$			
1	1	1	0	x	x	x	x	x	保　　持			
1	1	1	1	↑	x	x	x	x	计　　数			

注：↑——表示触发脉冲的上升沿起作用。

利用集成 4 位同步计数器的一些附加控制端可以扩展其功能。图 15-18 为利用 3 片 74LS161 4 位二进制同步计数器构成的 12 位二进制同步加法计数器。

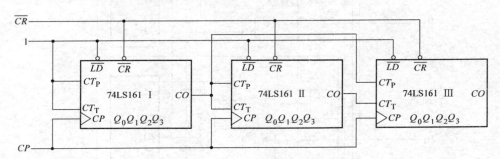

图 15-18 74LS161 构成的 12 位二进制同步加法计数器

由图 15-18 可见，片 Ⅰ 的各控制端 $\overline{LD}=CT_T=CT_P=1$，执行对脉冲加法计数。片 Ⅱ 的 $\overline{LD}=1$，但 CT_T、CT_P 接片 Ⅰ 的输出 CO，只有在片 Ⅰ 满值输出 $CO=1$ 时，才执行加法计数功能；片 Ⅲ 的 $\overline{LD}=1$，CT_T 接片 Ⅱ 的输出 CO，CT_P 接片 Ⅰ 的输出 CO，因此，只有在片 Ⅰ 和片 Ⅱ 均计数满（即输出 $CO=1$）时，片 Ⅲ 才在时钟脉冲作用下执行加法计数功能。

在时序逻辑电路设计的内容中，还将讨论利用 74LS161 的各控制端构成其他模值的计数器。

15.4 寄存器和移位寄存器

寄存器是一种重要的数字逻辑部件，常用来暂时存放数据、指令等。除此以外，有时为了处理数据的需要，寄存器的各位数据需要依次（低位向高位或高位向低位）移位，具有移位功能的寄存器称为移位寄存器。

15.4.1 寄存器

寄存器（Register）主要由触发器构成，它具有接收、存放和清除数码的功能。由于一个触发器可以存储一位二进制代码，因此要存放 n 位二进制代码，用 n 个触发器即可。

图 15-19 为由 4 个边沿 D 触发器构成的 4 位寄存器。时钟脉冲加入 CP 端作为寄存器指令，只有在 CP 上升沿的触发下，可以接收并暂存 4 位二进制码 $D_3D_2D_1D_0$，使 $Q_3Q_2Q_1Q_0 = D_3D_2D_1D_0$，直到下一个 CP 到来为止，而且在任何时刻向 $\overline{R}_D$ 端送入清 0 脉冲，均可清除寄存器中的数码，使 $D_3D_2D_1D_0 = 0000$。

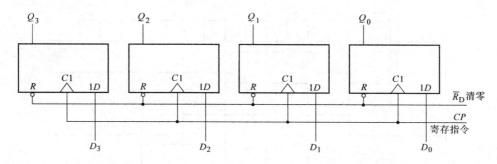

图 15-19　4 位寄存器

15.4.2　移位寄存器

移位寄存器(Shift Register)可分为单向移位寄存器和双向移位寄存器。单向移位寄存器是指仅具有左移动功能或右移动功能的寄存器。而双向移位寄存器是指既能左移又能右移的移位寄存器。

15.4.2.1　单向移位寄存器

图 15-20 为由 4 个 D 边沿触发器组成的 4 位左移移位寄存器。移位脉冲(CP)直接加到各触发器的 CP 端，所以它是同步时序电路；各触发器的输出端 Q 分别接到下一个触发器的输入端 D；D_0 为串行输入端；Q_3 为串行输出端；$Q_3Q_2Q_1Q_0$ 端为并行输出端。由图可得

$$Q_0^{n+1} = D$$

$$Q_1^{n+1} = Q_0^n$$

$$Q_2^{n+1} = Q_1^n$$

$$Q_3^{n+1} = Q_2^n$$

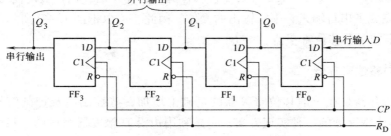

图 15-20　4 位左移移位寄存器

由上述状态方程可见，在移位脉冲的作用下，输入数码 D 将存入触发器 FF_0，同时 FF_0 的原有数码 Q_0^n 将移至 FF_1，FF_1 内的原有数码 Q_1^n 将移至 FF_2，FF_2 内的原有数码 Q_2^n 将移至 FF_3。这样就实现了数码在移位脉冲的作用下向左逐位移存。

设 $Q_3Q_2Q_1Q_0 = 0000$，并由串行输入端 D 输入一组与移位脉冲同步的数码 1011，则 Q_3、Q_2、Q_1、Q_0 的工作波形图和相应的状态转移表分别如图 15-21 和表 15-11 所示。

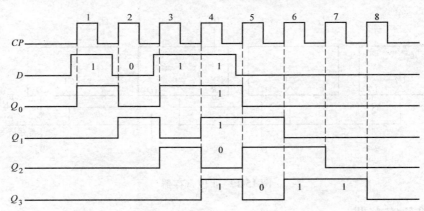

图 15-21　4 位左移移位寄存器的工作波形图

表 15-11　4 位左移移位寄存器的状态转移表

移位脉冲 CP	Q_3	Q_2	Q_1	Q_0	输入数码 D
0	0	0	0	0	1
1	0	0	0	1	0
2	0	0	1	0	1
3	0	1	0	1	1
4	1	0	1	1	
并行输出	1	0	1	1	

由状态转移表可知，经过 4 个移位脉冲作用后，输入数码 1011 逐位移存到各触发器中，使 $Q_3Q_2Q_1Q_0 = 1011$。这样就实现了串行输入（从 D 端输入）的数码转换成并行输出（从 Q_3、Q_2、Q_1、Q_0 端输出）的数码。

如果要从 Q_3 端串行输出，那么经过 4 位移位脉冲的作用后，输入数码便可依次从 Q_3 端输出。这样就完成了串行输入到串行输出的操作。因此，可以把图 15-20 所示电路叫做串行输入-串/并输出的左移移位寄存器。

15.4.2.2　双向移位寄存器

双向移位寄存器是在一般移位寄存器的基础上增加一些控制门及控制信号构成的。图 15-22 是双向移位寄存器的一种实现方案，它是利用边沿 D 触发器组成的，每个触发器的 D 端同与或非门组成的转换控制门相连，移位方向取决于移位控制端 X 的状态。由于移位脉冲直接加到各触发器的 CP 端，所以是同步时序电路。由图可写出

$$Q_0^{n+1} = \overline{X \, \overline{D}_{SR}} + \overline{\overline{X} \, \overline{Q_1^n}}$$

$$Q_1^{n+1} = \overline{X \, \overline{Q_0^n}} + \overline{\overline{X} \, \overline{Q_2^n}}$$

$$Q_2^{n+1} = \overline{X \, \overline{Q_1^n}} + \overline{\overline{X} \, \overline{Q_3^n}}$$

$$Q_3^{n+1} = \overline{X \, \overline{Q_2^n}} + \overline{\overline{X} \, \overline{D}_{SL}}$$

其中，D_{SR} 为右移串行输入数码；D_{SL} 为左移串行输入数码。

当 $X=1$ 时，$Q_0^{n+1}=D_{SR}$，$Q_1^{n+1}=Q_0^n$，$Q_2^{n+1}=Q_1^n$，$Q_3^{n+1}=Q_2^n$，因此，在移位脉冲 CP 作用下，实现数据从左向右移位。当 $X=0$ 时，$Q_0^{n+1}=Q_1^n$，$Q_1^{n+1}=Q_2^n$，$Q_2^{n+1}=Q_3^n$，$Q_3^{n+1}=D_{SL}$，因此，在移位脉冲的作用下，实现数码从右向左移位。

综上所述，图 15-22 所示电路中，当 $X=1$ 时，数码右移；$X=0$ 时，数码左移。该电路可以实现双向移位功能。

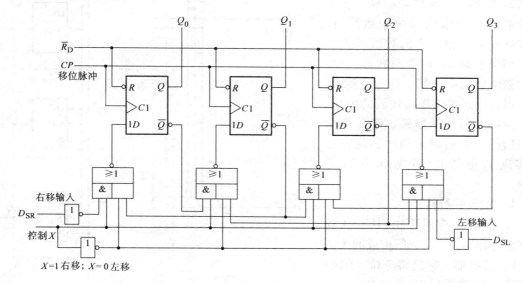

图 15-22　双向移位寄存器

15.4.2.3　中规模集成移位寄存器

集成移位寄存器的种类较多，从位数看有 4 位、8 位之分；从移位的方向看有单向、双向之分；从输入输出方式分又有并入/并出、并入/串出、串入/串出、串入/并出之分，等等。图 15-23 为 4 位双向移位寄存器 74LS194 的逻辑电路图。

电路采用边沿 D 触发器作为寄存单元，时钟脉冲 CP 的上升沿使移位寄存器进行右移、左移或并行送数等操作。$\overline{CR}$ 为异步清零端，当 $\overline{CR}=0$ 时，移位寄存器被清零，即 $Q_3Q_2Q_1Q_0=0000$，正常工作时则 $\overline{CR}=1$。S_0、S_1 为工作模式控制端；D_{SR} 和 D_{SL} 分别为右移或左移的串行数据输入端；D_3、D_2、D_1、D_0 为并行数据输入端；Q_3、Q_2、Q_1、Q_0 为并行数据输出端。

当 $S_1S_0=00$ 时，由于此时没有时钟脉冲 CP，因而各位触发器的状态保持不变；当 $S_1S_0=01$ 时，进行右移操作，时钟脉冲 CP 的上升沿使 $Q_0^{n+1}=D_{SR}$，$Q_1^{n+1}=Q_0^n$，$Q_2^{n+1}=Q_1^n$，$Q_3^{n+1}=Q_2^n$；当 $S_1S_0=10$ 时，进行左移操作，时钟脉冲 CP 的上升沿使 $Q_0^{n+1}=Q_1^n$，$Q_1^{n+1}=Q_2^n$，$Q_2^{n+1}=Q_3^n$，$Q_3^{n+1}=D_{SL}$；当 $S_1S_0=11$ 时，移位寄存器进行并行送数据操作，即时钟脉冲 CP 的上升

沿使 $Q_0^{n+1} = D_0$，$Q_1^{n+1} = D_1$，$Q_2^{n+1} = D_2$，$Q_3^{n+1} = D_3$。综上所述，可得其功能表见表 15-12。每一行表示一项，则第一项表示给寄存器清零；第二项表示寄存器仍处于原来状态；第三项为并行输入；第四、第五项为串行输入右移；第六、第七项为串行输入左移；第八项是保持状态。

移位寄存器除了能对数据进行寄存和移位外，还有许多用途，例如用来实现除 2 或乘 2 运算。对于二进制数进行乘法和除法运算时，将数向左移一位，它的数值增大一倍，相当于乘 2；将数向右移一位，它的数值就缩小一倍，相当于除 2。除此以外，还可以作为代码的串/并行转换器、移位计数器、序列信号发生器等。下面讨论利用移位寄存器实现数据的并/串或串/并行的转换。

1. 串行-并行转换

图 15-24 为应用两片 74LS194 双向移位寄存器和一个非门构成的 7 位串/并行转换器。它是将 7 位一组的串行输入的数据（$D_6D_5D_4D_3D_2D_1D_0$）自动转换成并行数据输出。图中，片 II 的 Q_6 为最高位，片 I 的 Q_0 为最低位，采用右移操作。

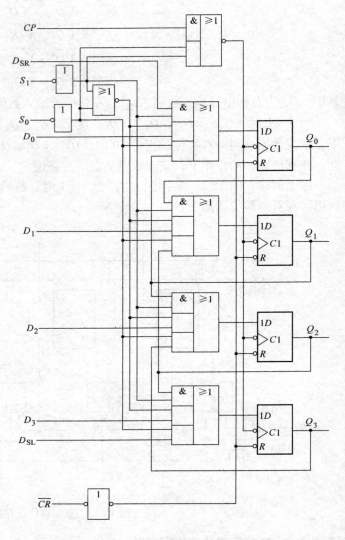

图 15-23 4 位双向移位寄存器 74LS194

表 15-12 4 位双向移位寄存器 74LS194 的功能表

	输			入						输		出	
$\overline{CR}$	S_1	S_0	CP	D_{SL}	D_{SR}	D_0	D_1	D_2	D_3	Q_0^{n+1}	Q_1^{n+1}	Q_2^{n+1}	Q_3^{n+1}
0	x	x	x	x	x	x	x	x	x	0	0	0	0
1	x	x	0	x	x	x	x	x	x	Q_0^n	Q_1^n	Q_2^n	Q_3^n
1	1	1	↑	x	x	a	b	c	d	a	b	c	d
1	0	1	↑	x	1	x	x	x	x	1	Q_0^n	Q_1^n	Q_2^n
1	0	1	↑	x	0	x	x	x	x	0	Q_0^n	Q_1^n	Q_2^n
1	1	0	↑	1	x	x	x	x	x	Q_1^n	Q_2^n	Q_3^n	1
1	1	0	↑	0	x	x	x	x	x	Q_1^n	Q_2^n	Q_3^n	0
1	0	0	x	x	x	x	x	x	x	Q_0^n	Q_1^n	Q_2^n	Q_3^n

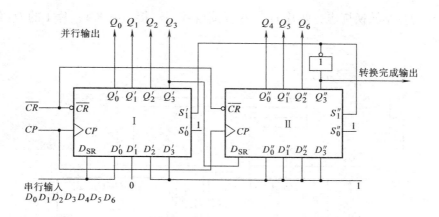

图 15-24　用 74LS194 构成的 7 位串/并行转换器

把串行数据接到片 I 的 D_{SR} 端和 D_0 端，使片 I 的 $D_1' = 0$，$D_2' = D_3' = 1$；片 II 的 $D_0'' = D_1'' = D_2'' = D_3'' = 1$；每片的 S_0 接高电平 1，Q_3'' 经反相后接到两片的 S_1 端。

工作时，先送入清零脉冲 $\overline{CR}$，使片 I 和片 II 各 Q 端均为 0。这时，$Q_3'' = 0$ 使片 I 和片 II 的 S_1 都为高电平 1，由于每片上 S_0 均为 1，所以两片的 $S_1S_0 = 11$，移位寄存器处于并行置数状态。各触发器的状态变成 $Q_0' Q_1' Q_2' Q_3' Q_0'' Q_1'' Q_2'' Q_3'' = D_6 0111111$。由于这时片 II 的 Q_3'' 变成 1，使两片的 S_1 端变为低电平 0，因此两片的 $S_1S_0 = 01$，移位寄存器转而执行"右移"操作状态，从而在第 2 个到第 7 个 CP 脉冲作用下，移位寄存器的状态变化，见表 15-13。

当第 7 个 CP 脉冲结束之后，Q_3'' 又变成 0，一方面使两片的 S_1 又变为 1，两片的 $S_1S_0 = 11$，为下一次执行并行置数操作作好准备，以便开始一组新的 7 位串行码的串/并行转换；另一方面，$Q_3'' = 0$ 由转换完成输出送出，表示一组 7 位串行码已转换成了并行码。可用以"转换完成"信号控制另一个寄存器，将已转换好的 7 位并行码存入该寄存器中。这种串/并行转换器常用于数-模转换系统。

表 15-13　移位寄存器的变化状态表

CP	Q_0'	Q_1'	Q_2'	Q_3'	Q_0''	Q_1''	Q_2''	Q_3''
1	D_6	0	1	1	1	1	1	1
2	D_5	D_6	0	1	1	1	1	1
3	D_4	D_5	D_6	0	1	1	1	1
4	D_3	D_4	D_5	D_6	0	1	1	1
5	D_2	D_3	D_4	D_5	D_6	0	1	1
6	D_1	D_2	D_3	D_4	D_5	D_6	0	1
7	D_0	D_1	D_2	D_3	D_4	D_5	D_6	0

2. 并行-串行转换

采用并行-串行移位寄存器能够将并行二进制数据转换为串行二进制数，即把二进制数据并行置入移位寄存器中，再用串行移位的办法把二进制数据取出来。

图 15-25 为应用两片 74LS194 和与非门构成的 7 位并/串行转换器。待转换的 7 位并行数码 $D_6 D_5 D_4 D_3 D_2 D_1 D_0$ 加在并行数据输入端 $D_1' D_2' D_3' D_0'' D_1'' D_2'' D_3''$。$Q_3''$ 为串行输出端；I 片的

D_0 接地，作为控制转换标志；两片的 S_1 接反馈信号，S_0 接高电平1；片 I 的 D_{SR} 恒为1，片 II 的 D_{SR} 接 Q'_3。

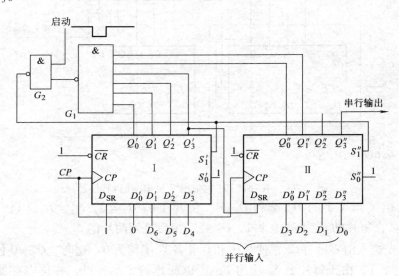

图15-25　用74LS194构成7位并/串行转换器

当输入启动脉冲（负脉冲）时，G_2 的输出为1，则 $S'_1 = S''_1 = 1$，从而使两片的 $S_1 S_0 = 11$，于是在第一个 CP 脉冲作用下，两片74LS194都进行并行置数操作，各触发器的状态变为 $Q'_0 Q'_1 Q'_2 Q'_3 Q''_0 Q''_1 Q''_2 Q''_3 = 0 D_6 D_5 D_4 D_3 D_2 D_1 D_0$，$D_0$ 通过 Q''_3 送串行输出端。在第二个脉冲到来之前，启动信号变为1，因门 G_1 的输出为1（因为片 I 的 $D'_0 = 0$），则门 G_2 的输出为0，即 $S'_1 = S''_1 = 0$，两片的 $S_1 S_0 = 01$，因此移位寄存器转而执行"右移"操作，从而在第2个到第7个脉冲作用下移位寄存器的状态变化，见表15-14。

表15-14　移位寄存器的变化状态表

CP	Q'_0	Q'_1	Q'_2	Q'_3	Q''_0	Q''_1	Q''_2	Q''_3	串行输出
1	0	D_6	D_5	D_4	D_3	D_2	D_1	D_0	D_0
2	1	0	D_6	D_5	D_4	D_3	D_2	D_1	D_1
3	1	1	0	D_6	D_5	D_4	D_3	D_2	D_2
4	1	1	1	0	D_6	D_5	D_4	D_3	D_3
5	1	1	1	1	0	D_6	D_5	D_4	D_4
6	1	1	1	1	1	0	D_6	D_5	D_5
7	1	1	1	1	1	1	0	D_6	D_6

当第7个 CP 脉冲到达后，门 G_1 的输入端全为1，则 G_2 的输出为1，在下一个 CP 脉冲作用下，再次执行下一组7位数码的并行置入功能，进入下一组的并/串行转换。

15.5　时序逻辑电路的设计

时序逻辑电路的设计就是根据给定问题的逻辑要求，设计出满足逻辑要求的电路，并力求电路最简。如果选用小规模集成电路(SSI)设计时序电路，电路最简单的标准是选用的触发器和逻辑门数目最少，而且触发器和门电路的输入端的数目亦最少。如果选用中规模集成电路(MSI)设计时序电路，电路最简的标准则是集成电路的数目最少、种类最少，而且相互连线最少。

本节着重介绍采用 SSI 器件的同步时序逻辑电路的一般设计方法和步骤，而对异步时序逻辑电路的设计仅通过具体例子简要介绍设计方法和步骤。关于采用 MSI 器件的时序电路设计也作一定介绍。

15.5.1　采用小规模集成电路设计同步时序逻辑电路

同步时序电路设计的任务是根据实际问题的逻辑要求，设计出符合逻辑要求的逻辑电路。设计的过程是分析的逆过程，但涉及状态理论等许多复杂问题。

同步时序电路设计的一般步骤如下：

(1) 分析设计要求，建立原始状态图或状态表　原始状态图或状态表用图形或表格的形式将设计要求描述出来。这是时序逻辑电路设计中关键的一步，是以下各步骤的基础。目前还没有统一的通用方法能较好地加以解决。在建立原始状态图时，关键在于要对实际逻辑问题给予正确的理解(如有多少个输入和输出，有多少个输入信息需要"记忆"，各状态间的关系如何等)，要把各种可能情况尽可能没有遗漏地考虑到，而不要考虑状态数的多少。因为，即使有多余状态，在状态化简时也可消去。

(2) 状态化简　因为在构成原始状态图或状态表时，为了全面描述设计要求，列出了许多状态，其状态数目不一定是最少的；又因为状态数目越少，需用的触发器的数量就越少，所以需要进行状态化简，以得到最简的状态表。一般来说，如果两个或两个以上的状态，在所有输入条件下，其对应输出完全相同，且状态转移效果完全相同，则它们是等价状态，等价状态可以合并。

(3) 状态分配　状态分配是指将简化后的状态表中的各个状态按一定规律赋予二进制代码，因此状态分配又叫状态编码。

一个 n 位二进制数共有 2^n 种不同的组合，若需要分配的状态为 N，则需要的代码位数为

$$n \geqslant \log 2^N$$

n 即为所需触发器的个数。从 2^n 个代码中取出 N 个代码来表示 N 个不同状态，这种组合方案共有

$$C_{2^n}^N = \frac{2^n!}{N!\ (2^n - N)!}$$

而 N 个代码又有 $N!$ 个排序，因此，用 n 位二进制代码代表 N 个状态的编码方案共有

$$N! C_{2^n}^N = \frac{2^n!}{(2^n - N)!}$$

根据不同的编码方案，设计出的逻辑电路有繁有简。关于具体分配方案，在此介绍一般原则。

1) 当两个以上状态具有相同的次态时，它们的代码尽可能安排为相邻代码，简称"次态相同，现态相邻"。所谓相邻代码是指两个代码中只有一个变量取值不同，其余变量均相同。

2）当两个以上状态属于同一状态的次态时，它们的代码尽可能安排为相邻代码，简称"同一现态，次态相邻"。

3）为了使输出电路结构简单，尽可能使输出相同的状态代码相邻。

通常以原则1）为主，统筹兼顾。

（4）选定触发器的类型 列出激励和输出函数表，求出激励函数和输出函数表达式；也可以作次态卡诺图求出次态方程，然后求激励函数等。

（5）检查电路能否自启动 若不能自启动，则需修改原设计。常用的方法是修改无效状态的次态，或者重新选择编码，或者采取其他措施（例如用异步输入端强行置入有效状态）解决。

（6）画逻辑电路图 概括以上的设计步骤如图15-26所示。下面通过举例，具体介绍同步时序电路设计的方法和步骤。

例 15-2 试设计一个串行数据检测器，要求连续输入4个或4个以上的1时，输出为1，其他情况下输出为0。

解 一个二进制数序列是串行输入的，因此电路只有一个输入端x，电路在连续输入4个或4个以上1时，输出才为1，因此，电路只有一个输出端F。

（1）建立原始状态图和状态表。

设电路的初始状态为S_0，由于只有一个输入，电路从任一个状态出发，都有$2^1 = 2$种可能的转移方向。设S_1为电路收到一个1时的状态，设S_2为连续收到两个1时的状态，S_3为连续收到3个1时的状态，S_4为连续收到4个或4个以上1时的状态。由此可得原始状态转换图如图15-27a所示。由题意可知，不管电路处于什么状态，只要收到一个0，便返回到初始状态S_0。

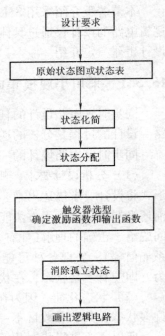

图15-26 同步时序电路的设计流程

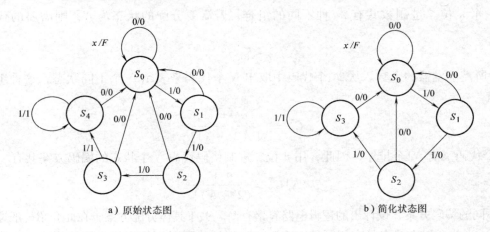

a）原始状态图   b）简化状态图

图 15-27 例 15-2 状态图

根据原始状态图可得状态表见表 15-15。

（2）状态化简。

由表15-15可知，对于状态S_3和S_4，在x为0和1时，其对应的输出和次态都完全相同，它们是等价状态，可以合并为一个状态S_3。化简后的状态图和状态表分别如图15-27b和表15-16所示。这种直接观察比较等价状态的化简方法（通常称为观察法）具有直观简便的优点，但只适用于简单状态表的化简。

表 15-15　状态表

S^{n+1}/F　　　x　　　S^n	0	1
S_0	$S_0/0$	$S_1/0$
S_1	$S_0/0$	$S_2/0$
S_2	$S_0/0$	$S_3/0$
S_3	$S_0/0$	$S_4/1$
S_4	$S_0/0$	$S_4/1$

表 15-16　简化状态表

S^{n+1}/F　　　x　　　S^n	0	1
S_0	$S_0/0$	$S_1/0$
S_1	$S_0/0$	$S_2/0$
S_2	$S_0/0$	$S_3/0$
S_3	$S_0/0$	$S_3/1$

（3）状态分配。

由于简化状态表中只有4个状态，即$N=4$，根据$n \geqslant \log_2^N$，取$n=2$，即只要用两个触发器就可以描述所有状态。按前面介绍的一般状态分配原则，取$S_0=00$，$S_1=01$，$S_2=11$，$S_3=10$，由此可作出编码后的状态表，见表15-17。

（4）选定触发器类型，列激励函数和输出函数表，求激励函数、输出函数表达式。

表 15-17　编码后的状态表

$Q_2^{n+1} \; Q_1^{n+1}/F$　　　x　　　$Q_2^n \; Q_1^n$	0	1
0　0	00/0	01/0
0　1	00/0	11/0
1　1	00/0	10/0
1　0	00/0	10/1

选用JK触发器，由表15-17和JK触发器激励表作出激励和输出函数表，见表15-18。

表 15-18　激励和输出函数表

输入	现 态		次 态		激 励 函 数				输出函数
x	Q_2^n	Q_1^n	Q_2^{n+1}	Q_1^{n+1}	J_2	K_2	J_1	K_1	F
0	0	0	0	0	0	x	0	x	0
0	0	1	0	0	0	x	x	1	0
0	1	1	0	0	x	1	x	1	0
0	1	0	0	0	x	1	0	x	0
1	0	0	0	1	0	x	1	x	0
1	0	1	1	1	1	x	x	0	0
1	1	1	1	0	x	0	x	1	0
1	1	0	1	0	x	0	0	x	1

根据表15-18可以作出各触发器J、K端和输出端的卡诺图，如图15-28所示。

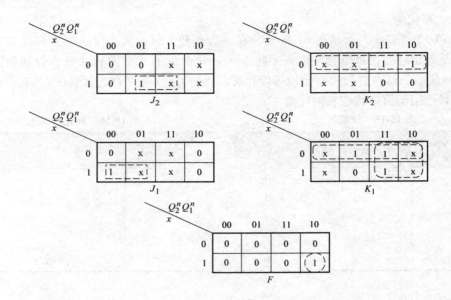

图 15-28 激励和输出函数的卡诺图

经对图 15-28 中卡诺图化简可得激励和输出函数表达式为

$$
\begin{cases}
J_2 = xQ_1^n, & K_2 = \overline{x} \\
J_1 = x\,\overline{Q_2^n}, & K_1 = \overline{x} + Q_2^n = \overline{x\,\overline{Q_2^n}} \\
F = xQ_2^n\,\overline{Q_1^n}
\end{cases}
$$

（5）画出逻辑电路图。

根据上述激励和输出函数表达式，可画出例 15-2 的逻辑电路图，如图 15-29 所示。

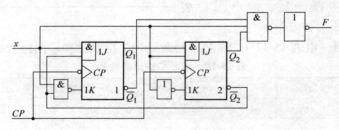

图 15-29 例 15-2 逻辑电路图

下面再通过一个例子来加强对同步时序电路设计方法的理解。

例 15-3 试用 JK 触发器设计一个模 6 递增同步计数器。

解 （1）建立原始状态图。

以计数脉冲 CP 作为输入信息，直接驱动各触发器的 CP 端，故不必另设输入变量。设 Y 为进位输出端。模 6 计数器要求有 6 个不同状态，且逢六进一。由此可作出图 15-30 所示的原始状态图。由于模 6 计数器必须有 6 个不同状态，所以不需要再化简状态。

（2）状态分配。

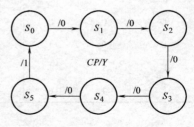

图 15-30 例 15-3 原始状态图

因状态数为 $N=6$，根据 $n \geqslant \log_2^N$，取 $n=3$，即需要 3 个触发器。按题意选用 JK 触发器。由于题目要求递增计数，因此取 $S_0=000$，$S_1=001$，$S_2=010$，$S_3=011$，$S_4=100$，$S_5=101$，由此可以作出编码后的状态表，见表 15-19。

表 15-19　例 15-3 编码后的状态表

现 态			次 态			输 出
Q_3^n	Q_2^n	Q_1^n	Q_3^{n+1}	Q_2^{n+1}	Q_1^{n+1}	Y
0	0	0	0	0	1	0
0	0	1	0	1	0	0
0	1	0	0	1	1	0
0	1	1	1	0	0	0
1	0	0	1	0	1	0
1	0	1	0	0	0	1

（3）求状态方程、激励函数和输出函数。

按表 15-19 画出次态卡诺图和输出函数卡诺图，如图 15-31 所示。

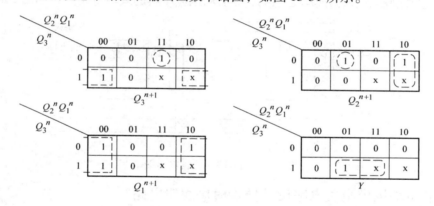

图 15-31　例 15-3 次态和输出函数卡诺图

求状态方程的目的是为了求出触发器输入端的驱动程序，因此，在卡诺图进行圈选化简时就要预先考虑到这点。现选用 JK 触发器，应使圈选的结果尽可能出现

$$Q_i^{n+1} = \underline{\quad} \overline{Q_i^n} + \underline{\quad} Q_i^n$$

的形式，这样就可以由状态方程直接求出 J_i 和 K_i。为此，应将 $Q_i^n=0$ 的方格划为一个区域，而将 $Q_i^n=1$ 的方格划为另一个区域，然后在每个区域内按圈选相邻最小项的原则进行圈选。由分区圈选方法所得的状态方程，并不一定是最简的"与或"式，但是式中的 J、K 表达式却是最简的。

按上述圈选原则，由图 15-31 得状态方程和输出方程分别为

$$\begin{cases} Q_3^{n+1} = Q_2^n Q_1^n \overline{Q_3^n} + \overline{Q_1^n} Q_3^n \\ Q_2^{n+1} = \overline{Q_3^n} Q_1^n \overline{Q_2^n} + \overline{Q_1^n} Q_2^n \\ Q_1^{n+1} = \overline{Q_1^n} \\ Y = Q_3^n Q_1^n \end{cases}$$

将状态方程与 JK 触发器的特性方程比较得各触发器的激励函数为

$$\begin{cases} J_3 = Q_2^n Q_1^n, & K_3 = Q_1^n \\ J_2 = \overline{Q_3^n} Q_1^n, & K_2 = Q_1^n \\ J_1 = 1, & K_1 = 1 \end{cases}$$

（4）检查电路能否自启动。

根据状态方程，将偏离状态的转移情况填入表 15-20 中，由表 15-20 可知该电路能够自启动。

表 15-20　偏离状态的转移情况

现　态			次　态			输　出
Q_3^n	Q_2^n	Q_1^n	Q_3^{n+1}	Q_2^{n+1}	Q_1^{n+1}	Y
1	1	0	1	1	1	0
1	1	1	0	0	0	1

（5）画逻辑电路图。

根据上述激励函数和输出函数表达式，可画出例 15-3 的逻辑电路图，如图 15-32 所示。

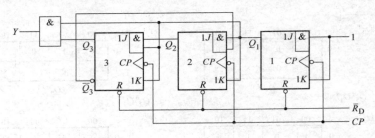

图 15-32　例 15-3 逻辑电路图

15.5.2　采用小规模集成电路设计异步时序逻辑电路

异步时序逻辑电路与同步时序逻辑电路的本质差异在于其状态的改变方式不同，前者在输入信号控制下改变状态，后者是在同一时钟脉冲控制下改变状态。

异步时序电路的设计方法和步骤与同步时序电路基本相同。但是，由于异步时序电路中触发器的状态不仅与激励输入有关，还取决于是否有时钟脉冲输入，因此，在设计时应把触发器的 CP 信号也作为状态方程中的变量。选择或确定时钟脉冲 CP 有两种方法：要么根据时序图选择各触发器的时钟脉冲，要么由状态转移确定时钟脉冲。下面通过实例具体介绍设计方法和步骤。

例 15-4　试用 JK 触发器设计一个 8421 码异步五进制计数器。

解　（1）作状态图。

由于题目中已规定计数器为五进制 8421 码，所以可直接作出编码的状态图，如图 15-33 所示。输入 N 为计数脉冲，C_0 为进位输出信号。

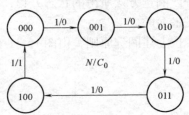

图 15-33　异步五进制计数器的状态图

（2）列激励表。

本例不必对状态进行化简，因状态数 $N=5$，根据 $n \geqslant \log_2^N$，取 $n=3$，即只需要 3 个 JK 触发器就可以描述所有的状态。直接根据状态图可列出含有变量 CP 的激励表。在确定 J、K 和 CP 信号的状态（有无脉冲 CP 加入）时要综合考虑，例如，状态从 $000 \rightarrow 001$，Q_2、Q_1 的状态不变，Q_0 从 0 变为 1，如何确定 J、K 和 CP 呢？其原则是：①触发器状态需要改变时必须加入时钟脉冲；②兼顾各 J、K 和 CP 端逻辑表达式的简化。若触发器不需翻转，可使触发器的 $CP=0$，在触发脉冲为 0 时，J、K 为任意值触发器都不会翻转（J、K 可取任意逻辑量作为无关项处理，这会有利于 J、K 表达式的化简，但是增加 $CP=0$ 项，又不利于 CP 项的化简）。因此，如果选用多输入端的 JK 触发器，那么应尽可能使计数器电路只有触发器组成，而不要增加过多的组合逻辑电路（附加门电路）。按照以上原则列出异步五进制计数器的激励表，见表 15-21。

表 15-21　异步五进制计数器的激励表

现态			次态			J、K、CP 与 C_0									
Q_2^n	Q_1^n	Q_0^n	Q_2^{n+1}	Q_1^{n+1}	Q_0^{n+1}	J_2	K_2	CP_2	J_1	K_1	CP_1	J_0	K_0	CP_0	C_0
0	0	0	0	0	1	0	x	1	x	x	0	1	x	1	0
0	0	1	0	1	0	0	x	1	1	x	1	x	1	1	0
0	1	0	0	1	1	0	x	1	x	x	0	1	x	1	0
0	1	1	1	0	0	1	x	1	x	1	1	x	1	1	0
1	0	0	0	0	0	x	1	1	x	x	0	0	x	1	1

（3）作各 J、K 和 CP 函数的卡诺图，并进行化简。由表 15-21 可以看出，CP_0、CP_2、K_0、K_1、J_1 和 K_2 都为 1，$C_0 = Q_2^n$。作 J_0、J_2 和 CP_1 的卡诺图，如图 15-34 所示。

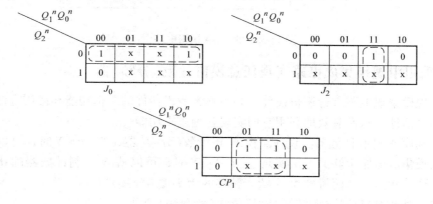

图 15-34　激励函数和 CP 函数的卡诺图

由卡诺图化简得

$$\begin{cases} J_0 = \overline{Q_2^n} \\ J_2 = Q_1^n Q_0^n \\ CP_1 = Q_0^n \end{cases}$$

其中，$CP=1$，表示 CP 直接与计数输入脉冲相连。

（4）检查电路能否自启动。

根据上面求出的 J、K 和 CP 方程，可写出触发器的状态方程为

$$\begin{cases} Q_2^{n+1} = Q_1^n Q_0^n \overline{Q_2^n} \cdot CP \downarrow & \because J_2 = Q_1^n Q_0^n \quad K_2 = 1 \\ Q_1^{n+1} = \overline{Q_1^n} \cdot Q_0^n \downarrow & \because J_1 = 1 \quad K_1 = 1 \text{(在触发脉冲 } Q_0^n \text{ 作用下状态翻转)} \\ Q_0^{n+1} = \overline{Q_2^n} \, \overline{Q_0^n} \cdot CP \downarrow & \end{cases}$$

根据状态方程，将偏离状态的转移情况填入表 15-22 中，由表 15-22 可知，该电路能够自启动。

表 15-22　偏离状态的转移情况

现　　态			次　　态			C_0	有 效 时 钟
Q_2^n	Q_1^n	Q_0^n	Q_2^{n+1}	Q_1^{n+1}	Q_0^{n+1}		
1	0	1	0	1	0	1	CP_0、CP_1、CP_2
1	1	0	0	1	0	1	CP_0、CP_2
1	1	1	0	0	0	1	CP_0、CP_1、CP_2

（5）画逻辑电路图。

根据上述激励函数和 CP 函数表达式，可画出例 15-4 的逻辑电路图，如图 15-35 所示。

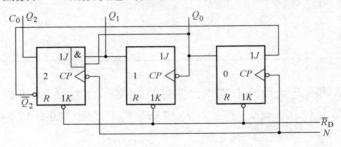

图 15-35　例 15-4 逻辑电路图

15.5.3　采用中规模集成电路实现任意模值计数（分频）器

采用中规模集成电路进行逻辑设计，必须熟悉逻辑器件的逻辑功能和使用方法，了解器件所具有的灵活性，从而有效地利用它们实现各种逻辑功能。

应用中规模 N 进制计数器实现任意模值 M 计数（分频）器，当 $M > N$ 时，可以采用两个或多个中规模集成电路串联的方法实现；当 $M < N$ 时，可以从 N 进制计数器的状态转移表中跳跃 $N - M$ 个状态，从而得到 M 个状态转移的 M 计数（分频）器。

实现状态跳跃有复位法（置零法）和置位法（置数法）两种。

15.5.3.1　利用复位法

复位法的原理是：当中规模 N 进制从起始状态 S_0 开始计数并接收了 M 个脉冲后，电路进入 S_M 状态。如果这时利用 S_M 状态产生一个复位脉冲将计数器置成 S_0 状态，这样就可以跳跃 $N - M$ 个状态，从而实现模值为 M 的计数（分频）器。

例 15-5　试用复位法将 74LS161 接成模 10 计数（分频）器。

解　已知 74LS161 是 4 位二进制同步计数器，其功能表见表 15-5。$\overline{CR}$ 为异步复位端，

低电平有效，当 $\overline{CR}=0$ 时，$Q_3Q_2Q_1Q_0 = 0000$。模 10 计数要求在输入 10 个脉冲后电路返回到 0000，且输出一个脉冲。图 15-36 为应用 74LS161 构成的模 10 计数（分频）器。图中，G_1 为判别门，当第 10 个计数脉冲上升沿输入后，74LS161 的状态 $Q_3Q_2Q_1Q_0 = 1010$；则门 G_1 输出为 0，作用于门 G_2 和 G_3 组成的基本 RS 触发器，使 Q 端为 0，即 74LS161 的 $\overline{CR}=0$，则 $Q_3Q_2Q_1Q_0 = 0000$，$\overline{Q}$ 输出端为 1。在计数脉冲 CP 下降沿到达后，又使门 G_3 输出 $Q=1$，而 $\overline{Q}=0$，这样 Z 输出一个脉冲。此后，又在计数脉冲作用下，从 0000 开始计数，每当输入 10 个脉冲，电路进入到 1010，就通过 $\overline{CR}$ 端使电路复零，输出一个脉冲，实现模 10 计数（分频）。其时序图如图 15-37 所示。

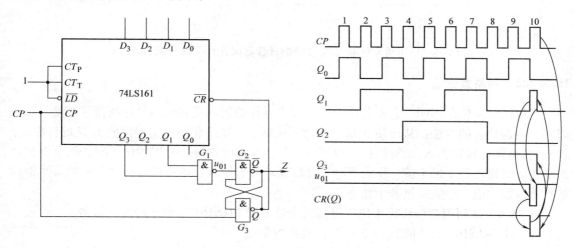

图 15-36　例 15-5 逻辑电路图　　　　　图 15-37　例 15-5 时序图

图 15-36 中，门 G_2 和 G_3 组成 RS 触发器的目的是为了保持门 G_1 产生的复位信号 u_{01}，即保证信号的可靠复零。如果没有门 G_2 和 G_3 组成的 RS 触发器，用门 G_1 的输出 u_{01} 直接加到 $\overline{CR}$ 端，从原理上看也是可以实现复零的。但是，如果集成器件中的各触发器在翻转的过程中由于速度不等，就可能出现不能使全部触发器置 0。例如，假设 Q_1 比 Q_3 翻转速度快，则一旦 Q_1 由 1→0 后，u_{01} 立即由 0→1，如果 Q_3 还没有完全翻转，则因复位信号已消失，可能使状态保持在 1000 状态，这样，就会发生错误。采用由门 G_2 和 G_3 组成的 RS 触发器后，Q 端输出的复位信号宽度和计数脉冲 $CP=1$ 的持续时间相同，足以保证器件内各个触发器可靠置 0。此外，74LS161 的进位信号 $CO = Q_3Q_2Q_1Q_0$，在实现模 10 计数时，4 位二进制计数器不可能达到满值。所以不能由 CO 输出，而由 $\overline{Q}$ 端产生模 10 计数输出信号 Z。

这种方法比较简单，复位信号的产生电路是一种固定的结构形式，由门 G_1、G_2、G_3 组成。在利用二进制计数中规模集成器件时，只需将计数模值为 M 的二进制代码中 1 的输出端连接至门 G_1 的输入端（如该例中模 10 计数器的二进制代码是 1010，所以只需将 Q_3 和 Q_1 的输出端连接到门 G_1 的输入端即可），即可实现模值为 M 的计数（分频）。

这种方法对于分频比要求较大的情况下，应用更加方便。例如，图 15-38 为应用两片 74LS290 异步二-五-十进制计数器构成的模 88 计数分频电路。由 74LS290 的功能表（见表 15-8）可知，当 $R_{0A} = R_{0B} = 1$，且 $S_{9A} \cdot S_{9B} = 0$ 时，执行复位功能，即 $Q_3Q_2Q_1Q_0 = 0000$。当计数脉冲输入到第 88 个时，G_1 输出为 0，而 G_2 输出为 1，计数器复位，从而实现 88 个计数分频。

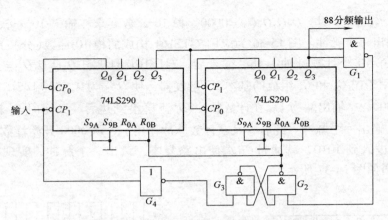

图 15-38　应用两片异步二-五-十进制计数器构成的模 88 计数分频电路

15.5.3.2　利用置位法

置位法和复位法不同。它是利用中规模集成器件的置入控制端，给计数器重复置入某一固定二进制数值的方法，从而使 N 进制计数器跳跃 $N-M$ 个状态，实现模值为 M 的计数（分频）。置数操作可以在 S_0 状态进行，也可以在其他状态时进行。采用置位法时，既可以在计到最大值时置入某个最小值，作为下一个计数循环的起始点，也可以在计到某个数值时给计数器置入最大值，中间跳过若干状态。

例 15-6　试利用置位法将 4 位二进制同步计数器 74LS161 接成十进制计数器。

解　由 74LS161 的功能表 15-5 可知，当将控制端 $\overline{LD}$ 置 0 时，计数器执行同步置入功能。现以 $\overline{CO}$ 接至 $\overline{LD}$ 端，如图 15-39 所示，则当计数器计到最大值（1111）时，$LD=0$，电路为预置工作状态，故下一个时钟信号便将输入数据 $D_3D_2D_1D_0$ 置入计数器，作为下一个计数循环的起始值（即最小值）。由于 4 位二进制计数器共有 16 种状态，现需实现模 10 计数，因此需要跳跃 $N-M=16-10=6$ 个状态，应置入 6 作为起始值，故取 $D_3D_2D_1D_0=0110$ 为输入数据。其状态转移图如图 15-40 所示。

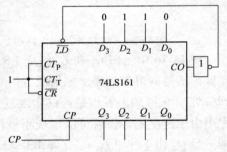

图 15-39　例 15-6 逻辑图

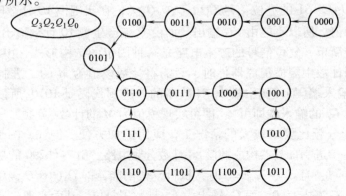

图 15-40　例 15-6 状态转移图

这种置位预置方法，其电路的结构也是一种固定结构形式。在改变模值 M 时，只需要改变置入输入端 $D_3D_2D_1D_0$ 的输入数据即可。其置入输入数据为 $2^n - M$ 的二进制代码。这种方法由满值输出 $\overline{CO}$ 作为置入控制信号，一般计数顺序中不是从 0000 开始的。也就是它所跳跃的 $2^n - M$ 个状态是从 0000 开始跳跃的。

例 15-7　试利用置位法将 4 位二进制同步计数器 74LS161 接成模 12 计数分频器。要求计数器包含 0000 状态。

解　由于 4 位二进制计数器共有 16 种状态，现需实现模 12 计数，因此要跳跃 16 – 12 = 4 个状态。又因为要求计数器包含 0000 状态，所以不能使用例 15-6 中所用的方法实现。下面介绍两种实现的方案。

方案 1：假如取置入最大值的形式，则为了跳跃最大值以前的 4 个状态，应在计数器计到 $M - 2$（在本例中 $M = 12$）以后，用下一个计数脉冲将计数器置为最大值，即 1111 状态。为此，将 $\overline{Q_3Q_1}$ 接到 $\overline{LD}$ 端，如图 15-41 所示，以保证计数器为 $M - 2 = 12 - 2 = 10 = (1010)_B$ 以后处于预置工作状态。同时，取输入数据 $D_3D_2D_1D_0 = (1111)_B$（即最大值），以便在下一个计数脉冲到来时将计数器置为最大值。其状态转移图如图 15-42 所示。该电路的 CO 端在每个计数循环中均有进位信号输出。

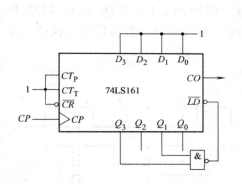

图 15-41　例 15-7 电路结构之一

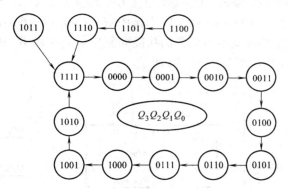

图 15-42　例 15-7 状态转移图

这种置位方法，其电路结构也是一种固定结构形式。只要在计数器计到 $M - 2$ 时，处于预置工作状态且置入最大计数值，即可实现模 M 计数分频。

方案 2：置入的控制信号是由全 0 判别电路产生的，即当 74LS161 进入到 $Q_3Q_2Q_1Q_0 = 0000$ 时，$\overline{LD} = 0$，如图 15-43 所示，为了跳跃 0000 状态以后的 4 个状态，在下一个计数脉冲作用下，将一个特定的数 0101 并行置入，使 $Q_3Q_2Q_1Q_0 = 0101$。此时，$\overline{LD} = 1$，这样在计数脉冲作用下，按图 15-43 所示的状态转移图完成模 12 计数分频。该电路的 CO 端在每个计数循环中均有进位信号输出。

图 15-43 也是一种固定结构形式，只要改变置入输入数据，即可改变模值。其置入输入数据为 $2^n - M + 1$ 的二进制代码。本例中，$M = 12$，所以置入输入数据为 16 – 12 + 1 = 5，即 0101。其电路的状态转移图如图 15-44 所示。

如果合理地选择 $\overline{LD}$ 的控制信号，选择并行输入数据，可以使结构简单。

上面的置入是同步置入方式，即在时钟脉冲作用下执行置入操作。在有些中规模集成器件中具有异步置位控制端，执行异步置位功能。例如 74LS290 的 $S_{9A}(S_{9B})$ 端，见表 15-3。利用异步置位控制端实现任意模 M 计数（分频）器，其基本方法类似于异步复位的方法。

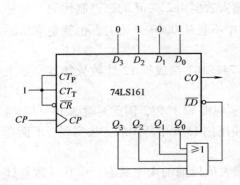

图 15-43　例 15-7 电路结构二

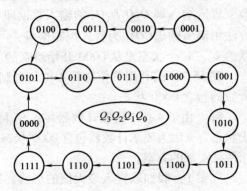

图 15-44　例 15-7 电路的状态转移图

例 15-8　试利用置位法将 74LS290 异步二-五-十进制计数器接成模 7 计数分频器。

解　由表 15-3 可知，当 $S_{9A} \cdot S_{9B} = 1$，且 $R_{0A} \cdot R_{0B} = 0$ 时，执行置 9（即 1001）功能。为了实现模 7 计数分频，首先将 74LS290 连接成 8421BCD 码的二-十进制计数器，即计数脉冲由 CP_0 输入，Q_0 端输出接 CP_1 输入端，如图 15-45 所示。G_1 为判别门，其输入端接 $M-1$ 的二进制代码中的 1（本例中 $M-1 = 7-1 = 6$，$Q_3Q_2Q_1Q_0 = 0110$ 的为 1 端是 Q_2、Q_1）。门 G_2 和 G_3 构成基本触发器的功能同复位电路中的 G_2 和 G_3 相同，即完成异步置位信号的保持。其工作波形如图 15-46 所示。

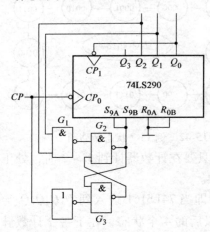

图 15-45　例 15-8 逻辑电路图

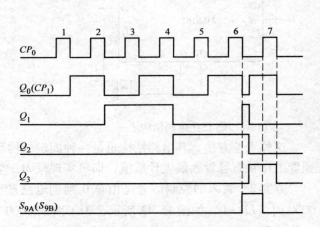

图 15-46　例 15-8 工作波形

由波形图可见，当计数器从 $Q_3Q_2Q_1Q_0 = 0000$ 递加计数到 $Q_3Q_2Q_1Q_0 = 0110$ 时，G_1 输出为 0，使 G_2 输出为 1，即 $S_{9A} = S_{9B} = 1$，执行置 9 功能（即 $Q_3Q_2Q_1Q_0 = 1001$），这就使得 G_1 从 0 变为 1，在下一个脉冲的上升沿，置位信号 $S_{9A}(S_{9B})$ 由 1 变为 0（即变为无效），在计数脉冲的下降沿，又使计数器回到 0000 状态重新进行计数循环。而状态 0110 维持时间极短（瞬间即逝），故它不是有效计数状态。这时在 Q_0、Q_1 的波形中出现了"毛刺"。

习　题

15-1　试说明时序逻辑电路有什么特点。它和组合逻辑电路的主要区别在什么地方？

15-2 有一个专用通信系统(同步时序电路),若在输入线 x 上连续出现 3 个 "1" 信号,则在输出线 y 上出现一个 "1" 信号予以标记,对于其他输入序列,输出均为 "0",作状态图和状态转移真值表。

15-3 分析图 15-47 所示时序电路的逻辑功能,并给出时序图。

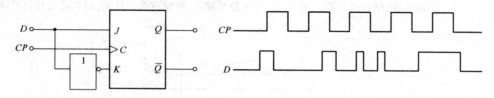

图 15-47 习题 15-3 电路图

15-4 分析图 15-48 所示的同步时序逻辑电路,作出状态图和状态表,并说明该电路的逻辑功能。

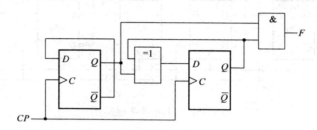

图 15-48 习题 15-4 电路图

15-5 图 15-49 为一个串行加法器的逻辑电路图,试作出其状态图和状态表。

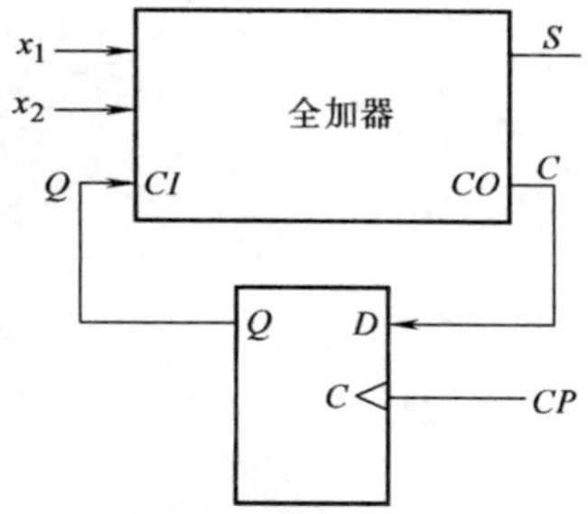

15-6 试分析图 15-50 所示时序电路的逻辑功能,写出电路的激励方程、状态转移方程和输出方程,画出状态转移图,说明电路是否具有自启动特性。

15-7 试分析图 15-51 所示时序电路,画出状态转移图,并说明该电路的逻辑功能。

15-8 设计一个脉冲异步时序电路,使之满足下述要求:

(1) 该电路有一个脉冲输入端 P,两个电平输出端 Y_1、Y_2。

(2) 该电路要作为计数器使用。当 $P=1$ 时,其计数序列为 $Y_1Y_2=$ 00,01,11,10,00,…;当 $P=0$ 时,其状态不变。要求用 JK 触发器作为存储元件。

图 15-49 习题 15-5 电路图

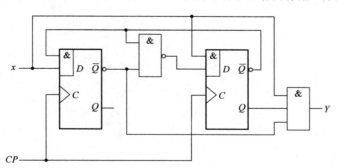

图 15-50 习题 15-6 电路图

15-9 设计一个自动售货机控制电路。售货机中有两种商品,其中一种商品的价格为一元五角,另一种商品的价格为两元。售货机每次只允许投入一枚五角或一元的硬币,当用户选择好商品后,根据用户所

电路与电子技术基础 第2版

选商品和投币情况，控制电路应完成的功能是：若用户选择两元的商品，当用户投足两元（五角或一元）时，对应商品输出；当用户选择一元五角的商品时，若用户投入两枚一元的硬币，应找回五角并输出商品，若正好投入一元五角，只输出商品（提示：假定电路中已有检测电路，可以识别一元和五角；电路应有两个控制端，两种商品选择输入；电路有两个输入端，五角、一元投币输入；电路有两个输出，商品输出和找零输出）。

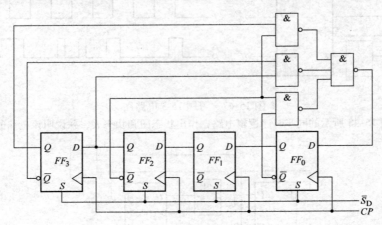

图 15-51 习题 15-7 电路图

364

第 16 章　脉冲波形的产生和整形

16.1　概述

数字电路又称为脉冲(Pulse)数字电路,所以脉冲信号在数字电路中扮演着重要的角色。脉冲这个词包含着脉动和短促的意思,在脉冲技术中,主要研究对象是一些具有间断性和突发性特点的、短暂出现的、周期性或非周期性时间函数的电压或电流。

常见的一些脉冲波形如图 16-1 所示。

矩形波是最常用的脉冲波形。矩形波具有两个固定电平,其电平转换时间与每个电平的持续时间相比可以忽略。图 16-2 为一个实际的矩形脉冲波的波形,描述矩形波的主要参数有如下几种。

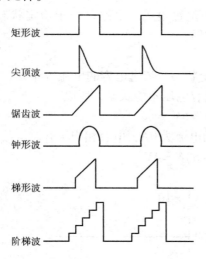

图 16-1　脉冲波形举例　　　　　　　　　　　　图 16-2　矩形脉冲波形参数

1)脉冲幅度 U_m:矩形脉冲的高电平和低电平之差,它反映了脉冲信号的大小。

2)脉宽 t_w(或称为脉冲持续时间):矩形脉冲起始和终止时刻之间的时间间隔。若将脉冲前、后沿上瞬时值为 $0.5U_m$ 的对应点之间的时间间隔定为脉宽,则称为平均脉宽。此外,还有顶部脉宽和底部脉宽。

3)重复周期 T:相邻两个脉冲对应点之间的时间间隔。重复周期的倒数称为重复频率 f。

4)脉冲占空系数 Q^{-1}(或称为脉冲占空比):脉宽 t_w 和重复周期 T 的比值。Q^{-1} 的倒数 Q 称为空度比。

5)上升时间 t_r:脉冲电压从 $0.1U_m$ 上升到 $0.9U_m$ 所需的时间。理想情况下 t_r 等于 0。

6)下降时间 t_f:脉冲电压从 $0.9U_m$ 下降到 $0.1U_m$ 所需的时间。理想情况下 t_f 等于 0。

获取矩形脉冲的途径主要有两种：一种是利用各种形式的多谐振荡器电路直接产生所需要的矩形脉冲，另一种则是通过各种整形电路把已有的周期性变化波形变换为符合要求的矩形脉冲。

在时序电路中，矩形脉冲作为时钟信号控制和协调着整个系统的工作，因此，其波形的特性直接关系到系统能否正常工作。

16.1.1　脉冲电路的分析

脉冲电路通常是指能产生和变换脉冲波形的电路。脉冲电路包含两个主要部分：开关电路与惰性电路。开关电路用来破坏电路的稳态，使之产生暂态过程；而惰性电路则用来控制暂态过程的变化情况。各种脉冲波形就是通过这两部分电路的工作而获得的。由于脉冲波形是在电路暂态过程中形成的，因此，脉冲电路的分析是在时域中按时间分段分析电路中的电压、电流的变化情况。

由电阻 R 和电容 C 构成的 RC 电路是脉冲电路中最常见的基本电路。

由于电容的充放电有一个过程，这一不断变化的过程称为暂态过程。暂态过程结束之后，电路进入一个新的稳定状态。

有关 RC 电路的暂态过程的分析请参见第 4 章。

例 16-1　在图 16-3a 所示电路中，开关 S 在 2 的位置很久，电路已处于稳定状态。在 $t = 0$ 时，开关由 2 突然转换到 1 位置，画出 u_c 的波形。

解　用求过渡过程的三要素法来解此题。

（1）求起始值。因为在 $t = 0$ 以前，电路处于稳定状态，流过电容的电流等于 0A，所以 $u_c(0) = -U_b = -6V$。在 $t = 0$ 时，开关动作，由于电容电压不能跃变，所以

$$u_c(0_+) = u_c(0_-) = -6V$$

（2）求稳态值。暂态过程结束以后，流过电容的电流为 0A，电容相当于开路，故

$$u_c(\infty) = U_a - U_b = (10 - 6)V = 4V$$

（3）求时间常数。

$$\tau = RC = 10 \times 10^3 \times 100 \times 10^{-12} \text{s} = 1 \times 10^{-6} \text{s} = 1\mu\text{s}$$

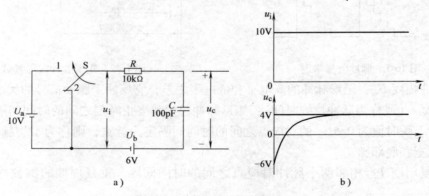

图 16-3　例 16-1 的电路与波形

于是

$$u_c(t) = u_c(\infty) + [u_c(0_+) - u_c(\infty)]e^{-t/\tau} = [4 + (-6-4)e^{-t}]V = (4 - 10e^{-t})V$$

式中，t 的单位是 μs。其波形图如图 16-3b 所示。

16.1.2 *RC* 电路的应用

16.1.2.1 微分电路

微分电路如图 16-4 所示。当输入信号 u_i 为理想矩形脉冲，且其宽度 t_w 远大于电路时间常数 τ 时，输出波形 u_o 如图 16-5 所示，图中还给出了电容 C 两端的电压 u_c 的波形。

由于输出电压 u_o 的波形形状与输入电压 u_i 对时间的微分 $\dfrac{\mathrm{d}u_i}{\mathrm{d}t}$ 的曲线形状相近似，故图 16-4 所示电路有微分电路之称。事实上，$u_o = RC\dfrac{\mathrm{d}u_c}{\mathrm{d}t}$，当时间常数 τ 很小时，电容两端

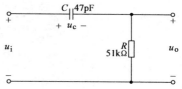

图 16-4　微分电路

的电压 u_c 可以迅速地跟随输入电压 u_i 变化，导致 $u_c \approx u_i$，$u_o \approx RC\dfrac{\mathrm{d}u_i}{\mathrm{d}t}$。

如果 *RC* 电路的时间常数 τ 远大于输入脉冲宽度 t_w，则图 16-4 所示电路就成为耦合电路。所谓耦合电路就是电容隔离 u_i 的直流成分，而不改变输入电压的波形频率和波形形状。图 16-6a 是时间常数远远小于脉冲周期的情况，图 16-6b 为时间常数远远大于脉冲周期时所对应输入波形的情况(输入脉冲的周期为 T)。

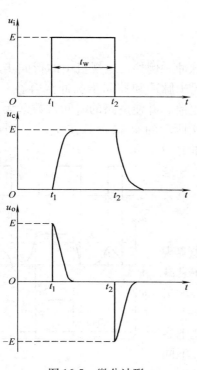

图 16-5　微分波形

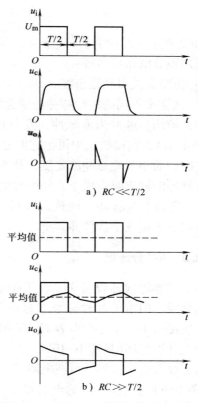

图 16-6　不同 *RC* 时间常数的波形图

16.1.2.2 积分电路

积分电路如图 16-7 所示。设电路的时间常数 τ 远大于输入信号脉冲宽度，则其输出波形如图 16-8 所示。经计算可得到输出电压 u_o 的数学表达式为

$$\because i = C\frac{\mathrm{d}u_o}{\mathrm{d}t} \qquad \therefore u_i = RC\frac{\mathrm{d}u_o}{\mathrm{d}t} + u_o$$

$$u_o = \frac{1}{RC}\int (u_i - u_o)\mathrm{d}t$$

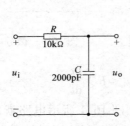

图 16-7 积分电路

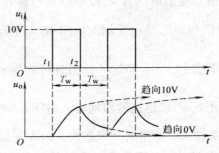

图 16-8 输出波形

当 $u_o \ll u_i$ 时（因 RC 时间常数较大，电容充放电很缓慢）

$$u_o \approx \frac{1}{RC}\int u_i\mathrm{d}t$$

故图 16-7 所示电路称为积分电路。

利用积分电路可实现：

1）由矩形波得到锯齿波。

2）从宽窄不同的矩形脉冲的混合波形中选出宽脉冲。例如，电视机中的行同步脉冲为窄脉冲，帧同步脉冲为宽脉冲，发射台发射时将行同步脉冲和帧同步脉冲混合在一起（见图 16-9 中 u_i），在接收机中再把它们分开。利用积分电路，并使电路的时间常数远大于窄脉冲的宽度，而小于宽脉冲的宽度，从而可得到图 16-9 所示的 u_o 波形。在 u_o 中，对应于输入为窄脉冲的输出幅度很小，经限幅电路处理后（如图 16-9 中 u_o'），只剩下宽脉冲。同理，可利用积分电路除去一些电路中的小毛刺或干扰脉冲。

16.1.2.3 RC 分压器

在示波器等仪器设备中，常采用电阻分压的办法实现信号的衰减，但由于各种分布电容的影响，等效于在衰减器输出端接入了一个分布电容 C_o（见图 16-10a），使得输出波形的上升沿变坏（见图 16-10b）。

为了改善输出波形，可在电阻 R_1 上并联一个加速电容 C_j（见图 16-11），并且 C_j 的电容量要选得合适。选择不同的 C_j 对输出的波形影响不同，如图 16-12 所示。C_j 较小时，

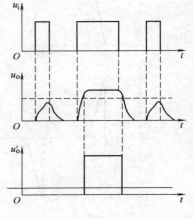

图 16-9 宽窄脉冲分离

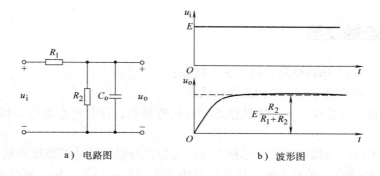

a）电路图　　　　　　　　　　b）波形图

图 16-10　分布电容对输出波形的影响

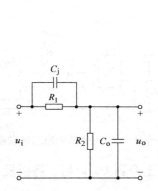

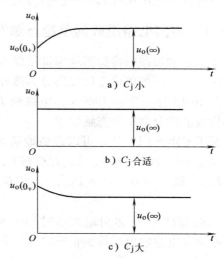

图 16-11　利用加速电容改善输出波形　　　　图 16-12　不同 C_j 时的输出波形图

输出波形仍然会出现边沿缓慢变化的情况；C_j 太大时，输出波形出现尖顶过冲；只有当 C_j 满足

$$C_j = C_o \frac{R_2}{R_1} \tag{16-1}$$

$u_o(0_+)$ 才等于 $u_o(\infty)$。这是因为在输入信号跳变时，电容好像短路一样，其阻抗很低，电流主要流过 C_j 和 C_o，这时输出电压的大小取决于 C_j 和 C_o 的分压，即

$$u_o(0_+) = \frac{C_j}{C_o + C_j} u_i \tag{16-2}$$

在暂态过程结束后，电容犹如开路，输出电压的大小取决于电阻的分压，即

$$u_o(\infty) = \frac{R_2}{R_1 + R_2} u_i \tag{16-3}$$

由式（16-2）、式（16-3）不难得出：要使 $u_o(0_+) = u_o(\infty)$，C_j 应满足式（16-1）。

应当指出，在以上分析中，假设信号源 u_i 的内阻等于 0Ω，它在瞬间可以给出无穷大的电流，因而电容上电压才可以跃变，从而得出式（16-2）。实际中，只要信号源的内阻比 R_1 和 R_2 小得多，式（16-2）是足够准确的。

16.2　单稳态触发器

单稳态触发器的工作特性具有以下3个特点：

1）它有稳态和暂稳态两个不同的工作状态。

2）在外界触发脉冲作用下，能从稳态翻转到暂稳态，在暂稳态维持一段时间后，可再自动返回到稳态。

3）暂稳态维持时间长短取决于电路本身的参数，与触发脉冲的宽度和幅度无关。

由于具备这些特点，单稳态触发器被广泛用于实现脉冲整形电路、延时电路（产生滞后于触发脉冲的输出脉冲）以及定时电路（产生固定时间宽度的脉冲信号）等。

16.2.1　用门电路组成的单稳态触发器

单稳态触发器的暂稳态通常都是靠 RC 电路的充、放电过程来维持的。根据 RC 电路的不同接法，又可把单稳态触发器分为微分型和积分型两种。

图 16-13 是一个由 CMOS 门电路和 RC 微分电路构成的微分型单稳态触发器。

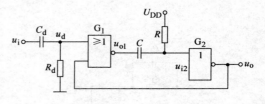

对于 CMOS 门电路，可以近似地认为 $U_{OH} \approx U_{DD}$、$U_{OL} \approx 0$，且 $U_{TH} \approx U_{DD}/2$。在稳态下，$u_i = 0$，$u_{i2} = U_{DD}$，故 $u_o = 0$，$u_{o1} = U_{DD}$，电容 C 上没有电压。

图 16-13　微分型单稳态触发器

当触发脉冲 u_i 加到输入端时，在 R_d 和 C_d 组成的微分电路输出端得到很窄的正、负脉冲 u_d。当 u_d 上升到 U_{TH} 以后，将引发如下的正反馈过程：

$$u_d{\uparrow} \longrightarrow u_{o1}{\downarrow} \longrightarrow u_{i2}{\downarrow} \longrightarrow u_o{\uparrow}$$

使 u_{o1} 迅速变为低电平。由于电容中的电压不可能发生突变，所以 u_{i2} 也同时跳变至低电平，并使 u_o 跳变为高电平，电路进入暂稳态。这时，即使 u_d 回到低电平，u_o 的高电平仍将维持。

与此同时，电容 C 开始充电。随着充电过程的进行，u_{i2} 逐渐升高，当升至 $u_{i2} = U_{TH}$ 时，又引发另外一个正反馈过程：

$$u_{i2}{\uparrow} \longrightarrow u_o{\downarrow} \longrightarrow u_{o1}{\uparrow}$$

如果这时触发脉冲已消失（u_d 已回到低电平），则 u_{o1}、u_{i2} 迅速跳变为高电平，并使输出返回 $u_o = 0$ 的状态。同时，电容 C 通过电阻 R 和门 G_2 的输入保护电路向 U_{DD} 放电，直至电容上的电压为0，电路恢复到稳定状态。

根据以上的分析，可画出电路各点的电压波形，如图 16-14 所示。

由图 16-14 可见，输出脉冲宽度 t_w 等于从电容 C 开始充电到 u_{i2} 上升至 U_{TH} 的这段时间。电容 C 充电的等效电路如图 16-15 所示。图中的 R_{ON} 是或非门 G_1 输出低电平时的输出电阻。在 $R_{ON} \ll R$ 的情况下，等效电路可以简化为简单的 RC 串联电路。

由动态电路分析一章的分析可知，在 RC 充、放电的过程中，电容上的电压 u_c 从充、放电开始到变化至某一数值 U_{TH} 所经过的时间可以用下式计算：

$$t_w = RC \ln \frac{u_c(\infty) - u_c(0)}{u_c(\infty) - U_{TH}} \qquad (16\text{-}4)$$

式中，$u_c(0)$ 是电容电压的起始值；$u_c(\infty)$ 是电容电压充、放电的终止值。

由图 16-14 所示的波形图可见，图 16-15 所示电路中电容电压从 0 充至 U_{TH} 的时间即 t_w。将 $u_c(0) = 0$、$u_c(\infty) = U_{DD}$ 代入式（16-4）得到

$$t_w = RC \ln \frac{U_{DD} - 0}{U_{DD} - U_{TH}} = RC \ln 2 = 0.69RC \qquad (16\text{-}5)$$

输出脉冲的幅度为

$$U_m = U_{OH} - U_{OL} \approx U_{DD} \qquad (16\text{-}6)$$

在 u_o 返回低电平以后，还要等到电容 C 放电完毕电路才恢复为起始的稳态。通常情况经过 3~5 倍于电路时间常数的时间以后，RC 电路已基本达到稳态。图 16-13 所示电路中电容 C 放电的等效电路如图 16-16 所示。图中的 VD_1 是反相器 G_2 输入保护电路中的二极管。如果 VD_1 的正向导通电阻比 R 和门 G_1 的输出电阻 R_{ON} 小得多，则恢复时间为

$$T_{re} \approx (3 \sim 5)R_{ON}C \qquad (16\text{-}7)$$

分辨时间 T_d 是指在保证电路能正常工作的前提下，允许两个相邻触发脉冲之间的最小时间间隔，故有

$$T_d = t_w + T_{re} \qquad (16\text{-}8)$$

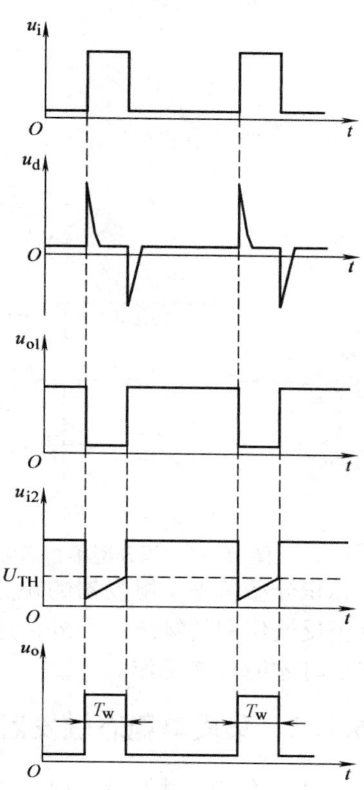

微分单稳态触发器可以用窄脉冲触发。在 u_d 的脉冲宽度大于输出脉冲宽度的情况下，电路仍能工作，但在此情况下，输出脉冲的下降沿较差。因为在 u_o 返回低电平的过程中 u_d 输入的高电平还存在，所以电路内部不能形成正反馈。

图 16-14　图 16-13 所示
电路的波形图

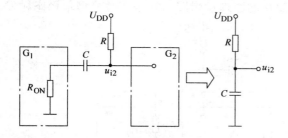

图 16-15　图 16-13 所示电路中电容 C 充电的等效电路

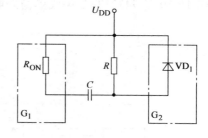

图 16-16　图 16-13 所示电路中电容 C
放电的等效电路

图 16-17 是用 TTL 与非门、反相器和 RC 积分电路组成的积分型单稳态触发器。为了保证 u_A 在 U_{TH} 以下，R 的阻值不能取得很大。这个电路用正脉冲触发。

有关积分型单稳态触发器的工作过程请大家自行分析，其波形图参考图 16-18。与微分型单稳态触发器相比，积分型单稳态触发器具有抗干扰能力较强的优点。因为数字电路中的噪声多为尖峰脉冲形式（即幅度较大而宽度较窄的脉冲），而积分型单稳态触发器在这种噪声作用下不会输出足够宽度的脉冲。

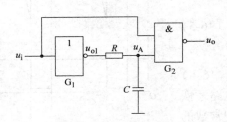

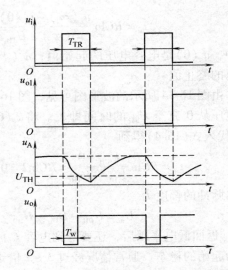

图 16-17 积分型单稳态触发器　　　　图 16-18 图 16-17 所示电路的电压波形图

积分型单稳态触发器的缺点是输出波形边沿比较差，这是由于电路的状态转换过程中没有正反馈作用的缘故。此外，这种积分型单稳态触发器必须在触发脉冲的宽度大于输出脉冲宽度时才能正常工作。

16.2.2　集成单稳态触发器

由于单稳态触发器的应用十分普遍，在 TTL 电路和 CMOS 电路的产品中，都有单片集成的单稳态触发器器件。

使用这些器件时只需要很少的外接元件和连线，而且由于器件内部电路一般还附加了上升沿和下降沿触发的控制和置零功能，使用极为方便。此外，由于将元器件集成于同一芯片，并且在电路上采取了温漂补偿措施，所以，电路的温度稳定性比较好。

图 16-19 是 74121TTL 集成单稳态触发器简化的原理逻辑图。它是在微分型单稳态触发

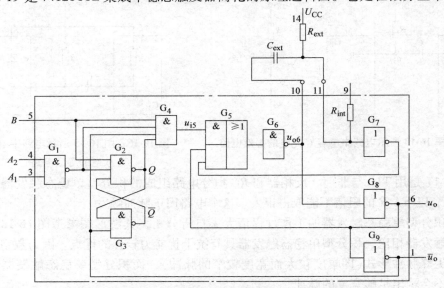

图 16-19　74121TTL 集成单稳态触发器简化的原理逻辑图

器的基础上附加以输入控制电路和输出缓冲电路而形成的。

门 G_5、G_6、G_7 和外接电阻 R_{ext}、外接电容 C_{ext} 组成微分型单稳态触发器。如果把 G_5、G_6 当做一个整体，视为一个具有施密特特性的或非门，则这个电路与图 16-13 所讨论的微分型单稳态触发器基本相同。它用门 G_4 给出的正触发脉冲，而输出脉冲的宽度由 R_{ext} 和 C_{ext} 的大小决定。

门 $G_1 \sim G_4$ 组成的输入控制电路用于实现上升沿触发或下降沿触发的控制。需要用上升沿触发时，触发脉冲由 B 端输入，同时 A_1 或 A_2 当中至少要有一个接至低电平。当触发脉冲的上升沿到达时，因为门 G_4 的其他 3 个输入端均处于高电平，所以 u_{i5} 也随之跳变为高电平，并触发单稳态电路使之进入暂稳态，输出端跳变为 $u_o = 1$，$\bar{u}_o = 0$。与此同时，$\bar{u}_o$ 的低电平立即将门 G_2 和 G_3 组成的触发器置零，使 u_{i5} 返回低电平。可见 u_{i5} 的高电平持续时间极短，与触发脉冲的宽度无关。这就可以保证在触发脉冲宽度大于输出脉冲宽度时输出脉冲的下降沿仍然很陡。因此，74121 具有边沿触发的性质。

在需要用下降沿触发时，触发脉冲则应由 A_1 或 A_2 输入（另一个应接高电平），同时将 B 端接高电平。触发后电路的工作过程和上升沿触发时相同。

表 16-1 是 74121 的功能表，图 16-20 是 74121 在触发脉冲作用下的波形图。

表 16-1　74121 集成单稳态触发器的功能表

输　　入			输　　出		输　　入			输　　出	
A_1	A_2	B	u_o	$\bar{u}_o$	A_1	A_2	B	u_o	$\bar{u}_o$
0	x	1	0	1	↘	1	1	⊓	⊔
x	0	1	0	1	↘	↘	1	⊓	⊔
x	x	0	0	1	0	x	↗	⊓	⊔
1	1	x	0	1					
1	↘	1	⊓	⊔	x	0	↗	⊓	⊔

输出缓冲电路由反相器 G_8 和 G_9 组成，用于提高电路的带负载能力。

根据门 G_6 输出端的电路结构和门 G_7 输入端的电路结构可以求出计算脉冲宽度的公式为

$$T_w \approx R_{ext}C_{ext}\ln2 = 0.69R_{ext}C_{ext} \qquad (16-9)$$

通常 R_{ext} 的取值在 $2 \sim 30\text{k}\Omega$ 之间，C_{ext} 的取值在 $10\text{pF} \sim 10\mu\text{F}$ 之间，得到的 T_w 范围在 $20\text{ns} \sim 200\text{ms}$ 之间。

另外，还可以使用 74121 内部设置的电阻 R_{int} 取代外接电阻 R_{ext}，以简化外部接线。不过因 R_{int} 的阻值不太大（约为 $2\text{k}\Omega$），所以在希望得到较宽输出脉冲时，仍需使用外接电阻。图 16-21 为使用外接电阻和仅使用内部电阻时的两种电路的连接方法。

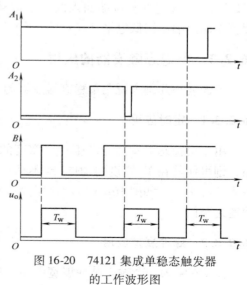

图 16-20　74121 集成单稳态触发器
的工作波形图

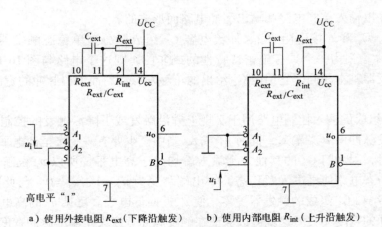

a) 使用外接电阻 R_{ext}（下降沿触发）　　b) 使用内部电阻 R_{int}（上升沿触发）

图 16-21　集成单稳态触发器 74121 的外部连接方法

目前使用的集成单稳态触发器有不可重复触发性和可重复触发性两种。不可重复触发的单稳态触发器一旦被触发进入暂稳态之后，再加入触发脉冲不会影响电路的工作过程，必须在暂稳态结束以后，它才能接受下一个触发脉冲而转入暂稳态，如图 16-22a所示。而可重复触发的单稳态触发器就不同了，在电路被触发而进入暂稳态之后，如果再次加入触发脉冲，电路将重新被触发，使输出脉冲再继续维持一个 T_w 宽度，如图 16-22b所示。

74121、74221、74LS221 等都是不可重复触发的单稳态触发器，而 74122、74LS122、74123、74LS123 等则是可重复触发的触发器。

有些集成单稳态触发器上还设置复位端（例如 74221、74122、74123 等）。通过在复位端加入低电平信号能够立即终止暂稳态过程，使输出端返回低电平。

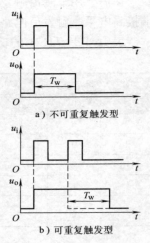

a) 不可重复触发型

b) 可重复触发型

图 16-22　两种类型单稳态
触发器的工作波形

16. 2. 3　单稳态触发器的应用

下面列举几例来说明单稳态触发器的一些实际应用。

16. 2. 3. 1　定时应用

由于单稳态触发器能产生一定宽度的矩形输出脉冲，利用这个矩形脉冲去控制某个电路，则可使其在 T_w 宽度内动作（或不动作）。例如，利用宽度为 T_w 的正矩形脉冲作为与门输入信号之一，如图 16-23 所示，则只有在 T_w 高电平期间内，与门的另一个信号才能有效地通过与门。

16. 2. 3. 2　脉冲展宽应用

图 16-24 为一个输入脉冲展宽电路。单稳态触发器输入一个窄脉冲，输出一个宽脉冲。

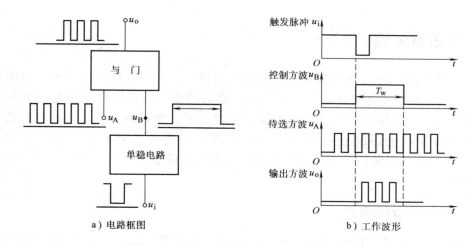

a）电路框图　　　　b）工作波形

图 16-23　单稳态触发器组成的定时电路

输出脉冲宽度可由外接元件 R、C 调节。

16.2.3.3　噪声消除电路

利用单稳态触发器可构成噪声消除电路（或称为脉宽鉴别电路）。通常噪声多表现为尖脉冲，宽度较窄，而有用的信号都具有一定的宽度。因此，利用单稳态触发电路，将输出脉宽调节到大于噪声宽度而小于信号脉宽，即可消除噪声。

图 16-25 中，输入信号接至单稳态触发器的输入端和 D 触发器的数据输入端以及直接置"0"端。由于有用信号（图中的 u_i 的宽脉冲）大于单稳输出脉宽（图中的 $\overline{Q}$），因此，单稳 $\overline{Q}$ 的上升沿使 D 触发器置"1"，而当信号消失后，D 触发器被清"0"。若输入中含有噪声，其噪声前沿使单稳触发器翻转，但由于单稳输出脉宽大于噪声宽度，故单稳 $\overline{Q}$ 输出上升沿时，噪声已消失（因为 u_i 同时接在 D 触发器的输入端，此时，$D=0$），从而在输出信号中消除了噪声成分。

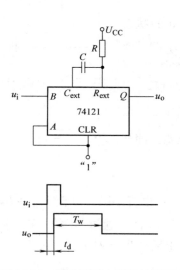

图 16-24　脉冲展宽电路及波形图

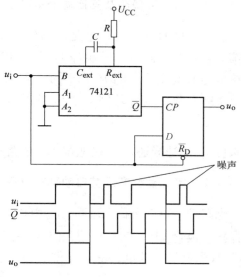

图 16-25　噪声消除电路

16.3 多谐振荡器

多谐振荡器是一种自激振荡器。在接通电源以后，不需外加触发信号，便能自动地产生矩形脉冲。由于矩形波中含有丰富的高次谐波分量，所以习惯上把矩形波振荡器叫做多谐振荡器。多谐振荡器也称无稳电路，主要用于产生各种方波或时钟脉冲信号。根据组成多谐振荡器电路的结构不同，可把多谐振荡器分为对称式多谐振荡器（见图 16-26a）、非对称式多谐振荡器（见图 16-26b）和环形振荡器等。下面分析几种典型多谐振荡器的工作过程。

16.3.1 自激多谐振荡器

图 16-27 为一个由 CMOS 反相器构成的自激多谐振荡器。在分析单稳态触发器时，电路由暂稳态返回稳态是由电容 C 充放电来实现的。对于图 16-27 所示的多谐振荡器，控制状态的翻转仍然是由于电容 C 的充放电作用，而其中最关键的一点又集中体现在 u_i 的电位变化。因此，在分析中要重点注意 u_i 的波形。

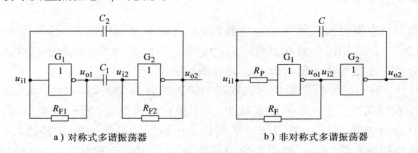

a) 对称式多谐振荡器　　　　　　　b) 非对称式多谐振荡器

图 16-26　不同结构的多谐振荡器

16.3.1.1 第一暂稳态及其自动翻转过程

假定在接通电源后，电路最初处于 $u_{o1} = 1$，$u_{o2} = 0$ 的状态，即第一暂稳态。此时，电源经 G_1 的"P"管、R 和 G_2 的"N"管给电容 C 充电，如图 16-28 所示。随着充电时间的增加，u_i 的电位不断上升，当 u_i 达到 U_{TH} 时，电路发生下述正反馈过程：

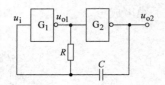

图 16-27　自激多谐振荡器

$$u_i\uparrow \longrightarrow u_{o1}\downarrow \longrightarrow u_{o2}\uparrow$$

结果使 G_1 迅速导通，G_2 迅速截止，电路进入第二暂稳态，即 $u_{o1} = 0$，$u_{o2} = 1$。

16.3.1.2 第二暂稳态及其自动翻转过程

电路进入第二暂稳态瞬间，u_{o2} 由 0 上跳至 U_{DD}，则 u_i 也将上跳，升至 $U_{DD} + U_{TH}$，但由于保护二极管 VD 的钳位作用，使 u_i 略高于 U_{DD}。此后，电容 C 通过 G_2 的"P"管、G_1 的"N"管和电阻 R 放电，使 u_i 下降，当 u_i 降至 U_{TH} 后，电路产生下列正反馈过程：

$$u_i\downarrow \longrightarrow u_{o1}\uparrow \longrightarrow u_{o2}\downarrow$$

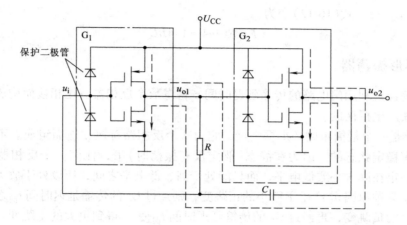

图16-28　振荡器充放电原理图

从而使 G_1 迅速截止，G_2 迅速导通，电路又回到第一暂稳态，$u_{o1} = 1$，$u_{o2} = 0$。此后，电路重复上述过程，在输出端可获得方波输出。电路各点的波形如图16-29所示。

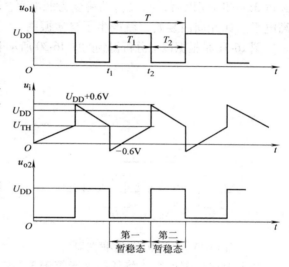

图16-29　振荡器的波形图

在振荡过程中，电路状态的转换主要取决于电容 C 的充、放电，何时转换则取决于 u_i 的数值。因此，根据 u_i 的几个特征值，就可以将图16-29中的 T_1、T_2 计算出来。

1. T_1 的计算

对应于第一暂稳态，将图16-29中 t_1 作为时间起点，则有

$$u_i(0_+) = -0.6V \approx 0V$$

$$u_i(\infty) = U_{DD}$$

$$\tau = RC$$

根据 RC 电路暂态过程分析有

$$T_1 = RC\ln\frac{U_{DD}}{U_{DD} - U_{TH}} \tag{16-10}$$

2. T_2 的计算

对应于图16-29，在第二暂稳态，将 t_2 作为时间起点，则有

$$u_i(0_+) = U_{DD} + 0.6V \approx U_{DD}$$

$$u_i(\infty) = 0$$

$$\tau = RC$$

$$T_2 = RC\ln\frac{U_{DD}}{U_{TH}} \tag{16-11}$$

所以

$$T = T_1 + T_2 = RC\ln\left[\frac{U_{DD}^2}{(U_{DD} - U_{TH})U_{TH}}\right] \tag{16-12}$$

若 $U_{TH} = U_{DD}/2$，式(16-12)变为

$$T = RC\ln4 \approx 1.4RC \qquad (16\text{-}13)$$

16.3.2 环形振荡器

环形振荡器是利用门电路的传输延迟时间，将奇数个反相器首尾相接而构成的。它是利用延迟负反馈产生振荡的。

图 16-30 是一个最简单的环形振荡器，它由 3 个反相器首尾相连而组成。不难看出，这个电路是没有稳定状态的。因为在静态(假定没有振荡时)下，任何一个反相器的输入和输出都不可能稳定在高电平或低电平，而只能处于高、低电平之间，所以处于放大状态。

假定由于某种原因 u_{i1} 产生了微小的正跳变，则经过 G_1 的传输延迟时间 t_{pd} 之后，u_{i2} 产生一个幅度更大的负跳变，再经过 G_2 的传输延迟时间 t_{pd} 使 u_{i3} 得到更大的正跳变。然后又经过 G_3 的传输延迟时间 t_{pd} 在输出端 u_o 产生一个更大的负跳变，并反馈到 G_1 的输入端。因此，经过 $3t_{pd}$ 的时间以后，u_{i1} 又自动跳变为低电平。可以推想，再经过 $3t_{pd}$ 以后，u_{i1} 又将跳变为高电平。如此周而复始，就产生了自激振荡。

图 16-31 是根据以上分析得到的图 16-30 所示电路的工作波形。由图可见，振荡周期 $T = 6t_{pd}$。

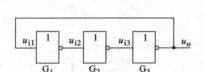

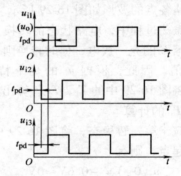

图 16-30 最简单的环形振荡器　　　　图 16-31 图 16-30 所示电路的工作波形

基于上述原理可知，将任何大于等于 3 的奇数个反相器首尾相连接成环形电路，都能产生自激振荡，而且振荡周期为

$$T = 2nt_{pd} \qquad (16\text{-}14)$$

式中，n 为串联反相器的个数。

用这种方法构成的振荡器虽然很简单，但不实用。因为门电路的传输延迟时间极短，TTL 电路只有几十纳秒，CMOS 电路也不过一二百纳秒，所以想获得稍低一些的振荡频率是很困难的，而且频率不易调节。为了克服上述缺点，可以在图 16-30 所示电路的基础上附加 RC 延迟环节，组成带 RC 延迟电路的环形振荡器，如图 16-32a 所示。

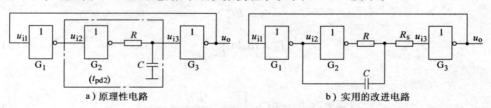

a) 原理性电路　　　　　　　　　　　b) 实用的改进电路

图 16-32 带 RC 延迟电路的环形振荡器

接入 RC 电路以后不仅增加了门 G_2 的传输延迟时间 t_{pd2}，有助于获得较低的振荡频率，而且通过改变 R 和 C 的数值可以很容易实现对振荡频率的调节。

为了进一步加大 G_2 和 RC 延迟电路的传输延迟时间，在实用的环形振荡器电路中，将电容 C 的接地端改接到 G_1 的输出端上，如图 16-32b 所示。例如，当 u_{i2} 处发生负跳变时，经过电容 C 使 u_{i3} 首先跳变到一个负电平（电容两端电压不能跳变），然后再从这个负电平开始对电容 C 充电，这就加长了 u_{i3} 从开始充电到上升为 U_{TH} 的时间，等于加大了 u_{i2} 到 u_{i3} 的传输延迟时间。

通常 RC 电路产生的延迟时间远远大于门电路本身的传输延迟时间，所以，在计算振荡周期时，可以只考虑 RC 电路的作用，而将门电路固有的传输延迟时间忽略不计。

另外，为防止 u_{i3} 发生负跳变时流过反相器 G_3 输入端钳位二极管的电流过大，还在 G_3 输入端串接了保护电阻 R_s。电路中各点的电压波形如图 16-33 所示。

图 16-34 中画出了电容 C 充、放电的等效电路。利用式（16-4）求得电容 C 的充电时间 T_1 和放电时间 T_2 各为

$$T_1 = R_E C \ln \frac{U_E - [U_{TH} - (U_{OH} - U_{OL})]}{U_E - U_{TH}} \quad (16\text{-}15)$$

$$T_1 = RC \ln \frac{U_{TH} + (U_{OH} - U_{OL}) - U_{OL}}{U_{TH} - U_{OL}}$$

$$= RC \ln \frac{U_{OH} + U_{TH} - 2U_{OL}}{U_{TH} - U_{OL}} \quad (16\text{-}16)$$

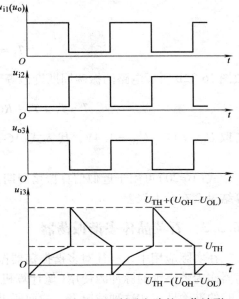

图 16-33　图 16-32b 所示电路的工作波形

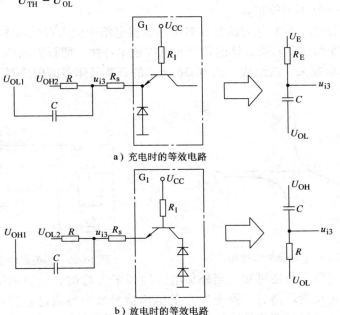

a）充电时的等效电路

b）放电时的等效电路

图 16-34　图 16-32b 所示电路中电容 C 充、放电的等效电路

其中

$$U_\text{E} = U_\text{OH} + (U_\text{CC} - U_\text{be} - U_\text{OL})\frac{R}{R + R_\text{s} + R_1}$$

$$R_\text{E} = \frac{R(R_1 + R_\text{s})}{R + R_1 + R_\text{s}}$$

若 $R_1 + R_\text{s} \gg R$，$U_\text{OL} \approx 0$，则 $U_\text{E} \approx U_\text{OH}$，$R_\text{E} \approx R$，这时式（16-15）和式（16-16）可简化，即

$$T_1 \approx RC\ln\frac{2U_\text{OH} - U_\text{TH}}{U_\text{OH} - U_\text{TH}} \tag{16-17}$$

$$T_2 \approx RC\ln\frac{U_\text{OH} + U_\text{TH}}{U_\text{TH}} \tag{16-18}$$

故图 16-32b 所示电路的振荡周期近似等于

$$T = T_1 + T_2 \approx RC\ln\left(\frac{2U_\text{OH} - U_\text{TH}}{U_\text{OH} - U_\text{TH}}\frac{U_\text{OH} + U_\text{TH}}{U_\text{TH}}\right) \tag{16-19}$$

若取 $U_\text{OH} = 3\text{V}$、$U_\text{TH} = 1.4\text{V}$，代入式（16-19）得

$$T \approx 2.2RC \tag{16-20}$$

式（16-20）可用于近似估算振荡周期，但使用时应注意它的假定条件是否满足，否则计算结果会有较大误差。

16.3.3　石英晶体多谐振荡器

在实际应用中，往往对多谐振荡器振荡频率的稳定性有严格的要求。例如，在将多谐振荡器作为数字钟的脉冲源使用（像计算机中的主时钟频率）时，它的频率稳定性直接影响着计时的准确性。在这种情况下，前面所讲的几种多谐振荡器电路难以满足要求，因为在这些多谐振荡器中，振荡频率主要取决于电路输入电压在充、放电过程中，达到转换电平所需的时间，所以频率稳定性不可能很高。

目前，普遍采用的一种稳频方法是在多谐振荡器电路中接入石英晶体，组成石英晶体多谐振荡器。图 16-35 给出了石英晶体的符号和电抗频率特性。把石英晶体与对称式多谐振荡器中的耦合电容串联起来，就组成了图 16-36 所示的石英晶体多谐振荡器。

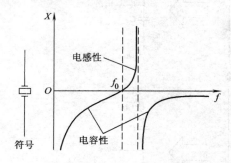
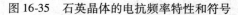

图 16-35　石英晶体的电抗频率特性和符号

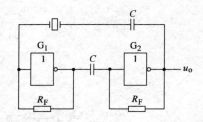

图 16-36　石英晶体多谐振荡器

由石英晶体电抗频率特性可知，当外加电压的频率为 f_0 时，它的阻抗最小，所以把它接入多谐振荡器的正反馈环路后，频率为 f_0 的电压信号最容易通过它，并在电路中形成正反馈，而其他频率信号经过石英晶体时被衰减。因此，振荡器的工作频率也必然是 f_0。

由此可见，石英晶体多谐振荡器的振荡频率取决于石英晶体的固有谐振频率 f_0，而与外接电阻、电容无关。石英晶体的谐振频率由石英晶体的结晶方向和外形尺寸所决定，具有极高的频率稳定性。它的频率稳定度（$\Delta f_0/f_0$）可达 $10^{-10} \sim 10^{-11}$，足以满足大多数数字系统对频率稳定度的要求。具有各种谐振频率的石英晶体已被制成标准化和系列化的产品出售。

在图 16-36 所示电路中，若用 TTL 电路 7404 作 G_1 和 G_2 两个反相器，$R_F = 1\mathrm{k}\Omega$，$C = 0.05\mu\mathrm{F}$，则其工作频率可达几十兆赫。

在非对称式多谐振荡器电路中，也可以接入石英晶体构成石英晶体多谐振荡器，以达到稳定频率的目的。电路的振荡频率同样也等于石英晶体的谐振频率，与外接电阻和电容的参数无关。

16.4　施密特触发器

施密特触发器（Schmitt Trigger）是脉冲波形变换中经常使用的一种电路。它在性能上有两个重要的特点：

1）输入信号从低电平上升的过程中电路状态发生转换所对应的输入电平，与输入信号从高电平下降的过程中电路状态发生转换所对应的输入电平不同。

2）在电路状态转换时，通过电路内部的正反馈过程，使输出电压波形的边沿变得很陡。

利用这两个特点，不仅可将边沿变化缓慢的信号波形整形为边沿陡峭的矩形波，而且还可以将叠加在矩形脉冲高、低电平上的噪声有效地清除。

16.4.1　用门电路组成的施密特触发器

用 TTL 门电路构成的施密特触发器如图 16-37a 所示。G_2、G_3 组成基本 RS 触发器，二极管 VD 起电平偏移作用。

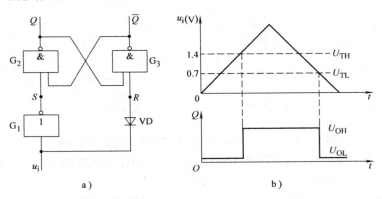

图 16-37　施密特触发器及其工作波形

设输入触发信号 u_i 为三角波，如图 16-37b 所示。当 $u_i = 0\mathrm{V}$ 时，$U_R = U_D = 0.7\mathrm{V} < U_T = 1.4\mathrm{V}$，故 $S = 1$、$R = 0$。因此，基本 RS 触发器清"0"，$Q = 0$，$\overline{Q} = 1$，这是第一稳态。

由于触发器处于"0"态，R 端的信号改变不会影响触发器的状态，因此，当 u_i 升高时，只要 $u_i < U_T = 1.4\mathrm{V}$，则 S 保持"1"不变，触发器维持"0"态不变。但 u_i 继续上升到

高于 U_T 时，$S=0$，$R=1$。因此，基本 RS 触发器置于"1"，即电路翻转到第二稳态（$Q=1$，$\overline{Q}=0$）。

此时，又由于触发器处于"1"态，S 端的信号改变不会影响触发器的状态，因此，当 u_i 继续升高，而后下降时，只要 $u_i>0.7V$，则 $U_R>1.4V$，维持 $R=1$，触发器维持状态"1"不变。但 u_i 继续下降到低于 0.7V 时，使 U_R 低于 U_T，则 $R=0$，$S=1$。因此，基本 RS 触发器清"0"，电路又翻转到第一稳态。

由上面分析可见，当 u_i 从低电平上升时的触发翻转电平为 $U_{TH}=1.4V$；而当 u_i 从高电平下降时的触发翻转电平为 $U_{TL}=0.7V$。U_{TH} 称为上限触发电平（或接通电平），U_{TL} 为下限触发电平（或断开电平）。它们之间的差值称为回差电压，简称回差，用 ΔU 表示，即

$$\Delta U = U_{TH} - U_{TL}$$

回差特性是施密特触发器的固有特性。在不同的应用场合对回差的大小要求不同，有时希望回差越小越好，而有时又希望有合适的回差。

16.4.2 集成施密特触发器

由于施密特触发器的应用非常广泛，所以，无论是在 TTL 电路中还是在 CMOS 电路中，都有单片集成的施密特触发器产品。

图 16-38 是 TTL 电路集成施密特触发器 7413 的电路图。因为在电路的输入部分附加了与的逻辑功能，同时在输出端附加了反相器，所以也把这个电路叫做施密特触发的与非门。在集成电路手册中把它归入与非门一类中。

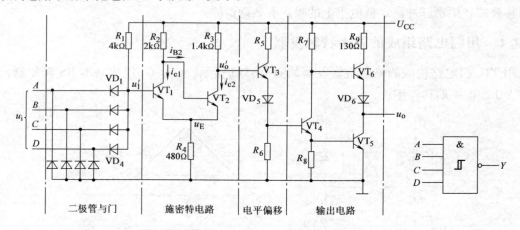

图 16-38　四输入与非门的 TTL 电路集成施密特触发器

这个电路包含二极管与门、施密特电路、电平偏移电路和输出电路 4 个部分，其中核心部分是 VT_1、VT_2、R_3 和 R_4 组成的施密特电路。

施密特电路是通过公共发射极电阻耦合的两级正反馈放大器。假定晶体管发射结的导通压降和二极管的正向导通压降均为 0.7V，那么，当输入端的电压使得

$$u_1' - u_E = u_{BE1} < 0.7V$$

则 VT_1 将截止，VT_2 饱和导通。若 u_1' 逐步升高，当 $u_{BE1}>0.7V$ 时，VT_1 进入导通状态，并有如下的正反馈过程发生：

$$u_1'\uparrow \longrightarrow i_{c1}\uparrow \longrightarrow u_{c1}\downarrow \longrightarrow i_{c2}\downarrow$$
$$\qquad\qquad\uparrow\!\!\!\!\!\!\!\!\!\!\!\!\underline{} u_{BE1}\uparrow \longleftarrow u_E\downarrow$$

从而使电路迅速转为 VT_1 饱和导通、VT_2 截止的状态。

若 u_1' 从高电平逐渐下降，并且降到 u_{BE} 只有 0.7V 左右时，i_{c1} 开始减小，于是又引发了另一个正反馈过程

$$u_1'\downarrow \longrightarrow i_{c1}\downarrow \longrightarrow u_{c1}\uparrow \longrightarrow i_{c2}\uparrow$$
$$\qquad\qquad\uparrow\!\!\!\!\!\!\!\!\!\!\!\!\underline{} u_{BE1}\downarrow \longleftarrow u_E\uparrow$$

使电路迅速返回 VT_1 截止、VT_2 饱和导通的状态。

可见，无论 VT_2 由导通变为截止还是由截止变为导通，都伴随有正反馈过程发生，使 VT_2 输出端电压 u_o' 的上升沿和下降沿很陡。

同时，由于 $R_2 > R_3$，所以，VT_1 饱和导通时的 u_E 值必然低于 VT_2 饱和导通时的 u_E 值。因此，VT_1 由截止变为导通的输入电压 U_{T+}' 高于 VT_1 由导通变为截止时的输入电压 U_{T-}'，这样就得到了施密特触发特性。若以 U_{T+} 和 U_{T-} 分别表示 U_{T+}' 和 U_{T-}' 相对应的输入电压，则 U_{T+} 同样也一定高于 U_{T-}。

由于 VT_2 导通时，施密特电路输出的低电平较高（约为 1.9V），若直接将 u_o' 与 VT_4 的基极相连，将无法使 VT_2 截止，所以必须在 u_o' 与 VT_4 的基极之间串进电平偏移电路。这样就使得 $u_o'\approx 1.9V$ 时，电平偏移电路的输出仅为 0.5V 左右，保证 VT_4 能可靠截止。

为了降低输出电阻，以提高电路的驱动能力，在整个电路的输出部分设置了倒相级和推拉式输出级电路。

16.4.3　施密特触发器的应用

1. 用于波形变换

利用施密特触发器状态转换过程中的正反馈作用，可以把边沿变化缓慢的周期性信号变换为边沿很陡的矩形脉冲信号。

在图 16-39 所示的例子中，输入信号是由直流分量和正弦分量叠加而成的，只要输入信号幅度大于 U_{T+}，即可在施密特触发器的输出端得到同频率的矩形脉冲信号。

2. 用于脉冲整形

在数字系统中，矩形脉冲经传输后往往发生波形畸变，图 16-40 给出了几种常见的情况。

当传输线上的电容较大时，波形的上升沿和下降沿将明显变坏，如图 16-40a 所示。当传输线较长，而且接收端的阻抗与传输线的阻抗不匹配

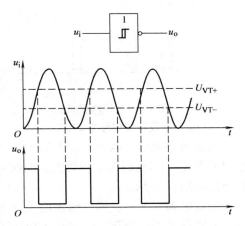

图 16-39　用施密特触发器实现波形变换

时，在波形的上升沿和下降沿将产生振荡现象，如图 16-40b 所示。当其他脉冲信号通过导线间的分布电容或公共电源线叠加到矩形脉冲信号时，信号上将出现附加的噪声，如图 16-40c 所示。

无论出现上述的哪一种情况，都可以通过用施密特触发器整形，获得比较理想的矩形脉

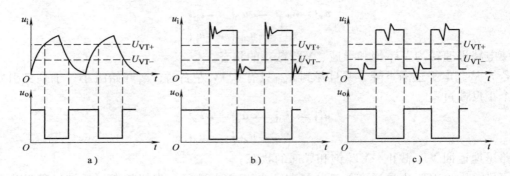

图 16-40　用施密特触发器对脉冲整形

冲波形。由图 16-40 可见，只要施密特触发器的 U_{VT+} 和 U_{VT-} 设置得合适，均能收到满意的整形效果。

3. 用于脉冲鉴幅

由图 16-41 可见，若将一系列幅度各异的脉冲信号加到施密特触发器的输入端时，只有那些幅度大于 U_{VT+} 的脉冲才会在输出端产生输出信号。因此，施密特触发器能将幅度大于 U_{VT+} 的脉冲选出，具有脉冲鉴幅的能力。

4. 用于构成多谐振荡器

利用施密特触发器的回差特性还能构成多谐振荡器。实现电路很简单，只要将施密特触发器的反相输出端经 RC 积分电路接回输入端即可，如图 16-42 所示。

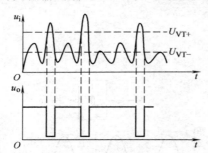

图 16-41　用施密特触
发器实现脉冲鉴幅

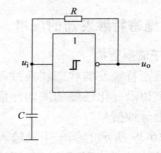

图 16-42　用施密特触发
器构成的多谐振荡器

当接通电源后，因为电容上的初始电压为零，所以输出为高电平，并开始经电阻 R 向电容 C 充电。当充到施密特触发器的输入端电压为 $u_i = U_{VT+}$ 时，输出跳变为低电平，电容 C 又经过电阻 R 开始放电。

当放电到 $u_i = U_{VT-}$ 时，输出电位又跳变成高电平，电容 C 重新开始充电。如此周而复始，电路便不停地振荡。u_i 和 u_o 的电压波形如图 16-43 所示。

若使用的是 CMOS 施密特触发器，而且 $U_{OH} \approx U_{DD}$，$U_{OL} \approx 0$，则依据图 16-43 所示的电压波形得到计算振荡周期的公式为

$$T = T_1 + T_2 = RC\ln\frac{U_{DD} - U_{VT-}}{U_{DD} - U_{VT+}} + RC\ln\frac{U_{VT+}}{U_{VT-}}$$

$$= RC\ln\left[\frac{(U_{DD} - U_{VT-})}{(U_{DD} - U_{VT+})}\frac{U_{VT+}}{U_{VT-}}\right] \tag{16-21}$$

通过调节 R 和 C 的大小，即可改变振荡周期。此外，在这个电路的基础上稍加修改就能实现对输出脉冲占空比的调节，电路的接法如图 16-44 所示。在这个电路中，因为电容的充电和放电分别经过两个电阻 R_1 和 R_2，所以只要改变 R_1 和 R_2 的比值，就能改变占空比。

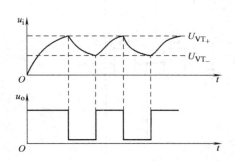

图 16-43　图 16-42 所示电路的电压波形

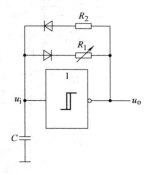

图 16-44　脉冲占空比可调的多谐振荡器

如果使用 TTL 施密特触发器构成多谐振荡器，在计算振荡周期时应考虑到施密特触发器输入电路对电容充、放电的影响，因此，得到的计算公式要比式(16-21)稍微复杂一些。

例 16-2　已知图 16-42 所示电路中的施密特触发器为 CMOS 电路 CC40106，$U_{DD} = 10V$，$R = 10k\Omega$，$C = 0.01\mu F$，试求该电路的振荡频率。

解　由 CC40106 的电压传输特性可查到 $U_{VT_+} = 6.3V$，$U_{VT_-} = 2.7V$。将 U_{VT_+}、U_{VT_-} 及给定的 U_{DD}、R、C 数值代入式(16-21)后得

$$T = RC\ln\left[\frac{(U_{DD} - U_{VT_-})}{(U_{DD} - U_{VT_+})}\frac{U_{VT_+}}{U_{VT_-}} = \right]\left[10 \times 10^3 \times 10^{-8} \times \ln\left(\frac{7.3}{3.7}\frac{6.3}{2.7}\right)\right] s = 0.153ms$$

16.5　555 定时器及其应用

555 定时器是一种多用途单片集成电路，利用它能极方便地构成施密特触发器、单稳态触发器和多谐振荡器。555 定时器使用灵活、方便，所以在波形产生与变换、测量与控制、家用电器、电子玩具等许多领域中都得到广泛应用。

正因如此，自从 Signetics 公司于 1972 年推出这种产品之后，国际上各主要电子器件公司也都相继地生产了各自的 555 定时器产品。尽管产品型号繁多，但所有双极型产品型号最后的 3 位数码都是 555，所有 CMOS 产品型号最后 4 位数码都是 7555。而且，它们的功能和外部引脚的排列完全相同。为了提高集成度，其后又生产了双定时器产品 556(双极型)和 7556(CMOS 型)。

16.5.1　555 定时器的电路结构与工作原理

图 16-45 是 555 定时器的内部结构图。它由 3 个精度极高的 $5k\Omega$ 精密电阻、比较器 C_1 和 C_2、基本 RS 触发器和集电极开路的放电晶体管 VT_D 等部分组成。555 定时器正是因为其内部含有 3 个 $5k\Omega$ 精密电阻而得名。

u_{i1} 是比较器 C_1 的输入端(也称为阈值端,用 TH 标注)，u_{i2} 是比较器 C_2 的输入端(也称

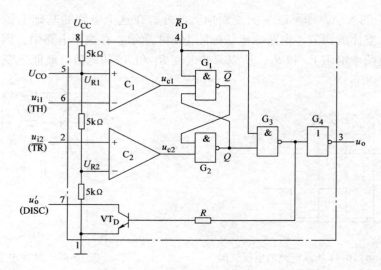

图 16-45 555 定时器的电路结构图

为触发端,用$\overline{TR}$标注)。C_1 和 C_2 的参考电压(电压比较的基准)U_{R1} 和 U_{R2} 由 U_{CC} 经 3 个 5kΩ 精密电阻分压给出。在控制电压输入 U_{CO} 悬空时,$U_{R1} = \frac{2}{3}U_{CC}$,$U_{R2} = \frac{1}{3}U_{CC}$,如果 U_{CO} 外接固定电压,则 $U_{R1} = U_{CO}$,$U_{R2} = \frac{1}{2}U_{CO}$。

$\overline{R}_D$ 是置零输入端。只有在 $\overline{R}_D$ 端加上低电平,输出端 u_o 便立即被置成低电平,不受其他输入状态的影响。正常工作时,必须使 $\overline{R}_D$ 处于高电平。图 16-45 中的数码 1~8 为器件引脚的编号。

由图可知,当 $u_{i1} > U_{R1}$、$u_{i2} > U_{R2}$ 时,比较器 C_1 的输出 $u_{c1} = 0$,比较器 C_2 的输出 $u_{c2} = 1$,基本 RS 触发器被置 "0",VT_D 导通,同时 u_o 为低电平。

当 $u_{i1} < U_{R1}$、$u_{i2} > U_{R2}$ 时,$u_{c1} = 1$、$u_{c2} = 1$,触发器的状态保持不变,因而 VT_D 和输出的状态也维持不变。

当 $u_{i1} < U_{R1}$、$u_{i2} < U_{R2}$ 时,$u_{c1} = 1$、$u_{c2} = 0$,故触发器被置 "1",u_o 为高电平,同时 VT_D 截止。

当 $u_{i1} > U_{R1}$、$u_{i2} < U_{R2}$ 时,$u_{c1} = 0$、$u_{c2} = 0$,触发器处于 $Q = \overline{Q} = 1$ 的状态,u_o 处于高电平,同时 VT_D 截止。

这样就得到了表 16-2 所示的 555 定时器的功能表。

表 16-2 555 定时器的功能表

输　　入			输　　出	
$\overline{R}_D$	u_{i1}	u_{i2}	u_o	VT_D 状态
0	x	x	低	导通
1	$> \frac{2}{3}U_{CC}$	$> \frac{1}{3}U_{CC}$	低	导通
1	$< \frac{2}{3}U_{CC}$	$> \frac{1}{3}U_{CC}$	不变	不变
1	$< \frac{2}{3}U_{CC}$	$< \frac{1}{3}U_{CC}$	高	截止
1	$> \frac{2}{3}U_{CC}$	$< \frac{1}{3}U_{CC}$	高	截止

为了提高电路的带负载能力，还在输出端设置了缓冲器 G_4。如果 u'_o 端经过电阻接到电源上，那么，只要这个电阻的阻值足够大，u_o 为高电平时，u'_o 也一定为高电平；u_o 为低电平时，u'_o 也一定为低电平。555 定时器能在很宽的电源电压范围内工作，并可承受较大的负载电流。双极型 555 定时器的电源电压范围为 5 ~ 16V，最大负载电流达 200mA。CMOS 型 7555 定时器的电源电压范围为 3 ~ 18V，但最大负载电流在 4mA 以下。

16.5.2　555 定时器的典型应用

1. 用 555 定时器实现单稳态触发器

若以 555 定时器 u_{i2} 端作为触发信号的输入端，并将由 VT_D 和 R 组成的反相器输出电压 u'_o 接至 u_{i1}，同时在 u_{i1} 对地接入电容 C，就构成了图 16-46 所示的单稳态触发器。

如果没有触发信号时，u_i 处于高电平，那么稳态时这个电路一定处于 $u_{c1} = u_{c2} = 1$、$Q = 0$、$u_o = 0$ 的状态。假定接通电源后，触发器停在 $Q = 0$ 的状态，则 VT_D 导通，$u'_o \approx 0$。故 $u_{c1} = u_{c2} = 1$、$Q = 0$ 及 $u_o = 0$ 的状态将稳定地维持不变。

如果接通电源后，触发器停在 $Q = 1$ 的状态，这时 VT_D 一定截止，U_{CC} 便经 R 向 C 充电。当充到 $u_c = \frac{2}{3} U_{CC}$ 时，u_{c1} 变为 0，于是将触发器置 "0"。同时，VT_D 导通，电容 C 经 VT_D 迅速放电，使 $u'_o \approx 0$。此后，由于 $u_{c1} = u_{c2} = 1$，触发器保持 "0" 状态不变，输出也相应地稳定在 $u_o = 0$ 的状态。

因此，通电后电路便自动地停在 u_o 的稳态。

当触发脉冲的下降沿到达，u_{i2} 跳变到 $\frac{1}{3} U_{CC}$ 以下时，使 $u_{c2} = 0$（此时 $u_{c1} = 1$），触发器被置 "1"，u_o 跳变为高电平，电路进入暂稳态。与此同时，VT_D 截止，U_{CC} 经 R 开始向电容 C 充电。

当充至 $u_c = \frac{2}{3} U_{CC}$ 时，u_{c1} 变成 0，如果此时输入端的触发脉冲已消失，u_i 回到高电平，则触发器将被置 "0"，于是，输出返回 $u_o = 0$ 的状态。同时，VT_D 又变为导通状态，电容 C 经 VT_D 迅速放电，直至 $u'_o \approx 0$，电路恢复到稳态。图 16-47 画出了在触发信号作用下的 u'_o 和 u_o 相应的波形。

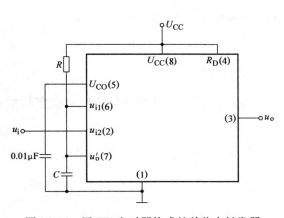

图 16-46　用 555 定时器构成的单稳态触发器

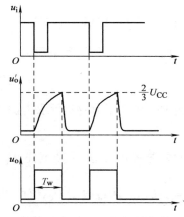

图 16-47　单稳态触发器的工作波形

输出脉冲宽度 T_w 等于暂稳态持续时间，而暂稳态持续时间取决于外接电阻 R 和电容 C 的大小。由图 16-47 可知，T_w 等于电容电压在充电过程中从 0 上升到 $\frac{2}{3}U_{CC}$ 所需要的时间，因此得到

$$T_w = RC\ln\frac{U_{CC} - 0}{U_{CC} - \frac{2}{3}U_{CC}} = RC\ln3 = 1.1RC$$

通常 R 的取值在几百欧到几兆欧之间，电容的取值范围为几百皮法到几百微法，T_w 的范围为几微秒到几分钟。必须注意的是，随着宽度 T_w 的增加，它的精度和稳定度则将下降。

2. 用 555 定时器实现施密特触发器

将 555 定时器的 u_{i1} 和 u_{i2} 两个输入端连在一起作为信号输入端，如图 16-48 所示，即可得到施密特触发器。

由于比较器 C_1 和 C_2 的参考电压不同，因而，基本 RS 触发器的置"0"信号($u_{c1} = 0$)和置"1"信号($u_{c2} = 0$)必然发生在输入信号 u_i 的不同电平。因此，输出电压 u_o 由高电平变为低电平或由低电平变为高电平对应的 u_i 值也不相同，这样就形成了施密特触发特性。

为提高比较器参考电压 U_{R1} 和 U_{R2} 的稳定性，通常在 U_{CO} 端接有 $0.01\mu F$ 左右的滤波电容。

首先分析 u_i 从 0 逐渐升高的过程。

当 $u_i < \frac{1}{3}U_{CC}$ 时，$u_{c1} = 1$、$u_{c2} = 0$、$Q = 1$，故 $u_o = u_{OH}$。

当 $\frac{1}{3}U_{CC} < u_i < \frac{2}{3}U_{CC}$ 时，$u_{c1} = u_{c2} = 1$，故 $u_o = u_{OH}$ 保持不变。

当 $u_i > \frac{2}{3}U_{CC}$ 以后，$u_{c1} = 0$、$u_{c2} = 1$、$Q = 0$，故 $u_o = u_{OL}$。因此，$U_{VT+} = \frac{2}{3}U_{CC}$。

其次，再看 u_i 从高于 $\frac{2}{3}U_{CC}$ 开始下降的过程。

当 $\frac{1}{3}U_{CC} < u_i < \frac{2}{3}U_{CC}$ 时，$u_{c1} = u_{c2} = 1$，故 $u_o = u_{OL}$ 不变。

当 $u_i < \frac{1}{3}U_{CC}$ 以后，$u_{c1} = 1$、$u_{c2} = 0$、$Q = 1$，故 $u_o = u_{OH}$。因此，$U_{VT-} = \frac{1}{3}U_{CC}$。

由此得到电路的回差电压为

$$\Delta U_{VT} = U_{VT+} - U_{VT-} = \frac{1}{3}U_{CC}$$

图 16-49 是图 16-48 所示电路的电压传输特性，它是一个典型的反相输出施密特触发特性。

如果参考电压由外接电压 U_{CO} 供给，则不难看出，这时 $U_{VT+} = U_{CO}$，$U_{VT-} = \frac{1}{2}U_{CO}$，$\Delta U_{VT} = \frac{1}{2}U_{CO}$。通过改变 U_{CO} 值可以调节回差电压的大小。

3. 用 555 定时器实现多谐振荡器

前面已经讲到，只要把施密特触发器的反相输出端经 RC 积分电路接回到它的输入端，

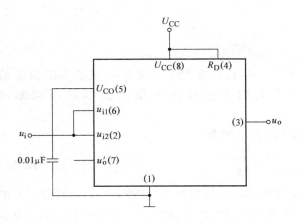

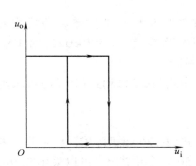

图 16-48　用 555 定时器接成的施密特触发器

图 16-49　图 16-48 所示电路的电压传输特性

就可以构成多谐振荡器。因此，只要将 555 定时器的 u_{i1} 和 u_{i2} 连在一起接成施密特触发器，然后再将 u_o 经 RC 积分电路接回输入端就同样可构成一个多谐振荡器。

为了减轻门 G_4 的负载，在电容 C 的容量较大时不宜直接由 G_4 提供电容充、放电电流。为此，在图 16-50 所示电路中将 VT_D 与 R_1 接成一个反相器，它的输出 u'_o 与 u_o 在高、低电平状态上完全相同。将 u'_o 经 R_2 和 C 组成积分电路接到施密特触发器的输入端同样也能构成多谐振荡器。

根据前面的分析得知，电容上的电压 u_c 将在 U_{VT+} 与 U_{VT-} 之间往复振荡，u_c 和 u_o 的波形如图 16-51 所示。

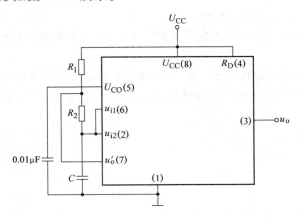

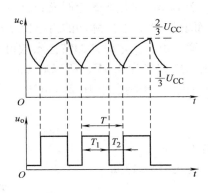

图 16-50　用 555 定时器组成的多谐振荡器

图 16-51　图 16-50 所示电路的电压波形

由图 16-51 中 u_c 的波形可求得电容 C 的充电时间 T_1 和放电时间 T_2 各为

$$T_1 = (R_1 + R_2) C \ln \frac{U_{CC} - U_{VT-}}{U_{CC} - U_{VT+}} = (R_1 + R_2) C \ln 2 \tag{16-22}$$

$$T_2 = R_2 C \ln \frac{0 - U_{VT+}}{0 - U_{VT-}} = R_2 C \ln 2 \tag{16-23}$$

故电路的振荡周期为

$$T = T_1 + T_2 = (R_1 + 2R_2) C \ln 2 \tag{16-24}$$

振荡频率为

$$f = \frac{1}{T} = \frac{1}{(R_1 + 2R_2)C\ln 2} \tag{16-25}$$

通过改变 R 和 C 的参数，即可改变振荡频率。用 TTL 型 555 定时器组成的多谐振荡器最高振荡频率达 500 kHz，用 CMOS 型 555 定时器组成的多谐振荡器最高频率可达 1 MHz。

由式（16-22）和式（16-24）可求出输出脉冲的占空比为

$$q = \frac{T_1}{T} = \frac{R_1 + R_2}{R_1 + 2R_2} \tag{16-26}$$

式（16-26）说明，图 16-50 所示电路输出脉冲的占空比始终大于 50%。为了得到小于或等于 50% 的占空比，可以采用图 16-52 所示的改进电路。由于接入二极管 VD_1 和 VD_2，电容的充电电流和放电电流经不同路径，充电电流只流经 R_1，放电电流只流经 R_2，因此，电容 C 的充电时间为

$$T_1 = R_1 C \ln 2$$

而放电时间为

$$T_2 = R_2 C \ln 2$$

故得输出脉冲占空比为

$$q = \frac{R_1}{R_1 + R_2} \tag{16-27}$$

若取 $R_1 = R_2$，则 $q = 50\%$。

图 16-52 所示电路的振荡周期也相应地变成

$$T = T_1 + T_2 = (R_1 + R_2)C\ln 2 \tag{16-28}$$

例 16-3 试用 555 定时器设计一个多谐振荡器，要求振荡周期为 1 s，输出脉冲幅度大于 3 V 而小于 5 V，输出脉冲的占空比 $q = 2/3$。

解 由 555 定时器的特性参数可知，当电源电压取 5 V 时，在 100 mA 的输出电流下输出电压的典型值为 3.3 V，所以取 $U_{CC} = 5$ V 可以满足对输出脉冲的幅度要求。若采用图 16-50 所示电路，则根据式（16-26）可知

$$q = \frac{R_1 + R_2}{R_1 + 2R_2} = \frac{2}{3}$$

故得 $R_1 = R_2$。

由式（16-24）知

$$T = (R_1 + 2R_2)C\ln 2$$
$$= 3R_1 C\ln 2 = 1$$

若取 $C = 10\,\mu\text{F}$，则代入上式得

$$R_1 = \frac{1}{3C\ln 2} = \frac{1}{3 \times 10^{-5} \times 0.69}\text{k}\Omega = 48\text{k}\Omega$$

因为 $R_1 = R_2$，所以取两只 47 kΩ 电阻与 2 kΩ 的电位器串联，便得到图 16-53 所示的设计结果。

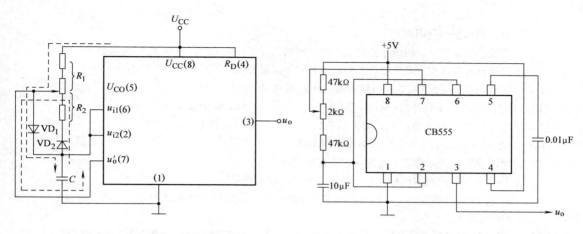

图 16-52　用 555 定时器组成的占
空比可调多谐振荡器

图 16-53　例 16-3 设计的多谐振荡器

习　　题

16-1　一阶 RC 电路如图 16-54 所示。当 $t=0$ 时将开关合上，分别写出下列 3 种情况下，电容 C 上的电压 $u_c(t)$ 的函数表达式。

（1）E 为 0，在 $t=0$ 时电容上的初始电压为 $u_c(0)$。

（2）E 为常数，在 $t=0$ 时电容上的初始电压为 (0)。

（3）E 为常数，在 $t=0$ 时电容上的初始电压为 $u_c(0)$。

16-2　电路如图 16-55 所示。输入为方波，$U_H=5V$，$U_L=0V$，频率 $f=10kHz$，根据信号频率和电路时间常数 τ 的关系，定性画出下列 3 种情况下 u_o 的波形。

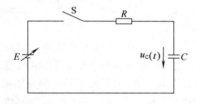

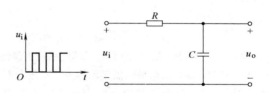

图 16-54　习题 16-1 电路图

图 16-55　习题 16-2 电路图

（1）$R=10k\Omega$，$C=0.5\mu F$。

（2）$R=1k\Omega$，$C=0.05\mu F$。

（3）$R=100\Omega$，$C=500pF$。

16-3　TTL"与非"门组成的积分型单稳态电路如图 16-56 所示。

（1）和微分型电路相比，有何特点？

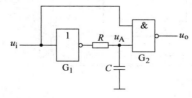

图 16-56　习题 16-3 电路图

（2）说明稳态情况下，u_i、u_o 的电平值。

（3）电阻 R 的取值有何限制？

（4）在触发信号作用下，画出电路的充、放电回路，并导出输出脉冲宽度 T_w 的计算公式。

（5）电路对输入脉冲宽度有何要求？若输入脉宽不满足要求，可采用什么办法解决？

16-4 用 555 定时器接成的施密特触发器电路如图 16-48 所示，试问：

（1）当 $U_{CC} = 12V$，没有外接控制电压时，U_{VT+}、U_{VT-} 及 ΔU_{VT} 各为多少伏？

（2）当 $U_{CC} = 12V$，控制电压 $U_{CO} = 5V$ 时，U_{VT+}、U_{VT-} 及 ΔU_{VT} 各为多少伏？

16-5 比较图 15-57a 和 b 所示的多谐振荡器电路。

（1）说明图 16-57a 所示电路的振荡频率和哪些参量有关。

（2）图 16-57b 所示电路有何特点？振荡频率和哪些因素有关。

16-6 试用 555 定时器设计一个振荡周期 T 为 100ms 的方波脉冲发生器。给定电容 $C = 0.47\mu F$，试确定电路的形式和电阻大小。

16-7 试用 555 定时器芯片设计一个占空比可调试的多谐振荡器。电路的振荡频率为 10kHz，占空比 $q = 0.2$。若取电容 $C = 0.01\mu F$，试确定电阻阻值。

16-8 试用 555 定时器构成一个施密特触发器，以实现图 16-58 所示的鉴幅功能。画出芯片接线图，并表明有关参数值。

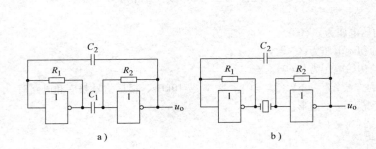

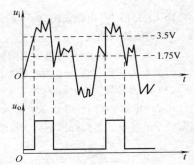

图 16-57 习题 16-5 电路图　　　　　　　　　图 16-58 习题 16-8 电路图

16-9 图 16-59 是一个简易电子琴电路。当琴键 $S_1 \sim S_n$ 均未按下时，晶体管 VT 接近饱和导通，u_E 约为 0V，使 555 定时器组成的振荡器停振。当按下不同的琴键时，因 $R_1 \sim R_n$ 的阻值不等，使得输出信号的频率不同，导致扬声器发出不同声音。若 $R_B = 20k\Omega$，$R_1 = 10k\Omega$，$R_E = 2k\Omega$，晶体管的电流放大倍数 $\beta = 150$，$U_{CC} = 12V$，振荡器外接电阻、电容的参数如图 16-59 所示，试计算按下琴键 S_1 时扬声器发出声音的频率。

16-10 图 16-60 为反相器构成的多谐振荡器，试分析其工作原理，画出 a、b 点及 u_o 的工作波形，求出振荡周期的公式。

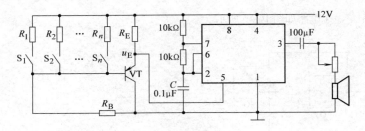

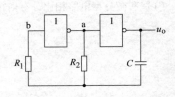

图 16-59 习题 16-9 电路图　　　　　　　　图 16-60 习题 16-10 电路图

第 17 章　现代电子电路系统分析与设计简介

随着大规模集成电路技术和计算机技术的不断发展，在涉及通信、国防、航天、医学、工业自动化、计算机应用、仪器仪表等领域的电子系统的分析与设计工作中，电子设计自动化（Electronic Design Automatic, EDA）技术的含量正以惊人的速度上升，电子类高新技术项目的开发也更加依赖于 EDA 技术的应用。即使是普通的电子产品的开发，EDA 技术常常使一些原来的技术瓶颈得以轻松突破，从而使产品的开发周期大为缩短、性能价格比大幅提高。不言而喻，EDA 技术成为现代电子电路系统分析与设计的核心技术，在教学及科研中得到广泛的应用。

EDA 技术就是以计算机为工具，在 EDA 软件平台上，对以原理图、波形图或者硬件描述语言为系统功能描述手段完成的设计文件，自动地完成编译、化简、综合、优化、布局布线、仿真，直至对目标芯片的适配和编程下载等工作。高速发展的可编程器件为 EDA 技术的不断进步奠定了坚实的物质基础。可编程器件包括模拟可编程器件和数字可编程器件。模拟可编程器件以美国 Lattice 公司推出的在系统可编程序模拟器件 ispPAC 为代表；数字可编程器件以现场可编程序门阵列（FPGA）和复杂可编程序器件（CPLD）为代表。无论是模拟可编程序器件还是数字可编程序器件，都需要利用软件工具来进行设计。

目前世界上一些大型 EDA 软件公司已开发了一些著名的软件，如主要用于电路仿真的软件 Multisim、SystemView 等，各大半导体器件公司为了推动其生产的芯片的应用，也推出了一些开发软件，如 Lattice 公司的 Synario、Altera 公司的 Max Plus Ⅱ、Xilinx 公司的 Fundation 等。随着新器件和新工艺的出现，这些开发软件也在不断更新或升级，如 Lattice 公司的 Synario 和 Altera 公司的 Max Plus Ⅱ 分别被 Expert 和 Quartus Ⅱ 所代替。

本章以目前较流行的电路仿真软件 Multisim 和可编程序数字系统设计软件 Quartus Ⅱ 为例，对现代电子电路系统分析与设计作一简要介绍。

17.1　电路仿真软件 Multisim

17.1.1　Multisim 的功能简介

Multisim 是加拿大 Interactive Image Technologies 公司出品的电路仿真软件，V5 以前的版本称为 EWB（Electronics Workbench），从 V6 开始改为 Multisim。在教育界比较流行的 Multisim 2001 版属于 V6 版本，目前 Multisim 的最新版本是 V12。Multisim 从 V5 到 V6 的功能有很大的扩充，特别是增加了 VHDL 和 Verilog HDL 模块，使它成为真正的"数模 \ VHDL \ Verilog"的混合电路模拟软件。

Multisim 虚拟了一个可以对模拟电子电路和数字电子电路进行模拟仿真的工作平台，具有较完善的各种元器件模型库和几种常用的分析仪器。能进行电子电路设计，并能对电子电路进行较详细的分析，包括静态分析、动态分析、时域分析、频域分析、噪声分析、失真分析和器件的线性与非线性分析，还能进行离散傅里叶分析、零极点分析等多种高级分析。能将设计好的电路文件直接输出到常用的一些电子电路排版软件（如 Protel 等），排出印制电路板图，为实现电子电路的设计提供了很大的方便。

Multisim 不但是一个非常优秀的电子设计软件，而且也是一个非常优秀的电子技术模拟软件，它几乎可以完成在实验室进行的所有电子技术实验，并且与实际实验情况非常贴切，选用的元器件和仪器也与实际情况非常相近，一般会正确使用常规仪器的读者，都能较快掌握软件提供的虚拟仪器的使用方法。另外，在实验设备和仪器不能满足某些实验要求的情况下，用 Multisim 进行仿真实验不失为一种有效的补充方法。

17.1.2 Multisim 的界面及主要元素

启动 Multisim 后，屏幕上出现它的主窗口界面，如图 17-1 所示。与所有的 Windows 应用程序类似，可在菜单（Menu）中找到所有的功能命令；系统工具栏（System Toolbar）包含常用的基本功能按钮；使用中元件列表（In Use List）列出了当前电路所使用的全部元件；元件工具栏（Component Toolbar）包含元件按钮，单击它可以打开元件族工具栏，见表 17-1；设计工具栏（Multisim Design Bar）是 Multisim 的一个核心部分，能帮助使用者进行电路的建立、仿真、分析并最终输出设计数据。设计工具栏包括的内容见表 17-2。

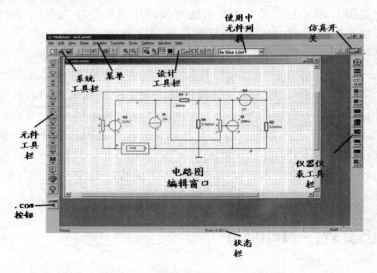

图 17-1 Multisim 的主窗口界面

表 17-1 元件工具栏的内容

	电源库		其他数字元件库
	基本元件库		混合芯片库
	二极管库		指示部件库

（续）

 晶体管库		 其他部件库	
 模拟元件库		 控制部件库	
 TTL 元件库		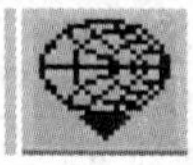 射频元件库	
 COMS 元件库		 机电类元件库	

表 17-2　设计工具栏的内容

	元件设计按钮（Component）默认显示
	元件编辑按钮（Component Editor），用以调节和增加按钮
	仪表按钮（Instrument），用以给电路添加仪表或观察仿真结果
	仿真按钮（Simulate），用以开始、暂停或结束电路仿真
	分析按钮（Analysis），用以选择要进行的分析
	后分析器按钮（Posprocessor），用以对仿真结果进一步操作
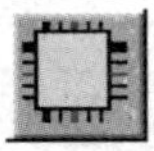	VHDL/Verilog 按钮，用以使用 VHDL 模型进行设计
	报告按钮（Reports），用以打印有关电路的报告（材料清单、元件列表或元件细节）
	传输按钮（Transfer），用以与其他程序通信

17.1.3　用 Multisim 进行虚拟实验的方法

用 Multisim 进行电子电路虚拟实验的步骤和方法如下。

1. 构造和测试电路

构造和测试电路分为以下几个步骤：

1）根据实验内容从元件库选择元件放到工作区。

2）将工作区中的元件按照电路布局进行放置，用导线将元件连接起来，并设置好元件参数和模型。

3）在电路中需要观测的节点放置、连接电压表、电流表和示波器、信号发生器等观测仪器。

4）根据测试要求设定仪器参数，进行电路仿真、观测。

2. 电路仿真运行

电路创建完毕，单击"运行"开关后，就可以从示波器等测试仪器上读得电路中被测数据。整个仿真运行过程可分成以下几个步骤：

1）数据输入。将已创建的电路图结构、元器件数据读入，选择分析方法。

2）参数设置。检查输入数据的结构和性质，以及电路中的参数内容，对参数进行设置。

3）电路分析。对输入信号进行分析，形成电路的数据值解，并将所得数据送至输出级。

4）数据输出。从测试仪器（如示波器或万用表等）上获得仿真运行的结果，也可以从"分析"栏中的"分析显示图"看到测量、分析的波形图。

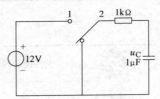

图 17-2　例 17-1 电路

例 17-1　绘制如图 17-2 所示电路图，并用示波器观察电容电压波形的变化。

解　按照电路图绘制步骤绘出电路图，如图 17-3 所示。反复按空格键，使得开关反复打开和闭合，用示波器观察电容电压波形的变化，如图 17-4 所示。

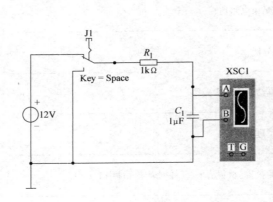

图 17-3　测试电路图

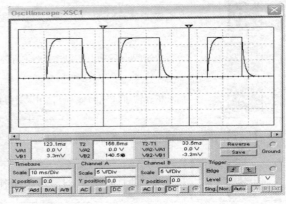

图 17-4　电容电压波形

17.1.4　基于 Multisim 的电路分析

基于 Multisim 的电路分析包括静态分析、动态分析、时域分析、频域分析、噪声分析、失真分析和器件的线性与非线性分析等。由于篇幅所限，只以晶体管单管放大电路分析为例进行介绍，其他分析方法请参见相关书籍。

例 17-2　晶体管单管放大电路的性能测试。

（1）静态工作点的测试与调整。

静态工作点测试电路如图 17-5 所示。图中数字万用表 XMM1、XMM2、XMM3、XMM4 分别测量基极电流 I_B、集电极电流 I_C、发射结电压 U_{BE}、集射电压 U_{CE}。

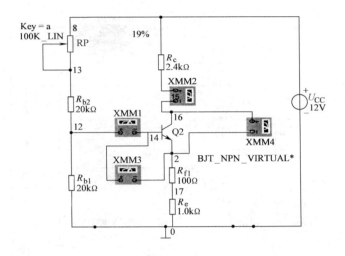

图 17-5 静态工作点测试电路

依次调节电位器 RP 的电阻值，记录各电压、电流表的值，对应填入表 17-3 中。

电位器的中心点可以通过设定键盘字母的大小写进行正反向调节，默认值每步调节总阻值的 5%。按本例中的电位器的接法，当调节到 100% 时，电位器相当于短路，当调节到 0% 时，接入的电阻最大。

表 17-3 静态工作点数据

RP	0%	10%	35%	70%	75%	80%	90%	100%
$I_B/\mu A$	9.242	10.401	11.910	25.757	25.199	31.988	70.166	139.44
I_C/mA	0.343	0.442	0.557	2.071	2.281	2.532	3.371	3.358
U_{BE}/V	0.725	0.729	0.732	0.752	0.754	0.757	0.765	0.766
U_{CE}/V	1.57	0.45	0.29	4.723	3.983	3.101	0.124	0.093
I_C/I_B	37	42	47	80	81	79	48	24

（2）测试电压放大倍数。

仿真测试电路图如图 17-6 所示。设置信号源产生频率为 1000Hz 的正弦信号。

打开仿真开关，在输出端波形不失真的情况下，测试 u_o、u_i 的值，并计算电压放大倍数 $A_u = u_o/u_i$，见表 17-4。可见当晶体管放大电路的元件参数不改变时，电路的电压放大倍数基本上保持不变。

表 17-4 电压放大倍数

RP 百分比	R_L	u_i/V	u_o/V	A_u
70%	不接入	0.251	4.7	18.7
70%	接入	0.251	2.6	10.4
70%	接入	0.289	2.9	10.0

（3）静态工作点对输出波形的影响。

进入仿真图（见图 17-6），设置 $U_s = 0.7V$，$f = 1000Hz$。调节 RP 分别为 90%、70%、

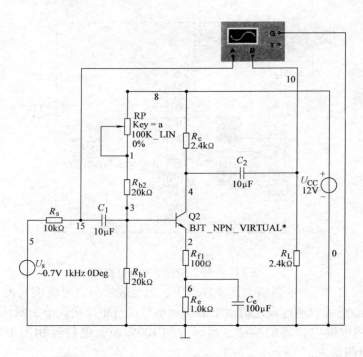

图 17-6　晶体管单管放大电路

35％时，打开示波器显示输出波形，如图 17-7、图 17-8 和图 17-9 所示。

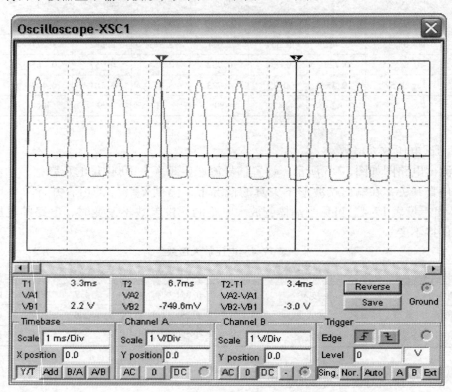

图 17-7　饱和失真波形

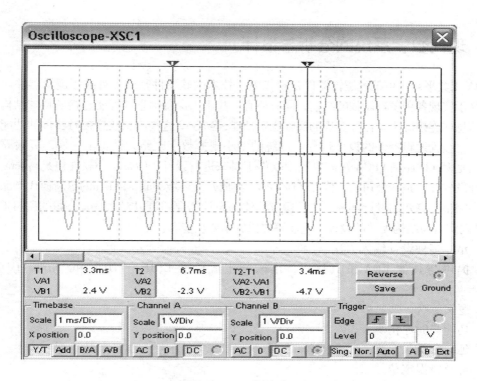

图 17-8 正常波形

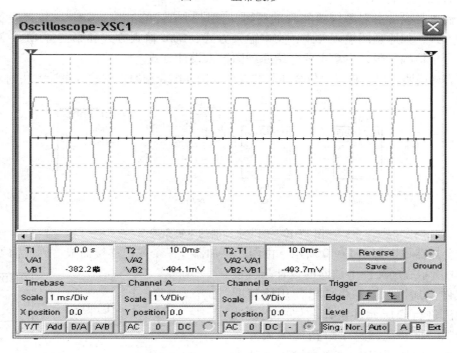

图 17-9 截止失真波形

17.2　现代数字系统的分析与设计

EDA 工具平台、可编程逻辑器件是现代电子技术的软硬件基础。可编程逻辑器件内部预置了大量易于实现各种逻辑函数的结构，同时还有一些用来保持信息或控制连接的特殊结构，这些保持的信息或连接确定了器件实现的实际逻辑功能，当改变这些信息或连接时器件的功能也将随之改变。可编程逻辑器件的设计过程和传统的中小规模数字电路设计也不一样，可编程数字系统，无论是 CPLD 还是 FPGA 都需要利用软件工具来进行设计。Quartus Ⅱ软件包是 Altera 公司的第四代开发软件，是该公司前一代 CPLD/FPGA 集成开发环境 Max + Plus Ⅱ的更新换代产品。其提供了一个完整、高效的设计环境，非常适应具体的设计需要，可以对 Altera 公司的所有 CPLD 和 FPGA 系列实现与结构无关的设计。它能够提供的主要功能有：

1）允许多种设计输入方法。

2）提供与其他 EDA 工具接口，读入与生成标准 EDIF、VHDL 和 Verilog HDL 网表文件。

3）逻辑综合。

4）功能与时序仿真。

5）延时分析。

6）自动错误定位。

7）器件编程与检验。

设计输入是设计者对系统要实现的逻辑功能进行描述的过程。Quartus Ⅱ 支持多种设计输入表达方式，如原理图输入方式、文本输入方式、Core 输入方式和第三方 EDA 工具输入方式等。由于篇幅所限，本章主要介绍原理图输入设计方式。

为了方便说明，以下将以一位全加器的设计为例详细介绍原理图输入设计方法的全过程。

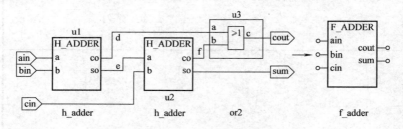

图 17-10　一位全加器的逻辑原理图

一位全加器可以如图 17-10 所示，由两个半加器及一个或门连接而成，因此需要首先完成图 17-11 所示底层文件半加器的设计，再设计顶层文件全加器。以下将给出使用原理图输入的方法进行底层元件设计和层次化设计的完整步骤。事实上，除了最初的输入方法稍有不同外，应用 VHDL 的文本输入设计方法的流程也基本与此相同。

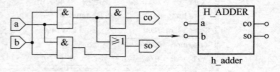

图 17-11　一位半加器的逻辑原理图

17.2.1 设计项目输入

17.2.1.1 建立工程项目

打开 Quartus Ⅱ，在 File 菜单中选择 New Project Wizard 项，弹出图 17-12 所示的对话框。在最上面的文本输入框中输入项目所在的目录名(注意：不能用中文名，下同)，在中间的文本输入框中输入项目名称，在最下面的文本输入框中输入最顶层模块的名称。

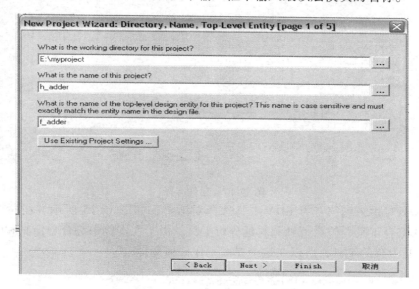

图 17-12　新建项目向导

单击"Next"，进入到设计文件选择对话框，如图 17-13 所示。由于在本例中还没有任何设计文件，所以不选择任何文件。

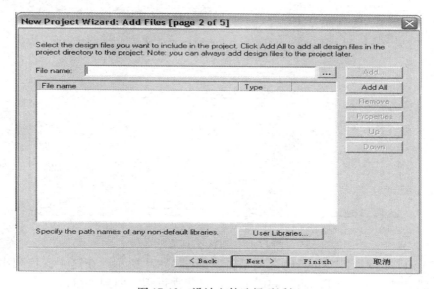

图 17-13　设计文件选择对话框

401

单击"Next",进入到元件选择对话框,如图17-14所示。在"Family"下拉菜单中选择"ACEX1K",在"Available Devices"列表栏中选择"EP1K100QC208-3"。

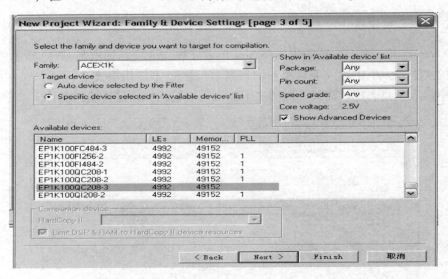

图17-14 元件选择

单击"Next"进入到第三方EDA工具选择对话框,如图17-15所示。在这个界面可以选择第三方的综合工具、仿真工具和时延分析工具。由于在本例中综合、仿真和时延分析都采用Quartus Ⅱ内置的工具,所以在这个界面不作任何选择。

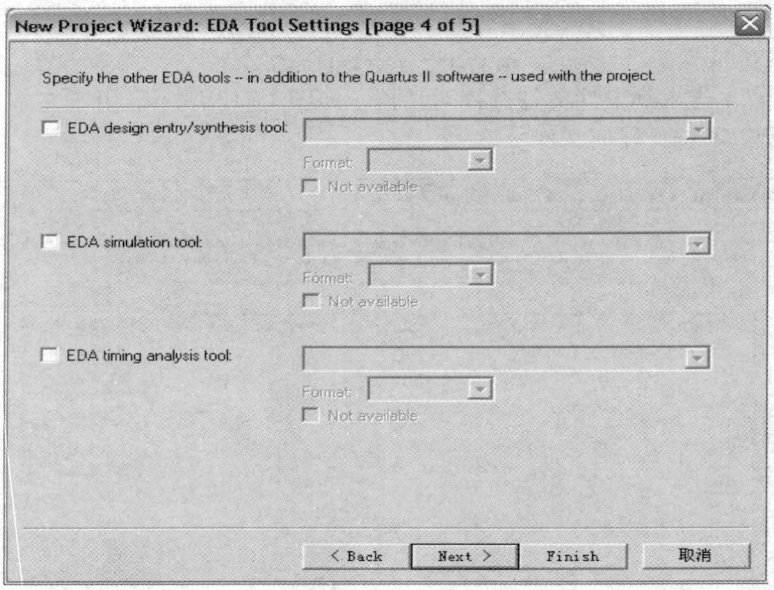

图17-15 EDA工具选择

单击"Next"进入到"Summary"对话框,如图17-16所示。在这个窗口列出了前面所作设置的全部信息。单击"Finish"完成工程项目建立过程,回到主窗口。

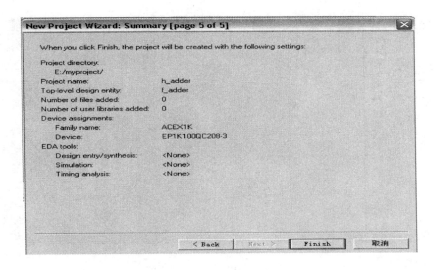

图 17-16 "Summary" 对话框

17.2.1.2 建立原理图输入文件

在 Quartus Ⅱ 中可以利用 Block Editor 以原理图的形式进行设计输入和编辑。Block Editor 可以读取并编辑后缀名为 ".bdf" 的原理图设计文件以及在 Max + Plus Ⅱ 中建立的后缀为 ".gdf" 的原理图输入文件。

在 File 菜单中选择 New 项,将出现新建文件对话框,选择 "Block Diagram/Schematic File" 项,如图 17-17 所示。

单击 "OK",在主界面中将打开 "Block Editor" 窗口,如图 17-18所示。"Block Editor" 包括主绘图区和主绘图工具条两部分。主绘图区是用户绘制原理图的区域,绘图工具条包含了绘图所需要的一些工具。简要说明如下:

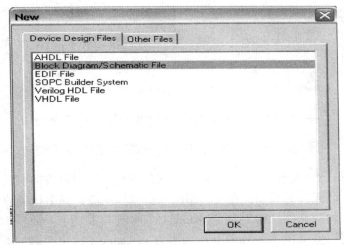

图 17-17 新建文件对话框

选择工具:用于选择图中的元件、线条等绘图元素。

插入元件:从元件库内选择要添加的元件。

插入模块:插入已设计完成的底层模块。

正交线工具:用于绘制水平和垂直方向的连线。

正交总线工具:用于绘制水平和垂直方向的总线。

403

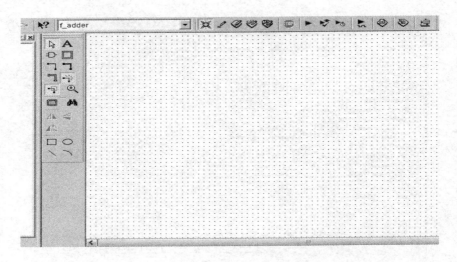

图 17-18　　"Block Editor" 窗口

打开/关闭橡皮筋连接功能：按下时橡皮筋连接功能打开，此时移动元件连接在元件上的连线也跟着移动，不改变同其他元件的连接关系。

打开/关闭局部正交连线选择功能：按下时打开局部正交连线选择功能，此时可以通过用鼠标选择两条正交连线的局部。

放大和缩小工具：按下时，单击鼠标左键放大，单击鼠标右键缩小显示绘图工作区。

全屏显示：将当前主窗口全屏显示。

垂直翻转：将选中的元件或模块进行垂直翻转。

水平翻转：将选中的元件或模块进行水平翻转。

旋转 90 度：将选中的元件或模块逆时针方向旋转 90 度。

元件的添加：在主绘图区双击鼠标左键，弹出相应的 Symbol 对话框，在 name 栏输入需添加的元件，如 7416 或 nand2（二输入与非门）、not（非门）、V_{cc}（5V 电源、高电平）、gnd（接地、低电平）、input（输入引脚）、output（输出引脚）等，回车或单击 OK，此时在鼠标光标处将出现该元件图标，并随鼠标的移动而移动，在合适的位置单击鼠标左键，放置一个元件。也可以利用插入器件工具 来添加元器件，方法类似。这里需要放入双输入与门（AND2）、非门（NOT）和同或门（XNOR）、2 个输入引脚（INPUT）、2 个输出引脚（OUTPUT）等。

命名输入输出引脚：双击输入输出引脚的 "PIN_ NAME"，输入自己定义的名字即可。

元件的连接和修改：连接元件的两个端口时，先将鼠标移到其中一个端口上，这时鼠标指示符自动变为 " + " 形状，然后一直按住鼠标的左键并将鼠标拖到第二个端口，放开左键，则一条连接线画好了。如果需要删除一根连接线，可单击这根连接线使其成高亮线，然后按键盘上的 "Delete" 键即可。本例题要先建立半加器底层文件，建立好的半加器原理图设计文件如图 17-19 所示。

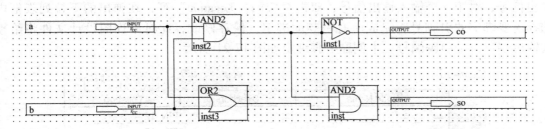

图 17-19　半加器原理图设计文件

保存文件：从"File"菜单下选择"Save"，出现文件保存对话框。使用"h_adder"作为文件名存盘，单击"OK"。若用默认的文件名，则文件名为项目顶层模块名加上".bdf"后缀。

17.2.2　设计项目处理

在完成输入后，设计项目必须经过一系列的编译处理才能转化为可以下载到器件内的编程文件。

在 Processing 菜单下，单击 Start Compilation 命令，开始编译项目。编译结束后，单击"确定"按钮。

在项目处理过程期间，所有信息、错误和警告将会在自动打开的信息处理窗口中显示出来。如果有错误或警告发生，双击该错误或警告信息，就会找到该错误或警告在设计文件中的位置。其中错误必须要修改，否则无法执行后续的项目处理，对于警告则要分情况处理。

分配引脚：在 Assignments 菜单下，单击 Pins 命令。"Assignments Editor"窗口如

图 17-20　引脚分配窗口

图 17-20 所示。选择菜单 View→Show All Known Pin Names，此时编辑器将显示所有的输入输出信号，对于一个输入输出信号，双击对应的"Location"列，在弹出的下拉列表框内选择需要绑定的引脚号。完成所有引脚的绑定，保存修改，此时原理图设计文件将给输入输出端口添加引脚编号。本例题引脚绑定如图 17-21 所示。

Named: *			All Pins
	Node Name	Direction	Location
1	a	Input	PIN_12
2	b	Input	PIN_13
3	co	Output	PIN_41
4	so	Output	PIN_40
5	<<new node>>		

图 17-21　引脚绑定

在 Processing 菜单下，单击 Start Compilation 命令，开始编译项目。编译结束后，单击"确定"按钮。

17.2.3　设计项目校验

在完成设计输入和编译后，可以通过软件来检验设计的逻辑功能和计算设计的内部定时是否符合设计要求。常见的设计项目校验包括功能仿真、定时分析和时序仿真。

1. 建立输入激励波形文件

在做仿真之前，必须要先建立激励波形文件(.vmf)，具体步骤如下：

1）在"File"菜单中选择"New"打开新建文件对话框，如图 17-22 所示。在"Other Files"中选择"Vector Waveform File"项后选择"OK"。

2）编辑器窗口的节点名称栏（Name）空白处单击鼠标右键，在该菜单中选择"Insert Node or Bus …"项，弹出 Insert Node or Bus 对话框，如图 17-23 所示。单击"Node Finder"按钮，打开"Node Finder"对话框，单击"List"按钮可以在"Nodes Found"栏中看到在设计中的所有输入/输出信号，当选中信号时，蓝色高亮，表示被选中。单击"≥"按钮可将选中的信号移动到"Selected Nodes"区，表示可对这些信号进行观测，如图 17-24 所示。

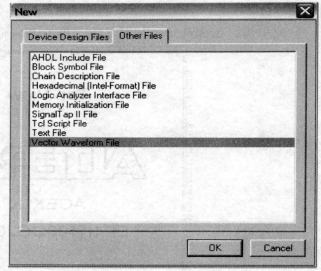

图 17-22　新建波形文件对话框

3）单击"OK"按钮，回到 Insert Node or Bus 对话框，单击 OK 按钮确认，即完成在波

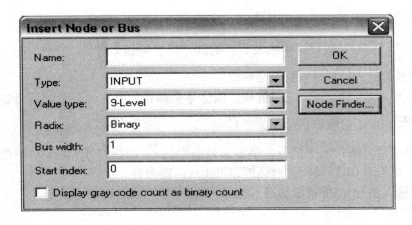

图 17-23　添加节点(1)

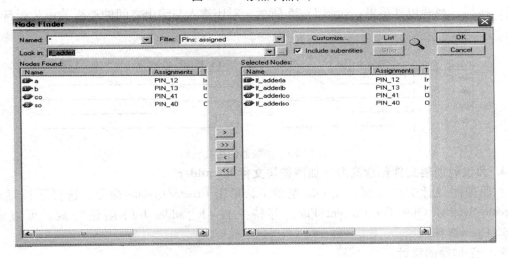

图 17-24　添加节点(2)

形文件中添加好输入/输出信号。

2. 为输入信号建立输入激励波形

在波形文件中添加好输入/输出信号后，就可开始为输入信号建立输入激励波形。

1）在"Tools"菜单中选择"Options"项，打开参数设置对话框，选择"Waveform Editor"项设置波形仿真器参数。在这个对话框里设置"Snap to grid"为不选中，其他为默认值即可。

2）从菜单"Edit"下选择"End Time"项，弹出终止时间设定对话框，在随后弹出的对话框的 Period 栏目中设计仿真终止时间，本例中设定参数为 34μs。

3）为输入信号 a、b 赋值。利用波形编辑器工具栏提供的工具为输入信号赋值，工具栏中主要按钮的功能介绍如下。

放大和缩小工具：利用鼠标左键放大/右键缩小显示仿真波形区域。

全屏显示：全屏显示当前波形编辑器窗口。

赋值"0"：对某段已选中的波形，赋值"0"，即强0。

赋值"1"：对某段已选中的波形，赋值"1"，即强1。

时钟赋值：为周期性时钟信号赋值。

用鼠标左键单击"Name"区的信号，该信号全部变为黑色，表示该信号被选中。用鼠标左键单击 按钮即可将该信号设为"1"。

设置时钟信号方法：选中信号，单击工具条中的 按钮打开 Clock 对话框，输入所需的时钟周期，单击"OK"关闭此对话框即可生成所需时钟。

4）完成输入信号 a、b 的赋值后，选择"File"中"Save"存盘。

3. 启动仿真

保存文件，在 Processing 菜单下，选择 Start Simulation 启动仿真工具。仿真结束后，单击确认按钮。观察仿真结果，如图 17-25 所示，对比输入与输出之间的逻辑关系是否符合真值表。

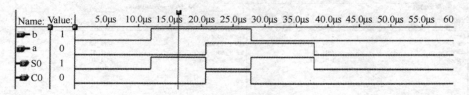

图 17-25　半加器的仿真波形

4. 为设计顶层文件创建底层半加器模块文件 h _ adder

在原理图设计文件界面，在 File 菜单下，单击 Create/Update 命令，选择下拉菜单中的 Create Symbol Files For Current File。等待文件（h _ adder. bsf）创建完成。可以通过 File => Open 查看。

5.　全加器的设计

基本步骤设计同上（注意在添加半加器模块前，需要将半加器项目设计内的文件 h_adder. bdf 和 h_adder. bsf 复制到全加器项目设计文件目录内），如图 17-26 所示。在完成了原理图设计、引脚分配、编译仿真后就可以进行下载配置。

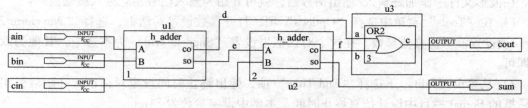

图 17-26　全加器

17. 2. 4　器件编程

器件编程是使用项目处理过程中生成的编程文件对器件进行编程的，在这个过程中可以对器件编程、校验、试验，检查是否空白以及进行功能测试。

1）在进行下载配置时需要生成 . pof 文件。在 File 菜单下，选择 Convert Programming

Files 命令，打开 Convert Programming Files 工具，进行文件转换设置。在 Options 选项中，Configuration device 下拉菜单中选择目标器件，File name 中是要转换成 .pof 文件的名称，然后在 Input files to convert 选项中，选择 Add File，添加需要转换的 .sof 文件，单击 Generate，即可产生 .pof 文件。

2）用下载电缆将计算机并口和实验设备连接起来，接通电源。

3）选择 Tools→Programmer 菜单，打开 Programmer 窗口，如图 17-27 所示。

在开始编程之前，必须正确设置编程硬件。单击"Hardware Setup"按钮，打开硬件设置窗口，如图 17-27 所示。

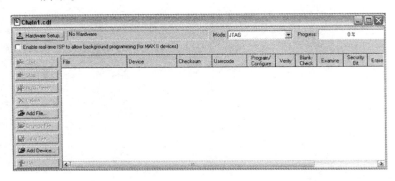

图 17-27　编程器窗口

4）单击"Add Hardware"打开硬件添加窗口，在"Hardware type"下拉框中选择"ByteBlasterMV or ByteBlaster Ⅱ"，在"Port"下拉框中选择"LPT1"，如图 17-28 所示。单击 OK 按钮确认，关闭 Hardware Setup 窗口，完成硬件设置。

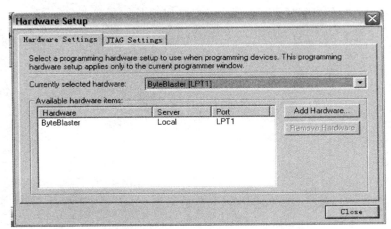

图 17-28　选择编程方式窗口

5）将模式 mode 选为 JTAG 方式下载。

6）将 Program/Configure 选中。

7）单击"Start"按钮，开始编程。

完成下载后，目标器件就具有了设计要求的电路功能。

习　题

17-1　利用 Multisim 验证戴维南和诺顿等效电路。

17-2　完成一个 *RLC* 串联电路的仿真，画出电路，给出一个谐振频率为 250Hz 电路的参考元件值，给出电路各点的波形。

17-3　完成一个工作点稳定的固定偏置单管放大电路的仿真设计。

17-4　完成一个模为 16 的异步计数器的设计仿真。

17-5　分析 4 种负反馈（电压串联、电流串联、电压并联、电流并联）方式对放大电路性能的影响。

附录　部分习题参考答案

这里所给出的答案大部分是数值解。由于解题时的近似条件和计算步骤不同，解的值也将有所区别，故此答案仅供参考。

第1章

1-1　$\Delta q = 200\mathrm{C}$

1-2　$U = 8.64\mathrm{V}$

1-3　$I = 4.55\mathrm{A}$

1-4　流过电阻的电流为 12.5mA，所以不能使用该档万用表测量。

1-7　$I \leqslant 5\mathrm{mA}$；$U \leqslant 50\mathrm{V}$

1-8　图 1-46a 中 $U_{ab} = 2\mathrm{V}$；图 1-46b 中 $U_{ab} = 7\mathrm{V}$

1-9　$(2)\,I = -0.4\mathrm{A}$；$(3)\,U_{ab} = 10\mathrm{V}$；$U_{cd} = 0\mathrm{V}$

1-10　$U_5 = -5\mathrm{V}$；$U_{10} = -14\mathrm{V}$；$U_{11} = 10\mathrm{V}$；由于方程不独立，U_3、U_8、U_9 有无穷多解。

1-11　$I_5 = 3\mathrm{A}$；$I_9 = -2\mathrm{A}$；其余4个电流，由于只有3个独立方程，其解为无穷多个。

1-12　$I = 0.18\mathrm{A}$；$P = 0.75\mathrm{W}$

1-14　$C = 5\mu\mathrm{F}$；$L = 3\mathrm{H}$

1-15　图 1-50a 中 $U = 5\mathrm{V}$、$R = 10/3\,\Omega$；图 1-50b 中 $U = 66\mathrm{V}$、$R = 10\,\Omega$

1-16　图 1-51a 中 $I = 1\mathrm{A}$、$R = 7\,\Omega$；图 1-51b 中 $I = 8\mathrm{A}$、$R = 5\,\Omega$

1-18　$\begin{cases} i(t) = 1\mathrm{A} & 0 \leqslant t \leqslant 2 \\ i(t) = -1\mathrm{A} & 2 \leqslant t \leqslant 4 \end{cases}$

第2章

2-1　图 2-24a 中 $U_{ab} = 2\mathrm{V}$；图 2-24b 中 $U_{ab} = 80\mathrm{V}$、$U_{bc} = -55\mathrm{V}$

2-2　$U = 90\mathrm{V}$；$I = 0.9\mathrm{A}$

2-3　$R = 20\,\Omega$

2-4　$U_S = 44\mathrm{V}$

2-5　$R_1 = 7.5\mathrm{k}\Omega$；$R_2 = 16.7\mathrm{k}\Omega$

2-6　$R_{ab} = 16.7\,\Omega$；$R_{ac} = 26.7\,\Omega$；$R_{ad} = 30\,\Omega$

2-7　$U_a = \dfrac{1}{2}U$；$U_b = \dfrac{1}{4}U$；$U_c = \dfrac{1}{8}U$；$U_d = \dfrac{1}{16}U$

2-8　$U = -50\mathrm{V}$

2-9　$R_i = 16.79\,\Omega$

2-10　$(1)\,R_{ab} = 12/7\,\Omega$；$(2)\,U_{ab} = 120/7\mathrm{V}$；$U_{ad} = 60/7\mathrm{V}$；$U_{ac} = 60/7\mathrm{V}$

2-12　$U_1 = 3.75\mathrm{V}$

2-13　$I_1 = 2\mathrm{A}$；$I_2 = 2.31\mathrm{A}$；$I_3 = 3.125\mathrm{A}$；$I_4 = 2.5\mathrm{A}$；$I_5 = 3.44\mathrm{A}$；$I_6 = 0.625\mathrm{A}$；

$I_7 = 2.81\text{A}$

第3章

3-1　$U_S = 3/4\text{V}$

3-2　$(1)I_{\max} = 10/3\text{A};\ I_{\min} = 0\text{A}$　$(2)R = 1\Omega$

3-3　$U = 5.4\text{V}$

3-4　$I = -0.85\text{A}$

3-6　$U_a = -4.4\text{V}$

3-7　$U_{ab} = (\sin t + 0.2\text{e}^{-t})\text{V}$

3-8　为原来的1.8倍

3-9　$I = 190\text{mA}$

3-10　$P = 2.25\text{W}$

3-11　$R_x = 38\Omega$

第4章

4-2　$i_L = 2\text{A}$

4-3　$i(t) = [4 + (0-4)\text{e}^{-7t}]\text{A} = 4(1-\text{e}^{-7t})\ \text{A}$

4-4　$u(t) = -100\text{e}^{-10^7 t}\text{V},\qquad t\geqslant0; i_R(t) = -10\text{e}^{-10^7 t}\text{mA}\qquad t\geqslant0$

　　　$i_L(t) = 10\text{e}^{-10^7 t}\text{mA}\qquad t\geqslant0$

4-5　$i(t) = 2\text{e}^{-\frac{1}{3}t}\text{A}\qquad t\geqslant0$

4-6　零输入响应：$u'_c = 2\text{e}^{-0.5t}\text{V}\qquad t\geqslant0$

　　　零状态响应：$u''_c = \dfrac{2}{3}(1-\text{e}^{-0.5t})\text{V}\qquad t\geqslant0$

4-7　零输入响应：$u'_o(t) = -5\text{e}^{-\frac{5}{18}t}\text{V}\qquad t\geqslant0$

　　　零状态响应：$u''_o = -\dfrac{2}{5}(1-\text{e}^{-\frac{5}{18}t})\ \text{V}\qquad t\geqslant0$

4-8　$u_c(t) = (20 - 15\text{e}^{-2t})\text{V}$

4-9　$i(t) = 0.24(\text{e}^{-500t} - \text{e}^{-1000t})\text{A}$

4-10　$u_c(t) = \dfrac{600}{\sqrt{21}}\text{e}^{-20t}\cos\left(10\sqrt{21}t - \arcsin\dfrac{2}{5}\right)\text{V} - \dfrac{750}{\sqrt{21}}\text{e}^{-20t}\sin(10\sqrt{21}t)\text{V}$

　　　$i_L(t) = -C\dfrac{\text{d}u_c}{\text{d}t}$

4-11　$i_L(t) = \left(1 - \dfrac{4}{3}\text{e}^{-t} + \dfrac{1}{3}\text{e}^{-4t}\right)\text{A}$

第5章

5-1　$i_1(t) + i_2(t) = 2\cos(\omega t + 60°)\text{A}$

5-4　$\omega = 1$

5-5 $Y = \left(\dfrac{3}{3^2+4^2} - \mathrm{j}\dfrac{4}{3^2+4^2} \right)\mathrm{S} = \left(\dfrac{3}{25} - \mathrm{j}\dfrac{4}{25} \right)\mathrm{S}$

5-9 $(1)\, i_1(t) = 14.42\sin(\omega t + 56.31°)\,\mathrm{A}$ $(2)\, i_2(t) = 11.18\sqrt{2}\sin(\omega t - 26.6°)\,\mathrm{A}$

       $(3)\, u_1(t) = 10\sin(\omega t + 126.87°)\,\mathrm{V}$ $(4)\, u_2(t) = 15\sqrt{2}\sin(\omega t = 38°)\,\mathrm{V}$

5-10 $u_s(t) = 2.24\cos(2t + 63.4°)\,\mathrm{V}$

5-11 $Z = \dfrac{8\omega^4 - 6\omega_2 + 3 + \mathrm{j}(-4\omega^3 + \omega)}{4\omega^4 - 3\omega^2 + 1}\,\Omega$; $\omega = 0$, $Z = 0$

5-12 $U_S = 25\,\mathrm{V}$

5-13 $R = 30\,\Omega$; $L = 0.127\,\mathrm{H}$

5-14 $\dot{U}_S = 100\,\angle 0°\,\mathrm{V}$; $\dot{I} = 10\sqrt{2}\,\angle 45°\,\mathrm{A}$

5-15 $L = 0.5\,\mathrm{mH}$

5-16 $u_{12} = 10\sqrt{10}\sin(t + 153.4°)\,\mathrm{V}$

5-17 $\dot{I} = 6.32\,\angle 161.6°\,\mathrm{A}$

5-18 $R = 250\,\Omega$; $L = 1.56\,\mathrm{H}$

5-19 $\dot{I}_1 = 1\,\angle -45°\,\mathrm{A}$; $\dot{I}_3 = 1\,\angle -45°\,\mathrm{A}$; $\dot{I}_4 = -1\,\angle -45°\,\mathrm{A}$

5-20 $\omega = \dfrac{1}{\sqrt{3LC}}$

第6章

6-1 $(1)\,\mathrm{A}$; $(2)\,\mathrm{C}$; $(3)\,\mathrm{B}$; $(4)\,\mathrm{C}$; $(5)\,\mathrm{A}$

6-4   图6-30a中 $u_o = 0\,\mathrm{V}$; 图6-30b中 $u_o = 18\,\mathrm{V}$

6-6   图6-31a中 $U_{AO} = -6\,\mathrm{V}$; 图6-31b中 $U_{AO} = 0\,\mathrm{V}$; 图6-31c中 $U_{AO} = -6\,\mathrm{V}$

6-11 $\beta = 50$

6-13 $I_B = 40\,\mu\mathrm{A}$, $\beta = 49$; $I_B = 50\,\mu\mathrm{A}$, $\alpha = 0.99$

第7章

7-2   图7-31a中 $I_b = 194\,\mu\mathrm{A}$, $I_c = 9.7\,\mathrm{mA}$, $U_{ce} = 14.3\,\mathrm{V}$

       图7-31b和图7-31c中 $I_b = 0$, $I_c = 0$, $U_{ce} \approx U_{cc}$

       图7-31d中 $I_c \approx I_e = 2.65\,\mathrm{mA}$, $I_b = 26\,\mu\mathrm{A}$, 晶体管工作在饱和状态 $U_{ce} \approx 0\,\mathrm{V}$

       图7-31e中 $U_b = 8\,\mathrm{V}$, $I_c \approx I_e = 3.85\,\mathrm{mA}$, $I_b = 47.5\,\mu\mathrm{A}$, $U_{ce} = 16.3\,\mathrm{V}$

7-5   图7-33a中 $\beta = 38$; 图7-34b中 $\beta = 33$

7-6   图7-34a中 $I = 0$, $U_o = 10\,\mathrm{V}$; 图7-34b中 $I = 2.38\,\mathrm{mA}$, $U_o = 5.24\,\mathrm{V}$

7-9 (2)当 $R_b = 10\,\mathrm{M}\Omega$ 时, $I_{CQ} = 56.5\,\mu\mathrm{A}$, $U_{CEQ} = 11.7\,\mathrm{V}$

       当 $R_b = 560\,\mathrm{k}\Omega$ 时, $I_{CQ} = 1\,\mathrm{mA}$, $U_{CEQ} = 7\,\mathrm{V}$

       当 $R_b = 150\,\mathrm{k}\Omega$ 时, $I_{CQ} = 3.77\,\mathrm{mA}$, $U_{CEQ} \approx 0$(饱和区)

       (3)当 $R_b = 560\,\mathrm{k}\Omega$, R_c 改为 $20\,\mathrm{k}\Omega$ 时, $I_{CQ} = 1\,\mathrm{mA}$, $U_{CEQ} \approx 0$(饱和区)

7-10 $(1)\,A_u = -125$, $r_i = 1.59\,\mathrm{k}\Omega$, $r_o = 2.5\,\mathrm{k}\Omega$; $(3)\,U = 2.37\,\mathrm{V}$

7-11　(1)$I_{EQ}=4.1\text{mA}$, $r_{be}=940\Omega$; (2)$A_u=-53$, $r_i=726\Omega$, $r_o=1\text{k}\Omega$

第8章

8-6　(1)$r_{if}=r_i10^{-4}$, $r_{of}=r_o10^{-4}$; (2)$\dfrac{\mathrm{d}A_f}{A_f}\approx0.0025\%$

第9章

9-4　(1)　$U_{id}=4\text{mV}-4\text{mV}=0\text{mV}$　　　　　$U_{ic}=(4+4)/2\text{mV}=4\text{mV}$

　　　(2)　$U_{id}=4\text{mV}-(-4)\text{mV}=8\text{mV}$　　　$U_{ic}=(4+(-4))/2\text{mV}=0\text{mV}$

　　　(3)　$U_{id}=4\text{mV}-(-6)\text{mV}=10\text{mV}$　　$U_{ic}=(4+(-6))/2\text{mV}=-1\text{mV}$

　　　(4)　$U_{id}=4\text{mV}-6\text{mV}=-2\text{mV}$　　　$U_{ic}=(4+6)/2\text{mV}=5\text{mV}$

9-7　(1)　$I_E\approx0.23\text{mA}$; (2)　$A_{ud}\approx-145$, $A_{uc}\approx-0.14$

　　　(3)　$\text{CMRR}\approx1000$; (4)　$r_{id}=14.8\text{k}\Omega$, $r_{od}=40\text{k}\Omega$

9-10　$u_o=-\dfrac{R_2}{R_1}\left(\dfrac{R_4}{R_2}+\dfrac{R_4}{R_3}+1\right)u_i$

9-12　$u_o=-\dfrac{1}{C}\displaystyle\int\left(\dfrac{u_{i1}}{R_1}+\dfrac{u_{i2}}{R_2}+\dfrac{u_{i3}}{R_3}\right)\mathrm{d}t$

第10章

10-4　$P_{om}=16\text{W}$; $\eta\approx69.8\%$; $A_u\approx11.3$; R_5 取 $10.3\text{k}\Omega$

10-6　$U_{om}\approx8.65\text{V}$; $i_{Lmax}\approx1.53\text{A}$; $P_{om}\approx9.35\text{W}$; $\eta\approx64\%$

10-7　(1)　$U_A=0.7\text{V}$, $U_B=9.3\text{V}$, $U_C=11.4\text{V}$, $U_D=10\text{V}$

　　　(2)　$P_{om}\approx1.53\text{W}$; $\eta\approx55\%$

10-8　(1)　$u'_O=u_P=u_N=\dfrac{U_{CC}}{2}=12\text{V}$　　　$u_O=0\text{V}$

　　　(2)　$P_{om}\approx5.06\text{W}$; $\eta\approx58.9\%$

10-13　$U_{DRM}=\sqrt{2}U_2=\sqrt{2}\times55.6\text{V}=78.6\text{V}$

10-14　(1)　$I_o=13.75\text{mA}$

　　　(2)　$I_o=\dfrac{1}{2\pi}\displaystyle\int_0^\pi I_{om}\sin\omega t\mathrm{d}(\omega t)=\dfrac{I_{om}}{\pi}$; $I_{om}=\pi I_o=43.2\text{mA}$

　　　(3)　$U_2=244.4\text{V}$

10-16　(1)　$U_o=1.2U_2=1.2\times20\text{V}=24\text{V}$

第11章

11-3　(1)　$(197)_D$; (2)　$(166.5625)_D$; (3)　$(63)_D$; (4)　$(3276)_D$

11-4　(1)　$(111001)_B$, $(71)_O$, $(39)_H$;

　　　(2)　$(10010.0101)_B$, $(22.24)_O$, $(12.5)_H$;

　　　(3)　$(101110.11)_B$, $(56.6)_O$, $(46.C)_H$;

(4) $(0.11100111)_B$, $(0.716)_O$, $(E7)_H$

11-5　(1) $(1111000.1)_B$, $(170.4)_O$, $(120.5)_D$

(2) $(10010101000.11100111)_B$, $(2250.716)_O$, $(1192.902)_D$

(3) $(11101010110110)_B$, $(35266)_O$, $(15030)_D$

(4) $(0.01000010)_B$, $(0.204)_O$, $(0.2578)_D$

11-7　(1) $(0011\ 0111.1000\ 0110)_{8421BCD}$;

(2) $(0110\ 0000\ 0101.0000\ 0001)_{8421BCD}$

11-8　(1) $Y = \bar{A}\bar{B}\bar{C} + \bar{A}BC + A\bar{B}\bar{C} + A\bar{B}C$

(2) $Y = \bar{A}\bar{B}C + \bar{A}B\bar{C} + A\bar{B}\bar{C} + ABC$

(3) $Y = \bar{A}BC + A\bar{B}C + AB\bar{C} + ABC$

11-9　图 11-18a 中 $F = A(B+C) + DE$；图 11-18b 中 $F = A(B+C+DE)$

11-12　(1) $F = AB + \bar{C}$；　(2) $F = 1$；　(3) $F = 0$；　(4) $F = 0$

11-13　(1) $F = \bar{A}C + AB$；　(2) $F = B$；　(3) $F = \overline{ABC}$

(4) $F = AC + BC$；　(5) $F = \bar{A}B\bar{C} + ABD + A\bar{B}\bar{C} + \bar{B}C\bar{D} + AC\bar{D}$

第 12 章

12-2　(1) $U_O = 1V$；　(2) $U_O = 10V$；　(3) $U_B = 1V$

第 13 章

13-1　$F = \bar{A_1}\bar{A_0}D_0 + \bar{A_1}A_0D_1 + A_1\bar{A_0}D_2 + A_1A_0D_3$

13-2　$F = \bar{B}\bar{D} + \bar{A}C$

13-3　$F = (AB) \odot C$

13-4　(1) $F = C\bar{D} + AB + BC + \bar{A}\bar{B}\bar{D}$

(2) $F = AB + BC + \bar{A}\bar{C}D + \bar{A}\bar{B}D + AC\bar{D}$

(3) $F = \bar{A}B + \bar{A}C + BC + \bar{A}\bar{D} + B\bar{D}$

(4) $F_1 = C\bar{D} + \bar{A}B + BD + BC$；$F_2 = A + B\bar{C}D + \bar{B}C\bar{D}$

13-5　(1) $F = \overline{\bar{A}B + BC}$；

(2) $F = (\bar{A} + C)(B + \bar{C} + \bar{D})(A + \bar{B} + \bar{D})$

13-6　(1) $F = A\bar{B} + \bar{A}C + B\bar{C}$；

(2) $F = \bar{A}\bar{C}D + AB\bar{C} + \bar{A}BC + BC\bar{D}$

13-7　$F = D + \bar{B}\bar{C} + \bar{A}\bar{C} + ABC$

13-8　$F_1 = A_1\bar{B_1} + A_0\bar{B_1}\bar{B_0} + A_1A_0\bar{B_0}$

$F_2 = (A_1 \odot B_1)(A_0 \odot B_0)$

$F_3 = \bar{A_1}B_1 + \bar{A_1}\bar{A_0}B_0 + \bar{A_0}B_1B_0$

13-9　$M_S = \bar{A}\bar{B}C + ABC = (A \odot B)C$；$M_L = \bar{A}BC + ABC = (\bar{A} + A)BC = BC$

13-10　$F = \bar{A}\bar{B}\bar{C}D + AB\bar{C}D + BCD$

13-11 消除竞争-冒险现象的表达式为 $F = (A+B)(B+C)(\overline{B}+D)(D+C)(A+D)$

13-12 （1）$F(A,B,C,D) = \sum m(2,3,4,5,6,7,8,9,10,11,14,15)$

（2）$F = \overline{A}B + A\overline{B} + BD + \overline{A}C$

（3）$F = \overline{A}B + A\overline{B} + BD + \overline{A}C + \overline{B}C + AD$

第 14 章

14-2 $\begin{cases} Q^{n+1} = S + \overline{R}Q^n \\ RS = 0 \end{cases}$

14-6 有若干个设计方案，此处给出一种参考电路。

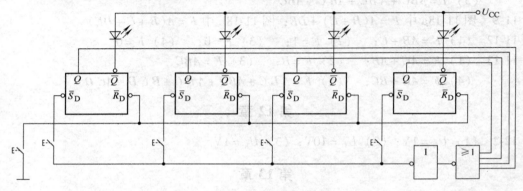

附图1　习题14-6 参考电路图

第 15 章

15-3 驱动方程：$J = D$，$K = \overline{D}$

状态方程：$Q^{n+1} = D$

15-4 驱动方程：$\begin{cases} D_1 = \overline{Q}_1 \\ D_2 = Q_1 \oplus Q_2 \end{cases}$

输出方程：$F = Q_1 Q_2$

状态方程：$\begin{cases} Q_1^{n+1} = D_1 = \overline{Q}_1^n \\ Q_2^{n+1} = D_2 = Q_1^n \oplus Q_2^n \end{cases}$

15-5 驱动方程：$D = CO = x_1 x_2 + x_1 CI + x_2 CI$

输出方程：$S = x_1 \oplus x_2 \oplus CI$

状态方程：$Q^{n+1} = x_1 x_2 + x_1 Q^n + x_2 Q^n$

15-6 驱动方程：$\begin{cases} D_0 = x\,\overline{Q}_1 \\ D_1 = \overline{\overline{Q}_0 \overline{Q}_1 x} \end{cases}$

输出方程：$Y = \overline{Q}_0 Q_1 x$

状态方程：$\begin{cases} Q_0^{n+1} = x\,\overline{Q}_1^n \\ Q_1^{n+1} = (Q_0 + Q_1)x = Q_0 x + Q_1 x \end{cases}$

15-7 驱动方程：
$$\begin{cases} D_0 = Q_3^n \oplus Q_2^n + \overline{Q_2^n}\,\overline{Q_0^n} \\ D_1 = Q_0^n \\ D_2 = Q_1^n \\ D_3 = Q_2^n \end{cases}$$

状态方程：
$$\begin{cases} Q_0^{n+1} = (Q_3^n \oplus Q_2^n + \overline{Q_2^n}\,\overline{Q_0^n}) \cdot CP\uparrow \\ Q_1^{n+1} = Q_0^n \cdot CP\uparrow \\ Q_2^{n+1} = Q_1^n \cdot CP\uparrow \\ Q_3^n = Q_2^n \cdot CP\uparrow \end{cases}$$

第 16 章

16-2 $T = 1/f = 0.1\,\mathrm{ms}$

$\tau_1 = 5\,\mathrm{ms}$，$\tau_2 = 0.05\,\mathrm{ms}$，$\tau_3 = 0.5\,\mathrm{\mu s}$

16-3 （4）

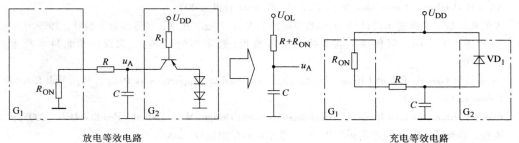

放电等效电路　　　　　　　充电等效电路

附图 2 习题 16-3 电路图

$$t_{\mathrm{w}} = (R + R_{\mathrm{ON}}) C \ln \frac{U_{\mathrm{OH}} - U_{\mathrm{OL}}}{U_{\mathrm{OL}} - U_{\mathrm{TH}}}$$

$$t_{\mathrm{re}} \approx (3 \sim 5)(R + R'_{\mathrm{ON}}) C$$

16-4 （1）$U_{\mathrm{T+}} = 8\,\mathrm{V}$，$U_{\mathrm{T-}} = 4\,\mathrm{V}$，$\Delta U_{\mathrm{T}} = 4\,\mathrm{V}$

（2）$U_{\mathrm{T+}} = 5\,\mathrm{V}$，$U_{\mathrm{T-}} = 2.5\,\mathrm{V}$，$\Delta U_{\mathrm{T}} = 2.5\,\mathrm{V}$

16-7 $R_1 = 2.88\,\mathrm{k\Omega}$，$R_2 = 11.52\,\mathrm{k\Omega}$

参 考 文 献

[1] 李瀚荪. 电路分析基础[M]. 3 版. 北京：高等教育出版社, 1993.

[2] 邱关源. 电路[M]. 4 版. 北京：高等教育出版社, 1999.

[3] 江晓安, 杨有瑾, 陈生潭. 计算机电子电路技术(电路与模拟电子部分)[M]. 西安：西安电子科技大学出版社, 1999.

[4] 王仲奕, 蔡理. 电路习题解析[M]. 4 版. 西安：西安交通大学出版社, 2003.

[5] 孙桂瑛. 电路理论基础[M]. 哈尔滨：哈尔滨工业大学出版社, 1999.

[6] James W Nilsson, Susan A Riedel. Introduction Circuits for Electrical and Computer Engineering[M]. 6th. Prentice Hall, 2002.

[7] William H Hayt, Jr., Jack E. Kemmerly, Steven M. Durbin：Engineering Circuit Analysis[M]. 6th. The McGraw-hill Companies, Inc. 2002.

[8] 童诗白, 华成英. 模拟电子技术基础[M]. 3 版. 北京：高等教育出版社, 2001.

[9] 康华光, 陈大钦. 电子技术基础(模拟部分)[M]. 4 版. 北京：高等教育出版社, 1999.

[10] Allan R Hambley. Electronics[M]. 2nd ed. Prentice Hall, 2000.

[11] 王毓银. 数字电路逻辑设计(脉冲与数字电路)[M]. 3 版. 北京：高等教育出版社, 1999.

[12] 刘时进, 丁么明, 周传璘. 电子技术基础教程(数字部分)[M]. 武汉：湖北科学技术出版社, 2001.

[13] Susan A R Garrod, Robort J Borns. Digital Logic——Analysis Application & Design[M]. Holt Rinehart and Winston, Inc. , 1991.

[14] Randy H Katz, Gaetano Borriello. Contemporary Logic Design[M]. 2nd ed. Prentice Hall, 2005.

[15] 潘松, 黄继业. EDA 技术实用教程[M]. 北京：科学出版社, 2002.

[16] 张亦华, 延明, 肖冰. 数字逻辑设计实验技术与 EDA 工具[M]. 北京：北京邮电大学出版社, 2003.

[17] 阎石. 数字电子技术基础[M]. 4 版. 北京：高等教育出版社, 1998.